W0356063

Die große Ravensburger

Malschule

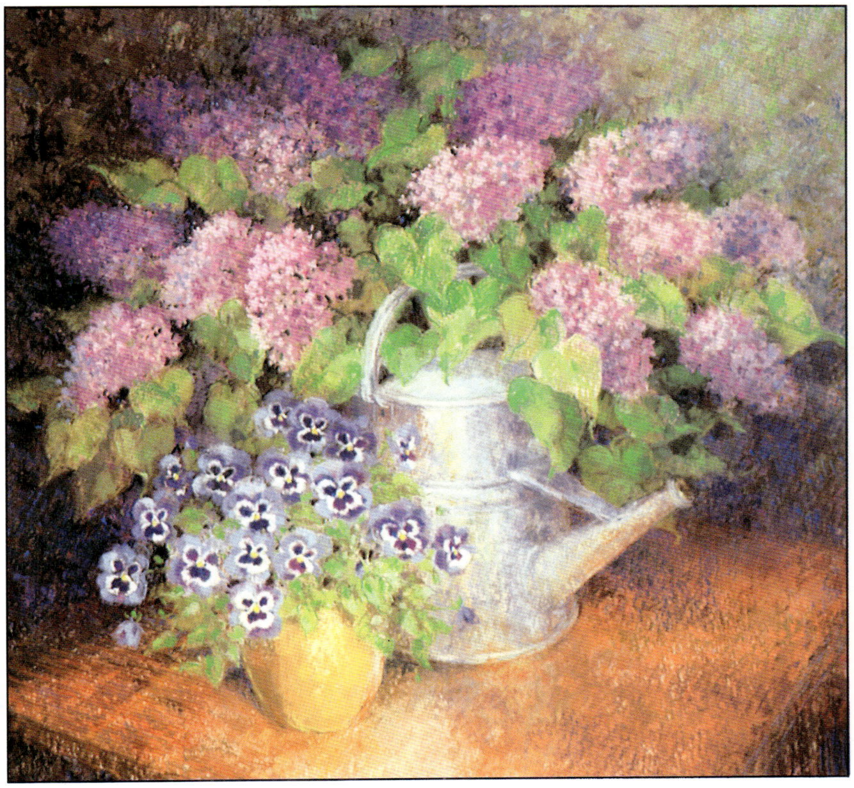

Maureen Jordan
Fliederblüte

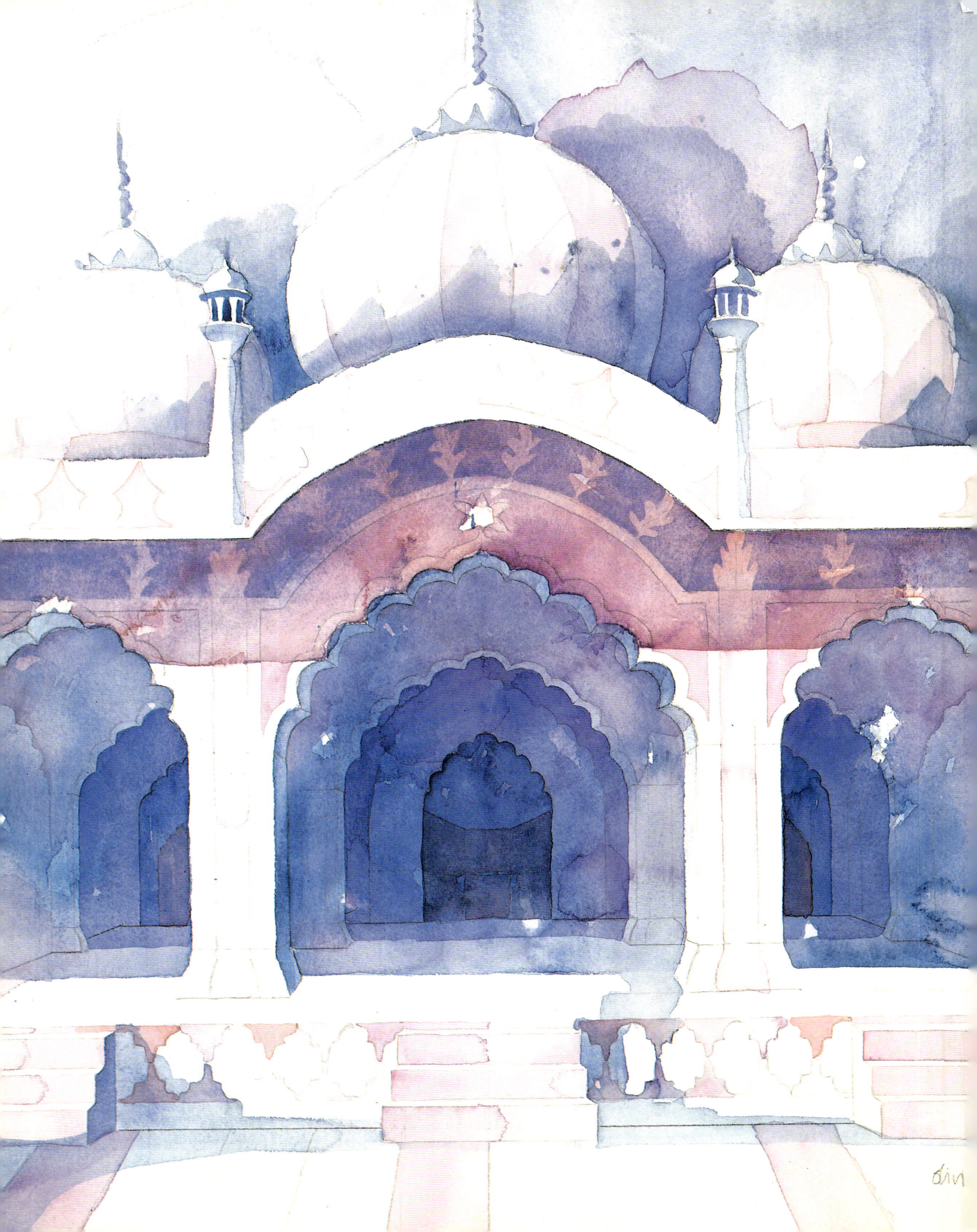

HAZEL HARRISON

Die große Ravensburger
Malschule

RAVENSBURGER BUCHVERLAG

Olivia Fraser
Safdarjungs Grab

Die Originalausgabe erschien 1994
unter dem Titel „Paint & Draw"
bei Lorenz Books
Anness Publishing Limited
1 Boundary Road
London SE1 8HP
© Anness Publishing Limited

Alle Rechte der deutschsprachigen Ausgabe liegen beim
Ravensburger Buchverlag, 1996.
Aus dem Englischen übertragen von Hajo Düchting, München
Umschlaggestaltung: Ekkehard Drechsel BDG
unter Verwendung von Bildern von
Hazel Harrsion, John Lidzey
Satz: Fotosatz Ruderer, Grünkraut
Printed in China

99 98 97 96 2 3 4

ISBN 3-473-48047-9

Inhalt

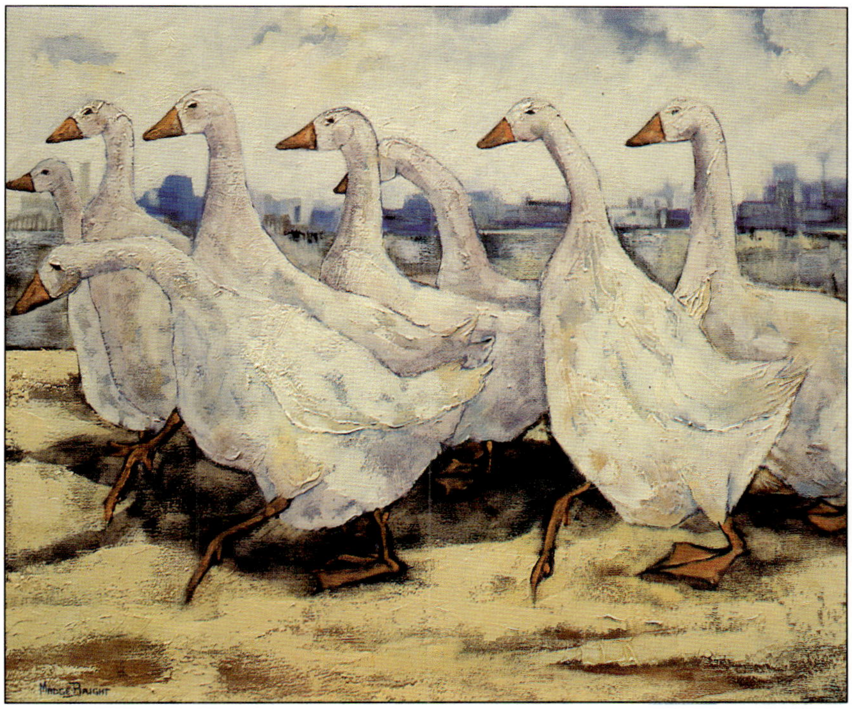

Madge Bright
Der Spaziergang

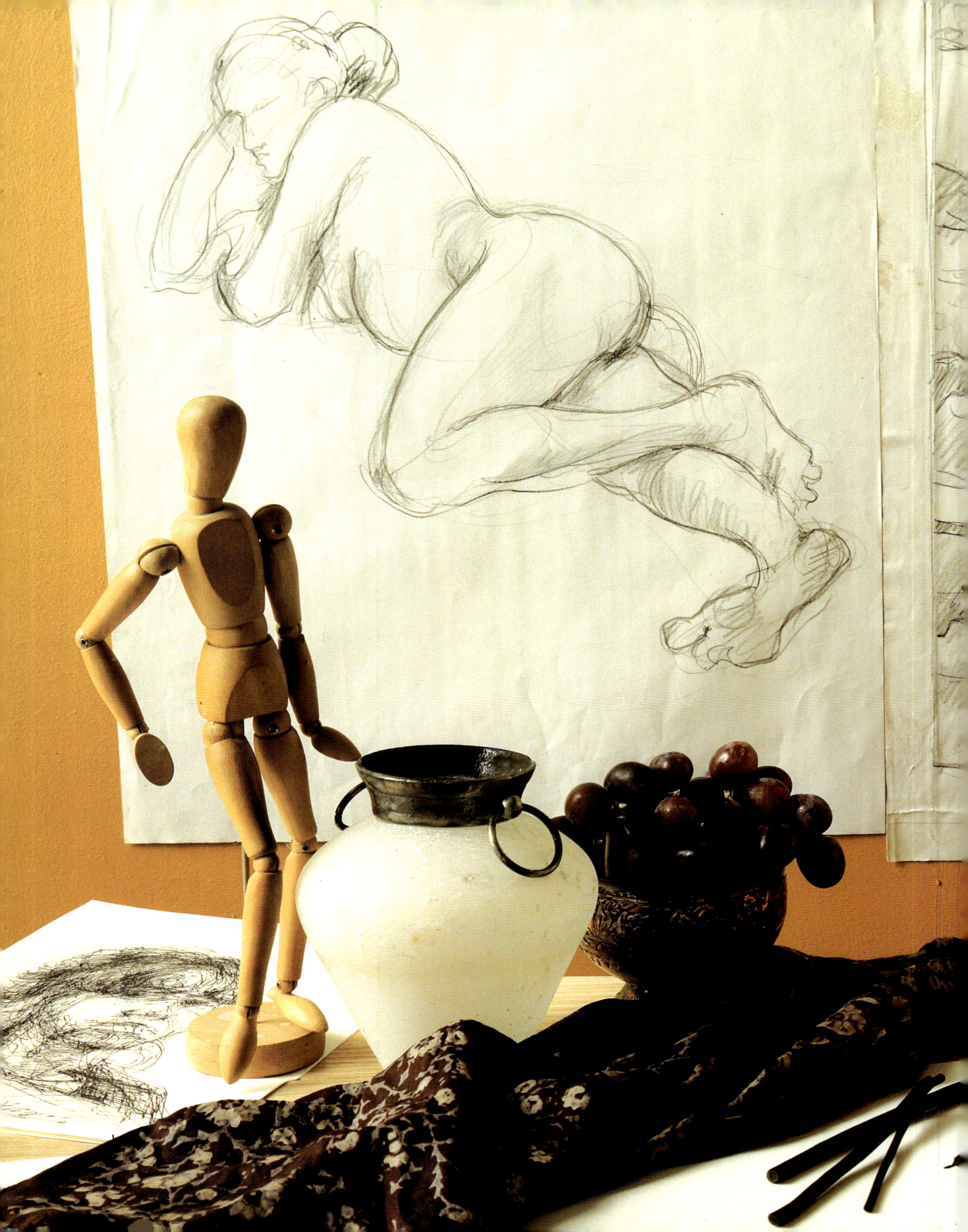

Zeichnen

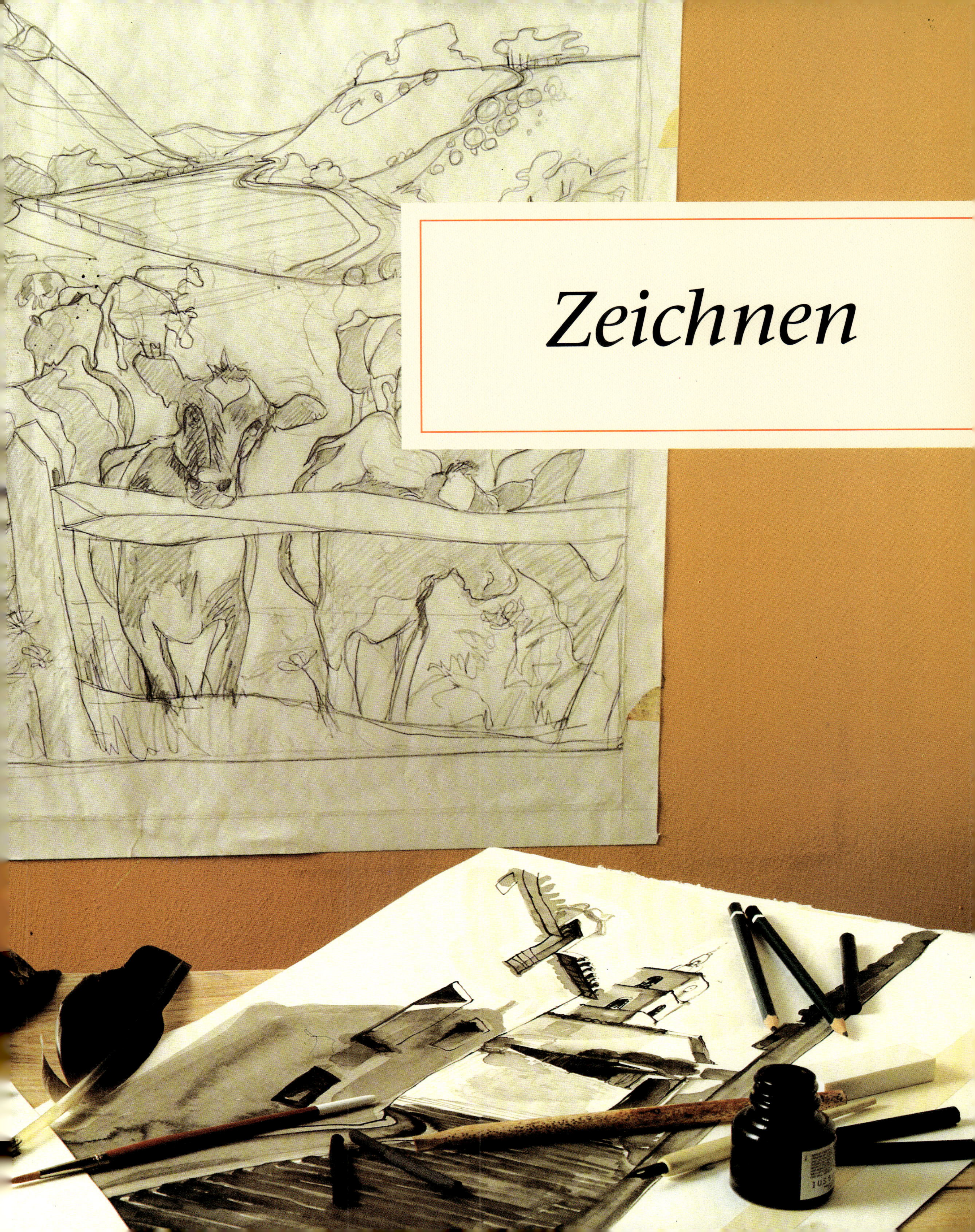

Einführung

ZEICHNEN

Zeichen auf ein Blatt Papier zu setzen, gehört zu den grundlegendsten aller menschlichen Tätigkeiten. Schon kleine Kinder kritzeln gern mit einem Bleistift oder Farbstift, sobald sie gelernt haben, wie man ihn hält.
Diese Freude an Linien und Zeichen, die durch die Bewegungen des Zeichenstifts entstehen, ist für jede Art von Zeichnung ein entscheidender Impuls. So spricht zum Beispiel Paul Klee bezüglich seiner Zeichnungen davon, „eine Linie spazierengehen zu lassen". Für viele Künstler hat Zeichnen auch eine beschreibende Funktion: Mit dem Zeichenstift wird die Umwelt wahrgenommen und dargestellt. Dabei lassen sich unter dem Begriff „Zeichnen" die verschiedensten Techniken zusammenfassen.

Zeichnen lernen

Oft wird das Zeichnen als eine besondere Begabung angesehen, und tatsächlich scheinen einige Menschen fast mühelos zeichnen zu können. Zeichnen ist jedoch – wie Schreiben – auch eine Fähigkeit, die erlernt werden kann. Wenn Sie mit viel

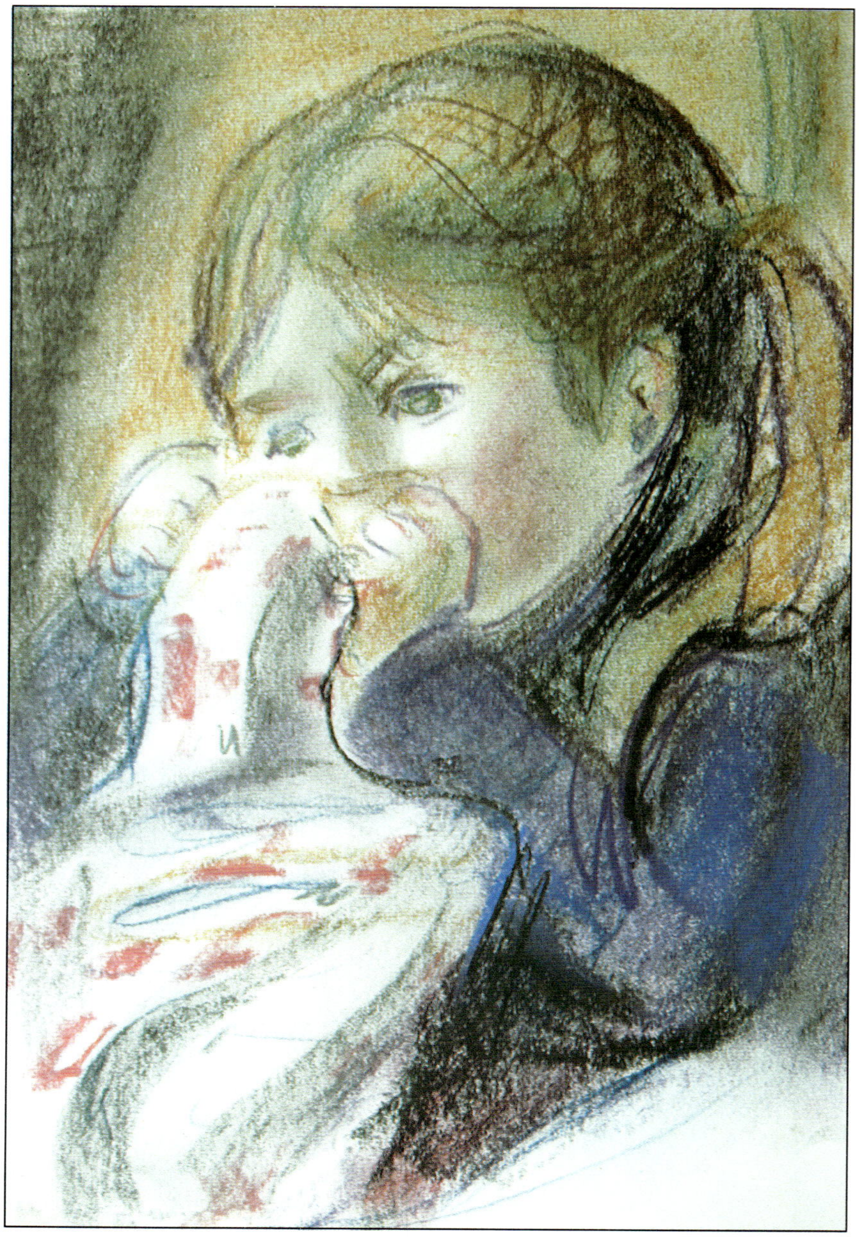

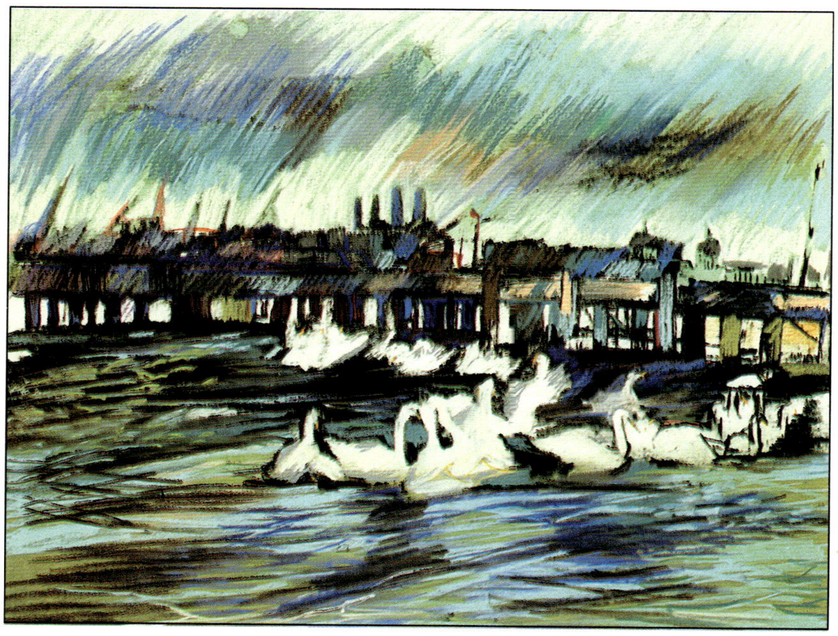

▲ Ted Gould
Claire
Pastellkreiden eignen sich aufgrund ihres weichen Farbauftrags besonders gut für Porträts, vor allem auch für Studien von Kindern. Der Künstler hat die Pastellkreide im Bereich des Gesichts und der Kleidung ganz leicht aufgetragen und dann mit dem Finger verrieben, um weiche Übergänge zu schaffen, die im Kontrast zu den klaren Linien verstärkt hervortreten.

◄ Pip Carpenter,
Schwäne auf der Themse
Pastellkreiden müssen aber nicht unbedingt weich und zart wirken. Als sehr vielseitiges Zeichenmittel können mit ihnen die verschiedensten Bildaussagen umgesetzt und ausgedrückt werden. In diesem Fall hat der Künstler dicke Striche unvermischter Farbe mit der Pastellspitze aufgetragen.

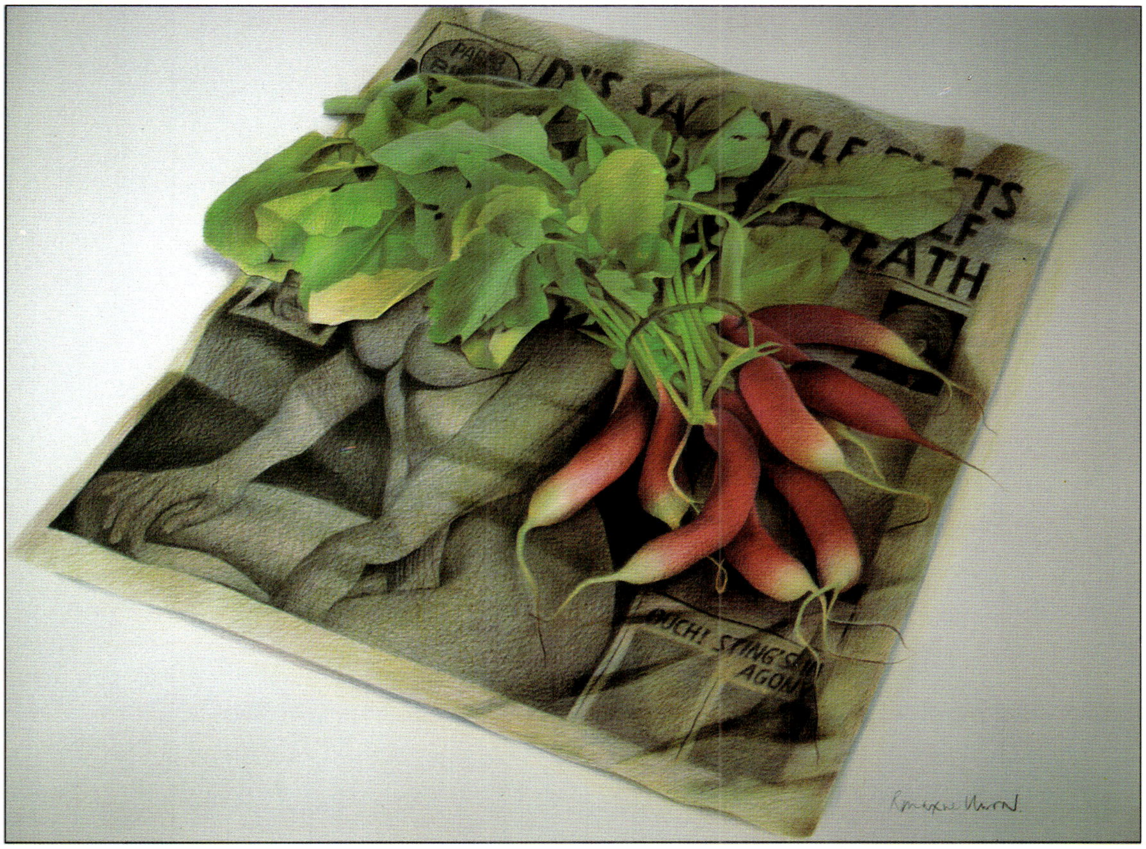

◄ Robert Maxwell Wood
Nackte Tatsachen und Radieschen
Der Künstler verwendet in diesem Stilleben Farbstifte auf eine ganz andere Weise als John Townend in der Studie unten. Durch verschiedene Lagen farbiger Striche werden feine Details und eine brillante Farbgebung geschaffen, wobei die Linien durch die feinen Schattierungen fast unsichtbar geworden sind.

Motivation und Spaß an das Zeichnen herangehen, stellen sich schon bald erste Erfolge ein. Früher hielt man Anfänger dazu an, ihr Motiv ganz genau abzuzeichnen, und es galt als Grundvoraussetzung, bestimmte Techniken zu beherrschen. Dabei wurde jedoch ein wichtiger Punkt nicht berücksichtigt, nämlich, daß man vor dem Zeichnen „sehen" lernen muß.

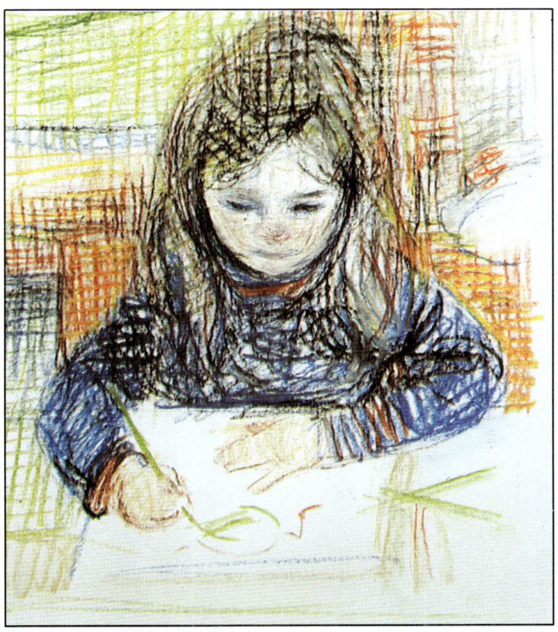

Ted Gould ►
Mädchen beim Zeichnen
Wachskreide ist nicht so zart wie Pastellkreide, hat aber den Vorteil, nicht zu verschmieren und ist daher gut für schnelle Skizzen geeignet. Diese lebhafte Zeichnung entstand aus lockeren Schraffuren, die Farbe und Form aufbauen.

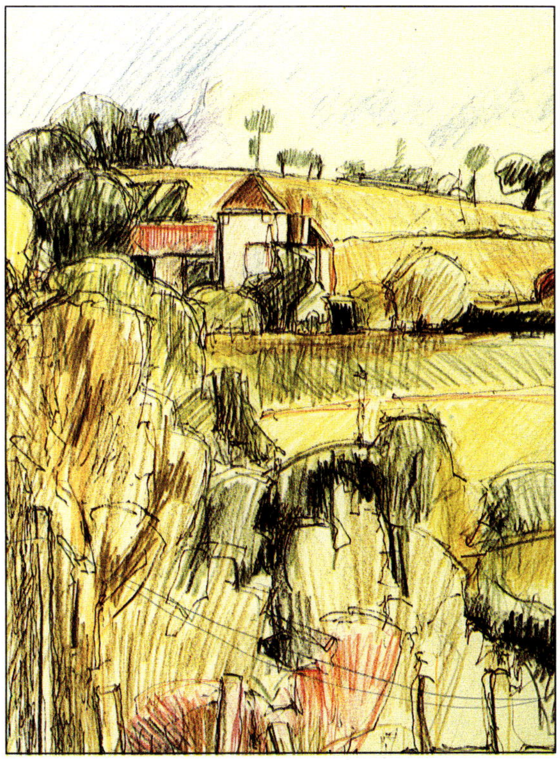

▲ John Townend
Ein Blick über den Teich im Sommer
Dieser Künstler arbeitet mit farbigen Stiften direkt in der Natur. Die Zeichnung wirkt frei und improvisiert. Die kräftigen Schraffuren wechseln je nach der zu beschreibenden Form die Richtung.

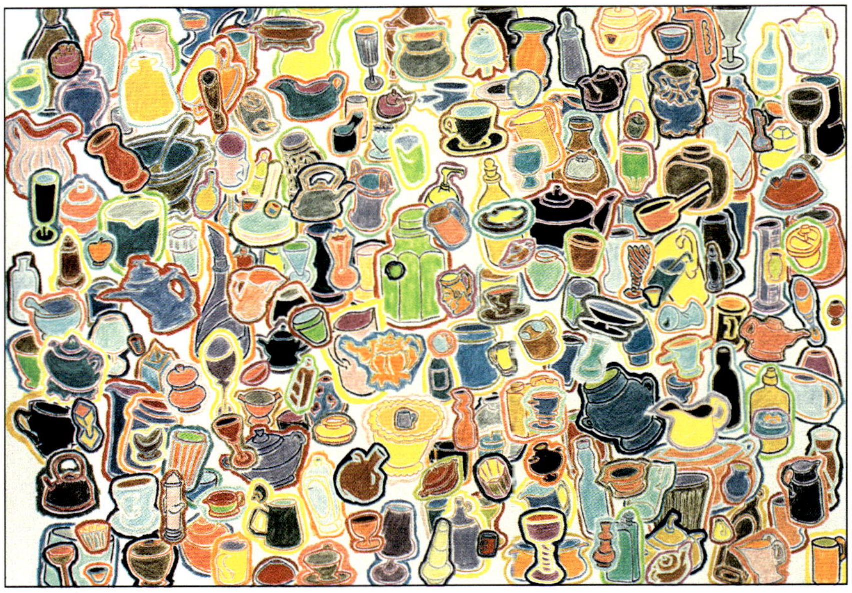

◄ David Cuthbert
Poly will einen Topf
In dieser lustigen, einfallsreichen Zeichnung wurden die Farbstifte mit kräftigem Druck eingesetzt, um intensive farbige Flächen zu schaffen. Das flächige, ornamentale Muster wird durch die farbigen Konturen betont.

Für das Zeichnen ist technisches Können zwar von großer Bedeutung, doch ist es sicher nicht die einzige Voraussetzung. Man kann zum Beispiel wundervolle Schraffuren und Kreuzschraffuren ausführen und doch nicht in der Lage sein, ein Motiv stimmig wiederzugeben. Dieses Problem beruht meist auf mangelnder Beobachtung und nur selten auf einer fehlerhaften Zeichentechnik. Wenn man zeichnen lernen will, muß man als erstes lernen, seine Umgebung intensiver wahrzunehmen. Das ist nicht so einfach, wie es sich anhört. Unser Kopf ist voller Informationen, die sich beim Zeichnen als hinderlich erweisen können. Denn wir neigen dazu, eher das, was wir aus Erfahrung wissen, zu zeichnen, als das, was wir sehen.

Ein klassisches Beispiel dafür ist die Einschätzung der Größenverhältnisse; und besonders beim Zeichnen von vertrauten Gegenständen treten häufig Schwierigkeiten auf: Stellt man einen großen Gegenstand und einen etwas kleineren hintereinander

Paul Bartlett ►
Stilleben
Für diese Studie wurde eine Mischung aus Pastellkreide und Pastellstift verwendet. Das vom Künstler ausgewählte hellbraune Papier ermöglicht die Anlage von Lichtern und Schattierungen durch leichte Schraffuren in weißer und brauner Pastellkreide. Kleine Farbakzente sind geschickt in die überwiegend monochrome Zeichnung eingefügt.

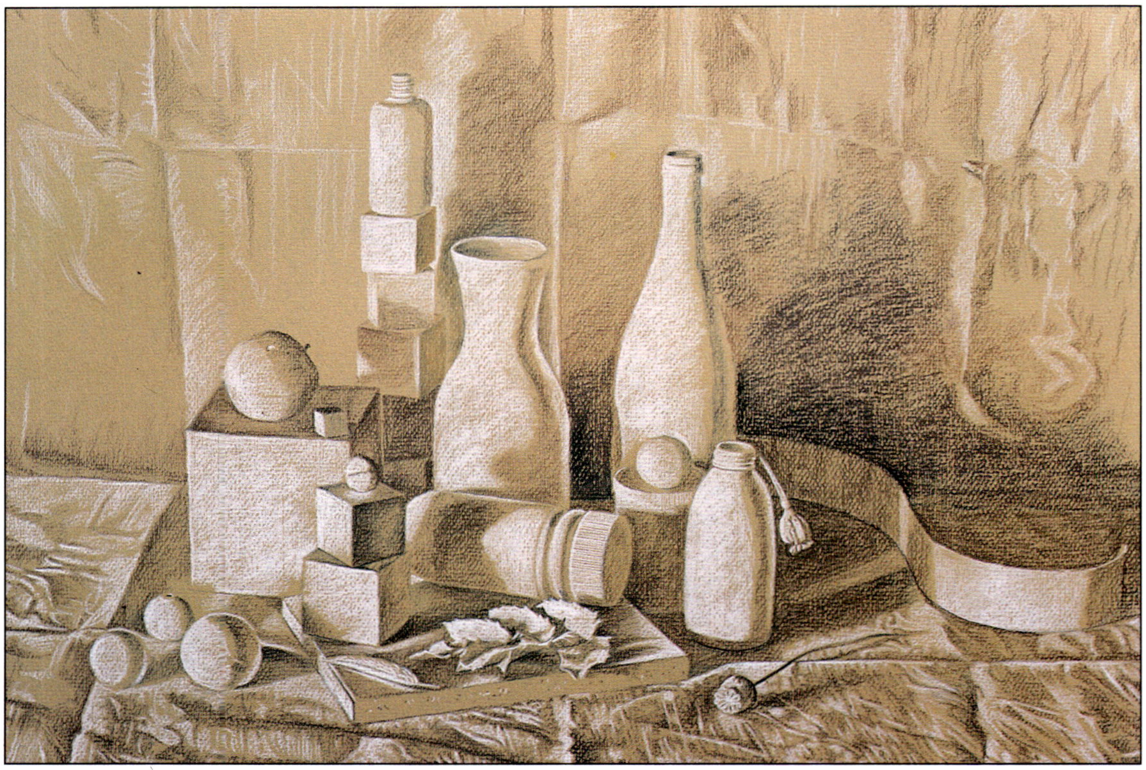

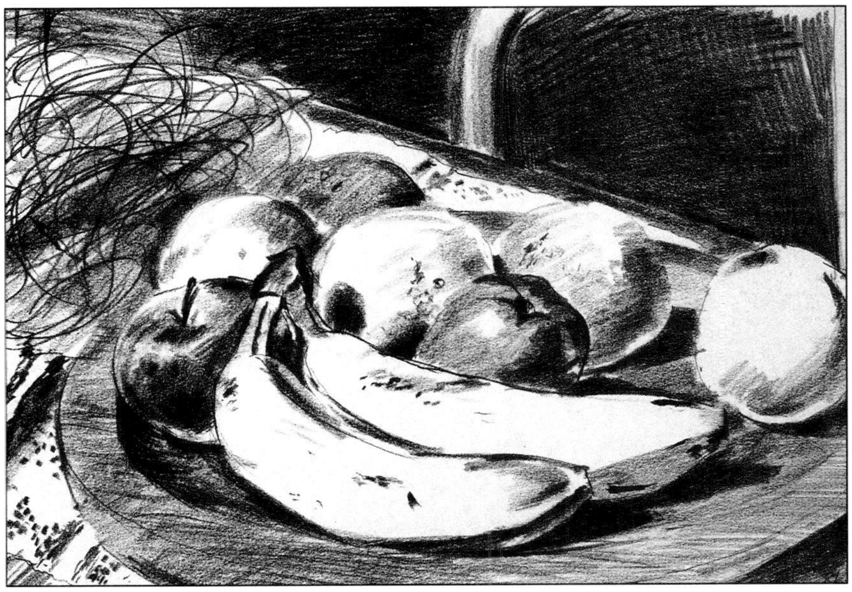

◄ Gerry Baptist
Bananen und andere Früchte
In dieser ausdrucksvollen Zeichnung wurden die Formen mit einem sehr weichen Bleistift nachempfunden. Weiche Bleistifte lassen sich besser verwischen als harte oder mittlere, sie wirken kräftiger und malerischer. Die Stilleben von Baptist und Bartlett zeigen, daß eine monochrome Zeichnung ein ebenso vollständiges Kunstwerk sein kann wie eine farbige Zeichnung oder ein Gemälde.

▼ Paul Bartlett
Selbstporträt
Ein Vergleich zwischen dieser Zeichnung und der von Gerry Baptist zeigt die Vielseitigkeit der Bleistiftzeichnung. Hier wirkt die Zeichnung mit ihren genau beobachteten Details, Texturen und differenzierten Tonwertabstufungen fast wie eine Fotographie.

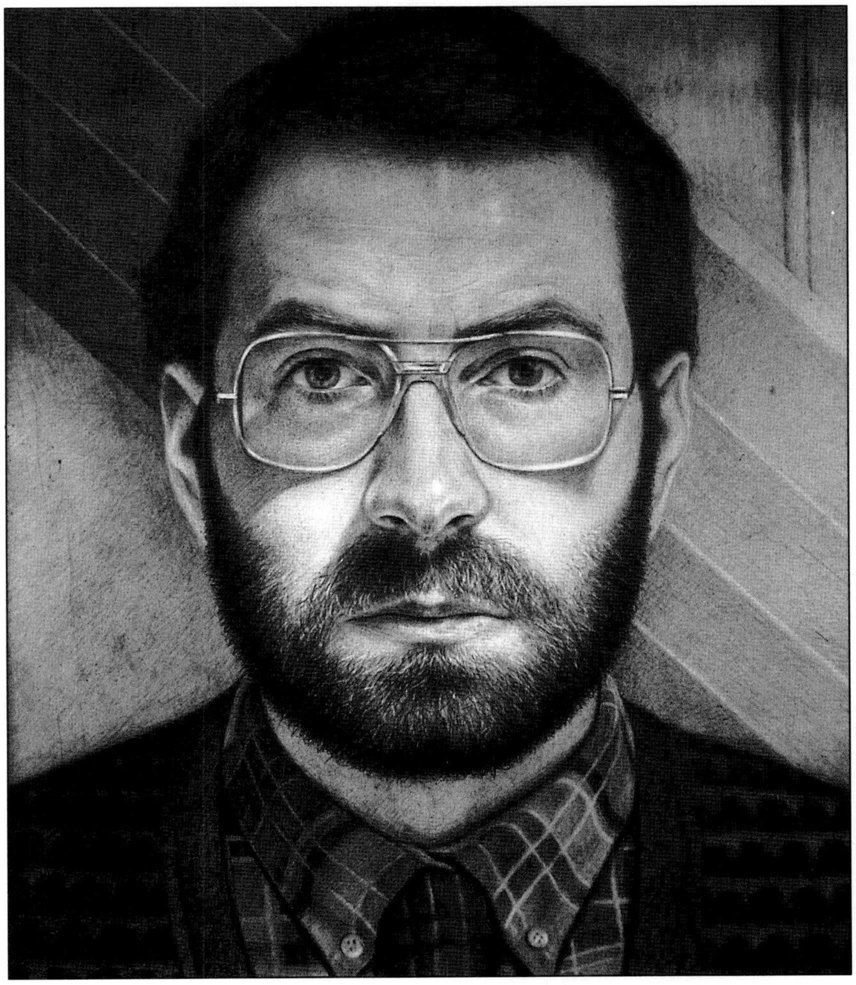

auf einen Tisch (den kleinen nach vorne, den großen nach hinten), wird meist der größere Gegenstand zu groß gezeichnet, weil man das Wissen um seine Größe unbewußt in seine Komposition einbezieht. Durch die Gesetze der Perspektive sollte er jedoch in der Zeichnung sogar „zusammenschrumpfen" und kleiner wirken als der Gegenstand, der vor ihm steht und sich näher beim Betrachter befindet.
Daher ist es wichtig: Egal, ob man ein Porträt, einen Apfel auf einem Teller oder einen

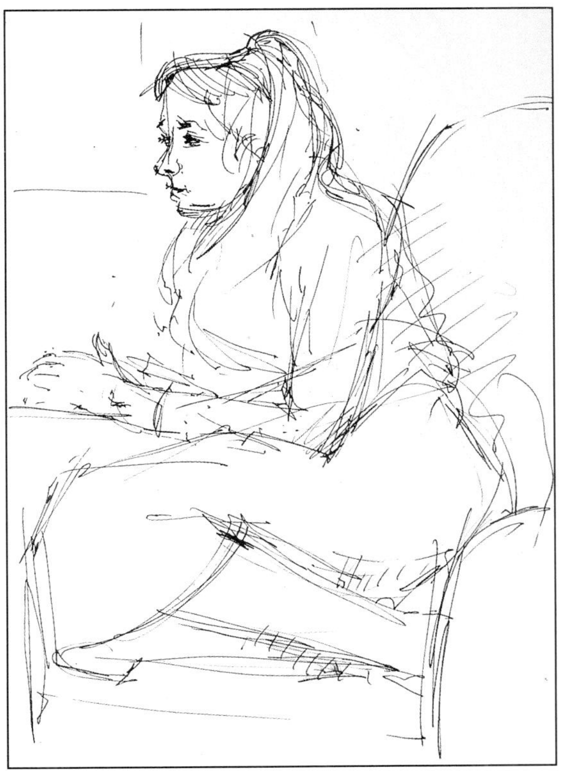

◄ Ted Gould
Mädchen in einem Sessel
Mit Feder und Tusche kann man sehr detailliert und fein zeichnen oder auch schnelle skizzenhafte Zeichnungen anfertigen. Der Künstler hat diese Figurenstudie mit einigen wenigen Strichen eingefangen und dabei auch mehrere Linien übereinandergelegt, um den „richtigen" Strich zu finden.

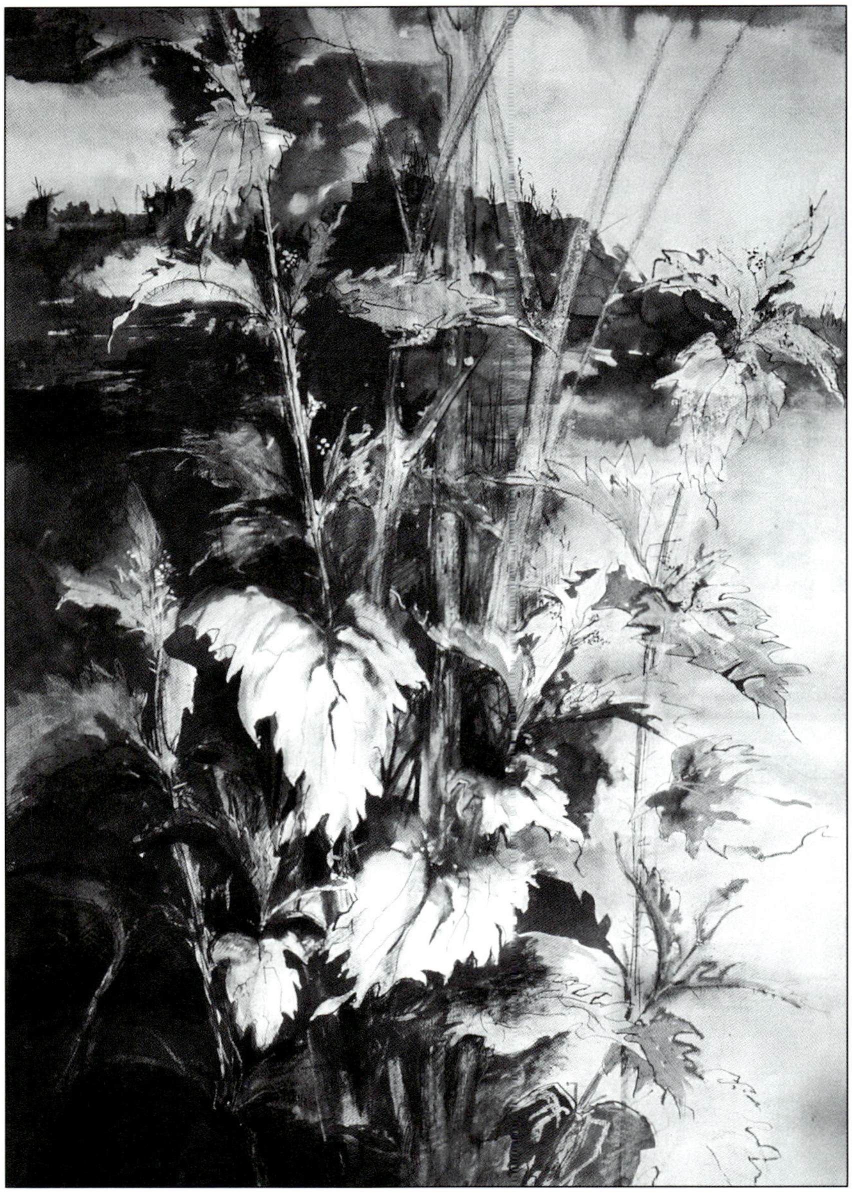

▲ Elisabeth Harden
Brennessel
Mit der sehr interessant wirkenden Verbindung von Linien und Lavierungen in verdünnter Tusche (auch Aquarellfarben können dazu verwendet werden) lassen sich Tonwerte in viel größerer Geschwindigkeit aufbauen als nur mit Linien. Feder und Lavierung sind sowohl für großflächige Techniken als auch für die Ausarbeitung feiner Details (wie in dieser Zeichnung) geeignet.

Baum zeichnen möchte, immer muß man sich zwingen, die Dinge *„wie neu"* zu sehen. Nur so ist man in der Lage, das Motiv genau wahrzunehmen und treffend wiederzugeben.

Verschiedene Möglichkeiten der Zeichnung

Eine Zeichnung kann viele Dinge zum Ausdruck bringen: Mit wenigen Linien kann sie eine Art „visueller Kurzschrift" in einem Skizzenbuch sein; sie kann helfen, ein Gemälde vorzubereiten und dann von den folgenden Farbschichten völlig zugedeckt werden; und sie kann ein autonomes Kunstwerk sein, das mit der gleichen Sorgfalt und dem gleichen Können komponiert wurde wie ein Ölbild.

▼ John Townend
Rangierlok an einer Weiche
Der Künstler hat diese vor Ort entstandene Skizze mit Ölpastell angelegt, ein ideales Zeichenmittel zum Festhalten schneller Eindrücke und zum spontanen Zeichnen, da Farbtöne rasch aufgebaut werden können. Im Unterschied zur weichen Pastellkreide verschmiert Ölpastell nicht und muß nicht fixiert werden. Mit der Sgraffito-Technik wurden lineare Details an der Seitenwand des Waggons eingefügt.

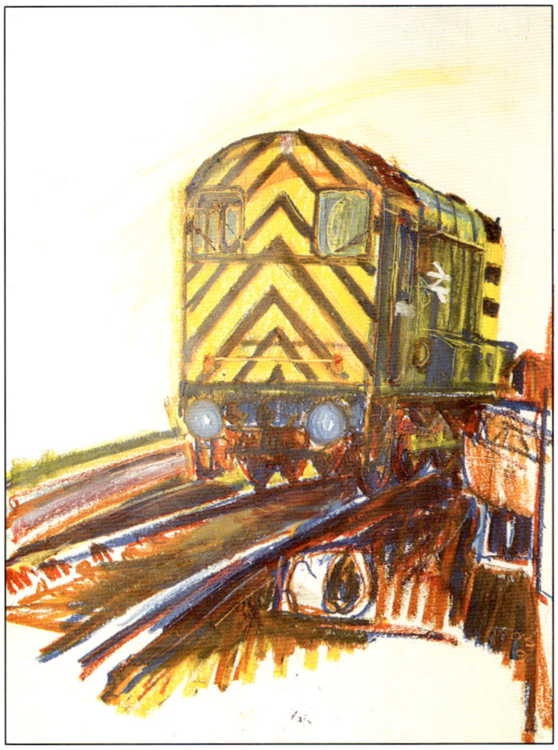

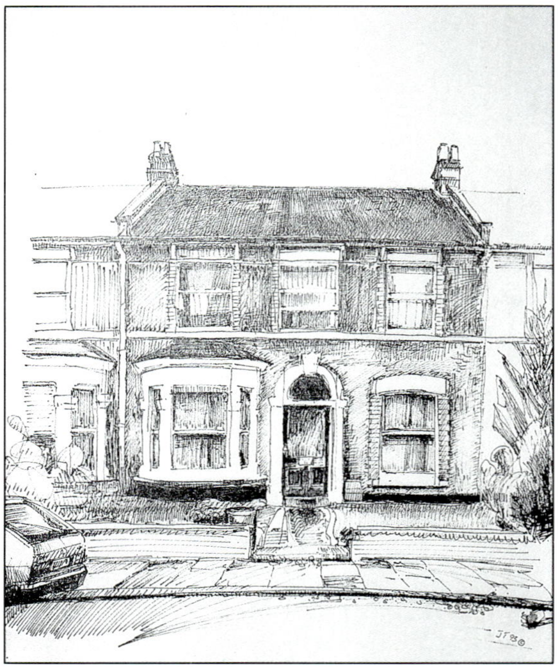

► Pip Carpenter
Drei Fische
Auch dies ist eine Arbeit in Mischtechnik, wobei eine sehr ungewöhnliche Kombination verwendet wurde: dünn auf das Papier gestrichene Ölfarbe und Farbstifte. Für Zeichnungen in Mischtechnik gibt es keine festen Regeln. Nur durch Experimentieren entdecken Sie, welche Stile miteinander harmonieren.

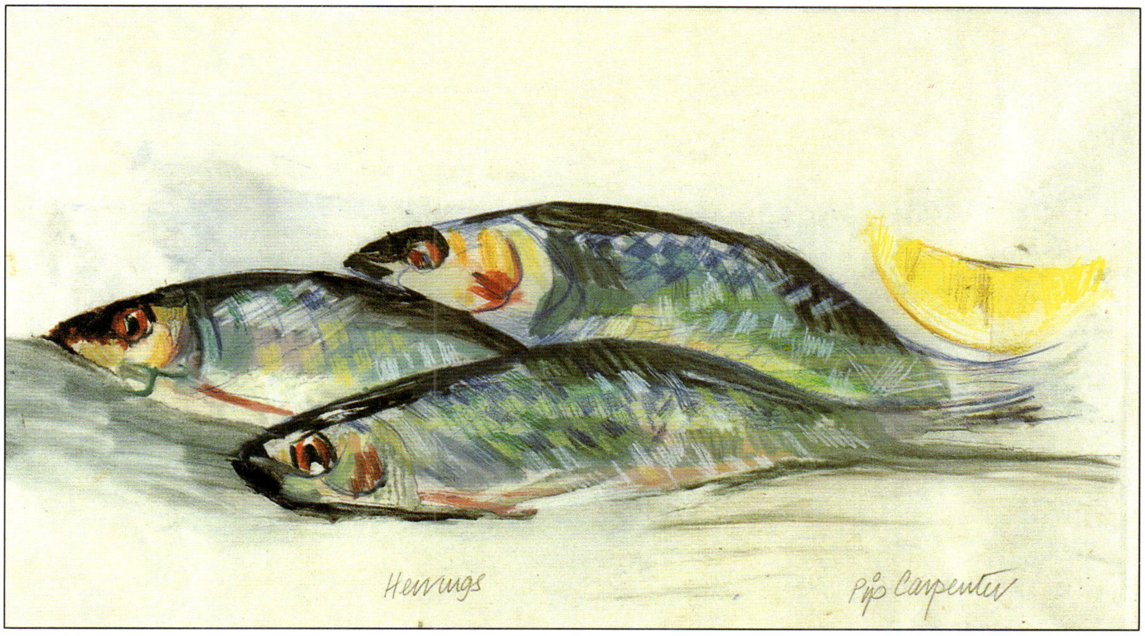

Jede Zeichnung hängt von ihrem Zweck ab: Vielleicht zeichnen Sie nur, weil Sie Freude daran haben, und Sie im Zeichnen Ihr persönliches Ausdrucksmittel gefunden haben. Zeichnungen können aber auch als Illustrationen für Texte eingesetzt werden, oder dazu dienen, die Beobachtungsgabe zu schulen und dabei Vorarbeiten für das Malen zu leisten.

Wenn Sie das Zeichnen als Grundlage und Vorbereitung für ein Bild ansehen, wird die genaue Wiedergabe des Motivs Ihr Hauptziel sein. Die Wahl des Zeichenmittels spielt dann nur eine Nebenrolle. Für alle die jedoch, die das Zeichnen selbst lieben, lohnen sich Experimente mit den verschiedensten Zeichenmitteln.

Es gibt heute eine große Zahl von Zeichenmaterialien, angefangen beim traditionellen Bleistift bis hin zu einer breiten Palette von vielseitig einsetzbaren Pastellkreiden, Farbstiften, Tuschen und Filzstiften. Gerade auch mit den farbigen Zeichenmitteln steht Ihnen eine große Bandbreite von Ausdrucksmöglichkeiten zur Verfügung.

► Joan Elliott Bates
Weißes Dorf in Südspanien
Diese filigrane Zeichnung wirkt wie ein fertiges Gemälde. Die Künstlerin hat Tusche und Feder sowie leichte Lavierungen in Aquarell eingesetzt. Die Lavierungen haben die Tuschelinien etwas aufgelöst, so daß es keine festen Grenzen zwischen Linie und Farbe gibt. Wenn man mit Mischtechniken arbeiten möchte, muß man darauf achten, daß sich die Materialien ergänzen, da der Zeichnung sonst die kompositionelle Einheit fehlt.

◄ John Townend
Familienhaus im East End
In dieser Zeichnung – mit Tusche und Feder ausgeführt – wurden die Tonwerte durch Schraffuren und Kreuzschraffuren aufgebaut. Diese Zeichenmethode kann leicht etwas mechanisch wirken, wurde hier jedoch sehr locker eingesetzt; die Linien sind lebendig geblieben.

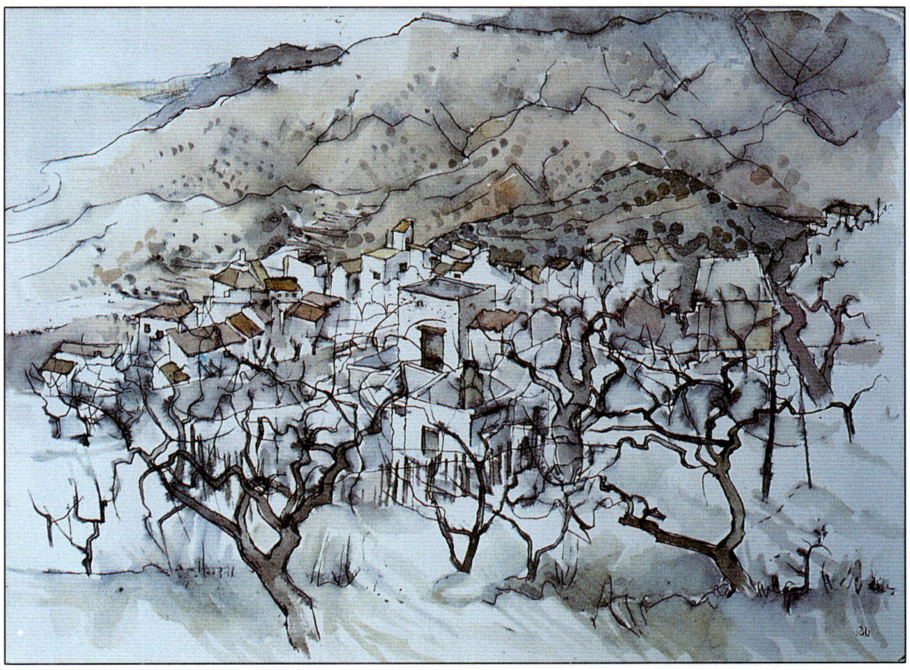

Material und Zubehör

Einfarbige Zeichenmaterialien

Eine Zeichnung stellt man sich meist schwarzweiß vor, mit Bleistift, Tusche und Feder oder Kohle erstellt. In früheren Kunstepochen wurden Zeichnungen tatsächlich in nur einer oder höchstens zwei Farben ausgeführt. Der Grund dafür lag aber vor allem im Mangel an farbigen Zeichenmaterialien, die erst vor nicht allzu langer Zeit die Kunstszene eroberten. Zunächst sollen jedoch die „klassischen" einfarbigen Zeichenmaterialien genauer betrachtet werden.

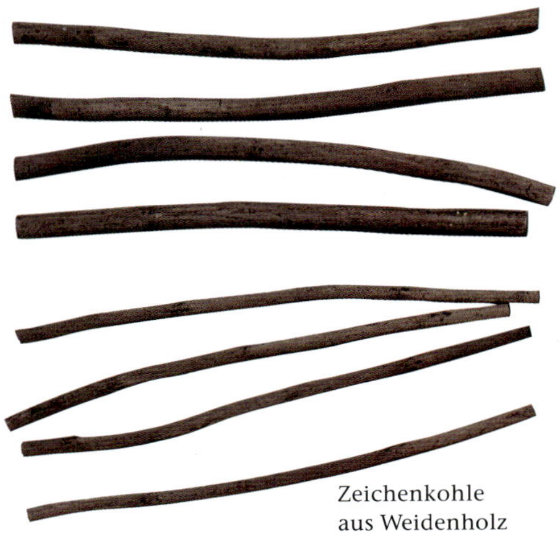

Zeichenkohle aus Weidenholz

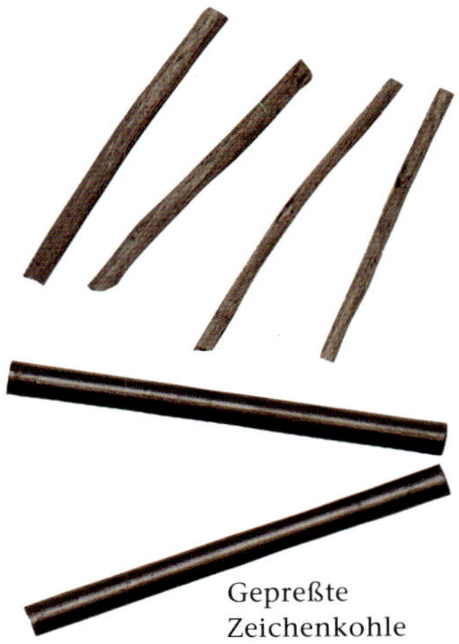

Gepreßte Zeichenkohle

Bleistifte

Bleistifte gehören zu den gebräuchlichsten Zeichenmitteln. Es gibt wohl kaum einen Künstler, der nicht mit Bleistiften arbeitet. Der Name „Bleistift" täuscht übrigens, denn der Kern dieser Stifte besteht aus Graphit. Bleistifte gibt es in verschiedenen Härtegraden, angefangen bei 8B, was sehr weich ist, bis zu ungefähr 4H, einem Stift, der für allgemeine Zwecke viel zu hart ist. Eine gute Auswahl für den Anfänger besteht aus einem HB-, einem 2B- und einem 4B-Bleistift.

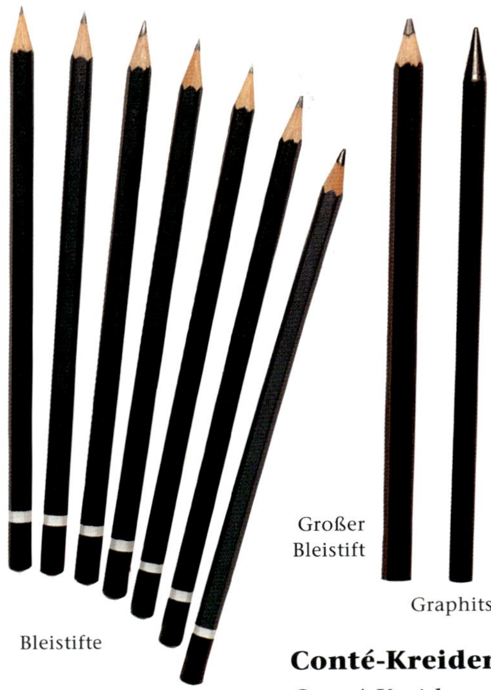

Großer Bleistift

Graphitstift

Bleistifte

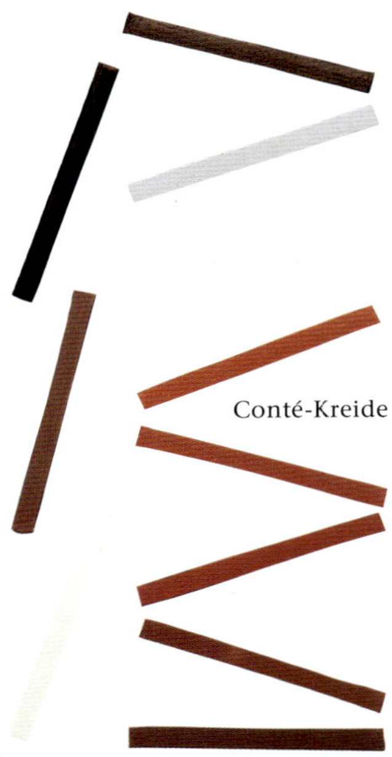

Conté-Kreide

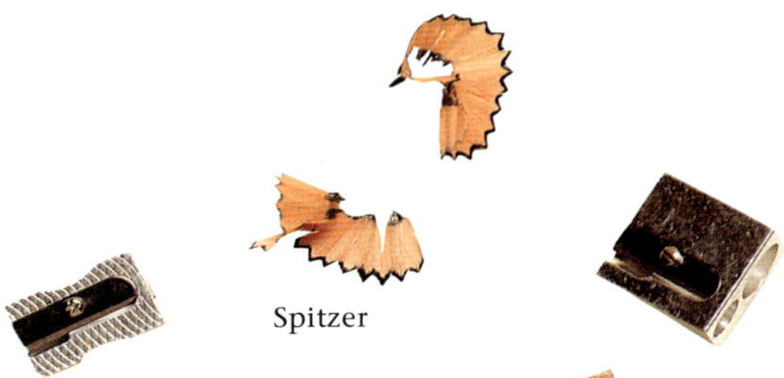

Spitzer

Conté-Kreiden

Conté-Kreiden sind Vierkantstifte, die den harten Pastellkreiden ähneln. Sie sind in Schwarz, Weiß und einer Auswahl von Erdtönen erhältlich. Mit diesen Kreiden lassen sich sowohl kräftige Linien wie auch satte Tonwerte schaffen, da man sie angespitzt oder mit der Längsseite benutzen kann. Der Nachteil ist, daß man Conté-Kreide nur schwer ausradieren kann.

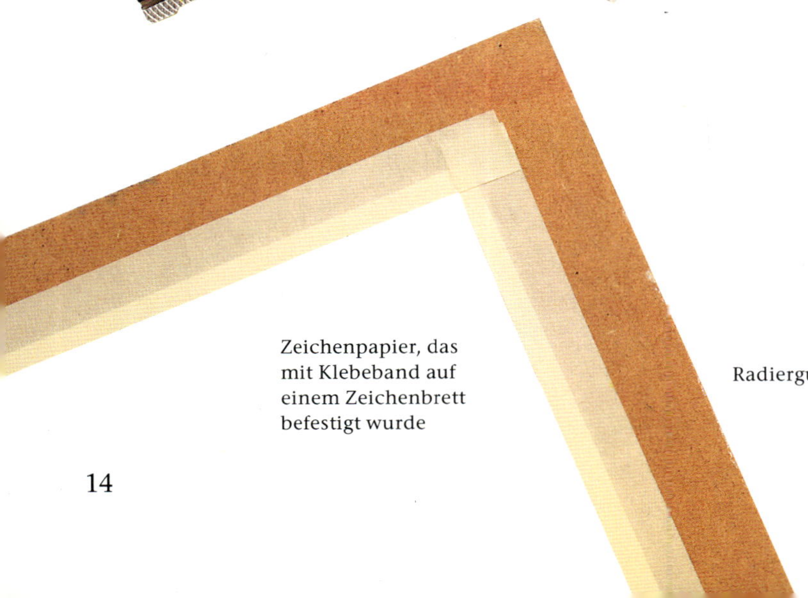

Zeichenpapier, das mit Klebeband auf einem Zeichenbrett befestigt wurde

Radiergummi

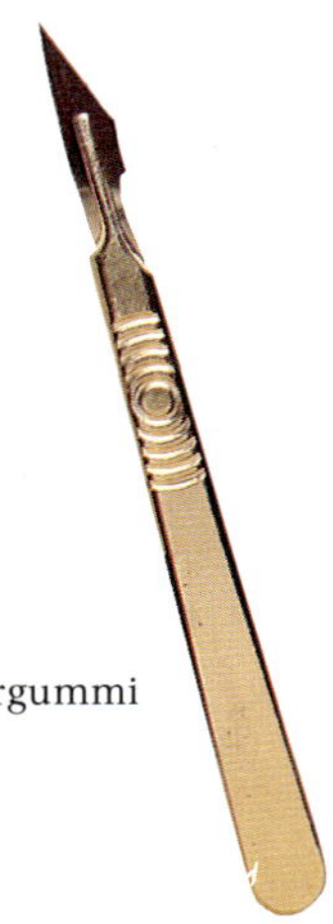

Skalpell

Zeichenkohle

Zeichenkohle gehört wohl zu den beliebtesten Zeichenmitteln überhaupt. Sie läßt

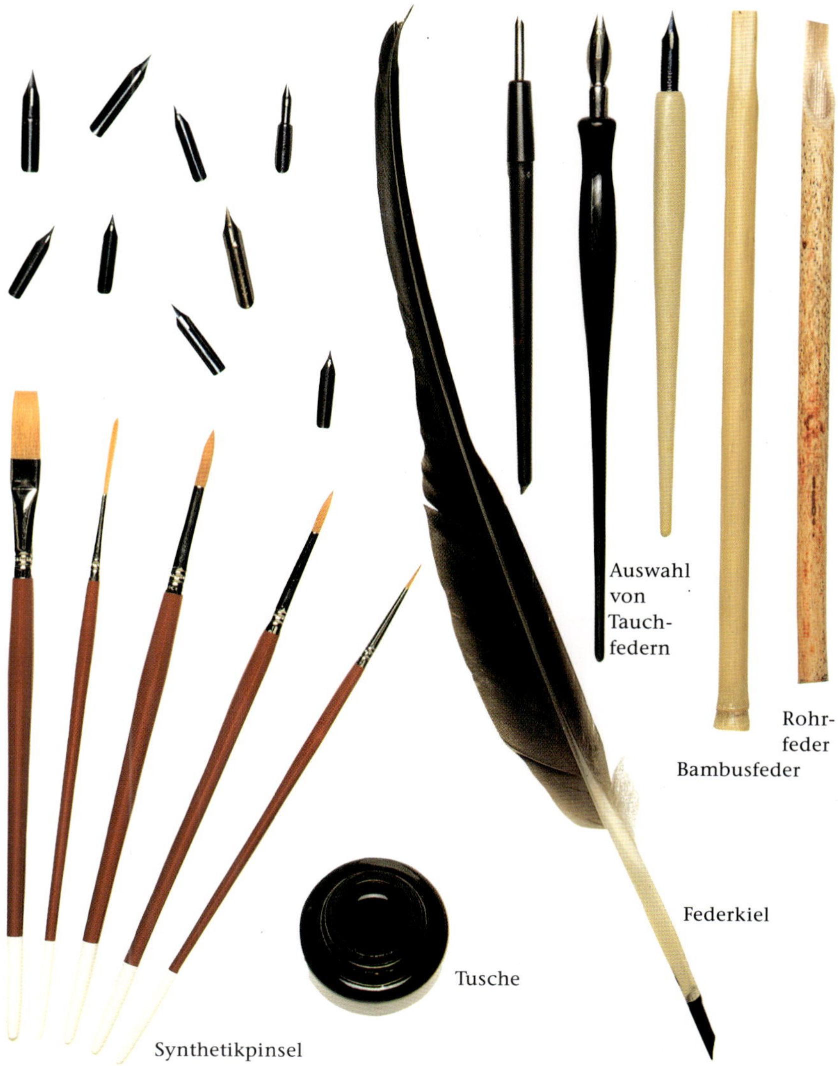

auswechselbare Federn für einen Federhalter

Auswahl von Tauchfedern

Rohrfeder

Bambusfeder

Federkiel

Tusche

Synthetikpinsel

sich so leicht verreiben, daß Korrekturen durch einfaches Wegwischen ausgeführt werden können. Aus dem gleichen Grund ist sie jedoch für kleinere Skizzen in Skizzenbüchern weniger geeignet als Bleistift, da sie hier zu schnell verschmiert. Gepreßte Zeichenkohle ist sowohl in viereckigen oder runden Stiften als auch in Bleistiftform erhältlich. Im Vergleich zur einfachen Zeichenkohle aus Weidenzweigen, ergibt gepreßte Zeichenkohle einen samtigen, tiefschwarzen Strich, läßt sich aber weniger leicht ausradieren.

Feder, Tusche und Pinsel

Es gibt viele verschiedene Federn, angefangen bei den „altmodischen“ Federkielen und Rohrfedern bis zu den modernen Filz- oder Faserspitzen. Für den Anfänger empfiehlt es sich, zunächst relativ billige Federn zu verwenden. Am besten ist es, sich einen Holz- oder Plastikgriff und eine kleine Anzahl austauschbarer Federn anzuschaffen. Mit ihnen können Sie experimentieren, üben und langsam ihre persönlichen Vorlieben für bestimmte Federn entdecken.
Die Vielzahl der angebotenen Zeichentuschen läßt sich in zwei Grundsorten einteilen: wasserlöslich und wasserecht, im letzteren Fall auf der Basis von Schellack oder Acryl. Wasserlösliche Tusche läßt sich mit Wasser verdünnen und für Lavierungen einsetzen, bei denen man neben Schwarz auch eine Skala von Grautönen erzielen möchte. Wasserechte Tusche sollte nie in Federn mit Reservoir verwendet werden, da diese verkleben können.
Filz- und Faserschreiber sind ebenfalls in wasserlöslicher und wasserechter Ausführung erhältlich. Obwohl Pinsel beim Zeichnen nur selten eingesetzt werden, können Sie den Bildern eine ausdrucksstarke Linienführung geben.

Papiere

Am gebräuchlichsten für Zeichnungen ist weißes Zeichenpapier (oder Zeichenkarton). Für Lavierungen braucht man sehr reißfestes, gutes Zeichenpapier.
Einige Künstler ziehen für Kohlezeichnungen rauhes Papier vor, das auch für Conté-Zeichnungen verwendet werden kann.
Wenn man satte Schwarz- oder Brauntöne erzielen möchte, sollte man jedoch bei dem glatten Zeichenpapier bleiben.

Zusätzliche Ausrüstung

Das Zeichenpapier sollte auf einer festen Unterlage, einem Karton oder einem Brett, aufliegen. Man benötigt zudem einen Radiergummi, ein Skalpell und ein Fixativ in der Sprühdose oder eine Fixativlösung mit Sprühröhrchen.

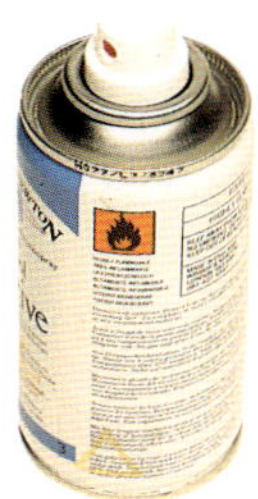

Fixativspray

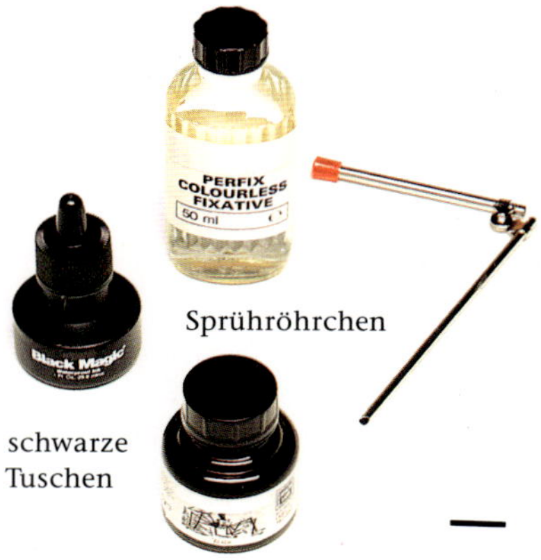

Fixativlösung

Sprühröhrchen

schwarze Tuschen

Bleistift

Der Bleistift ist ein sehr vielseitiges Zeicheninstrument, das in den unterschiedlichsten Stilrichtungen und Arten eingesetzt werden kann. Es gibt so viele verschiedene Möglichkeiten, den Bleistift zu benutzen, daß man keine spezielle Technik als besonders typisch hervorheben kann.

Linie und Tonwert

Jedes Motiv verlangt eine andere Art der Umsetzung. Umgekehrt lassen aber auch die unterschiedlichen Härtegrade des Bleistifts ein und dasselbe Motiv ganz verschieden wirken. Ein HB-Bleistift ergibt zum Beispiel ganz helle, feine Linien. Daher ist er für das Anlegen großer Flächen, die dunkle Schattierungen und Verreiben erfordern, nur schlecht geeignet. Motive jedoch, bei denen feine Linien und zarte Tonwertflächen durch leichtes Schraffieren und Schattieren aufgebaut werden, können mit diesem relativ harten Bleistift gut wiedergegeben werden. (Die Technik des Kreuzschraffierens wird in allen Zeichentechniken eingesetzt und im Kapitel „Tusche und Feder“ genauer behandelt.)

Mit weichen Bleistiften wie 6B und 8B lassen sich tiefdunkle Flächen anlegen. Ihre Wirkung kann den Conté-Kreiden sehr ähnlich sein, und sie eignen sich besonders für Zeichnungen, in denen Linien eine nur untergeordnete Rolle spielen. Weiche Bleistifte sind ideal für die Darstellung von Tonwerten wie zum Beispiel Licht und Schatten in einer Landschaft oder zum Modellieren von Formen, etwa einem Gesicht oder einer Figur, die stark von der Seite beleuchtet werden.

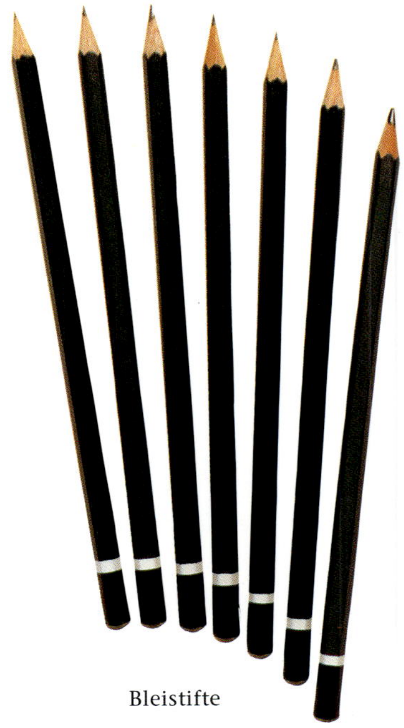

Bleistifte

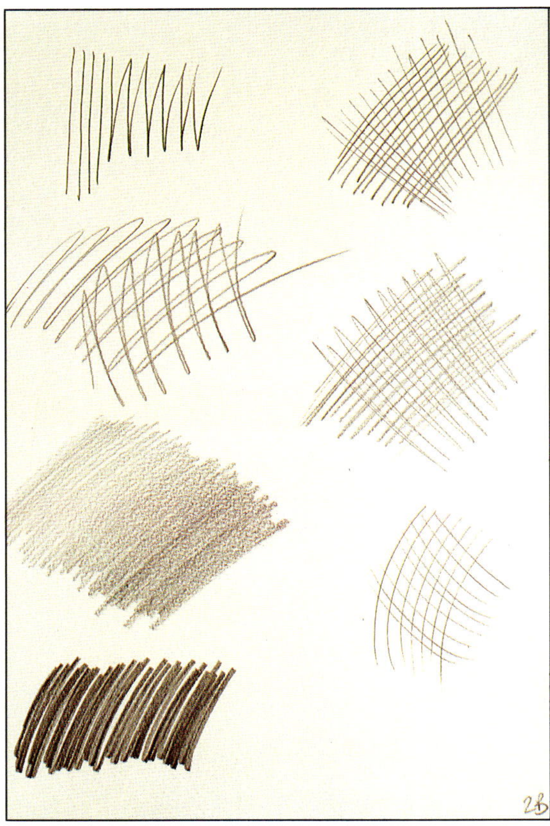

Linien mit einem 2B-Bleistift

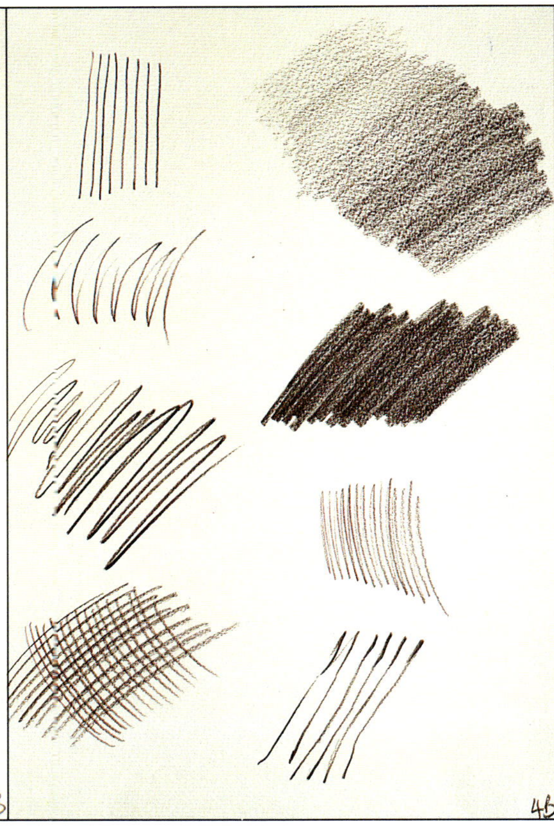

Linien mit einem 4B-Bleistift

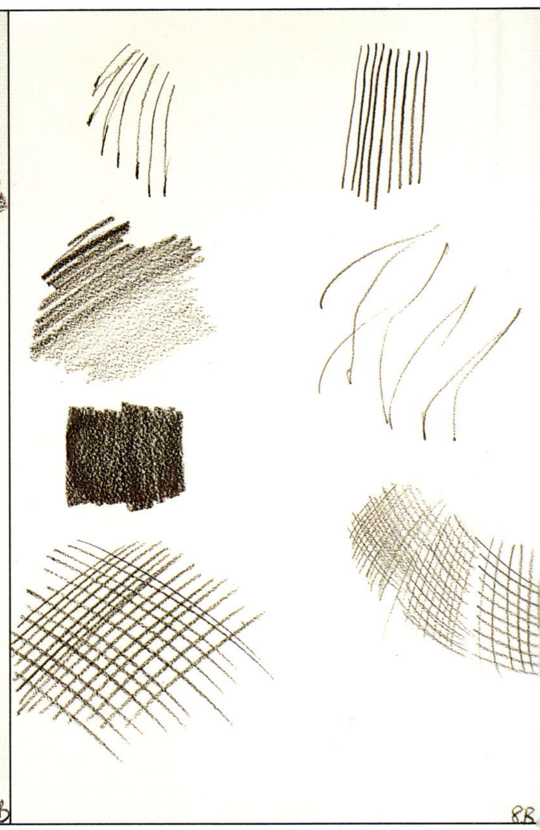

Linien mit einem 8B-Bleistift

Frottage

Die Technik der Frottage wird nicht nur mit Bleistiften ausgeführt, sondern kann auch bei Zeichenkohle, Conté-Kreide oder Pastellkreide angewandt werden. „Frottage" kommt aus dem Französischen „frotter" und bedeutet reiben. Bei der Frottage legt man ein Stück Papier über eine rauhe Oberfläche oder ein ausgeprägtes Muster und reibt mit einem weichen Bleistift über das Papier, so daß sich die Textur oder das Muster der Unterlage durchdrückt. Mit Hilfe dieser Technik kann man die unterschiedlichsten Texturen in eine Zeichnung einbeziehen, zum Beispiel die Holzstruktur eines rohen Stück Holzes in einem Stilleben. Je nach Papiersorte ändert sich dabei die Wirkung: Dünneres Papier läßt die Texturen deutlicher hervortreten, auf normalem Zeichenpapier sind die Abdrücke dagegen meist weicher und verschwommener.

Frottage-Technik

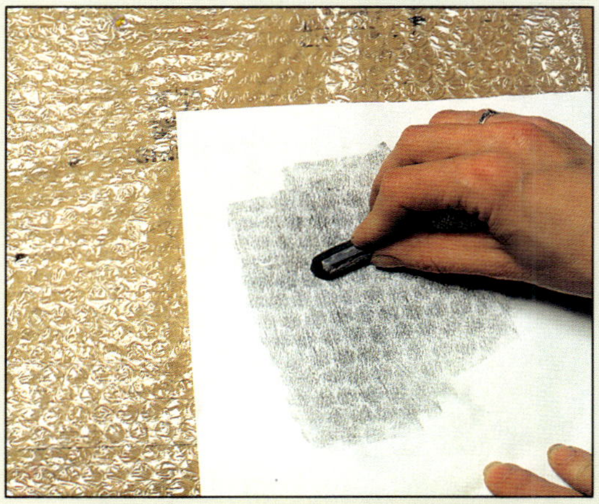

Um bei der Frottage eine deutliche Textur zu erzielen, benötigt man einen weichen Bleistift und dünnes Papier. Hier wird mit einem Graphitstift (ein Stift ohne Holzschaft) eine Frottage von einem Stück Luftpolsterfolie abgenommen.

Collage mit Frottage-Texturen

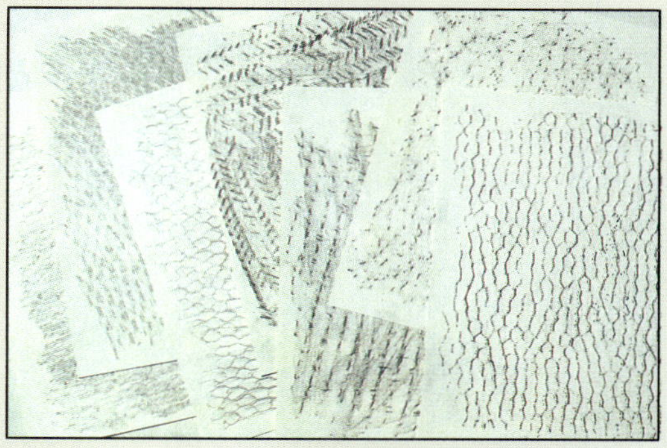

1 *Die Künstlerin hat eine Reihe von Frottagen auf dünnem Zeichenpapier angefertigt, das sich leichter durchreiben läßt als dickes Papier und auf dem die Texturen deutlicher hervortreten.*

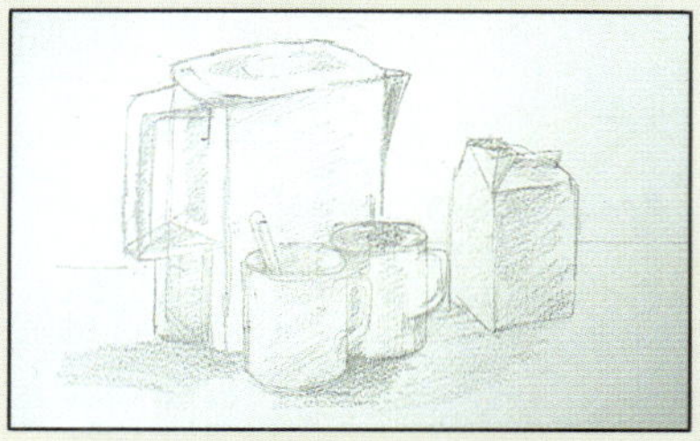

2 *Eine Skizze klärt die Komposition und zeigt den Lichteinfall.*

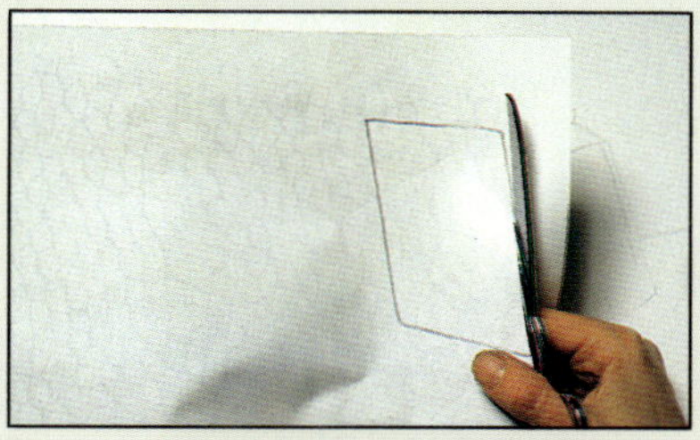

3 *Die Zeichnung wird durchgepaust, und die einzelnen Collageteile werden aus den Frottage-Texturen ausgeschnitten.*

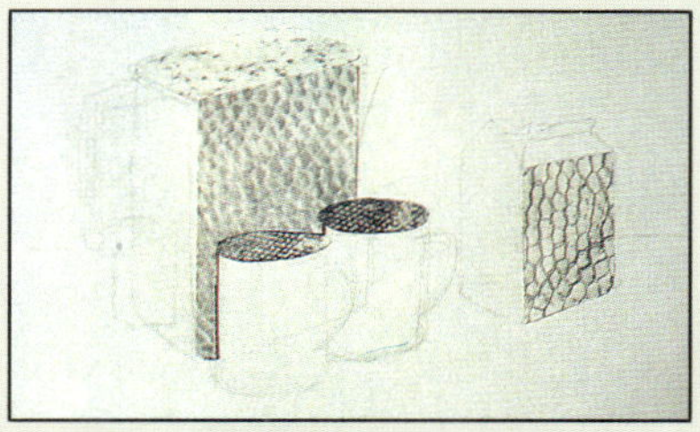

4 *Langsam gewinnen die Formen an Plastizität, die verschiedenen Texturen verstärken die Tiefenwirkung.*

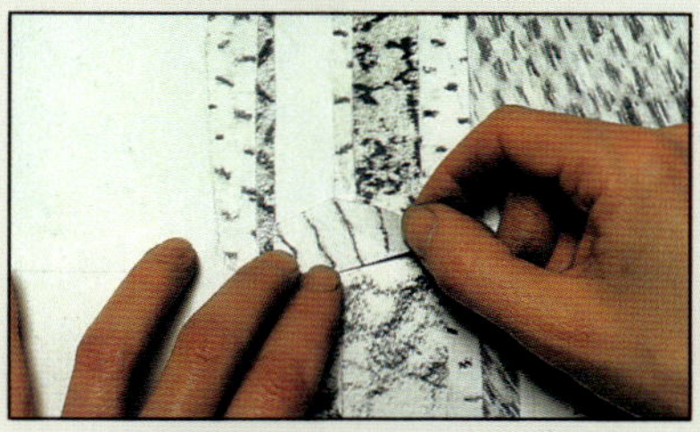

5 *Die Künstlerin bringt die einzelnen Teile in die beste Position und klebt sie schließlich an der passenden Stelle fest.*

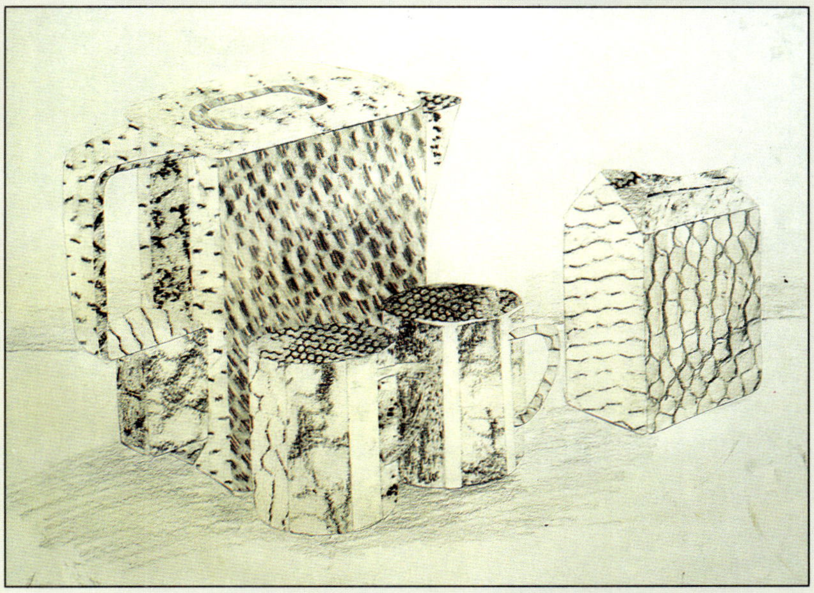

6 ► *Die fertige Collage zeigt den einfallsreichen Einsatz der Frottage-Teile, ein ungewöhnliches Stilleben ist entstanden.*

Zeichenkohle

Zeichenkohle ist ein wunderbar vielseitiges Zeichenmittel, das auf den geringsten Druck reagiert. Dünne Stücke von Weidenzeichenkohle ergeben entweder feine Striche oder kräftige, scharfe Linien, ähnlich einer Bleistiftzeichnung. Man kann aber auch mit der Längsseite einer dickeren Zeichenkohle flächige, satte Schattierungen anlegen.

Normales Zeichenpapier hat eine glatte Oberfläche, auf der Zeichenkohle nicht besonders gut haftet. Zeichnungen mit großen Flächen müssen daher immer wieder fixiert werden. Man kann auch ein rauheres Papier wie Ingrespapier, Aquarellpapier oder Recyclingpapier nehmen, auf denen die Tonwerte dichter angelegt werden können. Dagegen ist für feine leichte Effekte das normale Zeichenpapier am besten geeignet.

Wischtechniken

Zeichenkohle läßt sich – wenn auch nur mühsam – fast ganz ausradieren. Meist jedoch wischt man fehlerhafte Linien einfach leicht weg, so daß sie noch schwach zu erkennen sind, und zeichnet dann direkt darüber. Die stehengebliebenen Linien sind nicht nur ein typisches Kennzeichen von Kohlezeichnungen, sondern auch eine praktische Hilfe, da sie als Hilfslinien für weitere Korrekturen dienen.

Die leichte Verwischbarkeit der Zeichenkohle hat zu einer interessanten Technik, dem „Abheben", geführt. Diese Technik kehrt den normalen Zeichenvorgang um, bei dem langsam die dunklen Töne aufgebaut werden. Statt dessen arbeitet man hier von Dunkel nach Hell und hebt die Lichter mit einem Knetgummiradierer ab. Diese

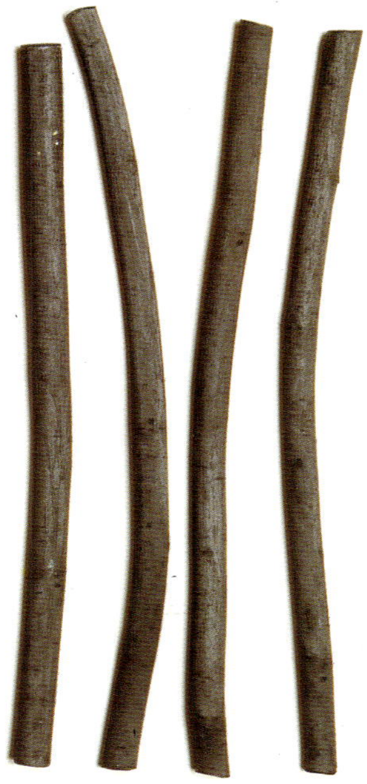

Zeichenkohle aus Weidenstöcken

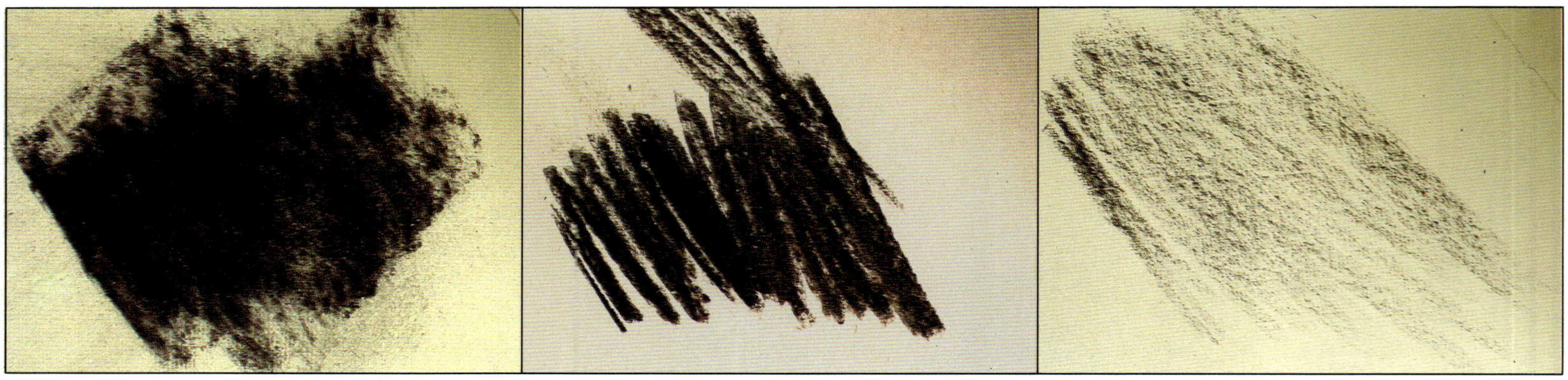

Zeichenkohle auf Ingrespapier

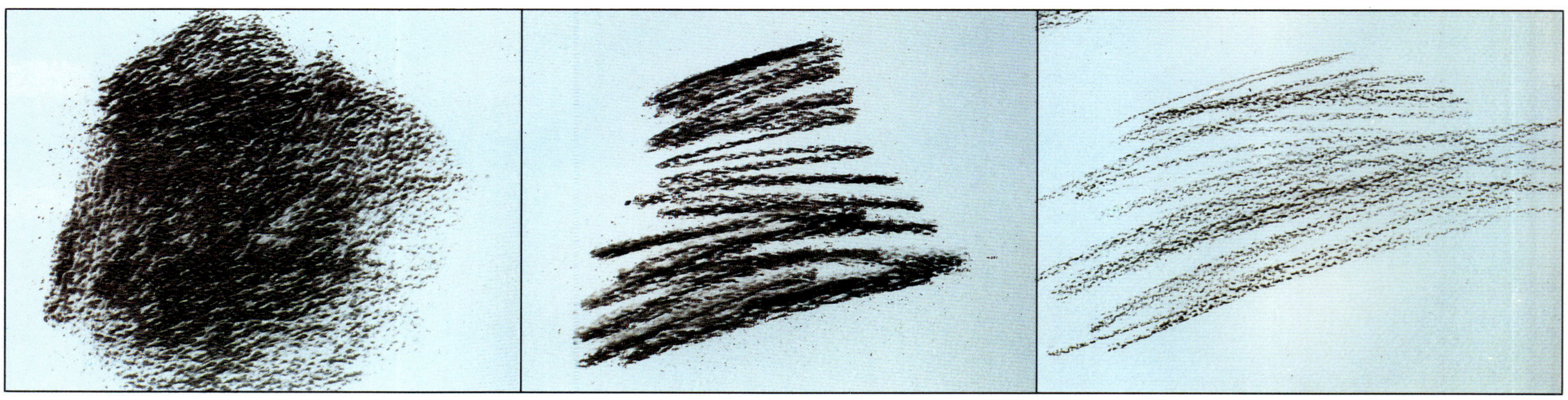

Zeichenkohle auf Aquarellpapier

Zeichenkohle abheben

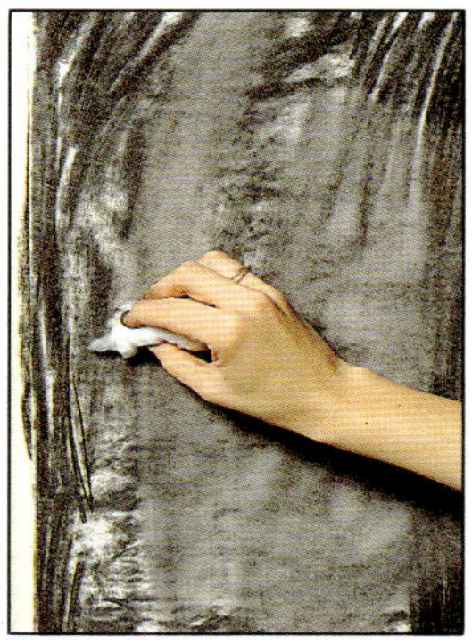

1 Nachdem das Papier mit Zeichenkohle eingeschwärzt worden ist, wird sie mit einem Baumwolltuch so weit weggewischt, daß eine graue Tönung entsteht.

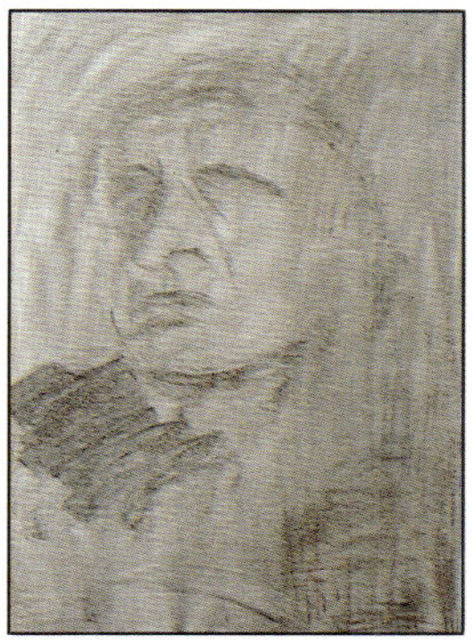

2 Eine grobe Zeichnung über den grauen Hintergrund gibt die dunklen Tonwerte und Lichthöhungen vor.

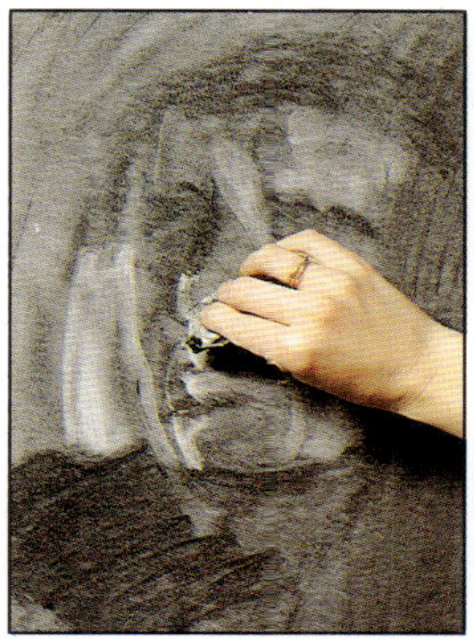

3 Mit einem Knetradierer werden nun die hellen Stellen im Gesicht ausgewischt. Mit der Längsseite werden breite Striche hineingewischt, mit der Spitze feinere Details.

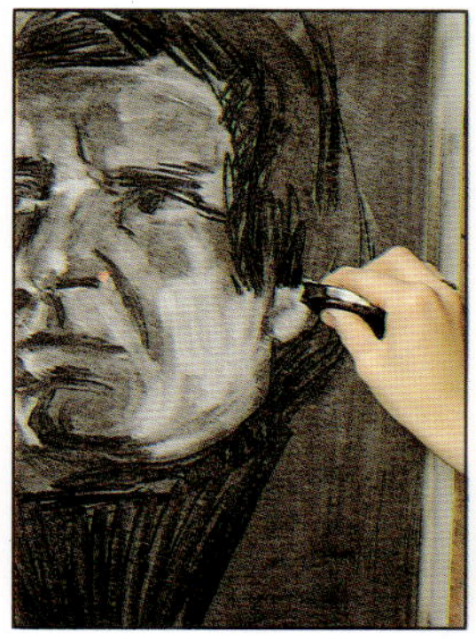

4 Dunklere Stellen werden mit Zeichenkohle neu definiert. Mit der Spitze des Knetgummis wird ein neues Licht eingesetzt.

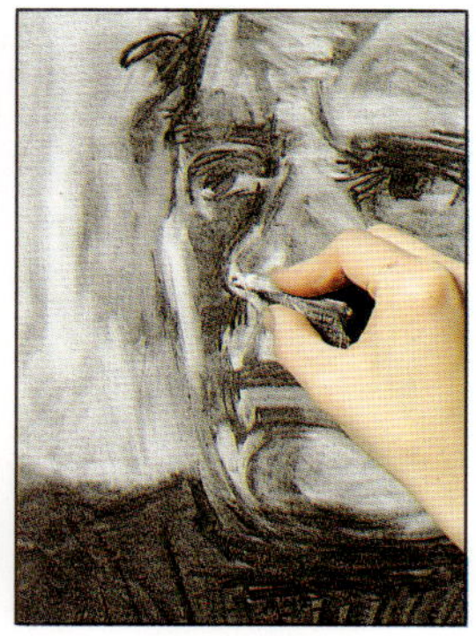

5 Der Knetgummi kann auch zu einer ganz feinen Spitze geformt werden, so daß man wie mit einem Pastellstift oder einem Bleistift feine Details „einzeichnen" kann.

6 ► Diese Technik ermutigt zu einer kühn gesetzten Zeichnung und dramatischen, malerischen Effekten. Die abgehobenen Lichter wirken wie spontan gesetzte Pinselstriche auf dunklem Grund.

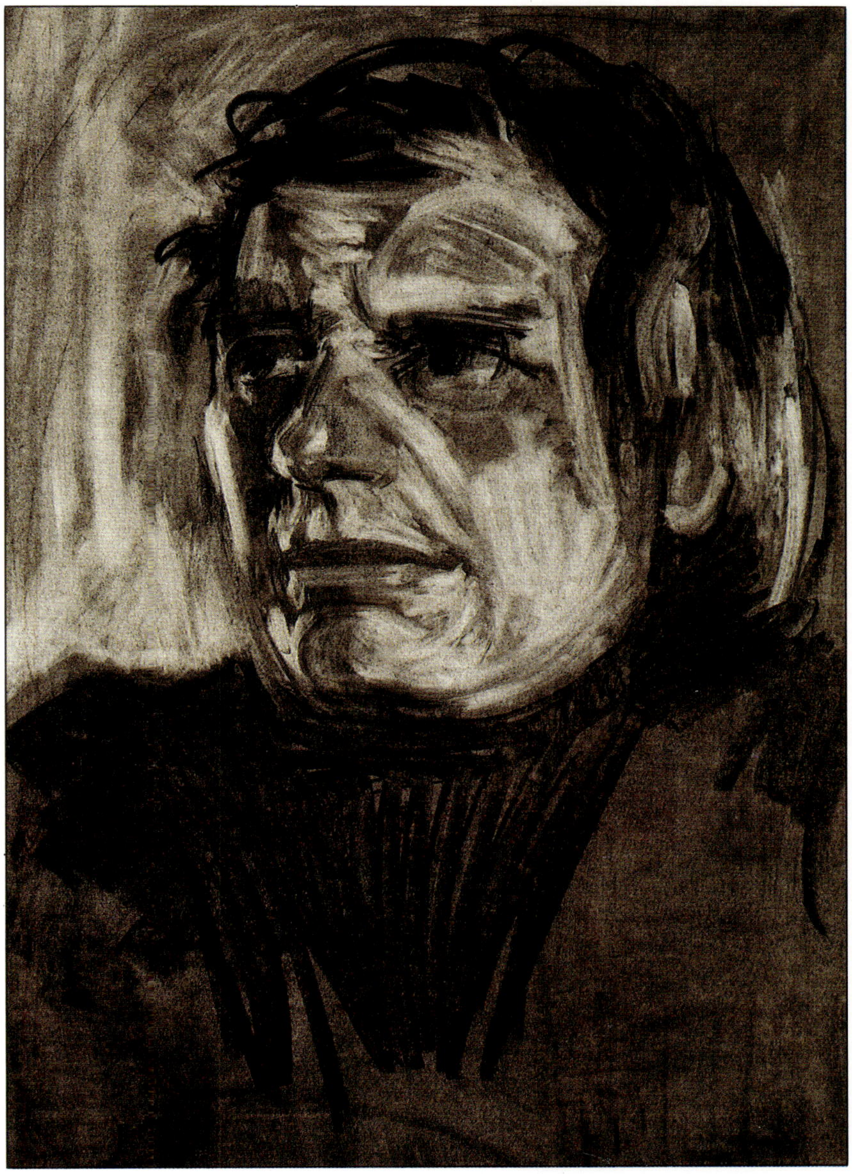

Technik findet oft bei Porträts und Figurenbildern Anwendung. Man kann aber jedes Motiv, das kräftige Tonwertkontraste aufweist, auf diese Weise herausarbeiten. Zunächst reibt man das ganze Blatt mit Zeichenkohle ein und wischt sie dann weg, so daß ein mittleres Grau entsteht. Auf dieser grauen Fläche wird dann gezeichnet. Diese Zeichnung wird wiederum leicht weggewischt, so daß einige Hilfslinien für die nächste Zeichenphase, dem Abheben der Lichter, stehenbleiben. Nachdem die wichtigsten Lichter herausgearbeitet wurden, werden mit dem Radiergummi auch die mittleren Töne abgenommen. Dunkle Töne können anschließend mit Zeichenkohle wieder verstärkt werden. Das ist nicht so schwierig, wie es sich vielleicht anhört. Mit dem Knetradiergummi lassen sich zudem gezielt Details abheben, wenn man ihn zu einer Spitze ausformt, und mit der Längsseite lassen sich große Flächen freilegen.

Monochrome Zeichentechniken

Conté-Kreide

Schwarze Conté-Kreiden und Conté-Stifte ergeben weniger feine Linien als Zeichenkohle oder Bleistift, sie sind aber für Schraffuren und große Flächen gut geeignet. Conté-Kreiden werden aus natürlichen Erdpigmenten und einem Bindemittel hergestellt. Durch diese Bindung ist die Conté-Kreide fester als Zeichenkohle und haftet auf dem Zeichenpapier besser. So lassen sich leicht kräftige schwarze Flächen aufbauen. Auch das Fixieren entfällt bei Conté-Zeichnungen meist, da sie nicht so leicht verschmieren. Es ist aber schwierig, Fehler sauber auszuradieren.
Die braunen und braunroten Sorten der Conté-Kreide ergeben feinere Strichlagen. In der Geschichte der künstlerischen Techniken wurden diese sog. Rötelkreiden daher sehr gerne für Porträt- und Figurenzeichnungen verwendet.

Papiertextur
Auch bei Conté-Kreiden spielt die Oberflächenstruktur des Papiers eine besondere Rolle für die endgültige Wirkung der Zeichnung. Im Unterschied zur Zeichenkohle gilt hier aber, je glatter das Papier, desto dunkler die Zeichnung. Eine rauhe Oberfläche wie Pastellpapier oder rauhes Aquarellpapier bricht die Striche auf und läßt kleine Sprenkel des weißen Papiers durchschimmern, die für eine Zeichnung in hellen oder mittleren Tonwerten sehr effektvoll eingesetzt werden können.

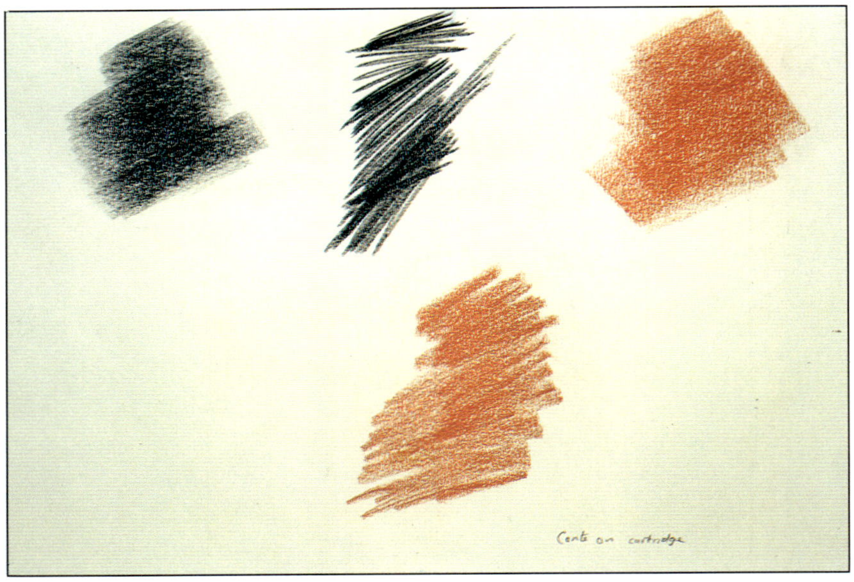

Conté-Kreide auf Zeichenpapier

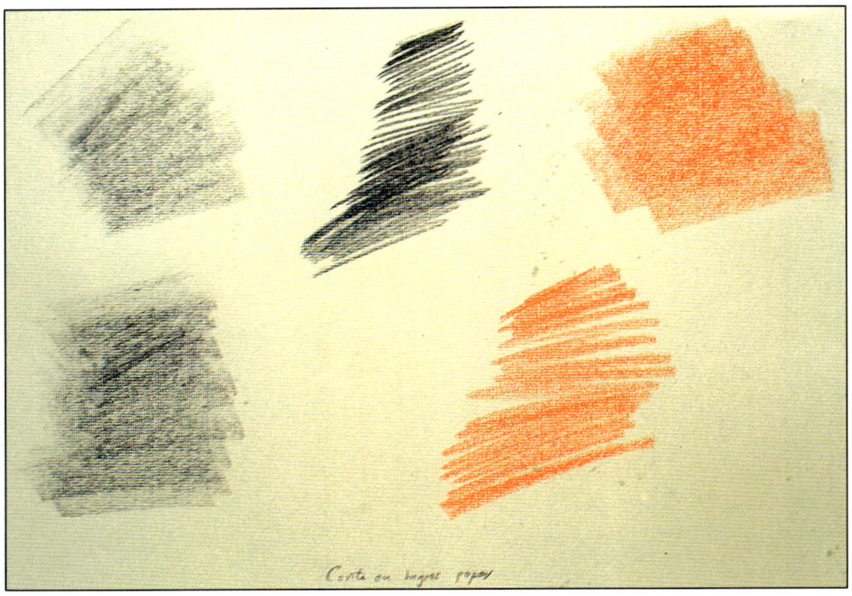

Conté-Kreide auf Ingrespapier

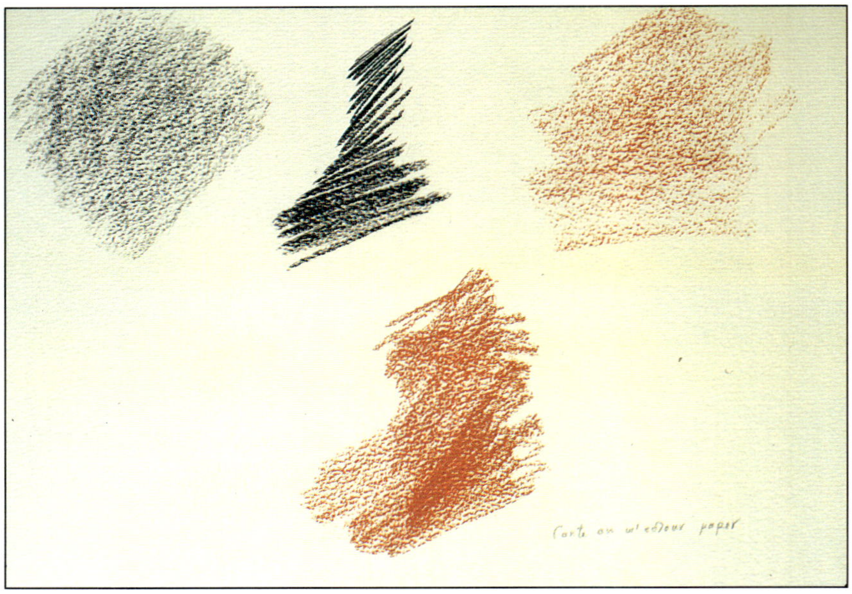

Conté-Kreide auf Aquarellpapier

Eine Zeichnung in drei Farben
(à trois couleurs)

Rötelzeichnungen werden meist auf leicht getöntem Papier angefertigt. Eine warme Tönung in Eierschalenfarben oder einem hellen Braun verstärkt die Farbtöne der Conté-Kreide. Wünscht man eine dunklere Farbwirkung, so kann man schwarze Conté-Kreide auf einem grauen oder blauen Papier einsetzen, das einen mittleren Tonwert vorgibt. Eine traditionelle Technik besteht darin, abschließend Lichter mit weißer Conté-Kreide zu setzen. Man arbeitet dann also mit drei Farbtönen (Rot, Braun und Schwarz), daher der Fachbegriff „à trois couleurs", sowie Weiß und der Farbe des Papiers. Diese Art zu zeichnen, wurde sehr gerne von den Alten Meistern wie zum Beispiel Poussin oder Ingres für Aktstudien verwendet. Während einige Stellen des Papiers stehenbleiben, werden die hellen und dunklen Töne durch Schattieren in Weiß und Schwarz (oder Rot und Braun) festgehalten.

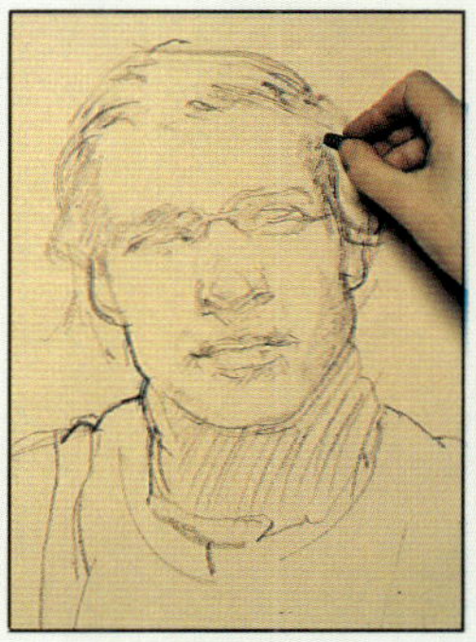

1 *Die Künstlerin arbeitet hier auf einem beigefarbenen Ingrespapier mit dunkelbrauner Conté-Kreide. Sie verwendet Schwarz, um die Linien etwas zu verstärken.*

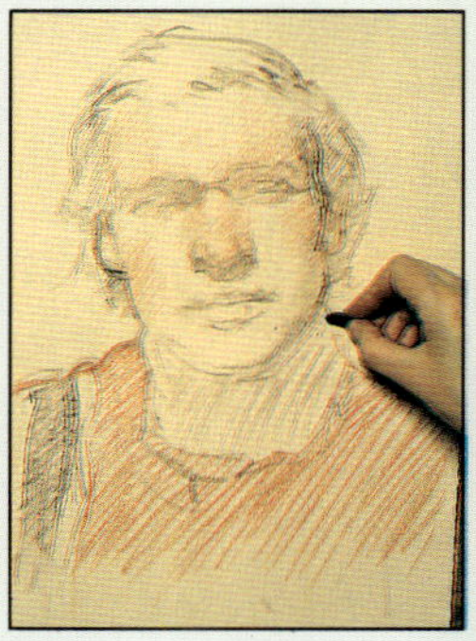

2 *Mit lockeren diagonalen Schraffuren in roter Kreide wird ein mittlerer Tonwert angelegt. Mit Schwarz wird die schattige Seite von Kopf und Nacken betont.*

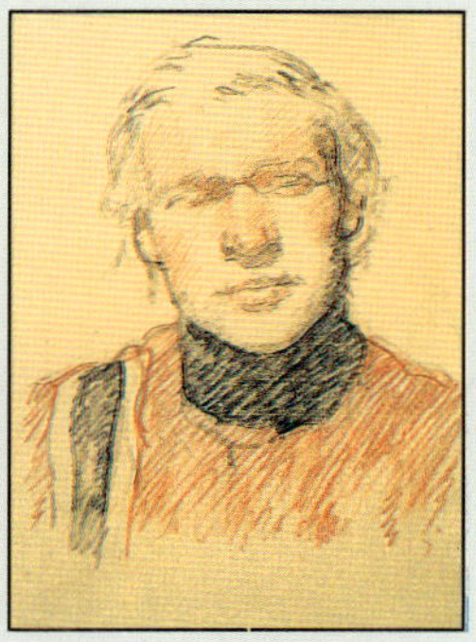

3 *Das Gesicht bekommt immer mehr Plastizität, obwohl der Strich noch leicht und zart wirkt.*

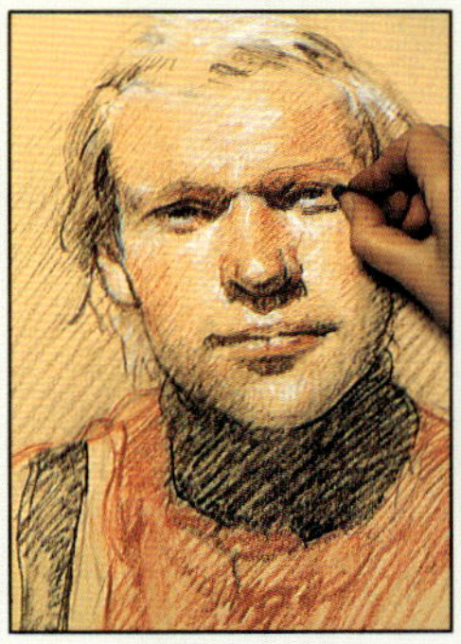

4 *Lichter werden mit weißer Kreide eingesetzt. Das Gesicht wirkt durch die eingezeichneten Augen lebendig.*

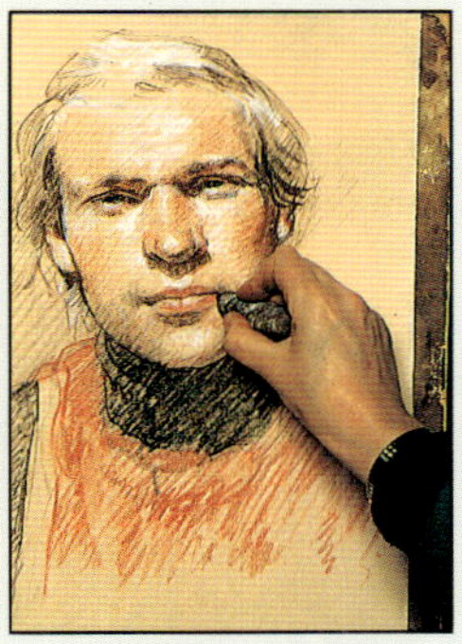

5 *Mit einem Knetgummiradierer wird der dunkle Schattenfleck in den Mundwinkeln weicher gemacht. Man kann Conté-Kreiden nicht ganz ausradieren, sie lassen sich jedoch mit dem Knetgummi gut verreiben.*

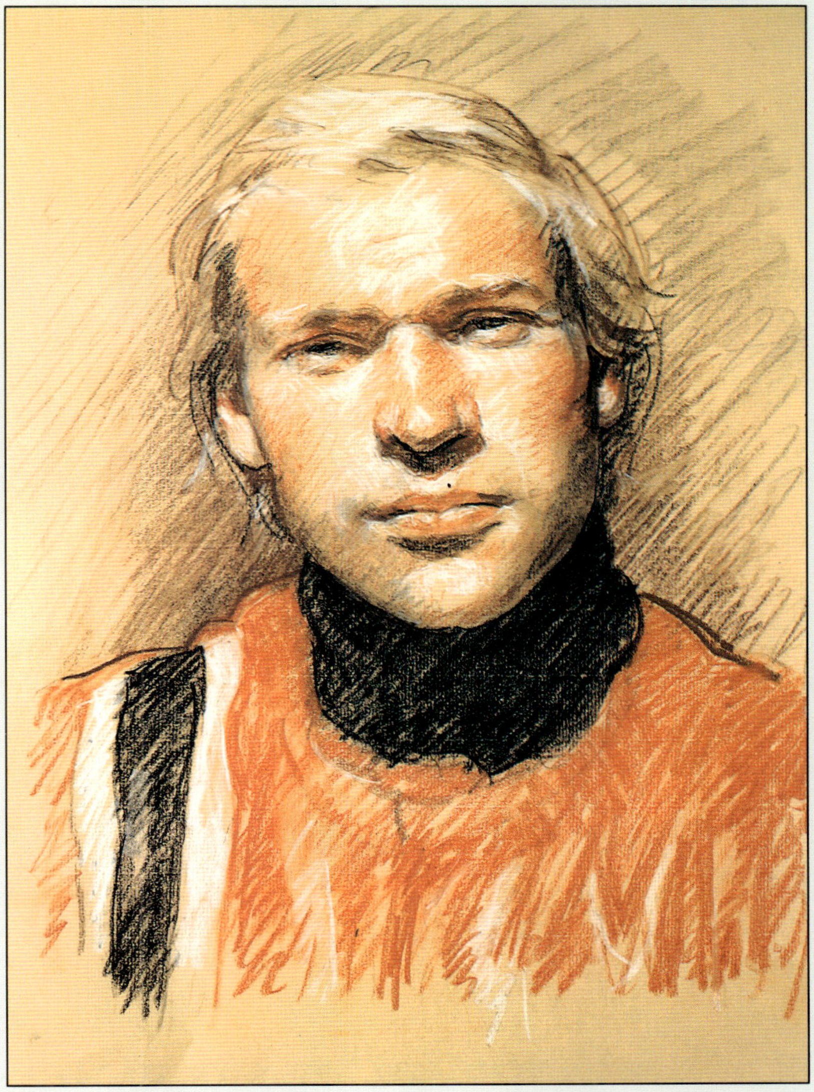

6 ▶ *Die fertige Zeichnung sieht wie ein Gemälde aus, obwohl nur drei Farbtöne sowie Weiß und die Tönung des Papiers verwendet wurden.*

Feder und Tusche

Während der Bleistift eine relativ junge Erfindung ist, sind Feder und Tusche bereits seit Jahrhunderten bekannt. In China gab es Tuschen schon um 2550 v. Chr., und im Alten Ägypten wurden zum Schreiben und Zeichnen Rohrfedern verwendet. Rohrfedern, Bambusfedern und Federkiele waren zudem bis zum 19. Jahrhundert das gebräuchlichste Zeichenmittel in Europa. Man kann Zeichenfedern beim Fachhändler kaufen oder aber selbst herstellen, wie es viele Künstler tun.

Angeboten werden zahlreiche verschiedene Federsorten, die jeweils unterschiedliche Striche erzeugen. Man sollte einige ausprobieren, um sich mit den verschiedenen

Kritzelzeichnung

Eine Möglichkeit, Tonwerte und Formen aufzubauen, ist Kritzeln. Diese Technik ist etwas schwerer zu beherrschen als das Schraffieren, denn zum einen muß man der Feder freien Lauf lassen und muß sie zum anderen doch so kontrollieren, daß sich die Formen nach und nach aus dem wie unabsichtlich wirkenden Liniengewirr herauskristallisieren. Picasso hat häufig mit dieser Technik gearbeitet.

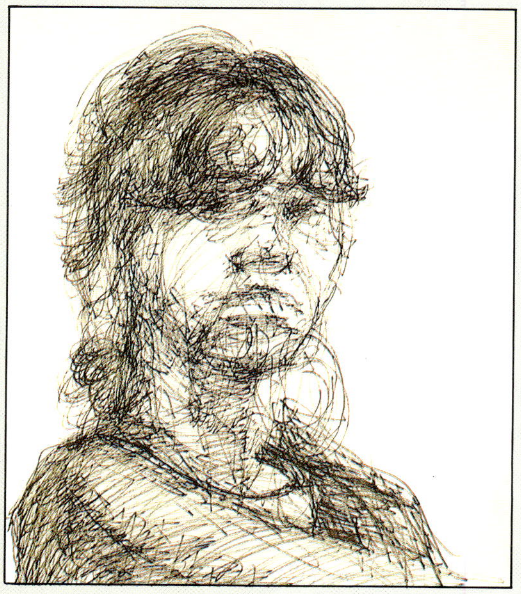

1 *Für dieses Selbstporträt wurde ein feiner Faserschreiber verwendet. Die Formen wurden sehr frei und spontan herausgearbeitet und der Stift fast wie absichtslos über das Papier geführt.*

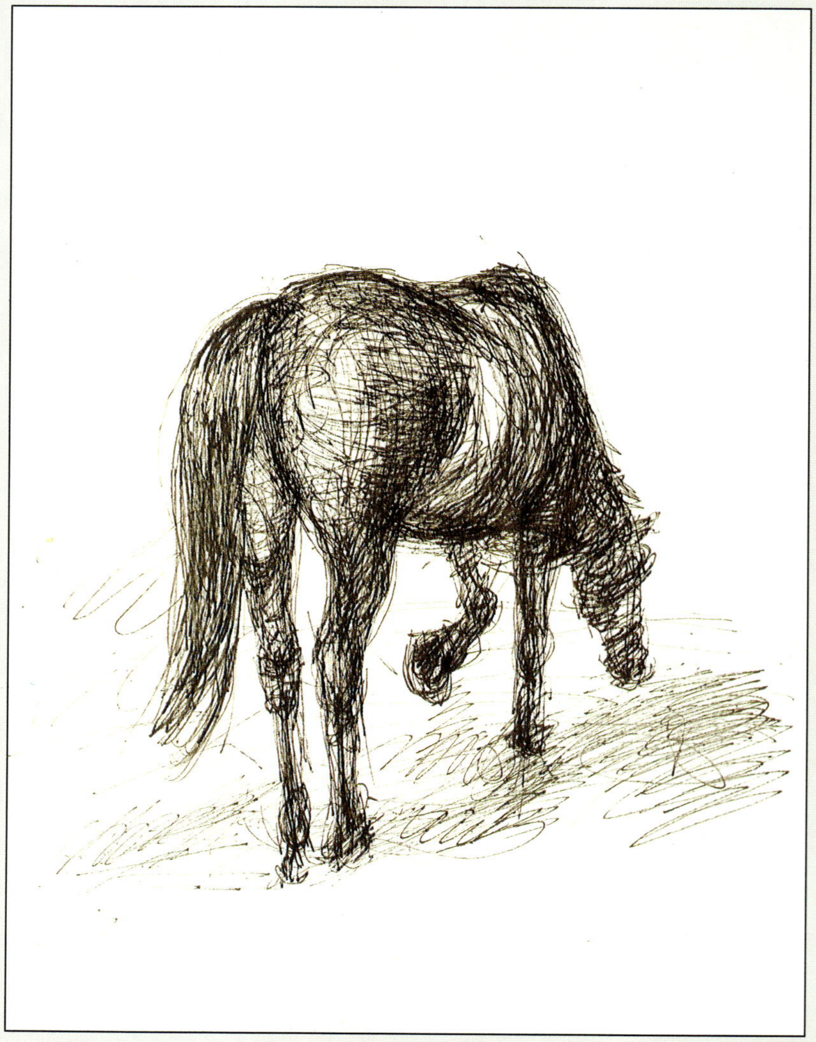

2 *Hier wurde die gleiche Technik bei einer Tierzeichnung eingesetzt. Als Vorlage wurde ein Foto verwendet, da man für eine Kritzelzeichnung sehr viel mehr Zeit benötigt als zum Beispiel für eine Skizze in Bleistift oder Kohle und ein Motiv, das sich bewegt, daher nur schwer festzuhalten ist.*

Schraffieren und Kreuzschraffieren

Im Gegensatz zur Kohle oder dem Bleistift, die sich verwischen lassen und mit denen Sie weiche Schattierungen erzielen können, können mit Feder und Tusche nur Linien gezeichnet werden. Daher müssen auch die Tonwerte durch ein dichtes Netz einzelner Linien aufgebaut werden. Von Schraffuren spricht man, wenn dabei alle Linien in eine Richtung gezeichnet werden, bei Kreuzschraffuren überlagern sich die Linien und werden in verschiedene Richtungen gezeichnet. Je dichter die Linien gesetzt werden, desto dunkler wird der Tonwert.
Schraffuren können sehr vielseitig gestaltet werden, da die Linien zwar parallel laufen sollten, dabei aber nicht unbedingt gerade und gleichmäßig sein müssen. Die Linien können in der Richtung auch den Formen der Gegenstände folgen. Die Zeichnung wirkt auf diese Weise lebendiger, Volumen und Plastizität des Motivs werden erhöht.

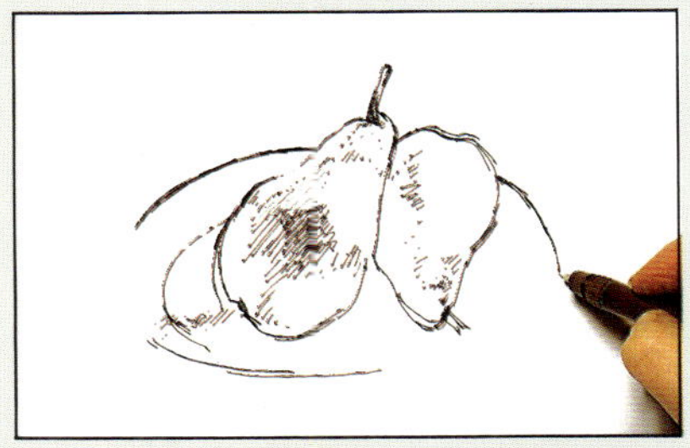

1 *In diesem Beispiel wurden ein feiner schwarzer Designerstift mit Metallkugel und hochwertiges Zeichenpapier verwendet.*

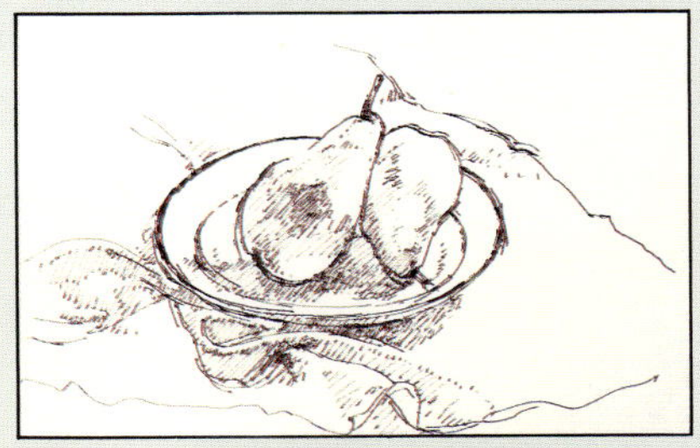

2 *Zunächst werden die Birnen auf dem Teller ausgearbeitet. Dabei kommen die verschiedensten Schraffuren zum Einsatz, von langen Diagonalen bis zu kleinen Punkten und Strichen.*

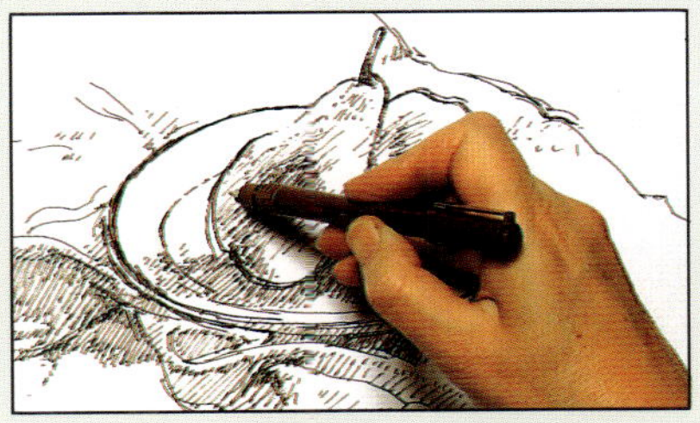

3 *Die Formen der Birnen werden mit kräftigen Schraffuren weiter aufgebaut und im Zentrum der Birne, im Bereich des dunklen Schattens, dichter und enger gesetzt.*

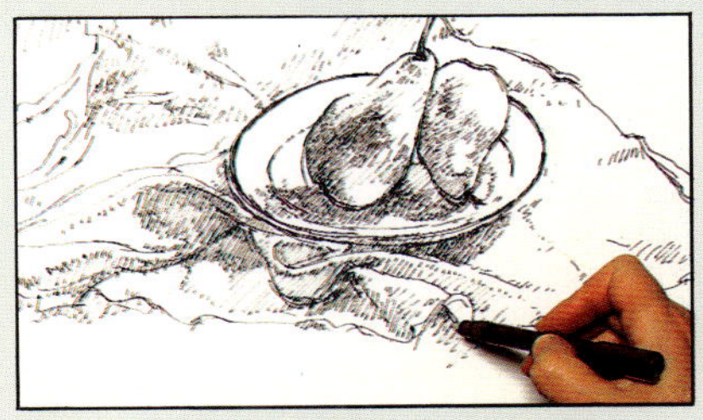

4 *Nachdem Birnen und Teller fertig gezeichnet sind, wird das Tischtuch weiter bearbeitet. Die Schatten im Vordergrund werden mit einigen raschen Strichen vertieft.*

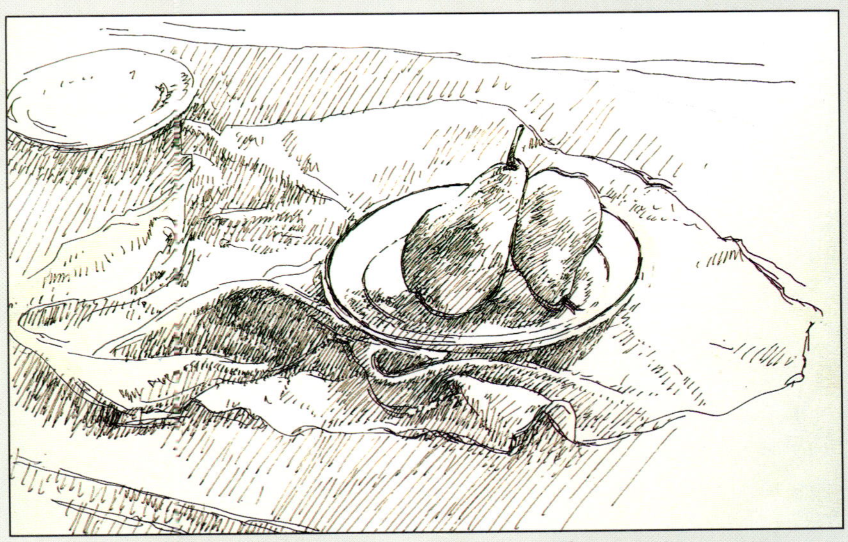

5 ▶ *Die Zeichnung gibt die plastischen Formen überzeugend wieder. Durch die vielfältigen Linienstrukturen wirkt das Bild sehr lebendig. Alle Linien verlaufen zwar diagonal, sind aber nur auf der Tischfläche wirklich parallel und gleichmäßig.*

Eigenschaften vertraut zu machen. Im Fachhandel lassen sich die meisten Sorten auf einem Stück Papier testen.
Mit welchem Zeichenmittel Sie ein Motiv umsetzen wollen, wird sicher von Fall zu Fall variieren und natürlich auch von der Zeichentechnik abhängen. Die Linienstruktur von Faser- oder Filzschreibern ist zum Beispiel nicht genau genug, um eine in allen Feinheiten ausgearbeitete Detailstudie auszuführen, aber sie sind ideal für schnelle Skizzen im Freien oder in der Stadt, da man keine anderen Materialien wie zum Beispiel ein Tuscheglas mitnehmen muß. Ein ebenso bequemes Zeichenmittel kann übrigens auch der einfache Kugelschreiber sein.

Monochrome Zeichentechniken

Linie und Lavierung

In einer Tuschezeichnung ist es auch möglich, mit Lavierungen aus verdünnter, wasserlöslicher Tusche oder schwarzer Aquarellfarbe zu arbeiten. Die Lavierung ist eine der wichtigsten Techniken der Aquarellmalerei, und es lohnt sich, auch in einer monochromen Zeichnung einmal damit zu experimentieren, denn Flächen und Tonwerte lassen sich natürlich mit Hilfe der Lavierung sehr viel schneller aufbauen als in der Schraffur, bei der die einzelnen Linien nebeneinander gesetzt werden müssen. Künstler des 17. Jahrhunderts wie Rembrandt oder Nicolas Poussin beherrschten die Technik des Lavierens meisterhaft und schufen mit ihr viele ausdrucksstarke Zeichnungen. Meist findet man Lavierungen in der Figurenzeichnung, sie können aber auch bei anderen Motiven wie Landschaften, Stadtszenen oder auch Blumenstücken eingesetzt werden.

Mit der Feder arbeiten

Mit Rohr- und Bambusfedern sowie Federkielen kann man ausdrucksvolle Linien gestalten. Zeichenfedern und Filzstifte sind in ihrer Wirkung etwas monotoner, da die Striche immer die gleiche Stärke aufweisen. Interessante Effekte kann man auch erzielen, wenn man zum Beispiel mit einer Bambusfeder auf einem leicht rauhen Aquarellpapier arbeitet, da dadurch eine gebrochene Linienstruktur entsteht.

Falls Sie sehr viel lavieren, müssen Sie das Papier aufspannen, da es sich sonst wellt. Tauchen Sie das Papier einige Minuten in eine Wanne mit Wasser ein. Nehmen Sie es dann heraus, streichen Sie überschüssiges Wasser ab, und legen Sie es auf ein Zeichenbrett, wo es mit einem Klebeband an den Rändern festgeklebt wird. Glätten Sie das Papier mit einem feuchten Schwamm, und lassen Sie es anschließend gut trocknen.

Pinsel und Rohrfeder

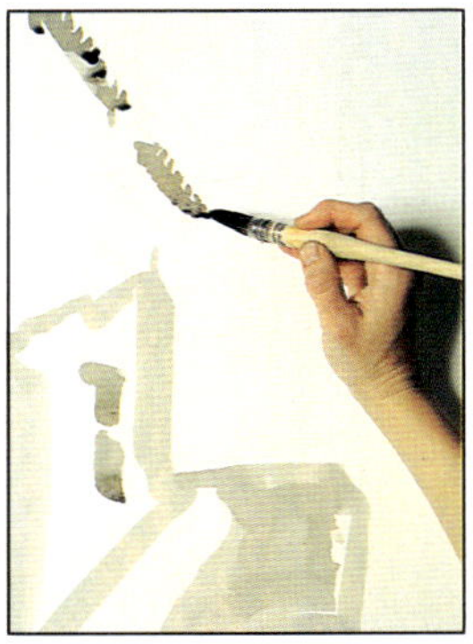

1 Dieses Motiv bietet kontrastreiche Flächen in Hell und Dunkel. Mit einem Pinsel und wasserlöslicher Tusche werden zunächst die wichtigsten Tonwerte bestimmt.

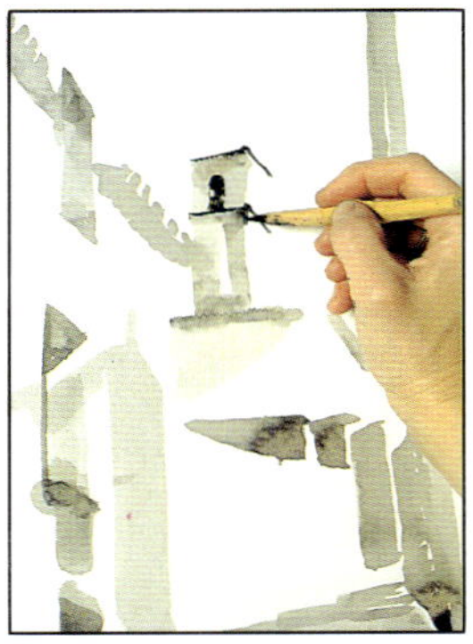

2 Mit einer Rohrfeder und unverdünnter Tusche wird nun in die Lavierungen hineingezeichnet. Diese Federsorte ergibt einen sehr ausdrucksvollen Strich.

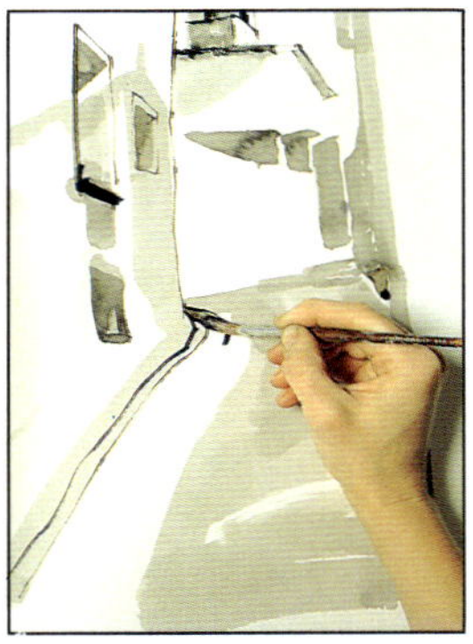

3 Die Linienführung soll keine dominante Rolle spielen. Daher wird mit Feder und Pinsel gleichzeitig gearbeitet. Dunklere Lavierungen werden nun über die Federstriche gesetzt.

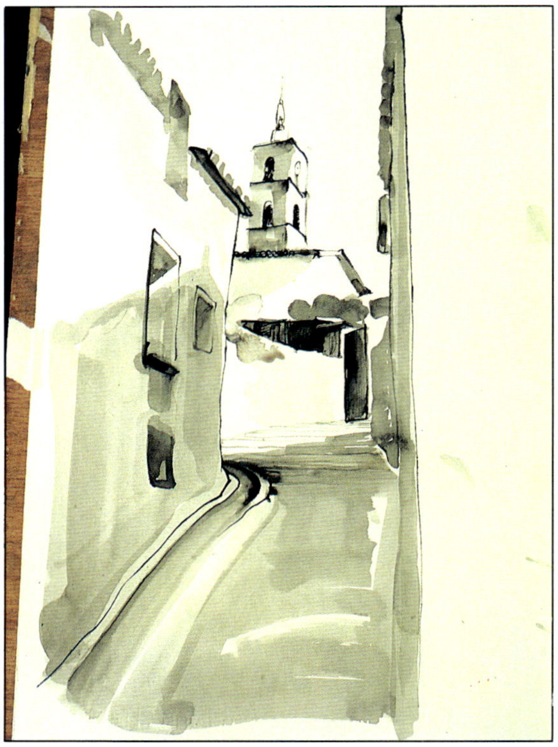

4 Die Zeichnung ist halbfertig. Die Lavierungen haben die Linien in wasserlöslicher Tusche teilweise angelöst und lassen sie weicher wirken.

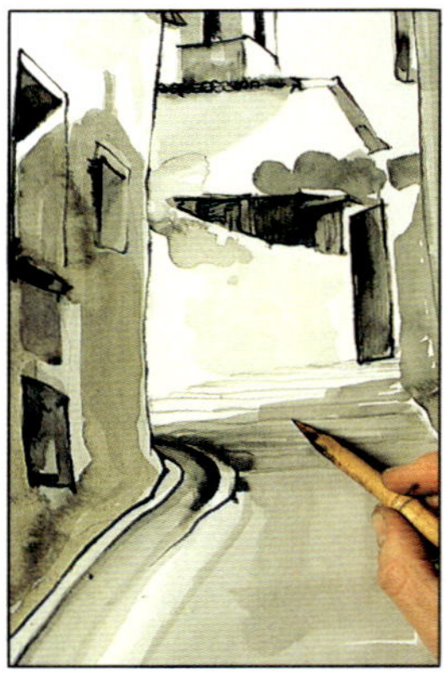

5 Der Schatten auf dem linken Gebäude wurde mit weiteren Lavierungen vertieft. Anschließend werden mit der Rohrfeder helle Linien in verdünnter Tusche auf die Treppenstufen gezeichnet.

Beschleunigen Sie diesen Prozeß nicht mit einem Fön oder ähnlichen Hilfsmitteln, da das gummierte Band sonst vorher trocknen und abfallen könnte.

Arbeitsmethoden

Versuchen Sie, die lineare Zeichnung und die Lavierung in ihrer Arbeit zu vereinen. Aber Vorsicht: Eine lineare Zeichnung, die einfach nur mit Tusche „angemalt“ wurde, wirkt schnell gezwungen. Eine Möglichkeit, die verschiedenen Techniken miteinander zu verbinden, wäre zum Beispiel, mit wasserlöslicher Tusche vorzuzeichnen, dann die Zeichnung mit dem Pinsel etwas aufzulösen und schließlich durch Lavierungen zu ergänzen. Einige Künstler arbeiten dagegen gerne mit deutlichen Linien in wasserechter Tusche und Lavierungen aus wasserlöslicher Tusche, die die Zeichnung nicht angreifen. Man kann diese Technik auch umkehren, indem man zuerst Lavierungen anlegt und dann später Details und Linien einfügt.

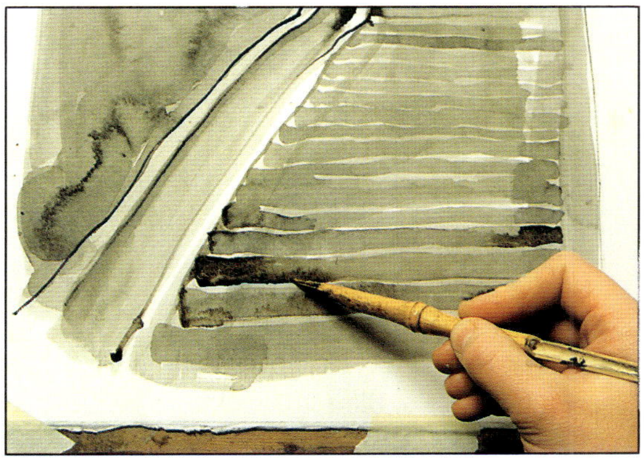

6 *Die Stufen spielen eine wichtige Rolle in der Komposition, da sie das Auge zum Mittelpunkt der Zeichnung führen, dem Kirchturm. Daher werden sie sorgfältig mit Lavierungen und Federzeichnung ausgearbeitet.*

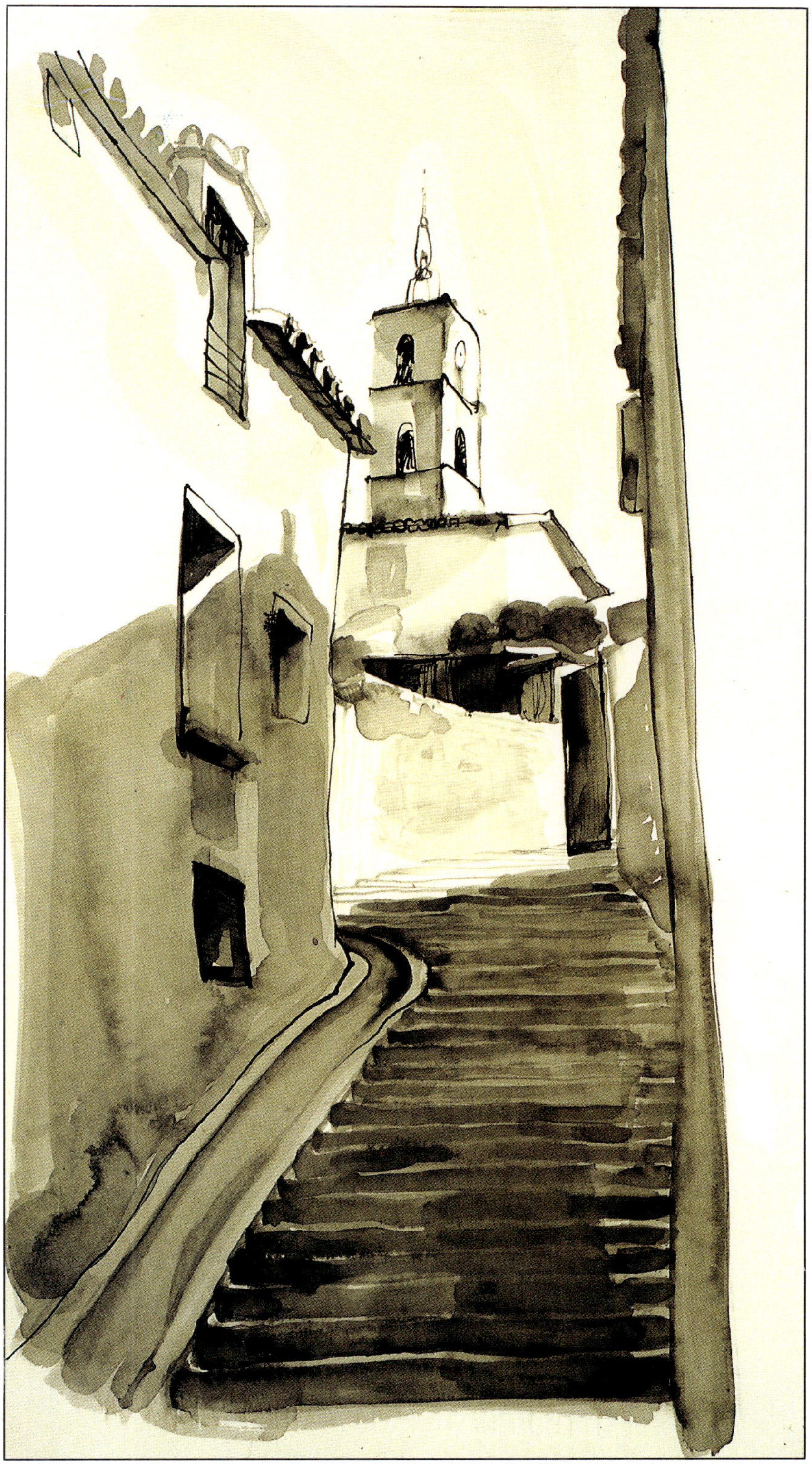

7 *Die kühnen breiten Linien der Rohrfeder harmonieren gut mit den locker gesetzten Lavierungen. An der linken Wand unten wurde mit Fließeffekten gearbeitet, die die Textur des alten Mauerwerks wiedergeben sollen.*

Pinselzeichnung

In einer Zeichnung, in der mit Feder und Lavierung gearbeitet wird, bleibt die Feder das eigentliche Zeicheninstrument. Man kann aber auch ganz auf die Feder verzichten und statt dessen mit einem Pinsel zeichnen. Mit der Pinselspitze lassen sich feine Linien ziehen, und in Verbindung mit einer Lavierung ähnelt die Wirkung einer Zeichnung, in der die Kombination Feder und Lavierung eingesetzt wurde. Die Übergänge zwischen Linien und Flächen sind jedoch sehr viel weicher und fließender.

Rembrandt hat wundervolle Pinselzeichnungen angefertigt, wobei er neben Figurenszenen auch weite holländische Landschaften schuf. Im 19. Jahrhundert setzte der englische Maler John Constable diese Methode für seine Landschaftsskizzen ein, nicht zuletzt deshalb, weil sie sich besonders gut für schnelle tonale Skizzen vor Ort eignet.

Eine Variante dieser Technik besteht darin, auf einem feuchten Papier zu arbeiten, auf dem die Lavierungen weich zerfließen. Besonders gut lassen sich damit Stimmungen wie zum Beispiel eine nebelige Landschaft einfangen. Bei dieser Naß-in-Naß-Technik ist es wichtig, das Papier aufzuziehen, wie auf Seite 24 erläutert.

Bei mangelnder Übung fällt es schwer, den Verlauf der Tusche zu kontrollieren. Beginnen Sie daher mit den größeren Flächen in hellen Lavierungen, und arbeiten Sie die Details mit der Pinselspitze erst aus, wenn das Papier bereits wieder trocken ist.

5 ▶ Mit Hilfe von Lavierungen kann eine Landschaft wesentlich rascher aufgebaut werden als mit Bleistift oder Feder. Das fertige Bild zeigt zudem, wie man zufällige Effekte geschickt in die Komposition einbauen kann. Die Verläufe im Vordergrund ziehen die Aufmerksamkeit des Betrachters an und nehmen die Formen der Bäume im Mittelgrund auf.

Tusche und Lavierung

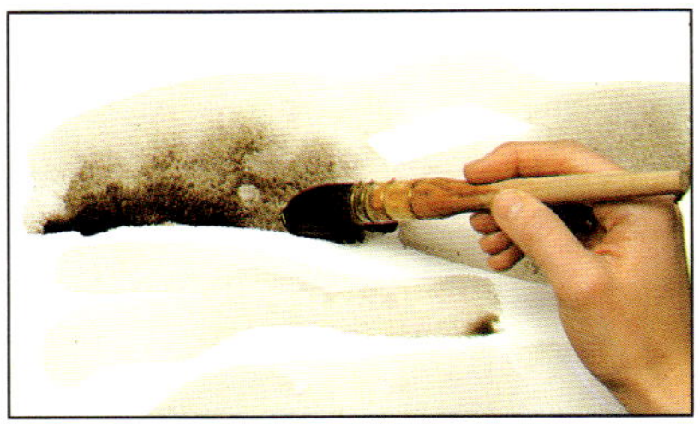

1 Nach dem Auftrag einiger heller Lavierungen in verdünnter Tusche werden dunklere Tupfen in die noch feuchten Flächen gesetzt, die dann weich verlaufen.

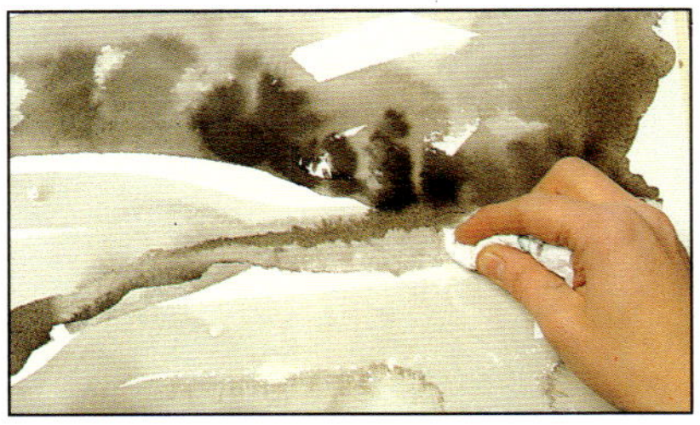

2 Mit etwas Küchenpapier wird der Fluß der Lavierung gesteuert. Im Vordergrund haben die auslaufenden Lavierungen unregelmäßige Ränder gebildet, die sich gut in das Landschaftsbild einfügen.

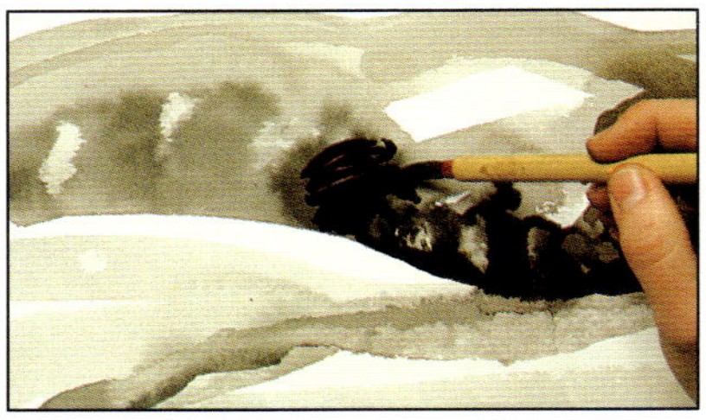

3 Die ersten Lavierungen sind inzwischen fast getrocknet. Mit einem Chinapinsel und unverdünnter Tusche können nun Kontraste herausgearbeitet werden.

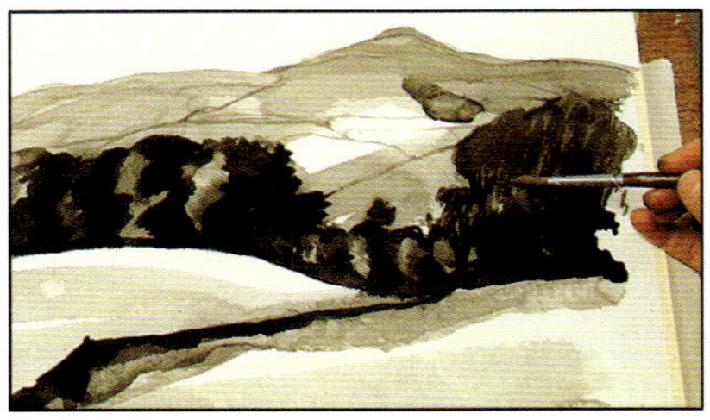

4 Wenn das Papier ganz getrocknet ist, werden lineare Details im Hintergrund sowie bei der Mauer im Vordergrund und in den Bäumen eingezeichnet.

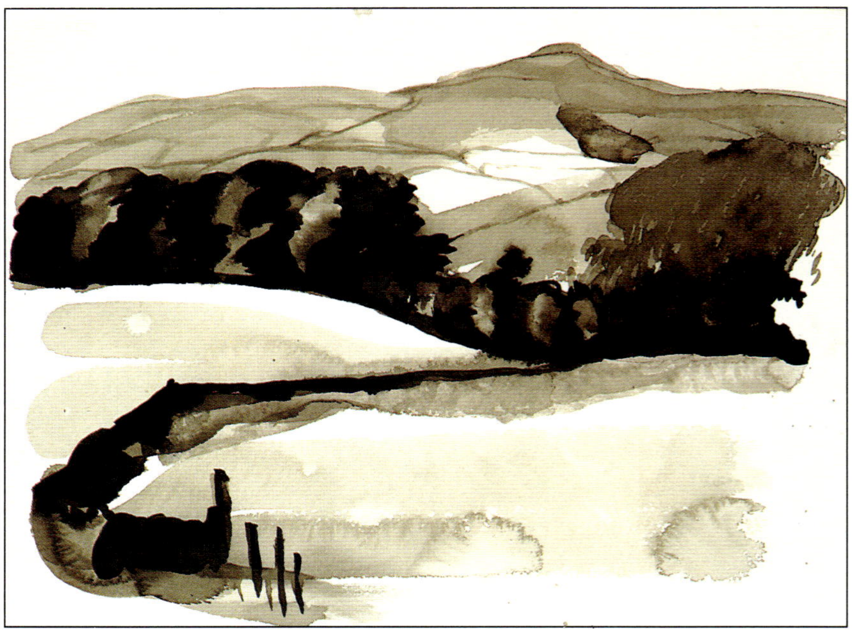

Pinsel und Farbe

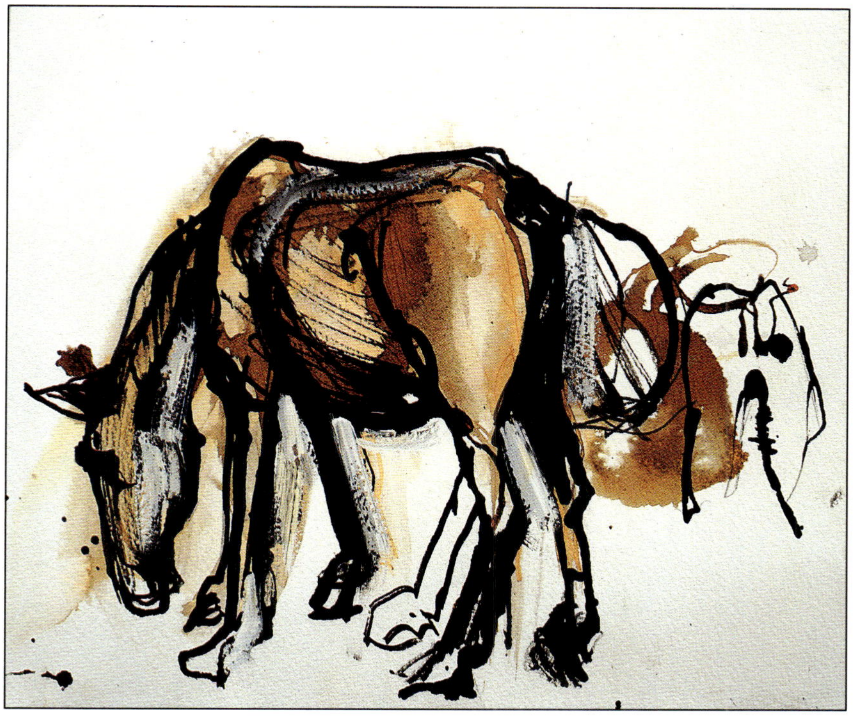

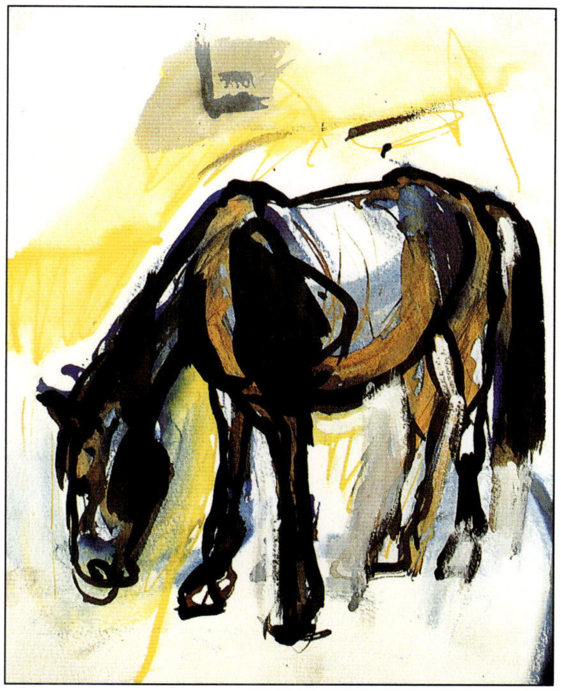

▲ ▶ *In diesen Studien wurde mit einer Kombination aus Tusche und Aquarell gearbeitet. Die Pinselzeichnungen wirken dabei fast wie gemalt.*

Pinsel und Tusche

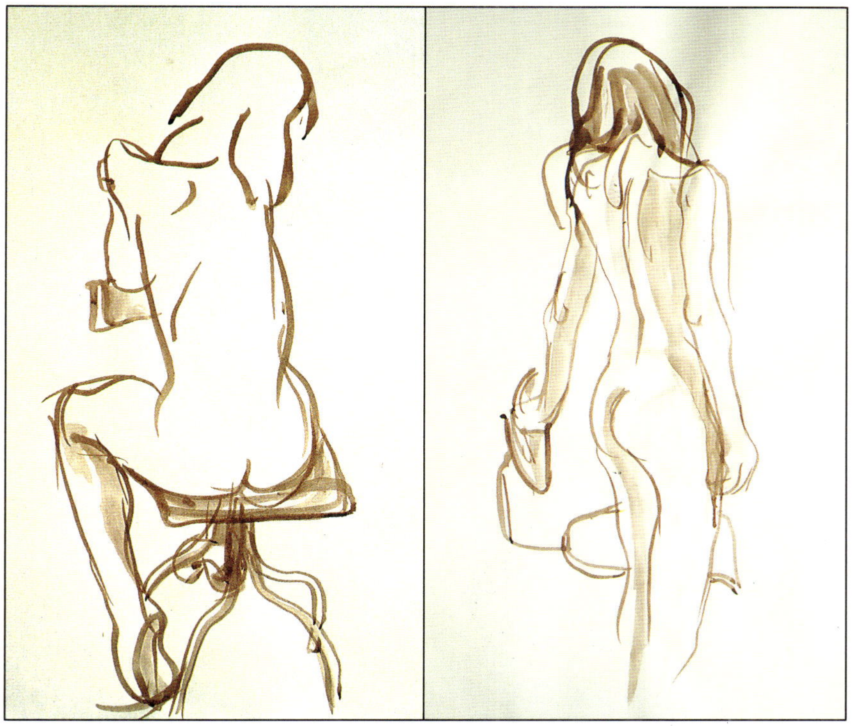

Beide Zeichnungen wurden in nur zehn Minuten mit leicht verdünnter brauner Tusche und einem Chinapinsel angefertigt, einer Technik, die sich gut für schnelle Figurenskizzen und Bewegungsstudien eignet.

Die Pinselspur als Linie

Auch mit dem Pinsel allein lassen sich Zeichnungen anfertigen. Da man jedoch die Pinselspur nicht mehr ausbessern kann, braucht man ein wenig Übung. Trotzdem sollte man diese Technik einmal ausprobieren. Man lernt dadurch schnell, Hemmungen zu überwinden und die Zeichnung freier zu gestalten.
Mit dem Pinsel kann man, je nach Haltung und Druck, jede Bewegung in eine Linienspur verwandeln. Um alle Möglichkeiten der Pinselzeichnung kennenzulernen, sollten Sie einige Proben auf Skizzenpapier machen. Die japanischen Künstler und Kalligraphen haben die vielfältigen Pinseltechniken seit Jahrhunderten erforscht und ganz spezielle Handhaltungen entwickelt. Manchmal arbeiten sie zum Beispiel mit einem senkrecht gestellten Pinsel, den sie locker am oberen Ende statt an der Zwinge festhalten.

FARBIGE ZEICHENMATERIALIEN

Zeichnungen mit Bleistift, Kohle oder Feder sind nicht nur gute Übungen, sondern Sie können damit ganz eigene Kunstwerke erstellen. Noch größer wird die Bandbreite Ihrer Möglichkeiten jedoch mit den farbigen Zeichenmaterialien, die in ihrer Wirkung einem Gemälde in nichts nachstehen müssen. Angeboten wird heute eine sehr große Palette der verschiedensten Zeichenmittel, die so verlockend sind, daß man gar nicht weiß, mit welchem Stift man anfangen soll.

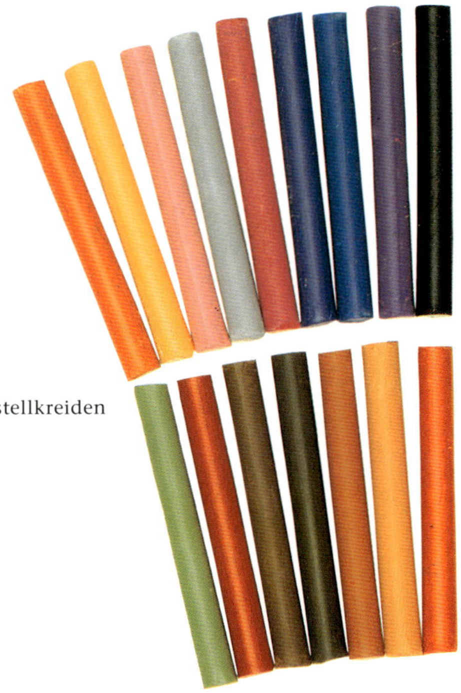

Ölpastellkreiden

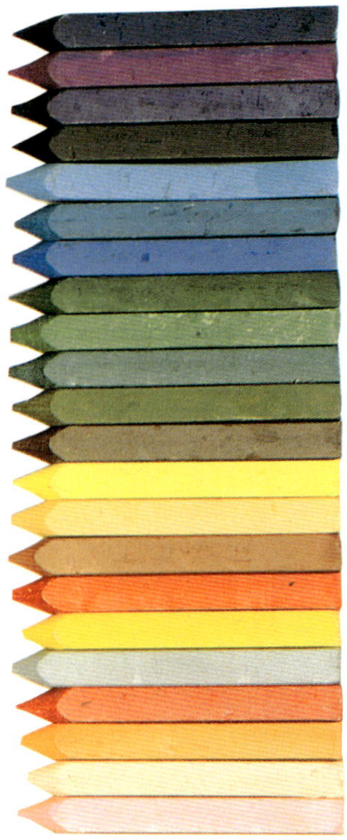

Harte Pastellkreiden

Farbstifte

Farbstifte sind ein guter Start für den Umgang mit Farbe: Sie sind einfach zu verwenden, in ihrer Handhabung dem Bleistift sehr ähnlich, man kann mit wenigen Farben anfangen und dann nach und nach weitere Farbtöne hinzuziehen.
Wie alle anderen Farbmittel bestehen auch Farbstifte aus Pigmenten, die mit einem Bindemittel gebunden sind. Die Qualität des Bindemittels variiert von einem Hersteller zum anderen: Einige Stifte sind sehr weich, kreidig und opak und ähneln den Pastellkreiden; einige sind dagegen etwas ölig und andere wiederum hart und im Farbauftrag relativ transparent. Machen Sie

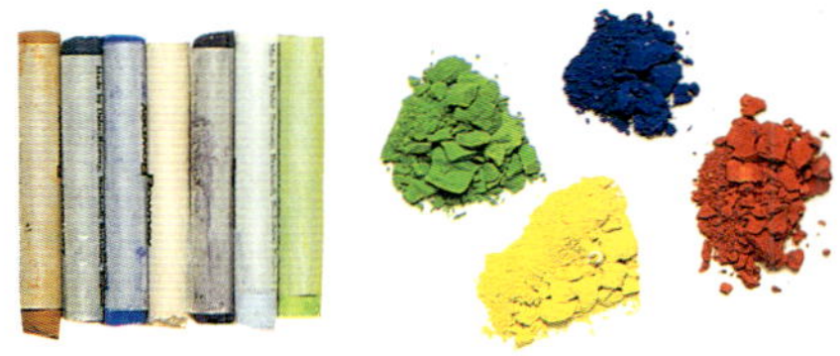

Weiche Pastellkreiden

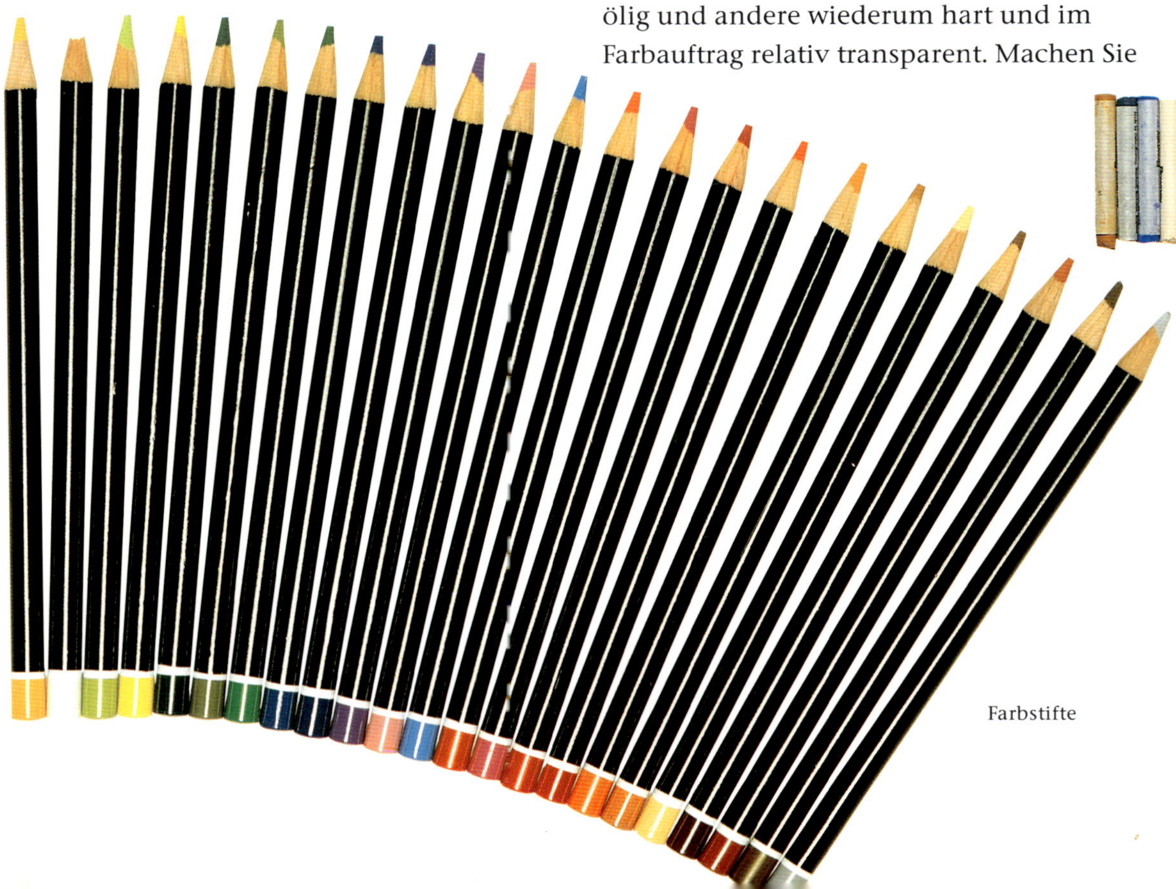

Farbstifte

sich durch Ausprobieren mit den verschiedenen Sorten vertraut.
Einige Firmen stellen auch wasserlösliche Farbstifte her, die sowohl naß (als Lavierung) als auch trocken verwendet werden können.

Pastellkreiden

Pastellkreiden bestehen aus einem Bindemittel (Pflanzengummi, meist Tragant), dem entsprechenden Farbpigment sowie Füllstoffen wie Kreide oder Tonerde. Es wird dabei zwischen weichen und harten Pastellkreiden unterschieden: Weiche Pastellkreiden beinhalten eine geringere Menge an Bindemittel als harte Kreiden; sie sind daher weicher im Farbauftrag und vor allem zum Anlegen größerer Farbflächen geeignet. Die Konsistenz der harten Pastellkreiden erlaubt dagegen das Zeichnen feiner Linien und Details.
Harte Pastellkreiden werden auch in Stiftform angeboten, den sogenannten Pastellstiften, die ähnlich eingesetzt werden können wie Farb- oder Bleistifte.
Eine weitere Form der Pastellkreide sind Ölpastellkreiden. Hier werden die Farbpigmente mit Wachsen oder Ölen gebunden. Im Gegensatz zu den wasserlöslichen Pastellkreiden sind Ölpastellkreiden terpentinlöslich; ihre Eigenschaften ähneln den Ölfarben, ihr Auftrag ist staubfrei, sie müssen nicht fixiert werden und trocknen nur langsam.

Tusche und Filzstifte

Farbige Tuschen können ebenso wie die schwarzen Tuschen in zwei Hauptgruppen unterteilt werden: wasserlösliche und wasserechte Tuschen. Es gibt sie in einer großen Vielfalt brillanter Farbtöne, die untereinander zu weiteren Farbnuancen ausgemischt werden können. Einige wasserechte Tuschen sind mit Schellack gebunden, was bedeutet, daß sie sich nicht mit wasserlöslichen Tuschen mischen lassen. Tuschen auf Acrylbasis, die auch als flüssige Acrylfarben bekannt sind, verhalten sich dagegen wie wasserlösliche Tuschen, mit dem Unterschied, daß sie nach dem Trocknen wasserunlöslich werden.
Vorsicht bei Tuschen, die die Aufschrift „brillante Wasserfarbe“ tragen, da diese Sorten nicht aus Pigmenten, sondern aus Farbstoffen hergestellt werden und deshalb ausbleichen und verfärben können. Sie sind daher nur für graphische Zwecke geeignet. Ausbleichen können auch einige farbige Filzstifte, die in verschiedenen Breiten und Farben angeboten werden. Achten Sie daher beim Kauf auf den Faktor „Lichtechtheit“! Stifte mit einer breiten Spitze nennt man auch „Marker“. Die darin verwendete Tusche basiert auf einer Wasser- oder Alkohollösung. Für expressive Zeichnungen in kräftigen Farben sind diese Filzstifte ausgezeichnet geeignet.

Papiere

Sowohl für Arbeiten in Farbstift, Ölpastell wie auch Tusche genügt ein gutes Zeichenpapier, das auch rauher oder getönt sein kann. Für weiche Pastellsorten müssen jedoch Spezialpapiere wie Ingres-, Mi-Teintes- oder Aquarellpapiere verwendet werden, da der Pigmentstaub auf glatten Papieren schlecht haftet. Wenn Sie gerne auf Aquarellpapier zeichnen, aber auch eine Tönung vorziehen, können Sie Ihr Papier leicht mit einer hellen Lavierung in einer Aquarellfarbe selber tönen.

Marker

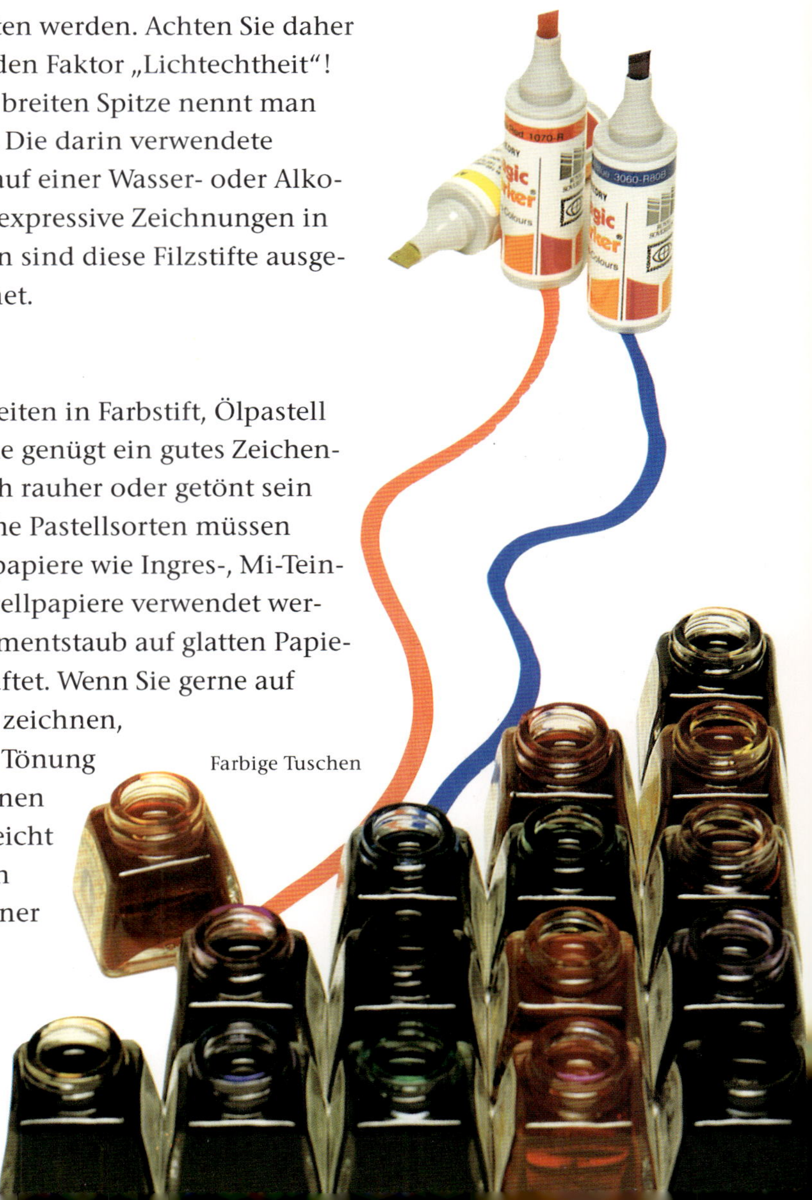

Farbige Tuschen

Die farbige Zeichnung

FARBSTIFTE

Obwohl selbst professionelle Künstler in Skizzen und auch bei größeren Arbeiten zunehmend mit Farbstiften arbeiten, werden sie, früher wie heute, doch in erster Linie für Illustrationszwecke verwendet. Die Hersteller bieten eine große Zahl an Farbtönen und -nuancen an, manchmal bis zu zweihundert verschiedene. Es ist jedoch nicht nötig, so viele Farben zu erwerben, da man mit den Farbstiften auf dem Papier auch sehr gut neue Farbtöne mischen kann.

Farben mischen

Farben können auf mehrere Arten ausgemischt werden. Die traditionelle Methode ist das Schraffieren und Kreuzschraffieren, wie es im Kapitel zur Zeichnung mit Tusche und Feder beschrieben wurde. Mit dieser Technik lassen sich feine Farbabstufungen leuchtender Töne ermischen, die dem Bild Tiefe geben und die räumliche Wirkung unterstützen. Schraffiert man zum Beispiel blaue Farbtöne über gelbe und kreuzschraffiert dann wiederum an einigen Stellen dunklere Blautöne darüber, erhält man wunderschöne Grüntöne. In Schattenpartien lassen sich die entsprechenden Farben durch Einschraffieren von dunklen Blau- und Purpurtönen über Schwarz erzielen. Farben durch Schraffuren zu mischen, dauert allerdings relativ lange und kann leicht zu „totgemalten" Arbeiten führen, die jede Spontanität vermissen lassen. Einfaches Schattieren dagegen, das man bei einem gewöhnlichen Bleistift fast automatisch anwendet, führt zu lockereren Ergebnissen. Und auch hier entstehen durch das Übereinandersetzen verschiedener Farben neue Farbtöne: Gelb über Rot schattiert ergibt zum Beispiel Orange, Gelb über Blau, Grün. Bei wasserlöslichen Stiften sind die Möglichkeiten des Farbenmischens natürlich erheblich größer. Man kann in eine saubere

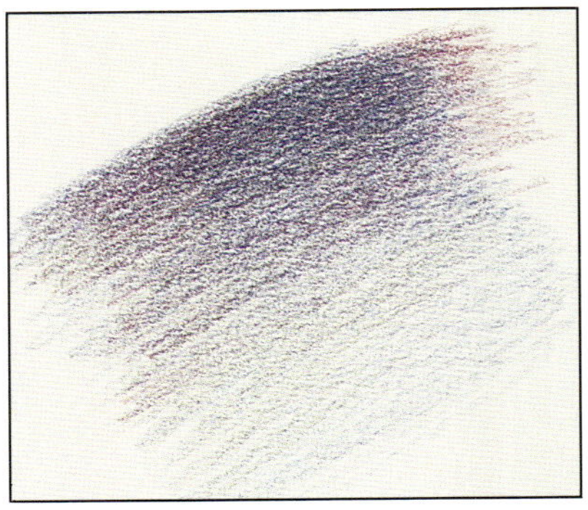

Farben und Tonwerte können durch Schattieren ermischt werden.

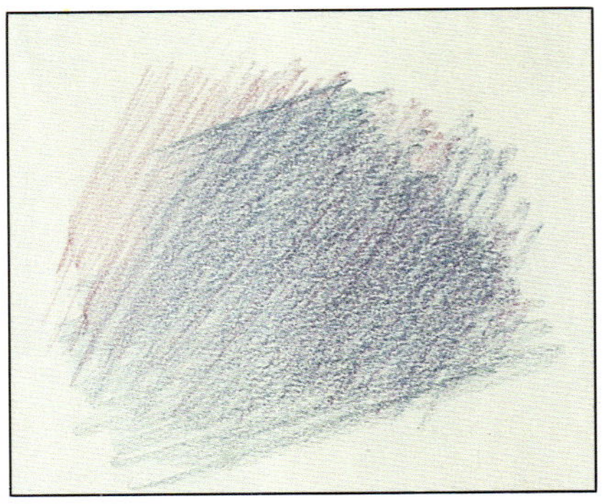

Man kann Farbtöne auch durch Schraffuren mischen.

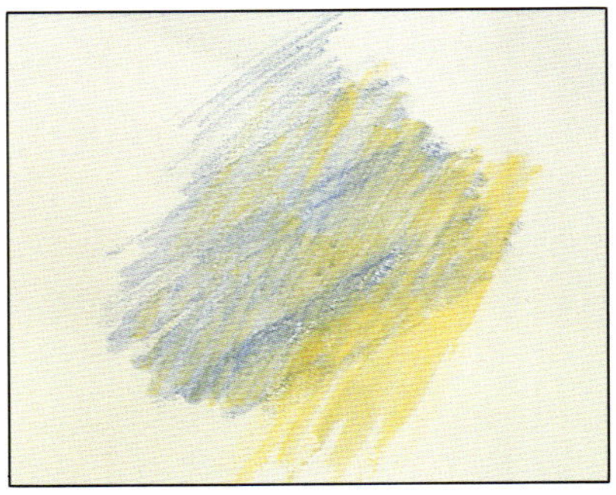

Die Spitze eines gelben wasserlöslichen Stiftes wurde in Wasser getaucht und dann über Blau gesetzt.

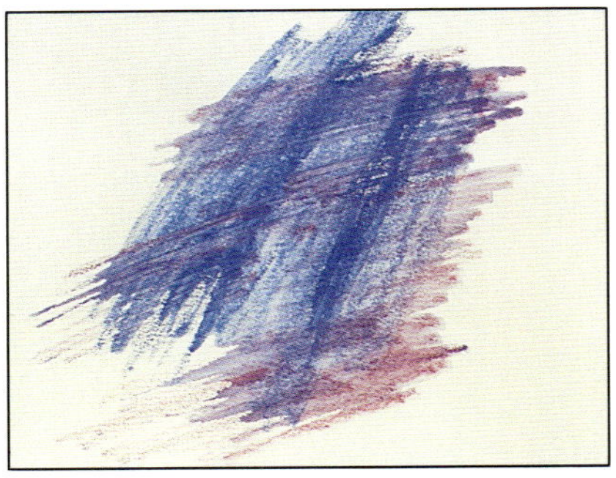

Beide Stifte wurden vor dem Schraffieren in Wasser getaucht und mit einem nassen Pinsel weiter verwischt.

Polieren

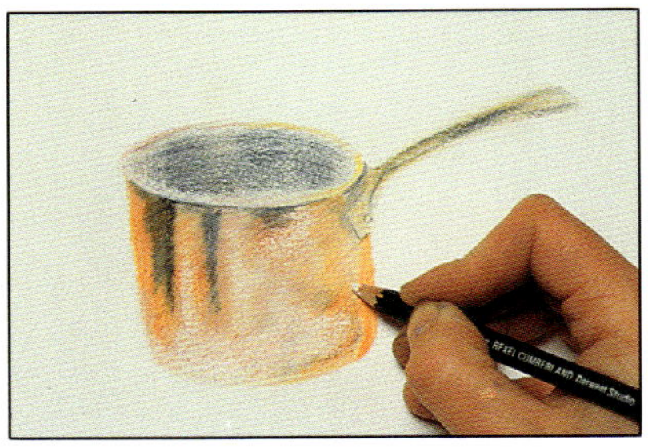

1 *Die Farben müssen dort, wo poliert werden soll, dicht aufgebaut werden. Mit einem weißen Farbstift werden hier Lichter einpoliert.*

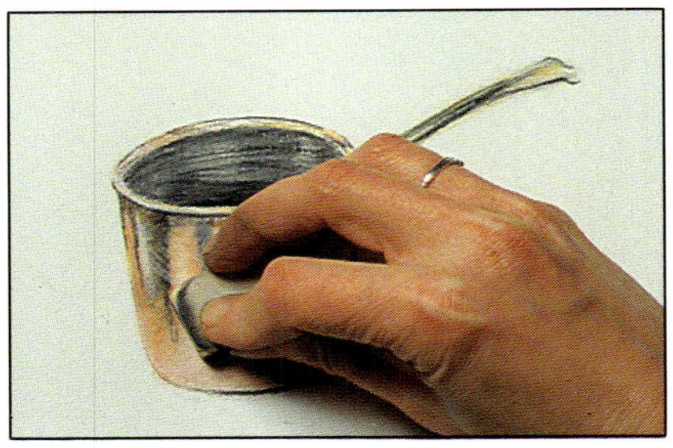

2 *Ein Radiergummi nimmt zwar immer etwas Farbe weg, verbindet aber die Farbtöne so eng miteinander, daß weiche Übergänge entstehen.*

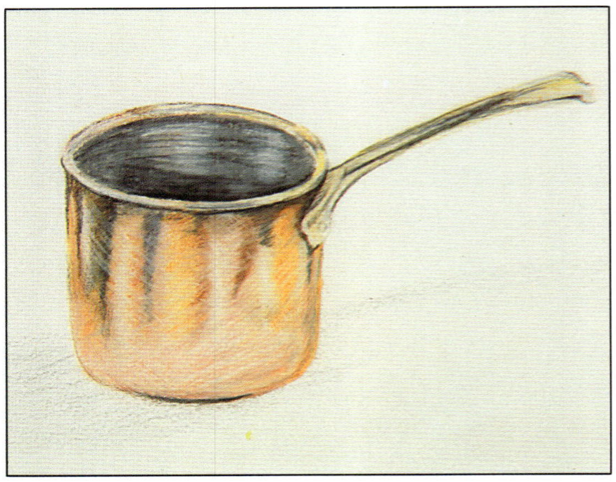

3 *Der weiße Farbstift hat die darunterliegenden Farbtöne ins Helle verändert. Beim Polieren dunkler Farben ist ein Torchon effektiver als ein Radiergummi.*

Lavierung mit Wasser hineinzeichnen, diese Farbe mit einer anderen überlagern, die zweite Farbe mit Wasser in die erste mischen usw. Aber Vorsicht: Mischen Sie nicht zu viele Farben zusammen, da es sonst schnell passieren kann, daß man nur ein schmutziges Graubraun erhält.

Polieren

Diese Technik kann verwendet werden, um die Brillanz der Farben an bestimmten Stellen der Zeichnung zu verstärken, allerdings nur, wenn die Zeichenfläche trocken ist (wichtig beim Einsatz von wasserlöslichen Stiften). Nachdem die Farbtöne dicht aufgebaut wurden, werden sie mit einem Plastikradierer oder einem Torchon (einem zusammengerollten Papierstummel, der zum Pastellmischen angeboten wird) verrieben. Dadurch werden die Pigmente der Farben noch enger verbunden, es entsteht eine glatte, ebenmäßige Farbfläche. Die Papierkörnung wird soweit abgeflacht, daß ein leichter Glanz entsteht.

Eindrücken

Wenn man auf sehr rauhem Papier zeichnet, haftet die Farbe auf den Erhöhungen der Körnung, und in den Zwischenräumen bleibt die Farbe des Untergrunds sichtbar. Die Technik des Eindrückens folgt dem gleichen Prinzip: Mit einer Nähnadel oder dem Pinselstiel werden „blinde" Linien ins Papier gedrückt. Schraffiert man dann mit einem Farbstift darüber, erscheinen diese Eindrücke weiß. Man nennt dies auch „negative Zeichnung".
Man kann mit dieser Technik nicht nur einfache Linien zeichnen, sondern auch interessante Muster gestalten. Falls die negativen weißen Linien eine wichtige Funktion in der Zeichnung spielen sollen, ist es hilfreich, mit Pauspapier zu arbeiten. Zeichnen Sie Ihren Entwurf vor, pausen Sie ihn ab oder zeichnen Sie ihn direkt auf Pauspapier. Dann legen Sie dieses auf das Zeichenpapier und fahren mit einem harten Bleistift die Linien nach, die sich dadurch ins Papier eindrücken.

Negative Linienzeichnung

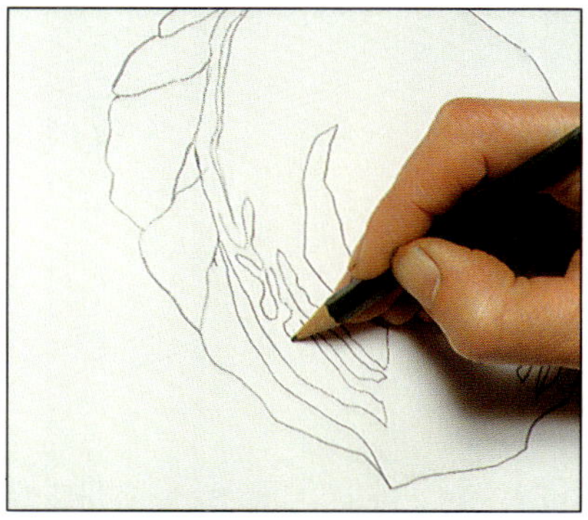

1 Wenn Sie noch keine genaue Vorstellung von ihrem Bild haben, hilft eine Vorzeichnung auf normalem Papier, die sie später abpausen können. Hier entsteht die Zeichnung direkt auf dem Pauspapier.

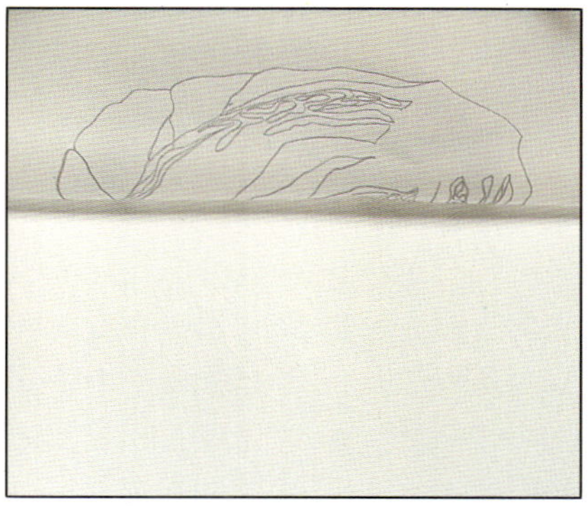

2 Das Pauspapier wird über die Zeichenfläche gelegt und mit einem Tesaband festgeklebt, um ein Verrutschen zu verhindern.

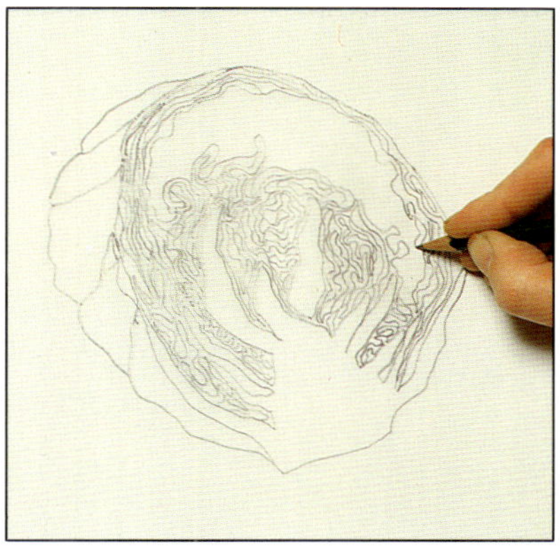

3 Dann werden alle Linien mit einem harten Bleistift nachgefahren. Man könnte dafür zwar auch andere spitze Gegenstände einsetzen, aber für komplizierte Zeichnungen wie dieser empfiehlt sich der Bleistift, da man mit ihm sehr genau nachzeichnen kann.

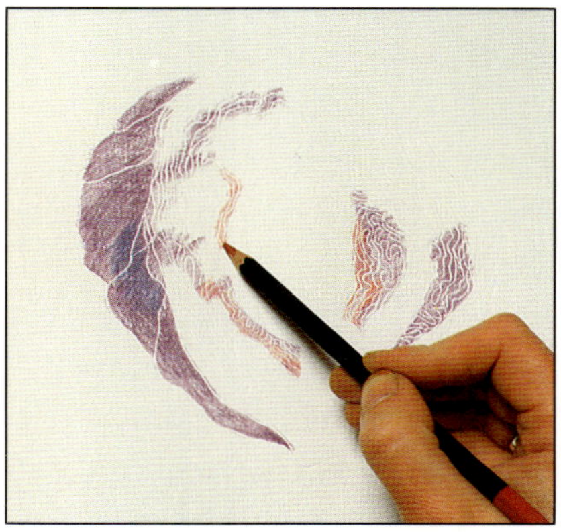

4 Bei der Schraffur mit dem Farbstift zeichnen sich die Linien gut ab. Die Zeichenfläche besteht aus einem glatten, relativ dicken Aquarellpapier, in dem sich die eingedrückten Linien besonders gut abzeichnen und deutliche Spuren hinterlassen.

5 Mit verschiedenen Rot- und Orangerottönen werden Schattierungen angelegt, die nun mit Schwarz intensiviert werden. Im Kontrast dazu treten die weißen Linien noch stärker hervor.

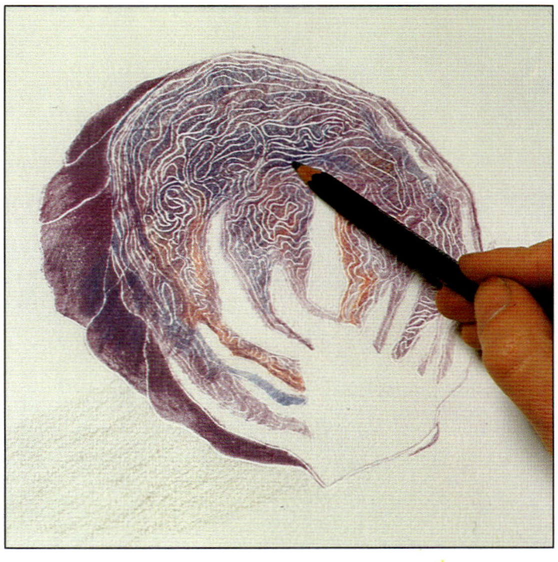

Pastelltechniken

Noch immer besteht Uneinigkeit darüber, ob eine Pastellarbeit nun als Zeichnung oder als Gemälde zu betrachten ist. Im Grunde genommen wird mit dieser Streitfrage nur deutlich, daß zwischen Malen und Zeichnen fließende Grenzen bestehen. Im allgemeinen bezeichnet man ein Pastell mit einer deutlichen Linienstruktur als Zeichnung, während ein Pastell mit dichten, intensiven Farbflächen als Gemälde anzusehen ist, obwohl es nicht mit einem Pinsel ausgeführt wurde.

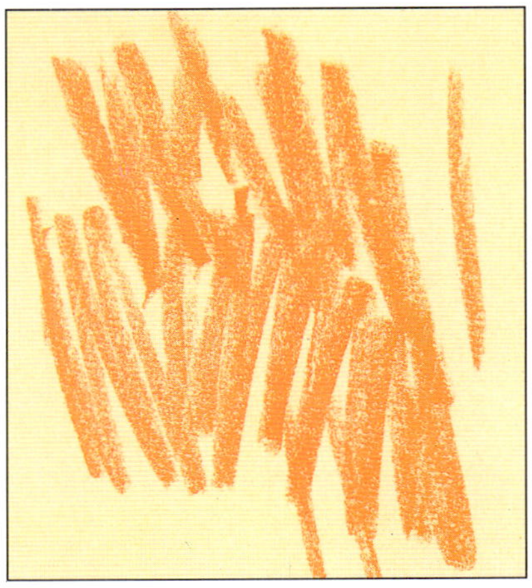

Weiche Pastellkreide

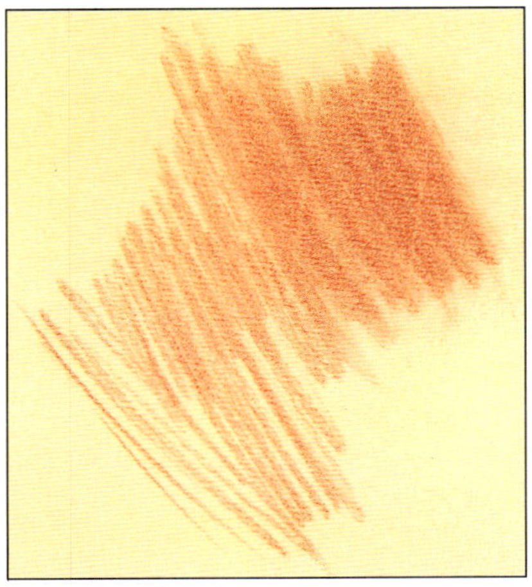

Harte Pastellkreide

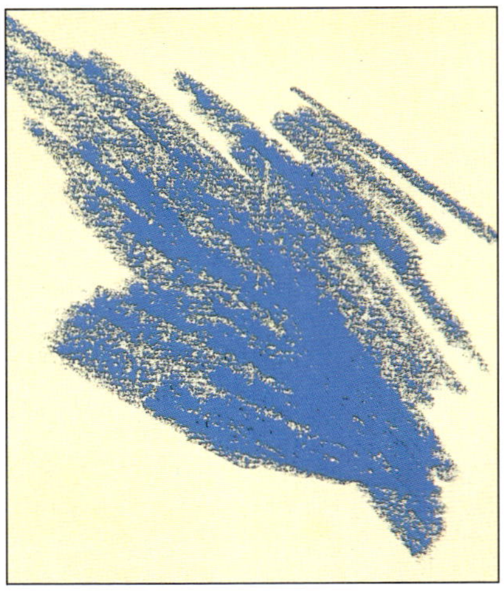

Ölpastellkreide

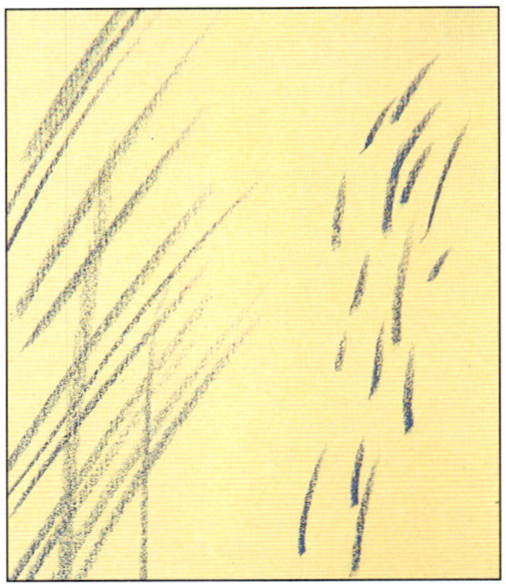

Pastellstifte

Pastellspuren

Pastellkreiden sind ausgesprochen vielseitige Zeicheninstrumente, mit denen Sie ein breites Spektrum verschiedenster Linien und Flächen aufbauen können. Der pastose, intensive Farbauftrag der weichen Pastellkreiden, der leicht verrieben werden kann, ermöglicht das Anlegen großer Farbflächen sowie das Setzen kurzer dicker Striche, die, übereinandergelegt, reizvolle Schraffuren entstehen lassen. Feiner und schärfer ist der Strich der harten Pastellkreide, zumal ihre Spitze mit Sandpapier oder einer Rasierklinge angespitzt werden kann. Sie ist daher ideal zum Skizzieren, dem Erstellen von Vorzeichnungen, zum Ausarbeiten von Details und zur Anlage lebendiger Kreuzschraffuren. Noch genauer und detaillierter kann mit Pastellstiften gearbeitet werden, deren besonderer Vorteil in ihrer einfachen und sauberen Handhabung liegt. Meist bietet sich in der Ausarbeitung eines Motivs eine Kombination weicher und harter Kreiden an.

Ölpastellkreide

Ölpastellkreiden ähneln in ihrem kräftigen und pastosen Farbauftrag den Ölfarben. Wie die weichen Pastellkreiden werden sie vor allem zum Anlegen von Farbflächen eingesetzt; im Gegensatz jedoch zur zerbrechlichen, stark staubenden weichen Pastellkreide gibt Ölpastellkreide die Farbe völlig staubfrei als Paste ab, die auch auf etwas glatterem Papier noch gut haftet. Das sonst unumgängliche Fixieren entfällt im Ölpastell, und es besteht die Möglichkeit, mit mehreren Farbschichten zu arbeiten, die dem Impasto ähneln, und diese in der Sgraffito-Technik weiter zu bearbeiten. Mit einem scharfen Gegenstand können dabei feine Linien und lebendige Strukturen gestaltet werden.

Sgraffito in Ölpastell

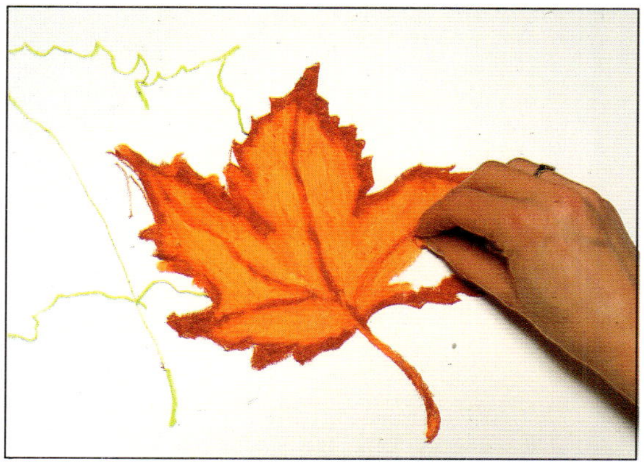

1 *Die Ölpastellkreiden werden fest auf ein glattes Aquarellpapier aufgetragen, so daß dichte, kräftige Farbflächen entstehen.*

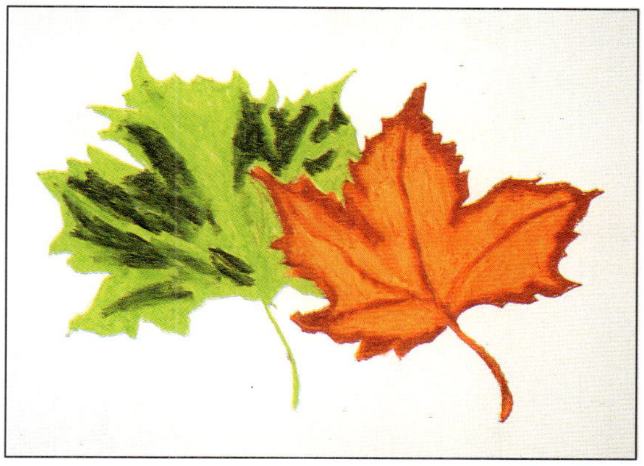

2 *Einige Flächen werden mit dunkleren Farbtönen überlagert, andere bleiben frei und werden später in der Sgraffito-Technik bearbeitet. Die Einteilung sollte vorher genau durchdacht sein.*

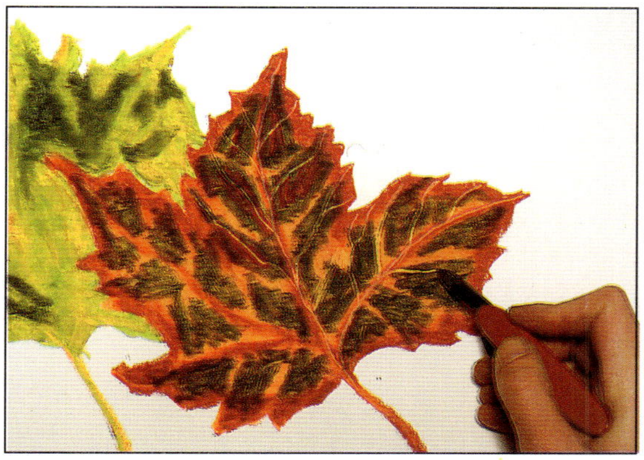

3 *Über die gelbgrüne Fläche wird nun Dunkelgrün gelegt. Mit einem Messer werden feine Linien herausgekratzt und so die unteren Farbschichten oder das Weiß des Papiers freigelegt. Die Linien wirken dabei leicht getönt.*

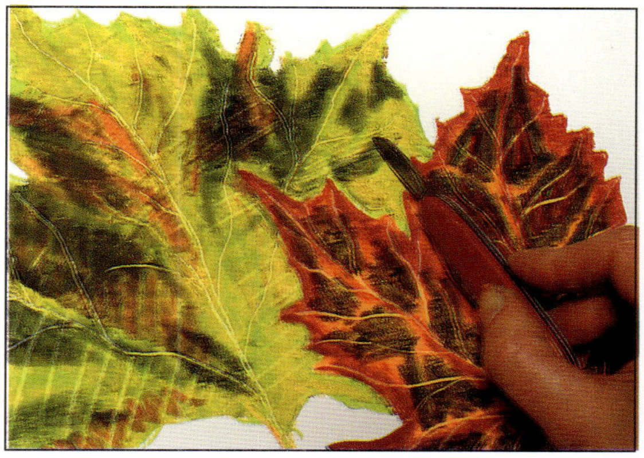

4 *Alle Blätter werden in der Sgraffito-Technik bearbeitet. Für feine Linien wird das Messer nur mit leichtem Druck eingesetzt.*

Papier

Die sorgfältige Auswahl des Papiers ist gerade für die Pastellmalerei von großer Bedeutung. Wenn man dichte Farbschichten aufbauen will, sollte man ein rauhes Papier nehmen, da der Pastellstaub auf glattem Papier nicht haftet. Das rauhe Papier bricht zudem den Pastellstrich auf, so daß der Untergrund etwas durchscheint. Auf glattem Papier können kräftige, ungebrochene Linien gesetzt werden. Man kann auch einmal ein speziell für Pastell hergestelltes Papier ausprobieren, zum Beispiel Pastellpapier mit einer samtigen Oberfläche, auf dem weiche Linien mit leicht verschwommenen Rändern entstehen.

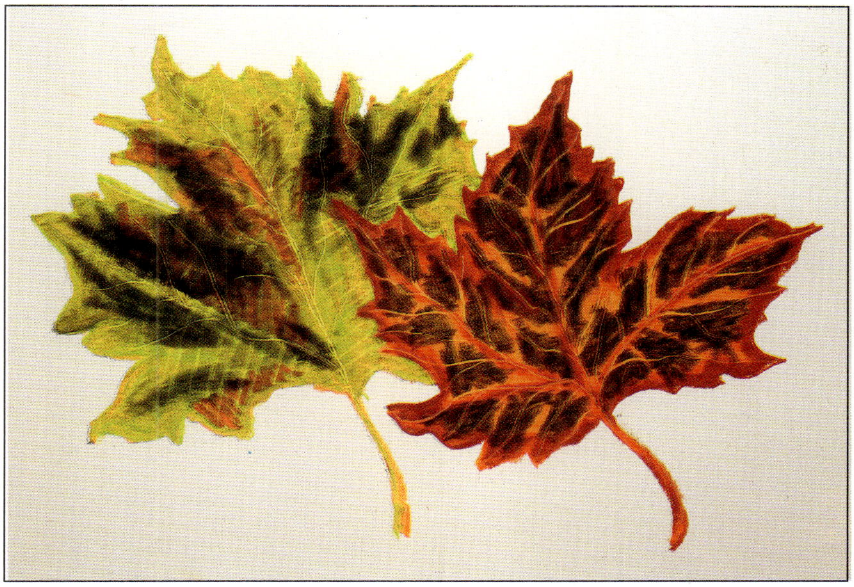

5 *Meist werden helle Linien aus dunklen Farbschichten herausgekratzt, obwohl auch die umgekehrte Vorgehensweise möglich ist.*

Die farbige Zeichnung

Tuschen und Marker

Eine weitere Möglichkeit des farbigen Zeichnens bieten die Tuschen: Farbige Tuschen kann man direkt aus dem Glas verwenden, eine Reihe anderer Farbtöne aus ihnen mischen oder, falls man mit Tuschen auf Wasser- oder Acrylbasis arbeitet, mit Wasser verdünnen, um helle Farblavierungen zu erzielen. Auf diese Weise läßt sich aus einer einfachen, nur aus wenigen Strichen bestehenden Zeichnung ein Bild gestalten, das einem Aquarell sehr ähnlich ist. Farbige Tuschen können mit schwarzer Tusche kombiniert werden, man kann sie mit einem Pinsel oder mit einer Feder auftragen und in Mischtechniken mit anderen Mal- und Zeichenmitteln wie Acrylfarben, Kohle oder Ölpastell einsetzen.

Mit Filzstiften zeichnen

Farbige Filzstifte und Marker können anregende Zeicheninstrumente sein. Da ihre Striche jedoch nicht sehr variationsreich sind, werden sie überwiegend für schnelle Skizzen vor Ort verwendet. Sowohl bei den Markern als auch bei den feineren Filzstiften handelt es sich im Grunde genommen um Federn mit einem Tuschereservoir auf Alkohol- oder Wasserbasis. Wäßrige Tuschen sind meist besser zum Skizzieren geeignet als Tuschen auf Alkoholbasis, da letztere zum „Bluten" neigen, d. h. die Farben dringen ins Papier ein und erscheinen als Flecken auf der anderen Seite. Da Filzstifte transparent auftrocknen, kann man die Farbtöne mit Hilfe von Lasuren mischen.

Marker auf rauhem Papier

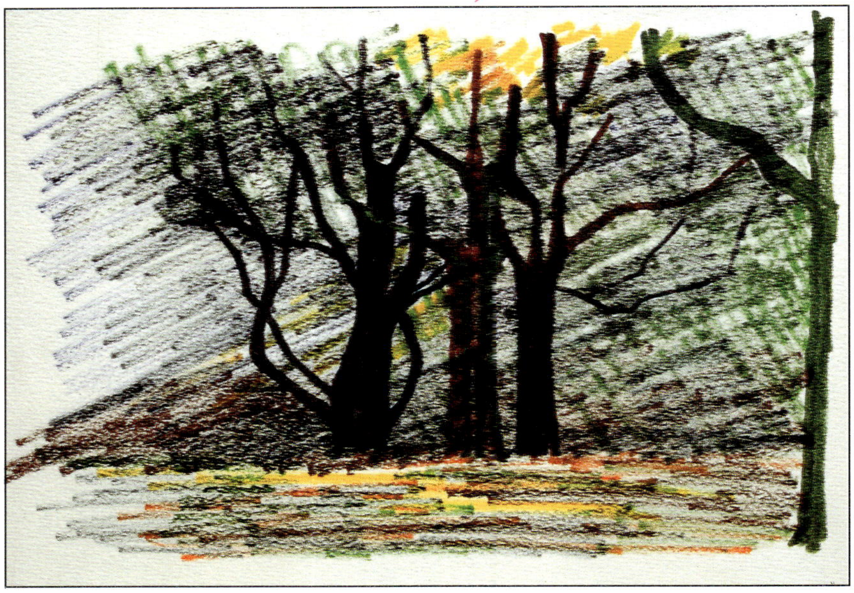

Auf glattem Papier ergeben Marker eine feste, durchgehende Linie. Hier aber wurde ein rauhes Aquarellpapier verwendet, auf dem ein gebrochener Strich entsteht.

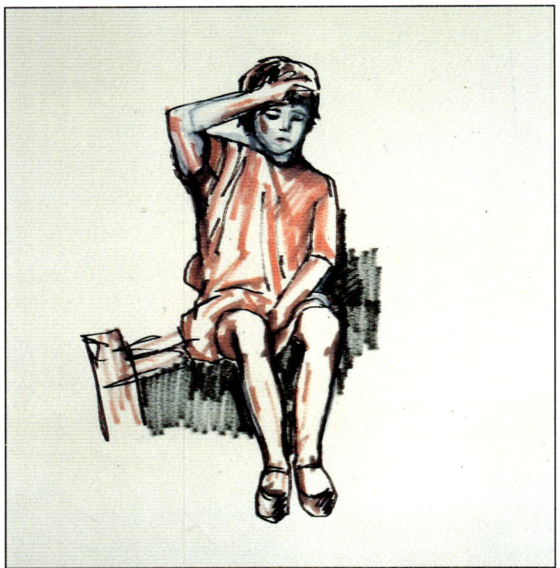

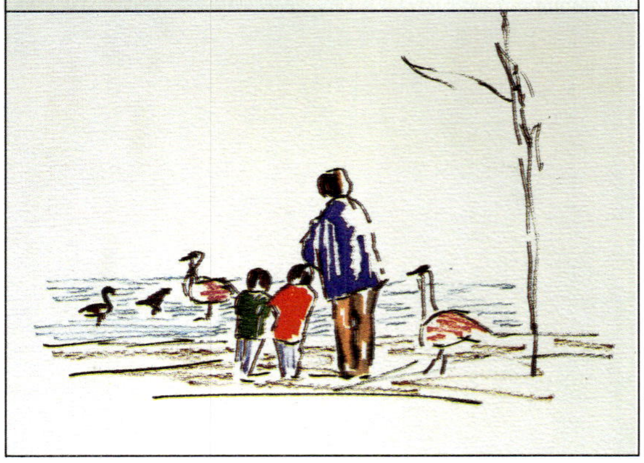

► *Marker sind nicht für feine Details geeignet, können aber in schnellen Skizzen ausdrucksvoll und spontan eingesetzt werden.*

Mit farbigen Tuschen zeichnen

1 Eine leichte Vorzeichnung in Bleistift kann die Arbeit mit Feder und Tusche erleichtern. Hier wird jedoch ohne Vorskizze gleich mit der Tusche gearbeitet.

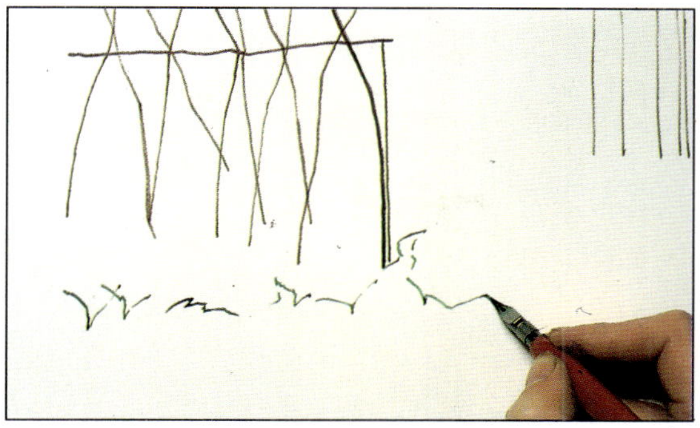

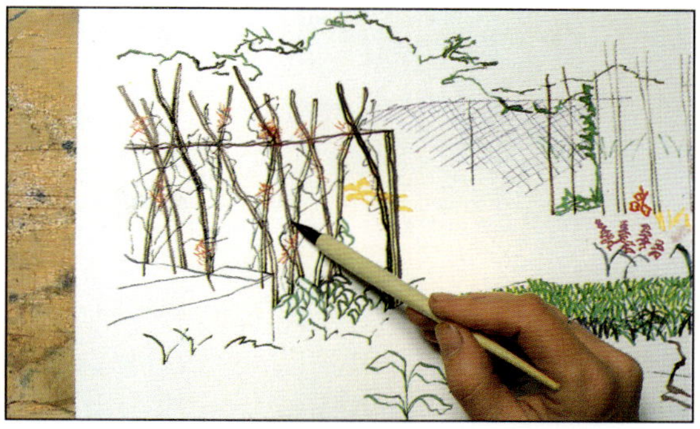

3 Die bisher verwendete breite Feder wurde gegen eine feine eingetauscht, um die Linienstruktur zu variieren.

2 Die pupurfarbenen und hellroten Blumen geben die Farbgebung des Bildes vor. Das Gras wird mit kleinen dunkelblauen Strichen über Grün gestaltet.

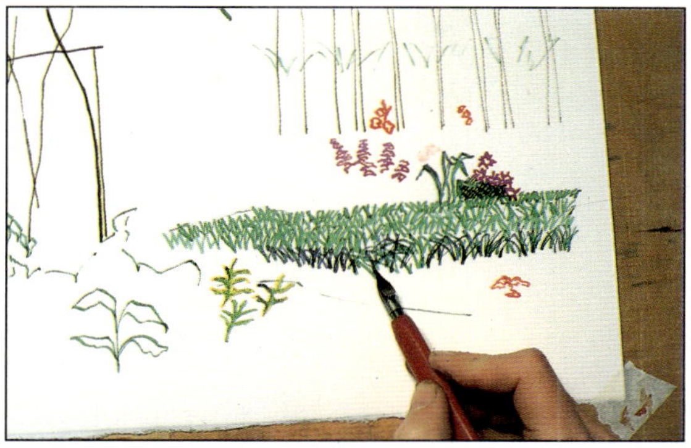

4 Nun wird wieder die breite Feder benutzt. Variationen entstehen, je nachdem wie die Feder gehalten wird. Die Linienführung in der kleinen Pflanze links im Bild wechselt zum Beispiel von dicken zu dünnen Linien.

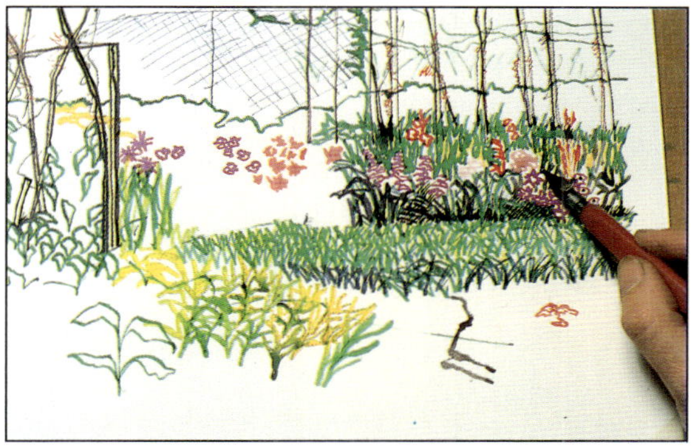

Wachsabdeckverfahren

Eine der bekanntesten Mischtechniken bei der Zeichnung ist die Wachsabdecktechnik, die darauf basiert, daß Wachs Wasser abstößt. Zunächst wird mit Wachskreiden, Ölpastellkreiden, einem Ölstift (Ölfarbe in fester Form, die zu einem Stift gerollt wurde) oder mit einer normalen Haushaltskerze eine Zeichnung erstellt, über die mit wasserlöslichen Tuschen gezeichnet wird. Die wachsigen, öligen Farbschichten stoßen die Tuschen teilweise ab, und es entstehen faszinierende Muster.

5 Der Hintergrund und die rechte Fläche im Vordergrund wurden bis zuletzt offengelassen, da zunächst die Mitte fertiggestellt werden sollte. Der Kontrast zwischen den feinen Linien im Hintergrund und der kräftigen Zeichnung im Vorder- und Mittelgrund gibt dem Bild Tiefe.

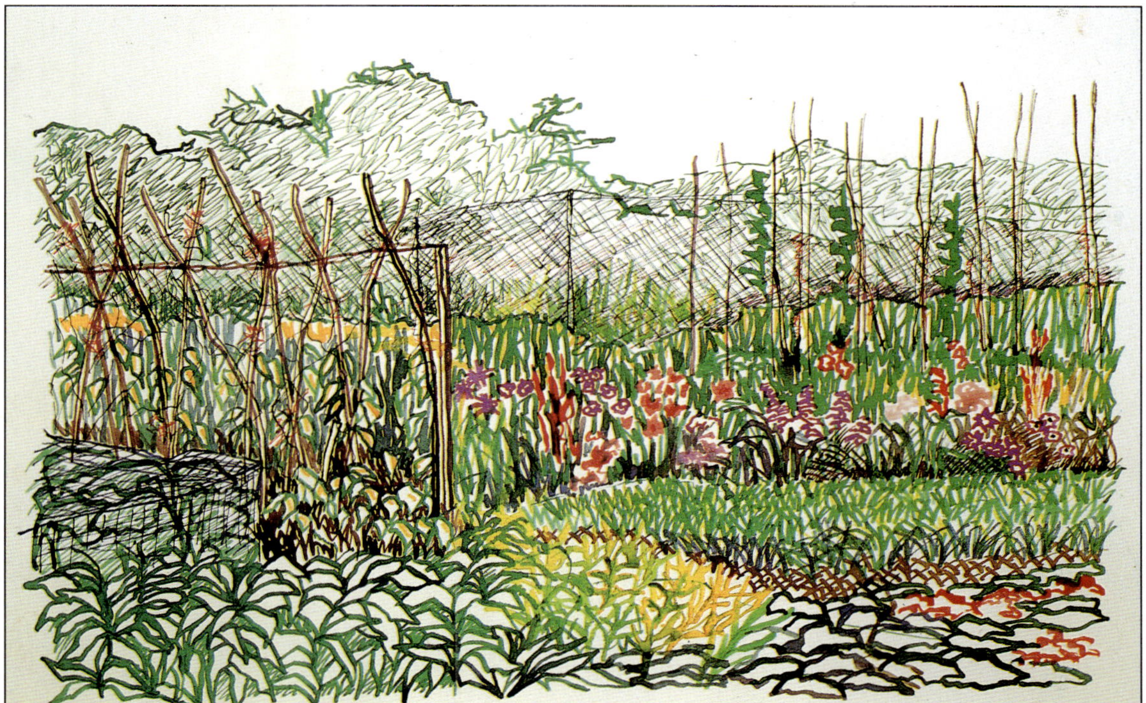

Ein Motiv – verschiedene Techniken

Wie wir gesehen haben, gibt es eine Vielzahl farbiger Zeichenmittel. Seien Sie experimentierfreudig, und probieren Sie alle Möglichkeiten einmal aus. Schnell werden Sie Vorlieben und Abneigungen entwickeln. Vielleicht mögen Sie die Wirkung einer Zeichnung mit farbigen Stiften lieber als die einer Pastell- oder Ölpastellarbeit. Folgen Sie Ihren Ideen und Gefühlen. Sehen Sie aber auch ruhig einmal anderen Künstlern bei der Arbeit über die Schulter. Auch durch Zuschauen kann man viel lernen!

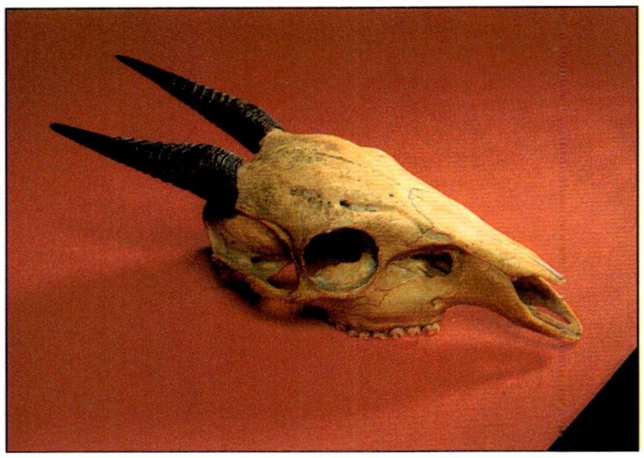

Hier gestalten zwei Künstler ein und dasselbe Motiv mit zwei völlig verschiedenen Zeichenmitteln, um einmal die unterschiedliche Wirkung zu demonstrieren. Elizabeth Moore erarbeitet mit dem Farbstift zarte Farbnuancen, Judy Martin zieht Ölpastellkreide vor, um kräftige, lebhafte Farbtöne zu erzielen.

Farbstift auf Zeichenpapier

1 Dichte Farbschichten können schlecht ausradiert werden. Deshalb beginnt die Künstlerin mit skizzenhaften, leichten Strichen und versucht zunächst, die Form des Schädels festzuhalten.

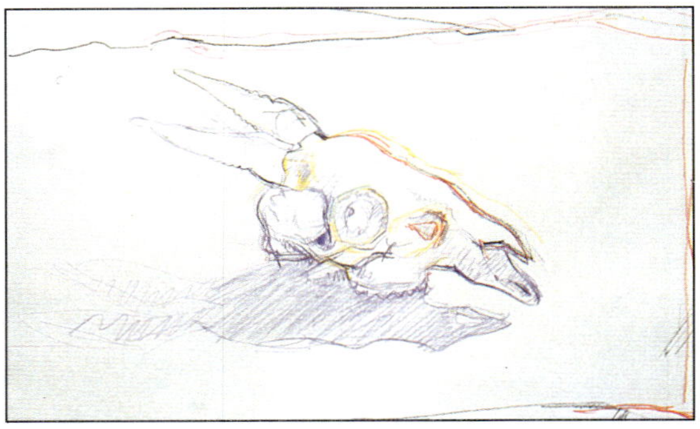

2 Nach der farblichen Gestaltung des Schädels, wobei die Farbtöne zum Teil durch sich überlagernde Schraffuren geschaffen wurden, arbeitet sie nun an dem Schatten, der eine wichtige Rolle in der Komposition spielt.

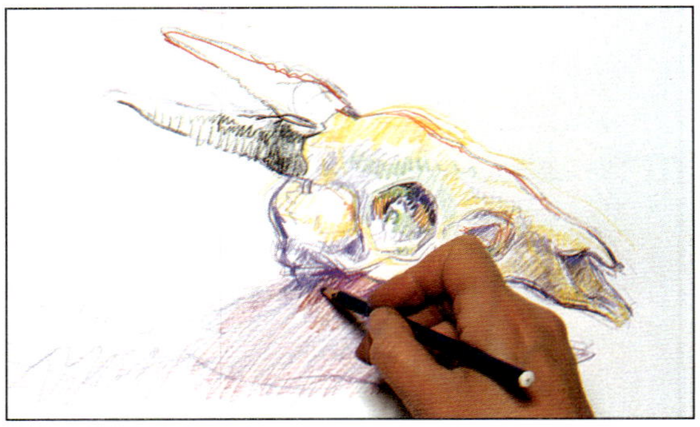

Ölpastell auf getöntem Papier

1 Nach einer leichten Vorzeichnung legt die Künstlerin einige Flecken in Weiß, Dunkelbraun und Grau an, aus denen sich der Schädel entwickeln soll. Besonders wichtig ist ihr die Wiedergabe der Lichtreflexe.

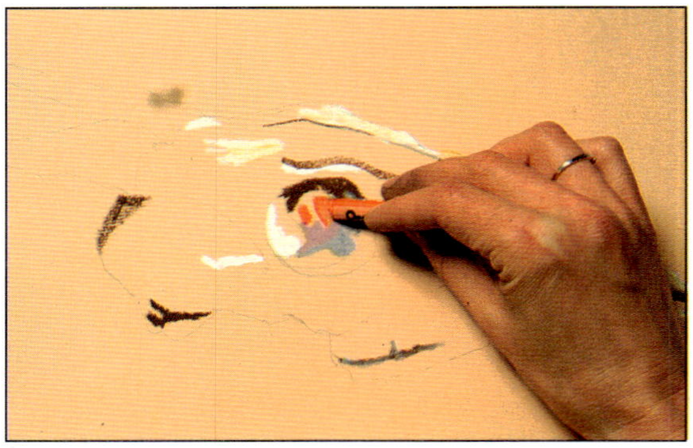

2 Die dunkelsten und hellsten Stellen im Bild sind bereits bestimmt worden, und als Kontrast werden ein Teil des leuchtend roten Hintergrundes und eines von den Tierhörnern angelegt.

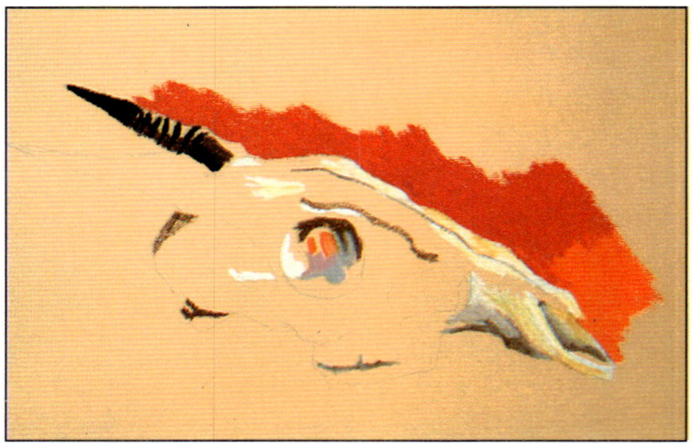

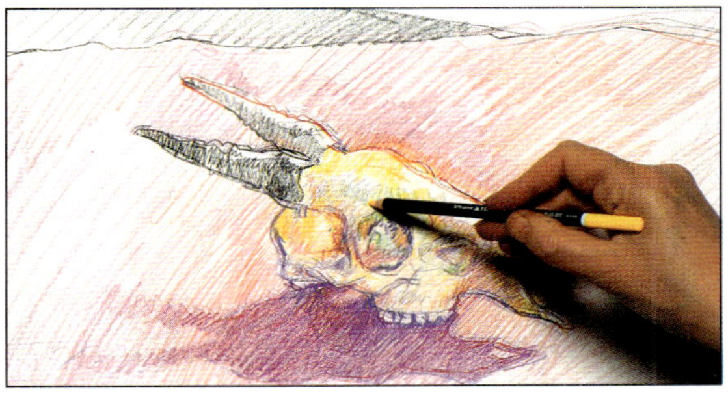

3 In jeder Zeichnung sollte man die Linienstärke variieren, um einen lebendigen Ausdruck zu erzielen. Hier werden sowohl lange, gleichmäßige Schraffuren für den Tisch wie auch kurze, unregelmäßige Striche für den Schädel verwendet.

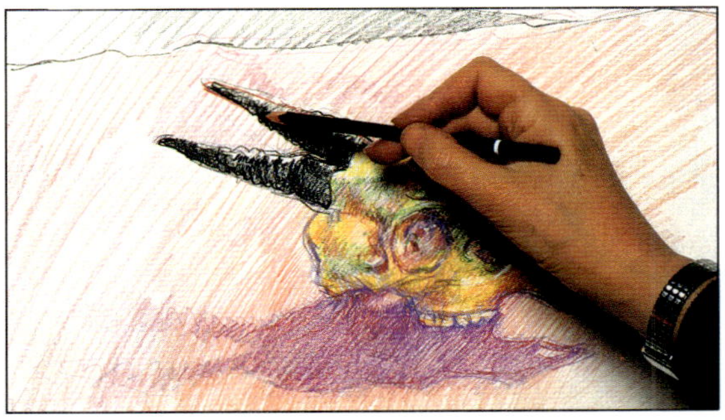

4 Die Form der Hörner modelliert die Künstlerin mit kurzen, gebogenen Strichen und Tupfen und kleinen Punkten. Die Farbgebung wird weiter ausgearbeitet. Aus Schraffuren ergeben sich differenzierte Farbtöne.

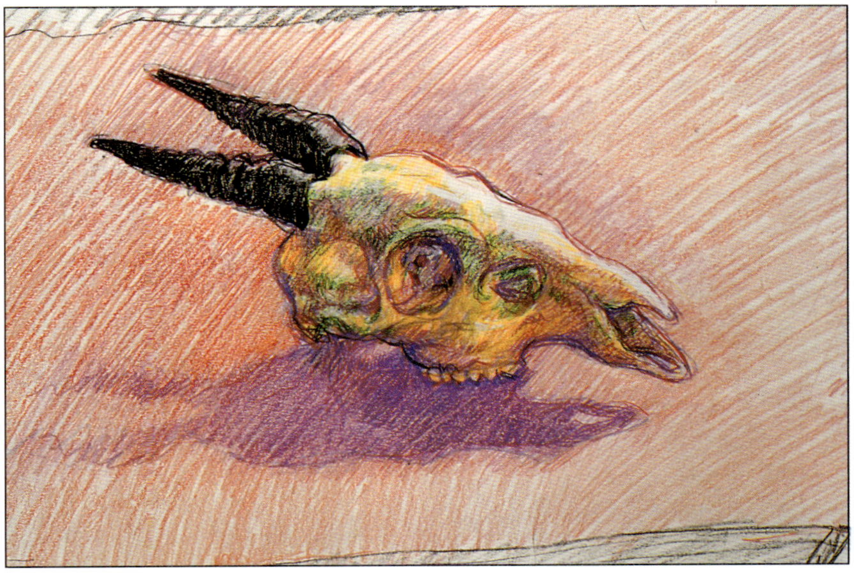

5 Vergleicht man die fertige Zeichnung mit dem Ölpastell unten, sieht man, wie sehr das jeweilige Zeichenmittel die Wirkung des Motivs beeinflußt. Da es schwierig ist, mit Farbstiften große Flächen auszufüllen, hat die Künstlerin hier den roten Untergrund nur angedeutet.

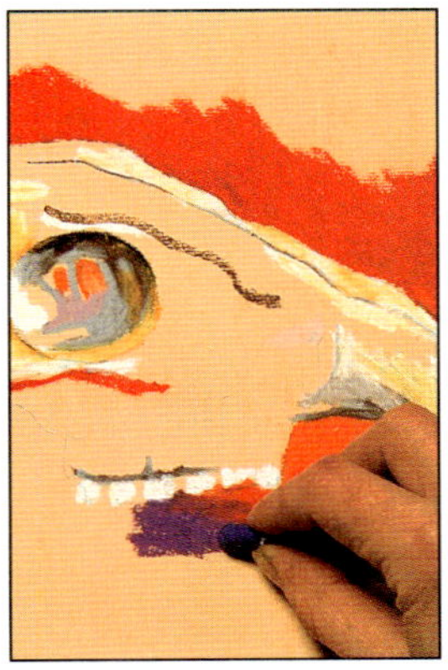

3 Auch hier spielt der Schatten, wie in der Farbstiftzeichnung oben, eine wichtige Rolle im Bild. Die Beleuchtung des Motivs hat sich jedoch geändert, so daß lange scharfe Schatten entstehen.

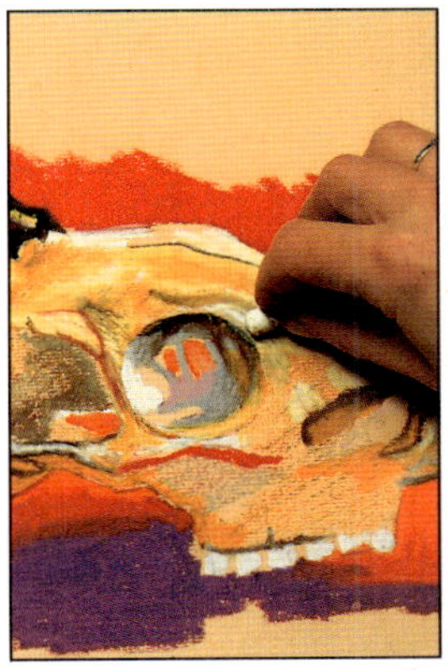

4 Die Farben des Schädels wurden nun intensiviert. Da die Künstlerin auf farbigem Papier arbeitet, verwendet sie für die Lichter weiße Pastellkreide. Auf weißem Papier hätte man die Lichter aussparen müssen.

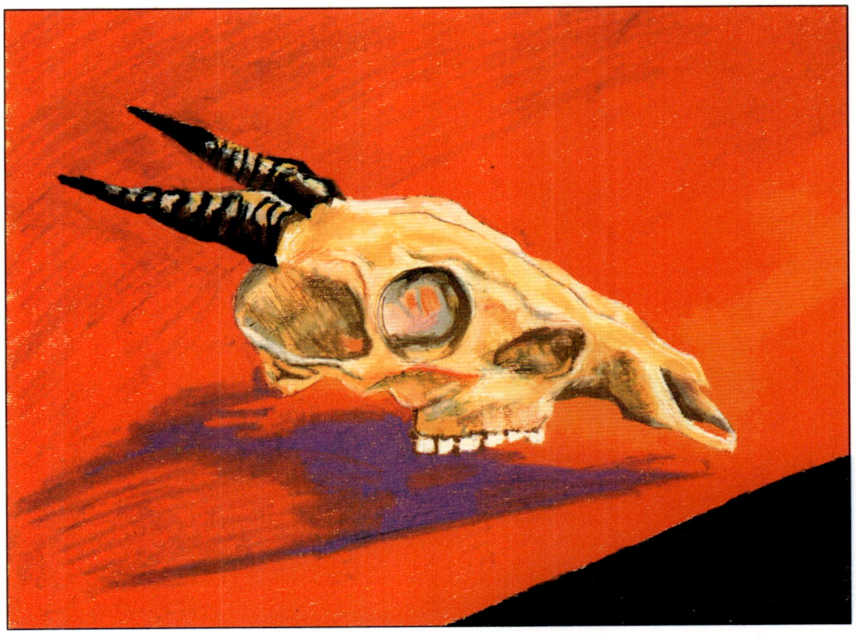

5 Ölpastellkreide wirkt expressiver als der Farbstift. Aufgrund des weichen Farbauftrages lassen sich leicht große Farbflächen anlegen. Die Künstlerin hat daher auch vor allem mit den intensiven Farben des Motivs und den daraus entstehenden Kontrasten gearbeitet.

Genau zeichnen

Realistisch zeichnen bedeutet keineswegs, jedes kleinste Detail eines Gegenstandes wiederzugeben. Einige wenige Linien können mehr über Ihr Motiv aussagen als eine sorgfältige, aber mühsam und gezwungen wirkende Detailstudie. Realistisch zeichnen ist vor allem eine Frage der richtigen Formerfassung, der Proportion und der richtig wahrgenommenen Größenverhältnisse des Motivs. Diese Dinge zu erlernen, erfordert vor allem äußerst sorgfältige und geduldige Beobachtung.

Zeichnen zu lernen, ist manchmal ein schwieriger Prozeß, der sich langsam entwickelt. Am Anfang läßt man sich leicht von Fehlern irritieren oder glaubt, keine „Begabung" zu haben, doch durch Befolgen einfacher Regeln lassen sich diese Schwierigkeiten auf ein Mindestmaß reduzieren.

Nach Augenmaß zeichnen

Die meisten Künstler haben beim Zeichnen ein eigenes Meßsystem entwickelt. Am einfachsten ist es, die Größe der Gegenstände nach Augenmaß zu zeichnen. Will man im Maßstab 1:1 zeichnen, kann man aufgrund der Größe nur ganz bestimmte Gegenstände oder Ausschnitte auf ein Blatt Papier bannen.

Eine gute Hilfestellung sind Markierungen: Wenn man zum Beispiel einen Gegenstand wie einen Becher auf einen Tisch stellt und ein Skizzenbuch davorhält, aus der Position, in der man zeichnen will, schließt man ein Auge und macht zwei Markierungen auf dem Papier, auf jeder Seite des Bechers. Bei der Arbeit im Freien vor einer Landschaft oder einer Stadtszene können Sie ganze Serien solcher Markierungen auf dem oberen Rand Ihres Blattes machen. Man kann dazu den Bleistift als Meßinstrument verwenden. Wichtig ist, daß Sie beim Messen immer die gleiche Position beibehalten und den Arm, der den Bleistift hält, immer ganz strecken. Markieren Sie mit dem Daumen die Größe auf dem Stift, und übertragen sie diese dann auf das Papier. Diese Vorgehensweise bietet eine gute Hilfestellung, um ein Motiv relativ genau zu erfassen.

Messen durch Vergleich

Die verbreiteste Methode frei zu zeichnen, ist es, sich nach dem Augenmaß zu richten. Der Nachteil ist jedoch, daß die Motive bei einer Zeichnung nach Augenmaß schnell sehr klein werden. Ein Beispiel: Hält man das Skizzenbuch nahe an den Becher, ist seine Größe normal. Doch schon aus einem Meter Entfernung wird er viel zu klein sein.

Nach Augenmaß arbeiten

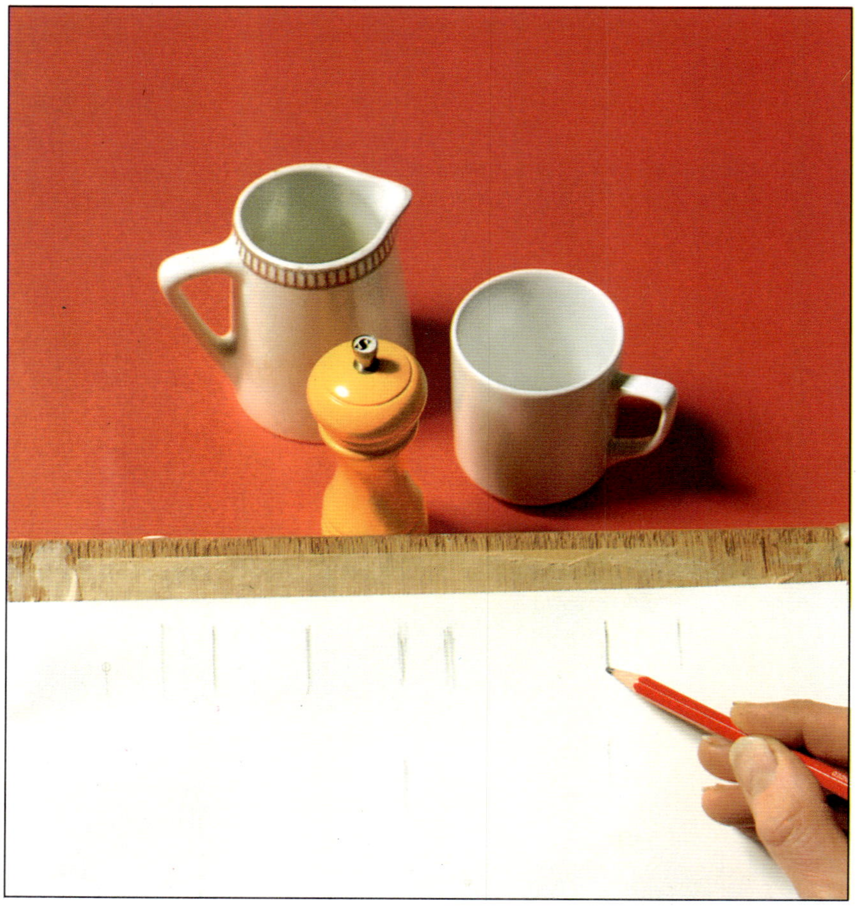

1 *Der Künstler hält ein Auge geschlossen und markiert die horizontalen Maße, also die Breiten der Gegenstände, am oberen Rand des Blattes. Damit das Stilleben nicht zu klein wird, muß man relativ nah an das Motiv herangehen.*

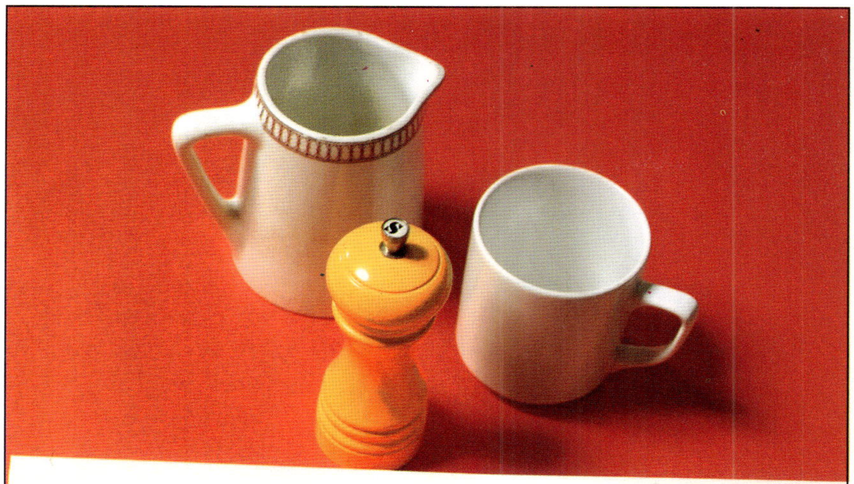

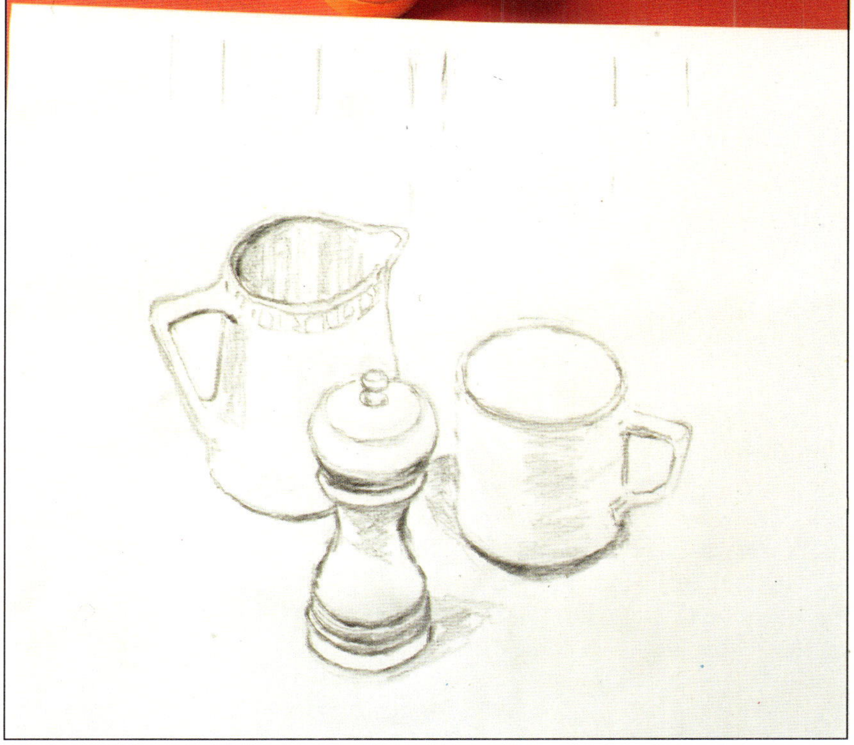

Mit einem Vergleichsmaß arbeiten

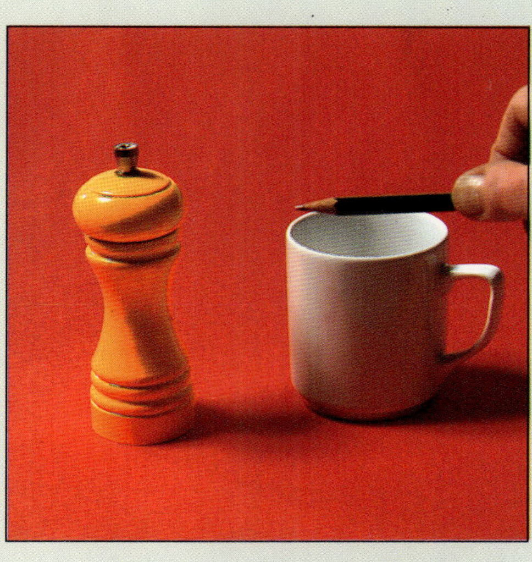

Wollen Sie nicht nur nach Augenmaß arbeiten, müssen Sie ein Vergleichsmaß festlegen, wie in diesem Fall die Breite des Bechers, und die anderen Gegenstände damit vergleichen. Halten Sie beim Abmessen den Bleistift immer in Armeslänge von sich entfernt (der Arm muß gestreckt sein)! Jede Bewegung verändert die Einschätzung der Größenverhältnisse.

2 *Jetzt sind wieder beide Augen offen, und die Höhen der Gegenstände werden im richtigen Verhältnis zu den Breiten eingezeichnet. Dann folgt die genaue Beobachtung der Rundungen und Kurven und das exakte Übertragen dieser Formen auf das Zeichenpapier.*

Dieselbe Situation ergibt sich, wenn man zum Beispiel in einem Aktzeichensaal sehr weit entfernt von dem Modell sitzt. Das Augenmaß allein reicht nicht aus, um das Motiv in angemessenen Größenverhältnissen wiederzugeben. In solchen Fällen benötigt man ein sogenanntes Vergleichsmaß, das eine gewisse Größenordnung vorgibt und an dem alle anderen Teile des Motivs proportional ausgerichtet werden.
Beim Zeichnen von Figuren wird zum Beispiel der Kopf als Maßeinheit betrachtet. Beim Zeichnen eines Raumes mag dagegen ein Tisch oder ein anderes Möbelstück eine wichtige Funktion innerhalb der Komposition haben und wird deshalb die Größenverhältnisse bestimmen. Zeichnen Sie dann diesen Gegenstand leicht vor, und orientieren Sie daran die Größen der übrigen Gegenstände wie zum Beispiel die Höhe und Breite des Fensters dahinter. Verwenden Sie zum Abschätzen wieder den Bleistift, wie vorher beschrieben.
Bleiben wir zunächst bei unserem Becher auf dem Tisch: Tragen Sie zuerst die Höhe auf Ihrem Blatt ein und dann im richtigen Verhältnis dazu die Breite. Denken Sie daran, den Bleistift beim Messen immer mit dem gestreckten Arm zu halten und immer in der gleichen Position zu sitzen. Sobald Sie den Arm bewegen oder sich vorwärts oder rückwärts bewegen, ergeben sich andere Größenverhältnisse.

KONTUREN ZEICHNEN

Zeichnen bedeutet unter anderem, eine Form mittels einer Kontur zu bestimmen. Natürlich steht dies im Widerspruch zu den natürlichen Gegebenheiten, denn keine Form ist wirklich flach und von einfachen Konturen begrenzt. Da jedoch beim Zeichnen dreidimensionale Formen zweidimensional wiedergegeben werden müssen, muß man auch hier lernen, „neu zu sehen" und zu abstrahieren.

Konturen zeichnen

Üben Sie am Anfang mit einigen wenigen vertrauten Gegenständen, die Sie zu einem kleinen Stilleben zusammenstellen können, etwa einem Becher, einem Teller und einer Flasche. Versuchen Sie, diese alltäglichen Dinge als zweidimensionale Formen zu sehen und sie nur in ihren Umrissen zu zeichnen. Achten Sie dabei zunächst einmal darauf, die Formen richtig zu erfassen, die Gestaltung von Volumen und Textur ist hier noch nicht von Bedeutung.

Vergleiche

Eine Hilfe ist es, die Gegenstände miteinander zu vergleichen und ihre Größenverhältnisse zu beachten (siehe Seite 38/39). Wichtig sind dabei auch die Beziehungen der Formen untereinander. Wenn Überschneidungen vorhanden sind, müssen diese genau bestimmt und festgehalten werden. Beachten Sie, wieviel größer, höher oder breiter eine Form im Unterschied zu einer anderen ist. Zudem muß gerade bei zum Beispiel einem hohen Gegenstand wie einer Flasche das Verhältnis Höhe/Breite genau beobachtet werden. Kein Teil des Motivs darf isoliert gesehen und gezeichnet werden. Ein Apfel, der in seiner Form genau erfaßt worden ist, wirkt doch fehlerhaft, wenn er im Vergleich zum Beispiel zu einem Teller viel zu groß angelegt wurde.

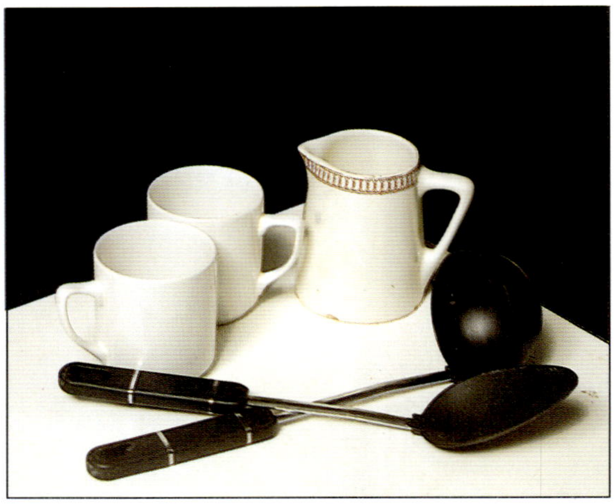

Schärfen Sie Ihre Wahrnehmung! Stellen Sie eine Gruppe von Haushaltsgegenständen auf, und zeichnen Sie sie zunächst als positive und dann als negative Formen.

Konturen zeichnen

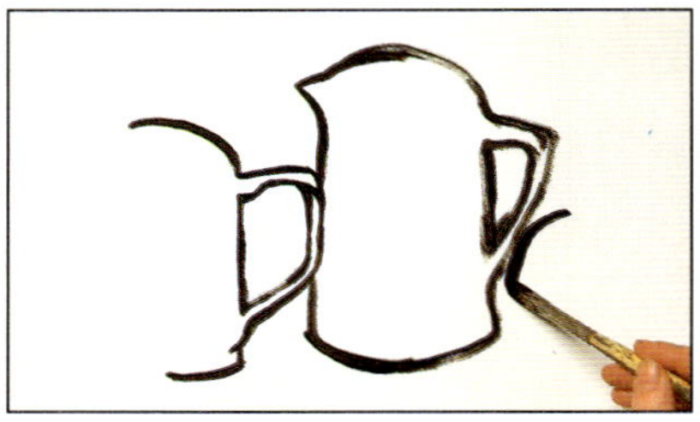

1 *Diese Art zu zeichnen, ist nicht ganz einfach. Da man meist viele Korrekturen ausführen muß, sollte man ein Zeichenmittel wählen, das sich leicht übermalen läßt. In diesem Fall wurde mit Pinsel und schwarzer Acrylfarbe gezeichnet, die durch Übermalen mit Weiß schnell und sicher korrigiert werden kann.*

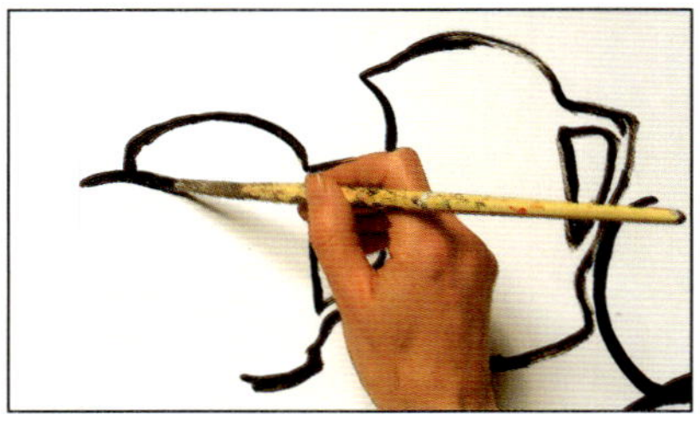

2 *Eine Ellipse zu zeichnen, ist immer sehr schwer, zumal, wenn man nur die obere Hälfte zeichnen soll. Lassen Sie sich von Fehlschlägen daher nicht entmutigen.*

3 ► *Löffel und Schöpfkelle sind nicht zufriedenstellend ausgefallen, sie werden daher mit Weiß übermalt.*

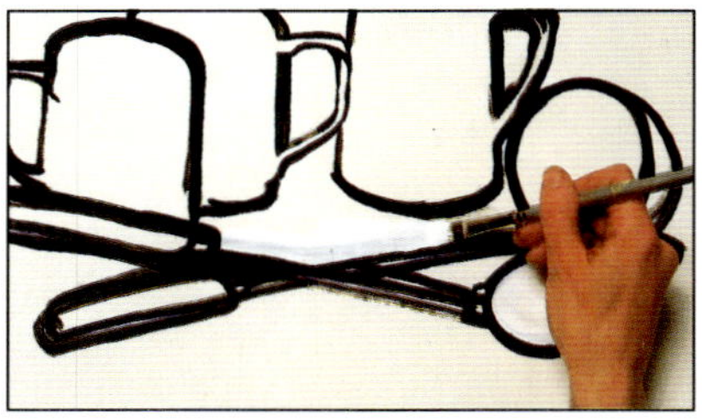

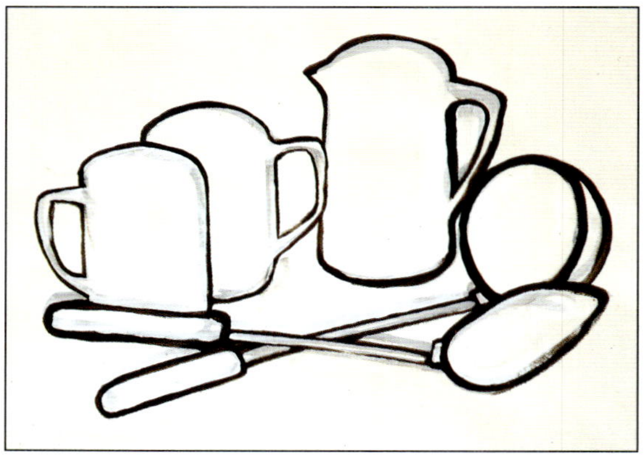

4 *Die weiße Farbe deckt die schwarzen Linien nicht vollständig ab, und eine schwache Linie bleibt erkennbar. Sie dient als Hilfslinie, so daß man den gleichen Fehler nicht noch einmal wiederholt.*

Negative Formen

Eine ganz andere, aber nichtsdestoweniger nützliche Methode, die Wahrnehmung zu schärfen, besteht in der Konzentration auf die Formen zwischen den Gegenständen, die man als negative Formen oder negativen Raum bezeichnet. Wenn man zum Beispiel einen Becher mit Henkel zeichnen will, sollte man versuchen, den Henkel zu vergessen und nur die Form festzuhalten, die zwischen Henkel und Tasse zu sehen ist. Manchmal ist es hilfreich, nur den negativen Raum zu zeichnen, bevor man sich den positiven Formen zuwendet. Zwar mag dies anfangs etwas merkwürdig erscheinen, schult aber das genaue Sehen ungemein. Man wird gezwungen, die Dinge auf eine ganz andere Weise zu betrachten. Gerade beim Aktzeichnen können negative Formen eine große Hilfe sein. Wenn zum Beispiel bei einer stehenden Figur mit in die Seiten gestemmten Armen Schwierigkeiten auftreten, das Verhältnis der Glieder untereinander zu bestimmen, hilft es, die Formen zwischen Armen und Körper genau zu studieren.

Negative Formen zeichnen

1 Mit Pinsel und Acrylfarbe werden die negativen Formen des Stillebens – d. h. die Räume zwischen den Gegenständen – festgehalten.

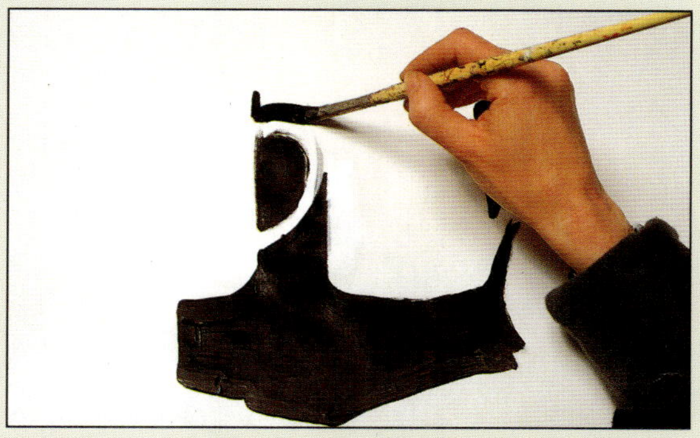

2 Dies erfordert zwar erhöhte Aufmerksamkeit, kann die Dinge jedoch langfristig vereinfachen. Wenn Sie daran gewöhnt sind, negative Formen zu sehen, können Sie diese oft einfacher erkennen als die Gegenstände selbst.

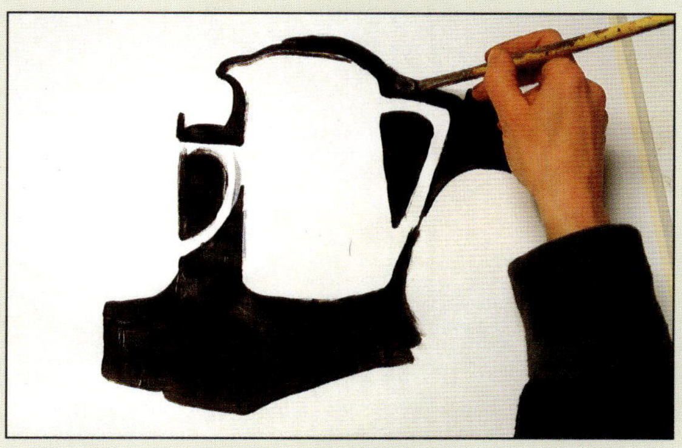

3 Auch hier wird wie im vorigen Beispiel wieder weiße Farbe verwendet, um Korrekturen durchzuführen. Bei dieser Art zu zeichnen, ist es fast unmöglich, alle Formen auf Anhieb richtig zu erfassen.

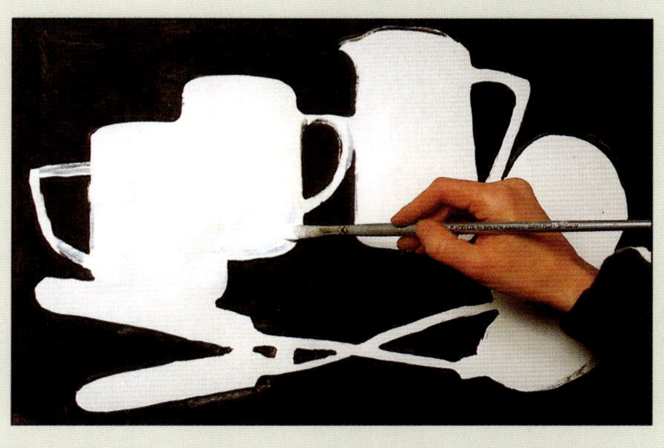

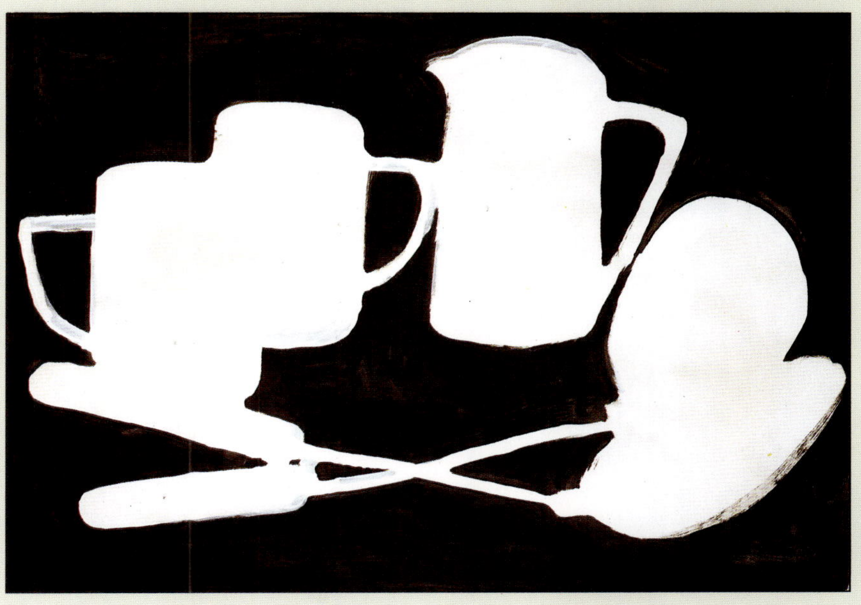

4 Das Zeichnen von negativen Formen hat (abgesehen davon, daß es die Wahrnehmung schult) eine weitere wichtige Funktion: Es lehrt Sie, die Proportionen der Dinge untereinander richtig einzuschätzen und Ihr Bild entsprechend zu komponieren. Diese Zeichnung ist zwar nicht vollkommen, wirkt aber dennoch vor allem aufgrund der Balance zwischen den hellen und dunklen Formen lebendig und interessant.

Die Plastizität erfassen

Bisher haben wir uns mit den Größenverhältnissen und den Konturen der Gegenstände beschäftigt. Nun wollen wir uns mit ihrer Plastizität befassen.
Eine realistische Zeichnung soll ja auch das Volumen der Dinge, also die Dreidimensionalität, wiedergeben, und daher muß man in der Lage sein, einen Gegenstand nicht nur in seiner Kontur, sondern auch in seiner plastischen Form zu erfassen.

Hell und Dunkel

Es gibt leider keine Regeln, mit deren Hilfe man die Plastizität und das Volumen eines Gegenstandes wiedergeben kann. Wieder hilft jedoch die genaue Beobachtung, auch wenn dies manchmal nicht ganz einfach sein sollte. Wir nehmen Formen durch das

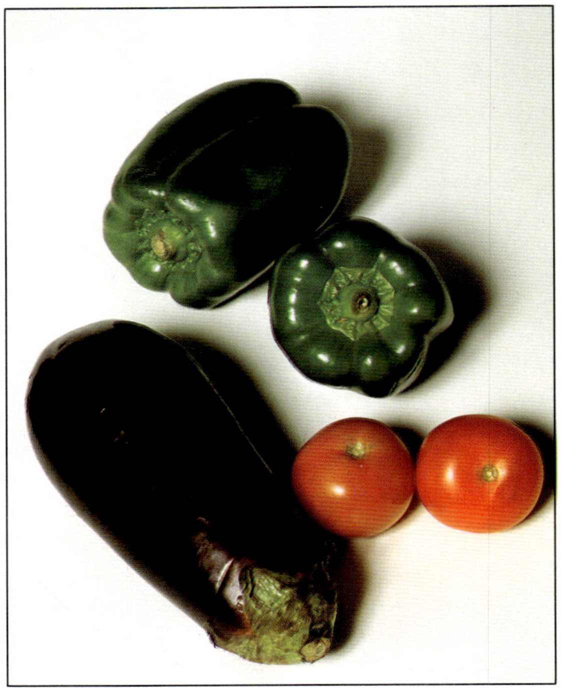

Besorgen Sie sich etwas Gemüse aus Ihrer Küche oder vom Markt und stellen Sie daraus Ihr Stilleben zusammen; die hier abgebildeten Früchte stellen ein gutes Übungsmotiv dar. Das Gemüse sollte ausschließlich von einer Seite beleuchtet sein, damit Hell und Dunkel deutlich zu sehen sind.

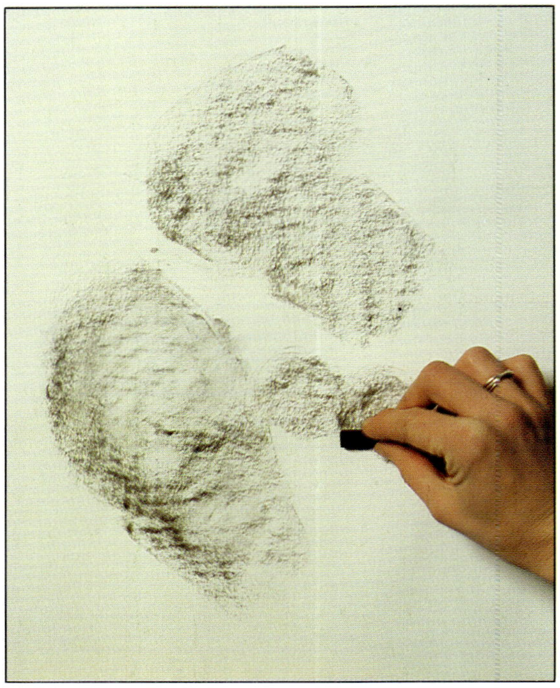

1 *Nach einer kaum sichtbaren Vorzeichnung wird ausschließlich mit der Längsseite der Zeichenkohle gearbeitet, reine Linien werden vermieden und die Formen nur schemenhaft angedeutet.*

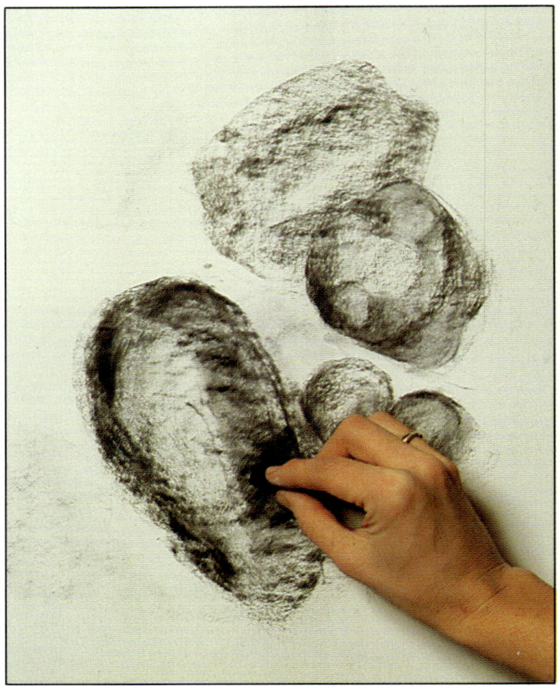

2 *Mit der Längsseite einer dicken Zeichenkohle aus Weidenholz werden nun die dunklen Stellen der Aubergine gestaltet.*

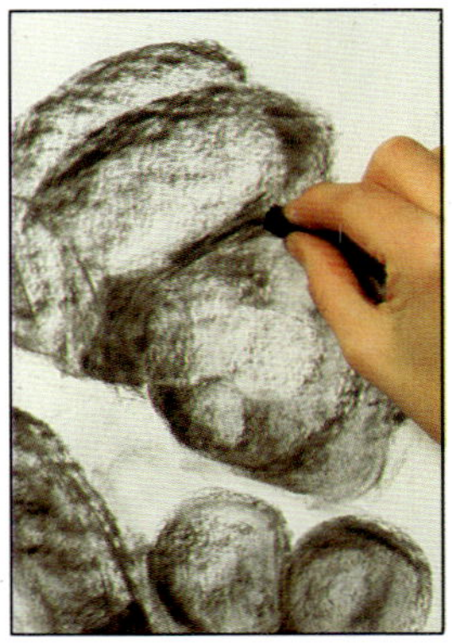

3 *Die Schatten zwischen den zwei Paprikaschoten ergeben eine dunkle Linie, die mit der Spitze der Kohle eingezeichnet wird. Da Kohle ein weiches und leicht zu verreibendes Zeichenmittel ist, wirkt aber auch dieser Strich weich und fließend und nicht wie eine Kontur.*

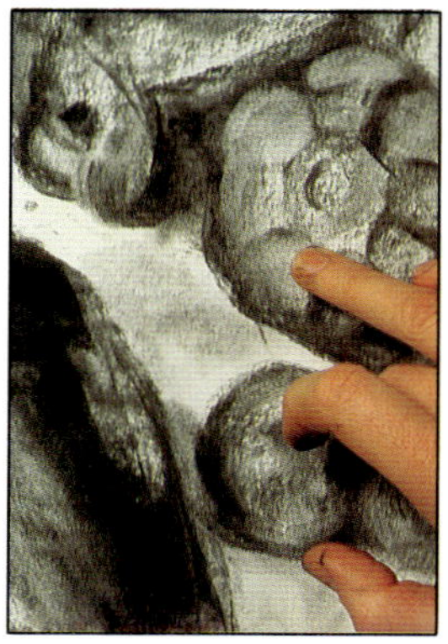

4 *Mit der Fingerspitze wird die Kohle da verrieben, wo Lichter erscheinen sollen.*

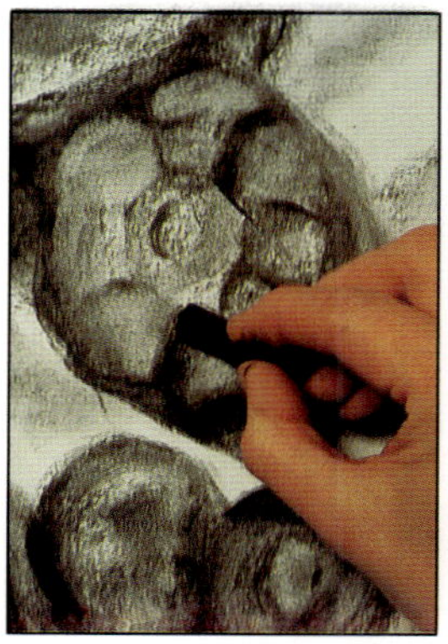

5 *Der obere Teil der Paprikaschoten zeigt starke Tonwertkontraste. Die Schatten müssen hier also mit der Spitze der Kohle besonders vertieft werden.*

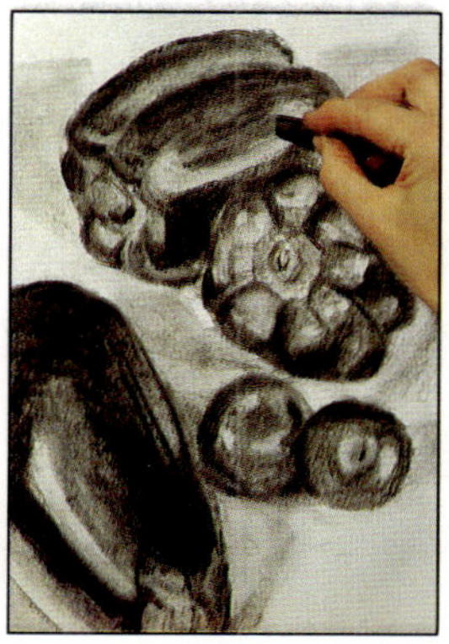

6 *Da Kohle auf glattem Papier nicht gut haftet – die Künstlerin arbeitet auf Zeichenpapier – müssen dunkle Stellen zum Schluß oft noch einmal überarbeitet werden.*

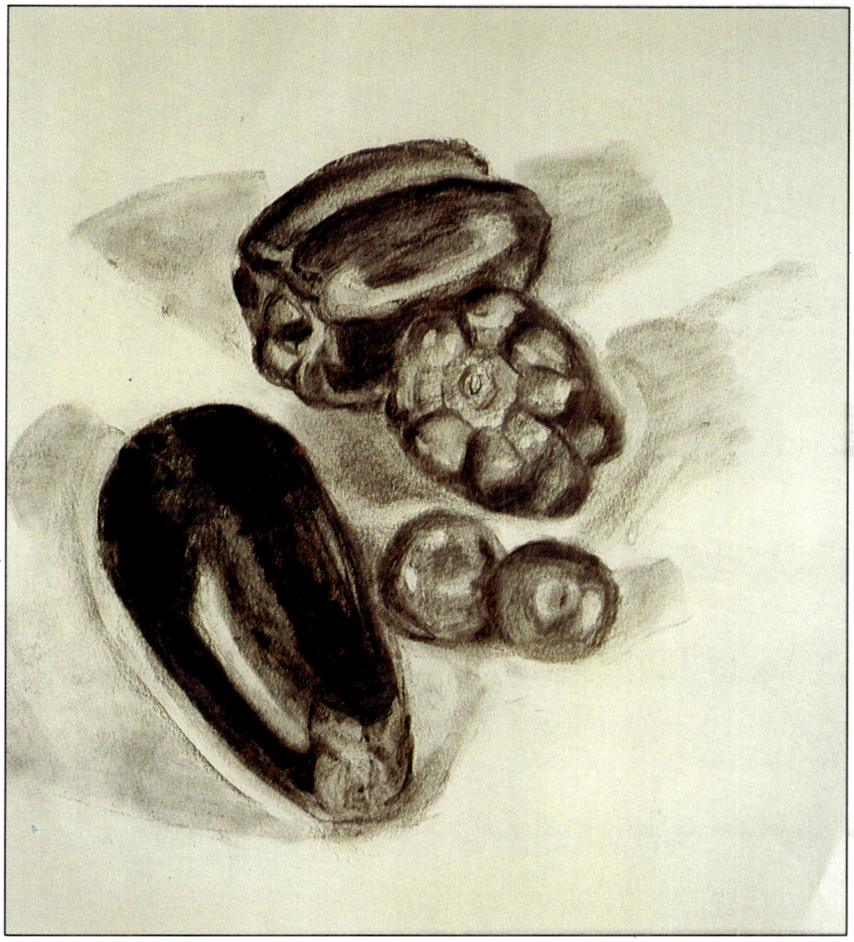

7 *Durch Verschmieren der Kohlepartikel können leider auch sehr oft die hellen Stellen ihre Schärfe verlieren. Das läßt sich relativ leicht durch die Technik des Abhebens verbessern. Die beiden Lichter auf der Aubergine und auf der senkrecht stehenden Paprika wurden auf diese Weise geschaffen.*

Licht wahr, das auf einen Gegenstand fällt. Die dabei entstehenden hellen und dunklen Stellen definieren sein Volumen.
Wenn wir in einer schwarzweißen Welt leben würden, wäre es etwas leichter, die verschiedenen Tonwerte dieser hellen und dunklen Stellen festzuhalten. Schwieriger wird dies jedoch bei einem farbigen Motiv, denn es ist manchmal nicht einfach, die feinen Hell- und Dunkelabstufungen der vielen Farben zu definieren. Um die hellen und dunklen Stellen besser sehen zu können, sollte man die Augen halb schließen. Dadurch werden die Farben gedämpft und Details unterdrückt, so daß man sich besser auf die Tonwerte konzentrieren kann.

Form und Kontur

Sehr kräftig eingezeichnete Konturen können dann störend wirken, wenn man Tiefe und Volumen einer Form aufbauen möchte. Ein scharfer Umriß um einen Gegenstand läßt ihn nämlich immer flächig erscheinen und gibt dem Motiv enge Grenzen. Wenn man sich nur auf diese Grenzen konzentriert, fällt es schwer, sich auf das Volumen und die Plastizität des Gegenstandes einzulassen.
Versuchen Sie daher in unserer nächsten Übung, die Gegenstände in einer Vorzeichnung mit nur wenigen Linien festzuhalten und dann gleich mit dem Gestalten der Tonwerte zu beginnen. Am einfachsten ist es, gerade für den Anfänger, mit Kohle zu zeichnen, deren Längsseite breit und großflächig eingesetzt werden kann. Probieren Sie dabei auch die Technik des Abhebens aus. Natürlich kann man auch einen Bleistift oder Tusche und Feder verwenden, am besten geeignet für diese Übung ist jedoch die Zeichenkohle.

Die lineare Zeichnung

Nach dem Kapitel über Tonwert und Plastizität mag es widersprüchlich erscheinen, nun wieder auf die lineare Zeichnung zurückzukommen, Sie werden aber sehen, daß man auch mit einer reinen Linienzeichnung Gegenstände plastisch wiedergeben kann. Ausschlaggebend ist dabei die abwechslungsreiche Gestaltung der Linien, sie können fest und dunkel, hell und fein oder zart und fast unsichtbar sein.

Variationen der Linie

Ein harte Umrißlinie kann der Plastizität einer Form sehr abträglich sein, da Gegenstände meist keine festen Konturen aufweisen: Einige Ränder können deutlich hervortreten, weil ein Schatten darunter liegt; andere aber erscheinen sehr weich und sind nur ganz leicht zu erkennen. Diese Unterschiede und Feinheiten genau wiederzugeben, ist ein wichtiges Mittel, um Volumen und Plastizität zu erhalten. Man kann diesen Effekt schon bei den einfachsten Gegenständen leicht beobachten. Blumen oder etwa auch das menschliche Gesicht haben aufgrund ihrer komplizierten Form und dem wechselnden Lichteinfall eine Unmenge harter und weicher Kanten und Ränder.

Wenn Sie diese Unterschiede in der Qualität der Linien detailliert herausarbeiten, gewinnt Ihr Motiv an Plastizität, ohne daß Schatturen nötig werden. Das ist nicht ganz einfach, lohnt aber das Ausprobieren, denn das Ergebnis kann sehr beeindruckend sein.

Harte und weiche Konturen sehen

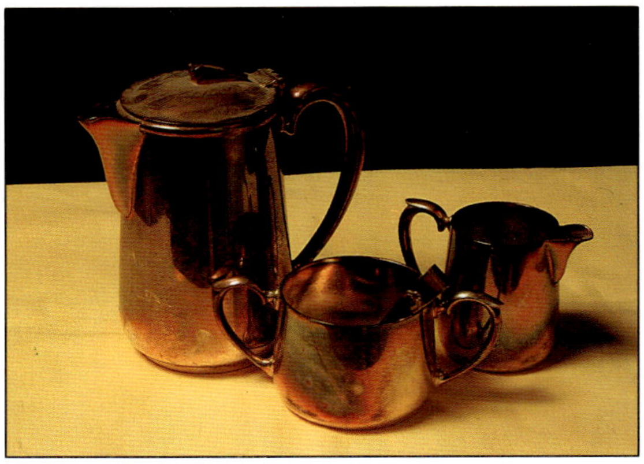

Je nach Beleuchtung, Form und Farbe können bei jedem Gegenstand harte und weiche Ränder beobachtet werden. Wenn die gezeichneten Linien diese unterschiedliche Qualität der Ränder aufnehmen, können ausdrucksvolle Zeichnungen entstehen.

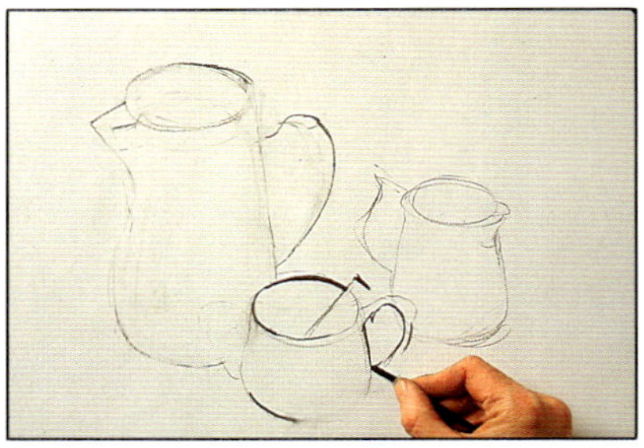

1 *Mit einer Zeichenkohle in mittlerer Stärke wird hier vorgezeichnet. Dann werden die harten Ränder der Zuckerdose verstärkt.*

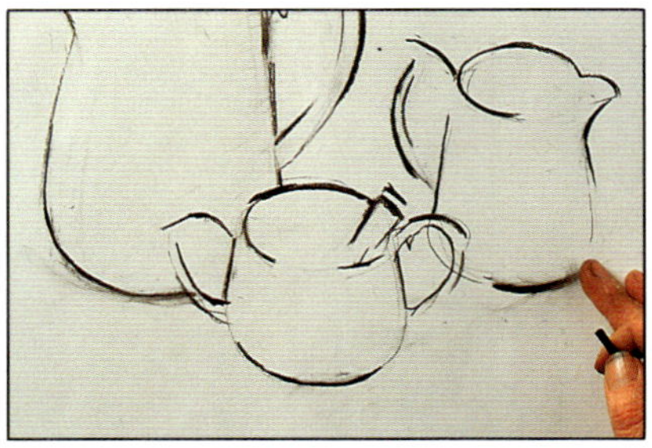

2 *Die Ränder werden weiter bearbeitet. Weichere Linien werden mit dem Finger etwas verrieben, wie in dieser Schattenfläche.*

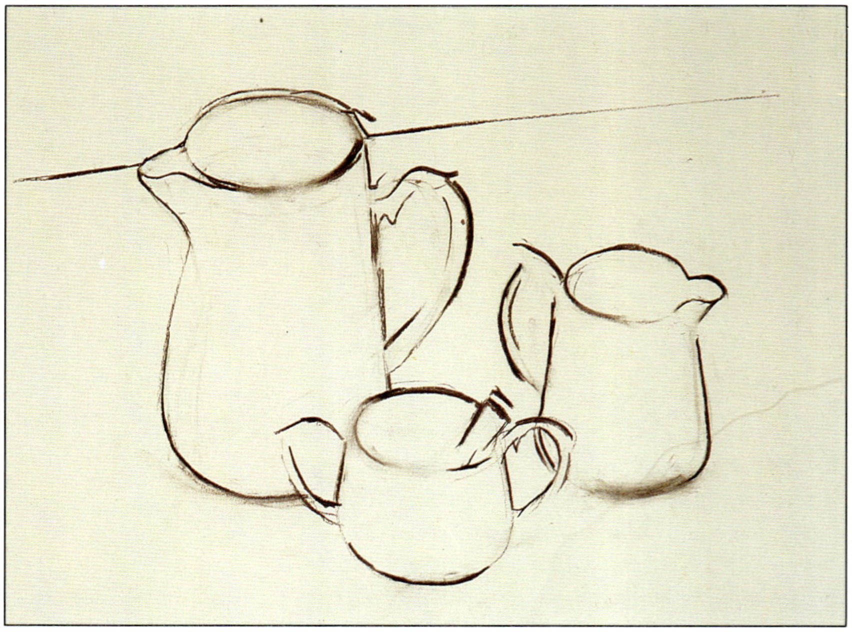

3 ► *Obwohl die Gegenstände ohne Schatten dargestellt sind, ist die plastische Wirkung überzeugend. Dies beruht zum einen auf den weichen und harten Linien der Konturen und zum anderen auf der genauen Wiedergabe der Formen, vor allem der elliptischen Öffnungen.*

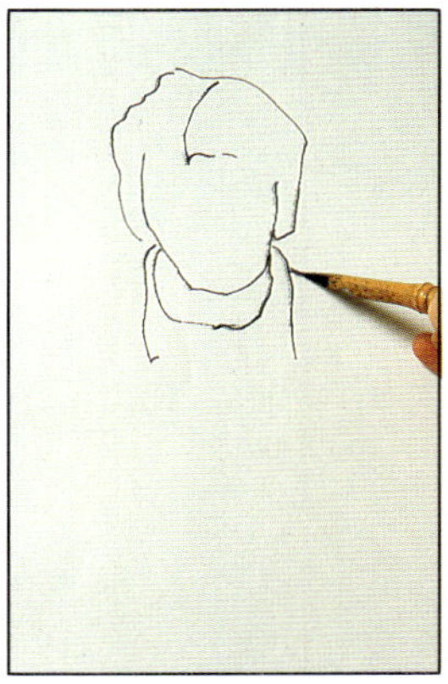

1 Für diese Art von Zeichnung sollten Sie ein Zeicheninstrument wählen, das klare, feste Linien ergibt, zum Beispiel eine feine Rohrfeder und schwarze Tusche.

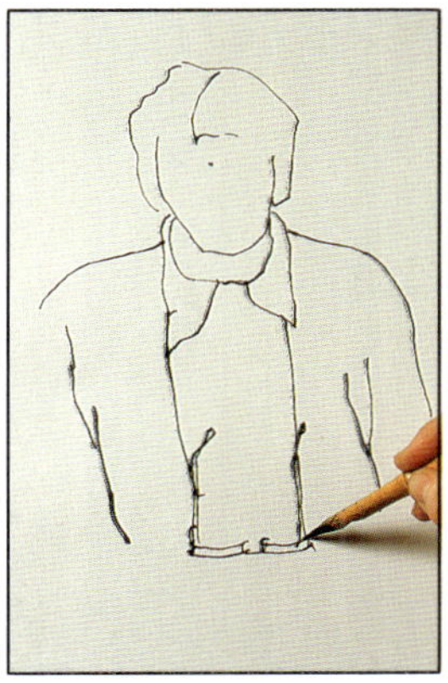

2 Nachdem die wichtigsten Umrißlinien des Kopfes und des Oberkörpers eingezeichnet wurden, werden Details wie der Hemdkragen und die an einer Schnur baumelnde Brille festgehalten.

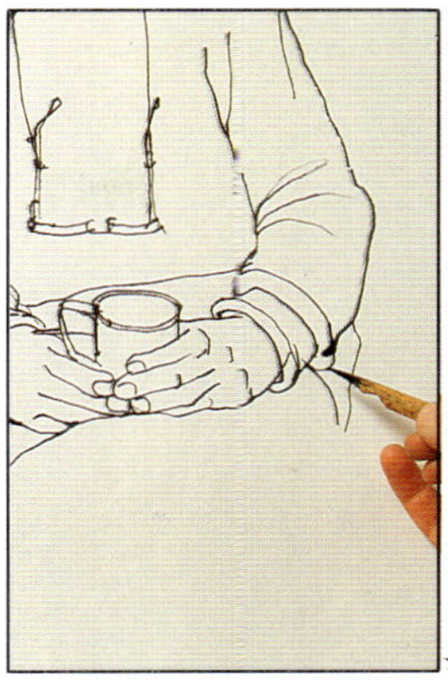

3 Durch genaue Beobachtung der Formen von Details wie Hemdmanschetten und der Falten an den Ellenbogen werden Schattierungen für die Wiedergabe von Volumen überflüssig.

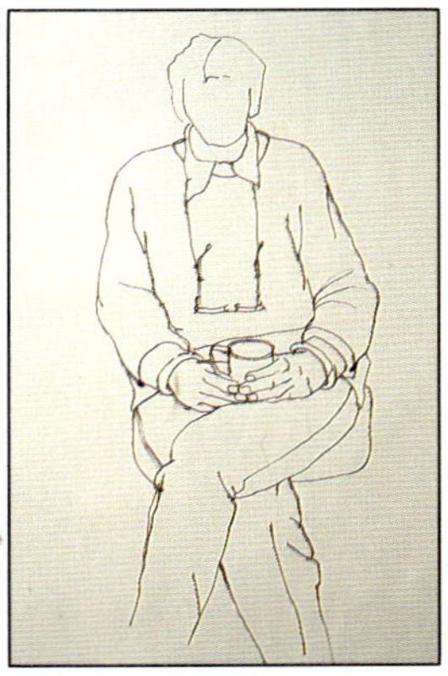

4 Die Zeichnung ist zwar noch nicht ganz fertig, die Haltung des Modells ist jedoch gut erkennbar.

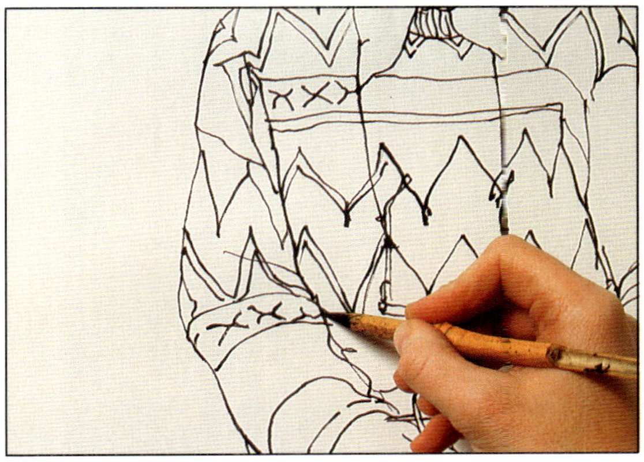

5 Muster sind eine ausgezeichnete Hilfe, um Formen und Plastizität darzustellen. Der Rhythmus des Musters folgt den Rundungen der Schulterpartie und der Stellung der Arme.

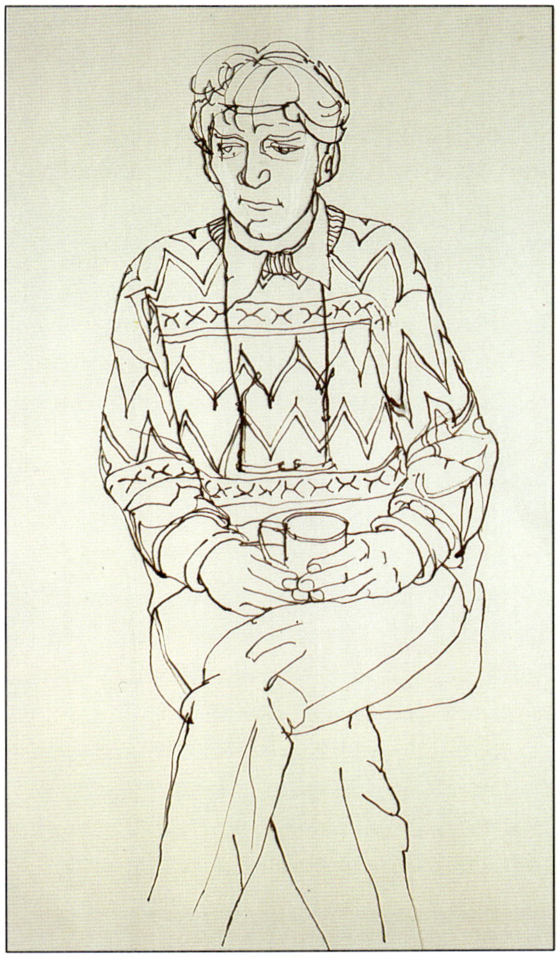

6 In den meisten Zeichnungen werden Linien und Tonwerte kombiniert. Es ist jedoch lehrreich, sich einmal nur auf die Linie zu beschränken. Wie in allen Zeichenübungen lernt man so, sein Motiv genau zu betrachten.

Durch Muster entsteht Plastizität

Auch die Muster von Gegenständen helfen, Formen und Plastizität zu modellieren. Ein Hemdsärmel zum Beispiel wirft Falten, wenn der Arm angewinkelt ist, und dadurch verändert sich das Muster auf dem Hemd. Ein anderes Beispiel wären die kreuzweise übereinander liegenden Schnürsenkel von Schuhen. Die Kleidung eines Menschen bietet vielfältige Linienmuster, angefangen beim Hosenbund bis zu den Hemdmanschetten oder einem Uhrarmband, das die Rundung des Handgelenks betont. Jedoch ist diese Art, Formen zu gestalten, nicht bei allen Motiven so gut einzusetzen. Ein Apfel zum Beispiel wäre aufgrund seiner glatten Oberfläche nur schwer auf diese Weise zu zeichnen. Sofern allerdings Muster vorhanden sind, sollten sie auf jeden Fall in die Komposition aufgenommen werden, sei es nun als Linie allein oder in einer Kombination von Linie und Tonwert.

SKIZZIEREN

Bei den Vorüberlegungen zur Umsetzung eines Motivs ist das Erstellen von Skizzen ausgesprochen hilfreich. Es ermöglicht Ihnen, Ihr Objekt zunächst aus verschiedenen Blickwinkeln zu betrachten und mit unterschiedlichen Ausschnitten zu experimentieren. Mit schnellen Skizzen vor Ort können Sie jedoch auch einfach nur Ideen sammeln oder Eindrücke aufnehmen, die bei einer späteren Arbeit zu Hause eine ausgezeichnete Erinnerungsstütze sein werden.

Visuelle Eindrücke sammeln

Künstler durchblättern oft ihre Skizzenbücher, um Ideen für eine Komposition zu finden oder einfach, um die Erinnerung an ein kleines Motivdetail aufzufrischen. Je häufiger man skizziert, desto mehr Material sammelt sich an, auf das man später zurückgreifen kann. Zugleich übt Skizzieren das Sehen. Skizzen haben jedoch auch die Funktion, eine Komposition vorzubereiten. Je nach Art der geplanten Arbeit benötigt

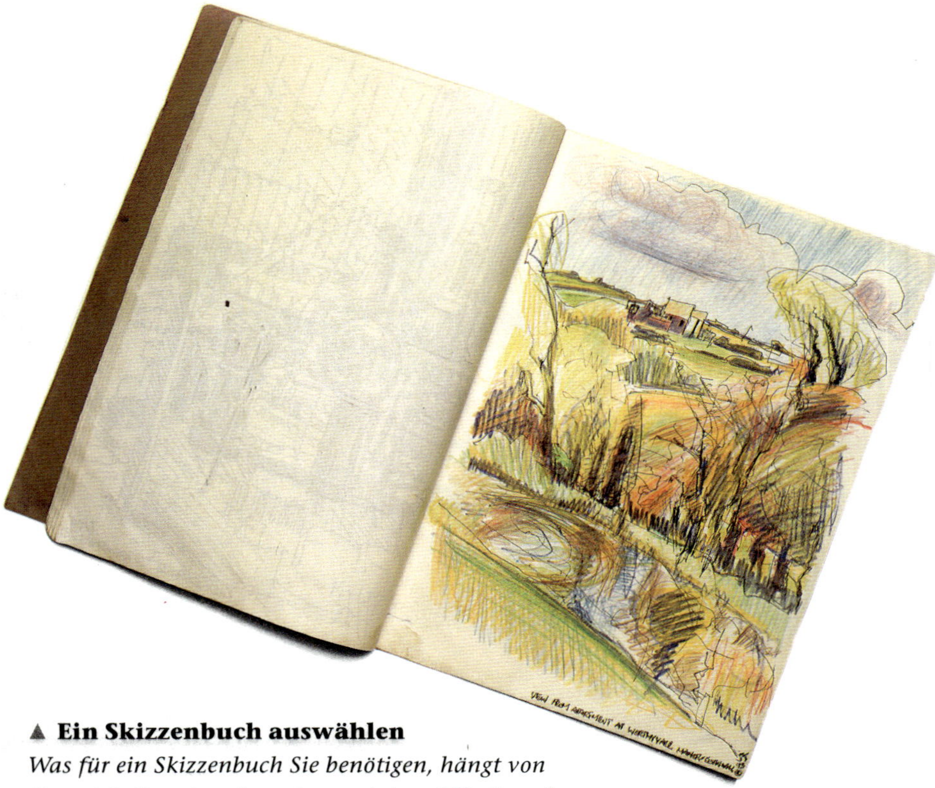

▲ **Ein Skizzenbuch auswählen**
Was für ein Skizzenbuch Sie benötigen, hängt von Ihrer Arbeitsweise ab sowie von Art und Umfang der Skizzen. Man kann ruhig mehrere Skizzenbücher nebeneinander benutzen. Für den Anfang ist es gut, sich ein großes Buch für Skizzen mit Farbstiften und ein kleineres für Skizzen mit Tusche und Feder anzuschaffen.

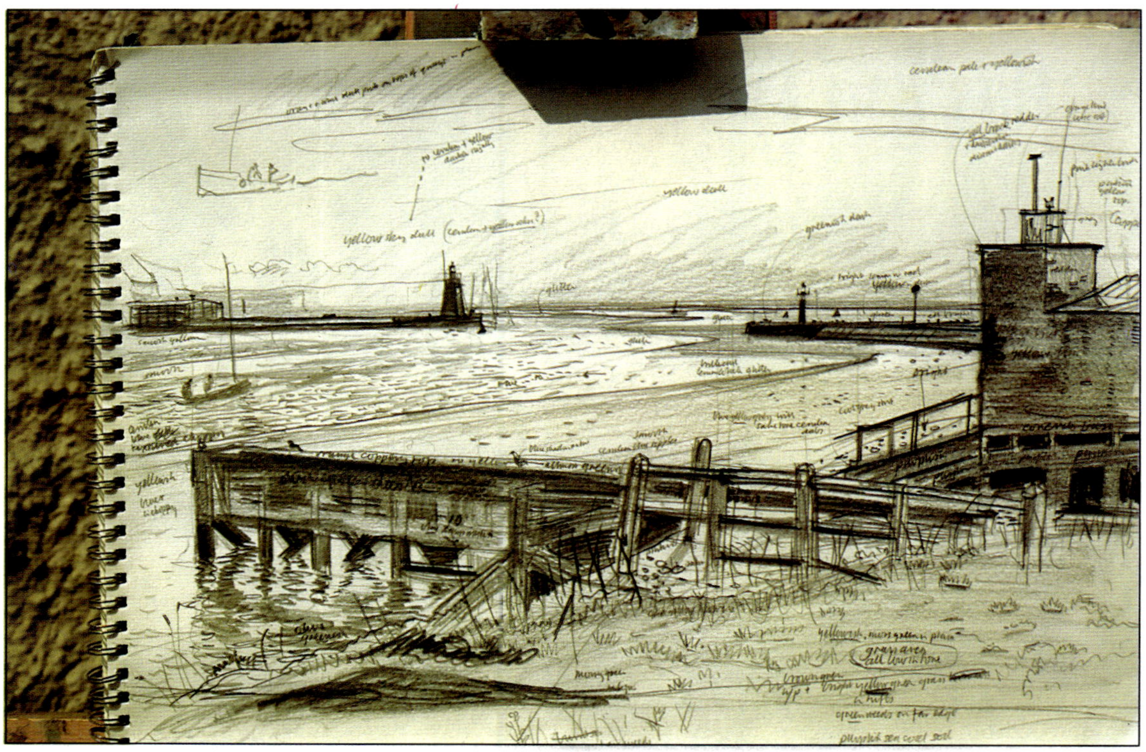

◄ **Skizzen für Gemälde**
Diese Skizze von Stephen Crowther wurde als Studie für ein Ölbild erstellt. Der Künstler hat auf der Skizze überall handschriftlich Farbnotizen eingetragen. Die Verwendung eines spiralgebundenen Skizzenbuches ermöglicht das Heraustrennen eines Blattes, so daß man es gut neben der Staffelei befestigen kann.

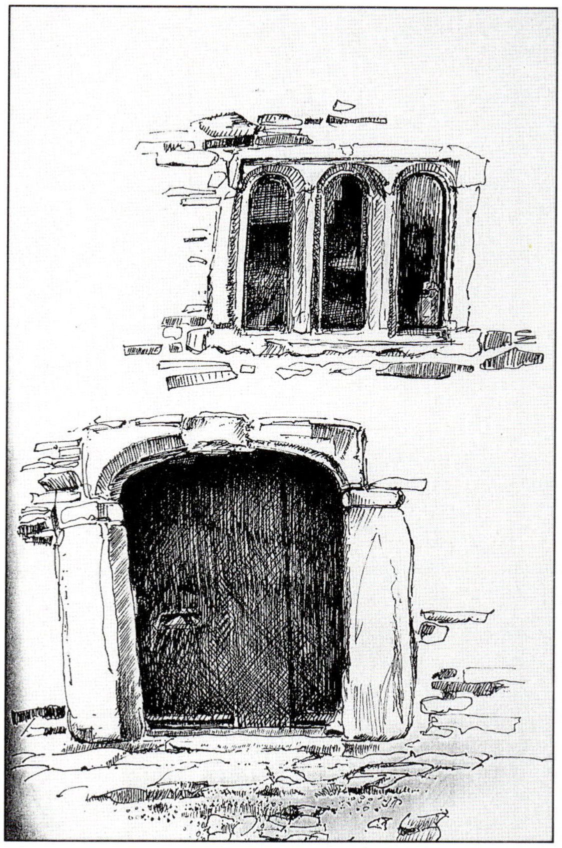

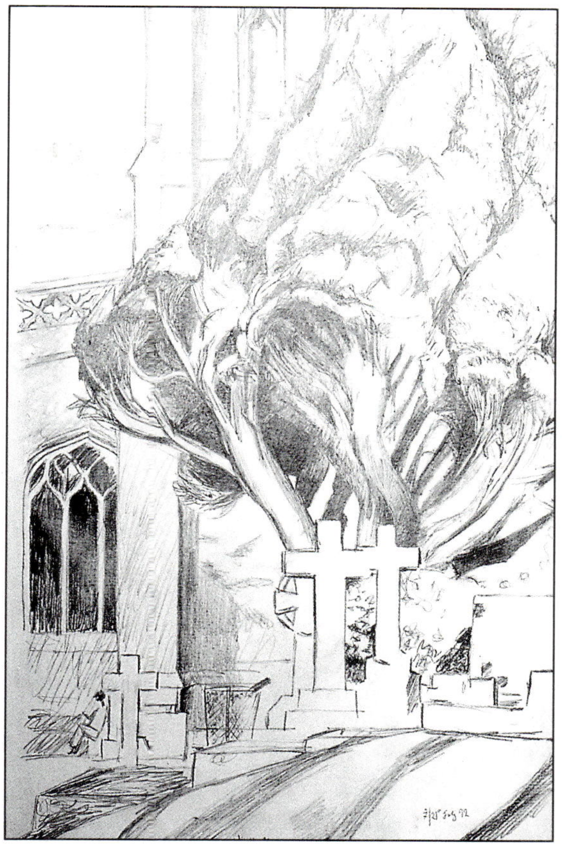

◄◄ Wahl des Zeichenmittels
Beim Skizzieren sollte man immer verschiedene Zeichenmittel bereithalten, um für jedes Motiv die passende Auswahl zu haben. John Townend bevorzugt bei Landschaftsstudien Farbstifte, für Häuser verwendet er jedoch lieber Tusche und Feder, da ihm hier die Linie wichtiger ist als die Farbe.

◄ Ideen sammeln
David Cuthbert sammelt in seinen vielen Skizzenbüchern Eindrücke und Beobachtungen. Auch Fotos zählen zu seiner Sammlung, so daß er immer eine reiche Motivauswahl zur Hand hat.

man Skizzen für die Farbgebung und die Tonwerte oder aber eine reine Linienskizze für die Anordnung der Komposition. Ein farbiges Gemälde auf der Basis einer einfarbigen Skizze in Bleistift oder Tusche und Feder aufzubauen, ist fast unmöglich. Man weiß nicht mehr, welche Farbe der Himmel hatte und welche Bildteile hell und welche dunkel waren. Daher sollte man in die Skizzen soviele Informationen wie nur möglich eintragen. Falls man zum farbigen Skizzieren keine Zeit hat, sollte man Notizen zur Farbe eintragen. Schreiben Sie jedoch nicht einfach „blau“ oder „grün“, sondern benennen Sie die Farbtöne genauer.

Zum Material

Skizzieren kann man mit fast jedem Zeicheninstrument. Bleistifte sind besonders empfehlenswert, da man mit ihnen sowohl die Linien als auch die Tonwerte erfassen kann. Feder und Tusche eignen sich für kleine lineare Skizzen, weniger für Tonwertstudien. Für Farbskizzen sollten Farbstifte, Pastellkreiden oder Ölpastellkreiden eingesetzt werden, obwohl die beiden letztgenannten Mittel bei kleinformatigen Arbeiten schwierig zu handhaben sind. Man kann für Pastellskizzen große Skizzenblöcke kaufen, die verschieden getönte Papiere enthalten. Oft wird es aber auch genügen, einfach ein Blatt Papier auf einem Zeichenbrett festzuklammern. Skizzenbücher sind in verschiedenen Größen und Formen erhältlich. Falls Sie nicht unbedingt kleinformatig arbeiten wollen, sollten Sie sich kein zu kleines Skizzenbuch anschaffen.

▼ Farbnotizen
Gerry Baptist arbeitet in seinen Gemälden hauptsächlich mit lebhaften Acrylfarben. Seine Skizzen fertigt er mit Aquarellfarben an, um die Farbigkeit des Motivs festzuhalten. Eine einfarbige Skizze in Bleistift würde ihm die benötigten Farbinformation, die er für seine Bilder später braucht, nicht vermitteln.

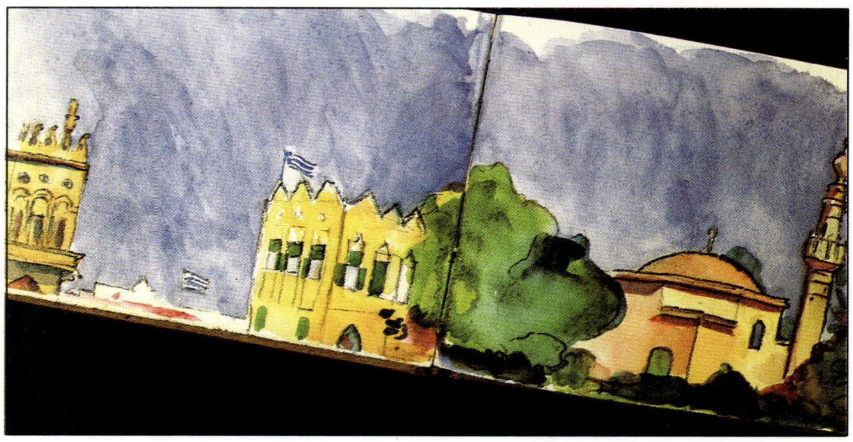

Aktzeichnen

Das wohl schwierigste Motiv beim Zeichnen oder Malen überhaupt ist sicherlich der Mensch selbst. Aktzeichnen gehört zur Grundausbildung an den Kunstakademien, und auch Hobby- und Freizeitmaler besuchen mit großem Interesse Aktkurse an Volkshochschulen und freien Zeichenschulen. Wem es jedoch nicht möglich ist, solch einen Aktkurs zu besuchen, der kann sich einmal im Freundeskreis nach „Freiwilligen" umhören; auch eine bekleidete Person ergibt ein gutes Modell zum Üben. Vielleicht schließen Sie sich auch mit anderen Interessenten zusammen und engagieren privat ein Modell.

Die Proportionen der menschlichen Figur

Die größte Schwierigkeit beim Motiv Figur ist, Proportionen richtig zu erfassen. Es gibt natürlich ganz unterschiedliche Menschentypen und Figuren und doch bestehen für alle einige allgemeingültige Grundregeln, an denen man sich orientieren kann und die helfen, Fehler wie zum Beispiel zu kleine Köpfe oder Füße zu vermeiden.

Der menschliche Körper läßt sich in ungefähr sieben-und-eine-halbe Kopflänge aufteilen. Der Mittelpunkt des Körpers liegt etwas oberhalb der Genitalzone, ein Viertel oberhalb der Brustwarzen und das andere knapp unterhalb der Knie. Wenn die Arme locker an der Seite herabhängen, befinden sich die Handgelenke unterhalb der Körpermitte, die Fingerspitzen reichen ungefähr bis zur Mitte der Oberschenkel. Die Hand hat in etwa die gleiche Größe wie das Gesicht, vom Kinn bis zur Stirn gemessen. Sie können dieses Maß ganz einfach einmal ausprobieren, indem Sie Ihr eigenes Gesicht mit Ihrer Hand bedecken. Die Länge des Fußes entspricht circa der ganzen Länge des Kopfes.

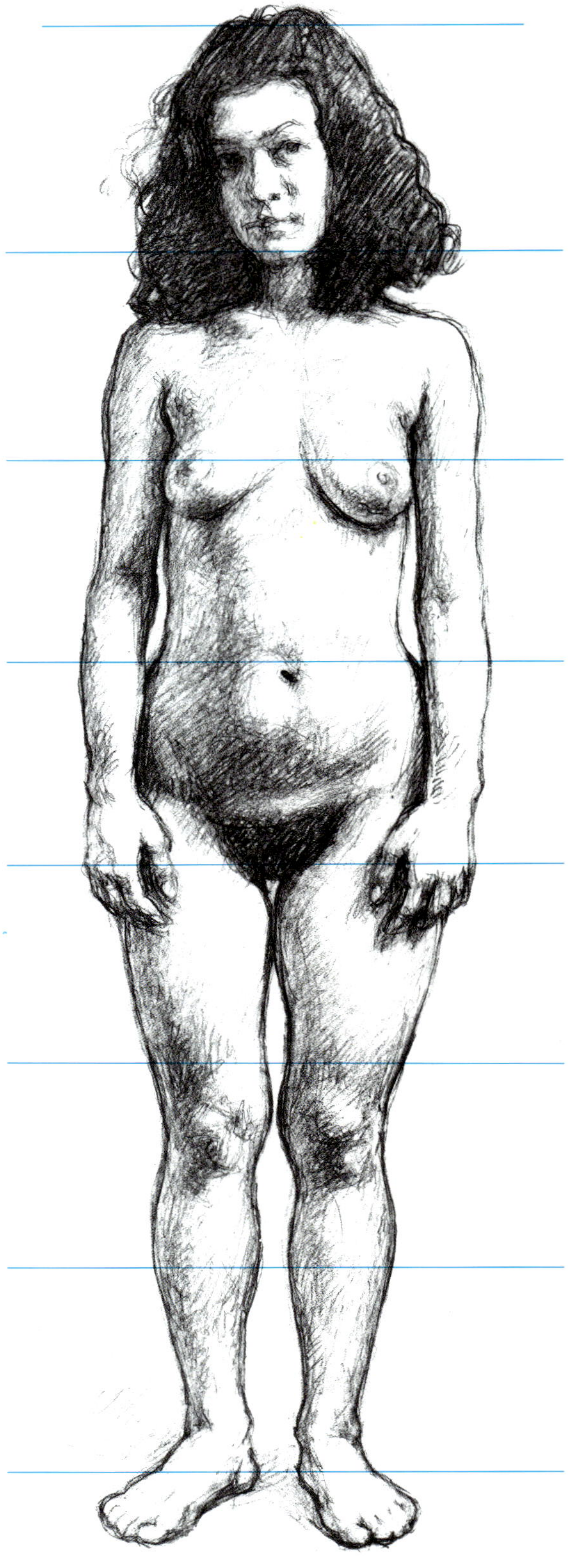

Proportionen

Die Grundregel für die Einteilung des menschlichen Körpers ist zwar „sieben-und-einhalb", doch gibt es auch Variationen. Der Kopf dieses Modells ist zum Beispiel relativ groß. Es ist wichtig, solche individuellen Unterschiede zu berücksichtigen.

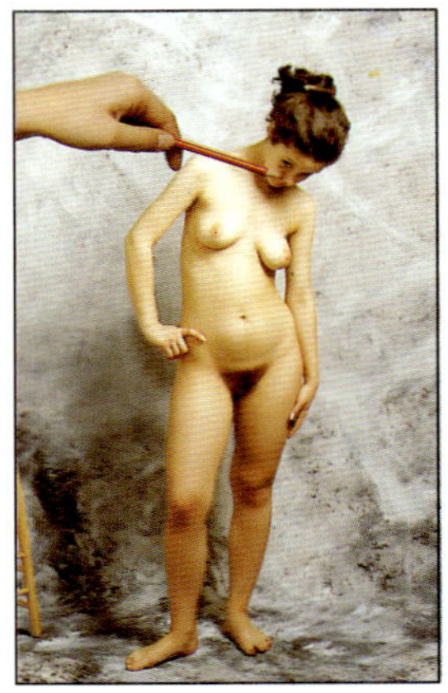

Winkel und Richtungen abschätzen

Halten Sie den genauen Winkel von Schultern und Hüfte fest, indem Sie den Bleistift mit dem gestreckten Arm von sich halten und ihn auf die Neigung einstellen. Ziehen Sie ihn dann zum Blatt und markieren die Neigung.

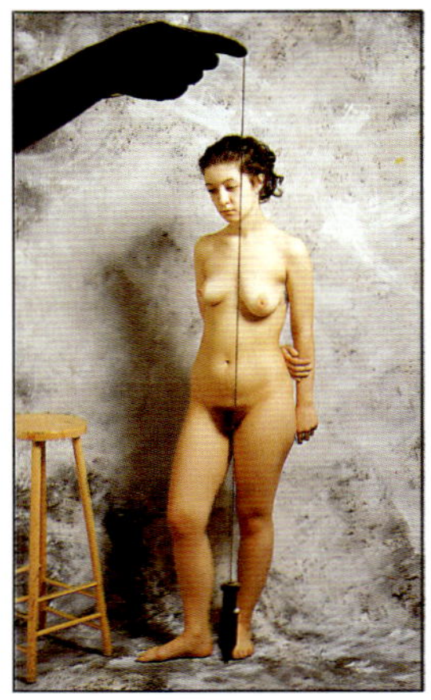

Den Schwerpunkt abschätzen

Gerade bei einer stehenden Pose ist es wichtig, den Schwerpunkt richtig einzuschätzen. Man nimmt dazu entweder einen Bleistift, den man senkrecht hält, oder noch besser ein Bleilot. Diese Methode ist genauer als ein Bleistift, der leicht etwas schräg gehalten werden kann.

Verkürzung

Beim Zeichnen von Figuren ist immer der Kopf die die Größenverhältnisse vorgebende Maßeinheit, mit der die anderen Partien verglichen werden. Bei der Figur sind Maßsysteme besonders dann wichtig, wenn einige Körperteile in Verkürzung wiedergegeben werden. Der Begriff Verkürzung beschreibt einen perspektivischen Effekt, der einige Dinge größer erscheinen läßt als andere. Bei einer sich nach vorn neigenden Figur, die von hinten gezeichnet werden soll, ist zum Beispiel der Rücken durch die Neigung stark verkürzt und muß daher als kleinere Fläche eingetragen werden als bei einem gerade aufgerichteten Akt. Bei einer sitzenden Figur, die von vorne gesehen wird, erscheinen vor allem die Schenkel breit und kurz. Verkürzungen richtig einzuschätzen, kann schwierig sein, zumal sich in jeder Position neue Formen ergeben. Bei Unsicherheiten hilft das Nachmessen mit dem Bleistift. Beim Aktzeichnen ist es sehr wichtig, Abstand zum Papier zu halten. Am besten arbeiten Sie mit fast ausgestrecktem Arm, um so während des Zeichenprozesses Modell und Zeichnung miteinander vergleichen zu können.

Schwerpunkt und Gewichtsverteilung

Je nach Körperhaltung werden Sie beim Nachprüfen und Abschätzen mit dem ausgestreckten Bleistift unterschiedliche Neigungen, Richtungen und Winkel feststellen. Es ist wichtig, hier sehr aufmerksam zu sein, denn oft ist die Neigung der Schulter oder Hüftlinie der Schlüssel für die richtige Wiedergabe einer Pose. Bei einer stehenden Figur, die das Gewicht auf ein Bein verlagert hat, weisen Hüfte und Schultern in unterschiedliche Richtungen. Wann immer ein Teil des Körpers sich bewegt, geht ein ande-

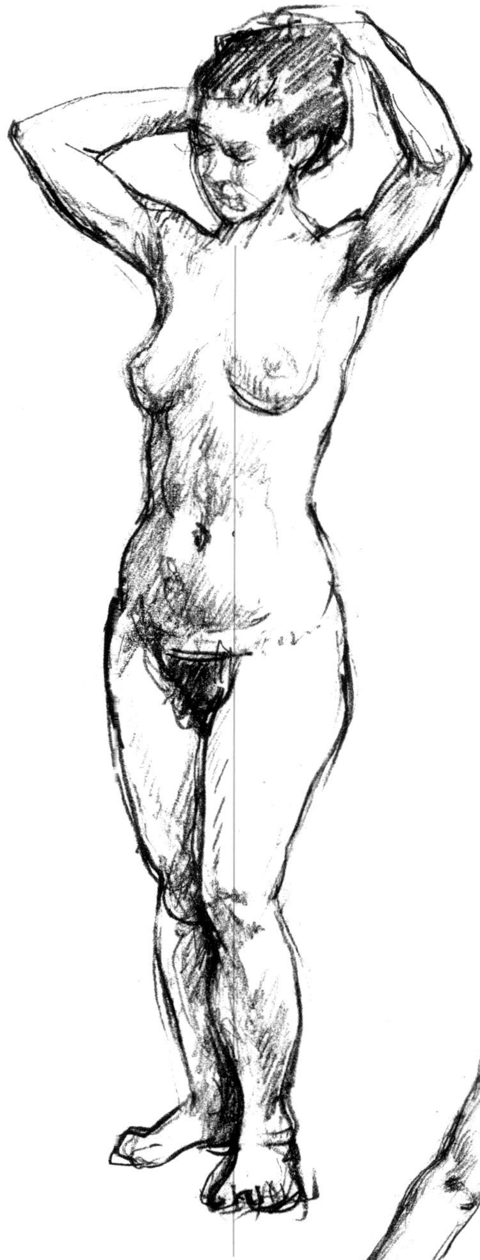

◄ *Je nach der Gewichtsverteilung verläuft die Schwerpunktlinie durch den einen oder den anderen Fuß.*

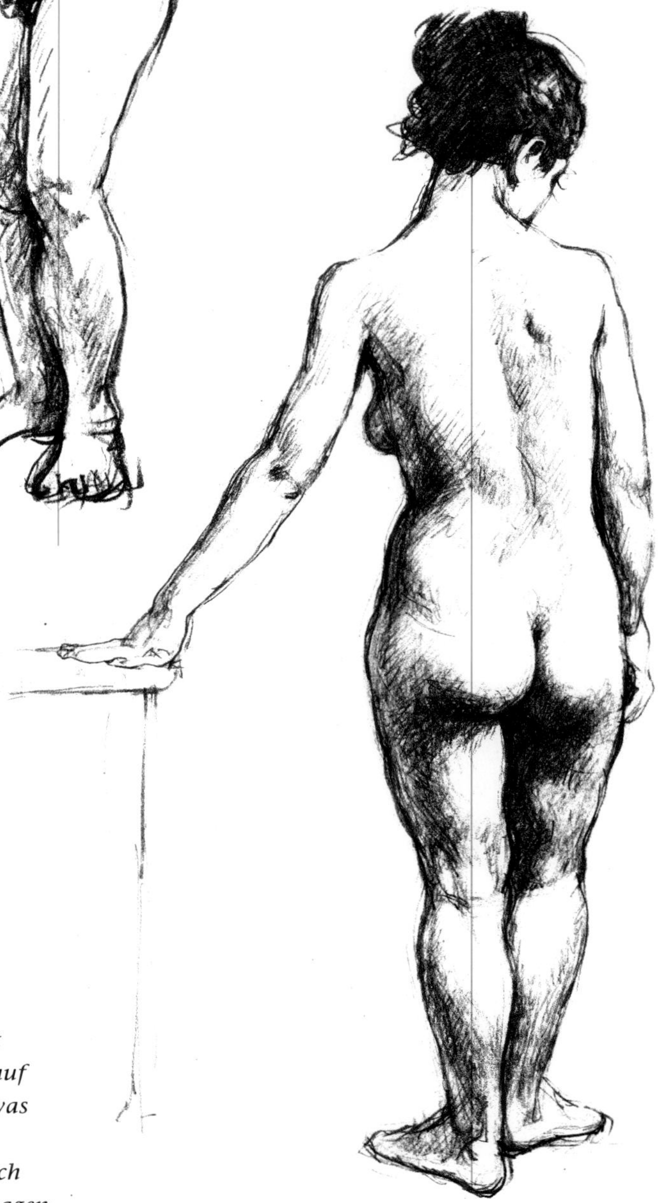

► *Das Gewicht liegt hier hauptsächlich auf dem linken Fuß. Etwas Gewicht wird auch von der auf dem Tisch ruhenden Hand getragen.*

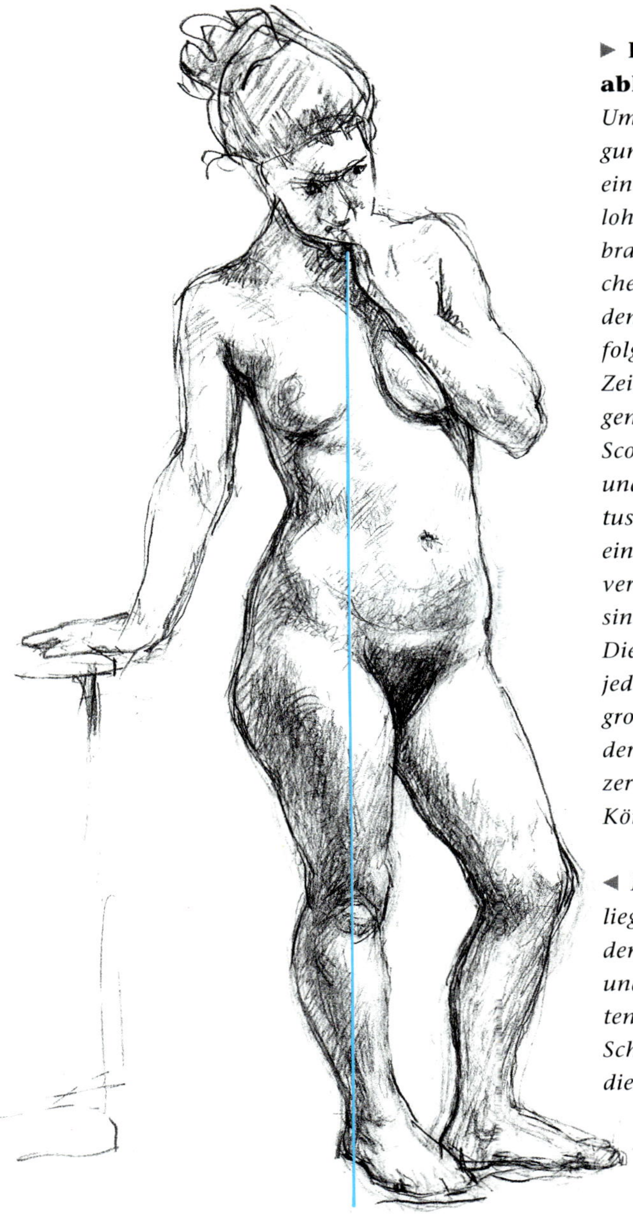

▶ Bewegungsabläufe zeichnen
Um eine Figur in Bewegung wiederzugeben, ein schwieriges, aber lohnendes Thema, braucht man ein „weiches" Zeichenmittel, das dem Fluß der Bewegung folgen kann. In der Zeichnung „Schwingende Arme" hat Hil Scott mit einem Pinsel und verdünnter Chinatusche gearbeitet und einige Stellen mit Kohle verstärkt. Die Konturen sind nur angedeutet. Die Zeichnung zeigt jedoch einen eleganten großzügigen Schwung der Arme und eine tänzerische Bewegung des Körpers.

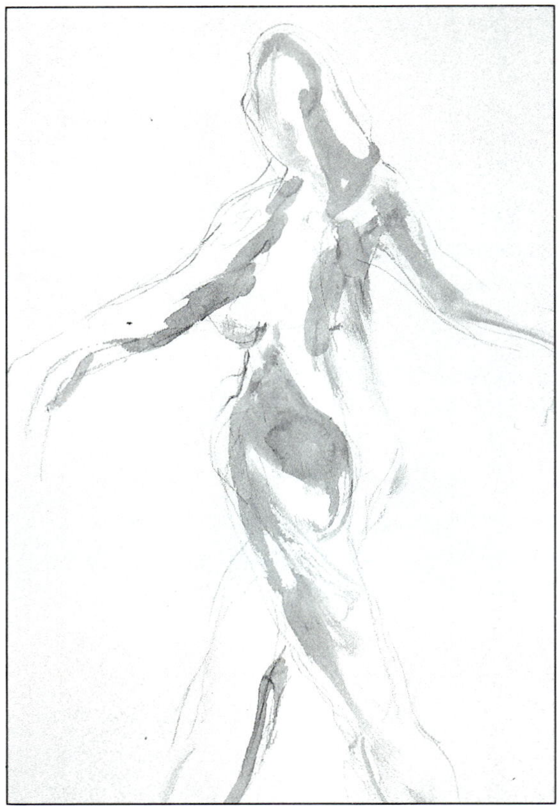

◀ In diesem Beispiel liegt das Gewicht auf dem rechten Arm und dem rechten Bein. Die Schultern und die Hüfte weisen in entgegengesetzte Richtungen.

▼ Hier ruht weniger Gewicht auf den Füßen. Die Balancelinien liegen deshalb ziemlich weit außen.

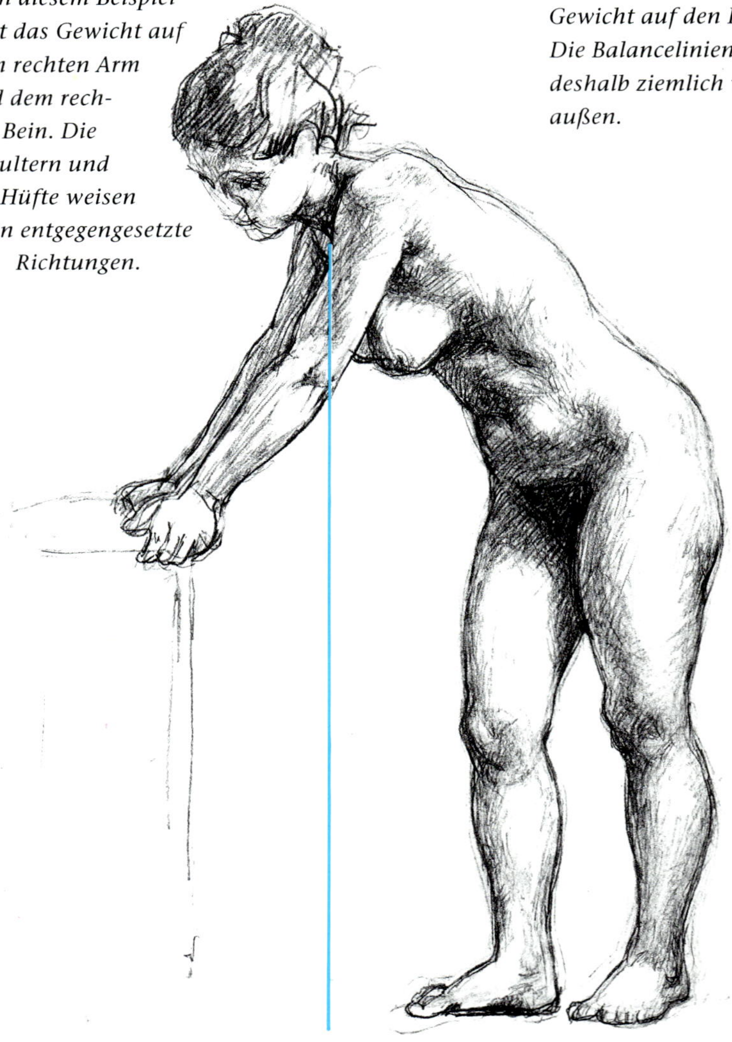

rer Teil in die entgegengesetzte Richtung, um die Balance zu halten. Halten Sie den Bleistift mit ausgestrecktem Arm, und bringen sie ihn mit der Linie der Schultern oder der Hüfte in Deckung. Ziehen Sie dann den Bleistift in dieser Position vorsichtig auf das Blatt zurück, und markieren Sie die festgestellten Winkel mit einer Hilfslinie. Bei stehenden Posen können „Balancelinien" hilfreich sein. Mit diesen Hilfslinien wird die Stellung der Füße in Relation zum Körper festgehalten. Diese Position sollte unbedingt korrekt wiedergegeben werden, da die Füße Träger des Körpergewichts sind. Die Zeichnung wird nämlich wenig überzeugend wirken, wenn Schwerpunkt und Gewichtsverteilung des Körpers unstimmig sind.

▶ Das richtige Zeichenmittel auswählen

Kinder sind ständig unruhig und sollten daher in relativ kurzer Zeit gezeichnet werden. Dem entspricht ein Zeichenmittel, mit dem man schnell und großzügig arbeiten kann. Ted Gould hat für diese schöne Mutter-Kind-Studie braune Conté-Kreide gewählt. Die Form und auch einige Details sind mit wenigen Strichen und Tupfen eingefangen worden.

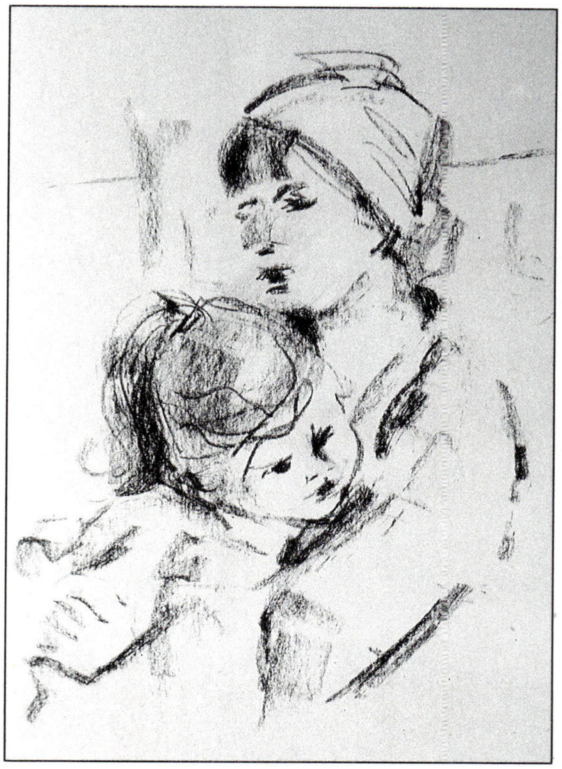

Balancelinien zieht man ausgehend von der Mitte des Nackens in Vorder- oder Rückenansicht sowie ausgehend vom Ohr bei seitlicher Ansicht, bis zu den Füßen herunter. Wenn das Modell so steht, daß sich das Gewicht völlig gleichmäßig verteilt, liegt die Balancelinie zwischen den Füßen. Falls das Gewicht aber mehr auf einem Bein liegt, ist die Balancelinie näher an dem Fuß, der das Gewicht trägt. Mit einem Bleilot, einem an einer Schnur aufgehängten Bleigewicht, lassen sich solche Balancelinien am genauesten feststellen.
Bei einer sitzenden Pose ist die Gewichtsverteilung schwerer zu erkennen. Doch auch in diesem Fall sollte man sich um die Wiedergabe der richtigen Balance bemühen, da sonst die Zeichnung steif und unnatürlich wirkt. Bleistift oder Bleilot helfen bei der Überprüfung.

▶ Die stehende Figur

Beim Aktzeichnen ist es sehr wichtig, die Haltung der Figur zu erfassen und die Zusammenhänge zu verstehen, wie das Gewicht des Körpers verteilt ist und auf welche Weise der ganze Körper bei jeder Bewegung beeinflußt wird. In diesen beiden Pinselzeichnungen hat James Horton den Schwung des Körpers wie auch Volumen, Plastizität und Gewichtsverteilung spontan und sicher eingefangen.

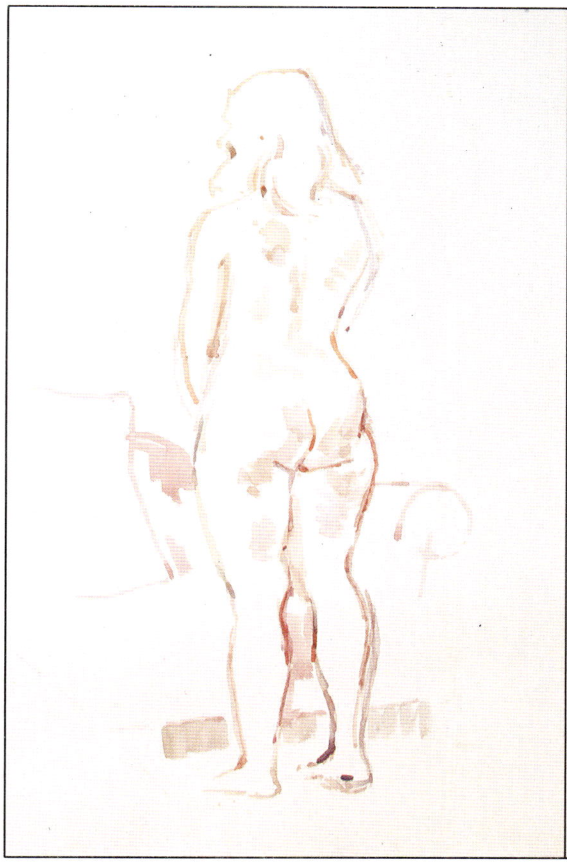

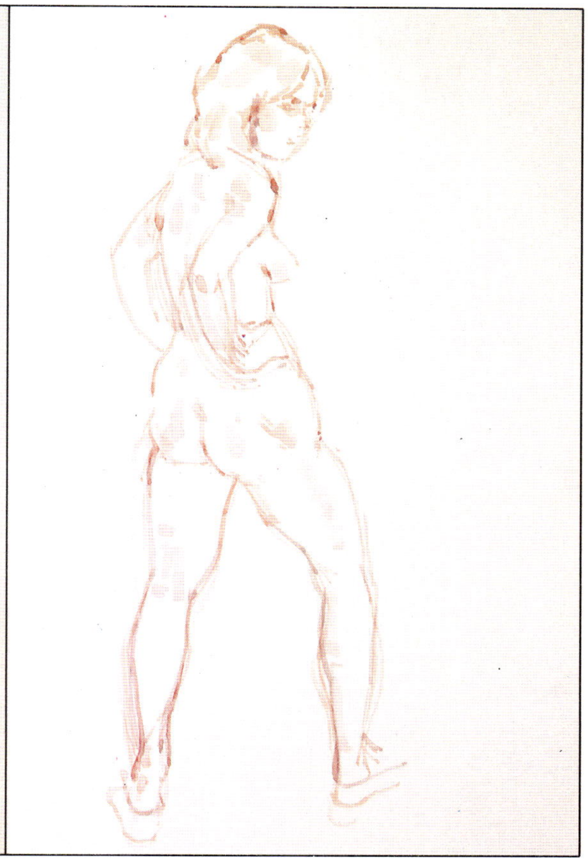

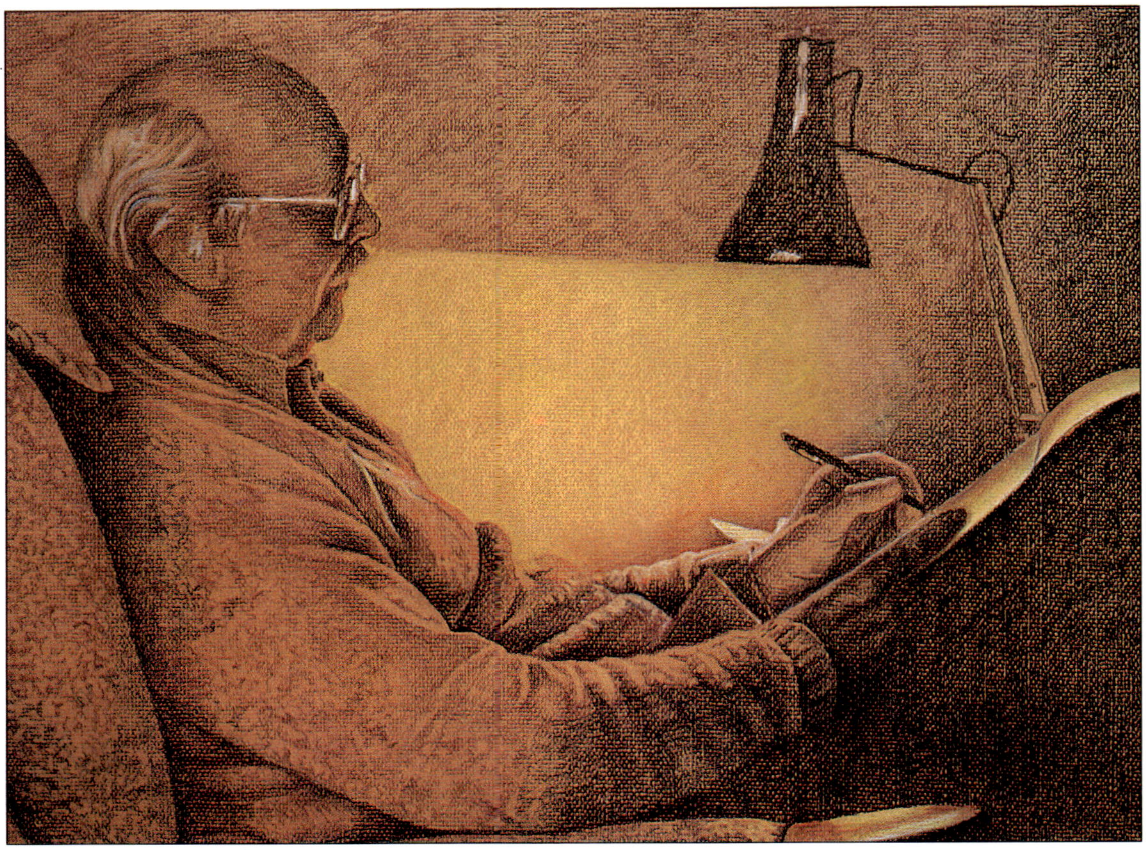

◄ **Die Zeichnung komponieren**
Zeichnungen können Studien, Übungen oder auch nur rasche Skizzen sein. Sie können aber auch als Vorstudie für ein Gemälde dienen. In diesem Fall sollte schon die Komposition der Zeichnung genau überlegt sein. Die Zeichnung „Vater im Lampenlicht" von Paul Bartlett ist so sorgfältig komponiert wie ein Gemälde. Figur, Stuhl und Schreibunterlage sind in fließenden Linien festgehalten, und zwischen dem Gesicht und der Lampe besteht eine warme Harmonie.

Die bekleidete Figur

Bekleidete Menschen zu zeichnen, ist meist etwas einfacher, als eine Aktstudie zu erstellen, nicht zuletzt deshalb, weil sich diese Gelegenheit öfter und leichter bietet. Man benötigt kein Aktmodell, sondern kann sogar in einem Café oder auf Plätzen zeichnen, besonders, wenn man sich auf einige schnelle Skizzen beschränkt. Für detaillierte Studien können Sie Freunde oder die Familie bitten, einmal Modell zu stehen. Kleidung zu zeichnen, kann hilfreich sein, um die darunterliegenden Körperformen zu modellieren. Andererseits wird dadurch die Form manchmal aber auch so verborgen, daß die Aufgabenstellung sogar erschwert wird. In einer dünnen Bluse kann man zum Beispiel den Körper im allgemeinen relativ gut erkennen, während ein schwerer Mantel nur wenig vom Körper seines Trägers preisgibt. In solchen Fällen muß man nach Hilfspunkten suchen wie zum Beispiel den Winkeln einer herausschauenden Hand und des Handgelenks, der Beugung eines Ellenbogens oder der Neigung der Schultern. Welche Kleidung auch immer das Modell

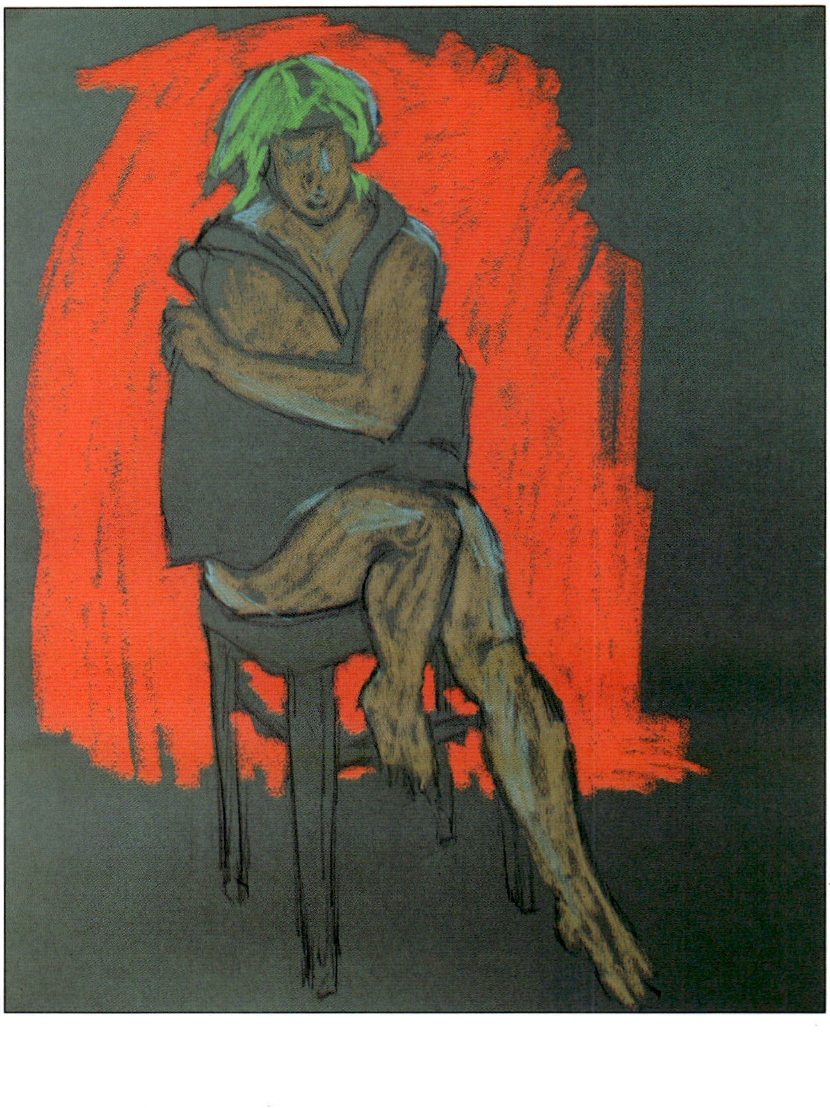

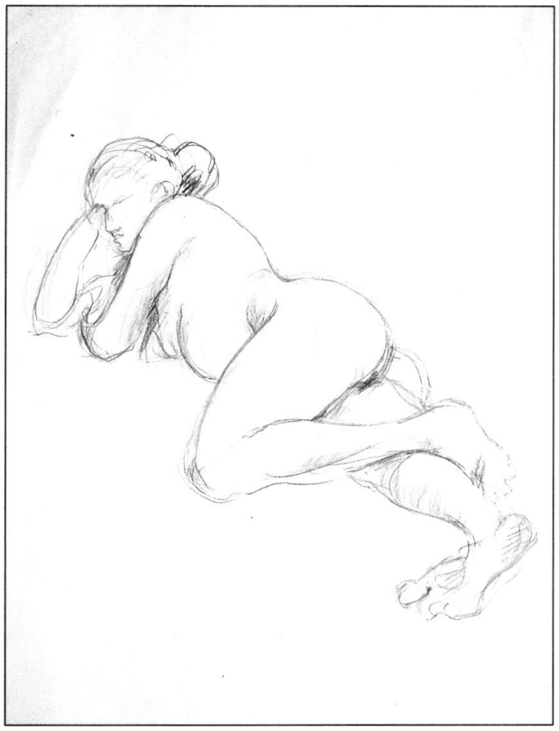

trägt, versuchen Sie sich den Körper darunter vorzustellen. Analysieren Sie die Pose wie bei einem Akt, nehmen Sie Maß, und halten Sie Balancelinien und Richtungen von Kopf, Schultern und Füßen etc. fest. Zeichnen Sie eventuell einige Hilfslinien ein, um wichtige Punkte zu markieren, selbst wenn man sie nicht direkt sehen kann. Kleidung kann manchmal sehr schwer zu zeichnen sein, und schnell ist man so damit beschäftigt, Falten oder Stoffmuster zu zeichnen, daß man dabei die Figur selbst vergißt.

▲ **Runde Formen**
Diese einfache Bleistiftzeichnung von Elisabeth Harden konzentriert sich auf die runden Formen der weiblichen Figur. Die entspannte Pose des Modells und des angewinkelten linken Beins wurde in fließenden Konturen ohne scharfe Winkel festgehalten.

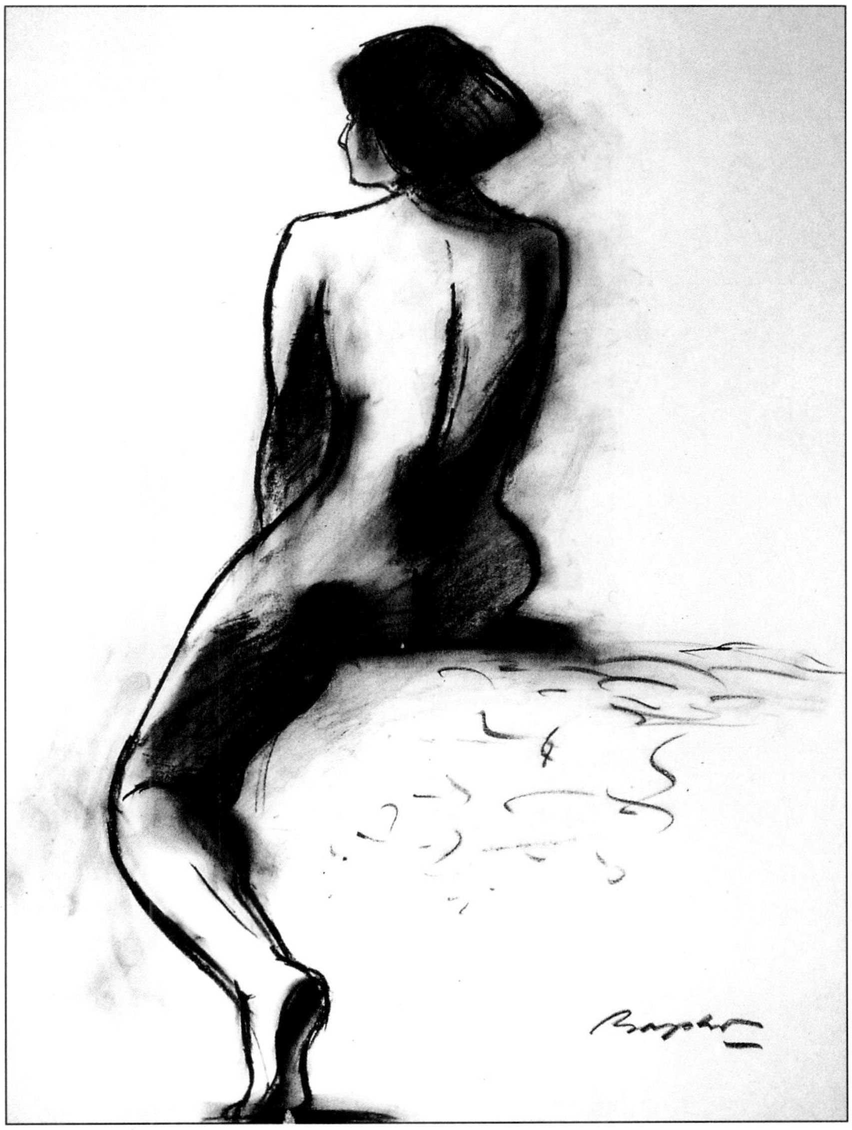

◄ **Mit Formen komponieren**
Die Pastellzeichnung „Elly" von David Cuthbert zeigt eine spannende Komposition, die auf die Wiedergabe von Details verzichtet und nur auf das Zusammenspiel der Formen eingeht. Die Rundungen des Körpers stehen dabei im Kontrast zu den geometrischen Formen der Kleidung und des Haars.

► **Licht und Schatten wiedergeben**
Formen werden durch den Lichteinfall betont. Beim Aktzeichnen oder beim Porträt ist daher eine starke Lichtquelle hilfreich. In der einfachen aber kraftvollen Kohlezeichnung von Gerry Baptist kommt das Licht von schräg links vorne und schafft eine wunderschöne Schattenlinie entlang der Schultern, der Hüfte und entlang des Beines.

Pastellzeichnung

James Horton ist eigentlich Landschaftsmaler, und er arbeitet daher meist mit Ölfarben. Beim Zeichnen greift er jedoch gerne zur Pastellkreide, vor allem bei Aktstudien. Pastellkreide ist sowohl ein Zeichen- wie auch ein Malmittel, je nachdem wie sie verwendet wird. Horton schöpft vor allem ihre linearen Qualitäten aus und baut Farbtöne aus Schraffuren und Kreuzschraffuren auf, so daß jeder Strich deutlich sichtbar stehen bleibt. Die malerische Seite der Pastellkreide wie zum Beispiel das Setzen breiter Striche mit der Längsseite oder das Vermischen und Überlagern von Schichten dichter, fester Farbe wird dagegen vermieden.

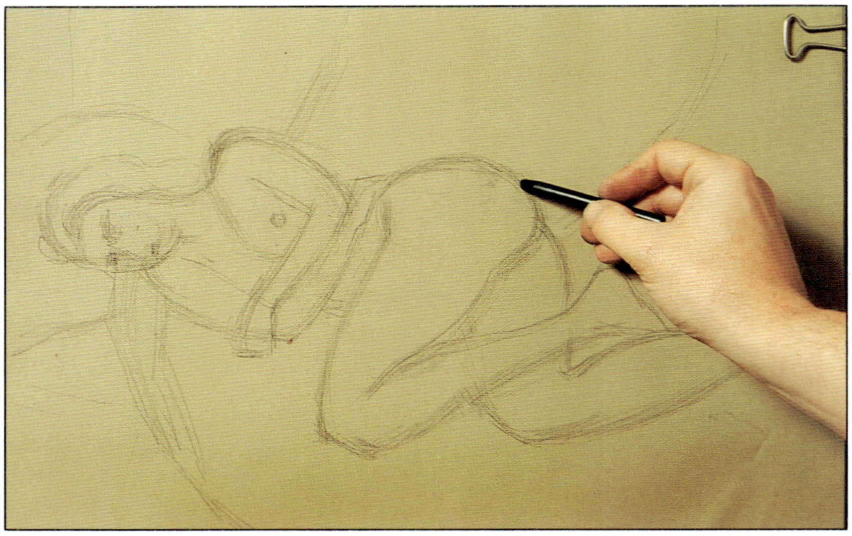

1 Da man Pastellkreide nur schwer ausradieren kann, sollte man mit einer genauen Vorzeichnung beginnen. In diesem Fall wird sie mit einem Kohlestift ausgeführt, da die leichte Fetthaltigkeit eines Bleistifts die Pastellpartikel abstoßen kann.

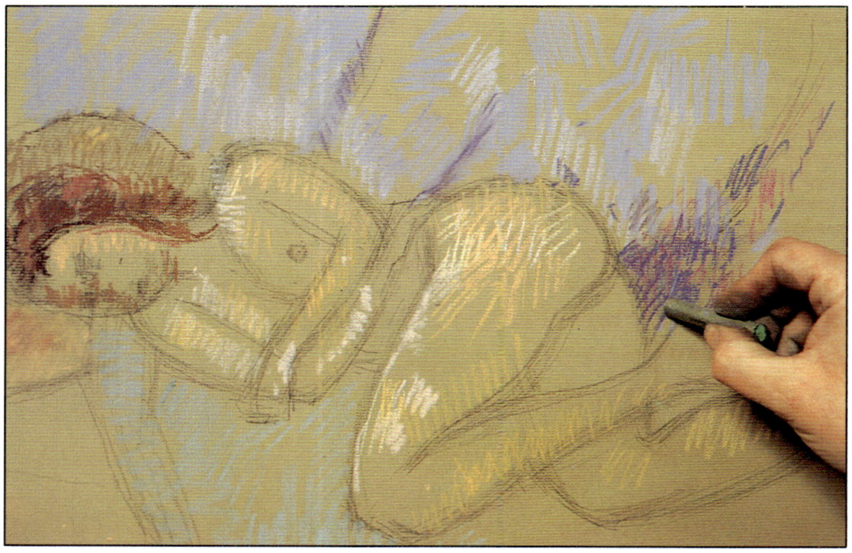

2 Zunächst werden im ganzen Bild kleine Farbtupfen und -striche verteilt, die die Farbigkeit des Hintergrundes mit den feineren Fleischtönen des Aktes verbinden sollen. Das getönte Ingrespapier gibt dabei bereits einen Mittelton vor.

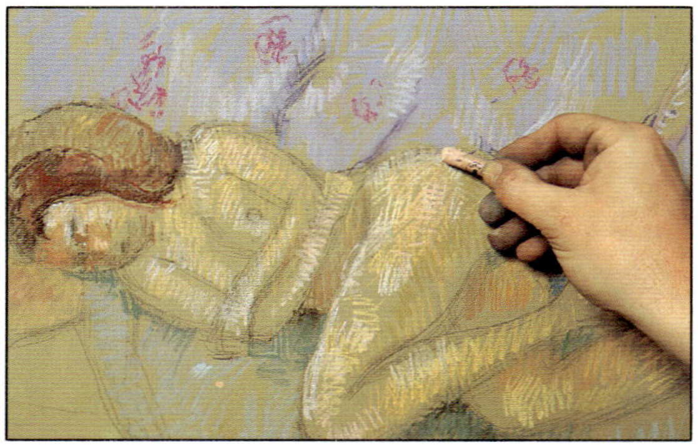

3 Der Künstler arbeitet nun mit verschiedenen Schraffuren und Kreuzschraffuren weiter. Er variiert die Linienführung möglichst oft, um monotone Flächen zu vermeiden.

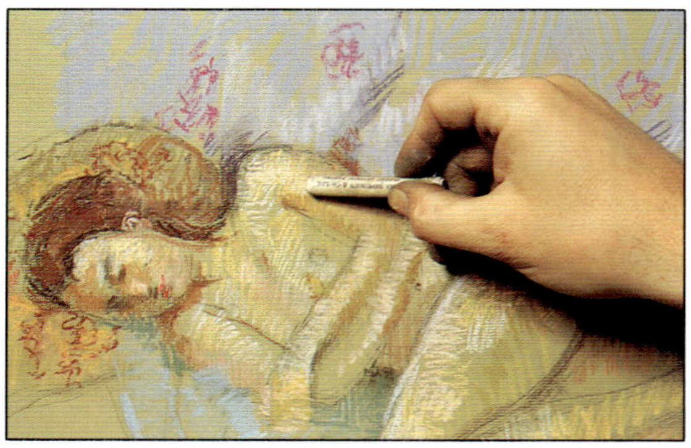

4 ► Allmählich werden nun die Farbtöne aufgebaut. Die ersten Farbschichten werden jedoch nicht ganz zugedeckt, so daß ein lebhaftes Linienraster entsteht.

5 *Da die grünlich-braune Farbe des Papiers den Fleischfarben des Aktes sehr ähnlich ist, läßt der Künstler ruhig einige Stellen auf dem Papier offen. Auf diese Weise in eine Arbeit integriert, kann die Farbe des Papiers ein wichtiger Aspekt für die Bildwirkung sein.*

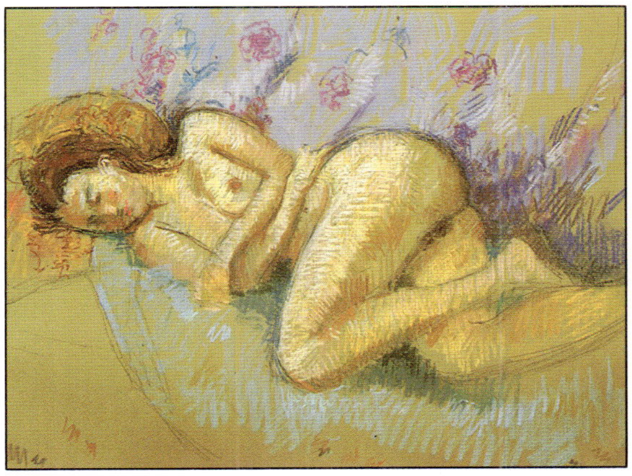

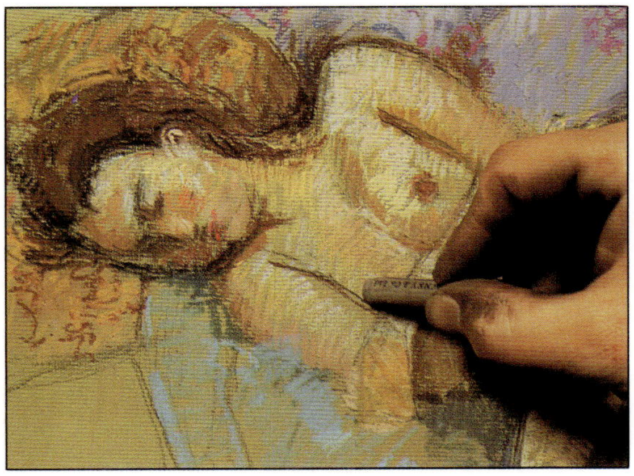

6 *Mit Zeichenkohle werden einige Stellen im Haar abgedunkelt und betont, um der Zeichnung weitere Akzente zu geben. Zeichenkohle mischt sich gut mit Pastell und ist häufig vorteilhafter als schwarze Pastellkreide, die einen sehr festen und dunklen Strich aufweist.*

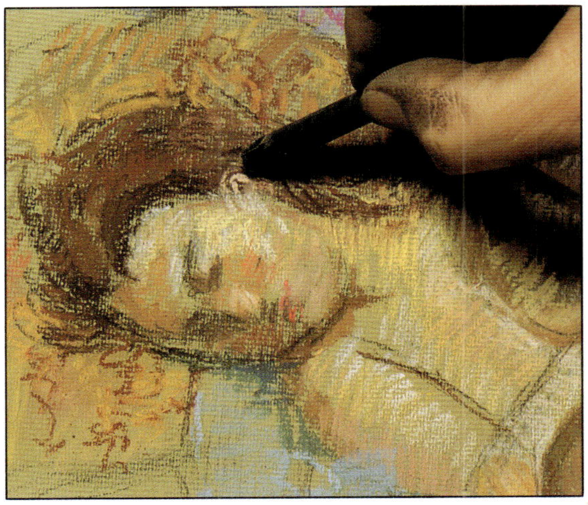

7 ▲ *Dunklere Farbtöne und Details werden weiter herausgearbeitet. Mit brauner Pastellkreide wird die Seite des Arms leicht schraffiert. Auf der Schulter ist noch etwas von der Kohlezeichnung sichtbar, was durch bogenförmige Schraffuren in rotbrauner Pastellkreide weiter betont wird.*

8 ▼ *Vorder- und Hintergrund werden nur angedeutet; der Künstler hat sich ganz auf die warmen, goldenen Farben des Körpers konzentriert. Wichtige Bildteile farblich hervorzuheben und die Farben dann im Hintergrund langsam auslaufen und in das getönte Papier übergehen zu lassen, ist eine traditionelle Pastelltechnik.*

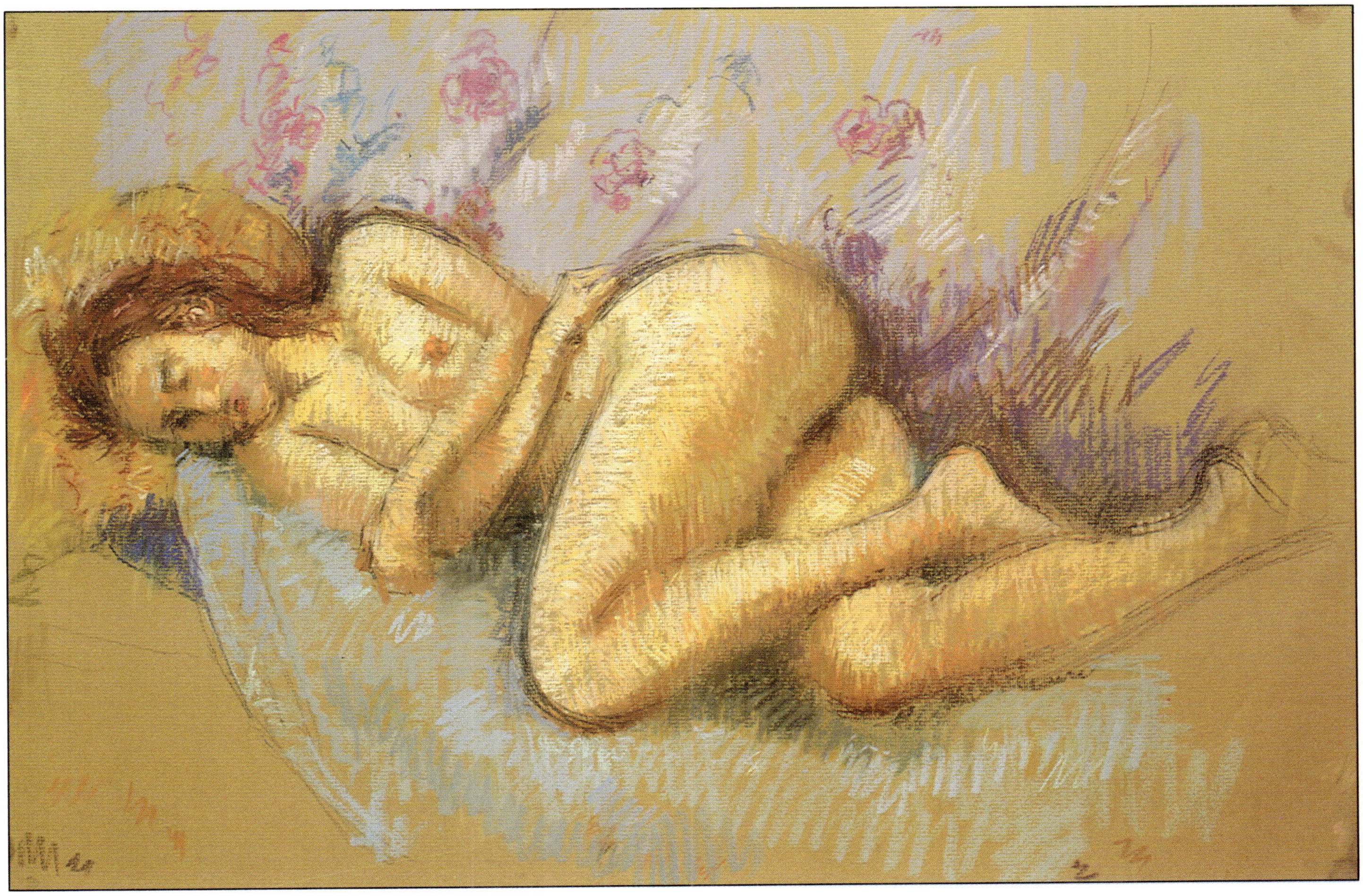

Tiere zeichnen

Tiere aller Art zählen zu den beliebtesten Motiven: Wilde Tiere im Zoo, Tiere auf einem Bauernhof oder die Spielgefährten zu Hause – überall treffen Sie auf eine faszinierende Welt der Artenvielfalt. Leider sind Tiere häufig keine sehr kooperativen Modelle. Selbst Katzen, die in der Regel lange schlummern, wachen plötzlich auf und wandern herum, gerade wenn man sein Skizzenbuch zur Hand genommen hat. Lassen Sie sich trotzdem nicht entmutigen: Nehmen Sie sich Zeit; schon allein Tiere zu beobachten, kann großen Spaß machen, und mit ein wenig Geduld werden Sie schon bald Ihre ersten Tierzeichnungen erstellen können.

Beobachten und skizzieren

Das Geheimnis des Tierzeichnens liegt – wie bei jeder Art des Zeichnens – im sorgfältigen Beobachten der Details, dem Vorsatz, sich nicht von Fehlern entmutigen zu lassen und, was in diesem Zusammenhang am wichtigsten ist, der Fähigkeit, die dem Motiv entsprechende Zeichentechnik zu finden. Detaillierte Studien sind bei Tieren natürlich schwerer als bei einer bewegungslosen Figur oder einem architektonischen Motiv. Aber man kann schnelle Skizzen machen, und eine gute Skizze sagt oft sogar mehr aus als eine alle Feinheiten wiedergebende Zeichnung.

Tiere zu skizzieren, erfordert ein wenig Übung. Die Kunst ist dabei, die wesentlichen Dinge des Motivs in wenigen Minuten oder sogar nur in Sekunden aufs Papier zu bringen. Aber selbst die ersten, vielleicht noch unvollkommenen Skizzen schärfen die Beobachtungsfähigkeit. Verwenden Sie ein Zeichenmittel, mit dem Sie gut umgehen können und mit dem Sie schnell arbeiten können. Weiche Bleistifte, Conté-Kreiden oder Pastellkreiden sind am besten geeignet.

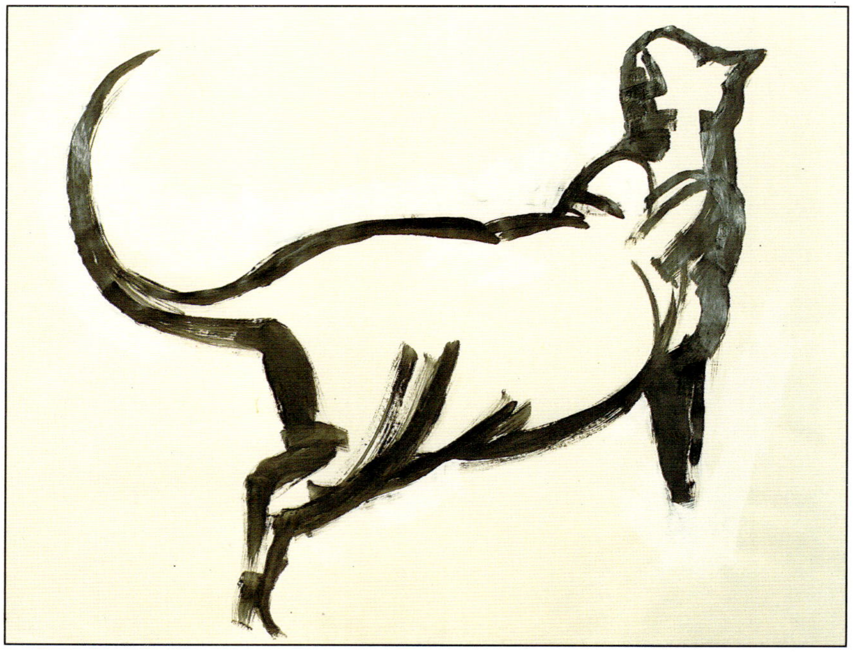

▲ Rhythmus und Bewegung
Genau wie bei einer Figurenzeichnung ist es auch bei einer Tierzeichnung wichtig, die Körperhaltung und charakteristischen Bewegungen des Motivs einzufangen. Wählen Sie ein Zeichenmittel, mit dem Sie schnell und sicher arbeiten können. Judy Martins „Katzenstudie" ist eine großformatige Zeichnung „aus dem Handgelenk", die mit Pinsel und Acrylfarbe direkt auf das Papier gezeichnet wurde. Die diagonale Komposition des Tiers und die Kurve des Schwanzes vermitteln Bewegung und Lebendigkeit.

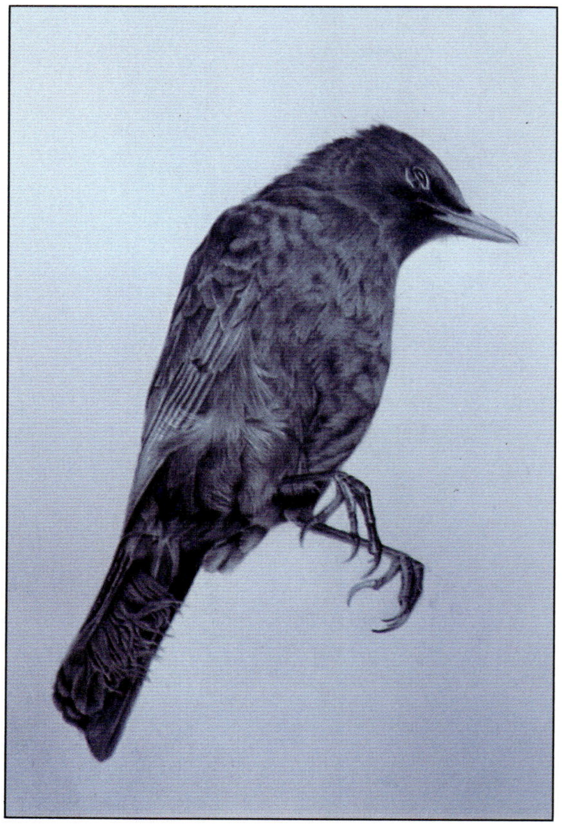

Texturen zeichnen
Die vielfältigen Texturen, mit denen man sich beim Zeichnen von Tieren auseinandersetzt, sind besonders faszinierend: sei es das rauhe, struppige Haar eines Hundes, das weiche Fell einer Katze oder die glänzenden Federn eines Vogels. Es ist jedoch schwierig, gleichzeitig auf die Bewegung eines Tieres zu achten. Besser ist es, dabei nach Fotos oder mit ausgestopften Tieren im Museum zu arbeiten. Robert Maxwell Wood hat von diesem toten Vogel eine Detailstudie nur mit Bleistift angefertigt.

▶ Umriß und Muster
Diese Bleistiftzeichnung ist eine Vorstudie für einen Druck, bei dem die plastische Form weniger wichtig ist als die Komposition der linearen Formen. Elisabeth Harden hat sich besonders für das Fellmuster der Kühe interessiert, das sie mit festen Konturen und Schattierungen betont hat.

▶▶ Serielle Zeichnung
Tiere neigen dazu, ihre Bewegungsabläufe ständig zu wiederholen. Man kann also verschiedene Zeichnungen zu Bewegungsabläufen auf einem Blatt festhalten, um gleichzeitig an ihnen zu arbeiten, wie das hier Vicky Lowe in ihren Kaninchenstudien mit Pinsel und Lavierung getan hat. Sobald sich das Tier bewegt, geht man zu einer anderen Skizze über. Die Skizze wirkt zum Schluß fast wie ein lebhafter Comic strip.

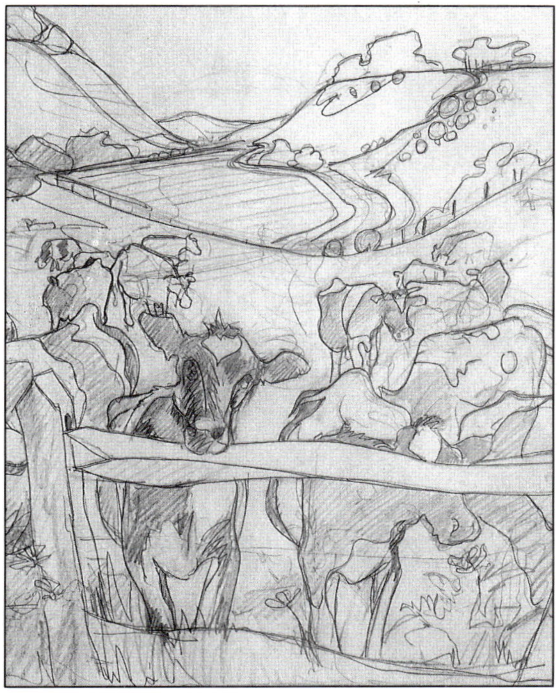

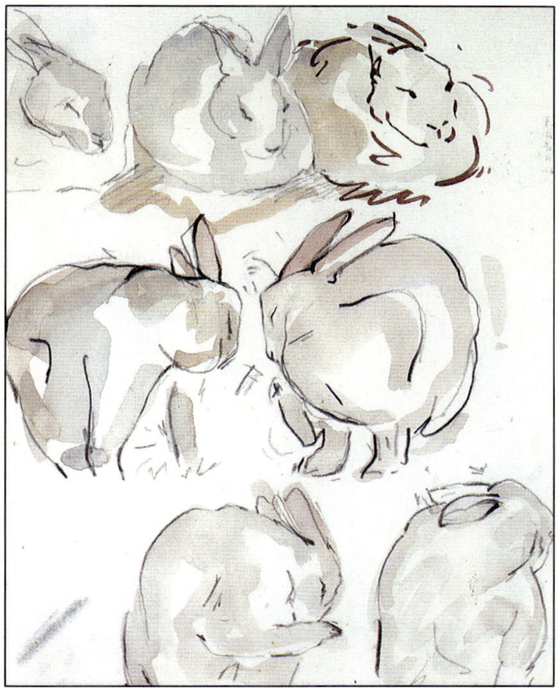

ZEICHNEN

Wiederholte Bewegungsabläufe

Will man Tiere in Bewegung zeichnen, muß das Gedächtnis aushelfen, besonders dann, wenn die Bewegung sehr schnell abläuft. Denn es ist oft schon unmöglich, solche Bewegungen mit dem Auge zu erfassen. Selbst der große britische Künstler George Stubbs, der sich im 18. Jahrhundert auf Pferdebilder spezialisiert hatte, konnte ihre schnellen Bewegungsabläufe im Galopp nicht richtig wiedergeben. Erst mit der Erfindung der Fotographie konnten schnelle Bewegungen in ihren einzelnen Phasen festgehalten und sichtbar gemacht werden. Achten Sie beim Skizzieren auf die sich wiederholenden Bewegungsabläufe des Tieres, und machen Sie mehrere kleine Skizzen aus der gleichen Perspektive. Verschaffen Sie sich eine Übersicht über die wichtigsten Positionen von Beinen und Körper.

Fotos als Bildquelle

Die Erfindung der Fotographie war für die Maler des 19. Jahrhunderts von unschätzbarem Wert. Nun konnten sie endlich die gängigen Fehler in der Wiedergabe von Bewegungen korrigieren. Auch heute sind Fotos wichtige Motivvorlagen für Zeichnungen und Gemälde. Wenn Sie wilde Tiere zeichnen wollen, die selten stillstehen, sind Fotos meist die einzig mögliche Vorlage.

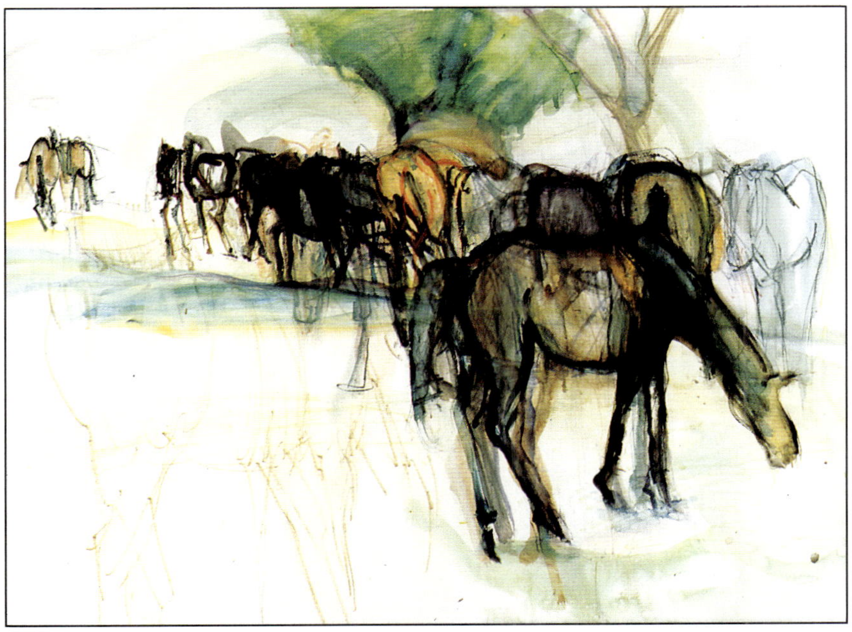

◀ Bewegungen verfolgen
Selbst beim friedlichen Grasen verlagern Pferde ihr Gewicht immer wieder von einem Bein auf das andere und verändern ihre Stellung. Wollen Sie auf diese Veränderungen eingehen, verbessern Sie nicht mit dem Radiergummi, sondern zeichnen Sie einfach eine Linie über die andere, wie das hier Karen Raney in ihrer farbigen Tuschezeichnung „Französische Pferde" getan hat. Sie hat zunächst leicht vorgezeichnet und Lavierungen angelegt und dann die Positionen von Beinen und Hufen in den späteren Phasen deutlicher festgelegt.

Zeichnung in Farbstift

Judy Martin ist zwar keine professionelle Tierzeichnerin, sondern eher eine abstrakte Malerin. Dennoch ist sie vom Thema „Tiere" immer wieder fasziniert, und von Zeit zu Zeit wendet sie sich gerne wieder diesem Motiv zu. Sie arbeitet dabei nach Fotos, setzt sie aber in eigene Kompositionen und Farben um. Auch hier ist die Vorlage das Foto einer Katze, Vorder- und Hintergrund sind jedoch frei erfunden.

1 Zunächst zeichnet die Künstlerin mit wasserlöslichen Stiften auf Aquarellpapier vor und laviert diese dann mit sauberem Wasser. Dadurch werden die Linien etwas verwischter, ohne daß sie ganz ausgelöscht würden.

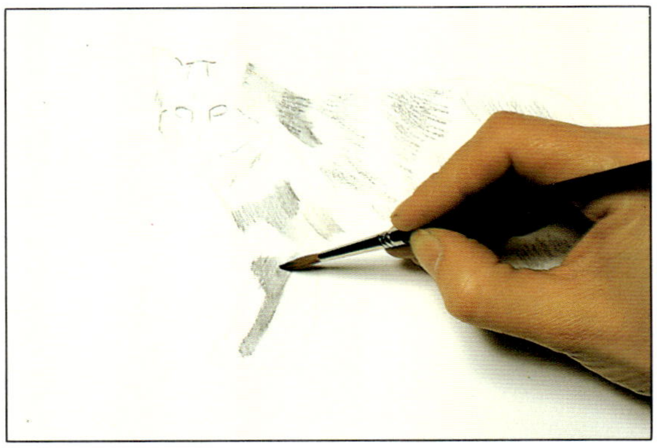

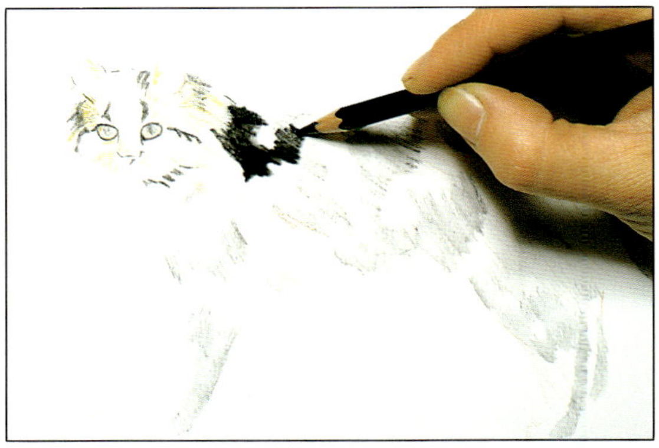

2 Ein interessanter Effekt ergibt sich auch, wenn man den Stift vor dem Zeichnen in Wasser taucht. Dadurch entsteht eine dichtere Farbfläche.

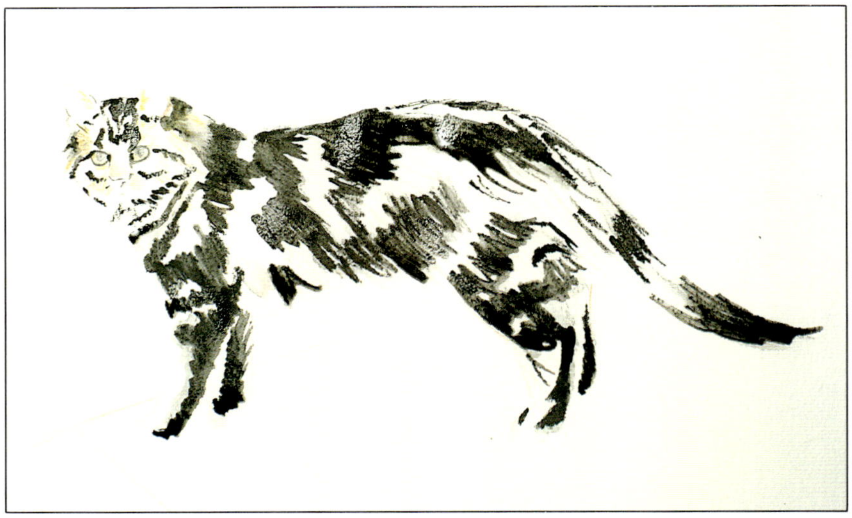

3 Mit trockenen Farbstiften werden dunklere Farben allmählich durch Schraffieren aufgebaut.

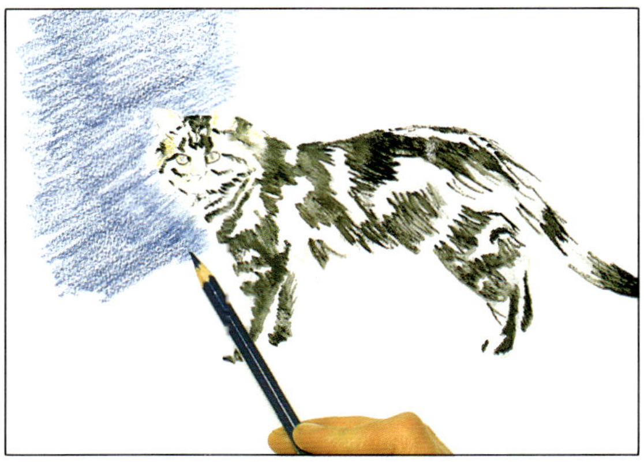

4 Sobald die dunklen und hellen Tonwerte der Katze festgelegt sind, kann die Künstlerin den Hintergrund bearbeiten. Auf der linken Seite braucht man eine kräftige Farbfläche, um die Tierfigur auszubalancieren sowie einen deutlichen Texturkontrast. Hier wird daher der Stift trocken eingesetzt.

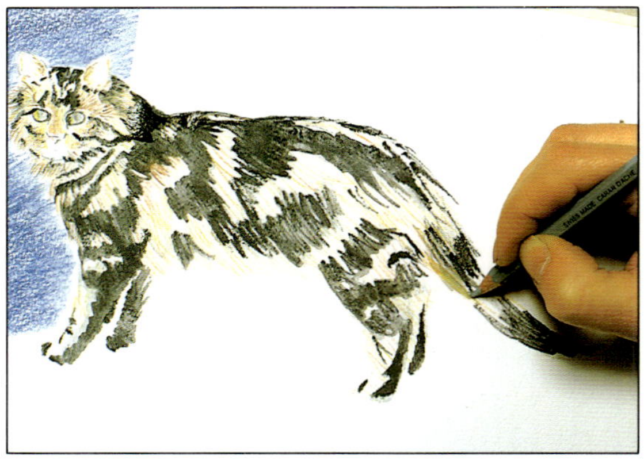

5 Die Textur des Katzenfells wurde mit warmen rotbraunen Farbtönen wiedergegeben. Ein feuchter grauer Stift ergibt einen weichen Strich für den Schwanz.

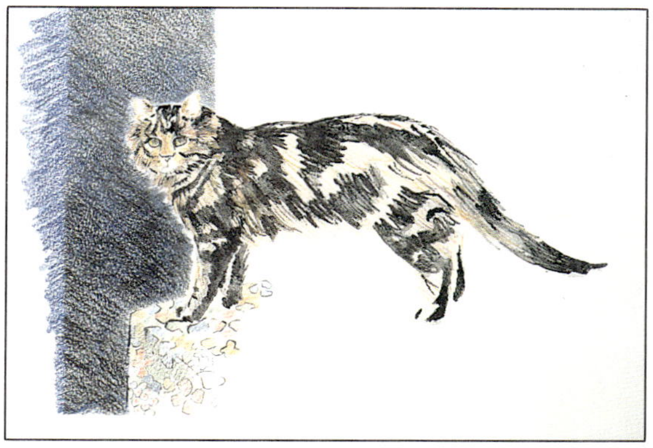

7 ▶ *Da ein so kompliziertes Muster nur schwer durchgängig gezeichnet werden kann, sollte man ein fertiges Teilstück abpausen, es immer wieder neu anlegen und durchzeichnen.*

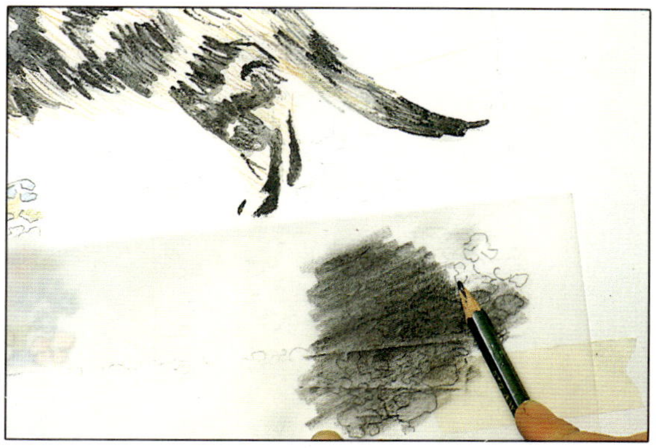

6 ▲ *Der dunkle Hintergrund wurde mit einer schwarzen Schraffur über dem blauen Feld weiter ausgearbeitet. Ein gemustertes Tischtuch war zwar nicht auf dem Foto zu sehen, doch läßt es eine eigenwillige Komposition entstehen. Die diagonale Kante gibt Bewegung, Muster und Farbgebung bilden interessante Kontraste zu den anderen Bildteilen.*

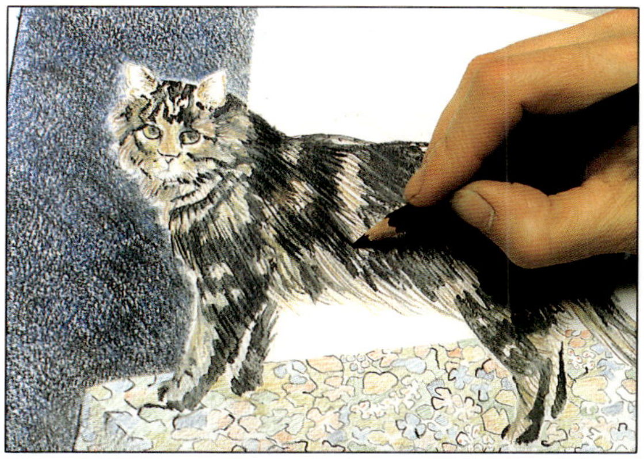

8 *Sobald Hintergrund und Stoffmuster fertig ausgearbeitet sind, widmet sich die Künstlerin wieder der Katze: Details und Textur werden mit verschiedenen Lagen in trockenem und nassem Farbstift aufgetragen.*

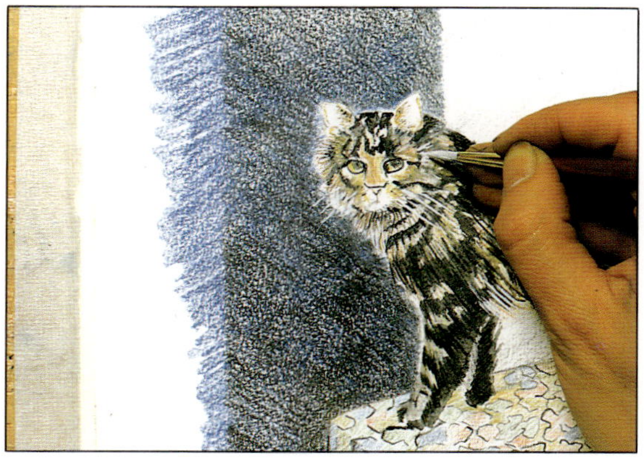

9 *Schließlich werden mit weißer Gouachefarbe und einem kleinen Pinsel die Schnurrbarthaare eingezeichnet. Ein weißer Farbstift würde die dunklen Farben nicht überdecken.*

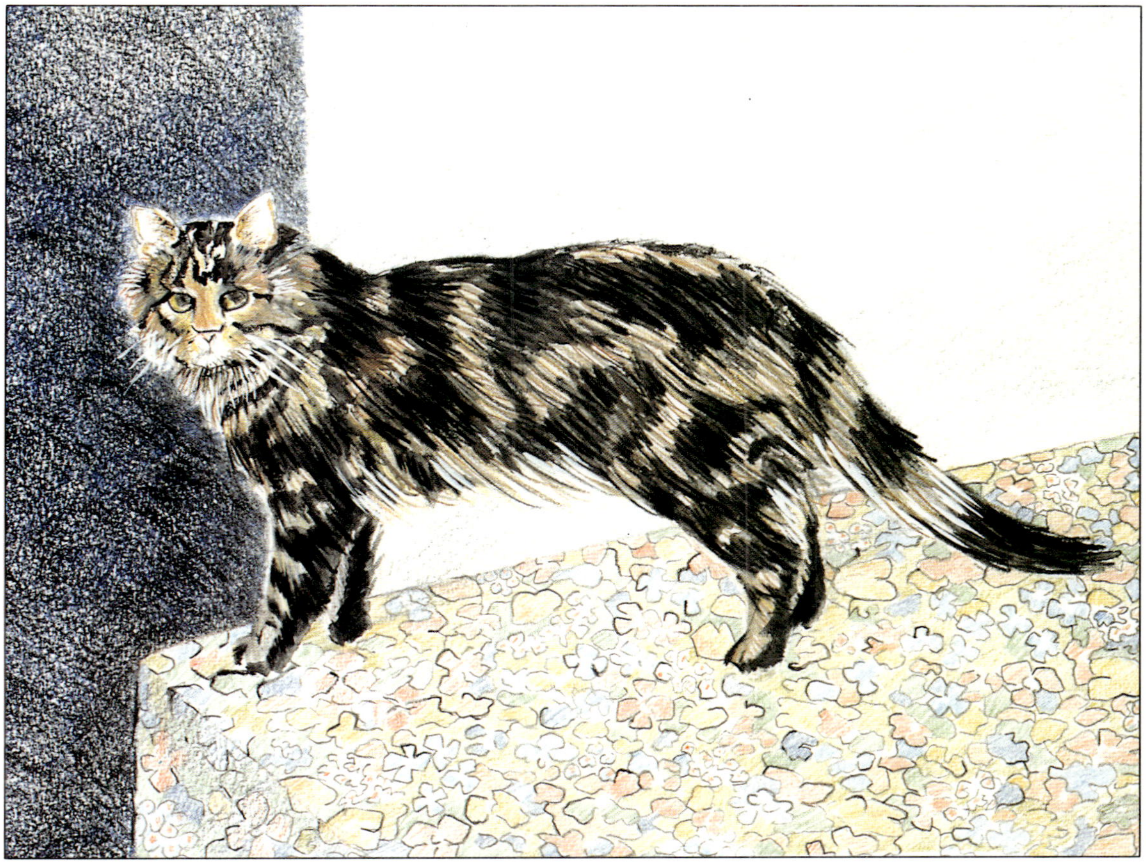

10 *In jeder Zeichnung ist die Komposition genauso wichtig wie die Wiedergabe des Motivs. Die längliche Form des Katzenkörpers wurde daher sorgfältig gegen das gemusterte Tuch und das dunkle Rechteck im Hintergrund ausbalanciert.*

Architektur

GEBÄUDE ZEICHNEN

Z E I C H N E N

Stadtviertel, Häuser und selbst kleinere Dörfer bieten dem Maler eine Unzahl von verschiedenen und aufregenden Motiven. Manche Anfänger scheuen vor architektonischen Motiven zunächst zurück, da sie sie als zu schwierig einstufen. Besonders abschreckend ist dabei das Wort „Perspektive". Da man weiß, daß die Linearperspektive mit Mathematik und Geometrie zu tun hat, genügt die bloße Erwähnung, um Widerwillen und Abwehr zu erzeugen, sofern man mit diesen Fächern bereits in der Schule auf Kriegsfuß stand.

Die Perspektive

Natürlich stimmt es, daß die Perspektive auf mathematischen Gesetzen beruht. Es stimmt aber nicht, daß mathematisch ungeschulte Menschen die Perspektive nicht erlernen könnten. Die Grundregeln sind nämlich sehr einfach, und zudem resultieren sie aus ganz alltäglichen Wahrnehmungen. Wir alle sind irgendwann einmal eine schnurgerade Straße heruntergegangen und haben dabei bemerkt, daß die Seiten der Straße in einiger Entfernung zusammenzulaufen schienen. Dieses scheinbare Zusammenlaufen paralleler Linien in der Ferne ist eine der vielen optischen Täuschungen, die uns unsere Augen vorspielen. Und ebenso wie parallele Linien aufeinander zuzukommen scheinen, bis sie in einem Punkt zusammenlaufen, so wirken auch Gegenstände immer kleiner, je weiter entfernt sie von uns sind. Stellen Sie sich eine Straße mit zwei Häuserreihen vor. Wenn Sie nun eine Linie an der oberen Kante der Dächer und eine andere unterhalb der Türen ziehen würden, erhielten Sie fluchtende parallele Linien, die dort zusammenlaufen würden, wo auch die Straßenseiten aufeinandertreffen. Die Häuser werden dabei immer kleiner und kleiner.

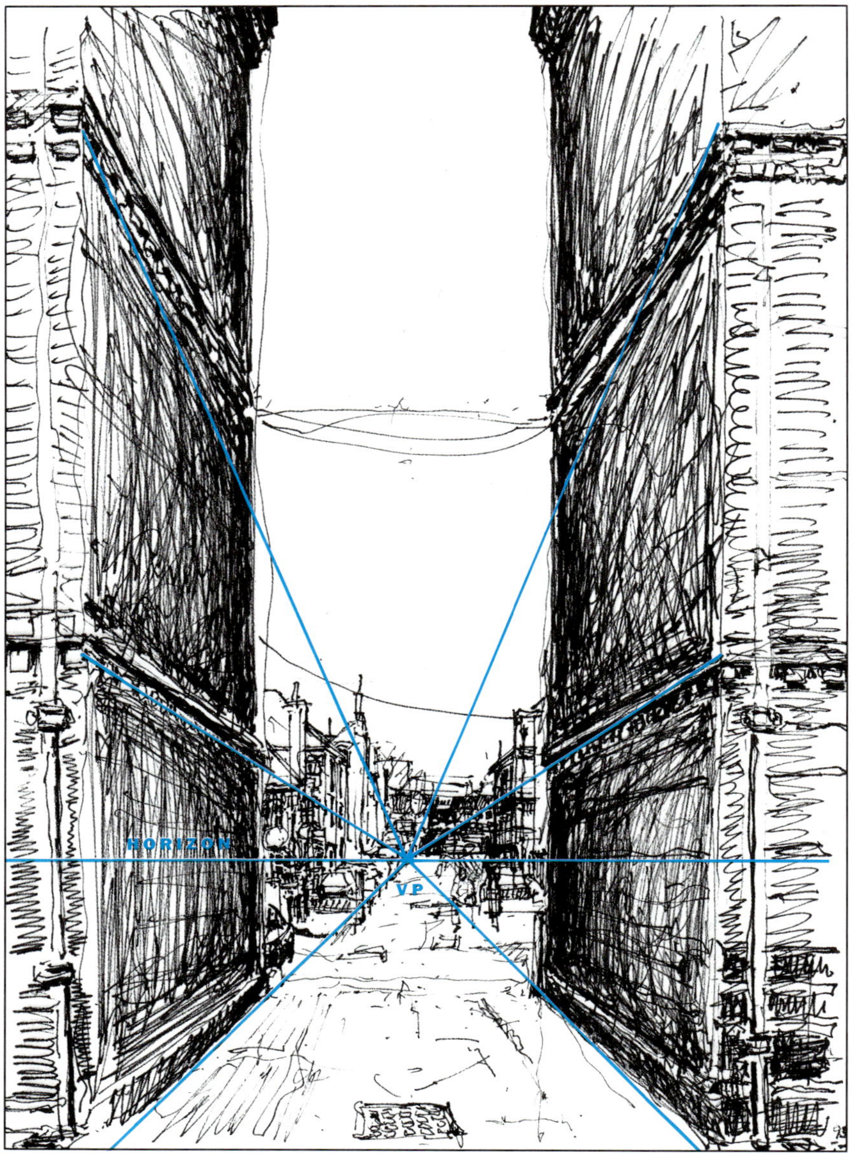

▲ Zentraler Fluchtpunkt
Der Zeichner befindet sich genau in der Mitte der Straße; daraus ergibt sich eine deutliche Zentralperspektive. Die oberen Simse der Häuser wurden nicht den Fluchtlinien entsprechend gezeichnet. Dies ist zwar nicht ganz „korrekt", läßt die Zeichnung jedoch realistischer erscheinen, da die Linien sonst zu stark abfallen würden.

Fluchtpunkte

Den Punkt, in dem sich parallele Linien zu treffen scheinen, nennt man Fluchtpunkt. Dieser Fluchtpunkt liegt auf einer imaginären Linie, die man Horizont nennt. Diese Horizontlinie wiederum stellt unsere Augenhöhe dar, die abhängig von unserem Standpunkt ist. Daher verändert sich die Perspektive jedesmal, wenn Sie Ihre eigene Position und damit Ihren Blickwinkel verschieben. Selbst wenn Sie von einer sitzenden zu einer stehenden Position wechseln, verändern sich Horizont, Fluchtpunkt und die Richtung der fluchtenden Linien. Etwas komplizierter werden diese an sich einfachen Grundlagen, wenn sich aus einem Standort zwei oder mehr Fluchtpunkte ergeben. Bei einem Haus zum Bei-

Die Position verändern

► *Der Künstler hat nun seine Position etwas nach links verschoben. Dadurch hat sich der Fluchtpunkt ebenfalls verschoben. Der Horizont hat sich nicht verändert, die Zeichnung wurde also von derselben Augenhöhe her gesehen.*

spiel fluchten – aus einem bestimmten Winkel gezeichnet – die Seiten in verschiedene Richtungen. Die an den Seiten oben und unten gezogenen Linien treffen sich dann auch in verschiedenen Fluchtpunkten. In einer Altstadt oder einem Dorf können Häuser älterer Bauart in ganz verzwickten Winkeln zueinander stehen, so daß beim Zeichnen viele verschiedene Fluchtpunkte erforderlich werden.

Mit dem Auge schätzen

In solchen Fällen wird man sicher nicht die exakte Position jedes einzelnen Fluchtpunkts festlegen können. Wichtig ist jedoch, zunächst die Horizontlinien und wenn möglich den Fluchtpunkt für ein wichtiges Gebäude genau zu markieren. Die anderen fluchtenden Linien kann man dann mit dem Auge schätzen, indem man einen Bleistift oder ein Lineal vor sich hält und dieses mit den Schrägen der Dächer, Fensterstürze oder anderer Fixpunkte in Deckung bringt.

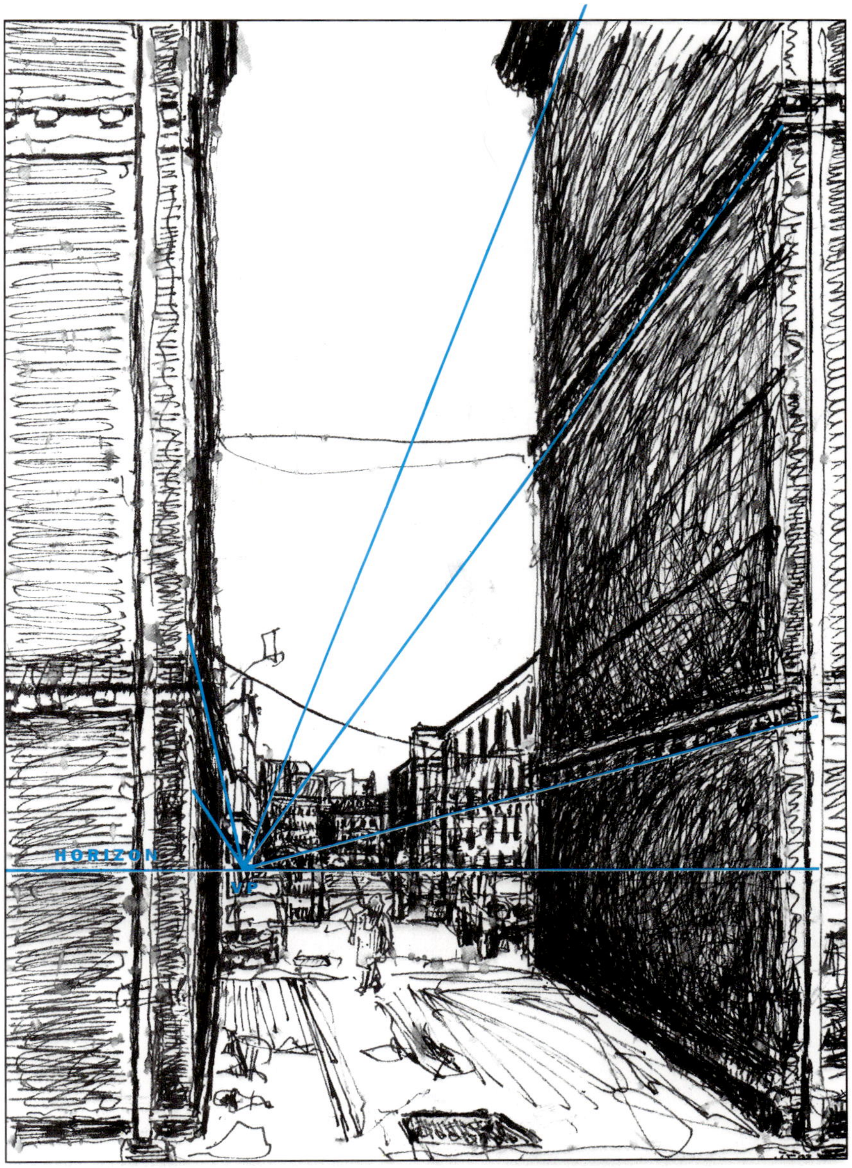

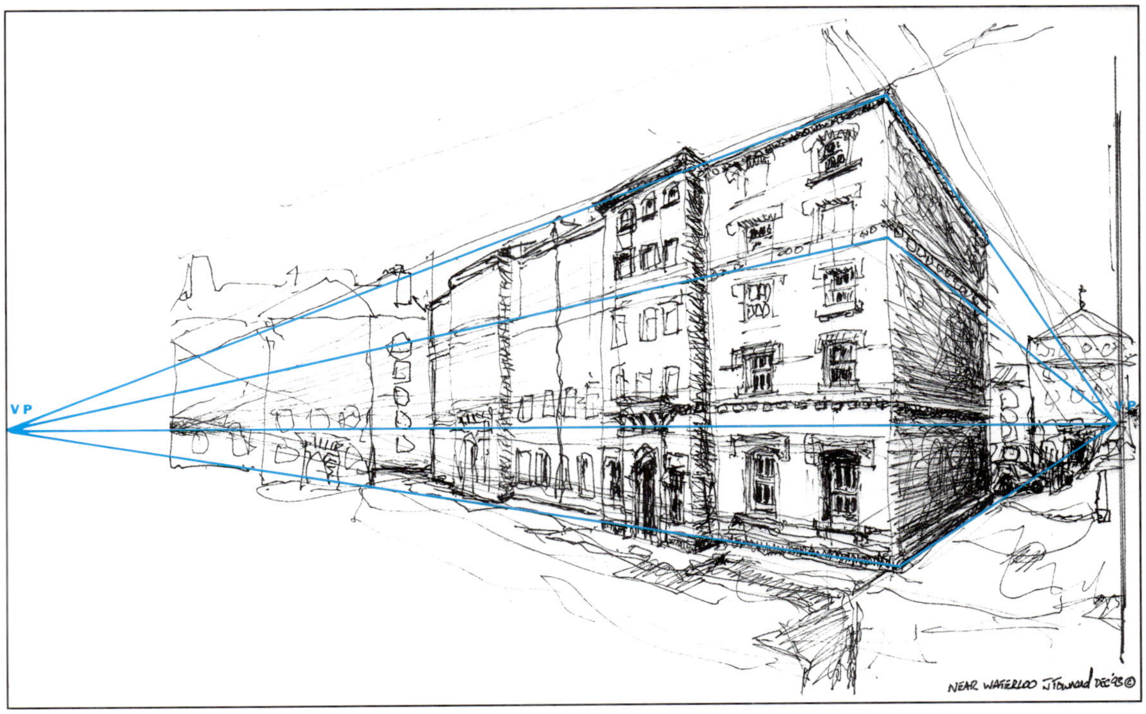

Zwei Fluchtpunkte

◄ *Die meisten architektonischen Motive haben mindestens zwei Fluchtpunkte, je nachdem wieviele Flächen vorhanden sind und aus welchem Blickwinkel sie gesehen werden. Hier existieren zwei Fluchtpunkte. Die Parallelen laufen nach rechts in einem steileren Winkel zu als links, wo der Fluchtpunkt schon fast außerhalb der Bildfläche liegt. Alle drei Zeichnungen dieser Doppelseite wurden von John Townend in Tusche und Feder ausgeführt.*

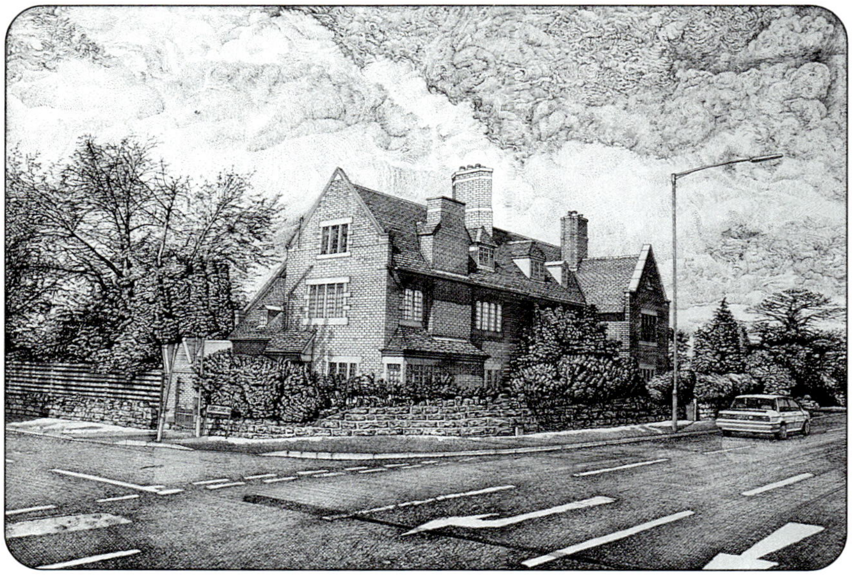

◀ Perspektive und Proportion
In der Federzeichnung von Paul Bartlett, einer Vorstudie für ein Bild, sind Perspektive und Proportionen sehr genau ausgearbeitet worden. Beachten Sie auch, mit welcher Sorgfalt die einzelnen Fensterstreben sowie die genaue Größe jedes Ziegelsteins und jedes Dachziegels wiedergegeben wurden.

▼ Formen und Farben
Bunte Stadtszenen bieten eine gute Gelegenheit, die vielfältigen Form-, Textur- und Farbkontraste zu erkunden. In dieser Farbstiftstudie hat David Cuthbert vor allem Wert auf die lebhaften Muster gelegt, die von den Häusern, dem Straßenschmuck, den Flaggen und Schatten gebildet werden.

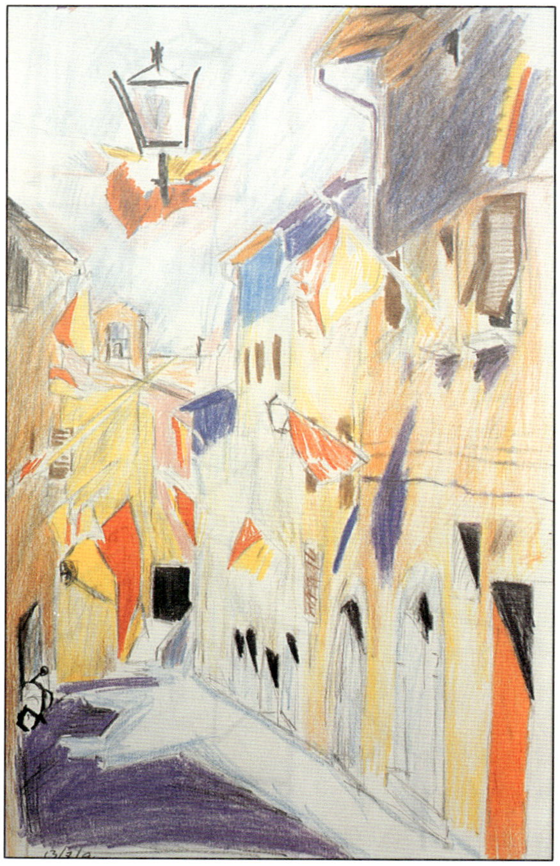

▼ Innenansichten
Auch Innenräume bieten häufig interessante und lohnende Motive. Ein ganz pragmatischer Vorteil ist dabei auch, daß man sowohl beim Zeichnen vor jedem Wetterumschwung wie auch meist vor aufdringlichen Zuschauern geschützt ist. Diese Federzeichnung von John Townend basiert vor allem auf dem Zusammenspiel von Bögen und diagonalen Linien.

Nicht alle Fluchtpunkte müssen exakt angelegt sein. Das wäre auch insofern unmöglich, da häufig viele von ihnen außerhalb der Bildebene liegen. Überprüfen Sie jedoch von Zeit zu Zeit die perspektivische Konstruktion, wenn Ihnen etwas nicht richtig erscheint. Wenn Sie einen Winkel falsch geschätzt haben und alle anderen auf diesen beziehen, sieht natürlich die ganze Zeichnung schief aus. Nehmen Sie zum Ziehen gerader Linien zumindest anfangs ruhig ein Lineal, sollte Ihnen dies freihand nicht gelingen.

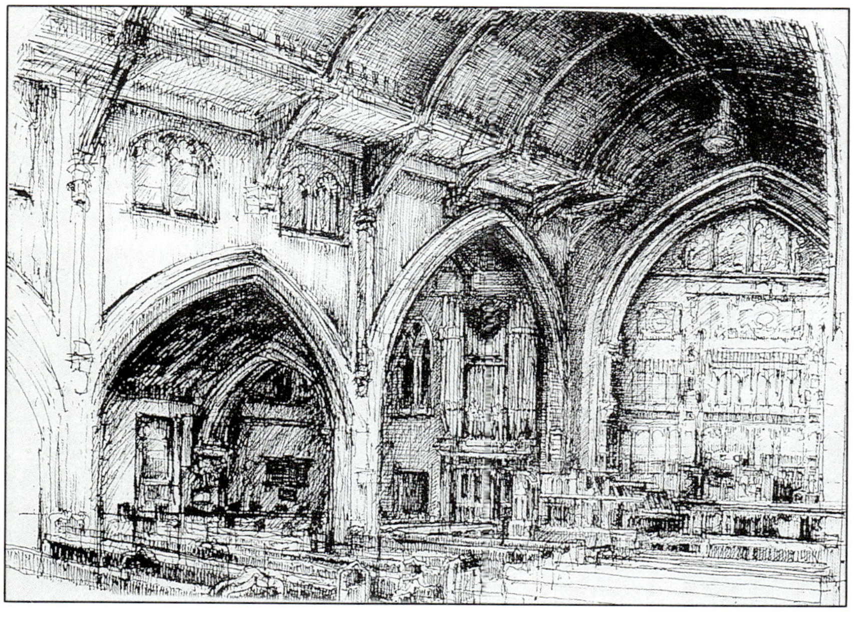

Maßstab und Proportion

Proportionen sind nicht weniger wichtig als die Perspektive. Eine stimmige Perspektive verleiht einer Zeichnung eine realistische Erscheinung. Die genau beobachteten Proportionen geben ihr jedoch erst ihren ausdrucksvollen Charakter. Häufig ist man überrascht, wie oft gerade bei architektonischen Motiven die Bedeutung der Größe von Fenstern und Türen oder die Höhe der

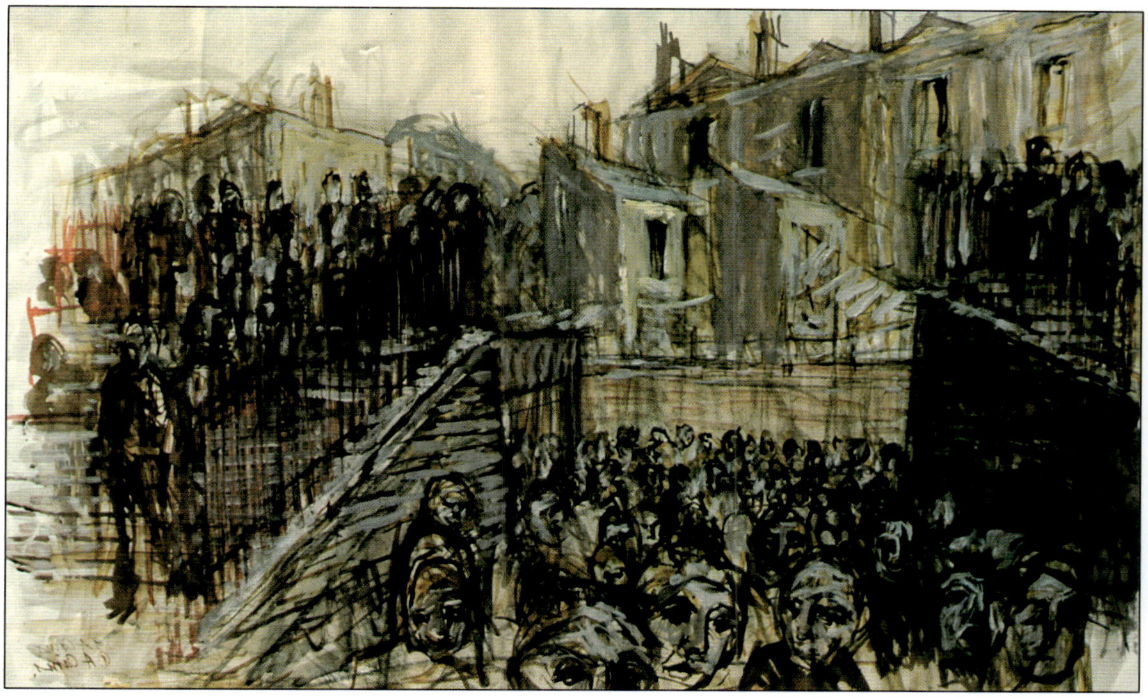

◄ **Häuser als Hintergrund**
Gerald Cains hat seine Zeichnung „Open End, Ashton Gate" in Mischtechnik ausgeführt, unter Verwendung von Acrylfarbe, Aquarellfarbe und Tusche. Hauptthema ist die dicht gedrängte Menschenmenge, die Häuser deuten einen städtischen Hintergrund an. Durch diese Dominanz der Menschen wirken die übrigen Bildteile unbedeutend.

Dächer im Verhältnis zu den Wänden vernachlässigt wird.
Ist das Gebäude Hauptmotiv, wie zum Beispiel beim Zeichnen einer historischen Kathedrale oder eines schönen Landhauses, werden Proportion und Perspektive meist sorgfältig geplant und ausbalanciert; bei unscheinbaren Motiven jedoch schleichen sich schnell Fehler ein. Dabei sind Maßstab und Proportion immer wichtig, selbst wenn sie eine verfallene Holzscheune oder eine zusammengewürfelte Ansammlung von schiefen alten Häusern zeichnen. Erst dadurch wird es Ihnen gelingen, mit Ihrer Zeichnung die besondere Atmosphäre des jeweiligen Ortes einzufangen.
Die relativen Größenverhältnisse können wieder mit einem Bleistift gemessen werden, den man mit ausgestrecktem Arm vor sich hält. Will man genauer arbeiten, kann man ein Lineal benutzen und die Maße auf dem Papier eintragen. Markieren Sie die Höhe des Gebäudes im Verhältnis zu seiner Breite, die Proportion der Wand zum Dach und die Anzahl und Größe der Fenster. Vergessen Sie dabei nicht, daß durch die Gesetze der Perspektive sowohl die Abstände zwischen den Fenstern wie auch die Fenster selbst nach hinten verlaufend immer kleiner werden, und seien Sie besonders bei Türen auf der Hut! Sie wirken schnell zu groß oder zu klein. Türen sind meist so konstruiert, daß ein Mensch durchschnittlicher Größe bequem durchgehen kann. Werden auch Figuren in die Zeichnung aufgenommen, sollte ihre Größe unbedingt zu den Türen der Häuser passen.

▼ **Komposition**
Nach Skizzen oder Fotos zu zeichnen, ist oft einfacher, als vor Ort zu arbeiten, da man die Vorlage nach eigenen Vorstellungen verändern kann. Ray Evans erstellt vor Ort eine Vielzahl von Skizzen, die er dann in seinem Atelier prüft und auswertet. Seine Zeichnung „Port Isaac" wurde in Tusche und Aquarell ausgeführt.

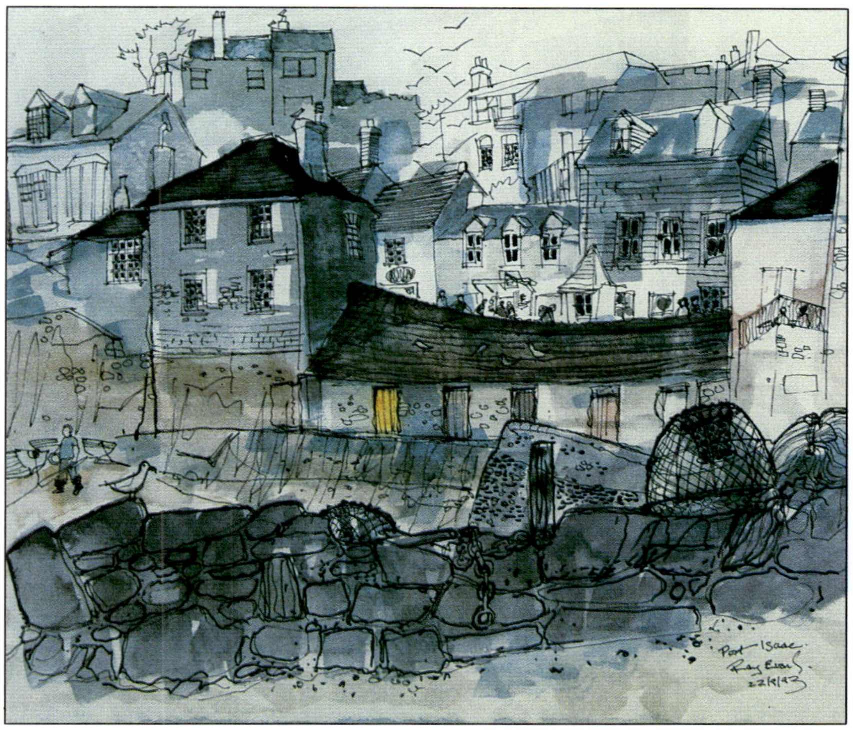

Eine Stadtszene in Mischtechnik

Karen Raney experimentiert sowohl in der Zeichnung als auch in der Malerei gerne mit verschiedenen Zeichenmitteln und Techniken. Ihre Motive sind zwar ebenso vielfältig wie die von ihr eingesetzten Materialien, als passionierte Stadtbummlerin ist sie aber besonders an der Stimmung und Atmosphäre von Stadtszenen interessiert. Wenn sie nicht direkt vor Ort arbeiten kann, was im Gewühl der Stadt manchmal wirklich schwierig ist, macht sie Fotos, die ihr im Atelier als Vorlage dienen.

1 *Hier setzt die Künstlerin eine Art Sgraffito-Technik ein, wobei sie Bleistift und Conté-Kreide kombiniert. Zunächst wird die gesamte Malfläche mit einem farblosen Ölstift eingerieben. Dann wird die Zeichnung mit schwarzer Conté-Kreide angelegt und an bestimmten Stellen mit dem Ölstift weiter bearbeitet.*

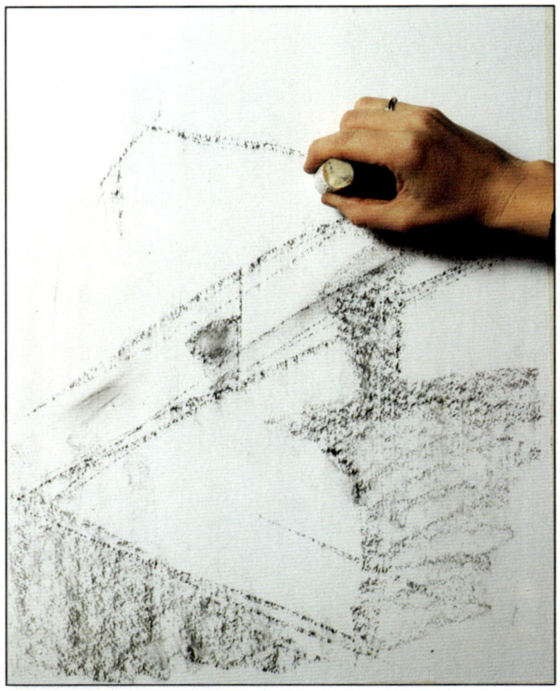

2 *Die Conté-Kreide wird mit dem Finger verrieben, damit sie sich mit den Schichten des Ölstiftes vermischen kann. Diese öligen Schichten und das rauhe Aquarellpapier brechen die Striche der Conté-Kreide auf, die Zeichnung wirkt dadurch weich und zart.*

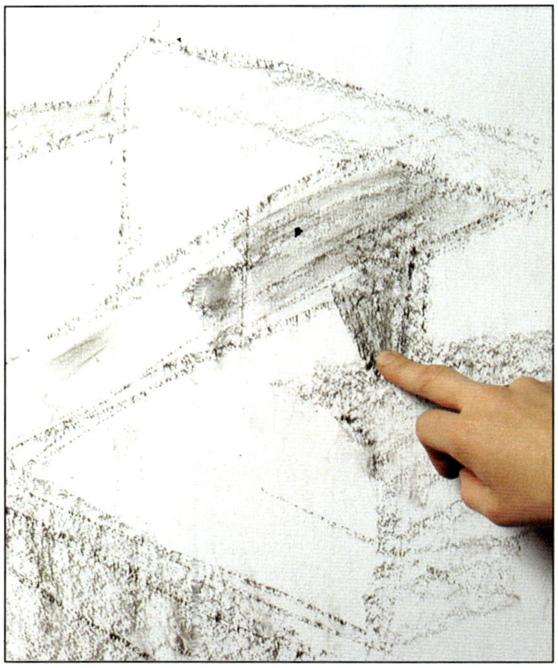

3 *Nun wird die Conté-Kreide etwas stärker über die erste Schicht gestrichen. Die Komposition wird noch locker und frei gehalten, die Formen sollen sich langsam entwickeln.*

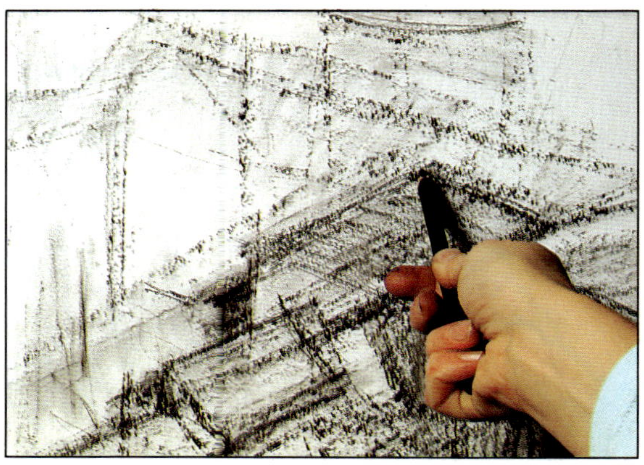

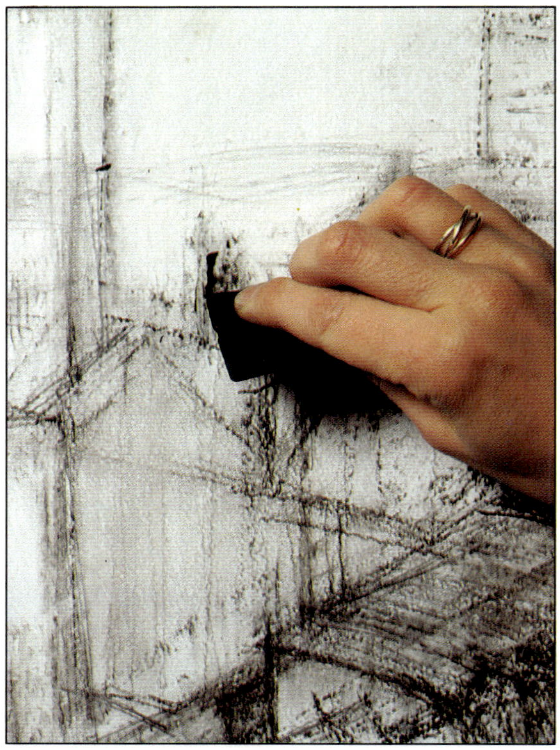

4 *Dort, wo eine dicke Kreide-Öl-Schicht angelegt wurde, wird nun mit der Kante einer Plastikkarte hineingekratzt. Die abgekratzte Mischung aus Öl und Kreide wird anschließend wieder aufgetragen und vermalt.*

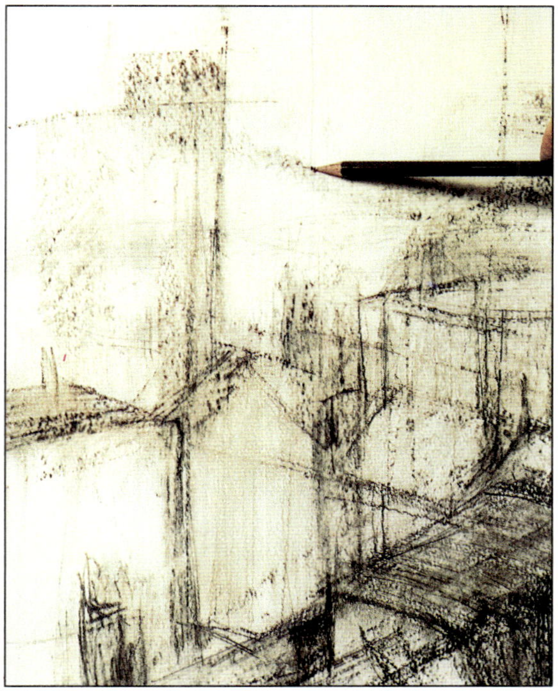

5 *Zuerst wird der Vordergrund ausgearbeitet, dann entstehen die Häuser im Hintergrund. Nun benutzt die Künstlerin einen weichen Bleistift, um die Seite eines weit entfernt liegenden Hauses einzuzeichnen.*

6 ► *Details bleiben bis zuletzt ausgespart. Um die Komposition abzurunden, werden die wichtigsten perspektivischen Linien sowie die Licht- und Schattenverteilung verstärkt.*

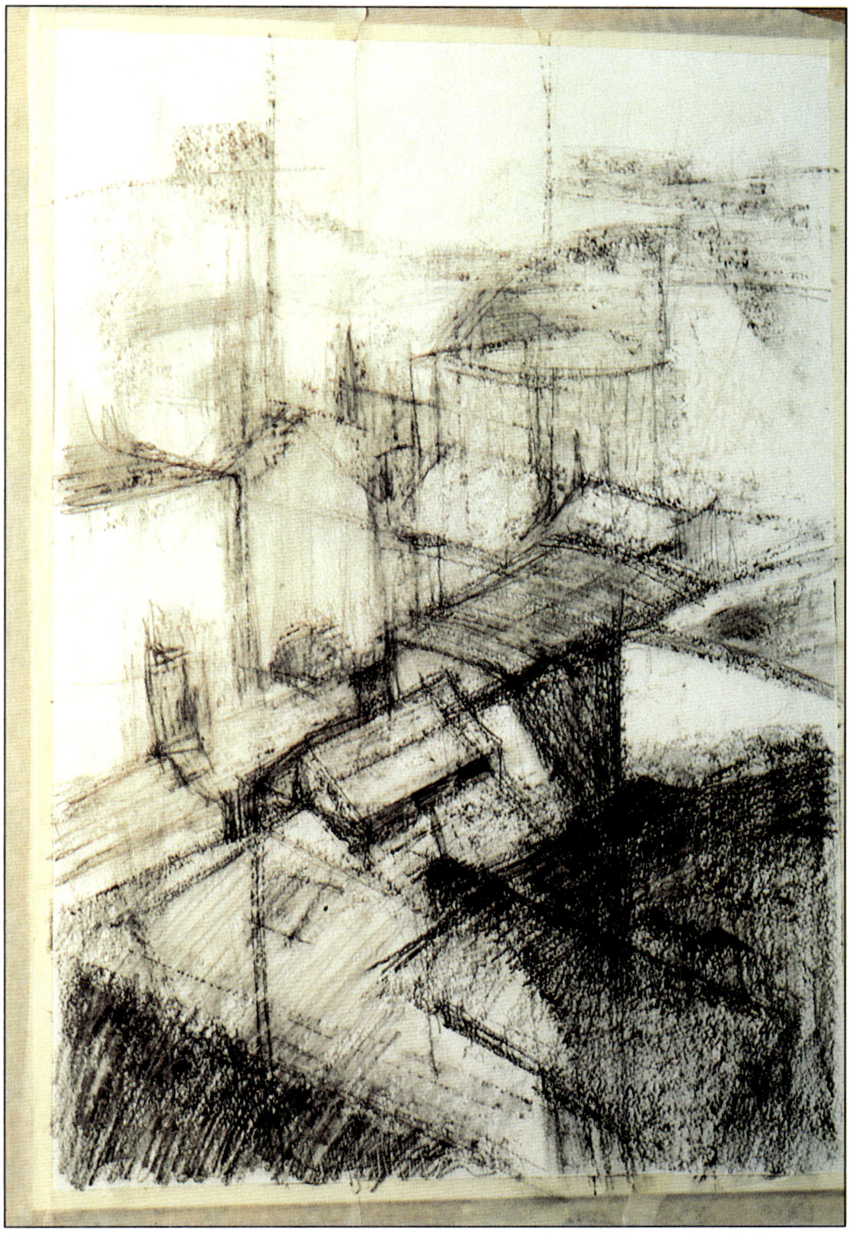

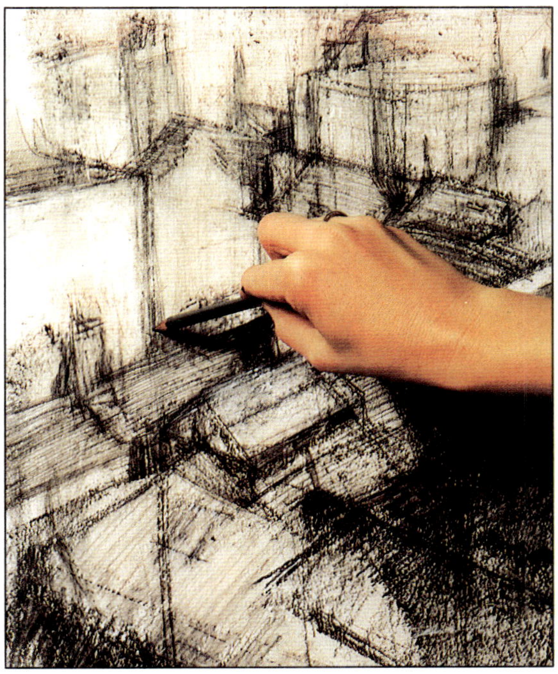

7 *Einige Linien werden mit weichem Bleistift abgedämpft. Deutlich ist vor allem im Vordergrund die Textur zu erkennen, die durch das Kratzen mit der Plastikkarte entstanden ist.*

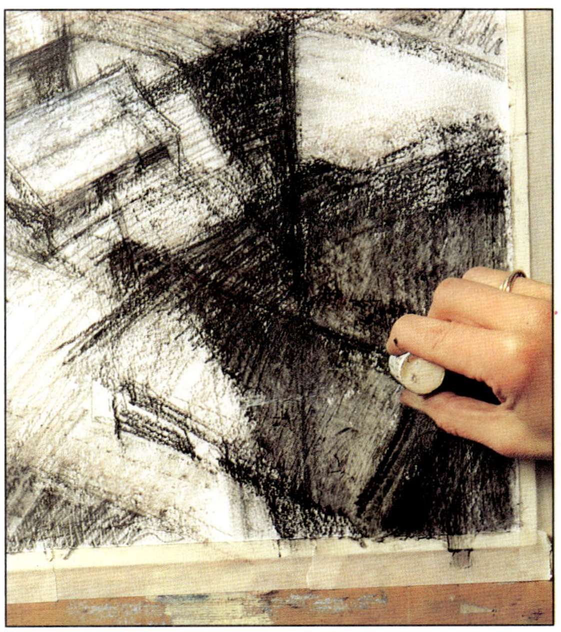

8 *Eine weitere Schicht mit dem Ölstift wird mit der Conté-Kreide vermischt. Es entsteht eine weiche Paste, die wie pastose Farbe eingesetzt werden kann.*

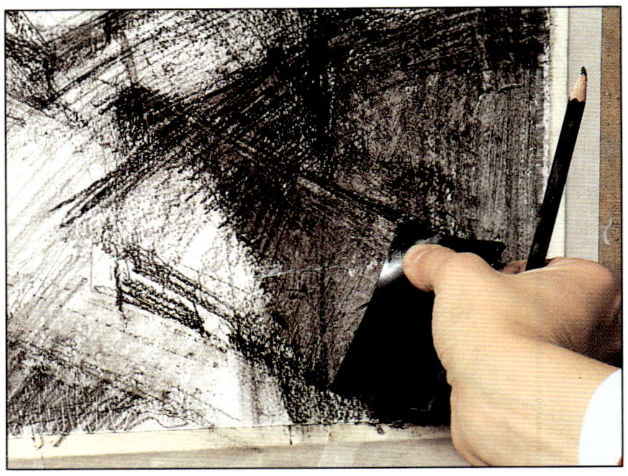

9 Wieder wird die Karte verwendet, um die cremige Substanz zu verreiben und um darin zu zeichnen. Mit der Kante der Karte entstehen dabei dunkle Linien.

10 ► Mit einem 2B-Bleistift, der fest aufgedrückt wird, um die Ölschicht zu durchdringen, werden nun erste Details an den Häusern ausgearbeitet.

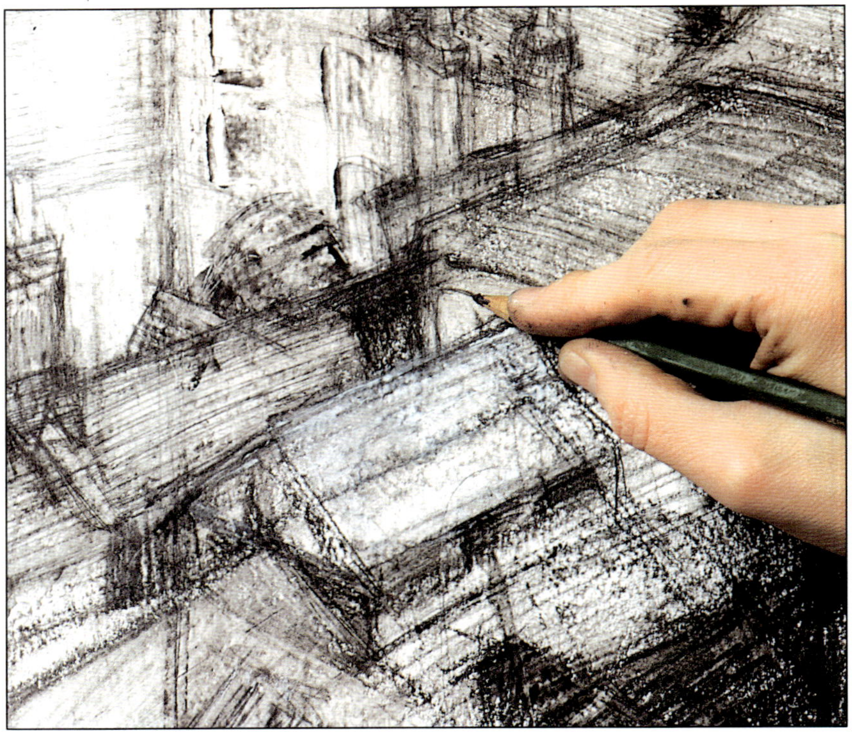

11 Um die Textur des linken Hauses anzudeuten, hat die Künstlerin eine weitere Schicht mit dem Ölstift angelegt und zeichnet nun hinein. Diesmal wird der Bleistift nur sanft aufgedrückt, so daß er die Ölschicht nur teilweise durchdringt.

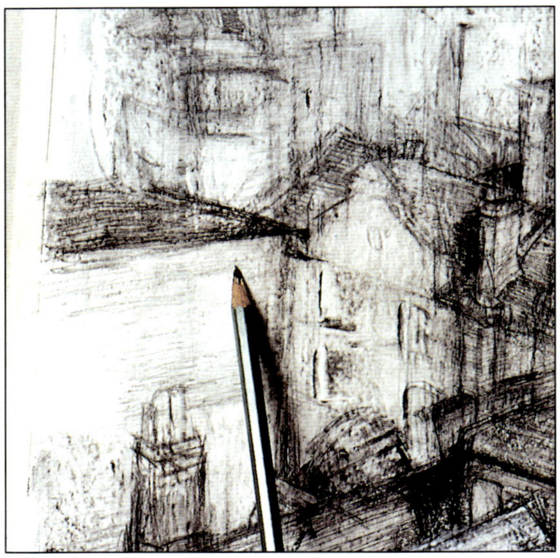

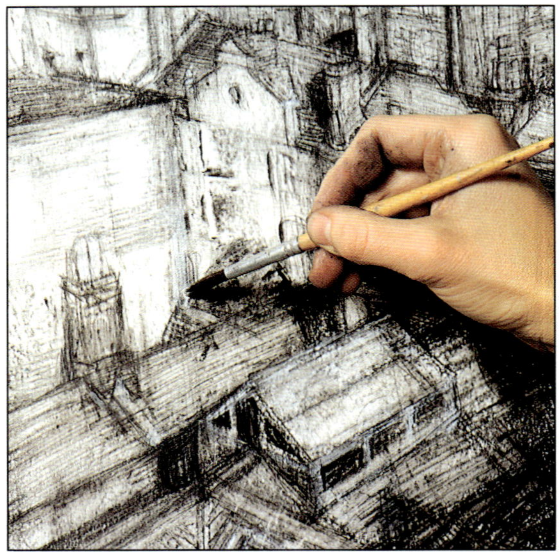

12 ▲ Mit weißer Gouachefarbe wird die Textur weiter ausgeführt. Dadurch wird auch eine Stelle, die etwas zu dunkel wirkte, aufgehellt.

13 Die Häuser im Vordergrund sind nun vollständig ausgearbeitet, und die Künstlerin kann sich den Einzelheiten im Hintergrund zuwenden. Durch Verreiben der Mischung aus Ölstift und Conté-Kreide mit der Fingerspitze werden Linien abgeschwächt und der Eindruck von Ferne geschaffen.

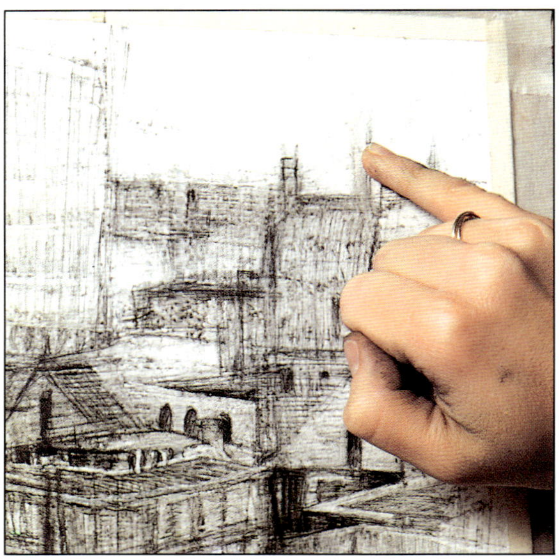

14 ► Das fertige Bild zeigt nicht nur eine spannend komponierte Stadtlandschaft, sondern auch eine faszinierende technische Vielfalt: Die wiederholt aufgetragenen Schichten und das Wegkratzen der Conté-Kreide und der Ölschicht haben eine interessante Textur und dichte Tonwerte geschaffen, die die Zeichnung fast wie eine Radierung aussehen lassen.

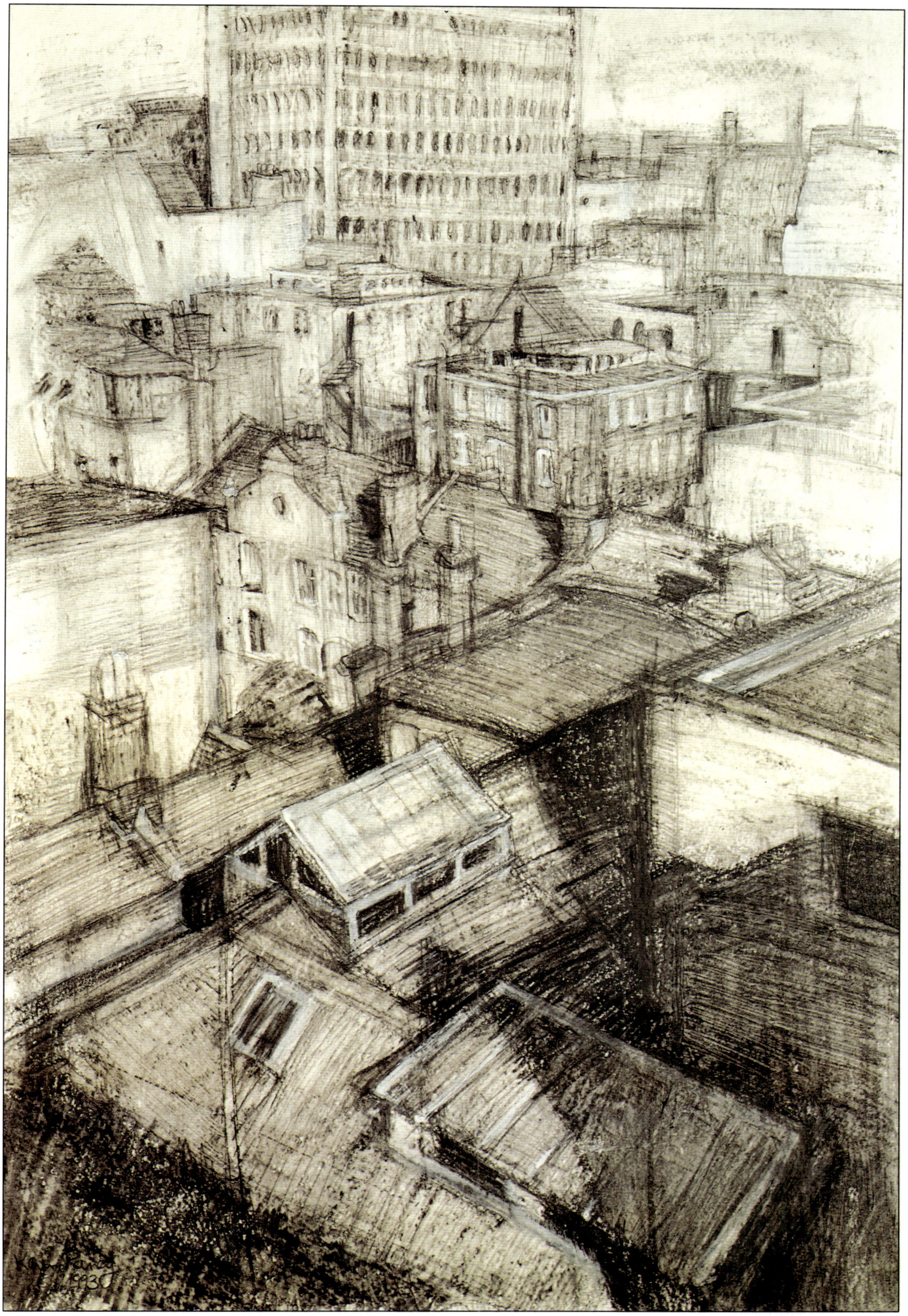

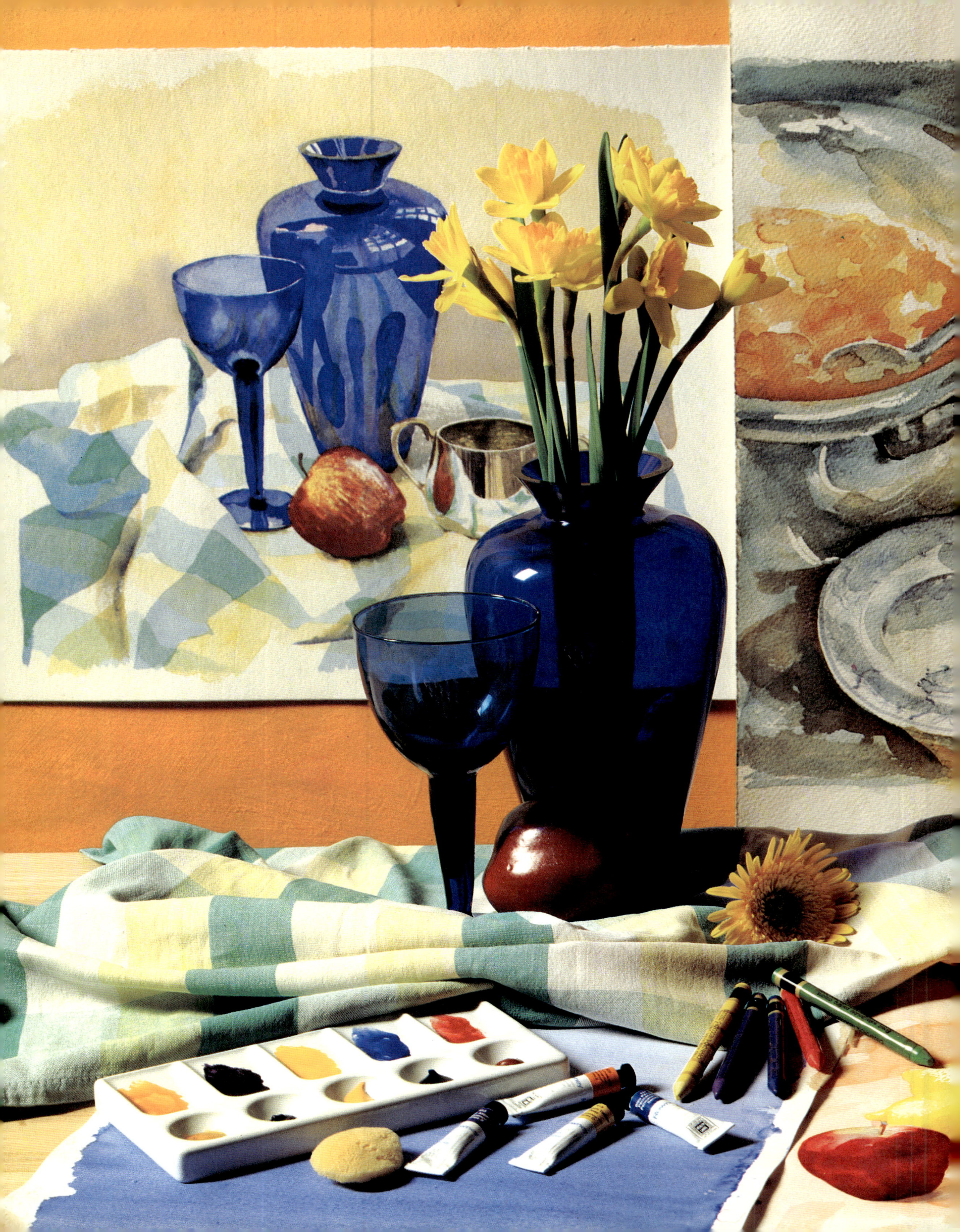

Aquarell-malerei

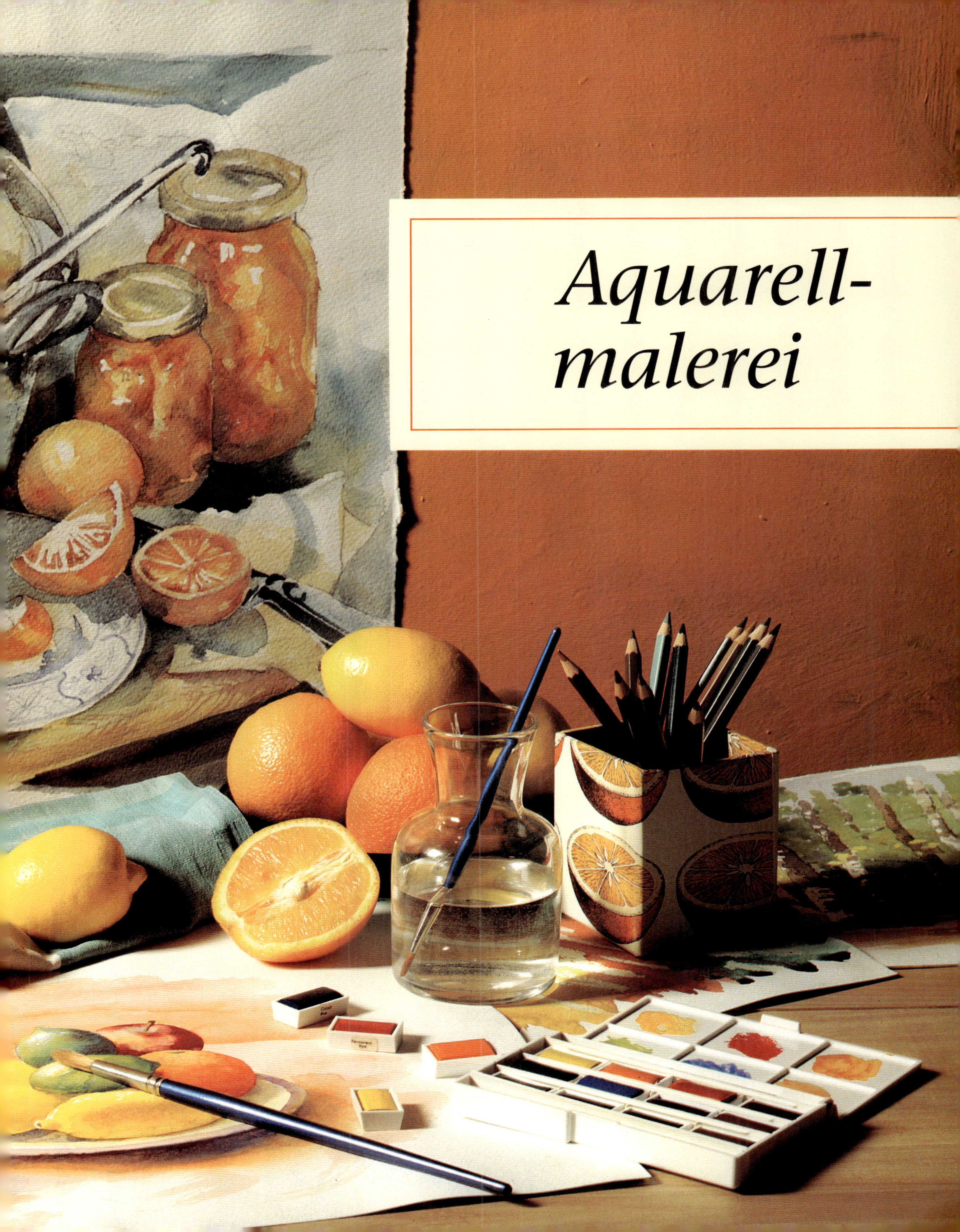

AQUARELLMALEREI

Auch wenn manchmal aufgrund der vielen berühmten Ölgemälde der Eindruck entstehen mag, die Aquarellmalerei sei erst sehr spät entdeckt worden, kannte man Wasserfarben doch sogar schon in der Antike. Lange Zeit wurde allerdings einzig die Ölmalerei als Kunstform anerkannt. Aquarellfarben wurden lediglich zu Vorarbeiten für spätere Ölgemälde herangezogen. Die Blütezeit der Aquarellmalerei, wie wir sie heute kennen, begann erst am Ende des 18. Jahrhunderts. Verbunden mit einem neuen Naturempfinden jener Zeit, fanden vor allem Landschaftsmaler in der Spontanität und Lebendigkeit der Aquarellfarben ein neues Ausdrucksmittel, Licht- und Farbeindrücke wiederzugeben.
Bis heute ist die Beliebtheit des Aquarells ungebrochen. Und dabei sind es nicht nur die Hobbymaler, die sich gerne mit diesem Medium beschäftigen, auch viele professionelle Künstler wenden sich dem Aquarell zu. Die Motivwahl beschränkt sich schon lange nicht mehr auf Landschaften, auch Stilleben, Porträts oder Stadtszenen werden wirkungsvoll in Aquarellfarben umgesetzt.

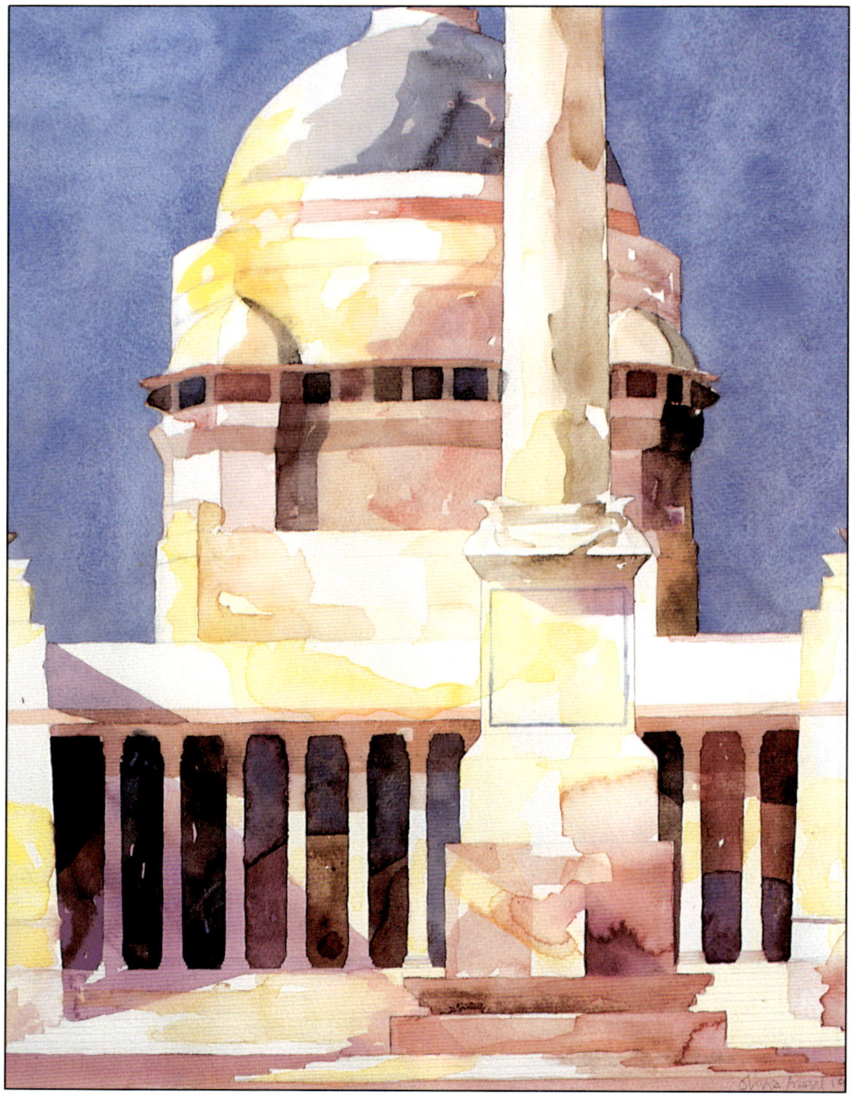

▲ Olivia Fraser
Das Haus des Vizekönigs in Neu-Delhi
Dieses verblüffende Bild in satten Farben läßt eines der häufigsten Vorurteile über die Aquarellmalerei schnell verblassen, nämlich daß man mit Aquarellfarben nur verwaschene Bilder schaffen könne. Die Aquarellfarben sind mit großer Sicherheit angelegt, die dunklen Farben des Himmels wurden sorgfältig um die Gebäudekanten geführt. Das Gebäude selbst entstand aus vielen Schichten verschiedener Lavierungen, die die scharfkantigen Formen mosaikartig hervortreten lassen.

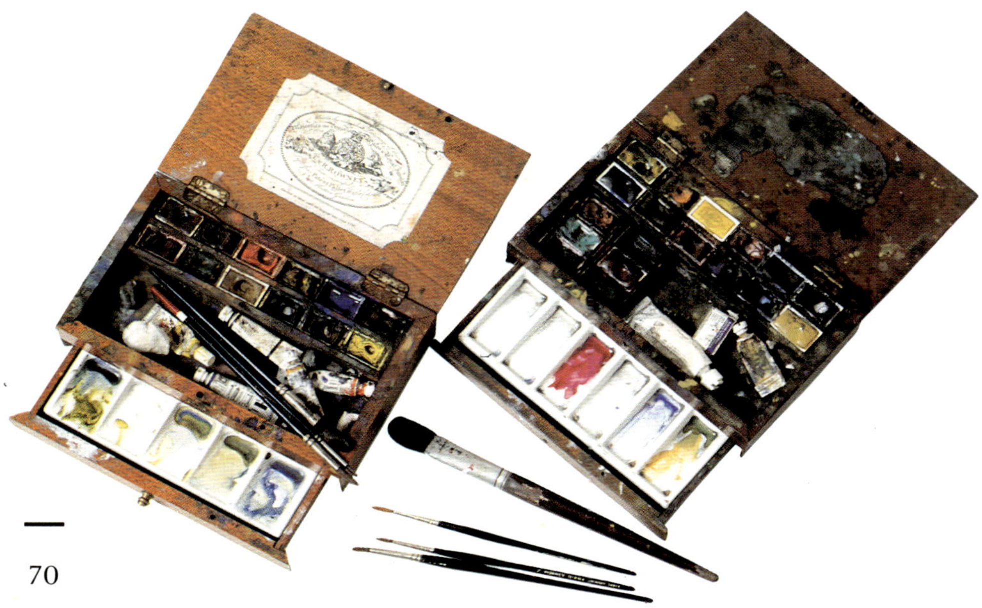

◄ *Aquarellkünstler besitzen meist eine gut sortierte Auswahl von Farben in Tuben oder Näpfchen.*

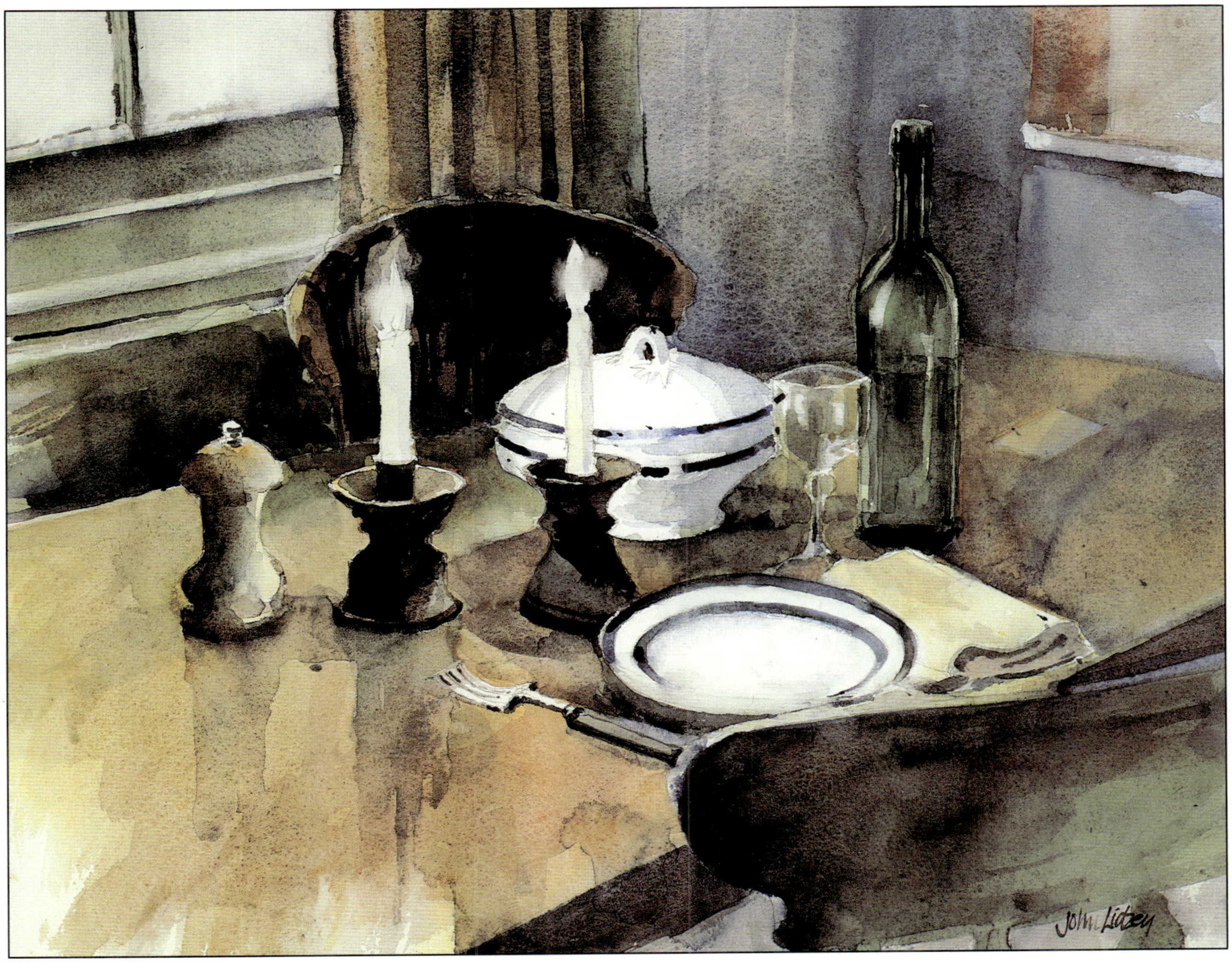

▲ John Lidzey
Stilleben mit Kerzen
Dieses Bild zeigt einige charakteristische Eigenschaften des Aquarells: Die Farben sind naß in naß verlaufen, es haben sich Flecken und Pfützen gebildet. Obwohl dieses Stilleben sowohl in der Komposition wie in der Ausführung frei und spontan wirkt, wurde es sehr genau geplant. Die Gegenstände wurden sorgfältig arrangiert und die Aquarelltechnik ebenso gezielt wie gekonnt eingesetzt. Mit kleinen Wattestäbchen wurden der Farbfluß kontrolliert und weiche Lichter auf den Kerzenflammen und dem Glas abgehoben.

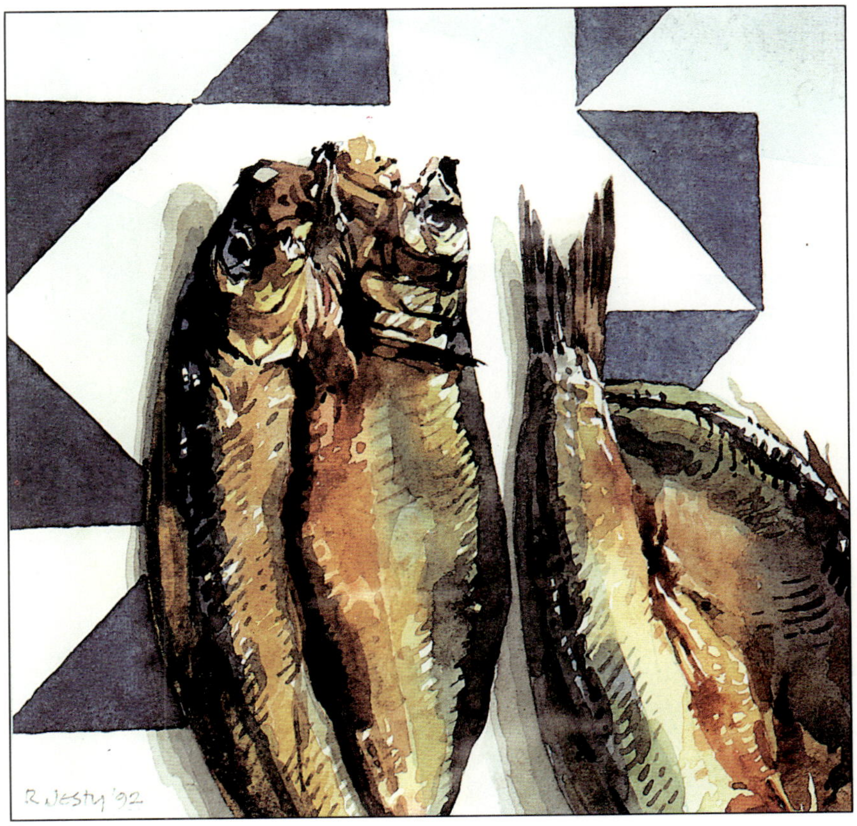

► Ronald Jesty
Heringe
Dieses Stilleben unterscheidet sich in der Vorgehensweise und Technik erheblich von dem Stilleben oben. In diesem Bild gibt es keine Farbflecken, die Ränder sind sauber und deutlich gezogen. Ungewöhnlich wirkt der Blickpunkt, der von oben auf die Heringe fällt, so daß Fische und Fliesen ein interessantes Muster bilden.

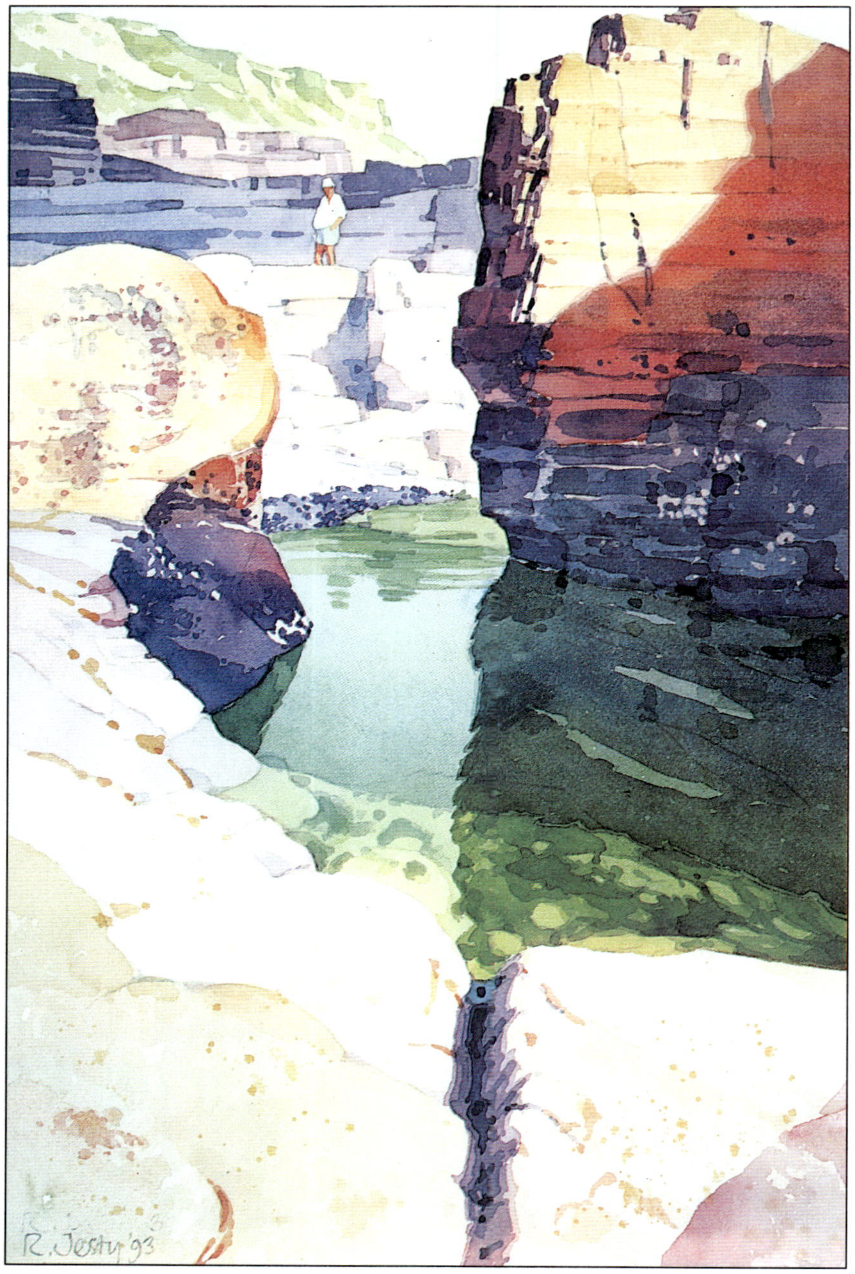

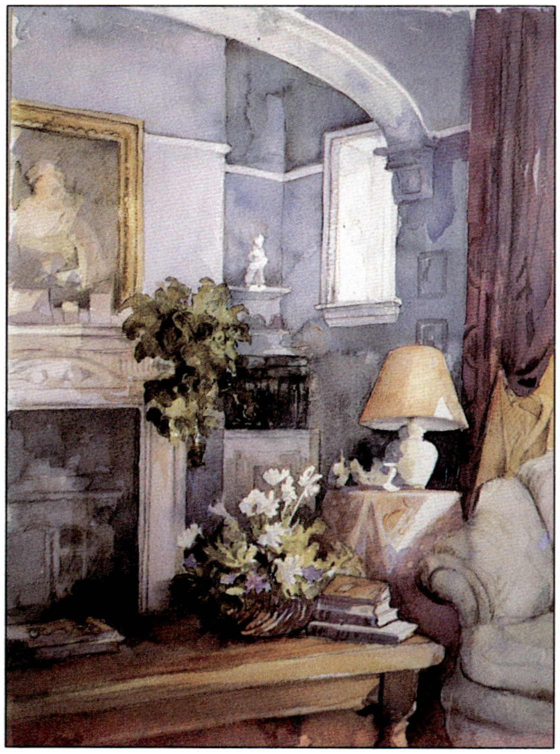

▲ Elisabeth Harden
Blaues Zimmer
Die Darstellung von Innenräumen ist dem Stilleben verwandt, jedoch spielen die Beziehungen der Dinge zu ihrer Umgebung bei letzterem eine viel größere Rolle. Daher muß die Perspektive richtig eingesetzt und die Komposition sorgfältig vorbereitet werden. Die Künstlerin hat nach einigen Skizzen eine sorgfältige Vorzeichnung angefertigt.

▲ Ronald Jesty
Bergsee
Auch in diesem Bild hat Ronald Jesty naß auf trocken gearbeitet. Lichter wurden ausgespart und sorgfältig mit der Farbe umgangen. Deutlich erkennbar ist dies an den Felsen wie auch an den dunklen Stellen im Wasser, bei denen kleine Flecken heller Farbe von den folgenden Lavierungen in dunkler Farbe ausgenommen wurden.

Geschichtliches

Drei der größten Künstler, die dem Aquarell am Ende des 18. und zu Beginn des 19. Jahrhunderts endgültig zur Anerkennung als eigenständige Kunstform verhalfen, sind die englischen Maler J. M.W. Turner (1775–1851), Thomas Girtin (1775–1802) und John Sell Cotman (1782–1842). Sie alle setzten sich intensiv mit der Aquarellmalerei auseinander, experimentierten mit neuen Techniken und verschiedensten Materialien und schufen vor allem ausdrucksvolle Landschaftsbilder.
In der Folgezeit wurden diese Techniken weiter ausgebaut. In Frankreich waren es

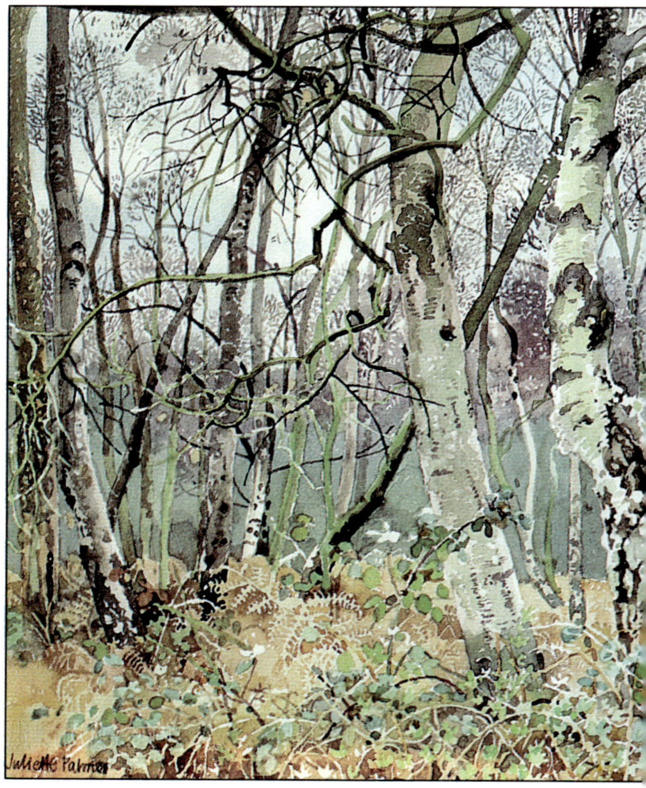

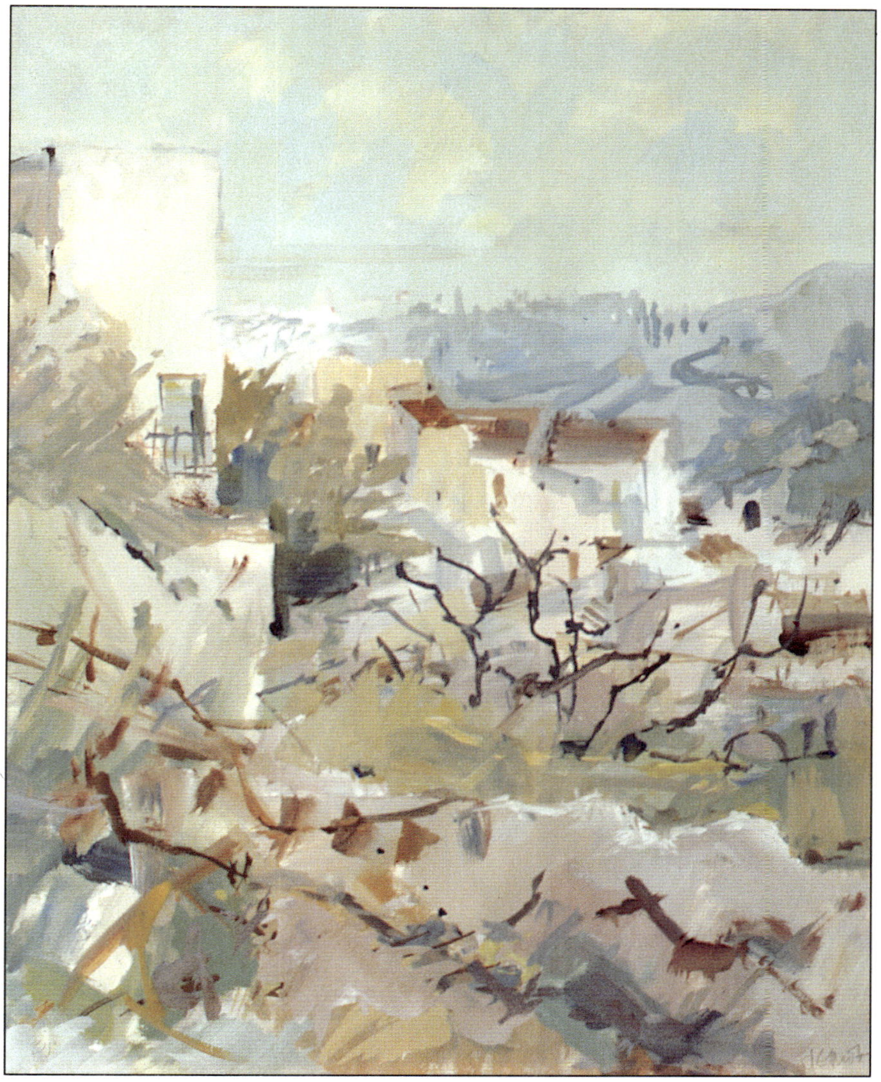

▼ Ken Paine

Amelia

Auf den ersten Blick könnte man dieses ausdrucksstarke Porträt auch für ein Ölbild halten. Doch in Wirklichkeit ist es ein Aquarell mit Zugabe von Deckweiß. Der Künstler hat ohne Vorzeichnung direkt mit Pinsel und dünner Farbe gearbeitet und allmählich immer mehr Weiß eingesetzt.

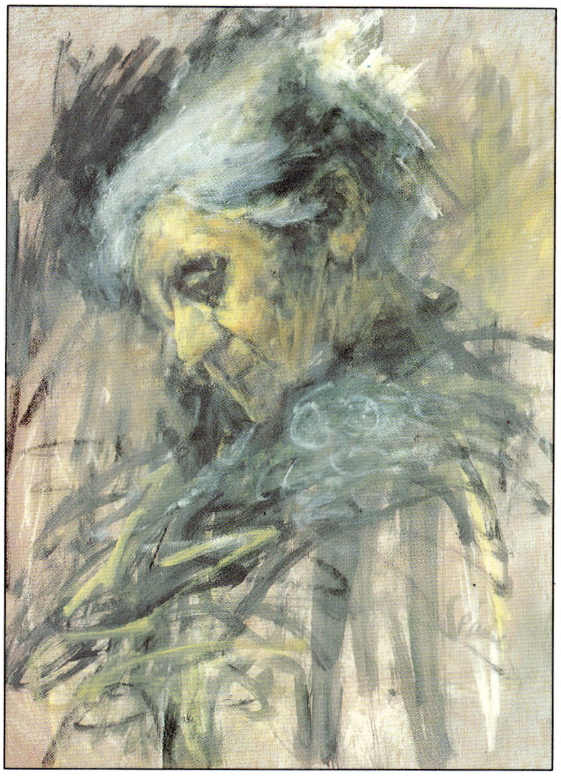

▲ Joan Elliott Bates

Blick von einem Maultierpfad in Südspanien

In dieser bezaubernden Landschaftsstudie wurde deckende Gouachefarbe verwendet und mit Weiß ausgemischt. Die Wirkung ähnelt einem Aquarell, in das Gouacheweiß dünn aufgetragen wurde. Die Gouachefarbe eignet sich besonders gut, um geschlossene Farbflächen zu schaffen.

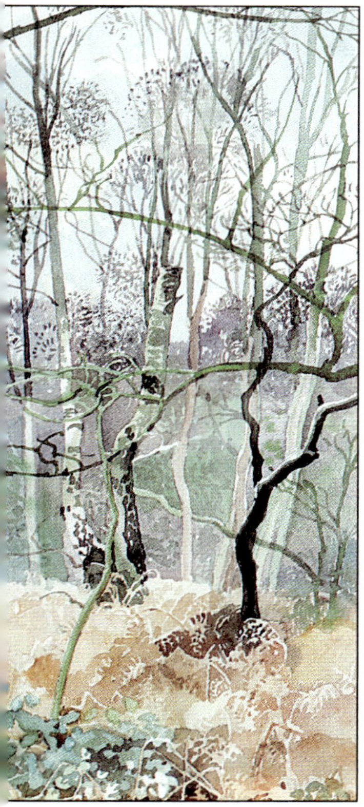

◀ Juliette Palmer

Birkenstämme

In diesem stimmungsvollen und sehr detaillierten Bild liegt die Betonung auf dem Muster der sich verschränkenden Zweige und Stämme. Auch die Texturen wurden genau beschrieben, kleine, feine Striche für die Baumstämme und die weiter entfernt liegenden Zweige eingesetzt. Die Lichter im Vordergrund spielen eine wichtige Rolle in der Komposition. Sie wurden durch Aussparungen heller Farben von nachfolgenden dunklen Lavierungen geschaffen.

Künstler wie Paul Gaugin und Paul Cézanne (um nur zwei der vielen zu nennen), die dem Aquarell neue Vielfalt gaben, und in den USA entwickelten Maler wie Winslow Homer und John Singer Sargent einen eigenen amerikanischen Stil. In Deutschland schuf Emil Nolde farbintensive und ausdrucksstarke Aquarelle. Bis in die Gegenwart findet sich keine Kunstrichtung, die sich nicht auch im Aquarell ausdrücken würde.

Mythen und Vorurteile

Im Verlauf der Entwicklung der verschiedenen Aquarelltechniken entstanden einige Regeln und Gesetze, die heute stark umstritten sind. Während manche Künstler eine Abweichung von diesen Regeln strikt ablehnen und verurteilen, arbeiten andere mit allen ihnen zur Verfügung stehenden tech-

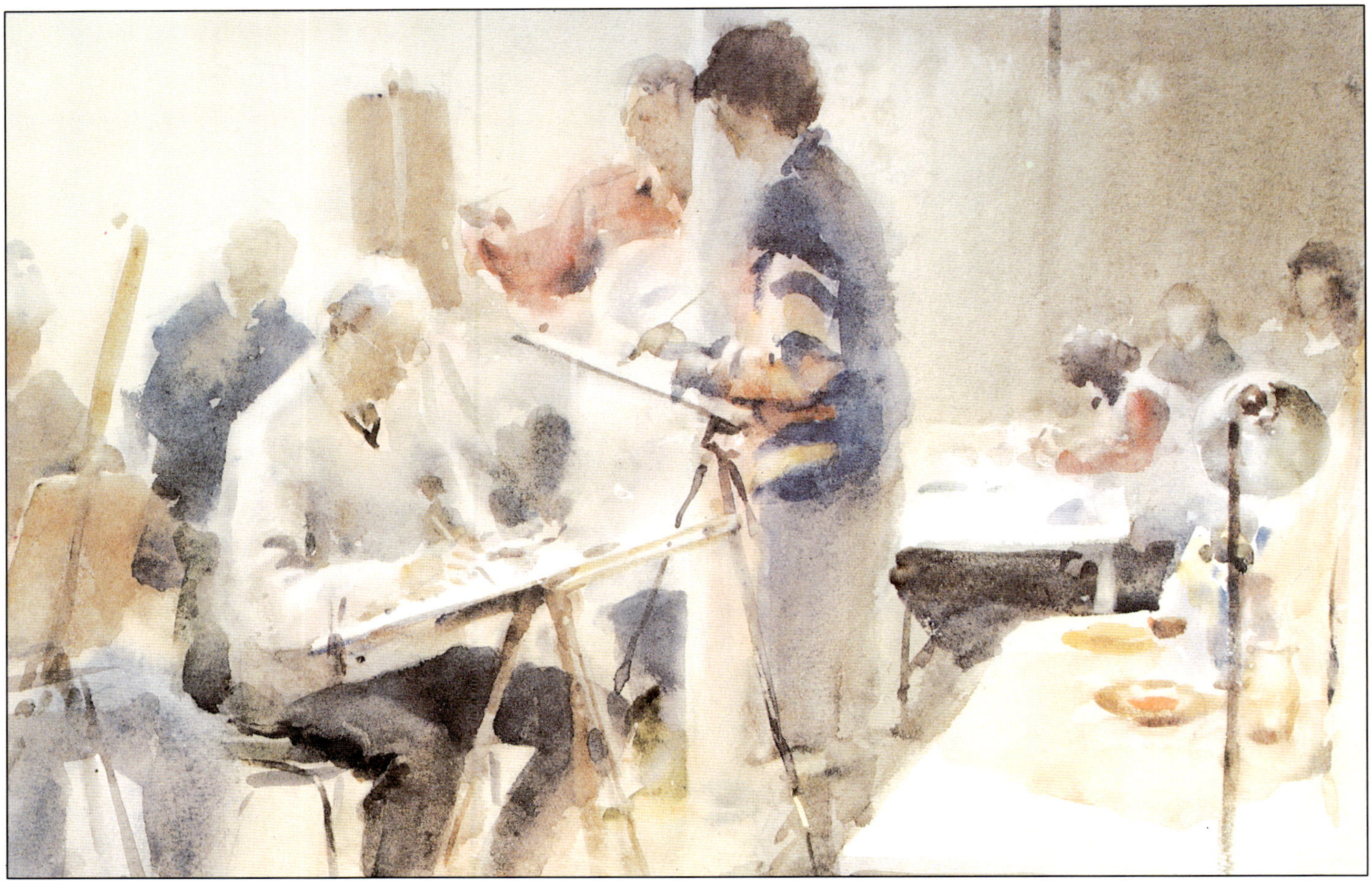

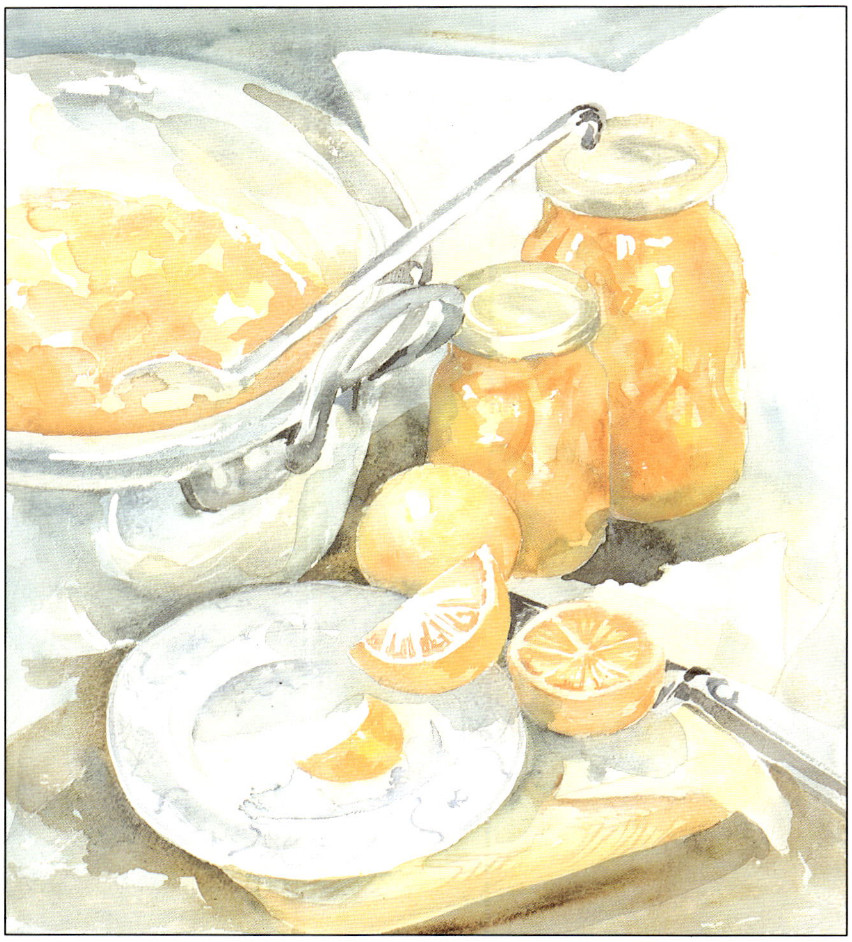

▲ Trevor Chamberlain

Stillebenmalerei bei Seed's

Figurengruppen in Aquarell festzuhalten, ist sicher nicht gerade einfach, da ausführliche Korrekturen kaum möglich sind. Dieses Bild zeigt jedoch, daß mit viel Übung kein Motiv für das Aquarell unmöglich ist. Jeder Pinselstrich ist sorgfältig plaziert, und die Farben wurden trotz der Arbeitsweise naß in naß genau kontrolliert.

◄ Elisabeth Harden

Marmelade kochen

Der Kontrast zwischen warmen und kalten Farben wurde hier geschickt ausgenutzt, um die dominante Farbe Orange zu betonen. Obwohl die Farbwahl absichtlich sehr eingeschränkt wurde, hat die Künstlerin in den Schatten eine Reihe von Grün-, Blau- und warmen Gelbbrauntönen eingesetzt, um farbige Verbindungen zu schaffen, die die Komposition zusammenhalten.

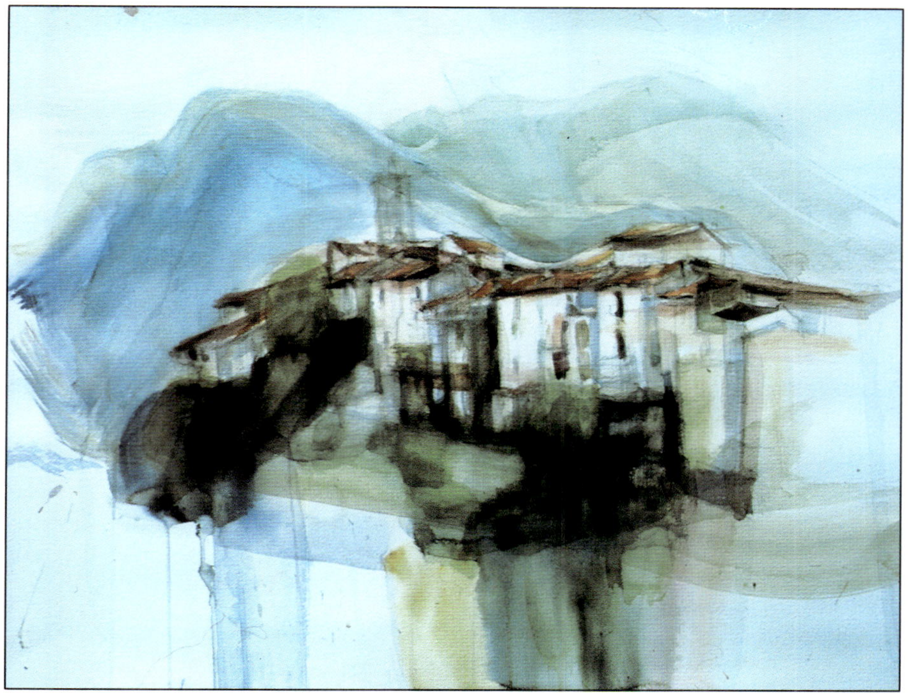

◄ Karen Raney

St.-Laurent-de-Cerdans

Normalerweise wird mit Aquarellfarben auf einer waagerechten oder höchstens leicht schräg gestellten Malunterlage gearbeitet. In diesem Fall hat die Künstlerin das Brett jedoch senkrecht aufgestellt, so daß die Farbe bis zum Rand des Blattes heruntergelaufen ist. Der Vordergrund ist nicht weiter ausgeführt, einzig die Farbverläufe deuten Spiegelungen im Wasser an.

▼ Mike Bernard

Wiese und Haus

Hier wurden Aquarell und Federzeichnung kombiniert und auf diese Weise klare Akzente eingefügt, die wirkungsvoll mit dem weichen Farbauftrag kontrastieren. Mit dicken Tuschetropfen wurden die Blüten der Pflanzen gestaltet. An einigen Stellen hat sich die Tusche mit der Aquarellfarbe vermischt und interessante Strukturen ausgebildet. Die weißen Linien wurden aus der Farbe gekratzt.

nischen Möglichkeiten. Eine dieser Grundregeln ist zum Beispiel, Gouacheweiß dürfe in einem Aquarell nicht eingesetzt werden, da es die Transparenz der Farben verderbe. Hilfsmittel wie Abdeckflüssigkeit werden als „mechanisch" verworfen, und es besteht die Meinung, ein guter Aquarellmaler müsse ohne diese Zusätze auskommen. Doch schon Turner, unbestritten einer der besten Aquarellisten in der Kunstgeschichte, setzte sich über alle Regeln hinweg: Er arbeitete mit deckender Gouachefarbe, ließ der Farbe auf dem Blatt freien Lauf, verrieb sie mit den Fingern und kratzte sogar hinein.

Ein anderer Mythos, der der Aquarellmalerei anhängt, ist die Meinung, sie sei besonders schwierig zu handhaben. Sicher, Fehler sind schnell gemacht und können nicht immer völlig ausgemerzt werden. Zudem ist es für den Anfänger häufig schwerer, Motive realistisch wiederzugeben, als dies in anderen Maltechniken der Fall ist. Sobald man aber seine eigene Arbeitsweise entwickelt hat, wird man die Schwierigkeiten schnell bewältigen.

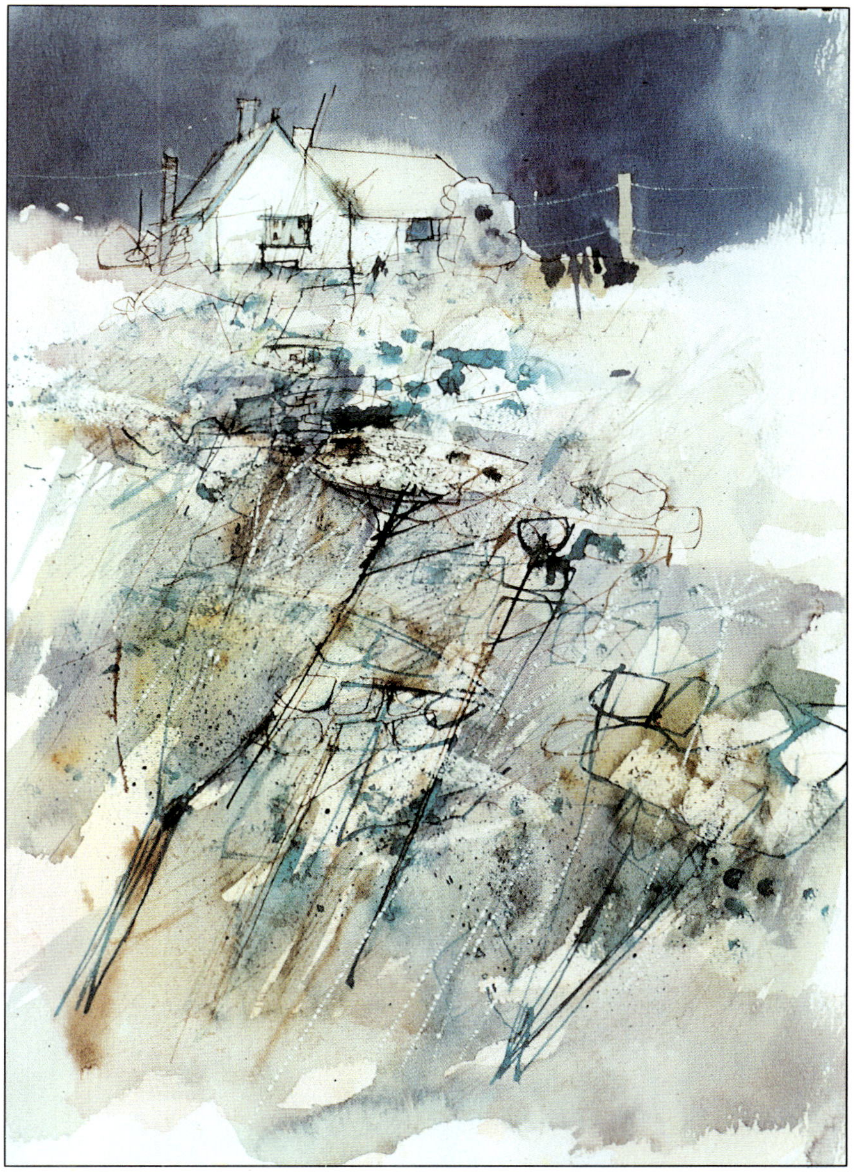

Material und Zubehör

FARBEN UND PINSEL

Zu den vielen Vorteilen der Aquarellmalerei gehört auch, daß man nur wenige Materialien benötigt. Ein kleiner Aquarellkasten, einige Pinsel, Papier und ein Wasserglas genügen für den Anfang. Die im folgenden aufgeführten Materialien ergeben eine gute Grundausstattung. Bei wachsender Erfahrung und Übung kann man dann weitere Pinsel oder eine besondere Palette hinzunehmen. Am Anfang genügt jedoch eine kleine Materialauswahl vollkommen.

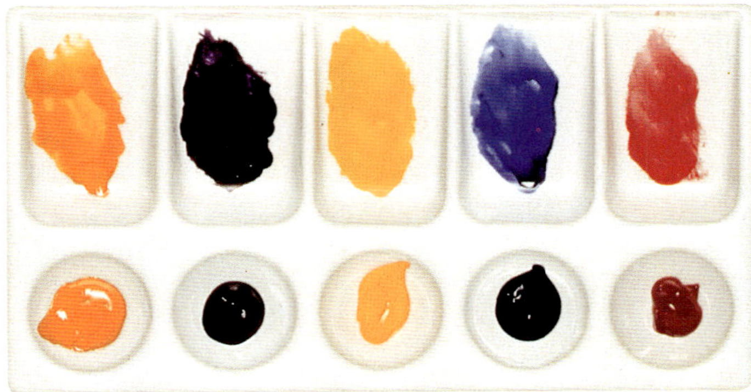

Aquarellpalette

Die Farben

Aquarellfarben gibt es in Tuben und Näpfchen verschiedener Größe. Beide Sorten haben für den Anfänger Vor- und Nachteile. Tubenfarben ergeben kräftige, leuchtende Farben, und sie lassen sich leicht mischen, was für große Formate sehr günstig ist. Für die Malerei im Freien ist die Handhabung der Tuben etwas mühsam, zumal sie nicht in einen normalen Aquarellkasten passen. Am häufigsten werden Aquarellfarben in Näpfchen verkauft. Diese festen Farben müssen jedoch mit dem feuchten Pinsel einige Zeit angerieben werden, bis die gewünschte Farbmenge gelöst ist.
Für welche Aquarellsorte Sie sich auch entscheiden, kaufen Sie auf jeden Fall nur Markenartikel, die auch als „Künstlerfarben" bekannt sind. Viele Hersteller bieten auch Farben in Studienqualität an, die den jeweiligen Firmennamen tragen. Diese Farben enthalten weniger Pigmente und zusätzliche Füllstoffe, die dazu beitragen können, daß die Farben im Auftrag flach und fleckig wirken.

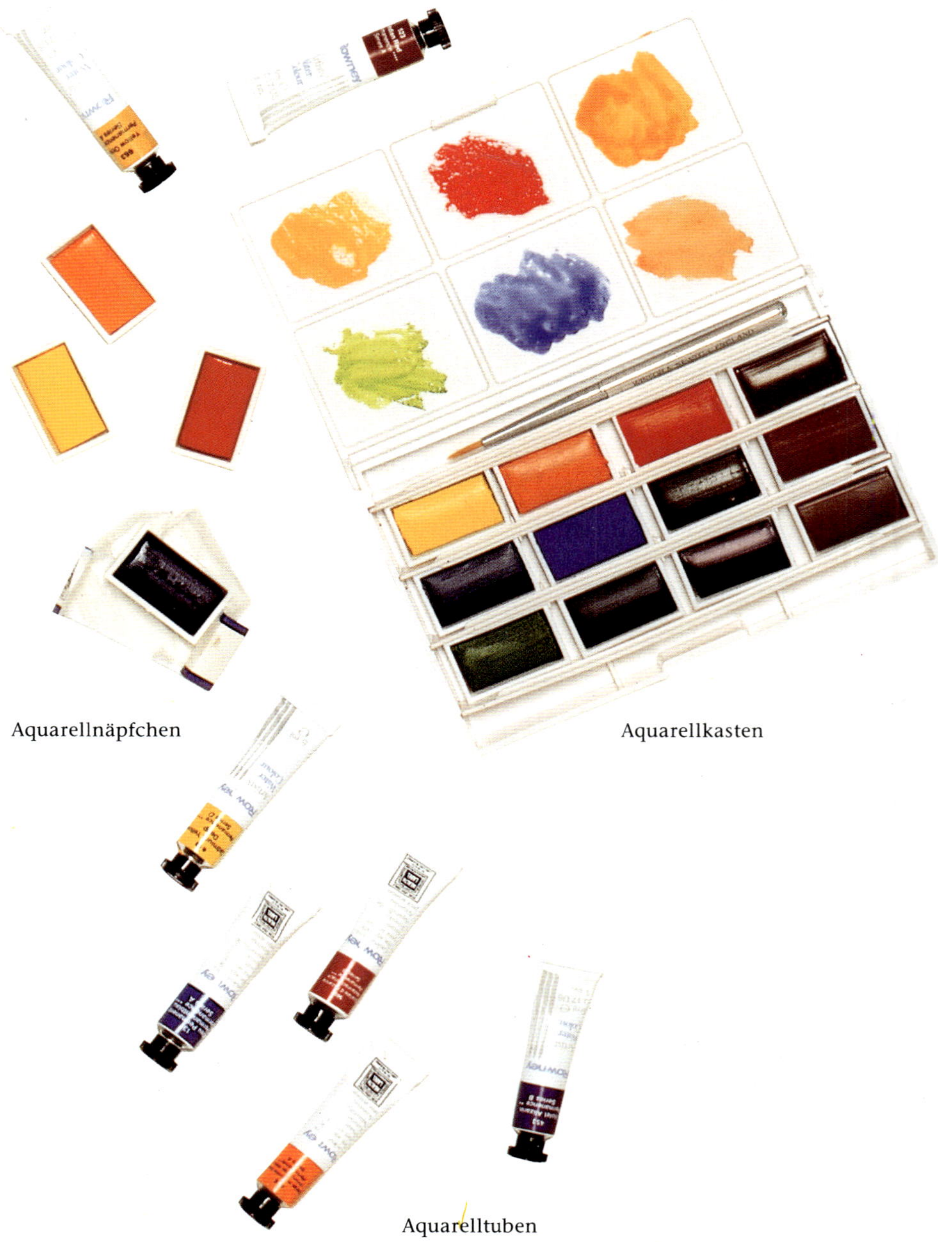

Aquarellnäpfchen

Aquarellkasten

Aquarelltuben

Aquarellkästen und Paletten

Die Wahl des Aquarellkastens oder der Palette wird davon abhängen, ob man Näpfchen oder Tuben verwenden möchte. Näpfchen müssen in einem speziellen Kasten mit Unterteilungen untergebracht werden. Wenn Sie sich für Tubenfarben entschieden haben, benötigen Sie eine Palette oder vielleicht mehrere kleine Schalen bzw. einen alten Teller zum Ausmischen der Farben. Vielleicht kaufen Sie sich auch einmal eine Palette mit kleinen Vertiefungen, in die man die Farben hineindrücken kann. Diese Paletten werden aus Metall, Plastik oder – etwas teurer – aus Porzellan angeboten.

Pinsel

Die besten Pinsel für die Aquarellmalerei sind ohne Zweifel Marderhaarpinsel. Doch für den Anfänger ist ihre Anschaffung, zumal in größeren Ausführungen, vielleicht etwas teuer. Zunächst sollte man daher ruhig mit synthetischen Pinseln oder Mischpinseln aus Marderhaar und Synthetikmaterial arbeiten, die in vielfältigen Sorten angeboten werden. Auch Pinsel mit den weichen Schwanzhaaren vom Eichhörnchen sind erhältlich. Mit der Zeit können Sie dann immer noch auf Marderhaarpinsel zurückgreifen, deren Anschaffung sich im übrigen wirklich lohnt, denn Marderhaarpinsel halten fast ein ganzes Leben.
Pinsel werden in zwei Grundformen hergestellt, mit runder und mit flacher Spitze. In der Aquarellmalerei wird überwiegend mit Rundpinseln gearbeitet, die Sie sich in drei Größen anschaffen sollten, einen kleinen für Details und zwei größere. Große Flachpinsel eignen sich vor allem für das Anlegen von Lavierungen, doch für den Anfang genügt ein einziger. Es gibt natürlich noch viele andere Pinselsorten wie zum Beispiel Vertreiberpinsel, die auch für Lavierungen eingesetzt werden können. Nach einiger Zeit wird sich Ihr Pinselsortiment daher sicherlich noch erweitern.

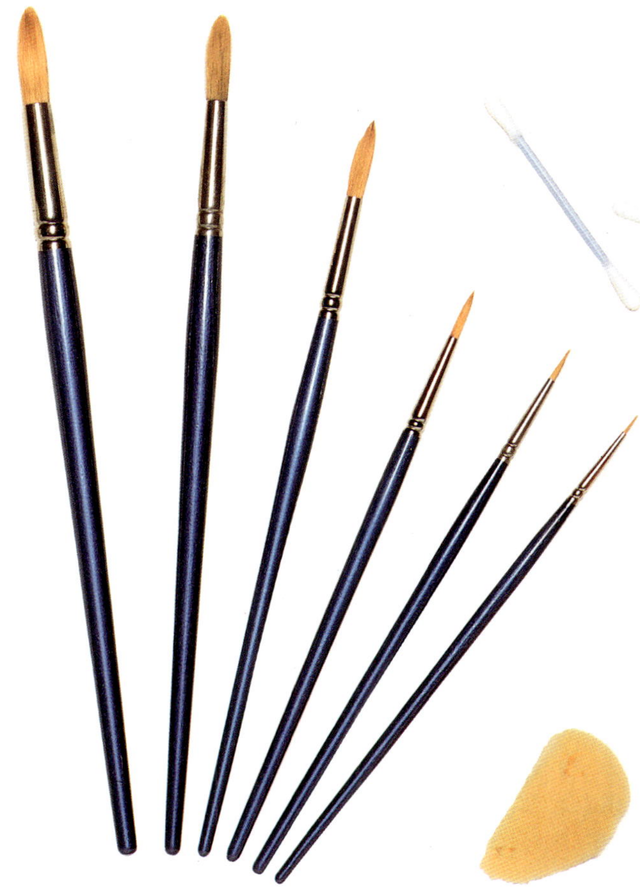

Aquarellpinsel

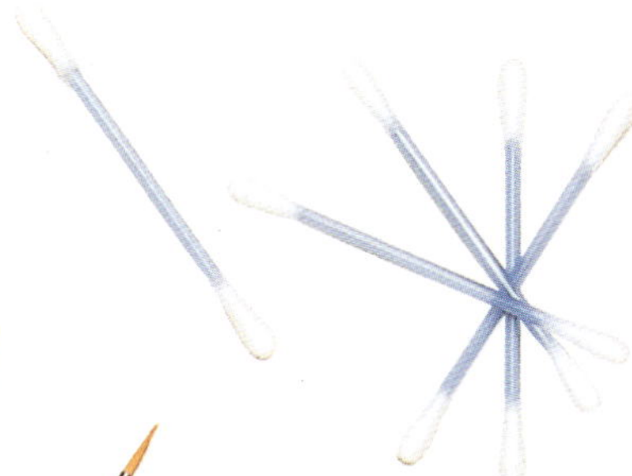

Wattestäbchen

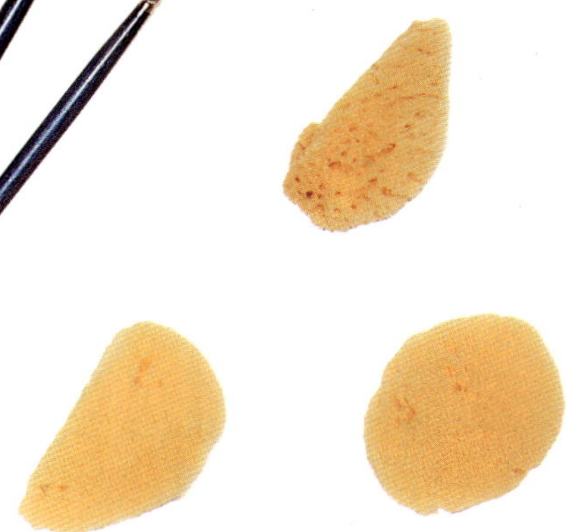

Naturschwämme

Andere Hilfsmittel

Hilfreich kann auch ein kleiner Naturschwamm sein, den viele Aquarellmaler zu ihrer Ausrüstung zählen. Man kann ihn zum Abheben von Farbe oder zum Vertreiben und Verwischen von Farbflächen verwenden. Mit einem Schwamm kann man aber auch sehr schöne Verläufe schaffen. Natürlich braucht man zum Malen auch ein Glas mit sauberem Wasser und Papier.

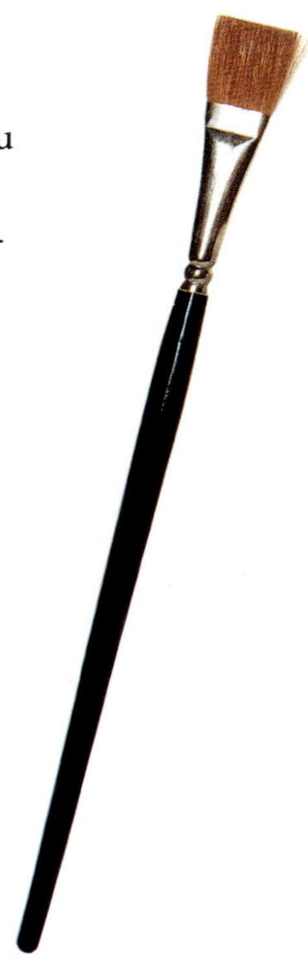

Flacher Aquarellpinsel

Material und Zubehör

PAPIER

Aquarelle werden meist auf weißem Papier gemalt. Getöntes Papier ist dagegen eher die Ausnahme. Der Grund liegt darin, daß die Leuchtkraft und Transparenz, die am Aquarell so geschätzt wird, durch den Lichteinfall entsteht, der durch die Farbschichten dringt und von dem weißen Papiergrund zurückgeworfen wird. Durch das Weiß des Papiers werden die Aquarellfarben daher beträchtlich aufgehellt, vor allem in hohen Verdünnungen bei einer Lavierung.

Oberfläche und Gewicht

Es gibt im wesentlichen drei Papiersorten: rauh, kalt gepreßt oder heiß gepreßt. Diese maschinell gefertigten Papiere besitzen unterschiedliche Oberflächen. Rauhes Papier hat eine relativ grobe Textur, kalt gepreßtes Papier besitzt eine feinkörnige und heiß gepreßtes eine glatte Oberfläche. Es gibt auch handgeschöpfte Papiere, die in ihrer Oberflächenbeschaffenheit sehr unterschiedlich sind. Da sie aber teuer und nicht immer einfach zu handhaben sind, sollte man mit solchen Papieren erst arbeiten, wenn man einige Erfahrung im Aquarellieren gesammelt hat.

Die meisten Aquarellmaler bevorzugen kalt gepreßtes feinkörniges Papier. Dieses hat eine ganz leichte Textur, die die Farbe gut aufsaugt, aber nicht bricht. Rauhes Papier ist wegen seiner groben Textur oft schwer zu handhaben, und glattes Papier kann fleckige Effekte hervorrufen, da die Farbe zu leicht zerfließt.

Das Papiergewicht wird in g/m^2 angegeben und reicht von sehr dünnem Papier, etwa ab 100 g, bis zu schwerem Papier mit 250–300 g und darüber, wobei dann die Grenze zum Karton überschritten wird. Dickere Papiere sind zwar teuer, aber für experimentelle Maltechniken besonders geeignet. Dünne Papiere müssen aufgezogen werden.

Aquarellpapier aufziehen

Das Aufziehen des Papiers verhindert vor allem bei starken Lavierungen, die das Papier durchfeuchten, ein sich Wellen oder Verziehen. Auf gewelltem Papier trocknet die Farbe langsamer, und es bilden sich ungewollte Farbpfützen. Dünnes Papier bis 150 g sollte auf jeden Fall aufgezogen werden, vor allem dann, wenn man mehrere Lavierungen anlegen möchte oder naß in naß arbeitet. Das Papier in Aquarellblöcken ist meist dick genug, um mehrere Lavierungen zu „überstehen".

1 Rauh

2 Weißes Aquarellpapier, kalt gepreßt, 300 g

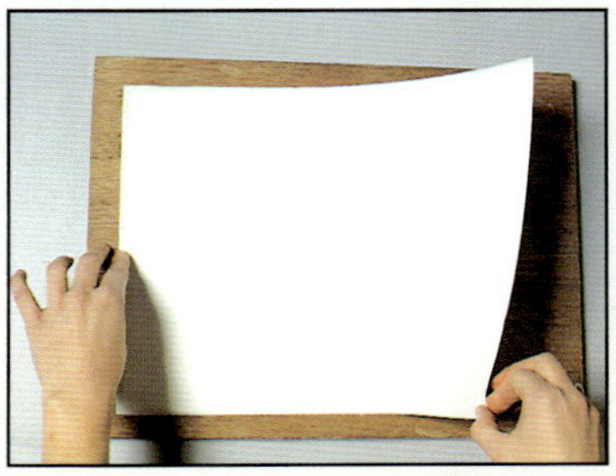

1 Tauchen Sie das Papier für einige Minuten in Wasser ein. Nehmen Sie es dann heraus, lassen Sie das überschüssige Wasser abtropfen, und legen Sie es auf das Malbrett.

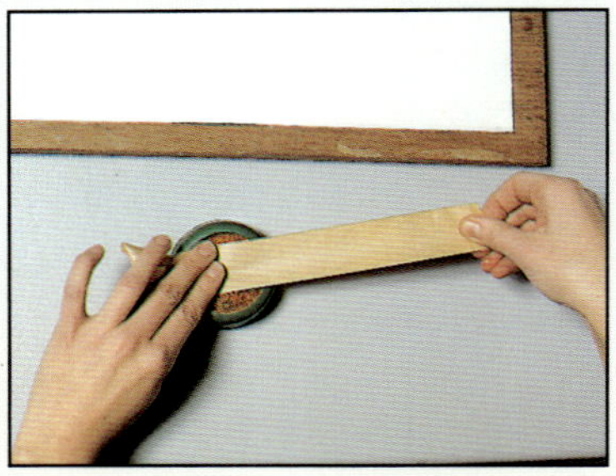

2 Schneiden Sie vier Streifen gummiertes Klebeband zurecht, und befeuchten Sie es gut mit einem Schwamm. Es sollte eine Breite von 2,5 cm für ein Bild mittlerer Größe und 5 cm für ein größeres Format aufweisen.

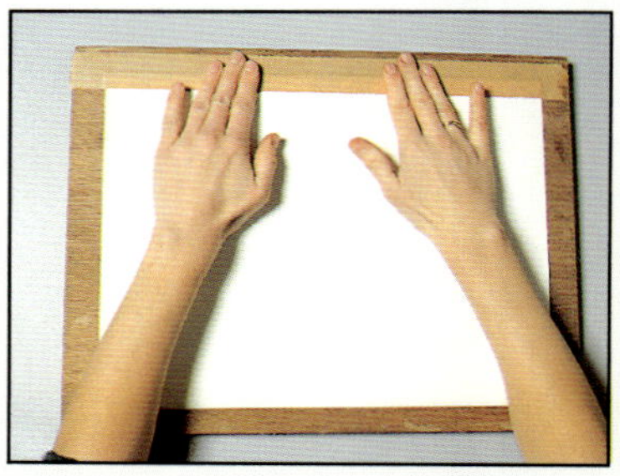

3 Legen Sie die vier Streifen jeweils über die Ränder des Papiers, und streichen Sie sie fest auf der Unterlage an.

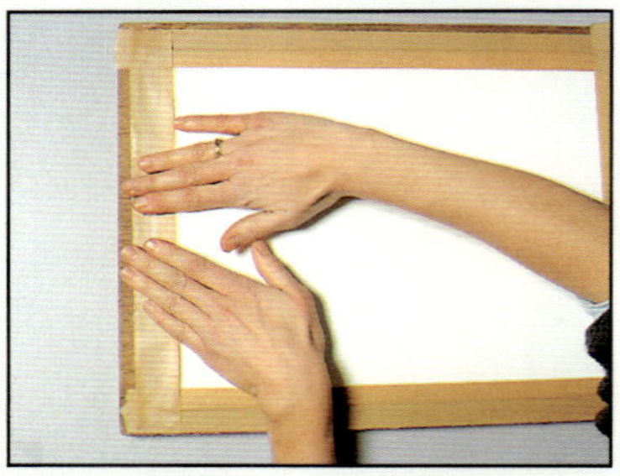

4 Nachdem Sie alle vier Streifen befestigt haben, lassen Sie alles gut trocknen. Auch wenn sich das Papier anfänglich etwas wellt, wird es sich beim Trocknen vollkommen glattziehen.

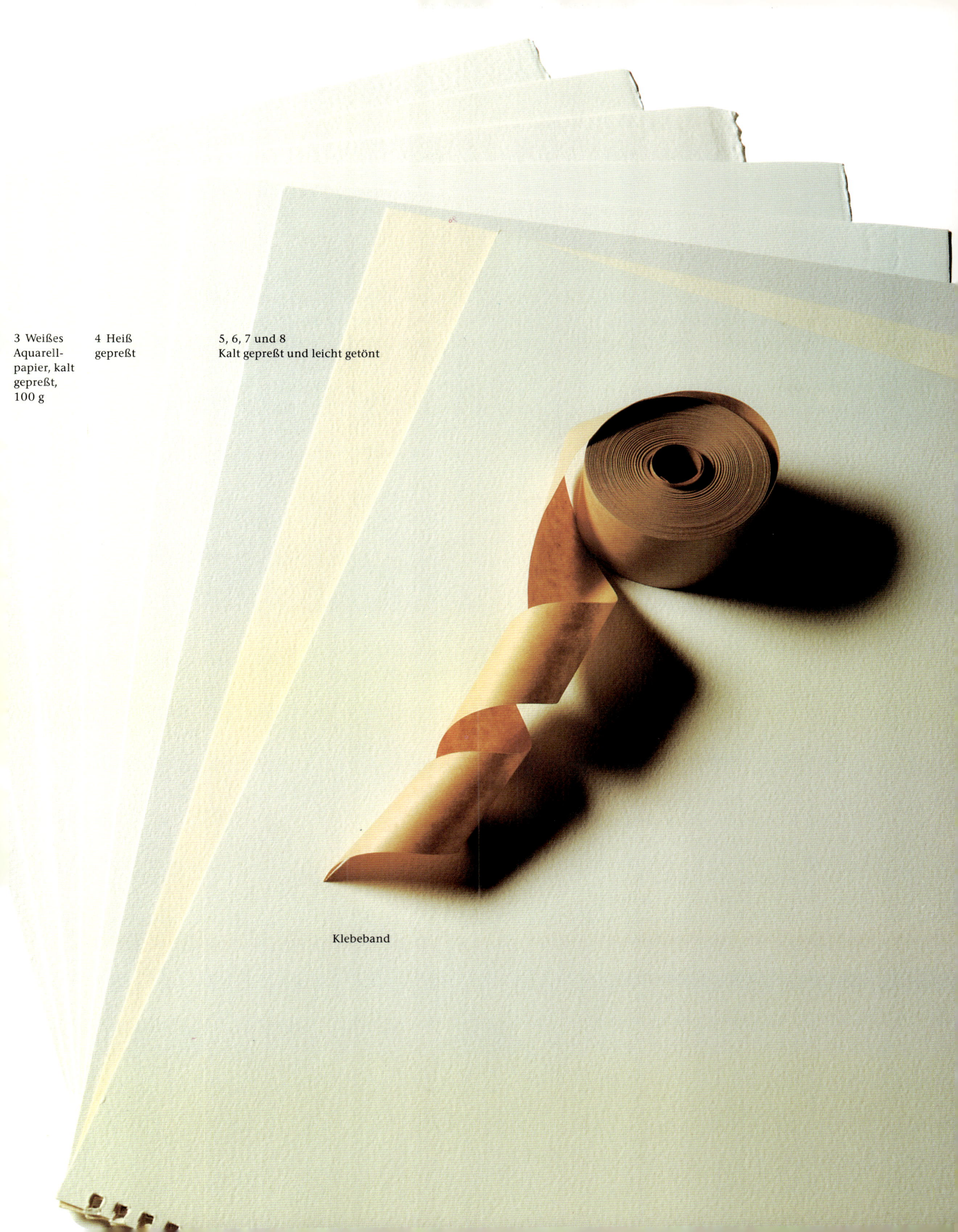
3 Weißes Aquarell- papier, kalt gepreßt, 100 g
4 Heiß gepreßt
5, 6, 7 und 8
Kalt gepreßt und leicht getönt
Klebeband

Wie man Farben mischt

Der erste Schritt beim Malen ist es, Farben zu mischen. Dazu muß man die Farben des Motivs erfassen und sie in die Malfarben umsetzen. Natürlich ist der Himmel blau und das Gras grün, aber welches Blau und welches Grün aus dem Malkasten entspricht den Farben der Natur? Und welche Farben müssen zum Mischen hinzukommen, um alle Farbnuancen des Motivs wiedergeben zu können?

Primäre und sekundäre Farben

Rot, Blau und Gelb nennt man Primärfarben, weil sie nicht aus der Mischung von anderen Farben entstehen können. Mischt man diese Primärfarben, so entstehen die Sekundärfarben: Grün entsteht aus Blau und Gelb, Violett aus Blau und Rot, Orange aus Rot und Gelb. Die Primärfarben sind jedoch im Tonwert nicht eindeutig festlegbar. Auf der Palette für Anfänger unten sehen Sie zum Beispiel, daß hier drei verschiedene Blautöne und zwei verschiedene Gelb angegeben sind. Bevor man Sekundärfarben ausmischt, sollte man bedenken, daß Farben unterschiedliche Temperaturen besitzen (warm bei höherem Rot- oder Gelbanteil, kalt bei höherem Blauanteil). Von den beiden Rottönen auf der Anfängerpalette ist zum Beispiel das Kadmiumrot lebhaft und warm, es neigt zu Gelb, während das Krapplack bläulich und kühler wirkt, es neigt zu Blau. Um leuchtende Sekundärfarben zu erhalten, benötigt man zwei Ausgangsfarben mit Farbtemperaturen, die nahe beieinander liegen. Aus Ultramarin, das rötlich und warm wirkt, und Krapplack, einem kühlen bläulichem Rot, entsteht demnach ein schönes leuchtendes Violett. Weniger leuchtend ist ein Violett aus Preußischblau (ein kühler Blauton) und Kadmiumrot (einem warmen Rot). Um gedämpfte Sekundärfarben zu mischen, muß man also Ausgangsfarben wählen, deren Farbtemperatur entgegengesetzt ist.

Leuchtende Farbtöne ausmischen
Die hier gezeigten Farbmischungen wurden aus je zwei Primärfarben geschaffen, die in ihrer Farbtemperatur nahe beieinander liegen. Die daraus entstandenen Farbtöne erscheinen mit Ausnahme des Olivgrün leuchtend und intensiv.

Gedämpfte Farbtöne ausmischen
Hier wurden Farben ausgemischt, deren Farbtemperaturen weit auseinander liegen. Daraus sind gedämpfte Farbtöne entstanden.

Braun- und Grautöne ausmischen
Verschiedene Mischungen der drei Primärfarben miteinander ergeben eine Vielfalt von gebrochenen Tertiärfarben, Braun- und Grautönen sowie gedämpften Grüntönen. Die Mengenanteile der beteiligten Farben müssen von dem gewünschten Farbton und der Intensität der Ausgangsfarben abhängig gemacht werden.

Eine Palette für den Anfänger

Gerade für den Anfänger ist die enorme Vielfalt der angebotenen Farbsortimente des Fachhandels verwirrend. Welche Farben soll man auswählen, welche braucht man? Tatsächlich benötigt man nur sehr wenige Farben, aus denen sich dann alle weiteren Farbtöne mischen lassen. Die hier vorgeschlagene Palette enthält zwölf Farben und ist damit schon relativ umfangreich. Einige große Aquarellmaler der Vergangenheit verwendeten teilweise nur drei oder vier Farben.

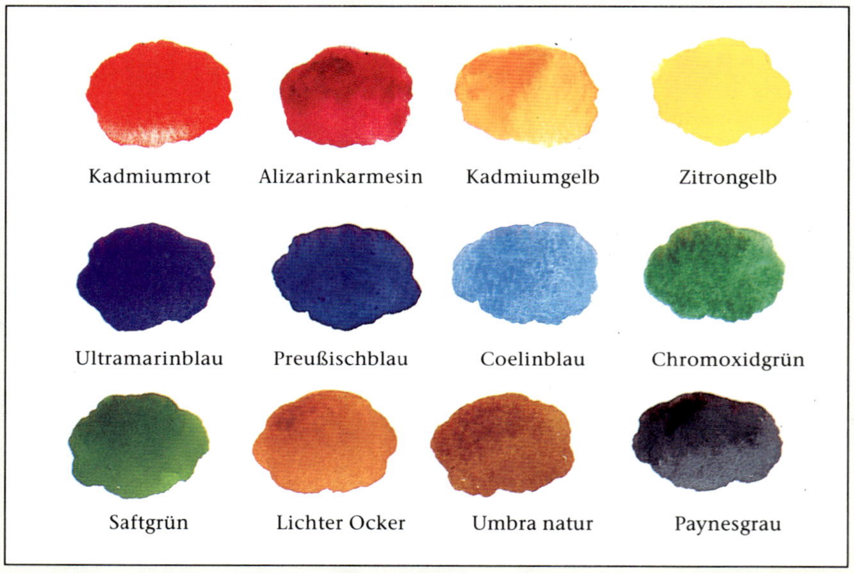

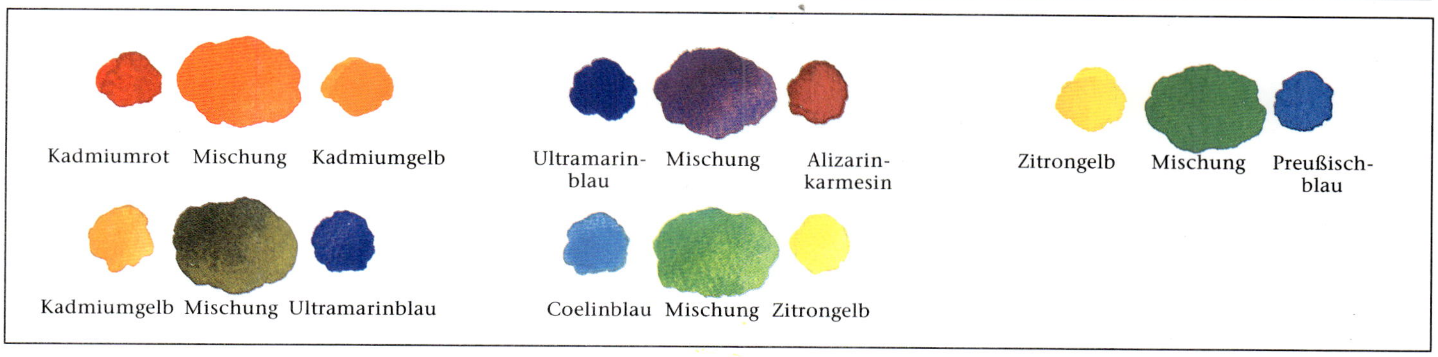

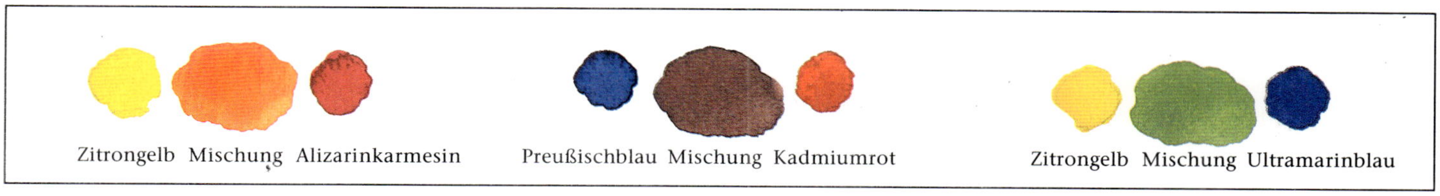

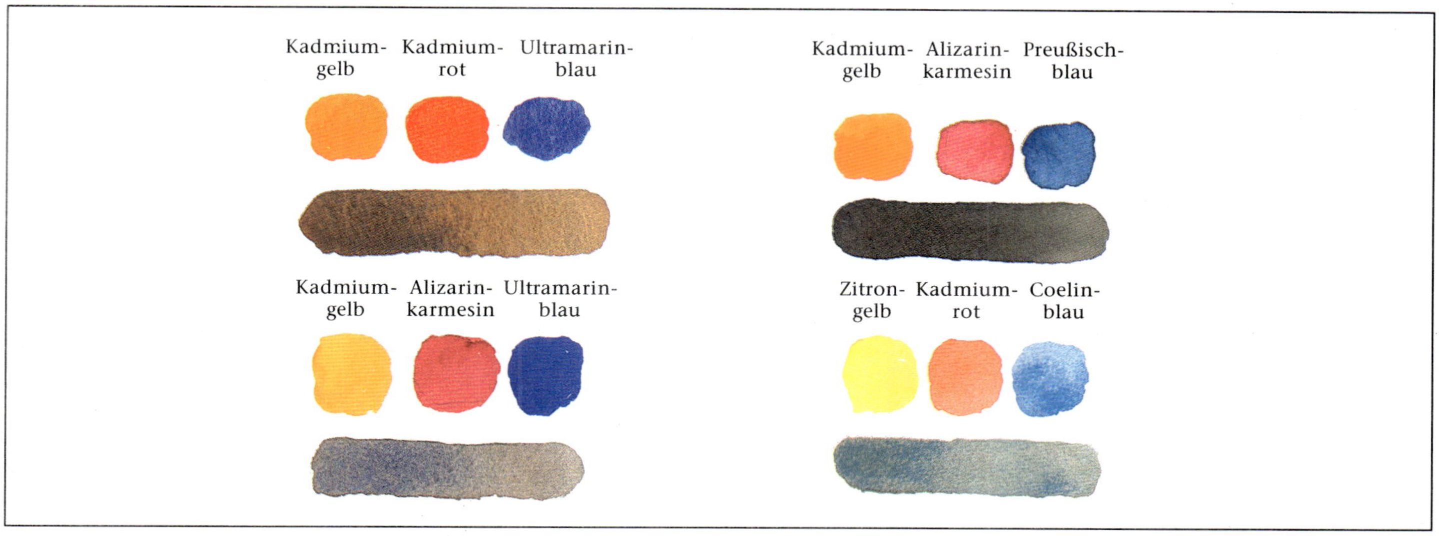

Tertiäre Farben

Eine Sekundärfarbe ist eine Mischung aus zwei Primärfarben. Wird nun noch eine dritte Primärfarbe hinzugefügt, entsteht eine tertiäre Farbe. Dies sind neutrale Farbtöne, Braun- und Beigetöne oder „farbige Graus", die gerade in der Aquarellmalerei eine besondere Rolle spielen. Für diese Farbmischungen gibt es keine festen Regeln. Die einfachste Methode, vielfältige Farbabstufungen zu erhalten, besteht darin, drei Primärfarben in jeweils unterschiedlichen Mengenanteilen zusammenzumischen.

Warum muß man überhaupt mischen?

In Anbetracht der großen Vielfalt an Aquarellfarben im Fachhandel, wird man sich vielleicht fragen, warum man überhaupt sekundäre und tertiäre Farbtöne ausmischen muß. Aber selbst wenn man das gesamte Farbspektrum eines Herstellers kaufen würde, hätte man dennoch nur selten genau die Farben, die man für ein bestimmtes Motiv braucht. Zudem kann man ausgemischte Farben viel genauer auf das Motiv abstimmen.

Empfehlenswert ist eine kleine Grundpalette: Für Anfänger sollten darin zwei Sekundärfarben (zwei Grüntöne) und zwei Tertiärfarben (Umbra natur und Paynesgrau) enthalten sein, mit denen man entweder weitere Farbtöne ausmischen oder die man auch ungemischt im Bild verwenden kann. Man sollte jedoch das Farbenmischen immer wieder üben und ähnliche Farbtabellen, wie hier gezeigt, anlegen, um eigene Erfahrungen zu sammeln.

Übung

Ein Bild in sechs Grundfarben

Wenn Sie für ein Motiv eine Farbtabelle erstellen, wie sie auf den vorangegangenen Seiten gezeigt wurden, können Sie die vorhandenen Farbbeziehungen leicht nachvollziehen. Diese Übung soll zeigen, wie man aus nur sechs Grundfarben, nämlich zwei Rottönen, drei Blautönen und drei Gelbtönen, alle für dieses Stilleben nötigen Mischfarben herstellen kann.
Wählen Sie ein Motiv, das Ihnen gefällt, aber nicht zu kompliziert ist. Sie können dieses Bild als Vorlage wählen, ein einfaches Stilleben selbst arrangieren oder eine Landschaft nach einem Foto malen. Wichtig ist bei dieser Aufgabe die farbige Umsetzung des Motivs, da Sie die Malfarben nur aus den Grundfarben mischen sollen.

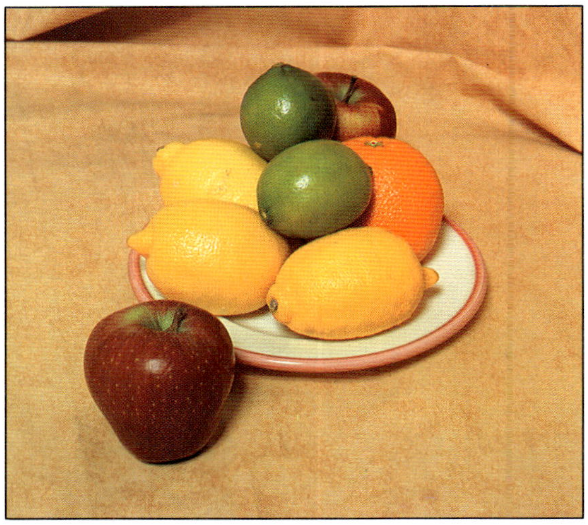

Die hier verwendeten Farben sind Kadmiumrot, Alizarinkarmesin, Kadmiumgelb, Zitrongelb, Ultramarinblau und Preußischblau.

1 *Nach einer leichten Pinselvorzeichnung in Gelb wird der Schatten unterhalb des Tellers angelegt. Dieser warme Farbton aus Kadmiumrot und einigen Tupfen Ultramarinblau und Zitrongelb wird später durch weitere Farbschichten noch verändert werden.*

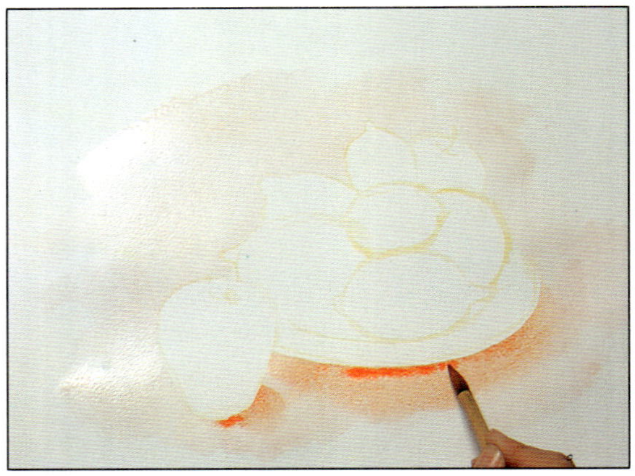

2 *Die Zitronen sind am einfachsten, sie werden mit ungemischten Farbtönen gestaltet. Die helleren Stellen werden mit stark verdünntem Zitrongelb und die dunkleren mit intensivem unverdünnten Kadmiumgelb gemalt. Schatten werden später angelegt.*

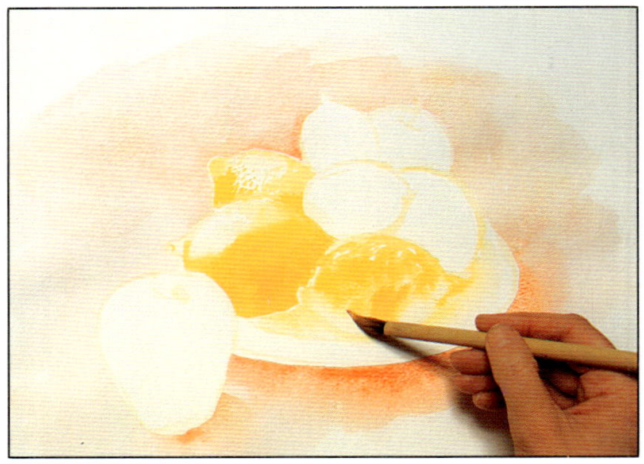

3 *Der Mengenanteil Wasser zur Farbe ist hier entscheidend. Das helle Rosa auf dem Apfel oben wird mit stark verdünntem Alizarinkarmesin gemalt. Daneben liegt eine etwas intensivere Lavierung der gleichen Farbe, während die unverdünnte Farbe für die dunkle Fläche des Apfels genommen wird. Mit etwas Blau wird das Rot im Schattenbereich ein wenig abgedunkelt.*

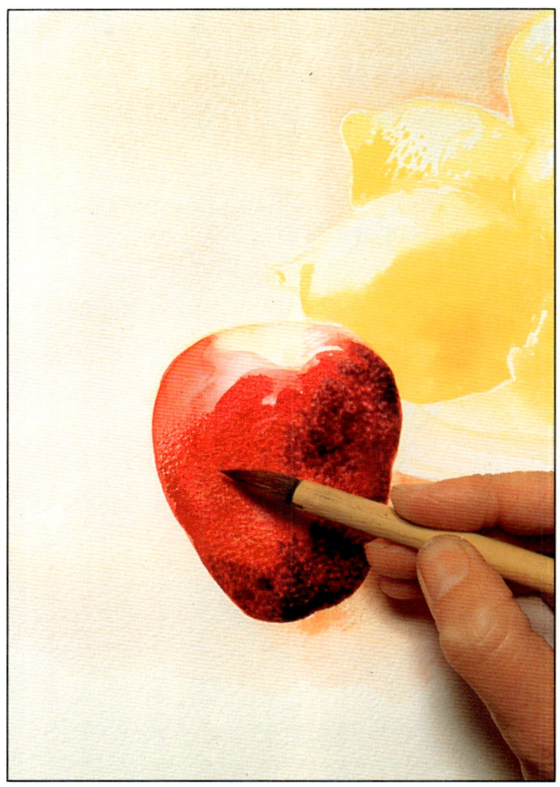

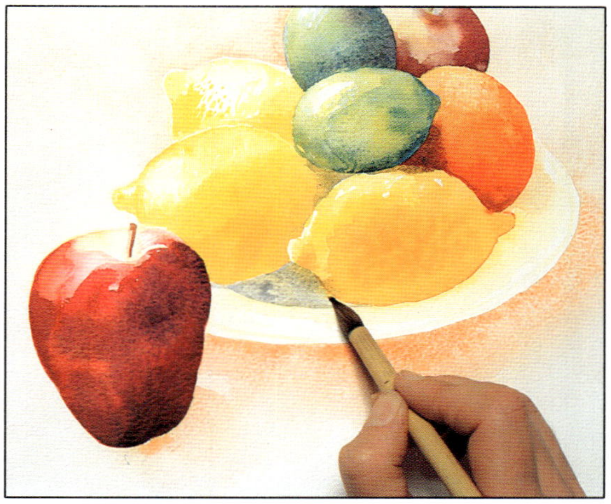

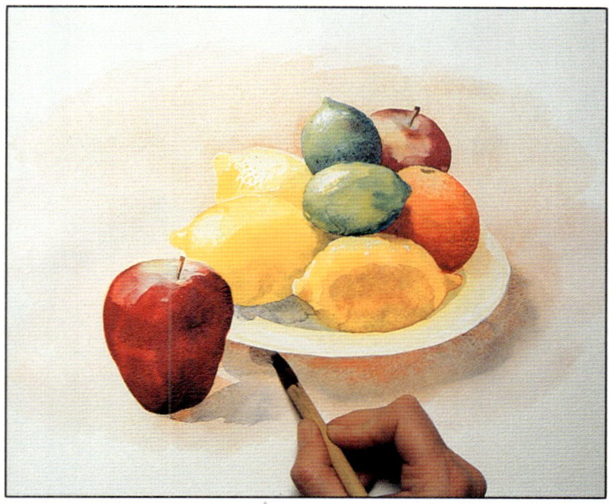

4 *Das Grau des Tellers wird aus Ultramarinblau mit einigen Tupfen Zitrongelb und Alizarinkarmesin gemischt. Die Limonen werden vorwiegend mit Zitrongelb und Preußischblau gestaltet. Die mit leichten Lavierungen von Ultramarinblau angelegten Schatten werden naß in naß eingetragen, damit sie mit den Grüntönen verschmelzen können.*

5 *Mit dem gleichen Grau, das für den Teller verwendet wurde, wird nun über den kräftigen Rosaton des Schattens gemalt, der im ersten Schritt angelegt wurde. Im Aquarell werden Farben nicht nur auf der Palette gemischt, sondern auch durch Überlagern verschiedener Farbschichten auf dem Papier.*

6 ▼ *Letzte Tupfen werden zugefügt, um die schattige Seite der Zitrone mit einer gut verdünnten Mischung aus Ultramarinblau, Zitrongelb und Kadmiumrot abzudunkeln. Mit der gleichen Mischung werden die Schatten der anderen Früchte angelegt. Mehr als drei Farben sollte man allerdings nicht zusammenmischen, da man sonst schmutzige Farbtöne erhält. Die hier gezeigten Farbmischungen bestehen größtenteils aus lediglich zwei Farben.*

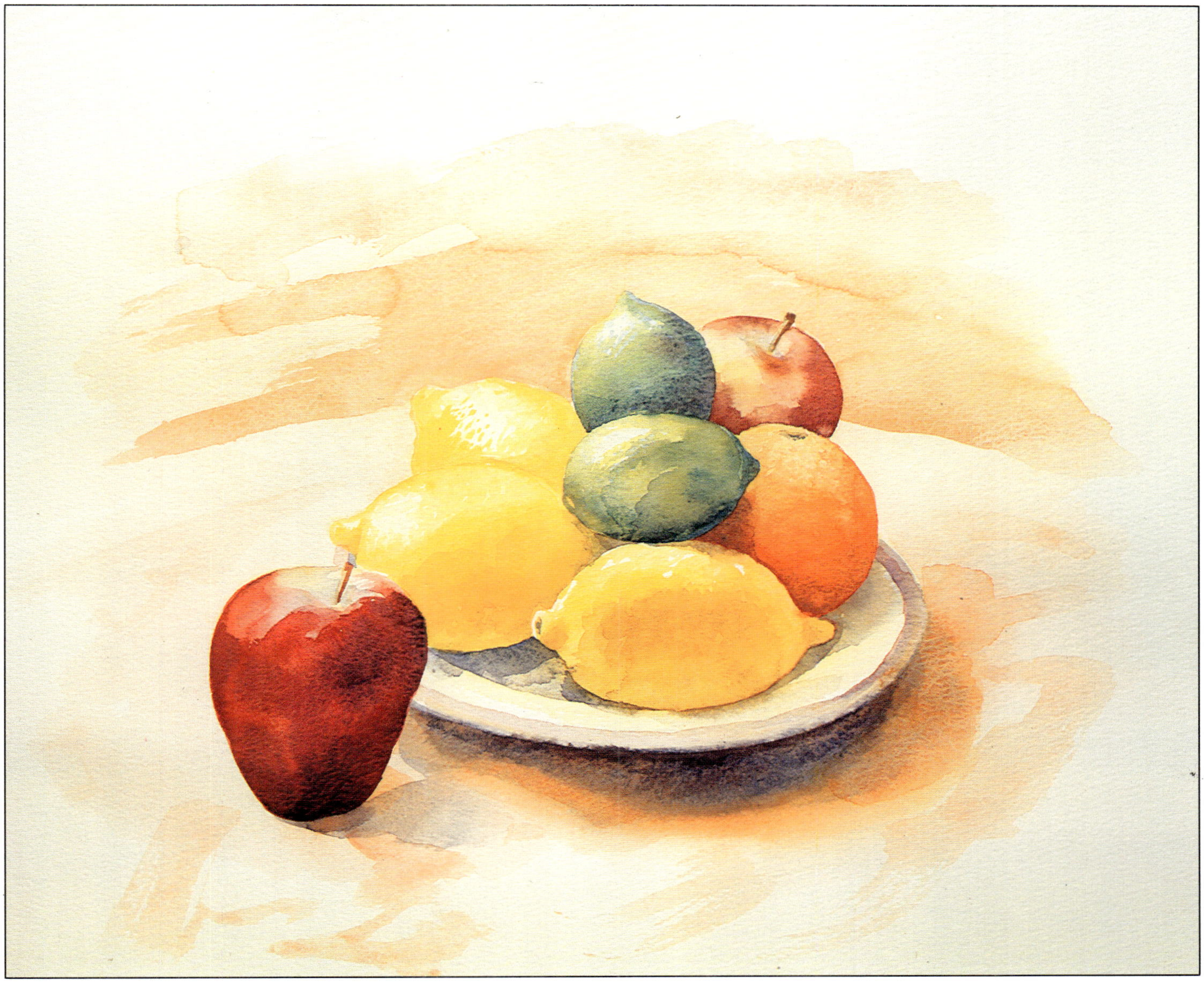

Lavierungen anlegen

Die wichtigste Technik der Aquarellmalerei ist das Arbeiten mit Lavierungen. Eine Lavierung kann einfarbig und gleichmäßig sein oder von Hell nach Dunkel abgestuft werden. Je nach Motiv kann man auf einem trockenen oder auf einem feuchten Malgrund arbeiten oder eine Lavierung über eine bereits getrocknete Farbschicht anlegen.

Farbe für eine Lavierung ausmischen

Lavierungen müssen rasch angelegt werden, damit keine scharfen Ränder entstehen können. Man darf diese Arbeit nicht unterbrechen, um zum Beispiel neue Farbe anzumischen. Deshalb sollte man immer ausreichend Farbe vorbereitet haben. Lavierungen benötigen relativ viel Wasser. Dabei sollte die Farbe dem Wasser zugefügt werden, nicht umgekehrt. Nehmen Sie jedoch am Anfang nicht zuviel Wasser. Schütten Sie zunächst nur eine kleine Menge auf einen Untersetzer oder in die Vertiefung Ihrer Palette. Dann nehmen Sie etwas Farbe mit einem feuchten Pinsel auf und verrühren sie im Wasser. Wenn die Mischung noch zu hell aussieht, fügen Sie mehr Farbe hinzu, falls sie zu dunkel wirkt, geben Sie mehr Wasser hinzu. Rühren Sie die Mischung immer gründlich um, damit die Pigmentpartikel gut verteilt werden und keine Farbe mehr am Pinsel hängen bleibt. Sonst ergeben sich beim Anlegen der Lavierung unschöne Streifen. Bevor Sie die Lavierung anlegen, sollten Sie eine Farbprobe auf einem Stück Papier machen und trocknen lassen. Aquarellfarbe trocknet nämlich

▼ David Curtis
Segelboote
Der klare, helle Himmel hinter den Booten wurde mit einer gleichmäßigen Lavierung gestaltet.

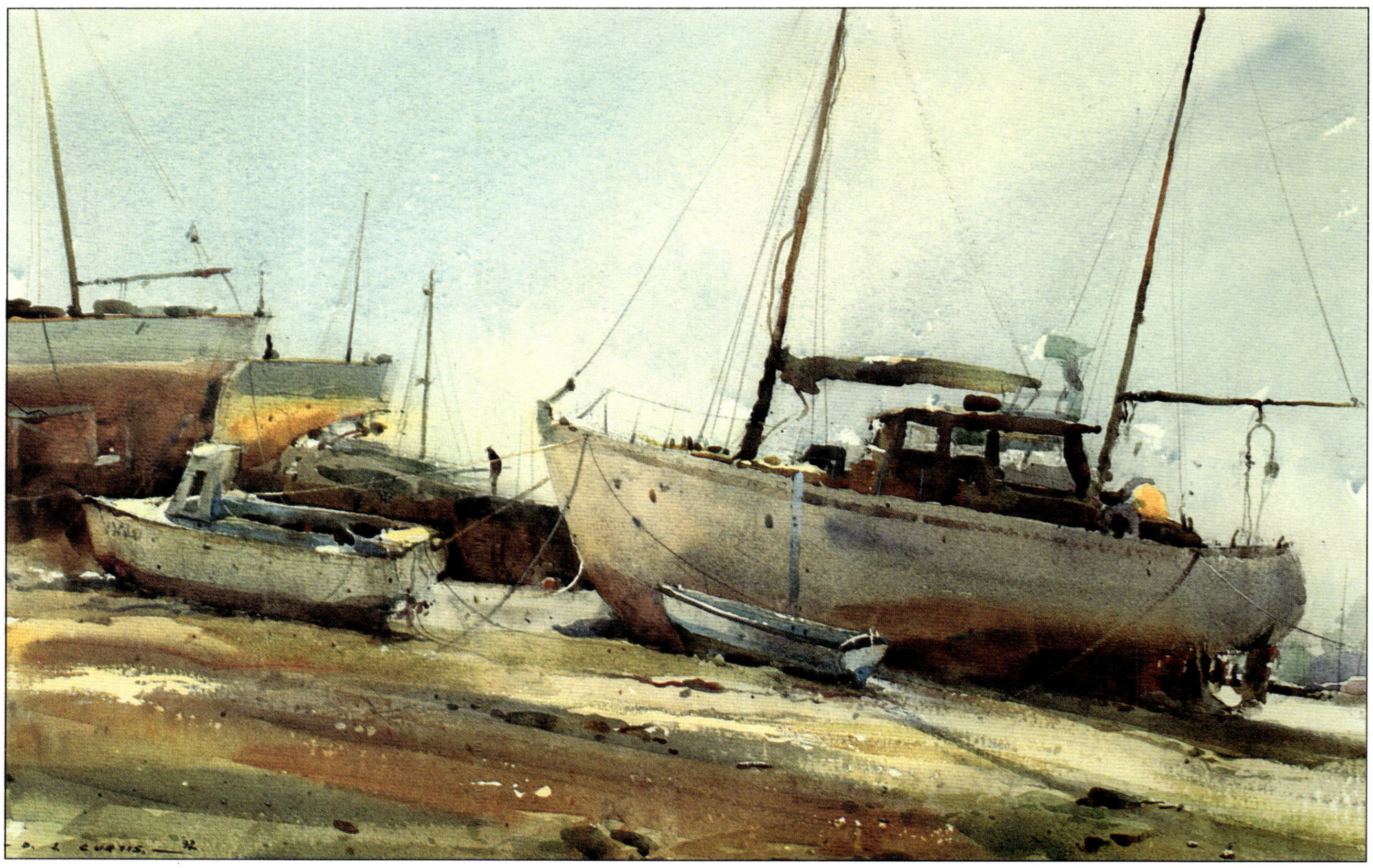

Lavierung auf trockenem Papier

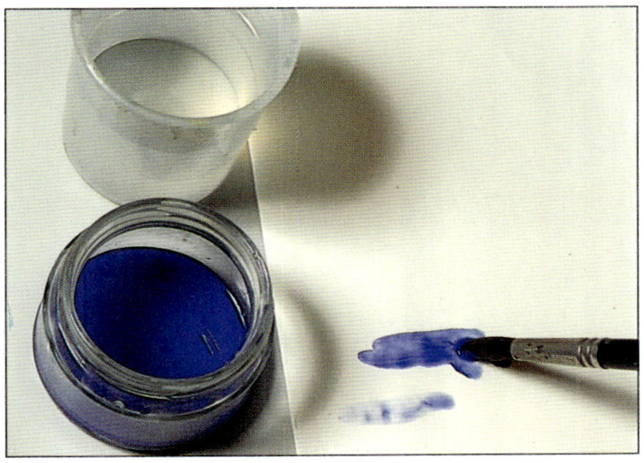

1 *Für diese Lavierung wurde relativ viel Farbe in einem Glas ausgemischt, da eine große Fläche bearbeitet werden soll. Aquarellfarbe hellt sich beim Trocknen auf. Testen Sie also vorher die Wirkung auf einem Stück Papier.*

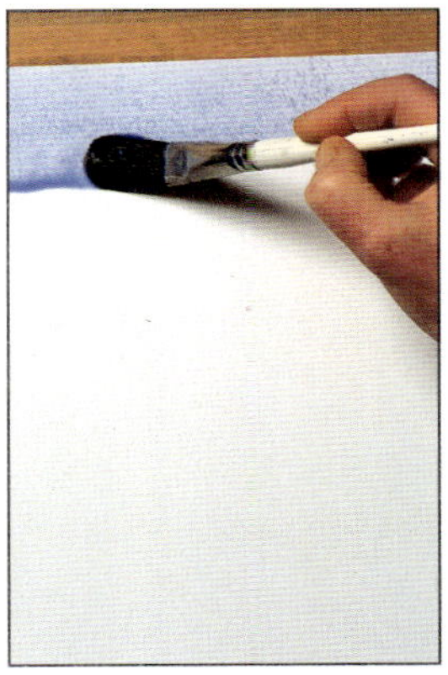

2 *Das Malbrett, auf dem das Papier befestigt worden ist, wird in einen leichten Winkel gestellt. Die Pinselführung sollte leicht und gleichmäßig von einer Seite zur anderen erfolgen.*

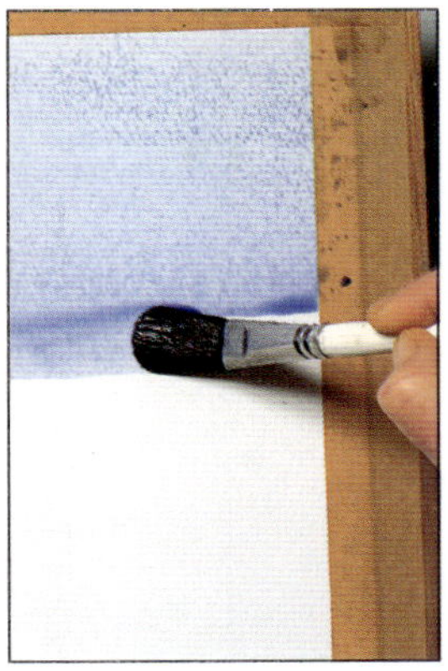

3 *Mehrere Farbstreifen sind nun untereinander gesetzt worden. Die Neigung des Bretts läßt die Streifen zusammenfließen, so daß keine Grenzlinien stehenbleiben.*

heller auf, und es ergibt sich vielleicht nicht der Farbton, den man erwartet hat.

Eine Lavierung anlegen

Was für Pinsel man für eine Lavierung verwendet, ist eine Frage der persönlichen Vorliebe. Einige Künstler wählen einen großen Rundpinsel, andere ziehen einen Flachpinsel vor, und wieder andere greifen lieber zu einem Schwamm. Die Methode bleibt jedoch immer dieselbe. Das Papier sollte zunächst auf ein Malbrett aufgezogen werden. Das Malbrett wird leicht angewinkelt gehalten und der Pinsel oder der Schwamm dann von einer Seite zur anderen über das Papier geführt. Sobald ein Streifen Farbe angelegt ist, wird mit dem Pinsel neue Farbe aufgenommen und der nächste Streifen darunter gelegt, so daß sich beide leicht überlappen und ineinander verlaufen. Dieser Prozeß wird solange wiederholt, bis die ganze Fläche mit Farbe bedeckt ist.
Durch die leichte Neigung des Bretts verläuft die Farbe nach unten, so daß sich die Farblinien miteinander vermischen. Man kann das Papier auch vorher anfeuchten, um die Farbe noch besser verfließen zu lassen und störende Linien zwischen den Streifen ganz zu vermeiden. Sie sollten beide Methoden einmal ausprobieren, um zu sehen, welche Ihnen mehr zusagt.

Lavierung auf feuchtem Papier

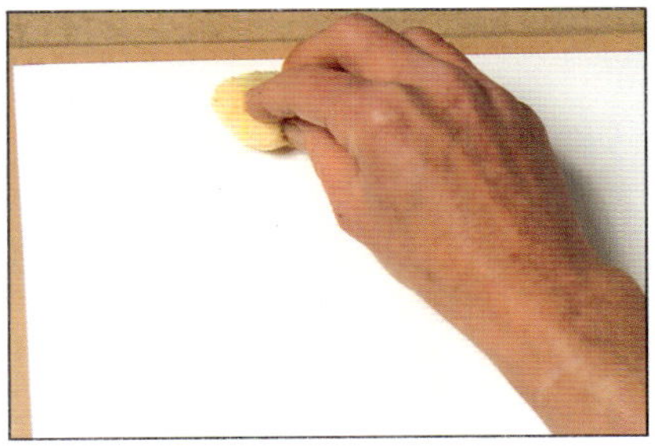

1 *Das Papier wird zuerst mit einem kleinen Naturschwamm, der in jede Aquarellgrundausrüstung gehört, ganz angefeuchtet.*

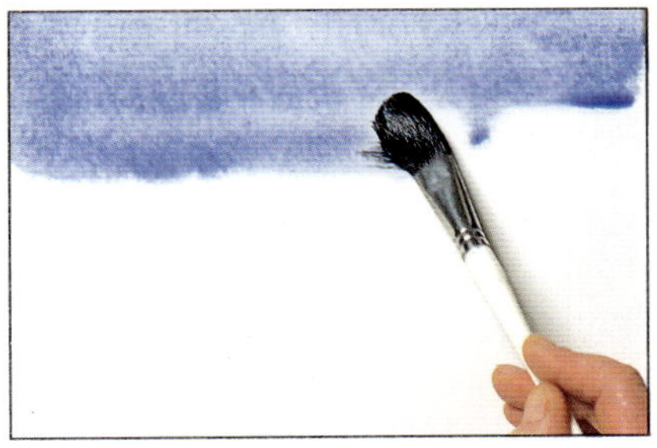

2 *Der beim Auftragen entstehende Farbverlauf kann zunächst sehr ungleichmäßig wirken, trocknet aber völlig gleichmäßig auf.*

Eine Lavierung mit einem Schwamm anlegen

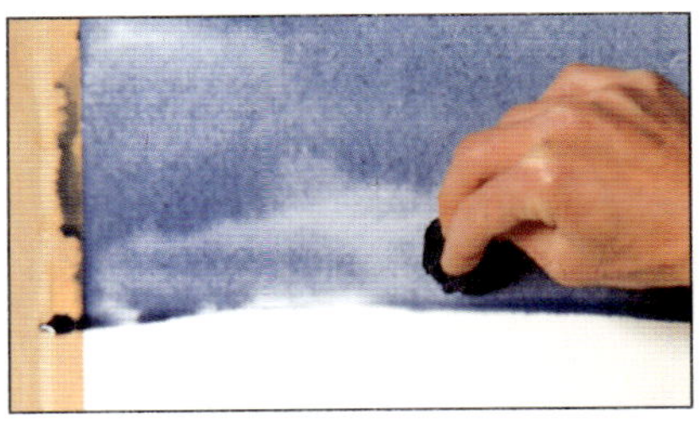

1 *Diesmal wird die Lavierung mit einem Schwamm auf dem wiederum angefeuchteten Papier aufgetragen. Am Anfang glaubt man kaum, daß die Lavierung gleichmäßig trocknen wird.*

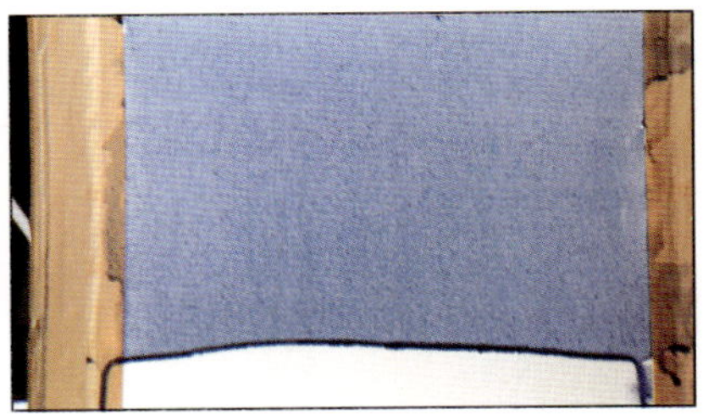

2 *Aber sie tut es. Da das Papier angefeuchtet wurde, sind die Farbstriche zusammengeflossen und alle unregelmäßigen Stellen verschwunden.*

Eine abgestufte Lavierung anlegen

1 Zuerst wird ein Streifen sehr kräftiger Farbe aufgestrichen. Bei jedem nachfolgenden Auftrag wird der Pinsel zuerst in Wasser und dann in die Farbmischung getaucht.

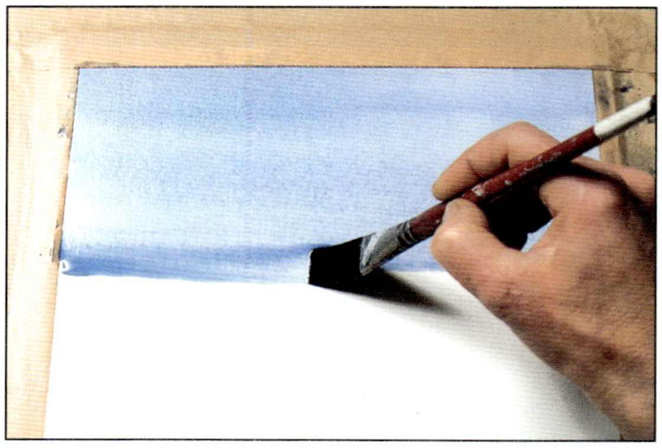

2 Gerade für die Landschaftsmalerei ist diese Methode der Lavierung besonders geeignet, vor allem für einen Himmel, der unten meist etwas heller ist als oben.

Eine mehrfarbige Lavierung anlegen

1 Die zwei ausgewählten Farben werden getrennt ausgemischt. Beim Auftrag berührt das Grün das Blau darüber, so daß beide Farben leicht ineinander verlaufen.

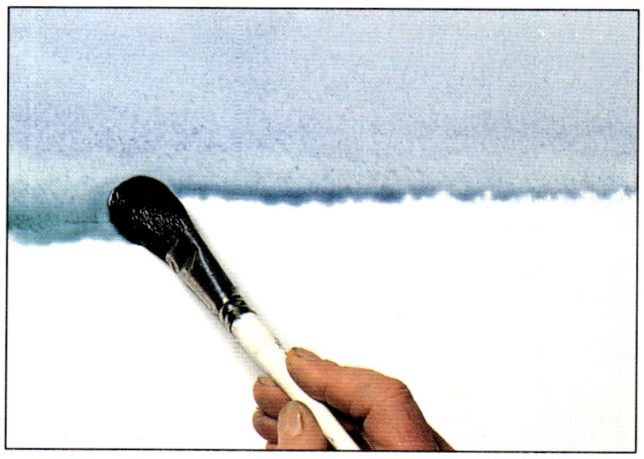

2 In diesem Beispiel wird das Brett gerade gehalten und das Papier nur leicht angefeuchtet, denn die Farben sollen nur sanft ineinander verfließen.

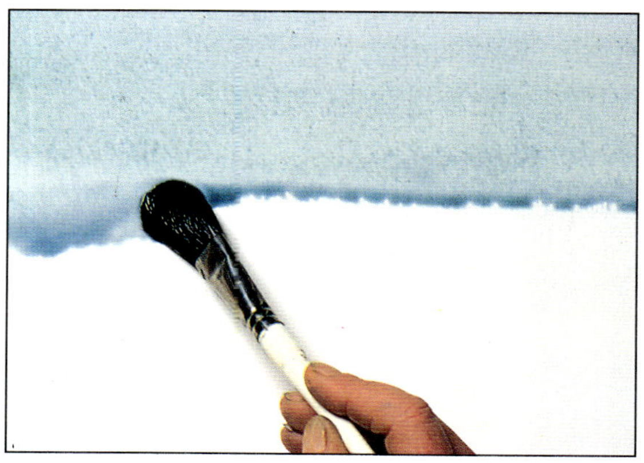

Abgestufte Lavierungen

Ein Himmel sieht oben immer etwas dunkler aus als unten. Um Himmelsflächen überzeugend wiedergeben zu können, muß man daher eine abgestufte Lavierung anlegen. Dies ist etwas schwieriger als ein gleichmäßiger Farbverlauf. Die Farbe muß sehr sorgfältig aufgehellt oder abgedunkelt werden, damit keine Streifen entstehen. Es gibt grundsätzlich zwei Möglichkeiten: Man kann von Hell nach Dunkel arbeiten und dem Wasser immer mehr Farbe hinzufügen. Einfacher ist es aber, mit dem intensivsten Farbton zu beginnen und der Farbmischung langsam immer mehr Wasser hinzuzugeben. Wenn die Lavierung dabei nach unten hin dunkler werden soll, dreht man das Malbrett einfach um.

Vor jedem neuen Farbauftrag muß der Pinsel in Wasser getaucht werden, damit die Lavierung gleichmäßig abgeschwächt wird. Man kann den Pinsel auch zweimal in Wasser tauchen oder den zweiten Streifen nur mit Wasser malen, wobei die Farbe der ersten Schicht in diese feuchte Stelle hineinfließt und eine helle Nuance der ursprünglichen Farbe ergibt.

Mehrfarbige Lavierungen

Lavierungen kann man natürlich auch mit mehreren Farben anlegen. Eine Grasfläche in einer Landschaft kann zum Beispiel von Blaugrün zu Gelbgrün variieren. Das Meer zeigt oft schillernde Farb- und Lichtreflexe. In solchen Fällen muß man zunächst alle benötigten Farben ausmischen. Beim Anlegen der Lavierung sollte dann der Pinsel zwischen den einzelnen unterschiedlichen Farbaufträgen unbedingt immer sauber ausgewaschen werden.

Vielfarbige Lavierungen können besser kontrolliert werden, wenn man im Vorfeld alle Farben auf einem Stück Papier getestet hat.

Will man feine Übergänge erzielen, arbeitet man am besten auf einem angefeuchteten Papier. Oft aber sollen diese Lavierungen auch gar nicht gleichmäßig erscheinen. Interessante Muster ergeben sich auch, wenn man weitere Farbtöne in die noch feuchte Lavierung tropft, was jedoch später bei der sogenannten Naß-in-Naß-Technik noch genauer besprochen werden wird.

Schwierige Ränder

Eine Lavierung gleichmäßig auf einer Fläche anzulegen, ist relativ einfach. Was aber, wenn eine Lavierung an einer ganz bestimmten Stelle aufhören soll, wenn man zum Beispiel einen Himmel über einer unregelmäßigen Häuserreihe malen möchte oder um Bäume herum?

Aber auch dies ist viel einfacher, als es zunächst klingt. Wichtig ist vor allem eine gute Vorzeichnung, die genau festlegt, wo die Lavierung aufhören soll. Es gibt zwei Vorgehensweisen, je nachdem ob man lieber auf nassem oder auf trockenem Papier arbeitet. Im ersten Fall wird das Papier mit einem Pinsel sorgfältig entlang der Konturlinie nur an den Stellen befeuchtet, auf der die Lavierung angelegt werden soll. Die dann folgende Lavierung hält genau an den trockenen Stellen an. Will man die Farbe in manchen Bereichen aufhellen, kann man überschüssige Farbe mit einem Löschpapier auftupfen.

Arbeiten Sie auf trockenem Papier, wird die Arbeit auf den Kopf gestellt und die Farbe erst um die vorgezeichneten Konturen herum aufgetragen. Soll die Lavierung nach oben hin dunkler werden, bleibt die Arbeit auch beim Trocknen umgekehrt und etwas angewinkelt stehen, so daß sich die Farbe am Bildrand sammeln kann.

Schwierige Ränder ummalen Methode 1

1 Die Lavierung soll den Himmel, aber nicht die Hügel darunter bedecken. Das Papier wurde daher auch nur in der Himmelszone befeuchtet.

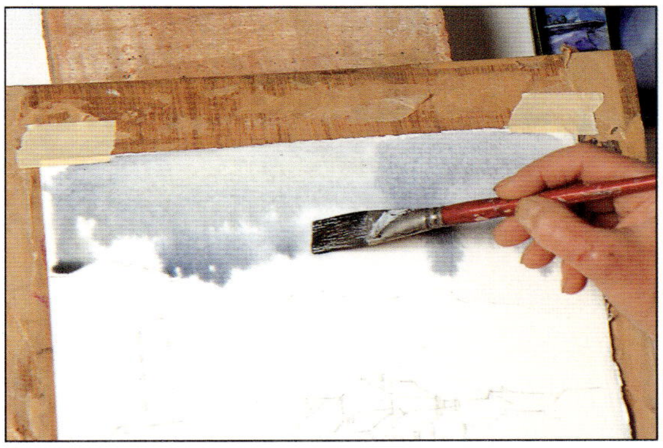

2 Die Lavierung für den Himmel ist vollkommen gleichmäßig eingetrocknet. Nun wird das Papier wieder befeuchtet, und zwar zwischen Himmel und Gebäuden, um in einer mehrfarbigen Lavierung die Hügel anzulegen.

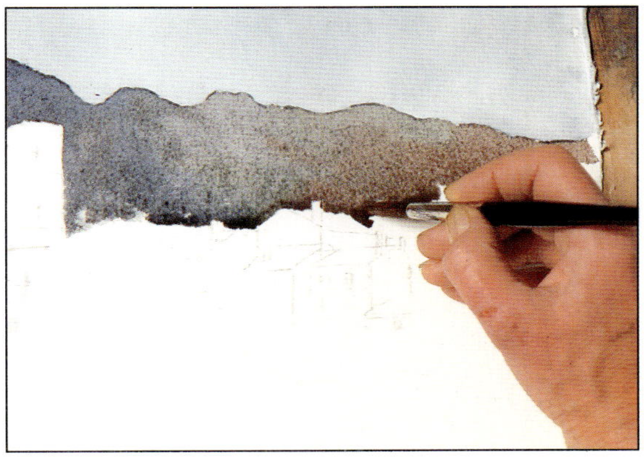

Schwierige Ränder ummalen Methode 2

1 Das Brett wird umgedreht und eine blaue Lavierung an den Dächern entlang eingetragen. Für diese Methode eignet sich am besten ein Rundpinsel mit guter Spitze.

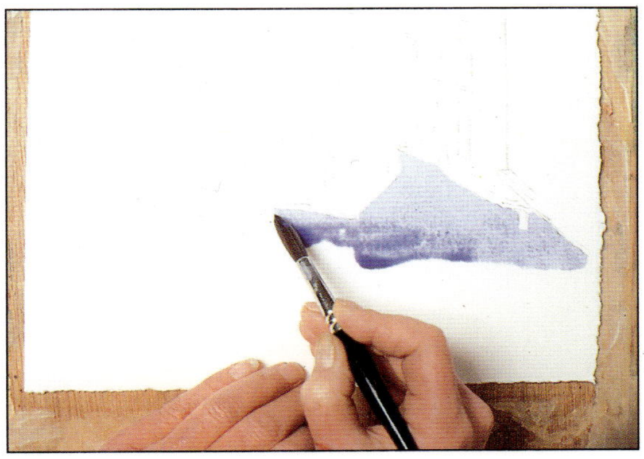

2 Das Brett wird nun etwas angewinkelt, damit die Farbe herunterfließen kann, d. h. dahin, wo später der obere, dunklere Himmelsteil sein wird. In dieser Position muß die Arbeit trocknen.

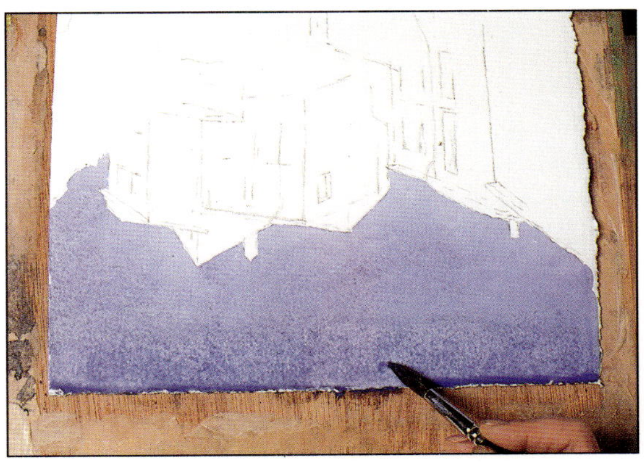

Eine Vorzeichnung machen

Während man bei schnellen Skizzen und Farbstudien frei und spontan arbeiten kann, sollten Sie Ihre Aquarelle genau planen. Eine genaue Vorzeichnung markiert, wo die ersten Lavierungen angelegt und welche Stellen für Lichter ausgespart werden müssen. Denken Sie daran, daß man beim Aquarellieren Fehler nur schwer verbessern kann, und eine gute Vorzeichnung hilft Ihnen, sie von vornherein zu vermeiden. Zwar kostet eine Zeichnung Geduld und Zeit, aber es lohnt sich.

Je länger Sie sich mit dem Aquarellieren beschäftigen werden, desto mehr werden Sie eine detaillierte Vorarbeit zu schätzen wissen. Auch wenn Sie im Freien arbeiten, die Zeit knapp ist und Sie eigentlich bestimmte Lichtverhältnisse ausnutzen wollen, ist es dennoch besser, nicht auf eine Vorzeichnung zu verzichten. Beim Zeichnen ist der Wechsel des Lichts weniger entscheidend, und das Malen sollten Sie dann – auch wenn es schwerfällt – unter Umständen auf einen anderen Tag verschieben. Halten Sie die Zeichnung leicht, und gehen Sie nicht zu sehr ins Detail, da sonst die Bleistiftlinien im Aquarell sichtbar bleiben. Konzentrieren Sie sich ausschließlich auf die Konturen und Umrisse. Radieren Sie nur äußerst sparsam, da manche Papiersorten leicht aufrauhen. Die nachfolgende Lavierung kann an solchen Stellen zu unschönen Flecken zusammenlaufen. Verwenden Sie beim Radieren einen weichen Plastikradierer oder einen Knetgummiradierer, und drücken Sie nicht zu fest auf.

Vorzeichnung in Bleistift

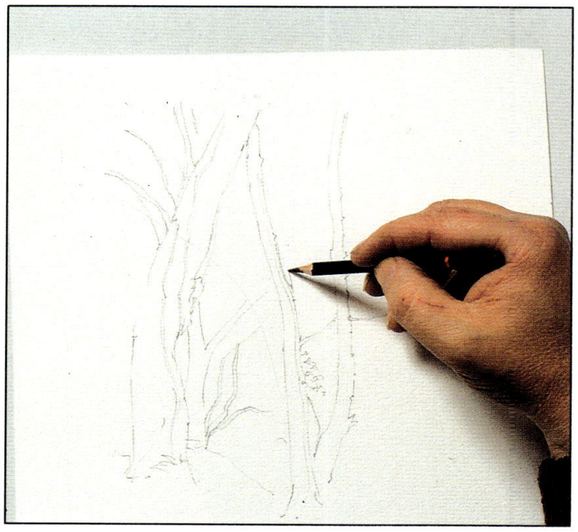

1 Eine Vorzeichnung sollte mit einem weichen Bleistift (2B oder 4B) angelegt werden, da man mit einem harten Stift die Textur des Papiers aufrauhen kann. Harte Linien sind zudem nur schwer auszuradieren.

2 ► Obwohl die Zeichnung lediglich die Konturen festhält, sind die Linien doch kräftig genug, um die Farblavierungen zu leiten, ohne von diesen gleich völlig verdeckt zu werden.

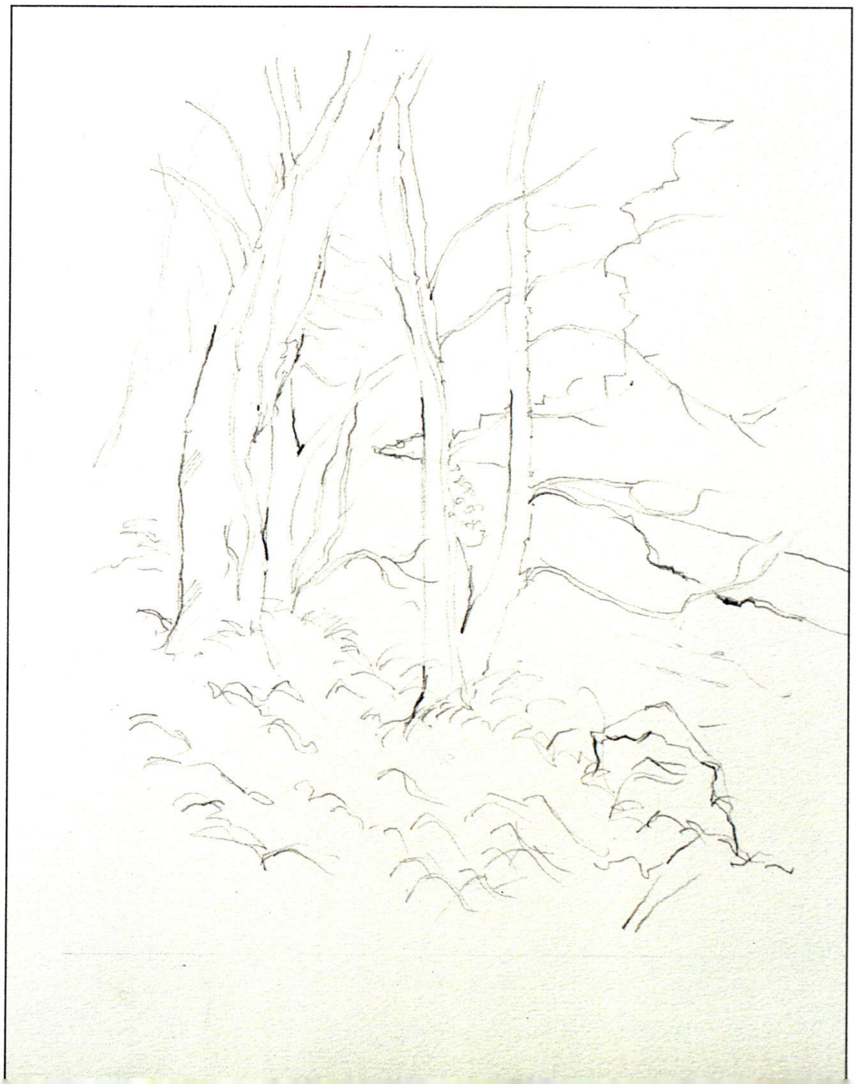

Mit einem Raster arbeiten

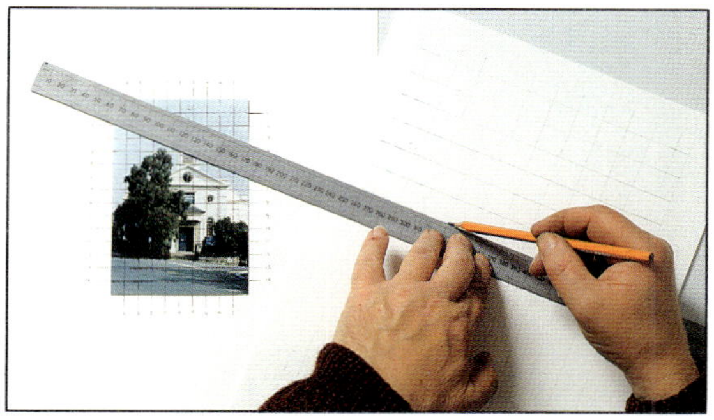

1 *Über das Foto und auf dem Papier wurden Rasternetze gezeichnet. Das Numerieren der Quadrate ist wichtig, da dadurch Fehler beim Übertragen vermieden werden.*

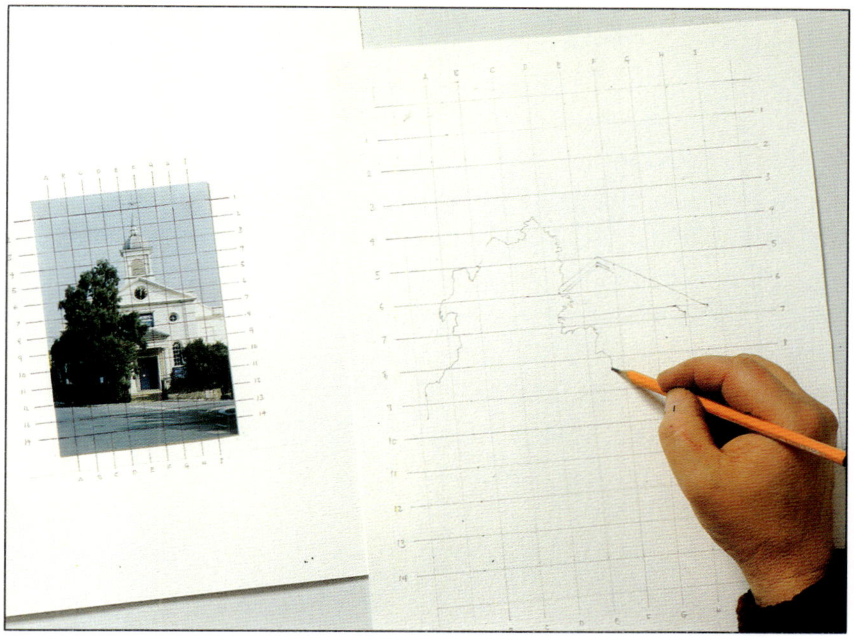

2 ▶ *Nun wird das Motiv Quadrat für Quadrat abgezeichnet, wobei man genau darauf achten muß, wo eine Linie das Raster überschneidet.*

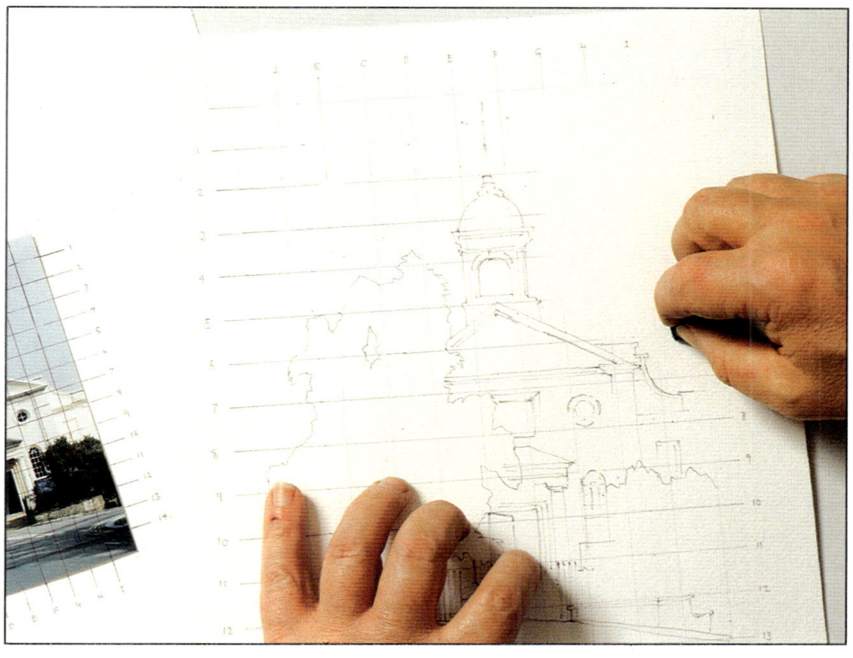

3 *Anschließend werden die Rasterlinien vor allem bei helleren Partien des Bildes ausradiert, da sie sonst durch die Lavierungen durchscheinen würden. Dabei verwendet man am besten einen Knetgummiradierer, der das Papier nicht aufrauht.*

Falls Sie als Vorlage ein Foto verwenden, können Sie das Motiv vergrößern und mit Hilfe eines Rasters auf die Bildfläche übertragen. Mit einem Lineal werden dabei Quadrate über das Foto gezeichnet und ebenso, entsprechend größer, auch auf das Arbeitspapier. Die Größe der einzelnen Quadrate kann man genau berechnen. Falls zum Beispiel ein Rasterquadrat auf dem Foto 1,3 cm mißt und das auf dem Papier 2,5 cm, wird die Zeichnung etwa zweimal so groß wie die Fotovorlage werden. Wenn die Raster aufgezeichnet worden sind, überträgt man Quadrat für Quadrat alle Details des Motivs vom Foto auf die Arbeitsfläche, wobei man genau aufpassen muß, an welcher Stelle eine Linie das Raster kreuzt. Die Mühe lohnt sich, gerade zum Beispiel bei komplizierten architektonischen Motiven, bei denen jeder Winkel von großer Bedeutung für die Komposition ist. Und für das Auge ist es viel einfacher, genaue Winkel im Vergleich zu einem rechtwinkligen Rasternetz abzuschätzen.

Nass auf trocken arbeiten

Da Aquarellfarben transparent sind, werden die Farbtöne in der Regel in mehreren Schichten von Hell nach Dunkel aufgebaut. Ganz selten läßt sich eine dunkle kräftige Farbe auf Anhieb durch einen einzigen Farbauftrag erzielen, und in den meisten Fällen werden die Farben mit Wasser verdünnt, so daß das Weiß des Papiers durchscheint. Daher muß man dunkle Farben durch Überlagern mehrerer Lavierungen aufbauen, eine klassische Aquarelltechnik, die man auch mit dem Begriff „naß auf trocken" umschreibt, da jede Farbschicht vollkommen durchtrocknen muß, bevor die nächste darübergelegt werden kann. Beim Trocknen der Lavierung bleiben klare Ränder stehen, wodurch die für die Naß-auf-Trocken-Technik charakteristischen scharfkantigen Formen entstehen.

Achten Sie jedoch darauf, nicht zu viele Schichten übereinanderzulegen: Im allgemeinen gilt die Regel, nicht mehr als drei Farben zu verwenden, da sonst die Farbtöne grau und unklar werden. Wichtig ist es, schon vor dem Malen eine klare Konzeption über die Farbgebung auszuarbeiten und sich über die Wirkung einzelner übereinandergesetzter Töne klar zu werden. Überlagerte Lavierungen sollten aber auch dann noch immer auf relativ kleine Stellen im Bild beschränkt bleiben.

Vor dem Farbauftrag müssen auch die Lichthöhungen genau geplant werden. Weiße Stellen werden im Aquarell meist ausgespart, und das Weiß des Papiers ersetzt dann die Verwendung weißer Farbe.

Lichter müssen selbstverständlich nicht immer ganz weiß sein. Auch zunächst leicht getönte Flächen können von weiteren Farbschichten ausgespart werden. Natürlich kann man auch mit Deckweiß arbeiten, aber das reine weiße Papier bleibt als Lichtquelle unübertroffen.

Lavierungen überlagern

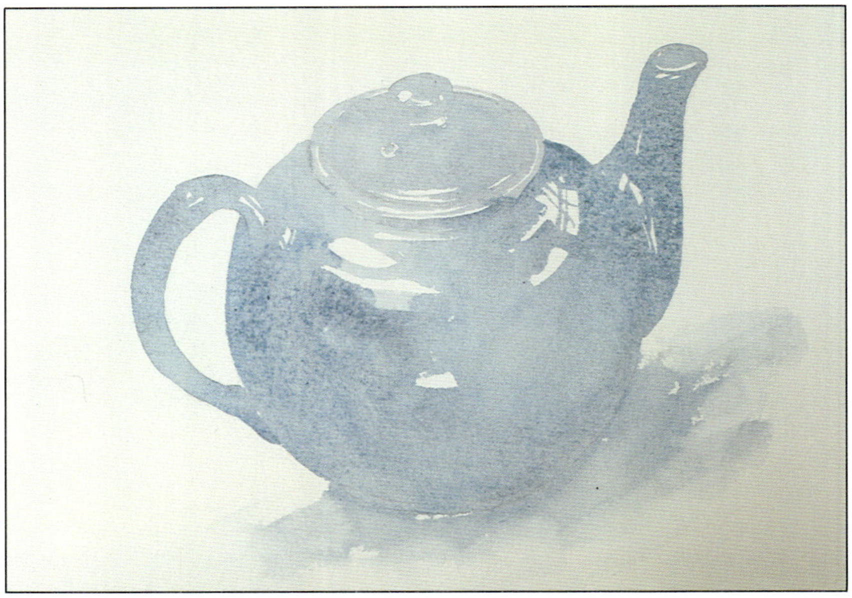

1 Durch die reflektierende Oberfläche der Kanne ergeben sich auf dem braunen Porzellan blaue und weiße Lichter. Zunächst wurde deshalb mit einer graublauen Lavierung begonnen, die in den Schatten etwas abgedunkelt wurde.

2 Jede Lavierung muß vollkommen trocken sein, bevor die nächste aufgelegt werden kann. Ein Fön kann den Trockenprozeß beschleunigen.

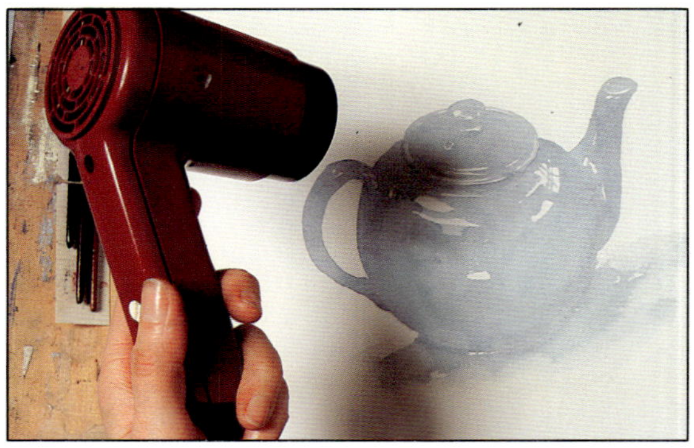

3 Das gleiche helle Braun, das für den Deckel der Teekanne verwendet wurde, wird jetzt auch am Boden der Kanne angelegt. Am besten arbeitet man von oben nach unten, um nicht aus Versehen noch feuchte Farbe zu verschmieren.

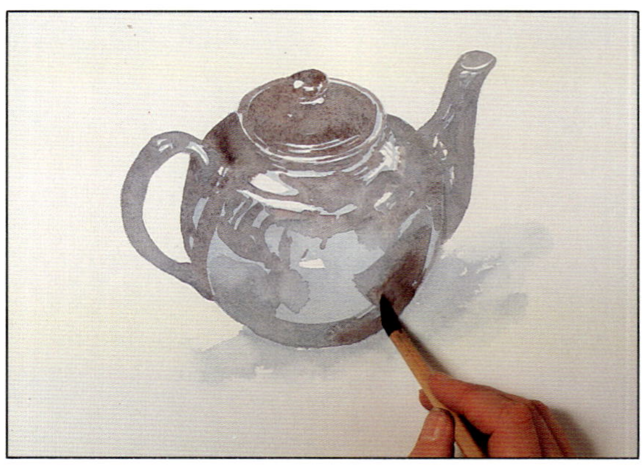

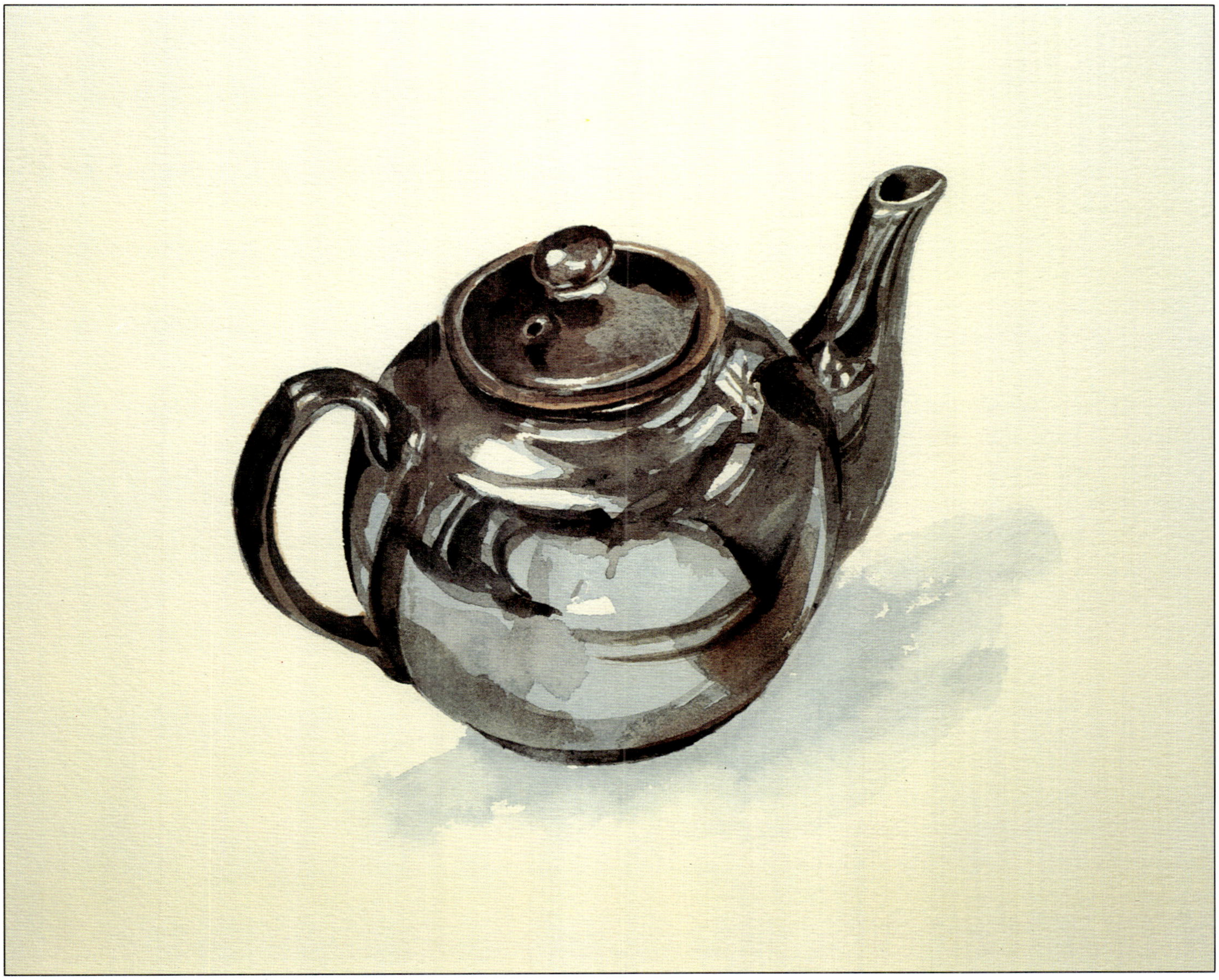

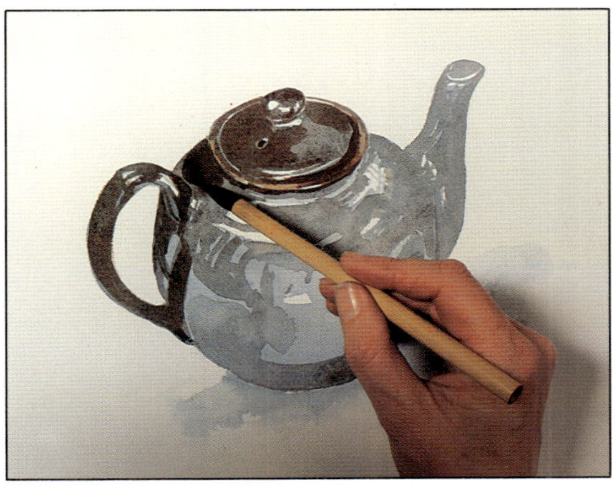

4 *Eine dunklere Lavierung des gleichen Brauns wird für die Schatten verwendet. Auf dem Deckel wurde eine blaugraue Stelle als Licht ausgespart.*

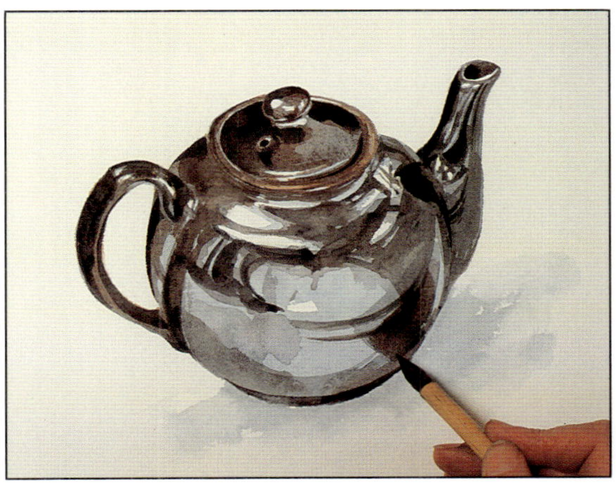

5 *Die dunkelsten Farben werden erst ganz zum Schluß gezielt eingesetzt. Diese Schatten sowie die Lichter geben der Kanne ihre Form.*

6 ▲ *Glänzende Oberflächen reflektieren Licht und Schatten aus ihrer Umgebung, wodurch sich scharfe und deutlich geformte Stellen von Hell und Dunkel ergeben. Die klaren Ränder, die bei der Naß-auf-Trocken-Technik entstehen, unterstützen die Wiedergabe dieser Reflexe.*

Nass in nass arbeiten

Im Unterschied zur Naß-auf-Trocken-Technik werden bei der Naß-in-Naß-Arbeit neue Farben aufgetragen, bevor die ersten Schichten getrocknet sind. Beide Methoden können sich übrigens auch wirkungsvoll ergänzen.

Naß in naß zu malen, kommt dem doch manchmal etwas unberechenbaren Charakter der Aquarellfarben sehr entgegen – und so erfährt bei dieser Technik das fließende, spontane Verhalten der Farben eine weitere Steigerung. Tropft man zum Beispiel eine Farbe in eine noch nasse Farbschicht, mischen sich diese zwei Farben nicht vollständig. Sie werden lediglich leicht vertrieben, fließen ineinander und bleiben dennoch bis zu einem gewissen Grad als getrennte Farbtöne erkennbar. Dabei entstehen die unterschiedlichsten Strukturen und Farbspiele, die je nach Wassergehalt des Farbauftrags, des verwendeten Papiers und der Farben selbst variieren. Das Hauptproblem bei der Naß-in-Naß-Technik ist, daß

Auf trockenem Papier arbeiten

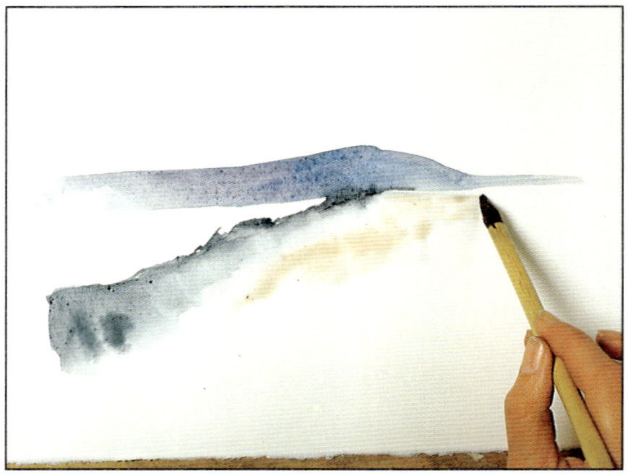

1 Ob Sie bei der Naß-in-Naß-Technik auf feuchtem oder trockenem Grund arbeiten, hängt vom gewünschten Ergebnis ab: Hier sollte ein deutlicher Rand den Hügel begrenzen. Darum wurde trockenes Papier verwendet.

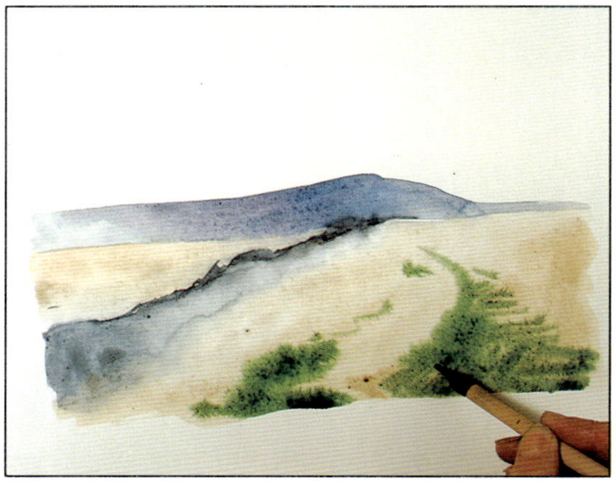

2 Mehrere Farbaufträge haben das Papier ganz durchfeuchtet, so daß das Grün im Vordergrund weich in Braun zerfließt. Um diesen Farbfluß zu kontrollieren, läßt der Künstler die Farbe nur ganz leicht von der Pinselspitze einfließen.

Den Farbfluß kontrollieren

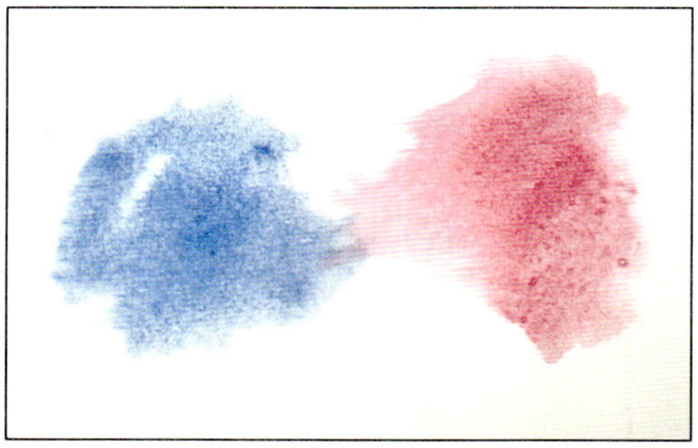

1 Auf dem befeuchteten Papier wurden zwei Farben nebeneinander angelegt. Durch Bewegen des Papiers beginnen sie, ineinander zu fließen.

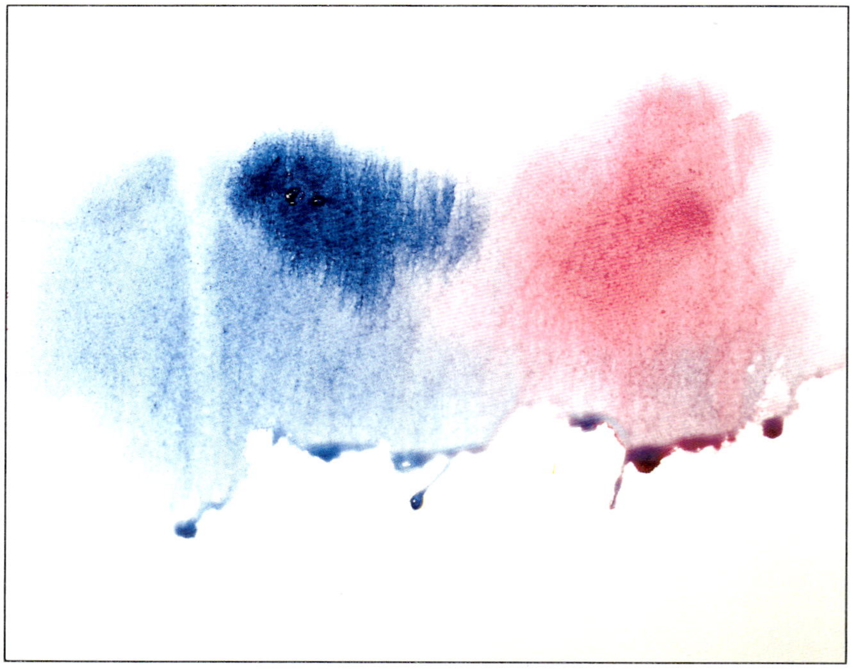

2 ► Ein kräftigeres Blau wurde am oberen Blattrand eingesetzt und das Bild so gehalten, daß die Farben ineinander fließen. Das verwendete Papier ist so schwer, daß es auch für die Naß-in-Naß-Technik nicht aufgespannt werden muß.

3 *Das Papier wurde jetzt nur an der Stelle befeuchtet, an der die Wolken entstehen sollen, und die Farbe fließt in diese vorgemalte Form ein. Mit der Pinselspitze werden anschließend einige Streifen eingesetzt.*

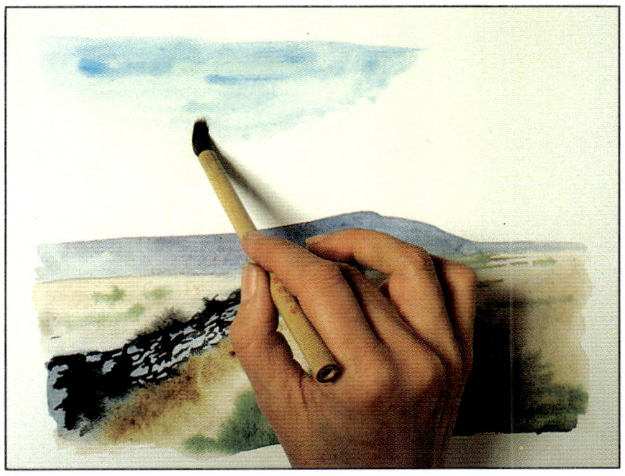

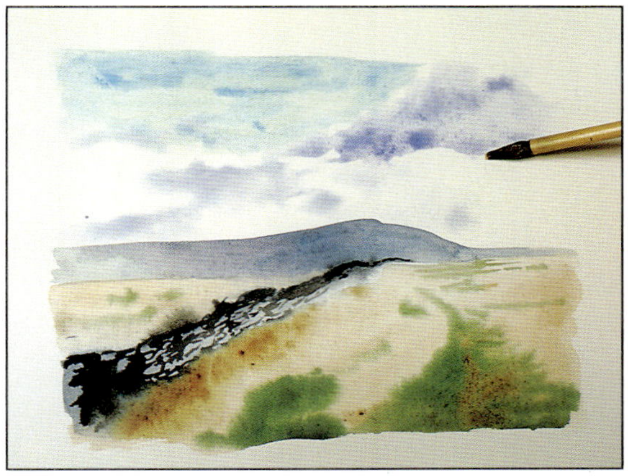

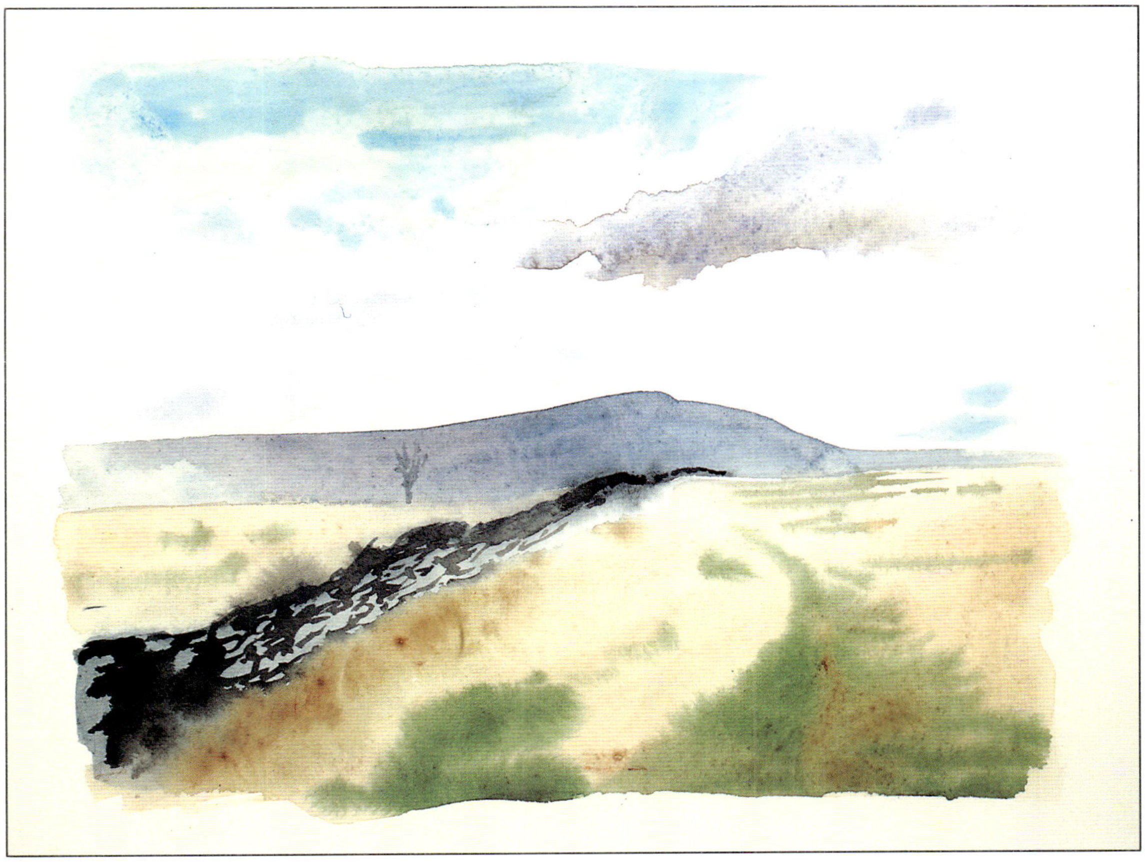

4 ▲ *Die gleiche Methode wurde bei der großen Wolke angewandt, dunkle Violett- und Grautöne fließen in eine hellere Lavierung ein. Kleinere, hellere Wolken werden nun mit der Pinselspitze oberhalb des Horizontes eingemalt.*

5 ◄ *Der weiche Effekt der Naß-in-Naß-Technik wird durch den Kontrast zu den stellenweise angelegten scharfen Rändern verstärkt. Teile der Mauer und des kleinen Baums wurden naß auf trocken gemalt. Die Wolke hat dort, wo die feuchte Farbe auf das trockene Papier trifft, einen gezackten Rand ausgebildet.*

sie nur schwer zu kontrollieren ist. Die Farbe fließt solange weiter, bis sie trocken ist. Eine gewisse Kontrolle kann man ausüben, indem man das Malbrett in bestimmte Richtungen neigt, in die die Farbe verlaufen soll. Naß in naß arbeitende Künstler schwenken ihre Malunterlage oft so lange, bis sie mit dem Farbenfluß zufrieden sind und trocknen dann diese Phase so schnell wie möglich mit einem Fön ein. Naß in naß aufgetragene Farbe wirkt oft weich und verschwommen, und besonders gern wird diese Technik daher für Landschaften und atmosphärische Effekte eingesetzt. Manchmal ist die Wirkung jedoch auch zu weich, so daß das Bild ein unscharfes, nebliges Aussehen erhält. Dann kann man abschließend auch schärfere Details einsetzen. Natürlich kann man auch nur an einigen bestimmten Bildteilen naß in naß arbeiten und so weiche verfließende Ränder mit scharfen, deutlich abgegrenzten Linien kontrastieren, die in der Naß-auf-Trocken-Technik gemalt worden sind.

Pinselduktus

In Verbindung mit der Aquarellmalerei denkt man meist an weiche Farbverläufe und sanfte Lavierungen und nur selten an einen ausdrucksstarken Pinselstrich. Natürlich ist der Pinselstrich bei einer Wasserfarbe auch nie so deutlich wie zum Beispiel bei einer dicken Malpaste wie der Ölfarbe, doch sollte man sich auch im Aquarell mit der Pinselarbeit beschäftigen. Mit einigen klaren Pinselstrichen können im Bild letzte Akzente gesetzt werden. In einer hauptsächlich naß in naß gemalten Landschaft lassen sich durch einige Farbspritzer vom Pinsel Gras oder Zweige andeuten, die im Kontrast zu den weichen Übergängen des übrigen Bildes stehen.

In der Naß-auf-Trocken-Technik bleiben die Pinselspuren deutlich stehen und spielen daher eine wichtige Rolle in der Komposition. Beim Trocknen der einzelnen Lavierungen und Pinselstriche bilden sich scharfe Ränder, und durch das Übereinanderlegen dieser verschiedenen Gestaltungselemente entsteht eine interessante Textur. Kleine Tupfen deuten zum Beispiel das Laub eines Baumes an, kalligraphische Kringel stellen Lichtreflexe im Wasser dar, breite Pinselstriche geben Wolken in einem windgepeitschten Himmel wieder.

Es gibt viele verschiedene Pinselsorten, mit denen Sie die unterschiedlichsten Pinselstriche erzielen können. Probieren Sie einfach einmal einige Pinsel aus. Aber auch mit nur einem Pinsel ergeben sich eine Reihe von Pinselspuren, je nachdem wie man den Pinsel hält oder wie stark man aufdrückt. Meistens hält man einen Pinsel ähnlich wie einen Stift etwas oberhalb der Zwinge, da man so einen sicheren Griff hat. Versuchen Sie jedoch einmal, den Pinsel weiter oben zu halten und den Druck von fest zu leicht abzuwandeln. Am Ende des Strichs sollte der Pinsel schnell weggezogen werden. Oder nehmen Sie einen Flachpinsel und drehen Sie ihn mitten im Strich oder ziehen Sie einen Strich solange weiter, bis die Farbe ausgeht. Diese „Pinselspiele" trainieren Hand und Auge gleichermaßen.

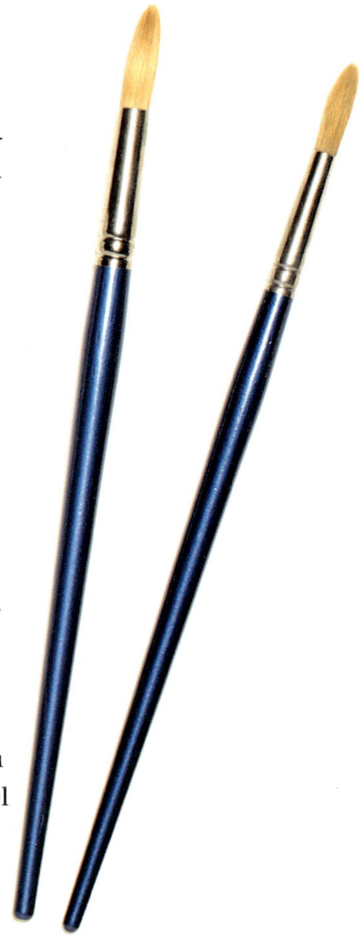

Mit der Farbe zeichnen

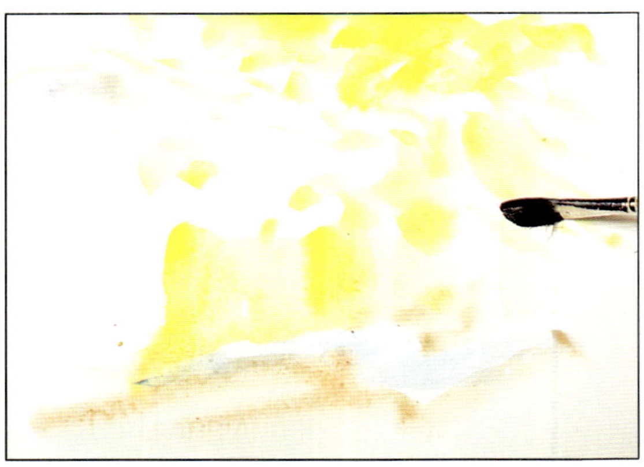

1 Hier wird auf einem glatten Aquarellpapier gearbeitet, da dies eine Kombination von kräftigen Pinselspuren und weicheren Verläufen ermöglicht. Die Künstlerin beginnt mit breiten Strichen und läßt die Farben leicht ineinanderlaufen.

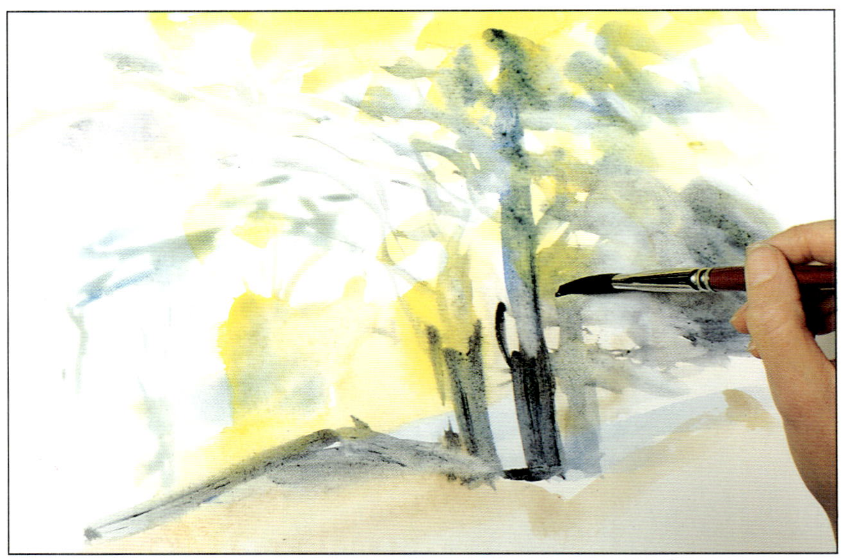

2 Die ersten Farbaufträge beginnen zu trocknen, sind aber noch feucht genug, um die folgenden Pinselstriche aufzunehmen.

3 *Kräftige Striche mit fast unverdünnter Farbe werden nun naß auf trocken über die weichen Pinselspuren gelegt. Achten Sie auf die Pinselhaltung! Er wird nicht von oben nach unten, sondern von unten nach oben geführt.*

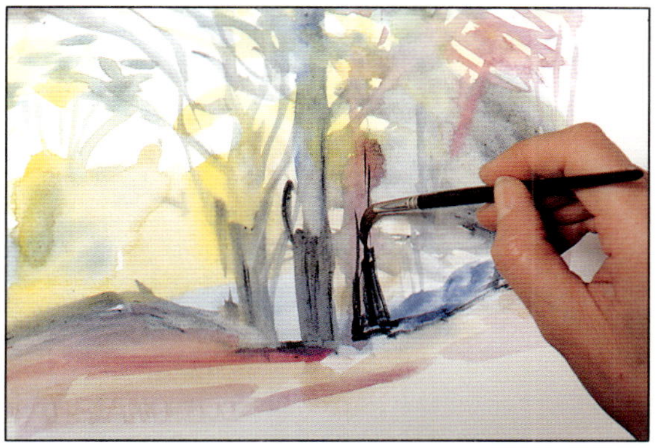

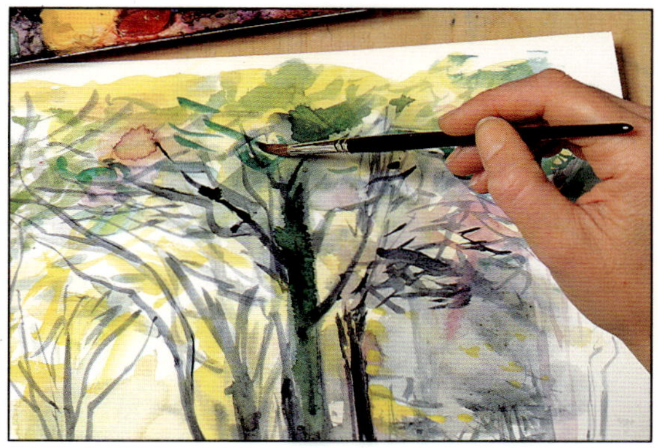

5 *Dunkles Grün wird in hellere Grüntöne naß in naß eingemalt und so das dunkle Laub wiedergegeben.*

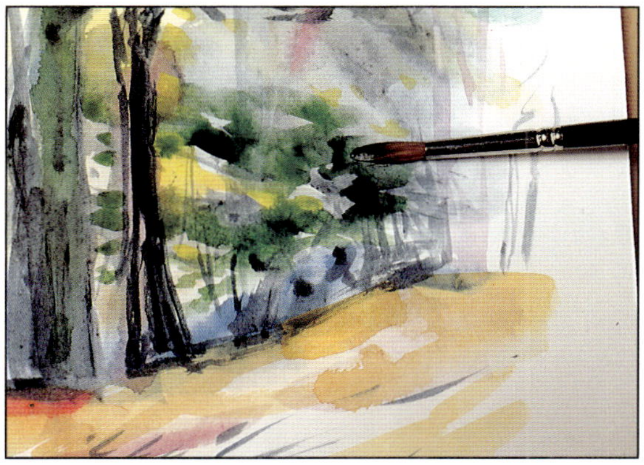

4 ▲ *Im oberen Bildteil schaffen die kreuzweise übereinandergelegten Pinselstriche einen lebhaften Eindruck von Licht und Bewegung.*

6 ▼ *Die kleinen Pfützen im oberen Teil des Baumes und die gezackten Ränder auf dem Baumstamm und im Laub haben sich gebildet, als die Lavierungen trockneten. Das sind typische Zufälle, wie sie bei jedem Aquarell entstehen. Erfahrene Maler nutzen sie aus. In diesem Bild stehen sie im Kontrast zu den scharfen Konturen und unterstreichen dadurch die lebhafte Bildwirkung.*

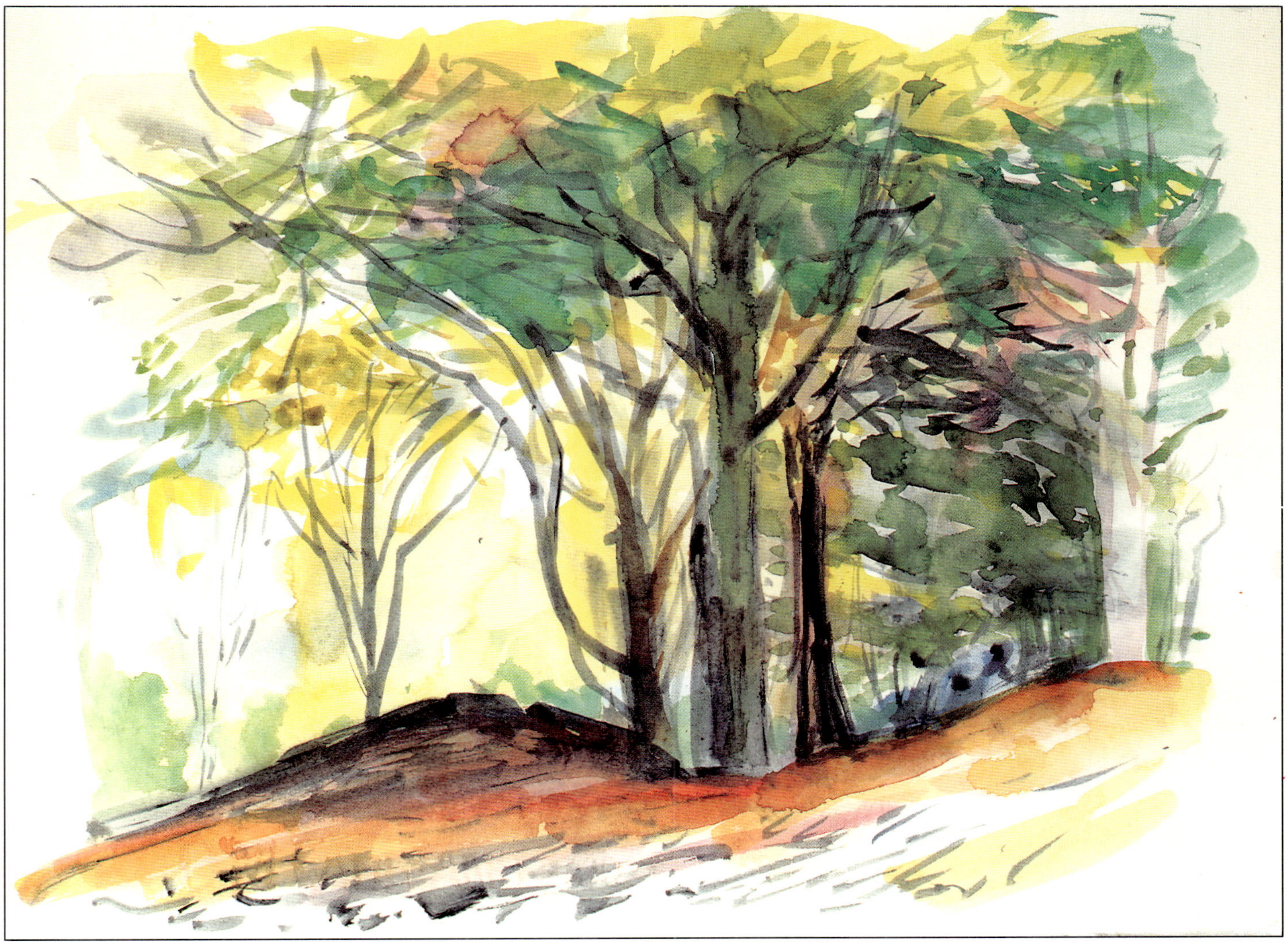

Abheben

Lichter werden im Aquarell meist durch Aussparen geschaffen. Es gibt jedoch noch eine weitere Möglichkeit: Man kann feuchte Farbe mit einem Tuch oder Wattestäbchen vorsichtig wieder abheben. Lichter, die ausgespart wurden, haben scharfe Ränder. Weichere Übergänge aber, wie man sie zum Beispiel bei Wolken oder matt glänzenden Gegenständen benötigt, entstehen durch das Abheben.

Abheben ist wundervoll einfach. Man muß lediglich eine Lavierung anlegen und die Farbe dann mit einem leicht angefeuchteten Schwamm, einem Tuch, einem Stück Küchenpapier, Löschpapier oder einem anderen saugenden Material abtupfen. Auf diese Weise lassen sich spielerisch leicht weiße Wolken in einen blauen Himmel hineinzaubern. Legen Sie einfach eine abgestufte Lavierung an, und tupfen Sie dann die Wolkenformen hinein oder wischen Sie einige Stellen ganz frei, wenn Sie ziehende Wolken darstellen wollen. Differenzierte Farbeffekte können Sie erzielen, wenn Sie durch das Abheben eine andere, zuerst aufgetragene Farbschicht wieder freilegen. Um zum Beispiel Laub wiederzugeben, können Sie eine dunkelgrüne Lavierung über eine bereits trockene Farbschicht in einem helleren Grünton malen, und dann etwas von der dunkleren Farbe abheben.

Kleine weiche Lichter wie zum Beispiel auf einer weiter entfernt liegenden Wasserfläche in einer Landschaft können mit einem Wattestäbchen oder einem fast trockenen Pinsel geschaffen werden. Mit größerem Druck und etwas mehr Wasser lassen sich sogar kleinere trockene Farbstellen aufweichen und entfernen. Man kann auch mit einem Skalpell etwas trockene Farbe wegkratzen, wodurch man feine Linien erhält, die zum Beispiel das Licht auf Grashalmen wiedergeben können.

Wolken abheben

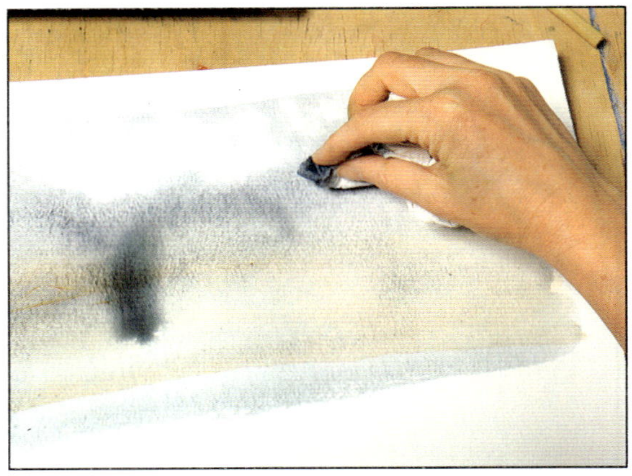

1 Zuerst wurde eine hellblaue Lavierung und darüber eine vielfarbige zweite Lavierung angelegt. Mit einem zusammengeknüllten Stück Küchenpapier wird nun in die nasse Farbfläche hineingetupft.

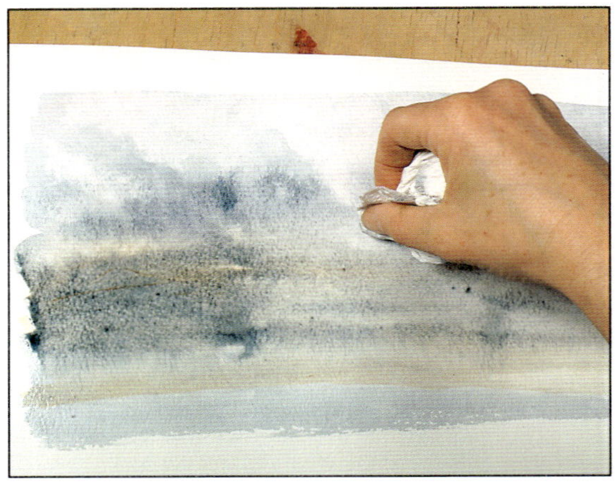

2 Die Unterseiten der Wolken erhalten eine dunkle Schattierung, die naß in naß aufgetragen und zum Teil wieder abgetupft wird.

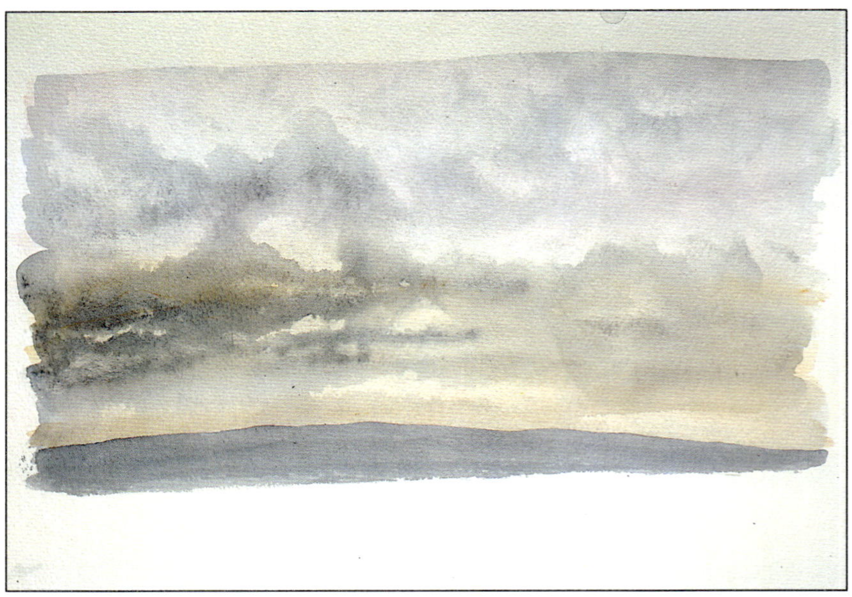

3 Mit nur wenig Mühe und Zeitaufwand wurde ein lebhafter Himmel geschaffen. Die weichen Wolken bilden einen spannenden Kontrast zu den unregelmäßig geformten Rändern der dunklen Schattierungen.

Trockene Farbe abheben

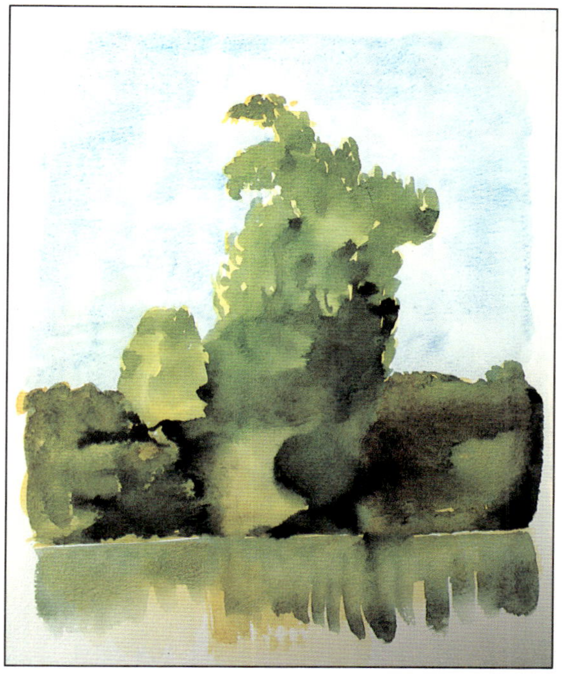

1 *Mehrere grüne Lavierungen wurden über eine bereits trockene gelbe Farbschicht gelegt. Kleine gelbe Stellen wurden für scharfe Lichter ausgespart.*

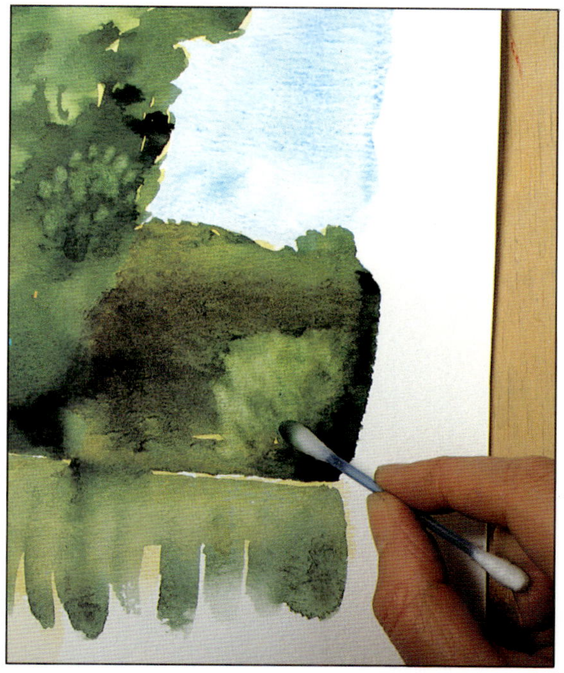

2 ► *Mit einem in Wasser getauchten Wattestäbchen können weichere Lichter geschaffen werden als beim Aussparen.*

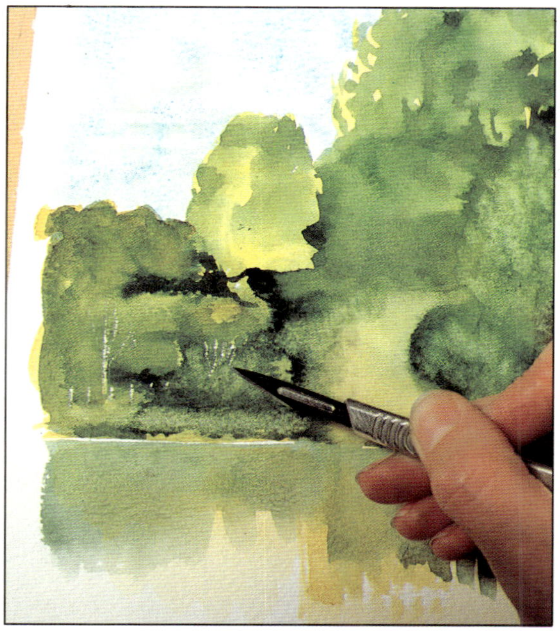

3 *Ganz feine Lichter werden schließlich mit einem Messer aus der trockenen Farbe herausgekratzt. Kratzen sollte man immer erst ganz zum Schluß, da die Papieroberfläche beschädigt wird und Lavierungen nicht mehr gleichmäßig aufgetragen werden können.*

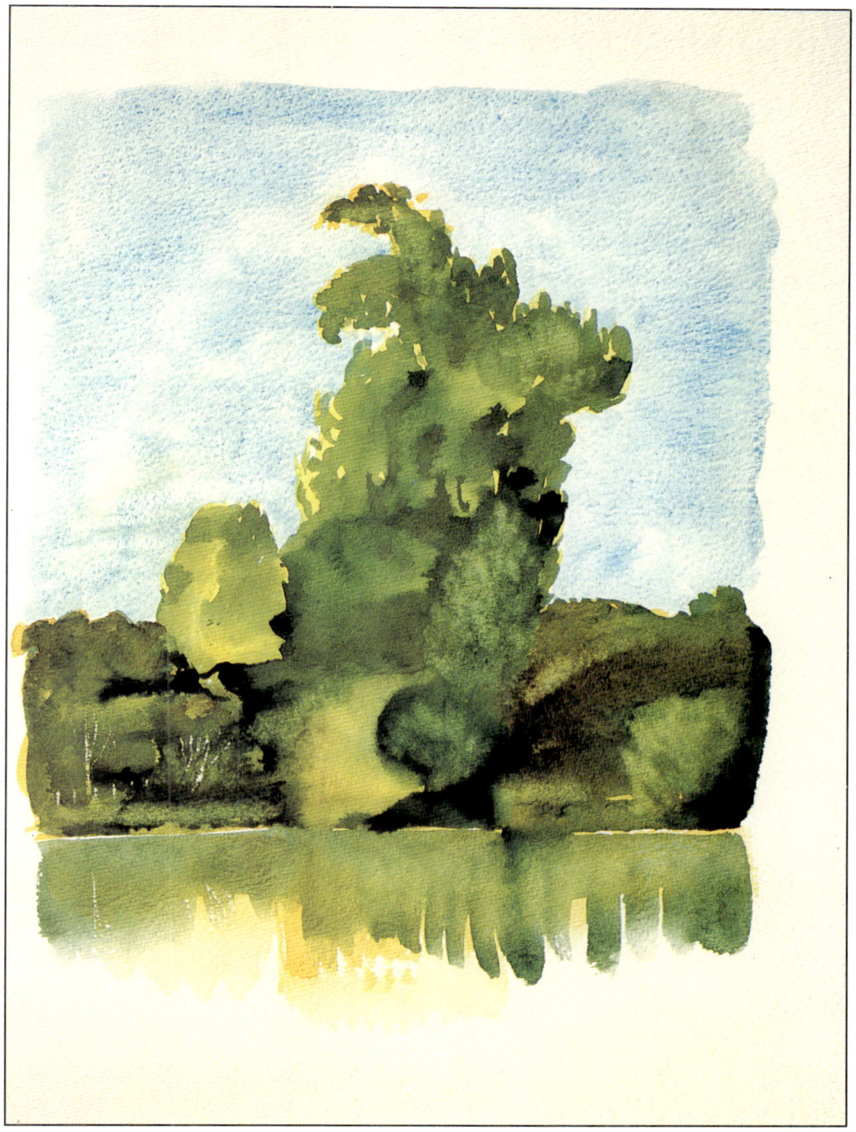

4 ► *Mit dem Abheben lassen sich weiche, verschwommene Lichter schaffen, wie man sie zum Beispiel auf Laub oder matten Oberflächen sieht. Am wirkungsvollsten ist diese Technik im Kontrast zu scharfen Rändern.*

Abdecken

Lichter auszusparen, funktioniert immer dann gut, wenn die Flächen groß genug sind. Oft sind die Lichter aber klein und durch Aussparungen nur schwer festzulegen. Dann hilft Abdeckflüssigkeit weiter. Einige Puristen sehen diese Methode als „Betrug“ an, andere Aquarellmaler halten sie jedoch für unerläßlich.

Der große Vorteil des Abdeckens ist die Freiheit, die man beim Malen gewinnt. Man braucht nicht vorsichtig um kleine Stellen herumzumalen, sondern kann eine großzügige Pinselführung einsetzen. Die mit Abdeckflüssigkeit geschützten Stellen können ohne Bedenken übermalt werden. Abdeckflüssigkeit ist eine gummiartige weiße Flüssigkeit, die in kleinen Flaschen verkauft wird. Sie wird mit einem Pinsel aufgetragen und trocknet völlig farblos auf. Wenn das Aquarell getrocknet ist, können die geschützten Stellen mit dem Finger oder einem Plastikradierer einfach abgerubbelt werden. Waschen Sie den Pinsel, mit dem sie die Abdeckflüssigkeit aufgetragen haben, immer sofort nach Gebrauch aus, da die Flüssigkeit die Haare verklebt und nur schwer zu entfernen ist. Am besten verwenden Sie daher von vornherein einen alten Pinsel.

Lichter mit Abdeckflüssigkeit

1 Zuerst fertigt die Künstlerin eine Bleistiftvorzeichnung an. Dann streicht sie mit einem kleinen Pinsel Abdeckflüssigkeit an den Stellen auf, die später als Lichter erscheinen sollen.

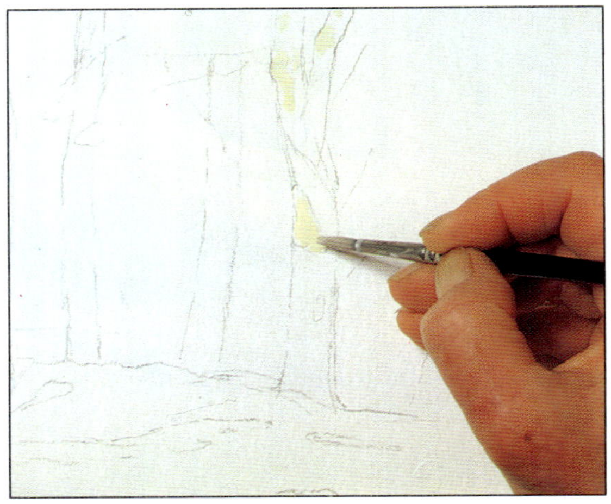

Weiße Formen gestalten

Abdeckflüssigkeit dient nicht nur zum Anlegen von Lichtern, sondern kann auch dazu verwendet werden, deutliche weiße Striche und Formen zu schaffen. Die zähe Flüssigkeit wird vom Pinsel gut aufgenommen und abgegeben. Nebenstehend sehen Sie einige Beispiele für verschiedene Pinselspuren, die mit der Technik des Abdeckens geschaffen wurden. Ohne Zuhilfenahme von Abdeckflüssigkeit wäre der Einsatz solcher weißer Strukturen im Aquarell nicht möglich.

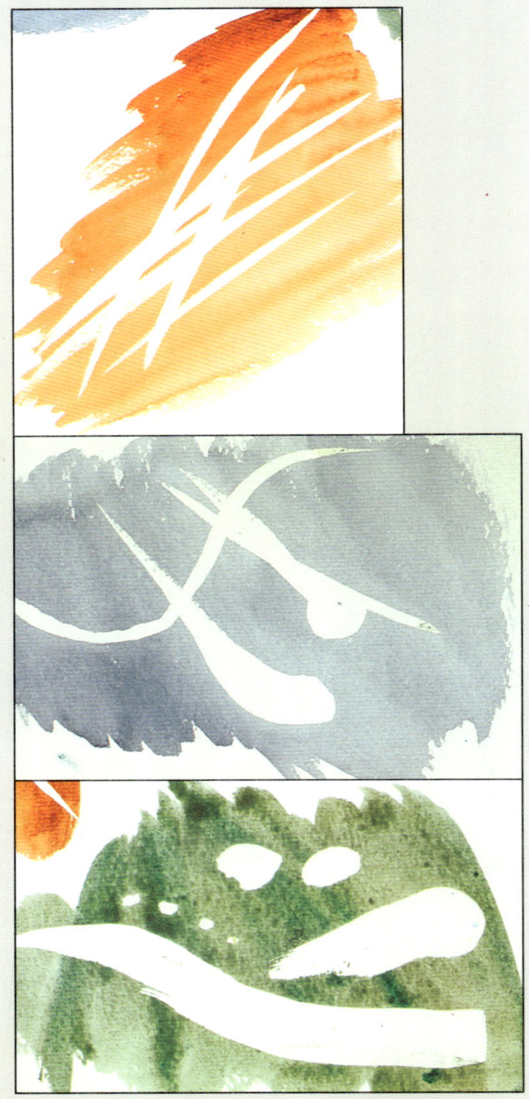

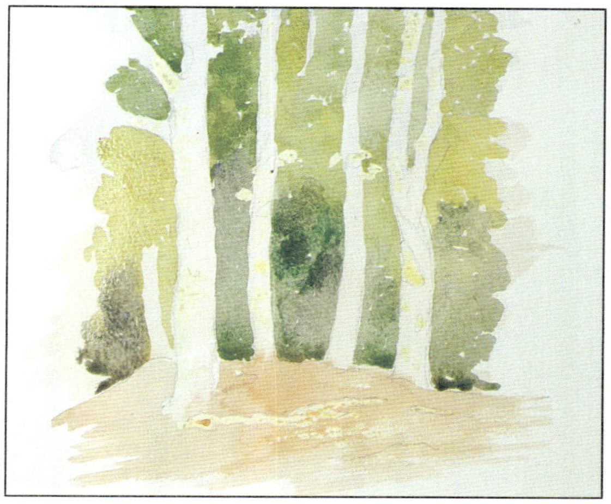

2 Über die Baumstämme und das Laub wird eine blaugraue Lavierung gelegt. Nach dem Trocknen werden weitere Lavierungen in Grün- und Gelbtönen meist naß in naß aufgetragen.

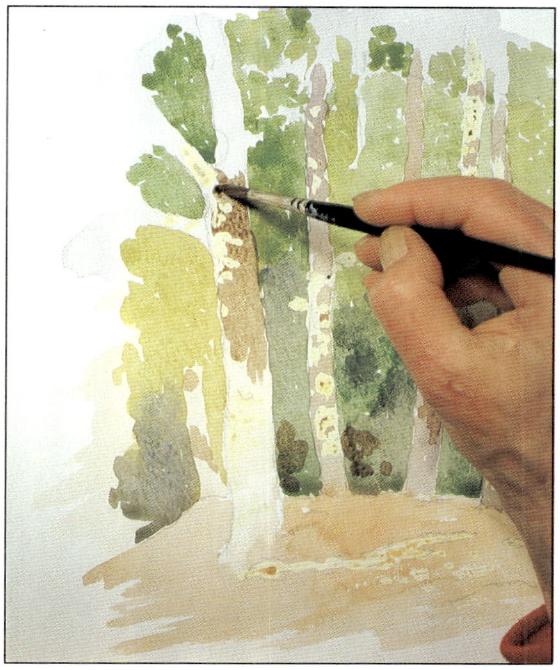

3 In der weiteren Farbgebung sollen nun die Farben des Laubs und die der Baumstämme sauber getrennt gehalten werden. Daher werden die unteren Lavierungen gründlich mit dem Fön getrocknet. Nun werden die ersten Brauntöne über die abgedeckten Stellen aufgetragen.

4 ► Die Abdeckflüssigkeit wird mit dem Finger abgerubbelt. Da die Farbe vorher völlig trocken sein muß, wurde auch hier der Fön eingesetzt.

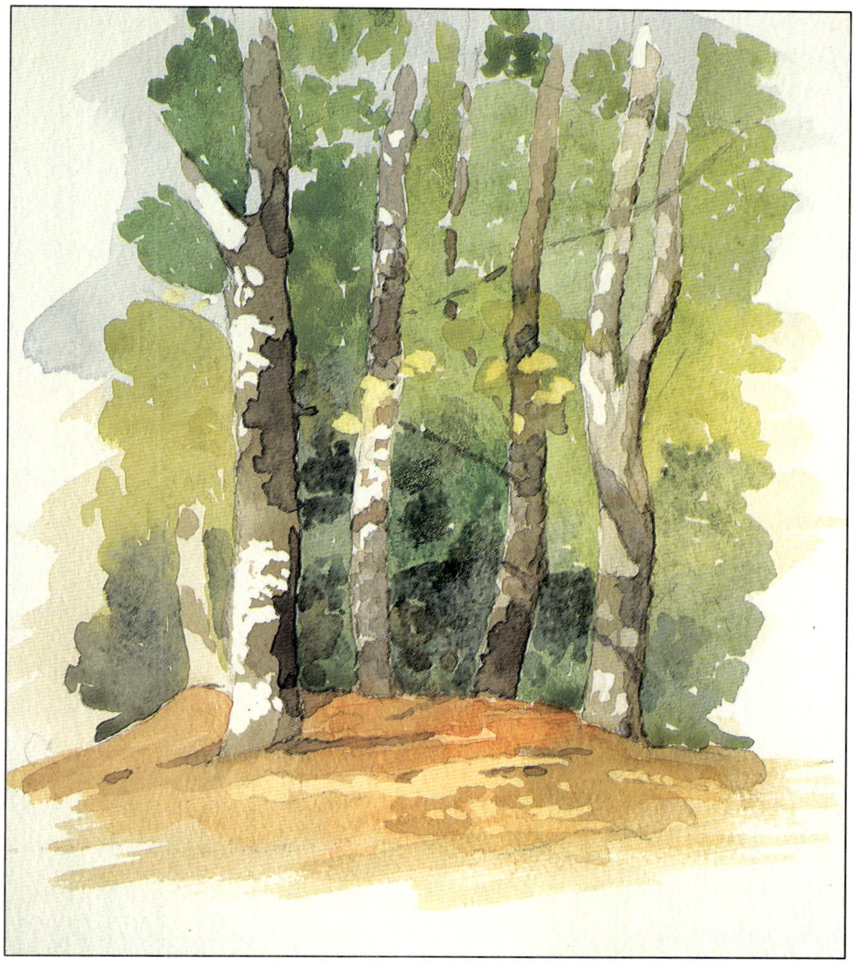

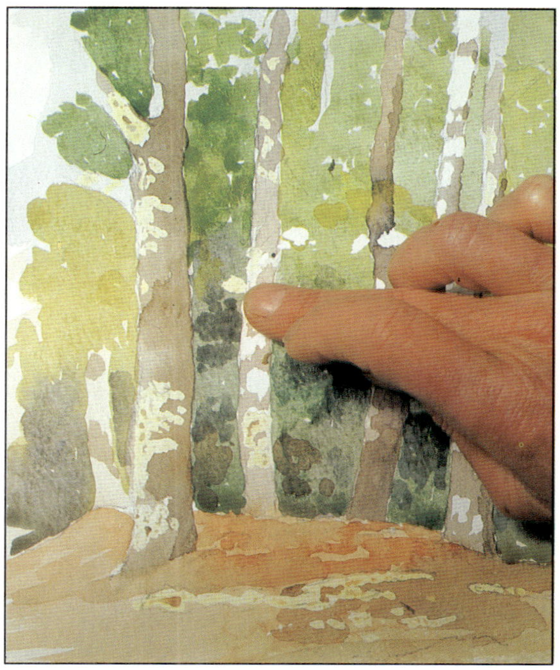

5 ▲ Vielleicht wirken einige der abgedeckten Stellen zu hell. In diesem Fall wurden sie auf den beiden linken Bäumen stehengelassen, aber auf anderen Stämmen etwas abgedunkelt. Lavierungen in Hellgelb geben dem Blattwerk im Zentrum und der Erde im Vordergrund eine warme Tönung.

Mit Gouachefarben malen

Nicht immer werden im Aquarell nur transparente Wasserfarben verwendet. Schon Künstler wie Albrecht Dürer in der Renaissance oder J. M.W. Turner im 19. Jahrhundert haben deckende und transparente Wasserfarben verwendet und sie in ihren Bildern kombiniert. Auch zeitgenössische Künstler setzen sowohl Gouache- als auch Aquarellfarben ein oder mischen ihre Aquarellfarben mit etwas Deckweiß, um sie dekkender zu machen, ohne daß sie dabei ihre transparenten Eigenschaften ganz verlieren würden.

Puristen lehnen Deckfarbe in einem Aquarell ebenso ab wie die Verwendung von Abdeckflüssigkeit. Doch im Grunde genommen ist die Malerei keinen festen Regeln zu unterwerfen, sie ist ein ständiger Prozeß des Experimentierens, und wenn man eine bestimmte Bildwirkung nur mit Gouachefarbe erreichen kann, sollte man sich nicht scheuen, diese auch einzusetzen. Man kann mit Deckfarben schöne atmosphärische Effekte erzielen, zum Beispiel bei der Wiedergabe wolkenverhangener Hügel oder weicher Lichter auf Wasserflächen.

Weitere Möglichkeiten der Bildgestaltung bietet getöntes Papier. Die Farbe des Malgrundes wird dabei zum Ausgangspunkt für den weiteren farbigen Bildaufbau. Besonders vorteilhaft ist dies bei Bildern, die relativ dunkel gehalten sind und keine hellen Lichter aufweisen. Farbig getönte Aquarellpapiere gibt es in jedem Fachhandel.

Man kann auch Pastellpapiere oder Ingres-Papiere verwenden; solche Papiere müssen dann aber auf jeden Fall vorher aufgezogen werden.

Auf getöntem Papier arbeiten

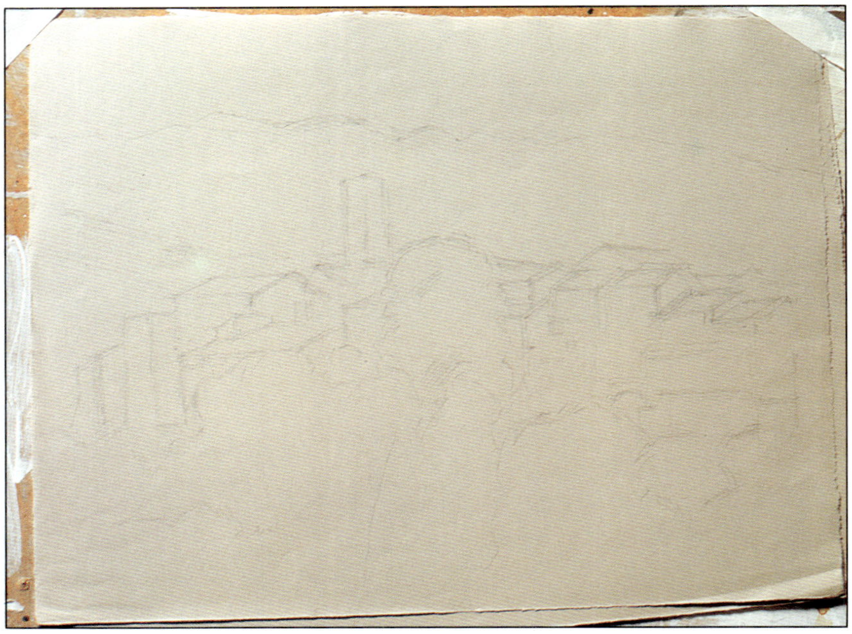

1 *Der Künstler verwendet für diese Arbeit ein Papier, das Ähnlichkeit mit Ingrespapier hat. Es ist jedoch etwas dicker, so daß es sich beim Anfeuchten nicht wellt. Zunächst wird eine sorgfältige Vorzeichnung der Landschaftsszene angelegt.*

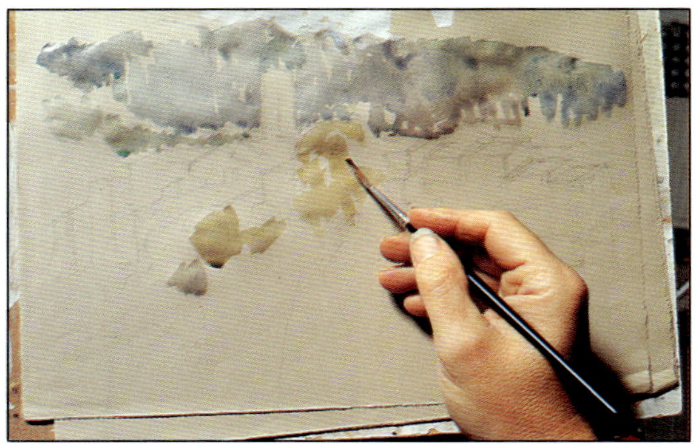

2 *Deckfarbe sollte immer gezielt und sparsam nur an den Stellen verwendet werden, wo sie notwendig erscheint. Hier wurde sie im Himmel eingesetzt. Bei den dunkleren Farbtönen handelt es sich wieder um Aquarellfarben.*

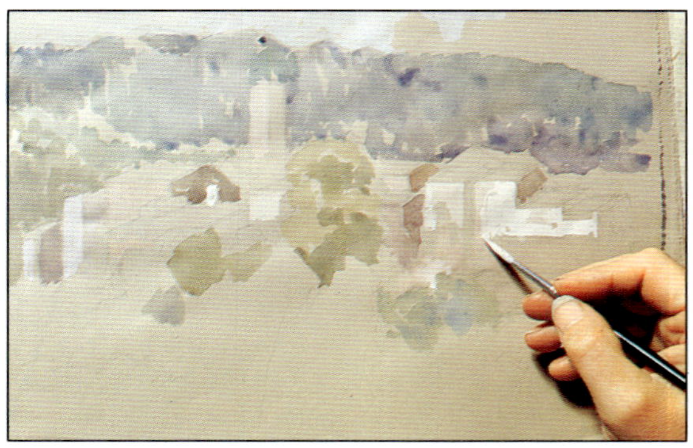

3 *Die Häuser erhalten einen deckenden Farbauftrag aus einer Mischung von Weiß und Alizarinkarmesin, der naß in naß in reines Weiß vermalt wird. Bei deckenden Farben ist die Naß-in-Naß-Technik leicht zu kontrollieren.*

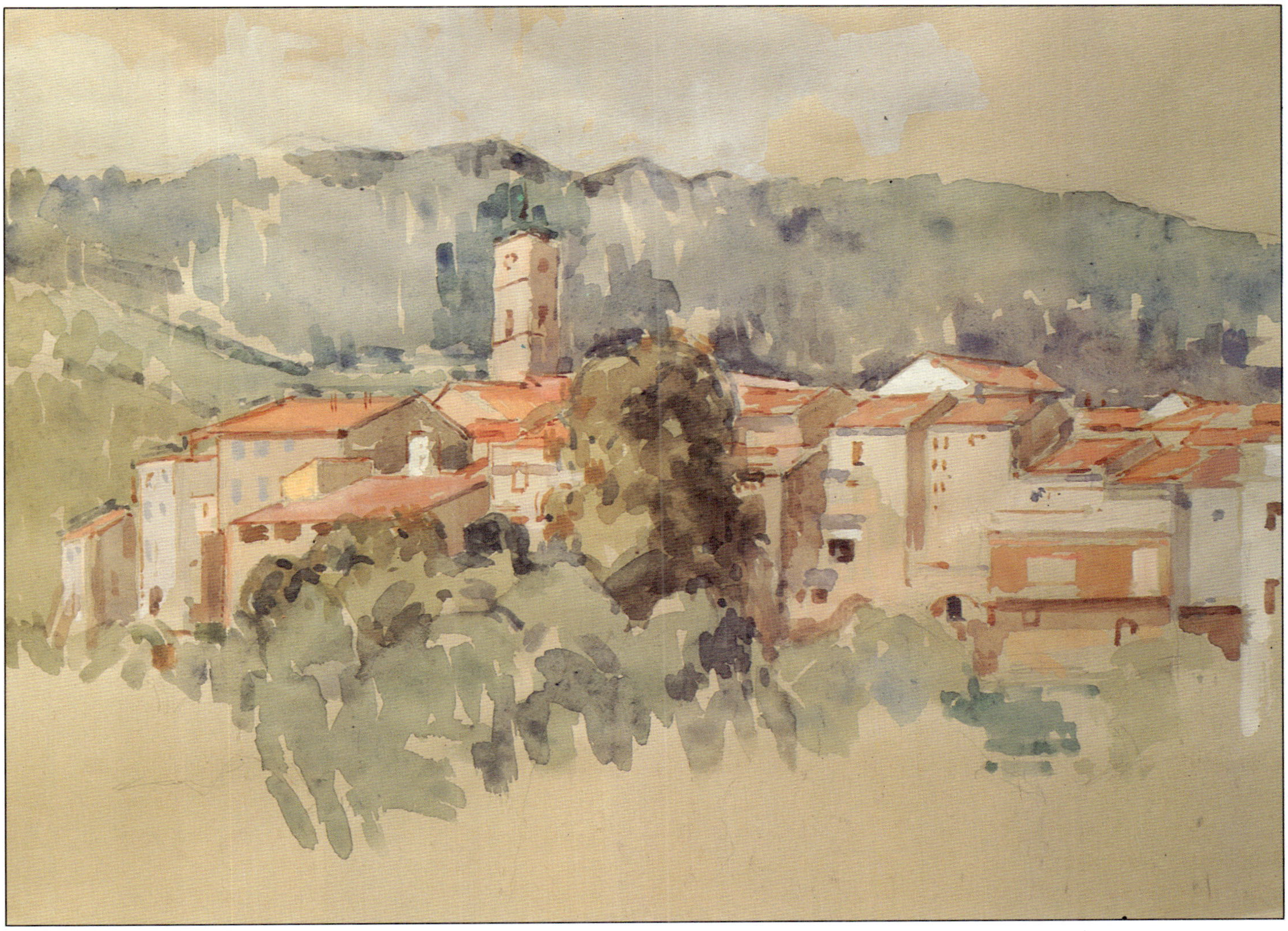

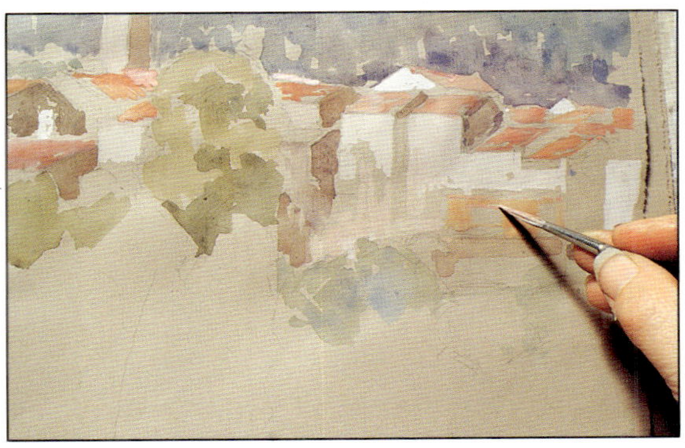

4 *Auch für die Dächer wird Deckweiß mit roter Aquarellfarbe gemischt. Weiße Gouachefarbe wird hier dem Chinesischweiß vorgezogen, das oft in Aquarellkästen zu finden ist.*

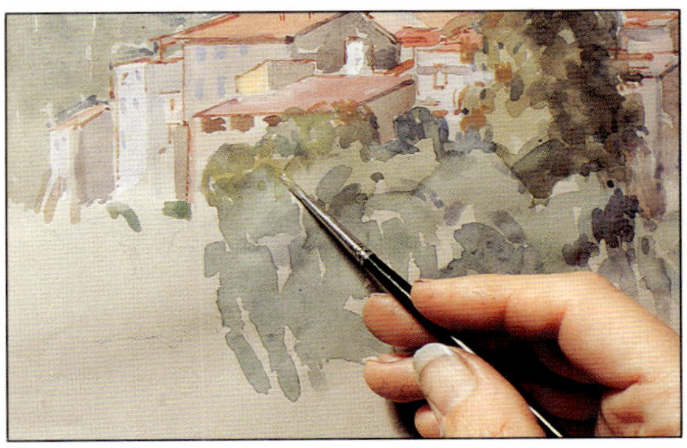

5 *Zuletzt werden mit einem feinen Pinsel die Konturen der Dächer und die Fensterdetails eingezeichnet. Die Vegetation im Vordergrund wird mit transparenten Pinselstrichen in reiner Aquarellfarbe wiedergegeben.*

6 ▲ *Das fertige Bild wirkt warm und freundlich. Trotz der Verwendung von Gouachefarbe hat es den transparenten Charakter eines Aquarells bewahrt. Die Farbe des Papiers gibt den mittleren Tonwert des Bildes vor.*

Techniken

Texturen schaffen

Bei einem so flüssigen Medium wie dem Aquarell ist es manchmal schwer, Texturen zu schaffen. Wie soll man zum Beispiel einen Kieselstrand oder ein Kornfeld wiedergeben, ohne jeden einzelnen Kieselstein oder jeden einzelnen Weizenhalm zu malen? Eine Reihe verschiedener Techniken hilft weiter: Die Trockenpinseltechnik zum Beispiel arbeitet, wie der Name schon sagt, mit einem trockenen Pinsel und wenig Farbe, so daß das Papier nur ganz leicht von der Farbe bedeckt wird. Diese Methode wird oft für die Wiedergabe von Gras, den dunstigen Effekt entfernt stehender Bäume oder auch für Tierfelle verwendet. Man nimmt dafür am besten einen Flachpinsel, dessen Haare man beim Malen zwischen Daumen und Zeigefinger spreizt. Um wirklich nur wenig Farbe im Pinsel zu haben, wird überschüssige Flüssigkeit zuvor auf einem Stück Löschpapier oder Küchenpapier abgestreift.

Gras in der Trockenpinseltechnik

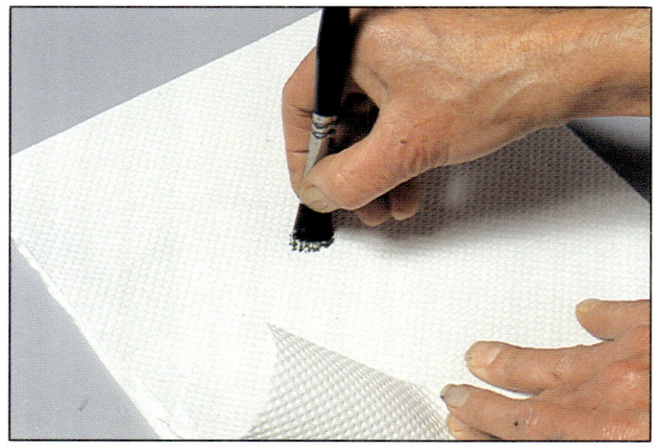

1 *Nachdem die Farbe aufgenommen wurde, wird der Pinsel auf einem Küchenpapier abgestrichen, um überschüssige Farbe zu entfernen.*

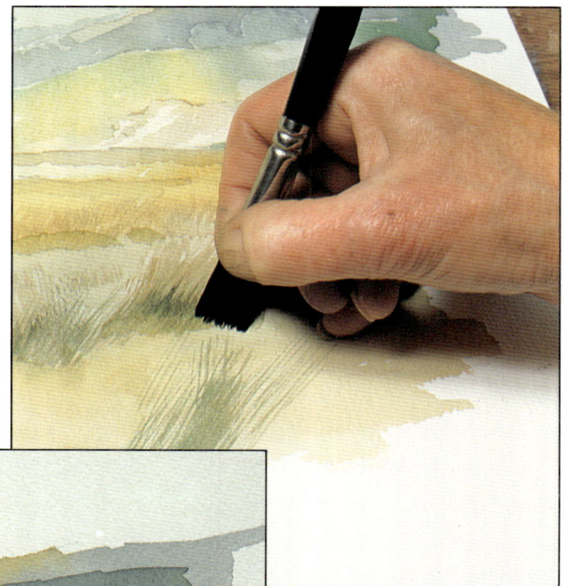

2 *Die Pinselhaare des Flachpinsels werden leicht gespreizt und der Pinsel dann ohne großen Druck über die Fläche gezogen, wobei eine Reihe feiner Linien entsteht.*

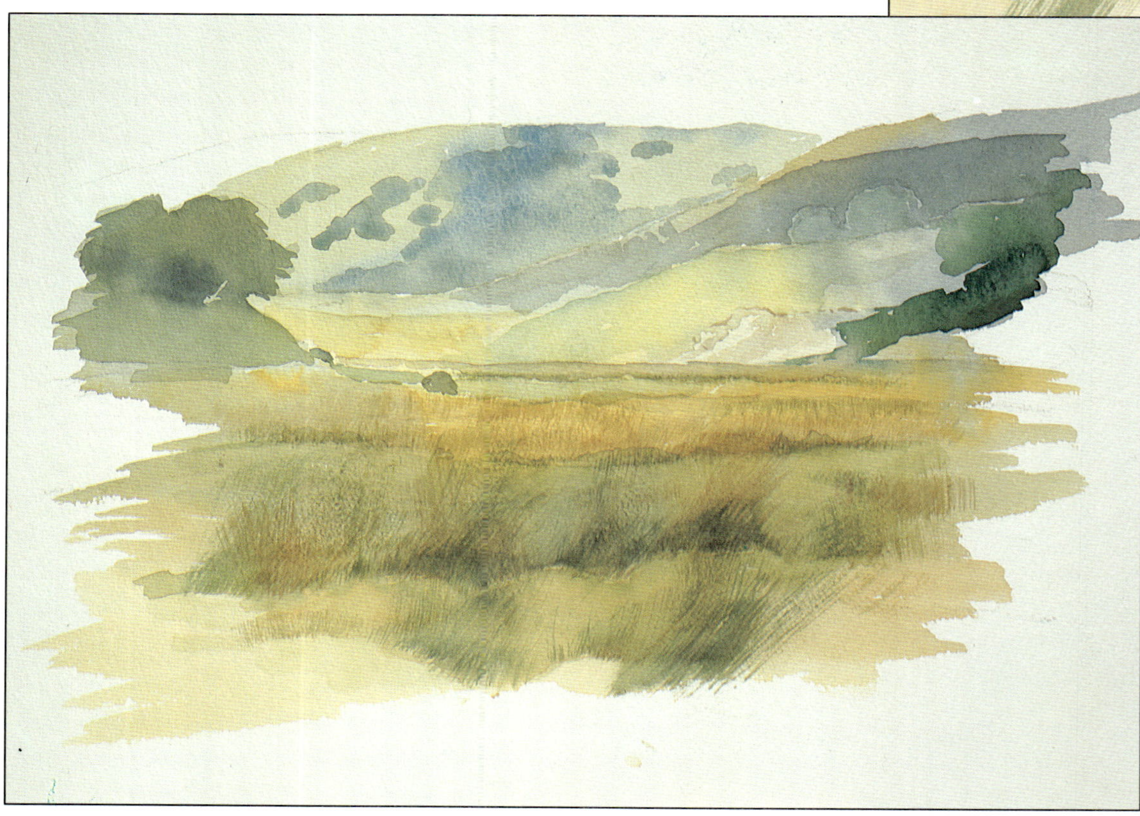

3 ◄ *Mehrere Schichten in Trockenpinseltechnik wurden übereinandergelegt, um das in unterschiedliche Richtung weisende Sumpfgras wiederzugeben.*

Spritzer mit der Zahnbürste

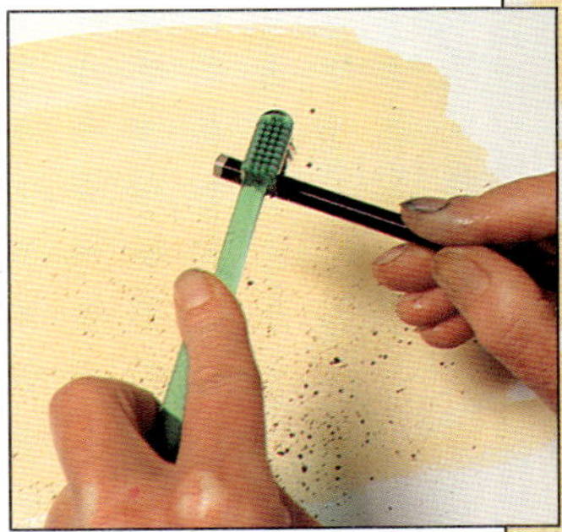

1 Mit einem Bleistift wird über die mit Farbe gefüllte Zahnbürste gestrichen, so daß ein feiner Sprühregen abgegeben wird.

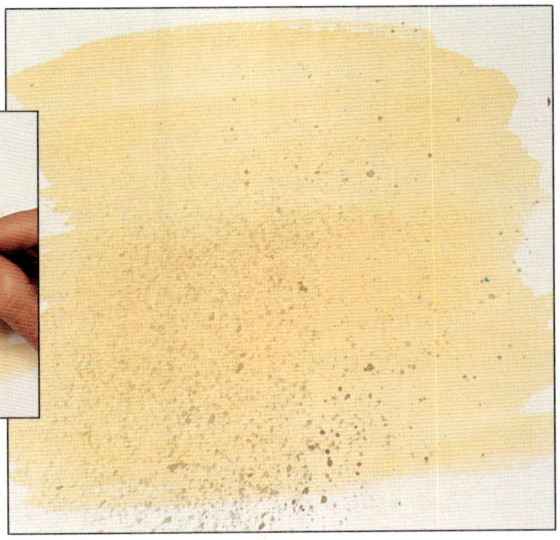

2 Die Farbspritzer ähneln im Tonwert der zuvor aufgetragenen Lavierung und sind daher in ihrer Wirkung nicht zu aufdringlich.

Spritzer mit dem Pinsel

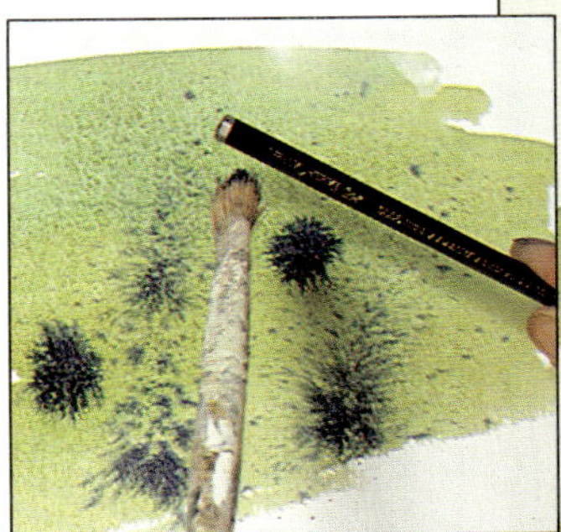

1 Diesmal wird dunkelgrüne Farbe mit einem Pinsel auf eine hellgrüne Lavierung gespritzt. Durch kurze Schläge mit einem Bleistift auf den Pinselkopf entstehen große Tropfen.

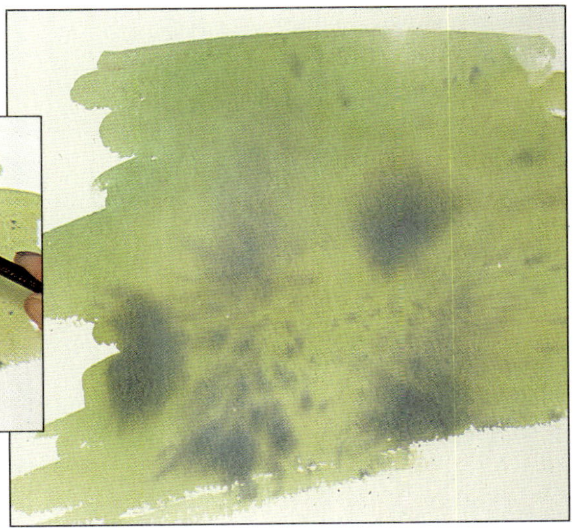

2 Die Farbspritzer verlaufen in der noch feuchten Lavierung und vermischen sich zum Teil mit der hellgrünen Farbe.

Eine andere Methode besteht im Verspritzen von Farbe mittels einer alten Zahnbürste. Mit der Zahnbürste wird Farbe aufgenommen und über das Papier gehalten. Mit einem Pinselstiel, einem Messer oder einfach dem Daumen streicht man dann schnell über die Borsten, so daß sich die Farbe wie in einem Sprühregen über dem Papier verteilt. Diese Technik ist zu empfehlen, wenn man eine Textur ohne feine Details darstellen möchte. Spritzt man über eine helle Lavierung, sollte die versprühte Farbe allerdings nicht zu dunkel sein. Interessante Strukturen erhält man auch, wenn man Salz in eine feuchte Farbschicht streut; eine ideale Methode, um verwitterte Felsen oder verfallene Mauern darzustellen. Die Salzkörner saugen die Farbe auf und hinterlassen, wenn die Farbe trocken ist, ein Muster heller, kristalliner Formen. Die erzielten Effekte variieren je nach Feuchtigkeit der Farbschicht und je nachdem, welche Farben verwendet wurden. Am besten streut man das Salz auf, wenn die Lavierung nicht mehr glänzt, d. h. wenn sie zu trocknen beginnt. Das feuchte Salz braucht übrigens lange Zeit zum Trocknen. Doch es lohnt sich, diese Technik auszuprobieren.

Sprenkel mit Salz

1 Diese Technik funktioniert am besten auf einem nicht saugenden, glatten Aquarellpapier. Das Salz wird auf die Lavierung gestreut und absorbiert sofort Wasser.

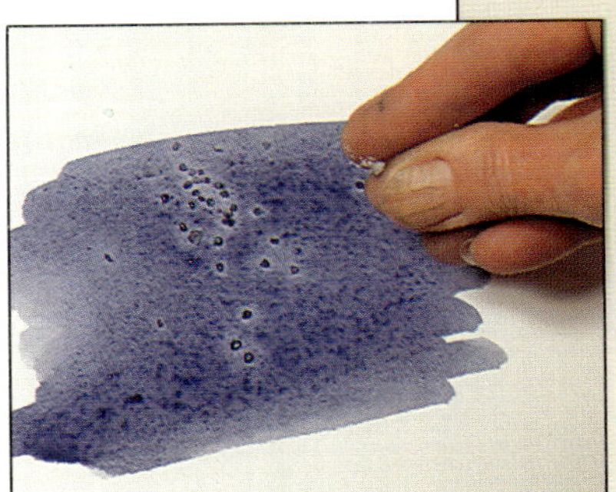

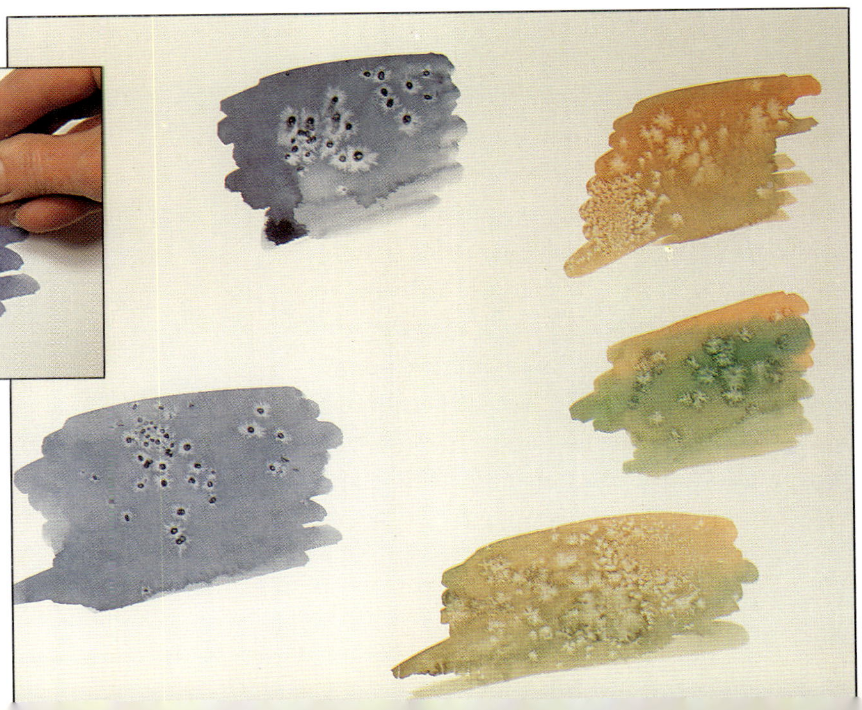

2 ► Diese Proben zeigen, wie vielseitig Salz eingesetzt werden kann. Das Ergebnis variiert je nach verwendeter Farbe, dem Feuchtigkeitsgrad der Lavierung und der Dichte der Salzkristalle.

WACHSABDECKVERFAHREN

Wachs einzusetzen, ähnelt in gewisser Hinsicht dem Arbeiten mit Abdeckflüssigkeit. Beide Techniken versiegeln bestimmte Stellen des Bildes und verhindern eine Einfärbung. Doch die Wirkung der Wachsabdecktechnik ist eine ganz andere. Sie beruht auf der Tatsache, daß sich Wasser und Öl (Wachs) abstoßen. Wenn man mit einer Haushaltskerze oder einer Wachskreide über das Papier fährt und dann eine Lavierung aufträgt, wird die Farbe an den eingewachsten Stellen abperlen. Im Unterschied zur Abdeckflüssigkeit, die saubere Formen hinterläßt, sind die entstehenden Strukturen fein gesprenkelt, da das Wachs lediglich an den Spitzen der immer etwas rauhen Papierkörnung haftet. Geschlossene Flächen erhält man dagegen nur, wenn man die Kerze oder die Wachskreide wirklich sehr fest aufdrückt.

Das Wachsabdeckverfahren ist eine einfache Technik, die allerdings sehr schöne Wirkungen zeigen kann. Sie wird oft bei Landschaften verwendet, für Himmel, die von leichten Wolkenbändern durchzogen werden, oder dem feinen Schimmer auf Wasser, Seen, Flüssen und Meeren. Mit einer leichten Wachsschicht unter naß in naß aufgetragenen Lavierungen kann man aber auch schöne Texturen für verwitterte Mauerflächen oder Felsen erzielen.

Wenn man einen farbigen Abdeckeffekt wünscht, sollte man Wachskreiden oder Ölstifte verwenden. Die Wachsuntermalung läßt sich in verschiedenen Stufen aufbauen. Man kann erst einige Lavierungen in Aquarell anlegen, dann Wachskreide auftragen, dann wieder malen und wieder Wachskreide auftragen. Man kann auch vor dem Lavieren in die Wachsschicht hineinkratzen. Welche Strukturen dabei entstehen, ist immer ein wenig zufällig, und oft ist man selbst von dem Ergebnis überrascht.

Aquarell und Ölstift

1 Dieses Landschaftsaquarell soll mit Abdecktechniken gestaltet werden. Die Künstlerin beginnt mit lockeren Lavierungen und zeichnet dann mit einem transparenten Ölstift über die trockenen Farbschichten.

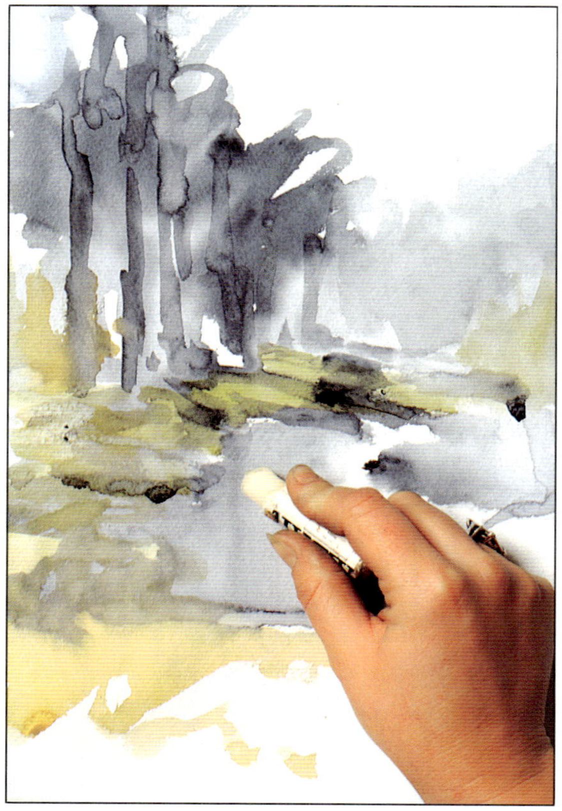

Verschiedene Wachseffekte

Die Ergebnisse hängen ganz von der Papiertextur, dem ausgeübten Druck beim Auftragen und der Wachsart ab. Im ersten Beispiel wurde eine Haushaltskerze verwendet, während die beiden anderen mit einem Ölstift angelegt wurden. Noch feinere Linien entstehen mit einer Wachskreide.

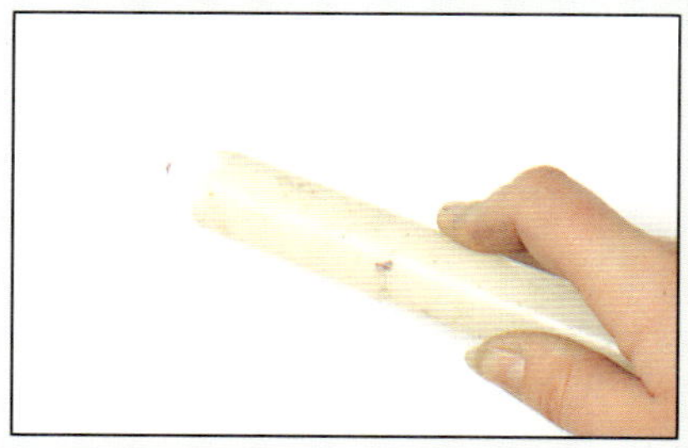

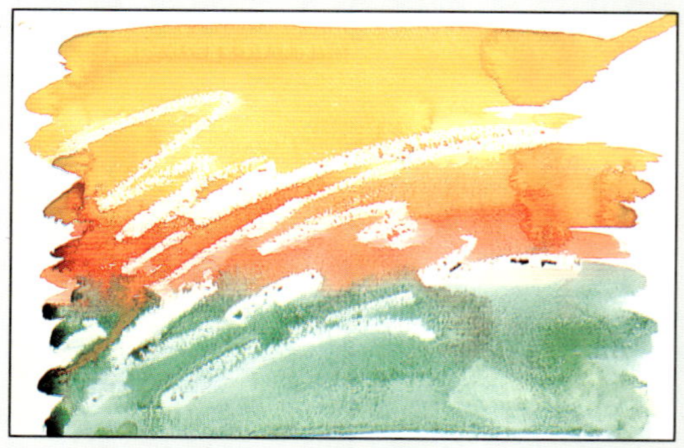

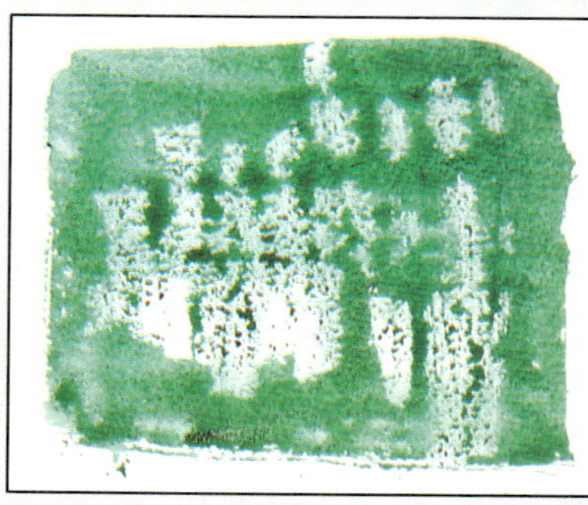

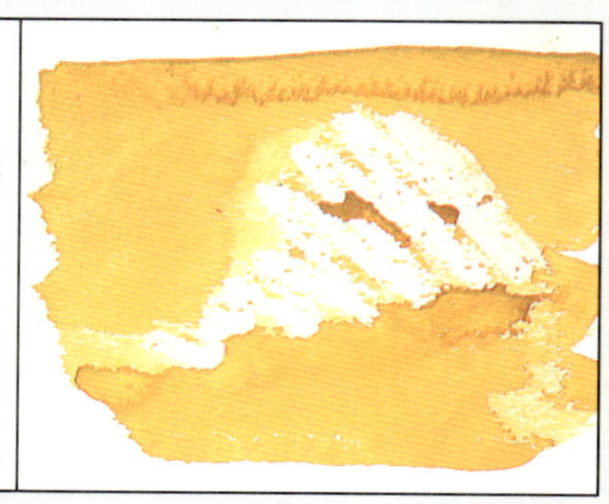

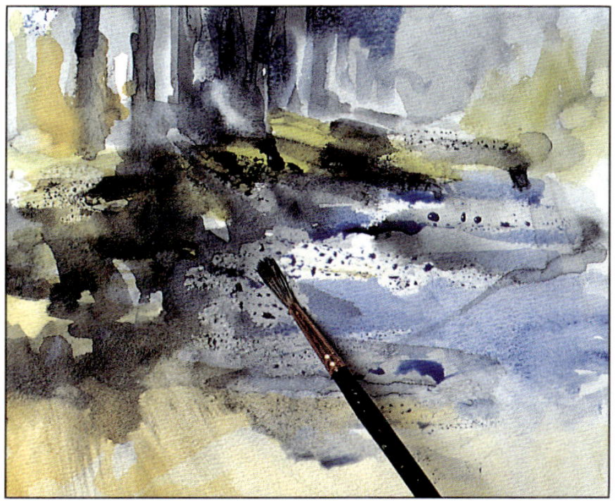

2 *Neue Lavierungen springen an den öligen Stellen ab und hinterlassen dort eine gesprenkelte Textur.*

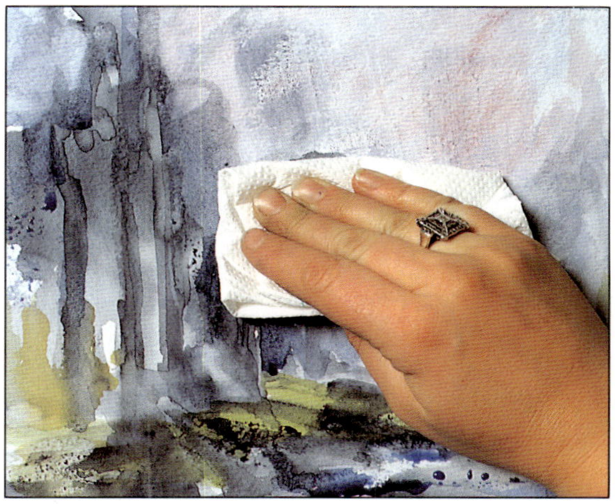

3 *Nach einem weiteren Auftrag mit dem Ölstift folgt wiederum eine Lavierung, die streifig verwischt wird.*

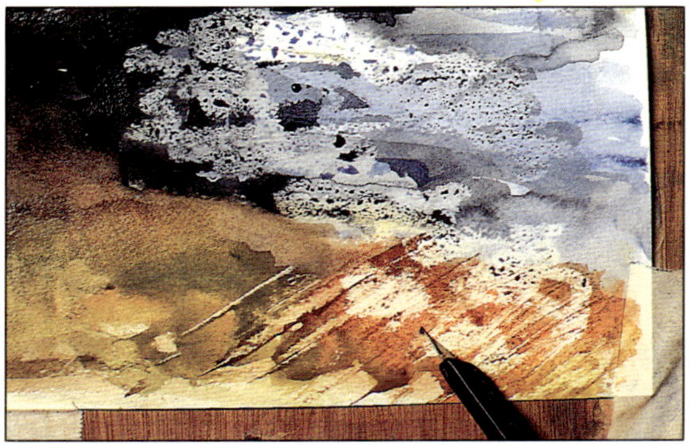

4 *Solange der Vordergrund noch feucht ist, wird mit einem Skalpell in die Wachs- und Farbschicht hineingekratzt. Dort, wo die Wachsschicht entfernt wird, entstehen dunkle Linien, da die Farbe in das aufgerauhte Papier fließt.*

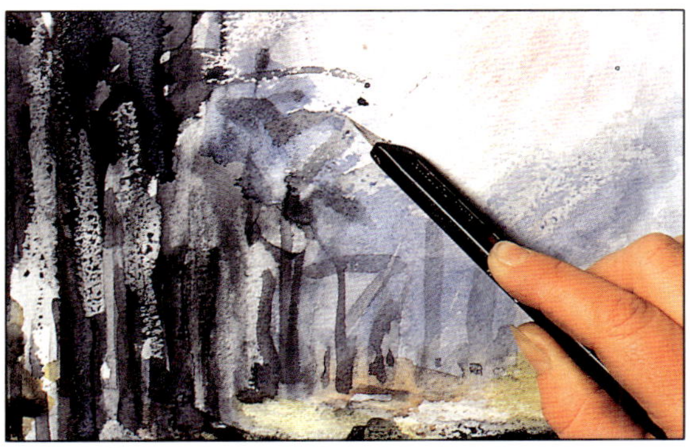

5 *Auch in den Himmel wird gekratzt, allerdings nicht mit der Spitze des Messers, sondern es wird mit der Schneidefläche geschabt, so daß die Farbschicht über dem Öl entfernt wird und weiße Zeichen hinterläßt.*

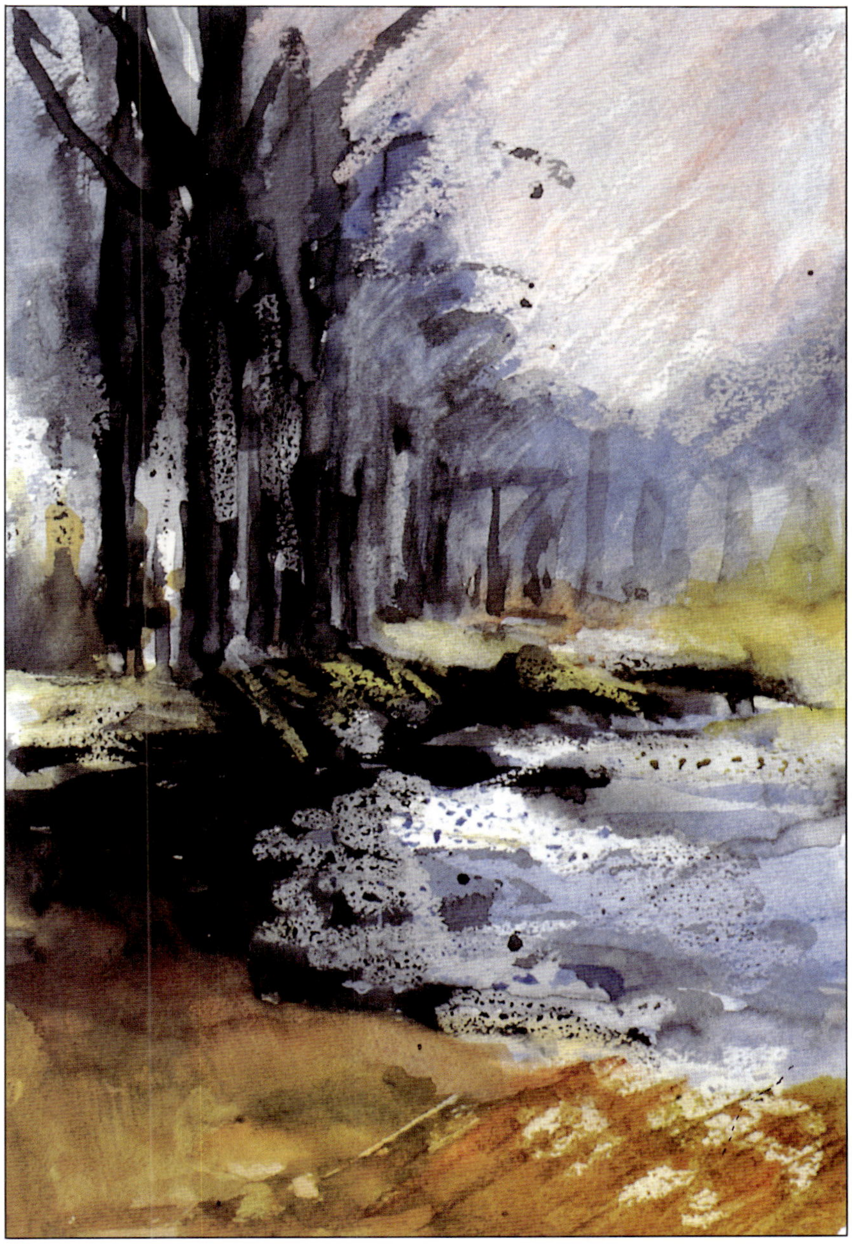

6 ► *Die Künstlerin hat die Landschaft fast abstrakt wiedergegeben. Durch das Abdeckverfahren wurde ein See angedeutet, auf die Wiedergabe von Details allerdings völlig verzichtet.*

Techniken

LINIE UND LAVIERUNG

In dieser sehr traditionellen Technik, die bis heute nichts von ihrem Charme verloren hat, werden Zeichnung und Malerei harmonisch kombiniert. Sie wird häufig von Illustratoren verwendet, um Tusche-Feder-Zeichnungen farbig auszuarbeiten. Die Verbindung von Linie und Lavierung bietet eine Vielzahl expressiver und ausdrucksvoller Möglichkeiten der Bildbearbeitung. Es ist eine Mischtechnik, in der die beiden unterschiedlichen Stilmittel eng miteinander verbunden sind. Farbe und Zeichnung sollten daher in einem gemeinsamen Prozeß herausgearbeitet und nicht eine Zeichnung fertiggestellt und dann einfach eingefärbt werden. Stufenweise kann dem Bild Farbe zugegeben werden oder wieder gezeichnet werden, je nachdem, wie es das Motiv erfordert.

Man muß nicht unbedingt eine Feder verwenden. Aquarelle werden oft auch mit Bleistiftzeichnungen kombiniert, wobei die Bleistiftlinien Details und Akzente setzen. Bleistift und Aquarell harmonieren sogar insofern sehr gut, als der Bleistift eine weichere und weniger dominante Linie ergibt als die Feder.

Dennoch ist die Feder immer noch das in dieser Technik am häufigsten verwendete Zeichenmittel. Experimentieren Sie am besten selber einmal mit den verschiedenen Zeichenwerkzeugen, die ja in einer großen Vielfalt angeboten werden.

Man kann auch mit feinen Faser- oder Filzstiften arbeiten, die allerdings lichtecht sein müssen, oder mit Tauchfedern und Füller – ein Federhalter mit mehreren austauschbaren Federn ist relativ billig. Normalerweise verwendet man wasserechte Tusche, kann aber auch einmal wasserlösliche Tusche ausprobieren, da die verlaufenden Linien eine recht interessante Wirkung haben können.

Feder und Aquarell

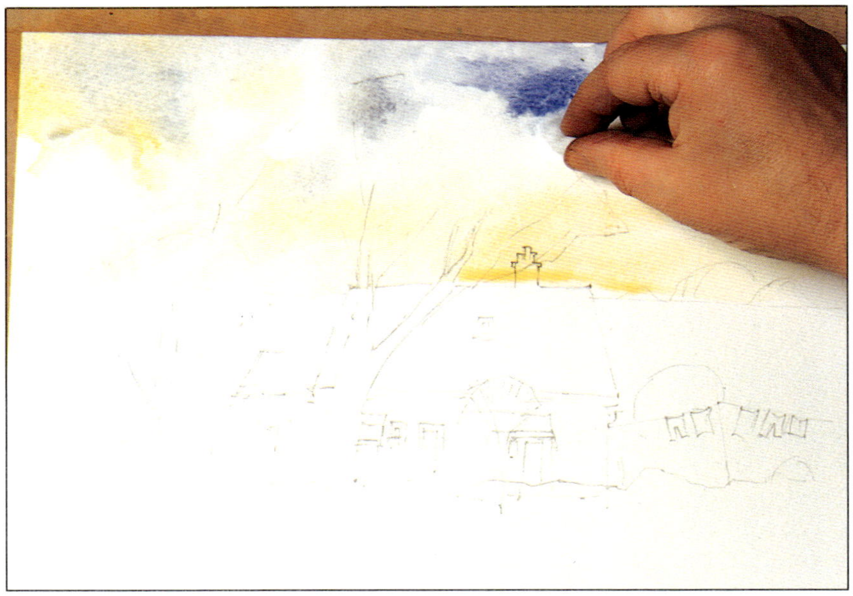

1 Der Künstler will Linie und Farbe nebeneinander entwickeln. Er beginnt mit einer Bleistiftzeichnung, die Hilfslinien für die ersten naß in naß aufgetragenen Lavierungen vorgibt.

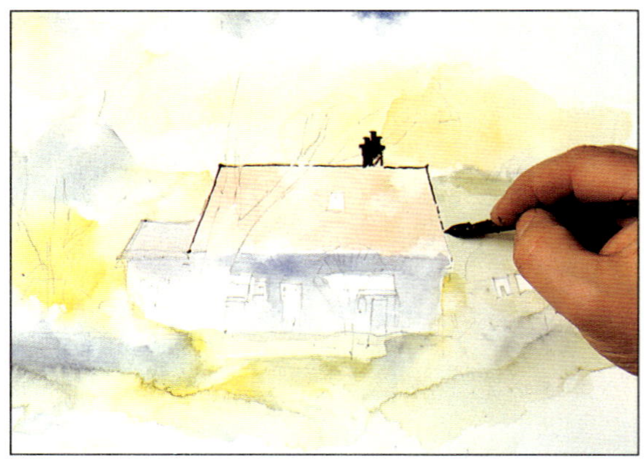

2 Nachdem die Lavierungen trocken sind, zeichnet er mit einer Feder und wasserechter Tusche erste Umrisse ein, beschränkt sich dabei aber immer noch auf die wesentlichen Formen.

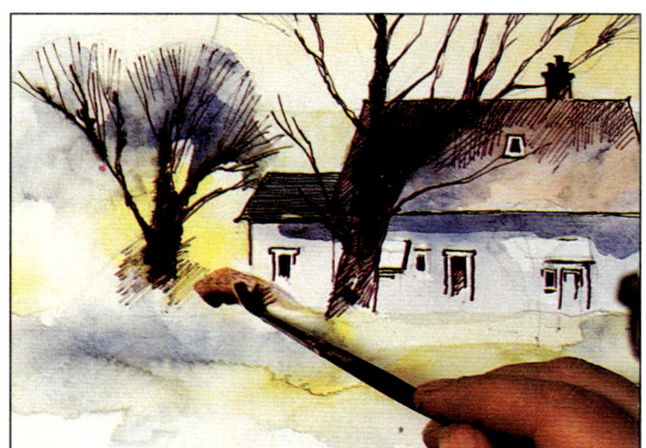

3 Nun wurde die Zeichnung mit kräftigen Linien und Schraffuren verstärkt. Gleichzeitig jedoch trägt der Künstler jetzt auch dunkle Farbflächen ein.

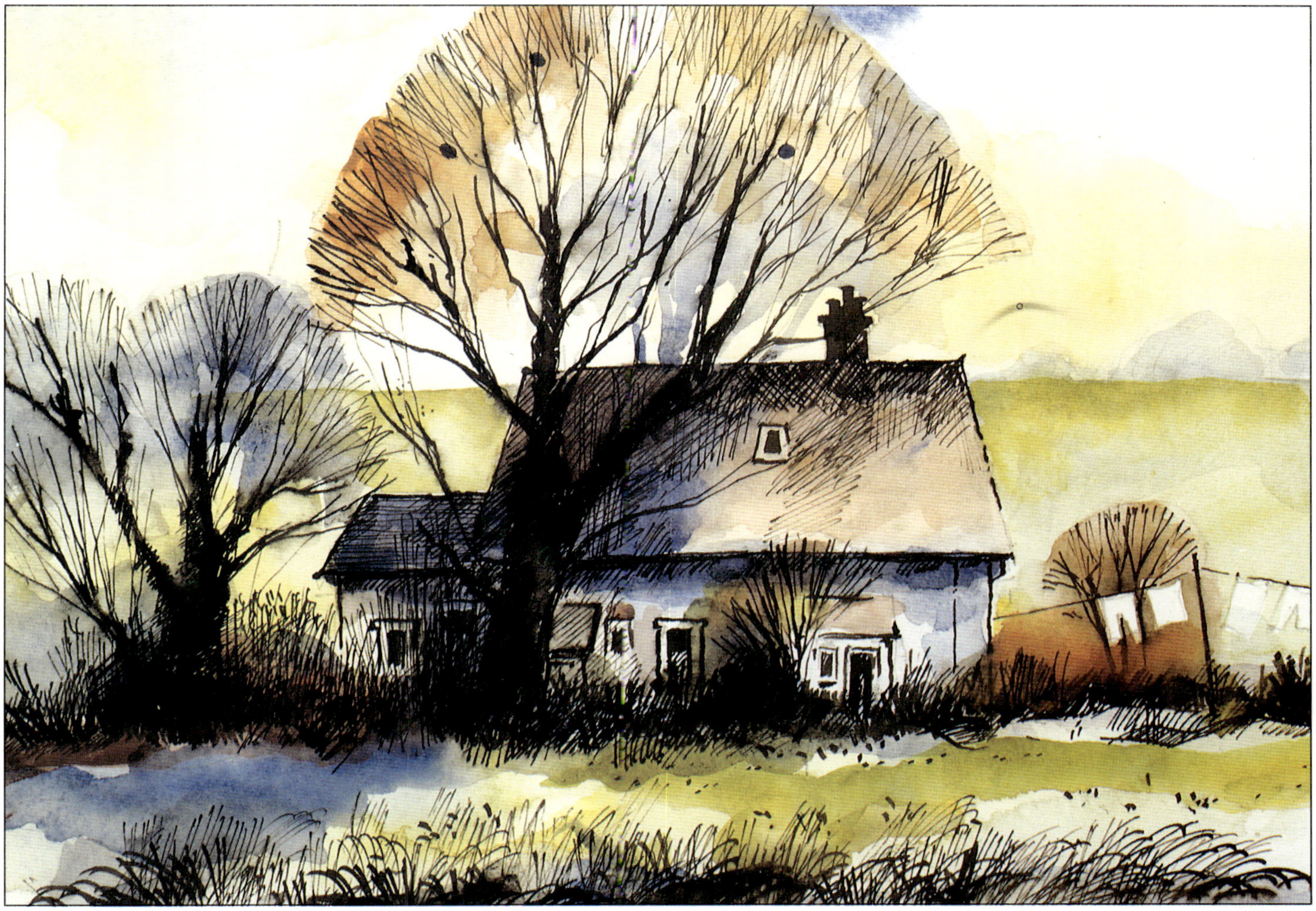

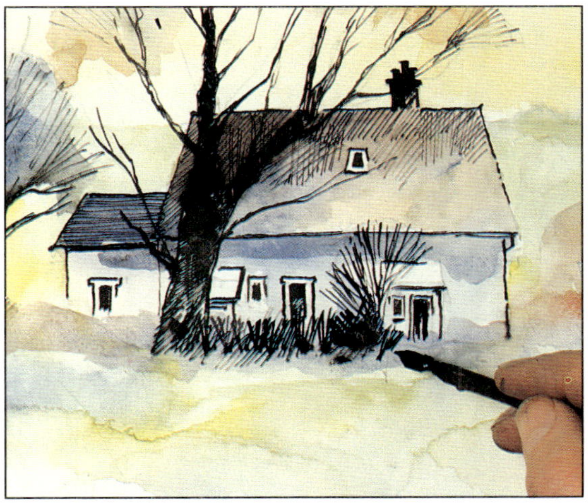

4 *Die Stelle vor dem Haus wird mit einer Linienschraffur differenziert. Die Naß-in-Naß-Lavierungen sind mit harten Rändern aufgetrocknet, die mit den Tuschelinien gut harmonieren.*

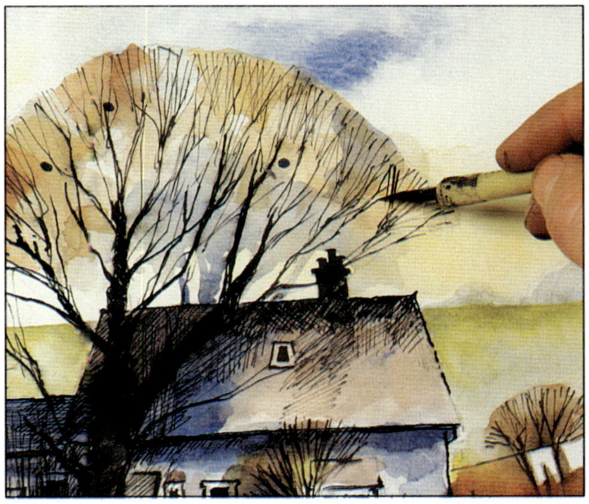

5 *Mehrere lockere Lavierungen wurden über den großen Baum gelegt. Mit einer feinen Feder werden Details eingezeichnet.*

6 ▲ *Wenn man erst die Zeichnung fertigstellt und dann die Farbe aufträgt, ist es sehr schwer, eine harmonische Verbindung zwischen den beiden Techniken zu schaffen. In diesem Beispiel hat der Künstler Zeichnung und Malerei geschickt aufgebaut, ohne den interessanten Kontrast zwischen Linien und großzügigen Farblavierungen aufzugeben.*

FLIESSTECHNIK

Vielleicht haben Sie schon einmal – aus Ungeduld – neue Farbe in eine noch feuchte Lavierung gesetzt, die dann in die alte Farbschicht hineingelaufen ist, und es entstand ein häßlicher Fleck mit scharf gezackten Rändern. Vielleicht haben Sie dann Ihre Arbeit noch einmal ganz von vorn begonnen oder mußten diesen Teil mit einem Schwamm auswaschen.
Gerade beim Aquarellieren sollte man jedoch mit allen Zufällen und Möglichkeiten spielen und lernen, sie kreativ einzusetzen. Man kann einen solchen Verlauf auch absichtlich herbeiführen, denn die damit erzielten Ergebnisse unterscheiden sich von allen anderen Techniken, und die Strukturen, die dabei entstehen, können zum Blickfang eines Bildes werden. Läßt man zum Beispiel Farbe in einen Himmel hineinfließen, kann daraus eine bizarre, ungewöhnliche Wolke entstehen, und in einem Vordergrund können sich interessante Details ergeben. Vor allem aber in Blumenbildern wird gerne mit dieser Technik gearbeitet, da die Formen oft Blüten und Blättern ähneln. Natürlich ist es schwer, die Ergebnisse zu kontrollieren, man ist ihnen aber auch nicht völlig ausgeliefert. Die Vorgehensweise ist einfach: Man tropft stark verdünnte Farbe in eine noch feuchte Lavierung oder malt sie mit dem Pinsel hinein. Dann neigt man das Malbrett etwas, damit die Farbe verfließen kann und trocknet das Bild anschließend so schnell wie möglich mit einem Fön. Aber Vorsicht: Solange die Farbe noch feucht ist, wird sie sich weiter ausdehnen!

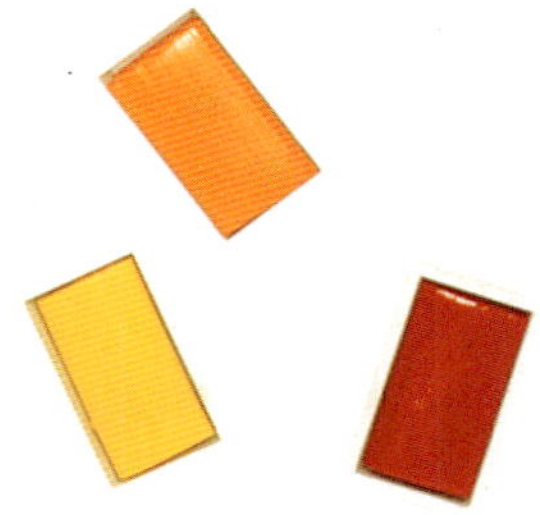

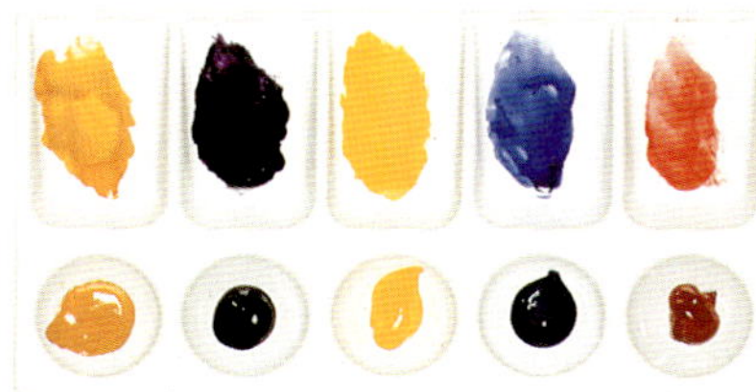

Aquarellpalette

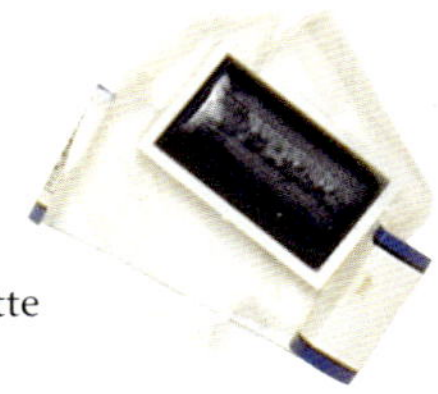

Aquarellnäpfchen

Zufällige Fließeffekte

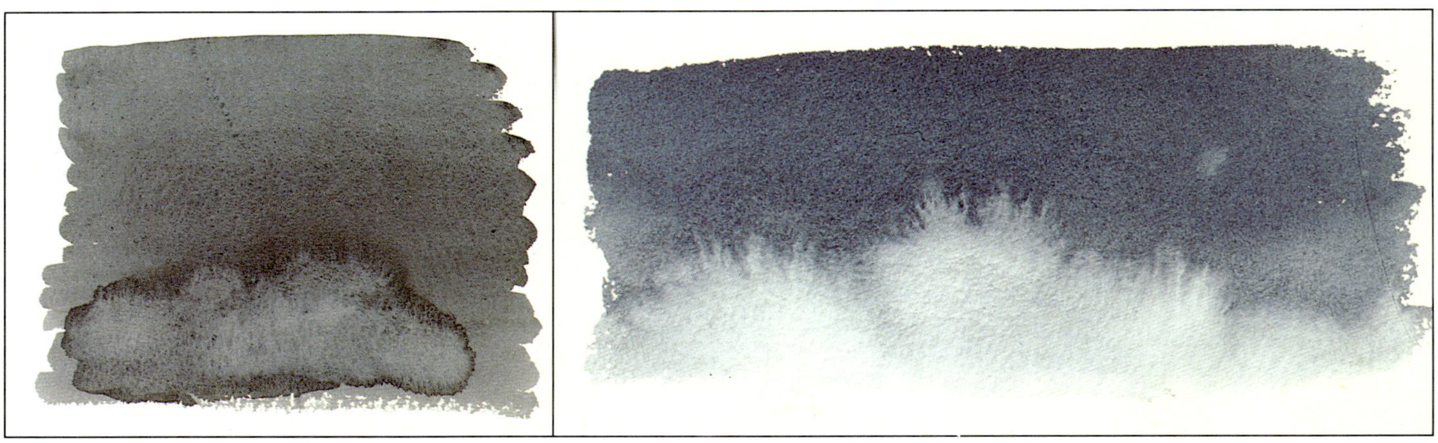

Diese Beispiele zeigen, was passieren kann, wenn man aus Versehen in eine noch feuchte Lavierung hineinmalt. Im ersten Fall war die Lavierung noch sehr naß, im zweiten schien sie schon trocken.

Absichtliche Fließeffekte

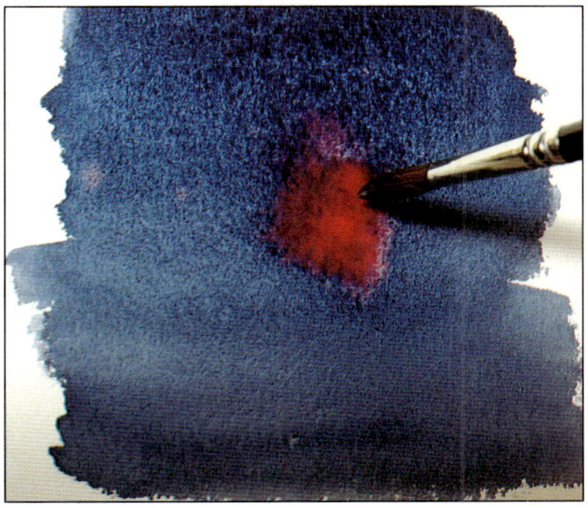

1 Zuerst wird eine dunkle Indigo-Lavierung angelegt und anschließend eine verdünnte Lösung Alizarinkarmesin hineingetropft, die sich sofort auszubreiten beginnt.

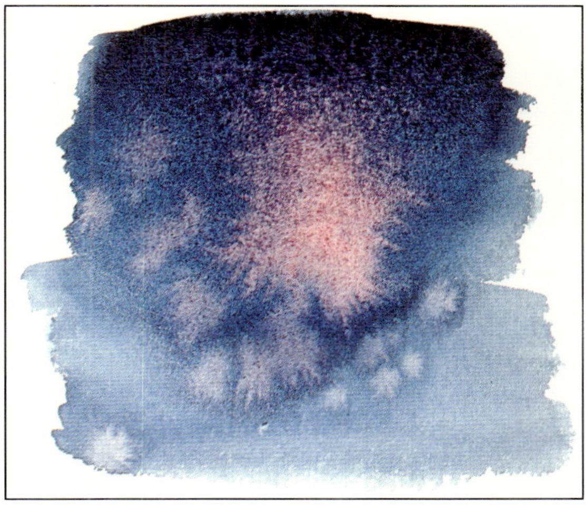

2 Die Farbe dehnt sich weiter aus, bis sie vollkommen eingetrocknet ist. In diesem Beispiel ist die erste Lavierung an den Rändern bereits trocken, während sie in der Mitte noch feucht ist, so daß sich der karminrote Fleck hier weiter verteilen kann.

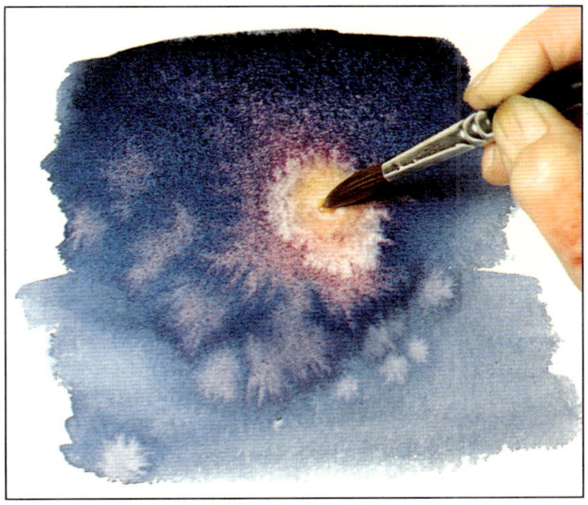

3 Hier wird Gelb ins Zentrum getropft. Diese neue Farbe überdeckt nun ihrerseits das Alizarinkarmesin, und inmitten der dunklen Farben entsteht ein heller Fleck.

4 ► Anschließend läßt man das Blatt ganz trocknen. Dann wiederum wird ein helles Karminrot naß auf trocken angelegt, gefolgt von einem dunkleren Karmin naß in naß. Auf diese Weise lassen sich eine Reihe von blumenartigen Effekten schaffen.

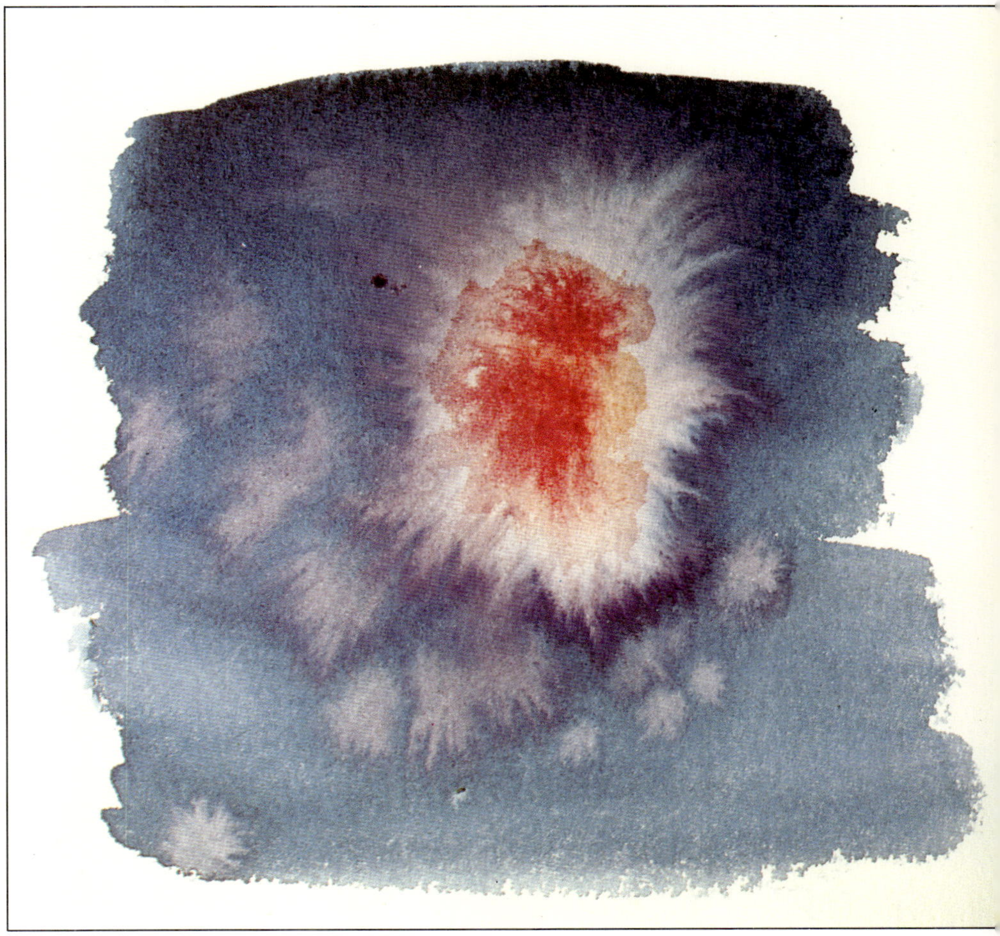

Malzusätze

Das Bindemittel in den Aquarellfarben ist Gummiarabikum. Es ist in jedem Farbengeschäft erhältlich und kann auch als Malmittel verwendet werden. In Form einer wäßrigen Lösung kann es die Aquarellfarbe glänzender und pastoser werden lassen, so daß die Farben dann – zum Beispiel für eine kleine Stelle im Bild – in einzelnen Pinselstrichen angelegt werden können, ohne ineinanderzulaufen. Das ist für Details interessant, vor allem auch bei dunklen Farben, die sonst wenig Leuchtkraft besitzen würden. Auch das Abheben gelingt leichter: Wenn man eine mit Gummiarabikum gemischte Farblavierung über eine helle Lavierung legt und trocknen läßt, kann die obere Schicht mit einem nassen Pinsel problemlos wieder gelöst werden, so daß die Farbe darunter durchscheint. Ein anderes Malmittel für die Aquarellmalerei ist

Mit Gummiarabikum arbeiten

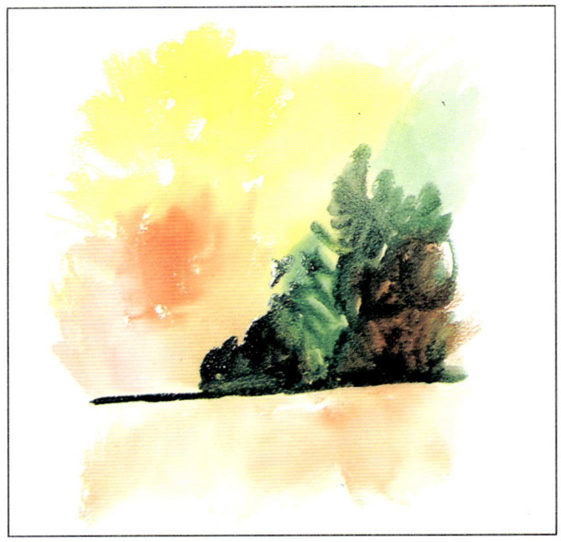

1 *Zunächst werden normale Lavierungen angelegt und dann die Bäume aus einer Mischung von dunkelgrüner Aquarellfarbe und Gummiarabikum gemalt. Die Farben leuchten intensiv, und jeder Pinselstrich bleibt sichtbar stehen.*

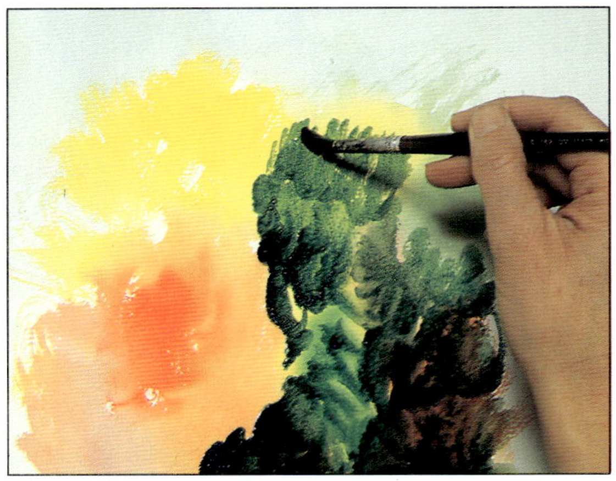

2 *Gummiarabikum erleichtert das Abheben. Da es wasserlöslich ist, läßt sich die obere Farbschicht mit nassem Pinsel leicht auflösen.*

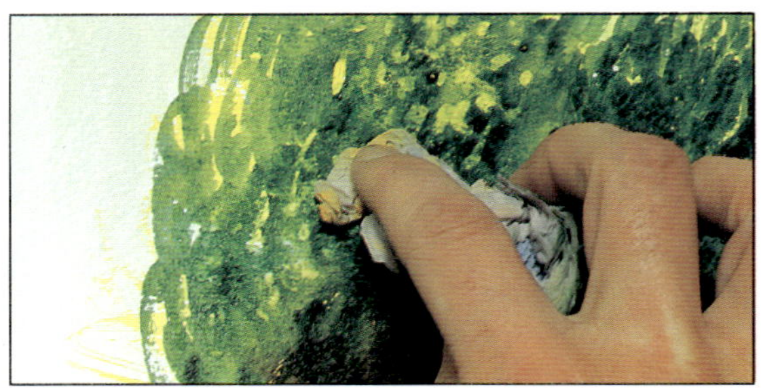

3 *Mit einem feuchten Lappen wird leicht auf die Farbschicht getupft, um weiche, diffuse Lichter zu schaffen. Die erste gelbe Lavierung wird davon nicht berührt, da hier kein Gummiarabikum verwendet wurde.*

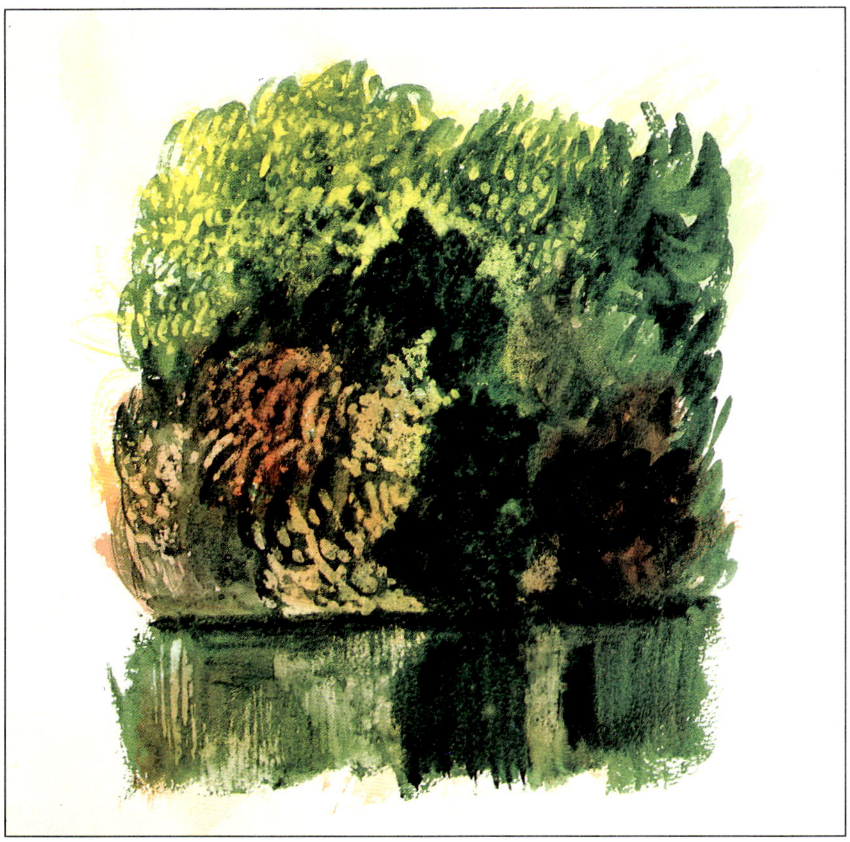

4 *◄ Der Zusatz von Gummiarabikum erhöht nicht nur die Leuchtkraft der Farbe, sondern schafft auch interessante Texturen.*

Farbe mit Seife mischen

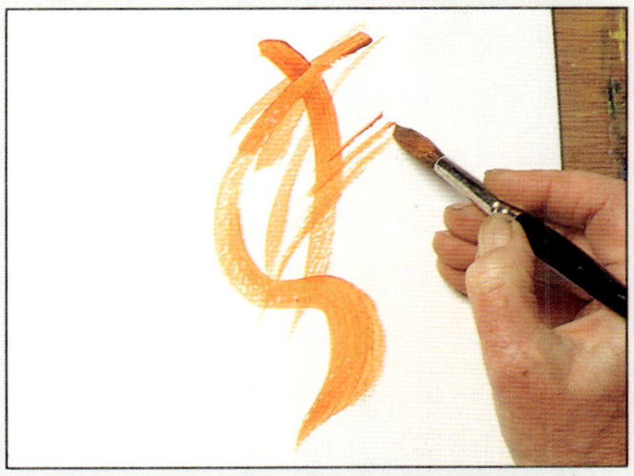

1 Zunächst wurde der Pinsel in eine intensive Farblösung getaucht und dann über ein Stück Seife gerieben. Dadurch wird die Farbe verdickt, ohne an Transparenz zu verlieren, und deutliche Pinselstriche können gesetzt werden.

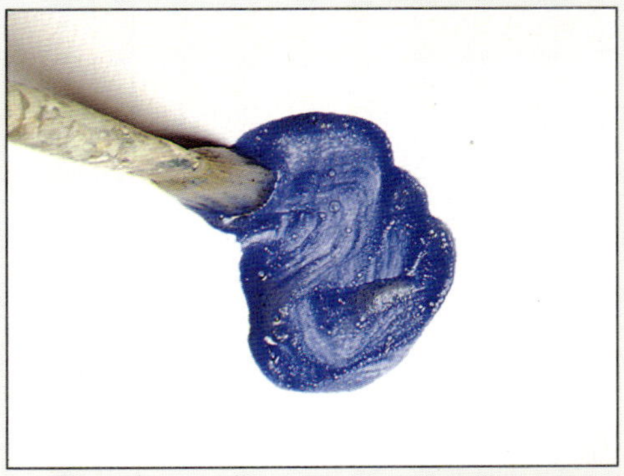

2 Vermalt man die Seifen-Farb-Mischung mit einem Borstenpinsel, entstehen Blasen und Streifen, die sichtbar auftrocknen und eine interessante Textur bilden.

Aquarellfarbe und Terpentin

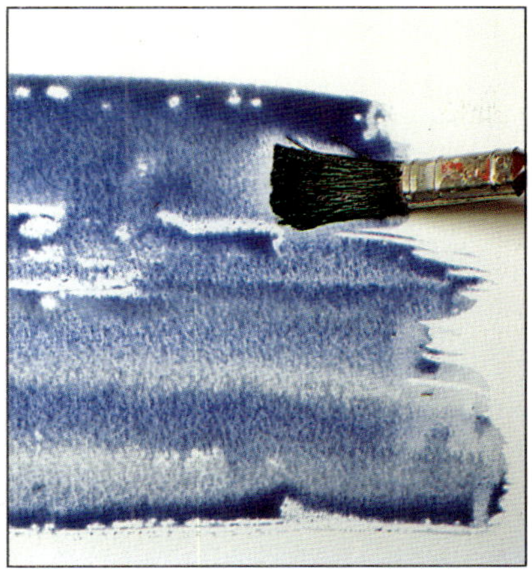

1 Der Pinsel wurde zuerst in Terpentinöl getaucht und dann in die Farbe. Beim Malen entsteht ein Streifenmuster, da sich Wasserfarbe und Terpentinöl wieder trennen.

2 In diesem Beispiel wurde Terpentinöl auf das ganze Blatt aufgetragen und mit Aquarellfarbe darübergemalt.

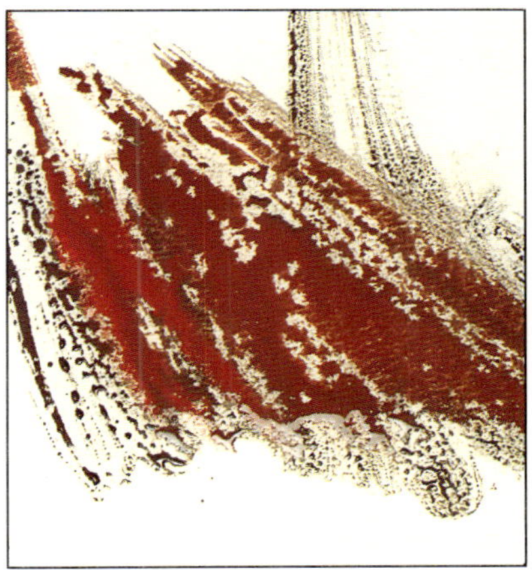

3 Die gleiche Technik ist hier angewandt worden, die Pinselstriche wurden jedoch nicht so eng nebeneinander gesetzt.

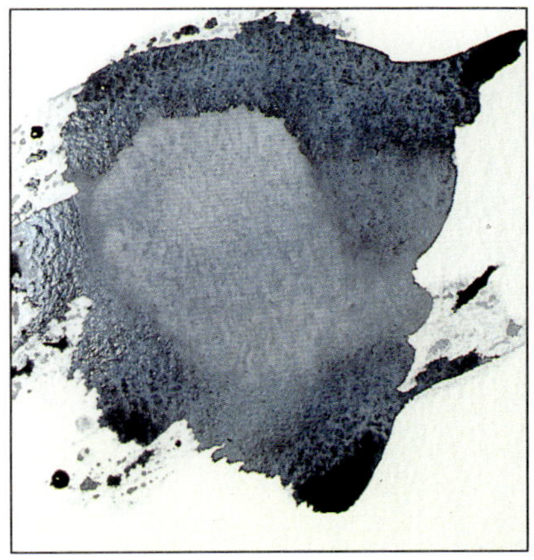

4 In diesem Beispiel wurde Terpentinöl in eine noch feuchte Lavierung getropft. Das Terpentin verdrängt die Farbe und bildet eine hellen Fleck mit dunklen Rändern.

Ochsengalle. Im Gegensatz zu Gummiarabikum steigert Ochsengalle jedoch die Fließfähigkeit der Farbe.

Neben diesen konventionellen Zusatzmitteln gibt es auch noch einige andere interessante Alternativen wie zum Beispiel Seife. Ähnlich wie Gummiarabikum verdickt Seife die Aquarellfarbe, so daß die einzelnen Pinselstriche stehenbleiben. Zusätzlich aber ergeben sich während des Malens Blasen, die nach dem Trocknen Ringe und Kreise in der Farbschicht hinterlassen. Seife ist daher besonders dann geeignet, wenn man Texturen, zum Beispiel für einen dramatischen Wolkenhimmel, schaffen möchte. Interessante Effekte erzielt man auch mit einer Variante der Wachsabdecktechnik. In diesem Fall nimmt man Terpentinöl, das aufgrund seines Ölgehalts die Aquarellfarbe ebenfalls abstößt. Trägt man also Aquarellfarbe auf eine Schicht Terpentinöl auf, perlt die wäßrige Farbe an einigen Stellen ab und zeigt eine streifige Textur. Man kann auch etwas Farbe anmischen und vor dem Auftragen den Pinsel in Terpentinöl tauchen. Auch dabei sind zwar die Ergebnisse oft zufälliger Natur, das Ausprobieren aber macht viel Spaß.

Ein Motiv – verschiedene Malweisen

Wenn man mit dem Malen beginnt, ist man oft versucht, den Stil eines bestimmten Lehrers oder Künstlers nachzuahmen. Man hält sich zunächst an Vorbildern fest und muß erst lernen, Unsicherheiten zu überwinden und seinen eigenen Stil zu entwickeln. Zwar hatten selbst berühmte Künstler meist ein Vorbild, das sie bewunderten, doch wenn man sich zu sehr an anderen orientiert, kann dies auch dazu führen, daß man sich nur auf die dort angewandten Techniken und Arbeitsweisen einläßt.
Um zu zeigen, daß jeder Maler seinen ganz persönlichen Stil entwickeln kann, haben wir zwei unterschiedliche Künstler gebeten, das gleiche Motiv zu malen.
John Lidzey verwendet sowohl Naß-in-Naß- als auch Naß-auf-Trocken-Techniken. Er malt vorwiegend auf glattem Papier, weil er gerne mit den zufälligen Verläufen der Farbe spielt. Rosalind Cuthbert malt dagegen lieber auf leicht rauhem Papier in der klassischen Naß-auf-Trocken-Technik.

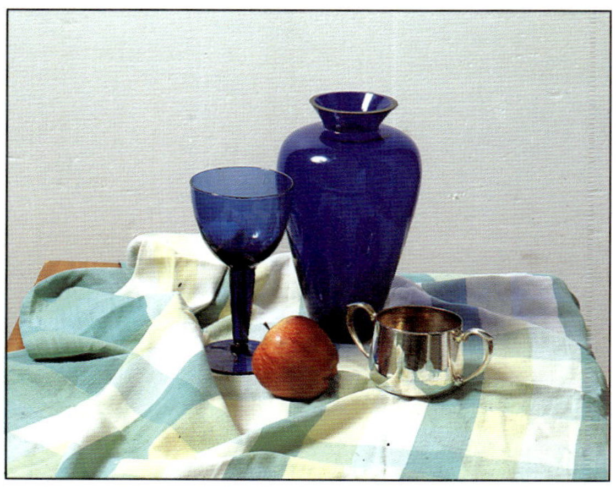

▲ *Ein sehr bewußt arrangiertes Stilleben aus blauen Gläsern und einer Silberschale auf einem karierten Tischtuch bildet den gemeinsamen Ausgangspunkt der Übung.*

Aquarell auf glattem Papier

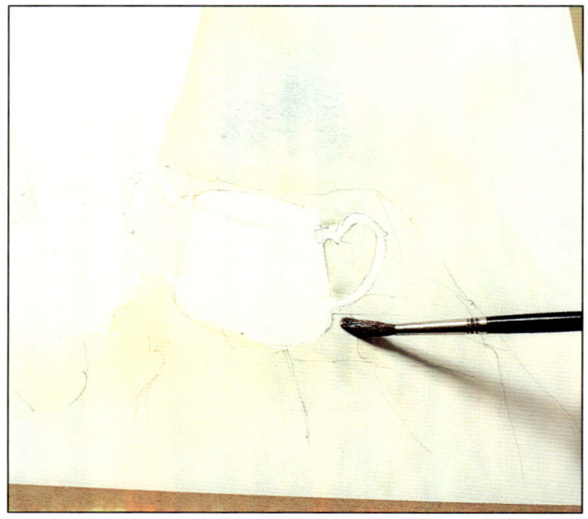

1 *Lidzey legt zuerst eine leichte gelbliche Lavierung über den Hintergrund. Die Vorzeichnung wird dabei vorsichtig umgangen.*

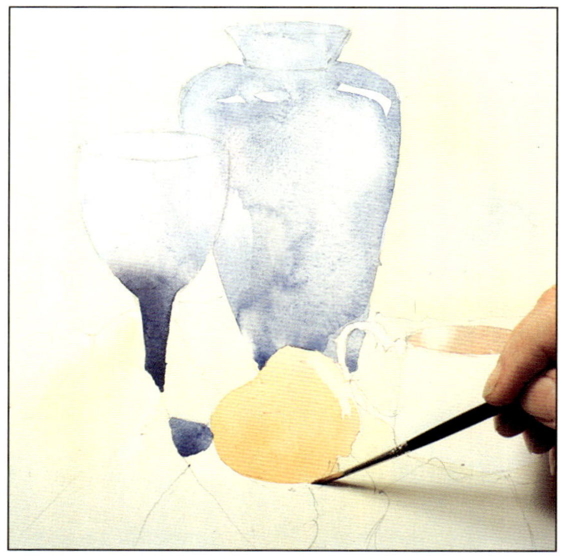

2 *Die Form der Vase wurde naß in naß gemalt und es wurde darauf geachtet, Lichter auszusparen, teilweise in der orange-gelben Lavierung und zum Teil auch, wie bei dem kleinen Fleck ganz rechts, indem etwas vom Papierweiß stehengelassen wurde.*

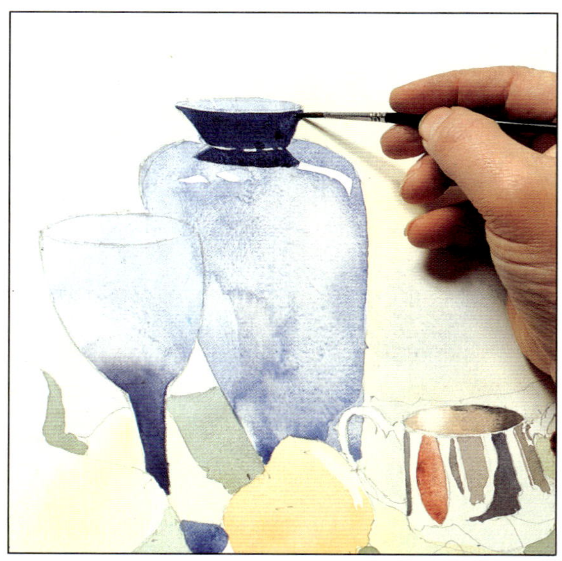

3 *Der Künstler verwendet nur an bestimmten Stellen die Naß-in-Naß-Technik. Hier legt er dagegen – ebenso wie zuvor bei der Silberschale – Farbe naß auf trocken an. Mit dem Fön wird jede Stufe des Bildes getrocknet.*

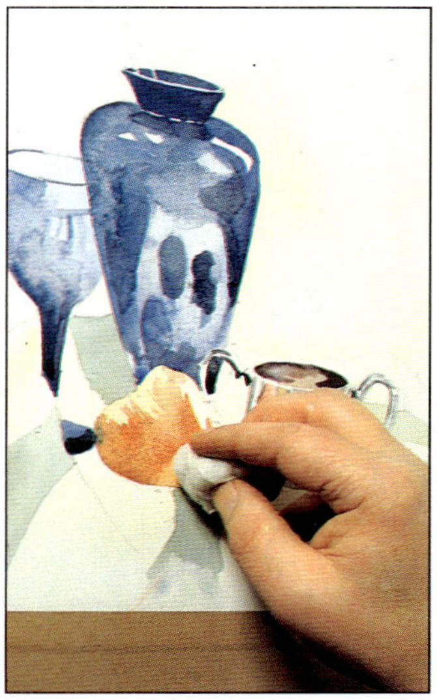

4 *Eine dunkle Lavierung auf dem Apfel wird mit einem Wattebausch abgetupft, um weiche, diffuse Lichter zu schaffen. Sie sehen: Watte und ein Fön können wichtige Werkzeuge der Aquarellmalerei sein.*

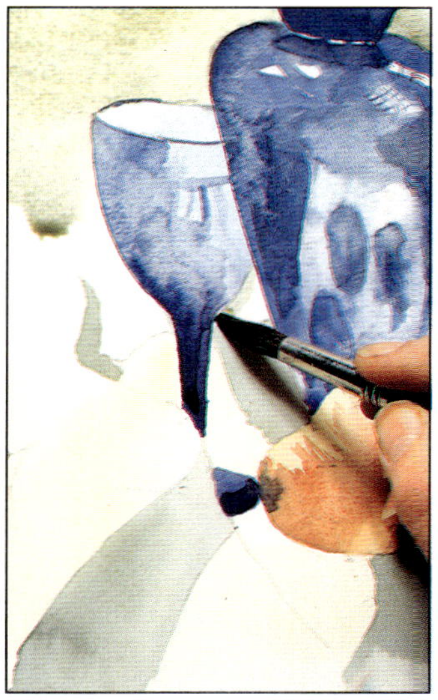

5 *Nun wird der Hintergrund angelegt, wobei die Farbe vorsichtig um die Ränder des Glases geführt wird. Da Glas und Vase hauptsächlich naß in naß gemalt worden sind, wurde das Bild erst gründlich getrocknet, um zu verhindern, daß die neue Lavierung in das Blau einsickert.*

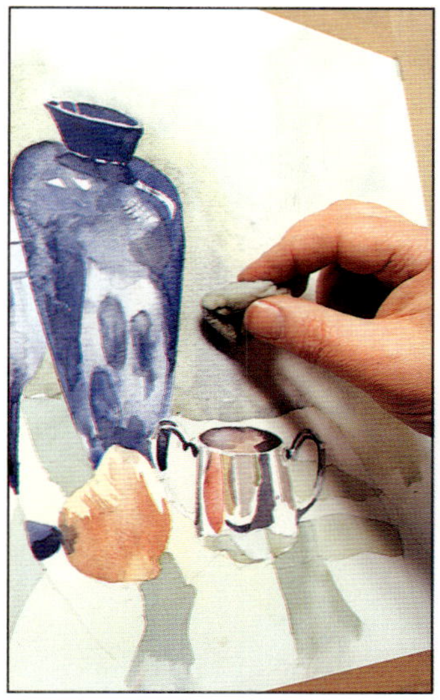

6 *Mit einem feuchten Wattebausch werden Stellen im Hintergrund gedämpft und etwas Farbe abgehoben. Auf glattem Papier ergibt sich übrigens oft durch die Pigmente ein körniger Farbauftrag, den manche Aquarellmaler als zufälligen Effekt in die Arbeit einbeziehen.*

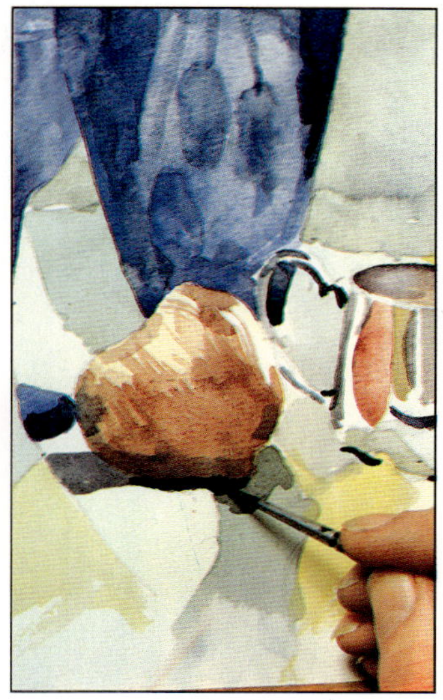

7 *Deutlich sind, wie in Schritt 2 beschrieben, die Lichter auf dem Apfel zu sehen. Nun werden dunklere Farbtöne naß auf trocken aufgemalt. Der dunkle Schatten verleiht dem Apfel Volumen und beschreibt seine Position auf dem Tisch.*

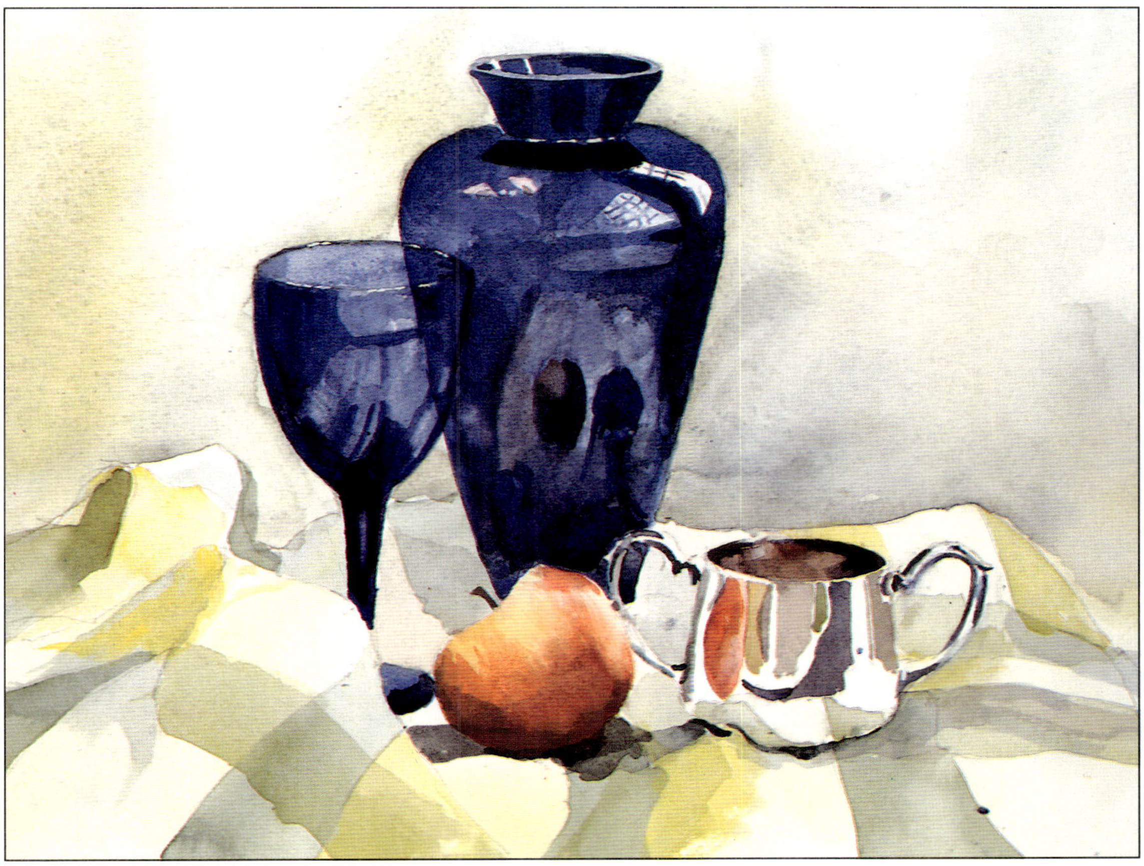

8 *Die Verbindung von weichen, naß in naß vermalten Bildteilen und scharfen Rändern ist sehr wirkungsvoll. Die Arbeit an der Silberschale und dem oberen Teil der Vase zeigt, wie wichtig eine gute Vorzeichnung im Aquarell ist. Jedes Licht und jeder Farbreflex muß sorgfältig plaziert werden, um die Formen der Gegenstände zu kennzeichnen.*

Naß auf trocken, auf leicht rauhem Papier

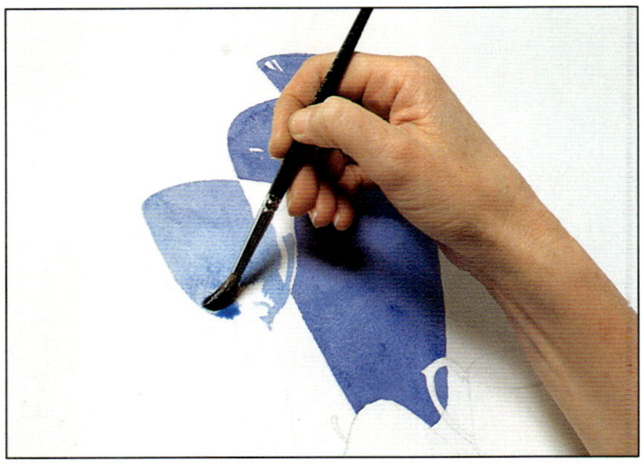

1 Auch in dieser Übung wurde zunächst mit ganz feinem Bleistift vorgezeichnet. Rosalind Cuthbert beginnt aber nicht mit dem Hintergrund, sondern legt als erstes die Farbgebung von Glas und Vase fest.

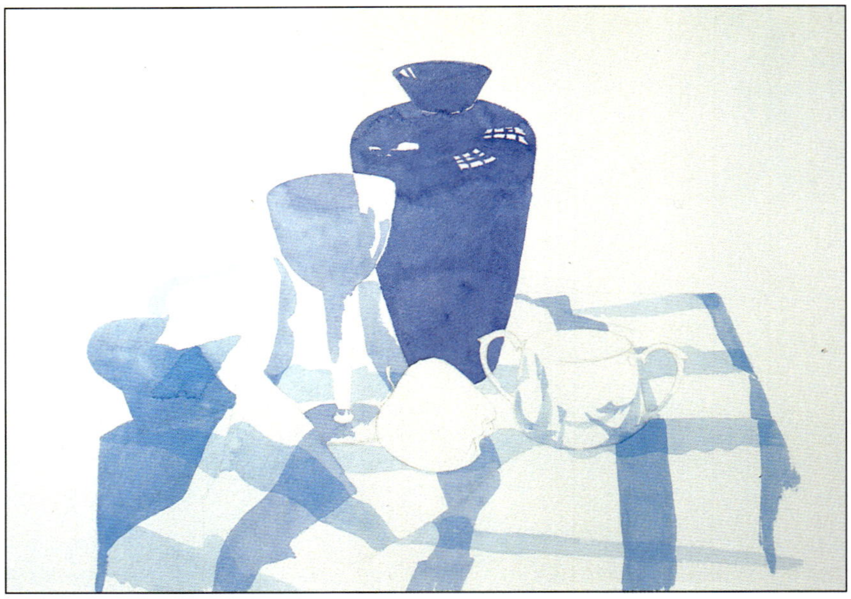

2 ▲ Blau ist die dominante Farbe im Bild, wobei zwei Blautöne verwendet werden, Ultramarinblau für die Vase und Winsorblau, ein kühleres, grünliches Blau für das Glas und das Tischtuch.

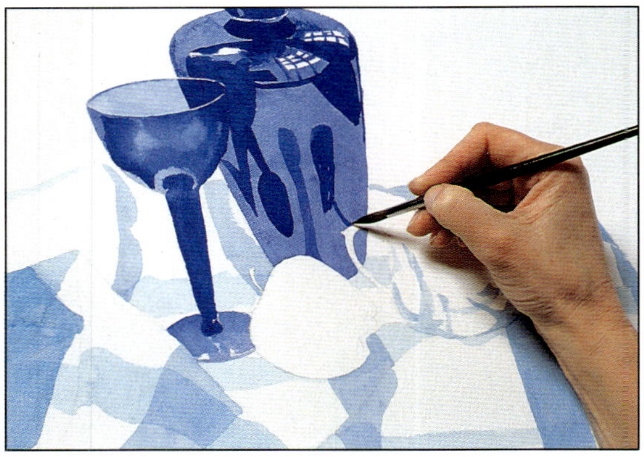

3 Da alle anderen Farben sowohl im Hinter- wie auch im Vordergrund auf die Farbgebung von Vase und Glas bezogen werden sollen, konzentriert sich die Künstlerin zunächst nur auf diese beiden Gegenstände. Das Glas wurde nun ebenfalls mit dunklem Ultramarinblau weiter bearbeitet, einige hellblaue Lichter bleiben ausgespart.

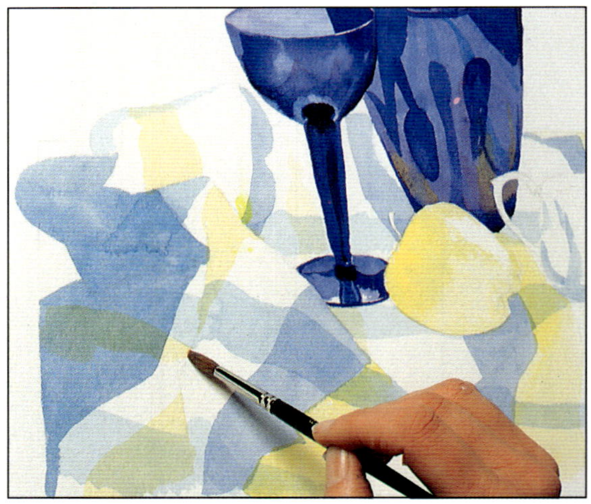

4 ► Hellgelbe Lavierungen werden auf Tuch und Apfel gelegt. Beim Tischtuch ergibt sich dort, wo Gelb Blau überdeckt, ein helles Grün. Ein warmes, orangefarbenes Gelb über das Blau am Fuß der Vase gesetzt, deutet Reflexe des Apfels an.

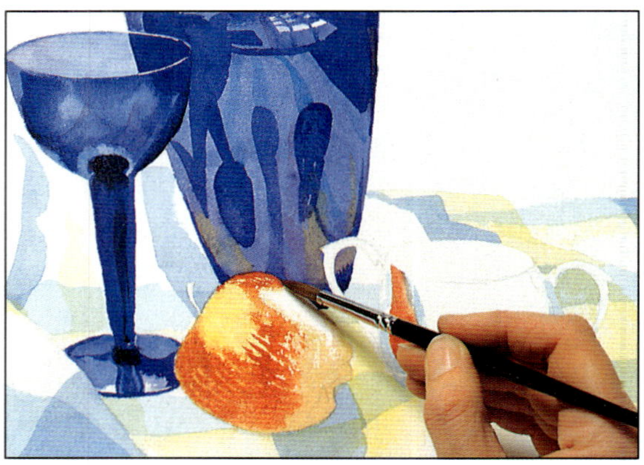

5 Nachdem die Vase fertiggemalt wurde, werden nun die Farbintensität des Apfels festgelegt sowie seine Spiegelungen in der Silberschale.

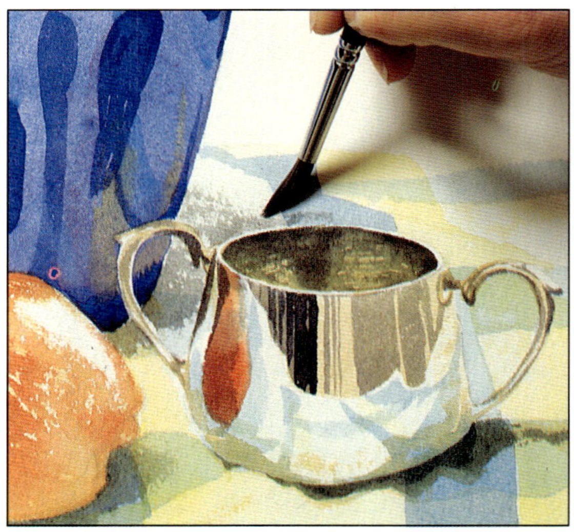

6 ► Mit fast trockenem Pinsel und wenig Farbe tupft die Künstlerin leicht auf das Papier und arbeitet so die gebrochenen Farben des Apfels und das Innere der Silberschale aus. Diese Variante der Trockenpinseltechnik wurde auch für den Schatten verwendet.

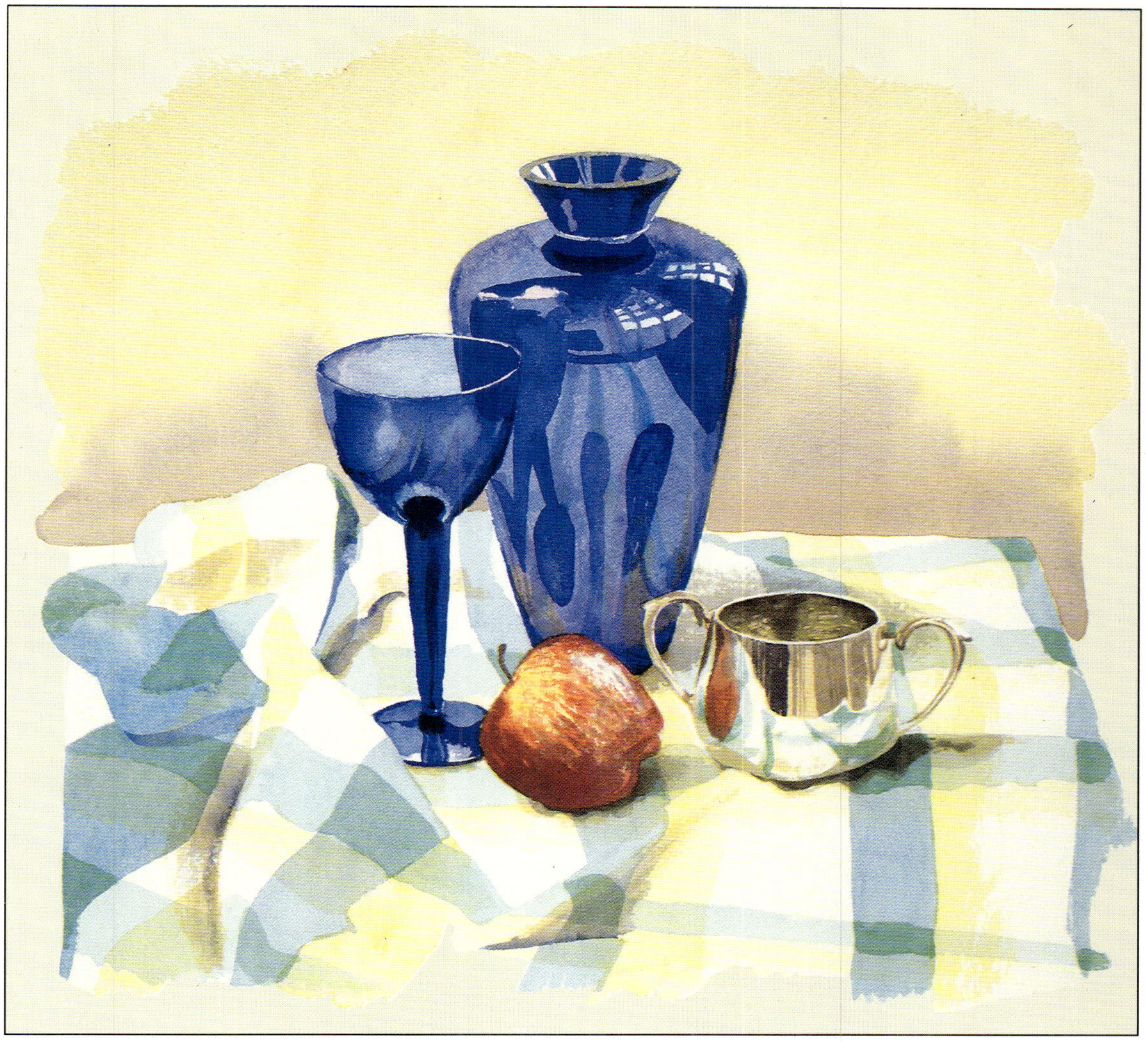

9 *In den letzten Phasen wurden einige helle Lavierungen auf das Tischtuch gemalt, um seine Farbigkeit zu verstärken. Der Hintergrund wurde gleich hinter dem Tisch mit einem warmen Blau-Grau abgedunkelt. Nur hier wurde naß in naß gemalt, um einen weich verschwimmenden Farbeffekt zu erzielen.*

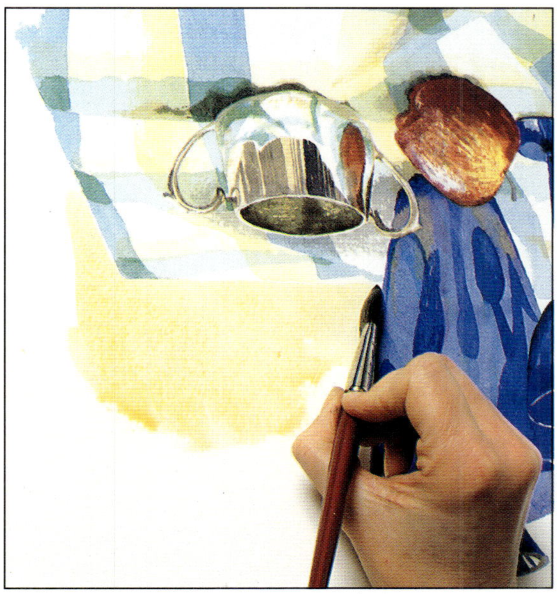

7 *Bei einem Stilleben empfiehlt es sich, den Hintergrund erst ganz zum Schluß anzulegen, denn oft weiß man erst nach dem Malen des Motivs, welche Farben das Bild harmonisch ergänzen können. Hier wurde ein ähnliches Gelb wie auf dem Tuch ausgewählt. Das Malbrett wird umgedreht, damit die Lavierung leichter angelegt werden kann.*

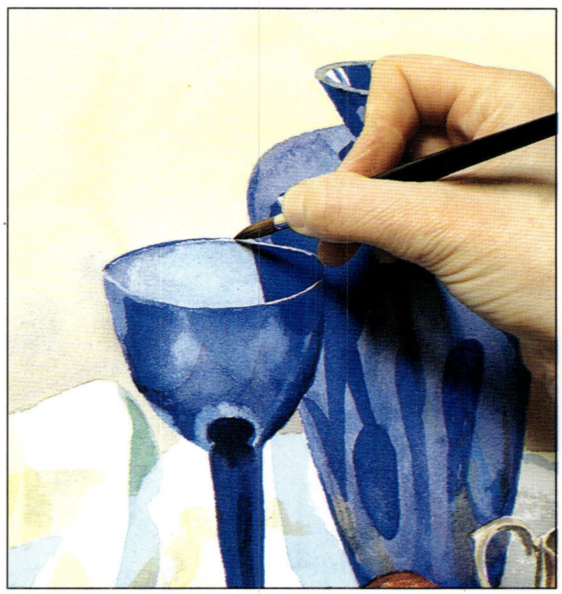

8 *Feine Lichter geben dem blauen Glas Volumen und Glanz.*

LANDSCHAFTEN AQUARELLIEREN

Eines der beliebtesten Themen der Aquarellmalerei ist die Landschaftsmalerei. In der Tat ist die Aquarellmalerei durch die Brillanz der Farben, dem schnellen, flüssigen Auftrag in Verbindung mit der leichten Handhabbarkeit ein ausgezeichnetes Medium, um vor Ort im Freien zu malen. Natürlich muß man nicht immer im Freien malen. Andere Möglichkeiten der Landschaftsmalerei stellen wir später vor. Wenn Sie aber an der Landschaft als Thema interessiert sind, ist es ratsam, doch einige Studien vor Ort zu machen. Es gibt für die direkte Auseinandersetzung mit der Natur eigentlich keine Alternative. Bevor man jedoch mit dem Malen beginnt, ist es – gerade bei so komplexen Motiven, wie wir sie in der Landschaft vorfinden – sehr hilfreich, sich einige grundlegende Gedanken zur Bildkomposition zu machen.

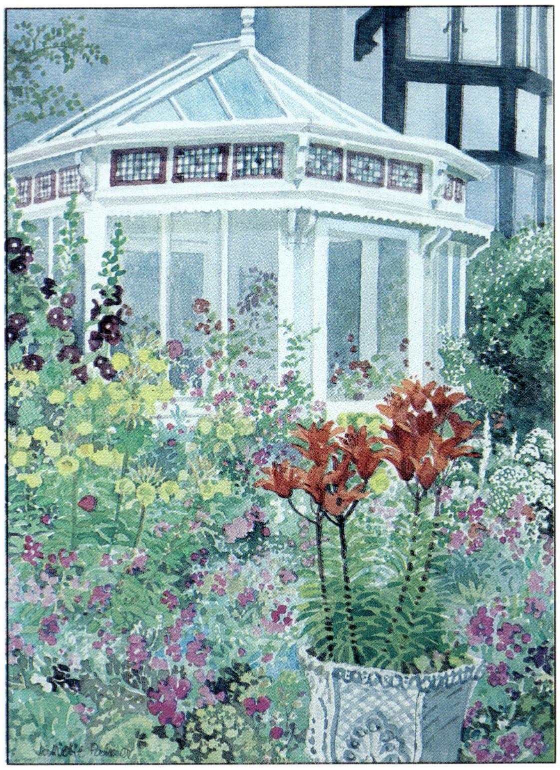

Harmonie und Kontrast
In dem unten stehenden Landschaftsaquarell hat Juliette Palmer Himmel und Landschaft harmonisch verbunden: Beide Bildteile ähneln sich in Textur, Formgebung und Ausarbeitung. Wirkungsvoll kontrastiert wird dies von den geometrischen Häusern. In dem links abgebildeten Aquarell „Das Glashaus" wurde dieser Kontrast noch gesteigert. Die geometrischen Formen und hellen Farben der Architektur dienen als Hintergrund für die freien Formen und üppigen Farben der Blumen.

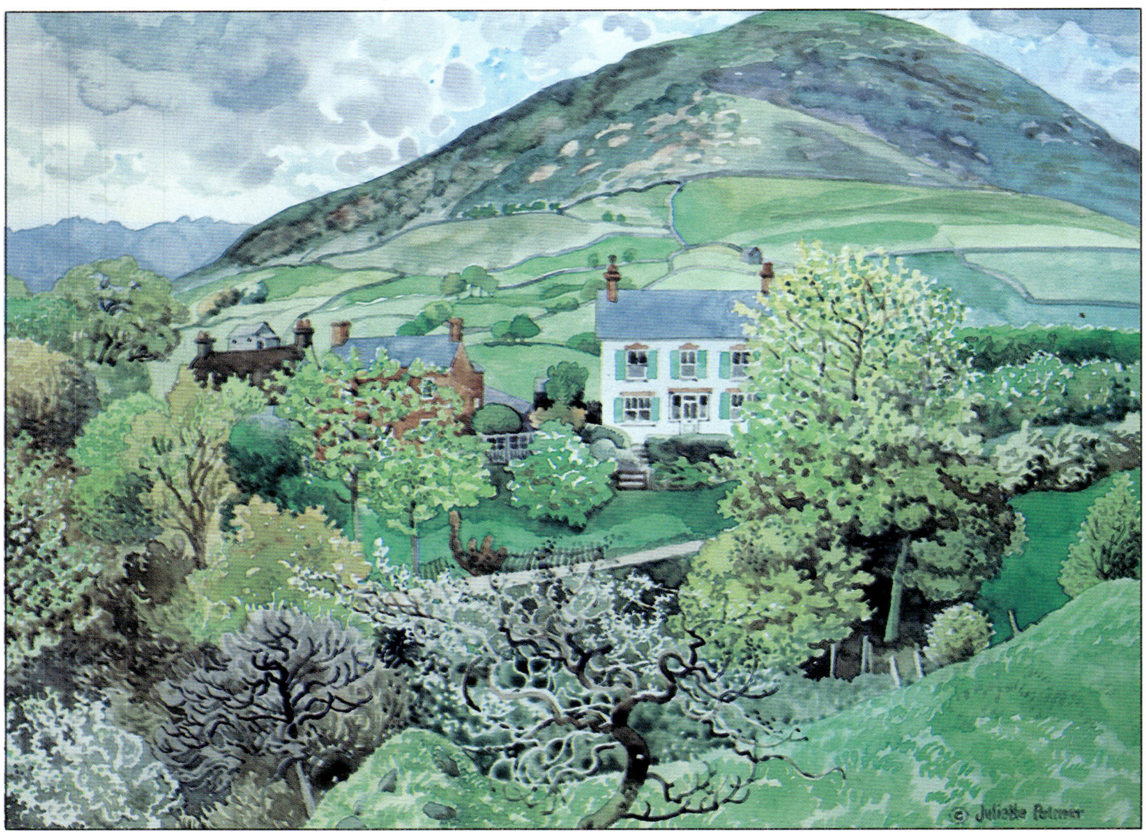

◄ **Das Bildzentrum**
Das Bildzentrum bleibt meist ein besonders herausragendes Element des Motivs, zum Beispiel ein dunkler Baum vor einem hellen Himmel oder einem Feld lebhafter Farben. In dem Aquarell „Frühling in Peak District" von Juliette Palmer wurde das Bildzentrum (das weiße Haus) leicht aus der Mitte herausgesetzt. Das Auge des Betrachters wird dabei von den leicht gebogenen, diagonalen Linien des Hügels im Vordergrund sowie dem Weg und dem hohen Baum rechts zum Bildzentrum geführt.

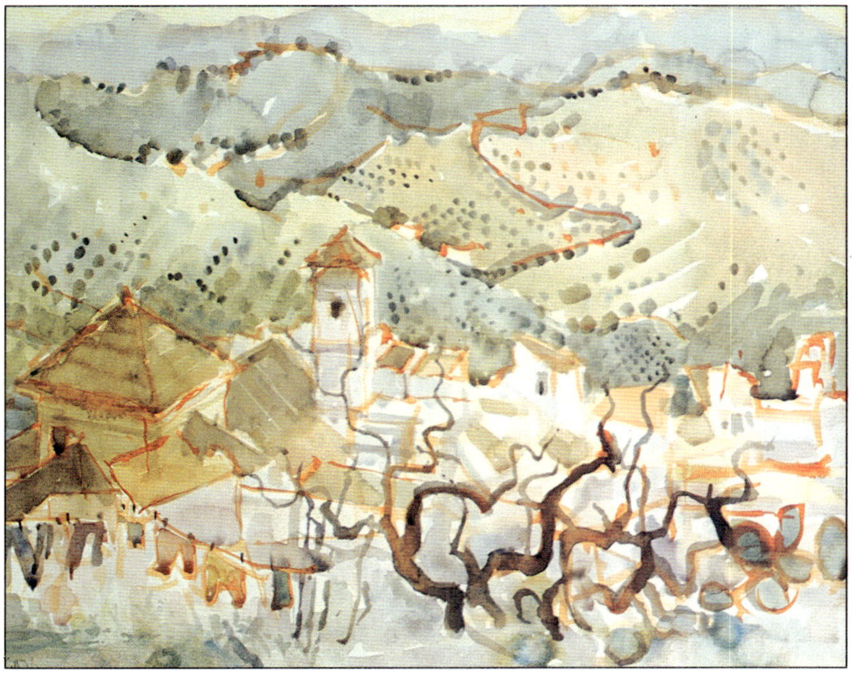

▲ **Bildverknüpfungen schaffen**
Wichtig ist es, die Bildebenen ausgewogen miteinander zu verbinden. Gerade beim Vordergrund läuft man oft Gefahr, ihn im Vergleich zu Mittel- und Hintergrund viel zu detailliert auszuarbeiten. Das Bild wirkt dann zerrissen und uneinheitlich. Elliot Bates hat in seinem Aquarell „Maultierpfad mit Feigenbaum" den Vordergrund nur ganz vage angedeutet und den Feigenbaum harmonisch in das übrige Bild eingebettet, indem die Zweige die Gebäude überschneiden und ihre Bewegungen von den gebogenen Linien der Hügel aufgenommen werden.

Bildkomposition

In einer Bildkomposition sollten verschiedene Punkte berücksichtigt werden: Man muß den Blickpunkt auf das Motiv festlegen und sich entscheiden, welchen Teil des Motivs man malen möchte, wieviel Raum Vorder- und Hintergrund einnehmen und welche Teile der Landschaft in den Mittelpunkt gestellt werden sollen. Wichtig ist es auch zu bestimmen, wo die Horizontlinie verlaufen soll und welche Teile der Landschaft man hervorheben möchte bzw. welche Aspekte man weglassen oder vernachlässigen kann. Die Landschaft soll dabei nicht bis ins kleinste Detail kopiert werden, sondern das Bild will die persönliche Sichtweise widerspiegeln. Daher muß man nicht alles malen, was man sieht: Man kann zum Beispiel unmöglich jeden einzelnen Grashalm einer Wiese

► **Tiefe im Bild**
Ein Landschaftsbild sollte das Auge des Betrachters zu einem Spaziergang einladen. In dem Aquarell „Straße nach Ronda" hat Pip Carpenter dies durch kräftige Pinselstriche und einen klaren Bildaufbau erreicht. Die linke Seite mit der Baumallee und dem spärlich bewachsenen Land führt das Auge zu der sich nach hinten verjüngenden und nach rechts abbiegenden Straße. Pfade, Straßen, Ströme und Flüsse sind übrigens besonders gut geeignet, um dem Bild Tiefe zu geben.

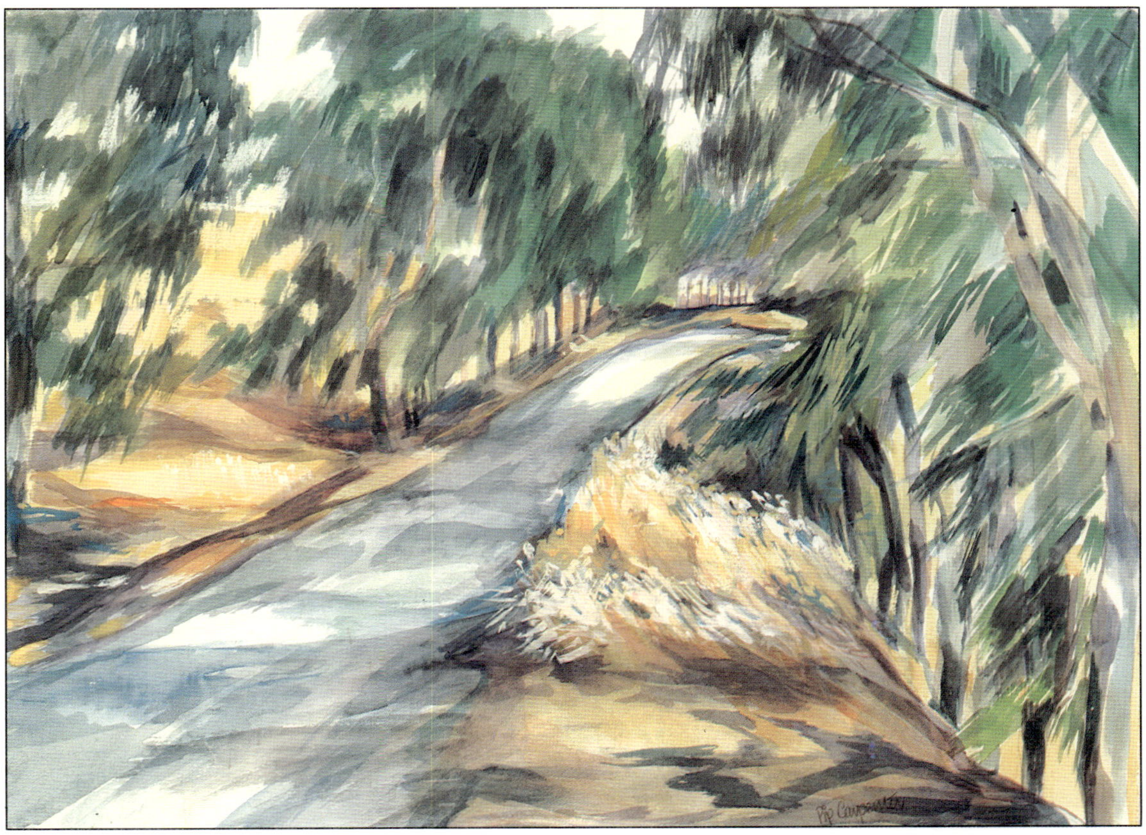

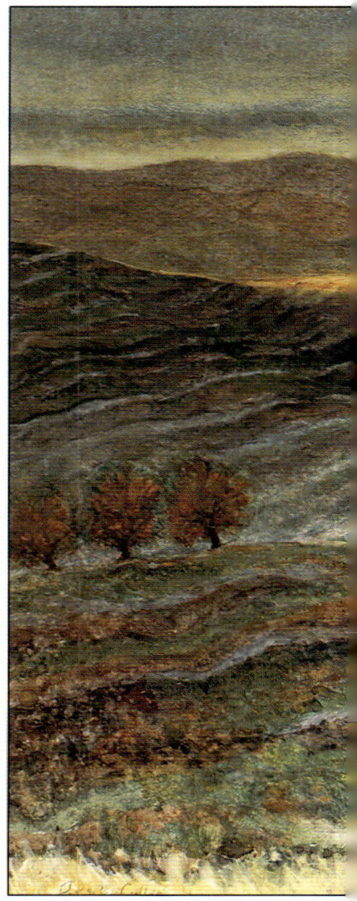

einzeichnen, sondern muß in Farbgebung und Textur eine Fläche schaffen, die wie Gras wirkt. Und wenn ein kleiner unbedeutender Strauch die Sicht auf einen großen Baum versperrt, zögern Sie nicht, den Strauch wegzulassen; oder verändern Sie einfach Ihren Standpunkt, bis der große Baum in den Mittelpunkt rückt.
Die wichtigste Grundregel der Komposition lautet: Vermeide zu starke Symmetrien! Ein Bild wirkt oft leblos und langweilig, wenn der Horizont genau in der Bildmitte liegt, vor allem dann, wenn schon das Motiv – wie zum Beispiel bei einer Seenlandschaft – eine besonders flache Horizontlinie vorgibt. Man sollte auch auf keinen Fall das wichtigste Bildelement direkt in die Bildmitte setzen. Symmetrie haftet meist etwas Statisches an, Ihr Bild sollte jedoch Lebendigkeit zum Ausdruck bringen.

Das Licht

Der ständig wechselnde Stand der Sonne stellt für alle Freilichtmaler ein Problem dar, denn je nach Lichteinfall und - intensität verändern sich auch die Farben des Motivs sowie Länge und Richtung der Schatten.
Die einzige Möglichkeit, diesem Wechsel entgegenzuwirken, ist, möglichst schnell und zügig zu arbeiten. Beschränken Sie sich zunächst auf ein kleines Bildformat, das Sie rasch bewältigen können. Gleich zu Beginn sollte man den Sonnenstand markieren, entweder mit einem kleinen Bleistiftkreuz in einer Ecke des Bildes oder indem man gleich die wesentlichen Schattenpartien des Motivs einskizziert.
Arbeiten Sie nicht den ganzen Tag an einem Bild, es sei denn, der Himmel ist bedeckt. Denn eine Landschaft am Morgen, wenn die Sonne aufgeht, sieht ganz anders aus als die gleiche Landschaft am Abend, bei Sonnenuntergang. Besser ist es, sich auf einen bestimmten Zeitraum von etwa drei Stunden zu beschränken und, wenn nötig, an zwei aufeinanderfolgenden Tagen immer zur gleichen Zeit zu arbeiten.

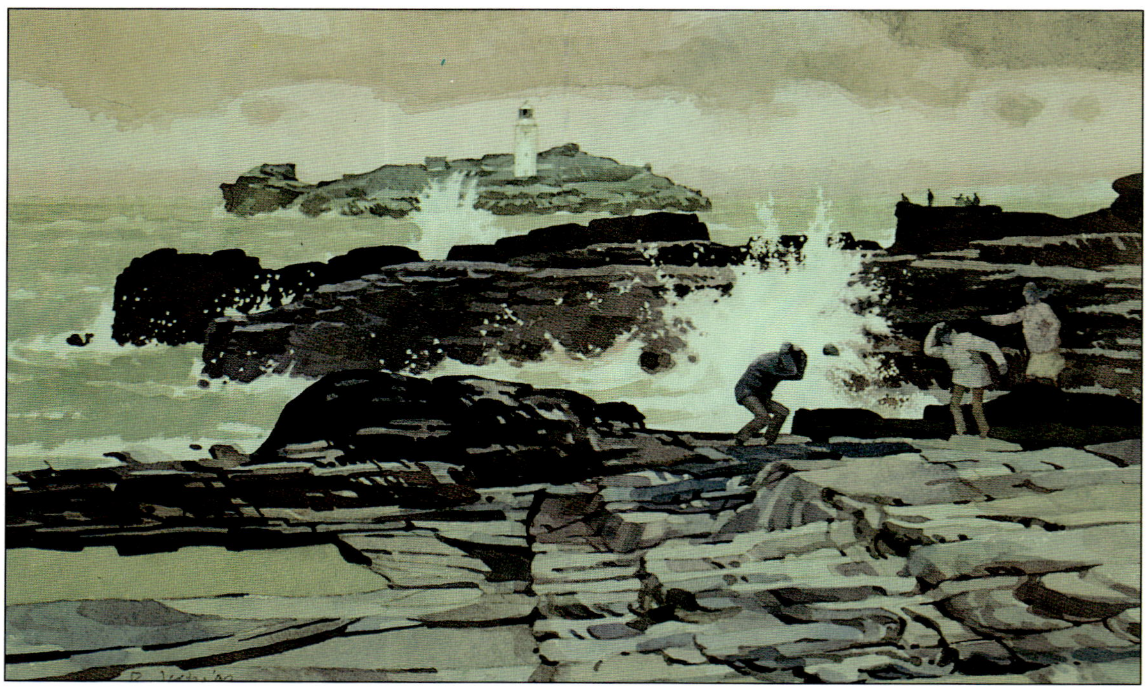

◄ **Figuren in der Landschaft**
Figuren in einer Landschaftsszene können die Aufmerksamkeit des Betrachters besonders anziehen. In Ronald Jetsys Aquarell „Ein wilder Tag" bringen die beiden Männer, die sich vor den Wellenbrechern schützen, und die Frau, die vor den Wellen warnt, ein erzählerisches Element ins Bild. Durch den starken Tonwertkontrast zwischen Figuren und Umgebung wird das Bildzentrum mit der Figurenszene zusätzlich betont.

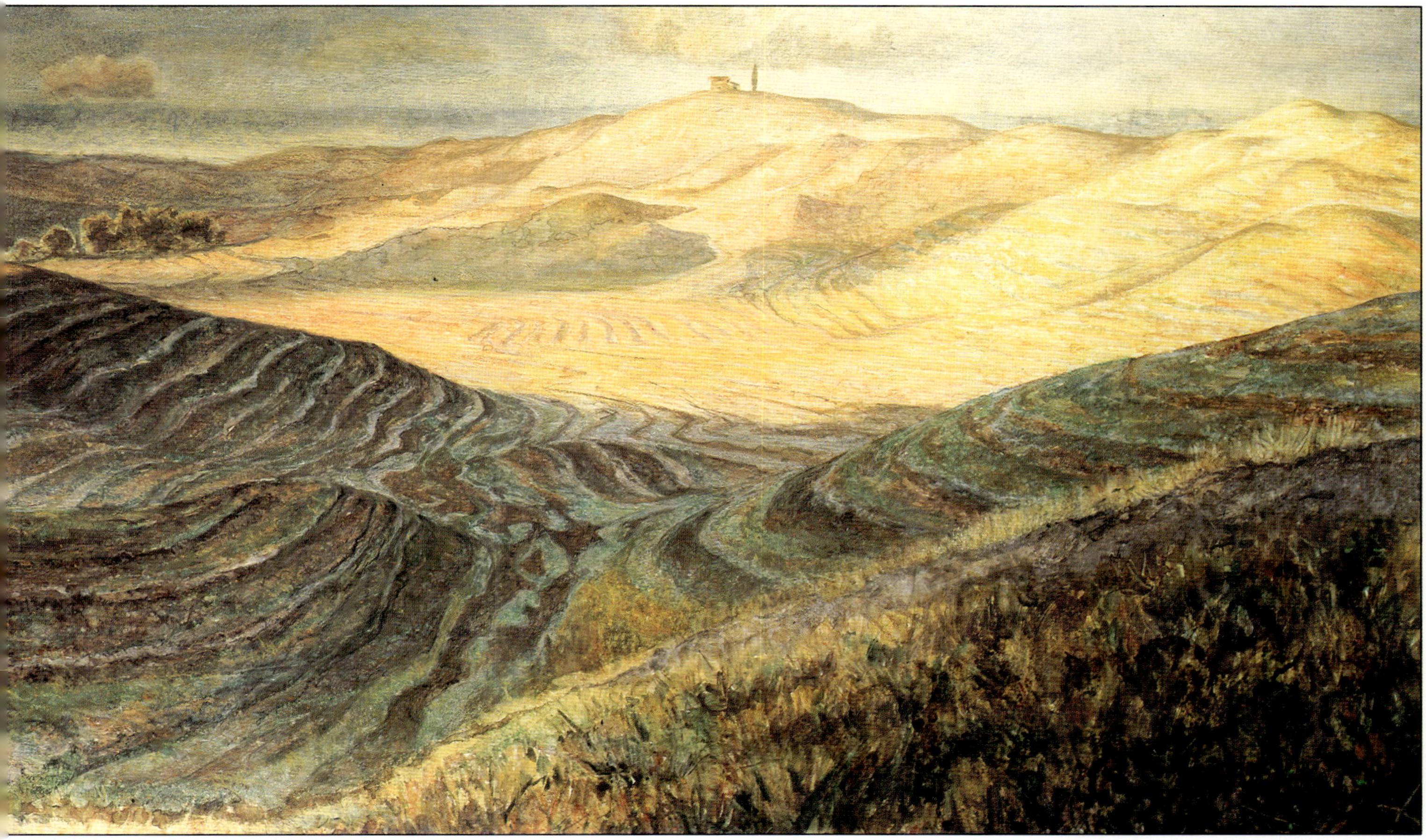

Zu Hause arbeiten

Große Formate lassen sich im Freien nur schwer bewältigen. Am besten ist es dann, vor Ort einige Zeichnungen und Farbskizzen anzufertigen und dann das Bild anschließend zu Hause auszuarbeiten. Das hat den Vorteil, einerseits auf direkte unmittelbare Eindrücke zurückgreifen zu können und andererseits das Bild mit allen Techniken, die man ausprobieren möchte, in Ruhe zu Hause malen zu können.

Skizzen für eine größere Bildkomposition zu machen, erfordert ein wenig Übung. Wichtig ist dabei, alle nötigen visuellen Informationen festzuhalten, nach denen man das Bild erfolgreich ausführen kann. Künstler machen als Erinnerungsstütze in ihren Skizzen oft auch Anmerkungen zur Farbgebung, zu den Formen und anderen wichtigen Bildelementen. Auch bei Farbskizzen sind zusätzliche Notizen hilfreich. Immer gilt: besser zuviel Information als zu wenig.

Auch Fotos kann man entgegen aller Vorurteile durchaus als Vorlage benutzen.

Manchmal fehlt es an Zeit und Gelegenheit, und oft macht das Wetter Freilichtmalerei unmöglich. Das Foto bietet dann eine gute Alternative.

Natürlich sollten auch dabei bestimmte Problempunkte berücksichtigt werden: Mit einem Fotoapparat können niemals alle Farbnuancen eingefangen werden, die das Auge wahrnehmen kann. Auch die Hell-Dunkel-Verteilung wirkt auf Fotos oft übertrieben oder künstlich, und die manchmal doch übersteigerte Brillanz der Farbe auf Fotos verringert Tiefenwirkung und Plastizität des Motivs.

Man sollte auf jeden Fall immer mehrere Fotos machen, um eine Auswahl zu haben oder verschiedene Ansichten in einem Bild kombinieren zu können. Zusätzliche Kompositionsskizzen sind dabei sehr hilfreich.

▲ **Landschaften im Atelier**
Patrick Cullen erarbeitet großformatige Aquarelle im Atelier. Dieses Bild „Crete-Landschaft in der Toskana" ist über 1,50 m lang. Vorlagen bilden Skizzen und Studien vor Ort sowie eine genaue Vorzeichnung. Dann wird das Bild in mehreren Stufen mit intensiven Farblavierungen und übereinander gelegten Pinselstrichen aufgebaut. Manchmal wird die Farbe wieder abgewaschen, um weiche Tonwertübergänge zu schaffen.

Übung Schritt für Schritt

Hazel Soan ist vorwiegend als Landschaftsmalerin bekannt. So oft es geht, arbeitet sie im Freien, doch wenn es die Zeit nicht zuläßt, komponiert sie ihre Bilder im Atelier, wobei sie auf Fotovorlagen zurückgreift. Häufig komponiert sie dabei verschiedene Elemente mehrerer Fotos, und sobald der Malprozeß eine bestimmte Stufe erreicht hat, verzichtet sie völlig auf Vorlagen, um das Bild frei weiter zu entwickeln.

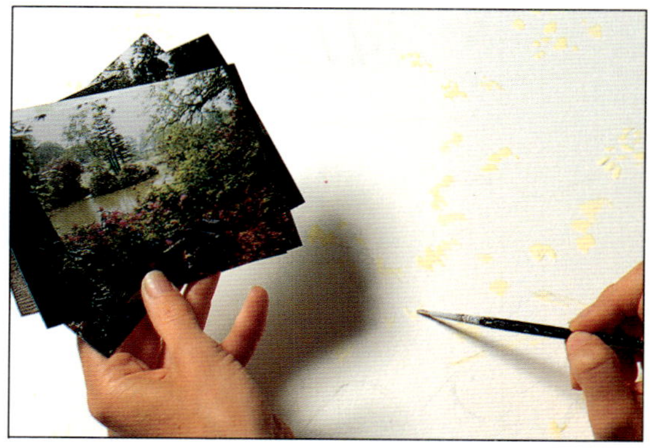

1 *Gleich zu Anfang legt die Künstlerin die wichtigsten Lichter fest und deckt sie mit Abdeckflüssigkeit ab. Als Vorlage dienen Fotos sowie eine leichte Bleistiftvorzeichnung.*

Verwendete Farbtöne: Violett, Permanentrosa, Coelinblau, Ultramarinblau, Lichter Ocker, Kadmiumgelb, Winsorgrün, Siena gebrannt und eine winzige Menge Kadmiumrot.

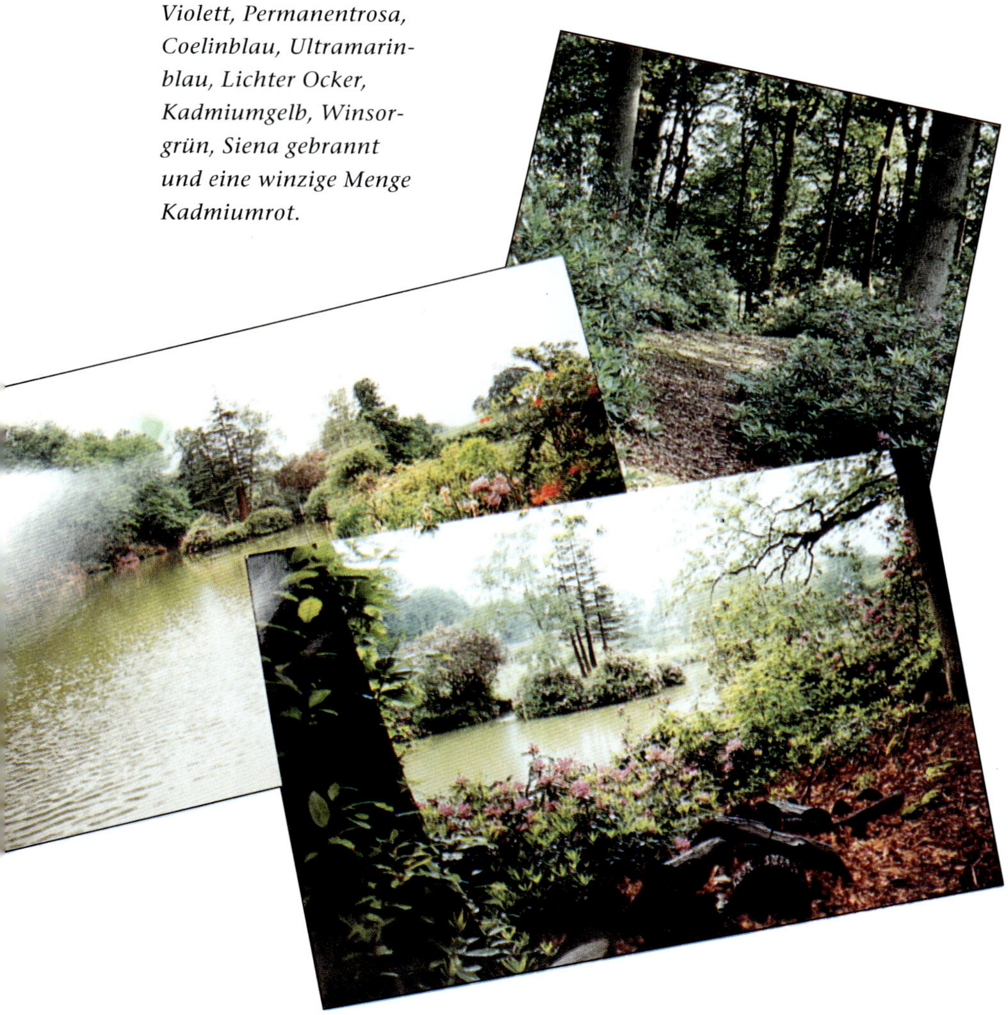

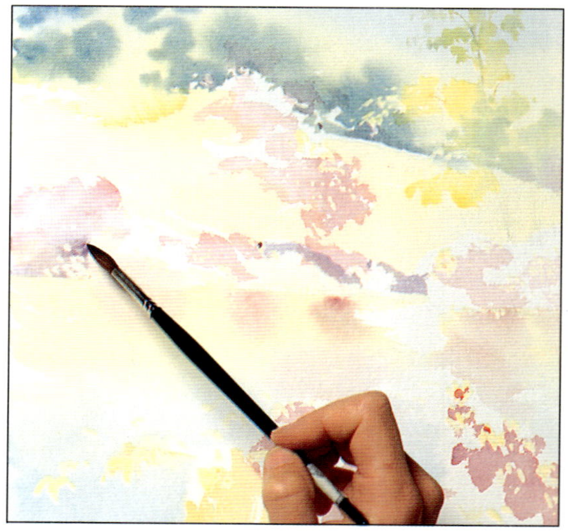

2 *Nun baut sie das Bild naß auf trocken, von hellen zu dunklen Lavierungen übergehend, auf. An manchen Stellen arbeitet sie auch mit der Naß-in-Naß-Technik. Eine Mischung aus hellem Rosa und Malve wird über die abgedeckten Stellen links gelegt, die später abgerubbelt werden sollen.*

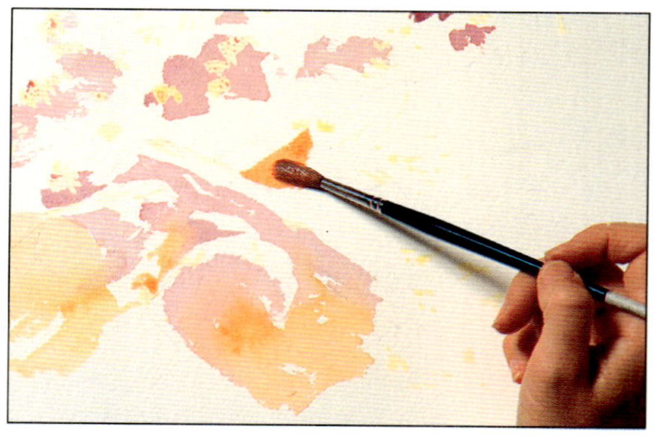

3 *Die Farben der Blumen und das lebhafte Rotbraun des Vordergrundes werden als erstes angelegt, da sich an ihnen die weitere Farbgebung orientieren soll.*

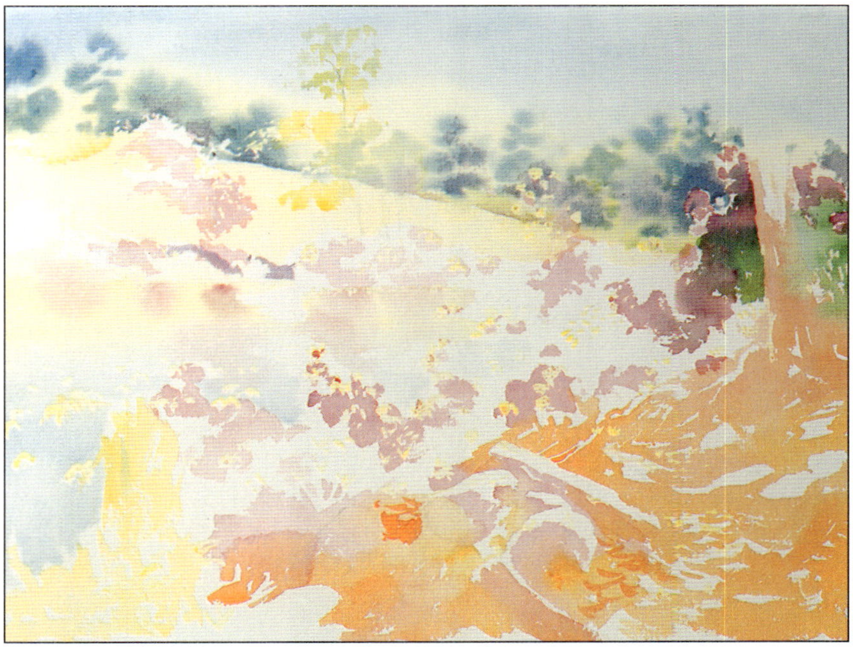

4 Die Hauptfarben sind nun aufgetragen und werden mit weiteren Lavierungen teilweise abgedunkelt oder verstärkt. Naß in naß wurde bisher nur im Hintergrund gemalt, um weiche Übergänge zu schaffen.

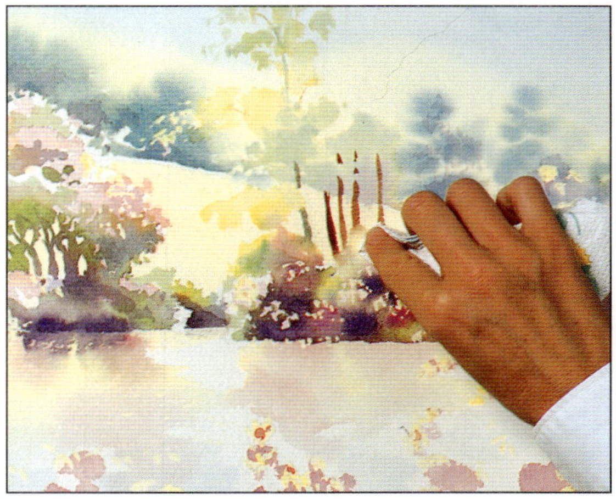

5 Nachdem die Bäume im Hintergrund fertig sind, wird das gegenüberliegende Seeufer ausgearbeitet. Die Künstlerin wählt dabei intensive Farbtöne, die sie jedoch etwas abdämpft, um den Kontrast nicht zu stark werden zu lassen.

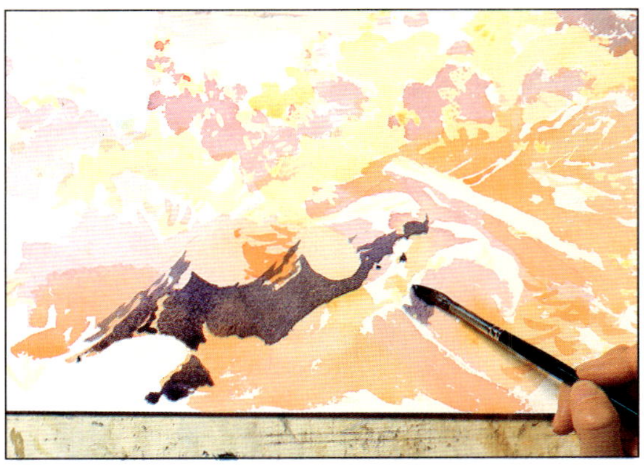

6 Um den Vordergrund zu verstärken, wird eine dunkle Farbmischung über die hellrosa und rotbraunen Lavierungen gelegt. Durch die Naß-auf-Trocken-Technik entstehen scharfe Ränder, die die hinteren Bildteile zurücktreten lassen.

7 ► Von einigen Blüten ist die Abdeckflüssigkeit entfernt worden. Diese Stellen werden Rosa eingefärbt. Die Abdeckflüssigkeit wird in unterschiedlichen Phasen des Malprozesses abgerieben, je nachdem, wie stark die Lichter werden sollen.

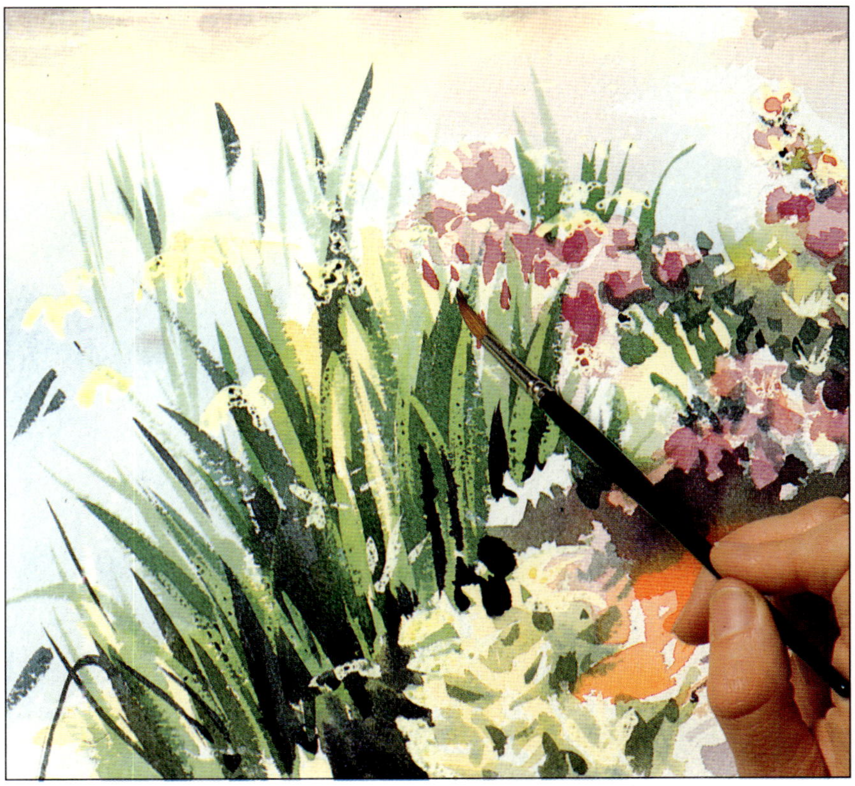

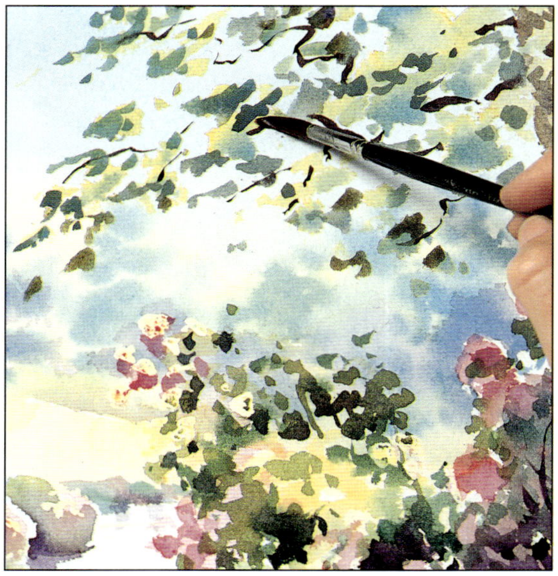

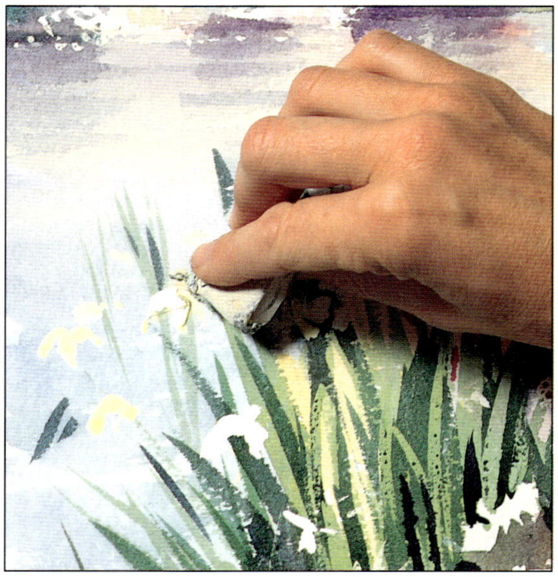

8 Das Laub des großen Baums auf der rechten Seite wurde zunächst naß in naß gemalt, um weiche Verläufe der Gelbtöne in das Blaugrün zu erzielen. Kräftige Pinselzeichen heben nun einzelne Blätter deutlicher hervor.

9 Die Abdeckflüssigkeit wird von den Blumen im Vordergrund vorsichtig mit einem Knetgummiradierer abgelöst. Auf den Gräsern bleibt noch etwas davon stehen, um später einen gebrochenen Farbauftrag (ähnlich der Wachsabdecktechnik) zu erhalten.

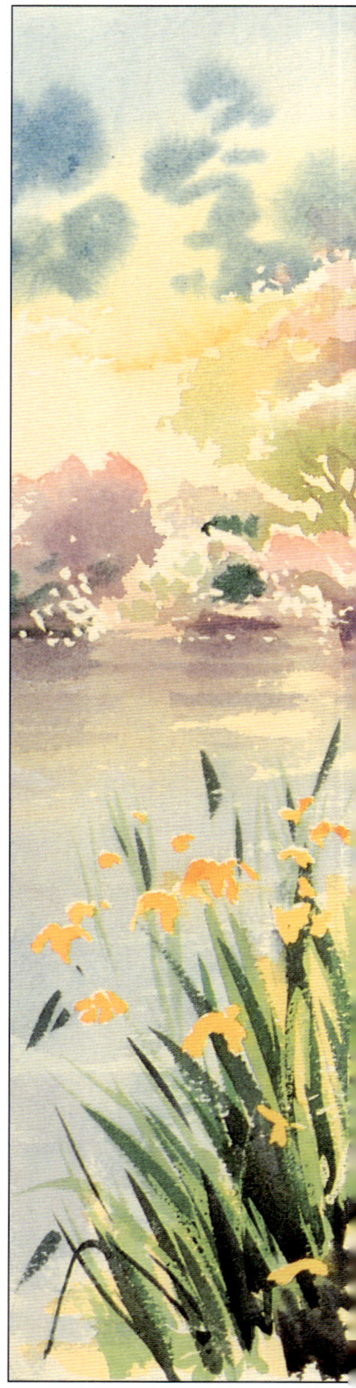

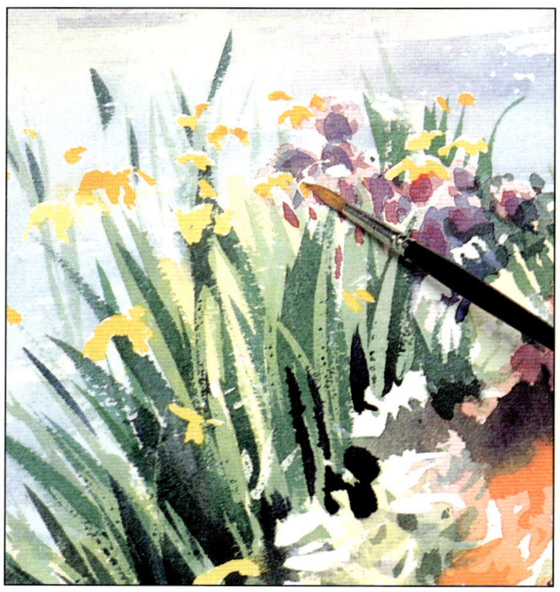

10 Nun werden die Blumen in Gelb gemalt, wobei kleine Flecken des weißen Papiers offen bleiben. Natürlich hätte man auch auf den Einsatz von Abdeckflüssigkeit verzichten und das Gelb direkt auf das helle Blau des Wassers setzen können. Der Farbton hätte dann jedoch an Leuchtkraft verloren.

11 Tupfen in Dunkelrosa werden auf den Blüten im Vordergrund ergänzt.

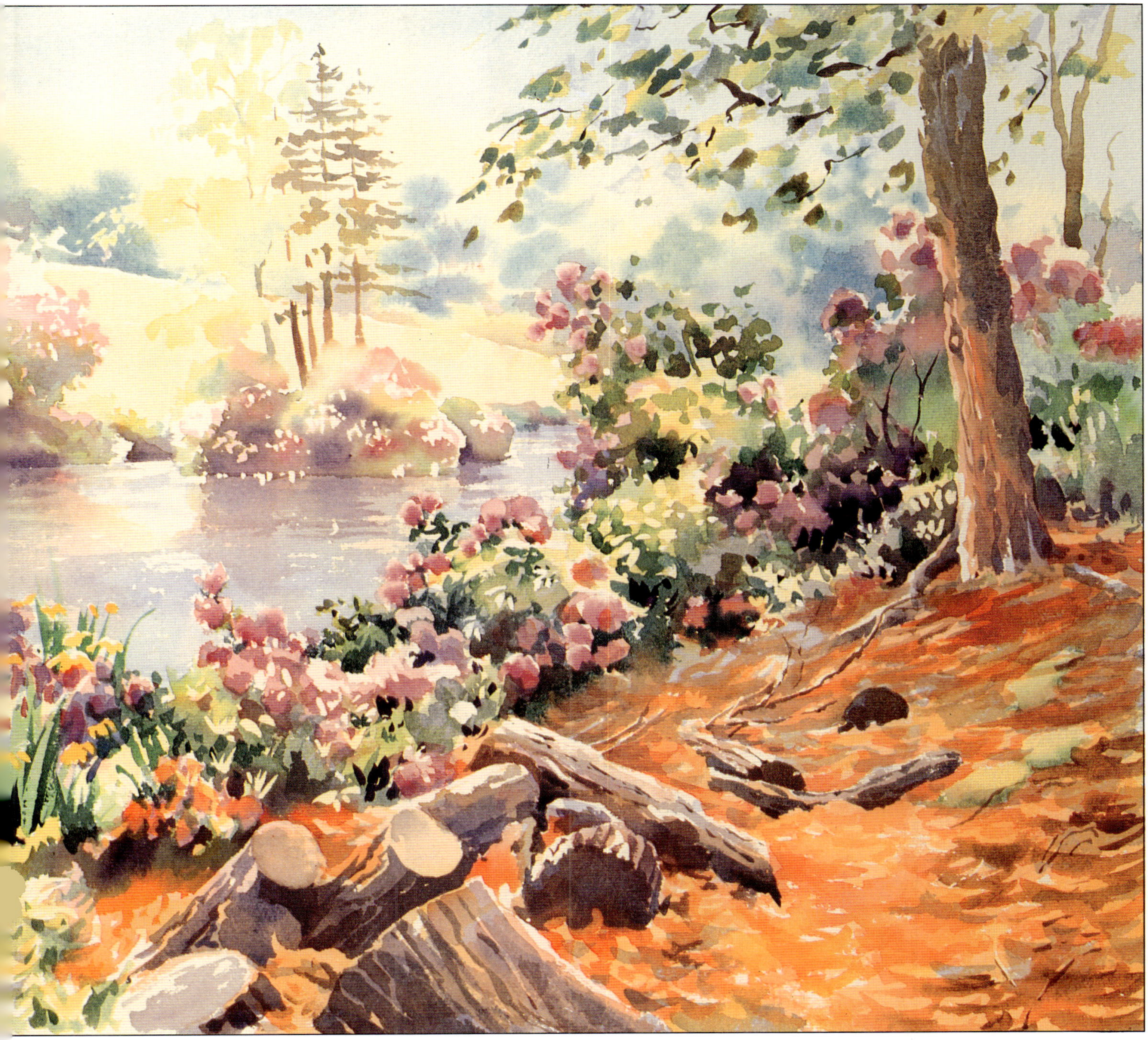

12 ► *Zum Schluß werden die Tonwertkontraste im Vordergrund verstärkt, um die Tiefenwirkung zu unterstützen. Dazu tropft die Künstlerin dunkle Farbe auf.*

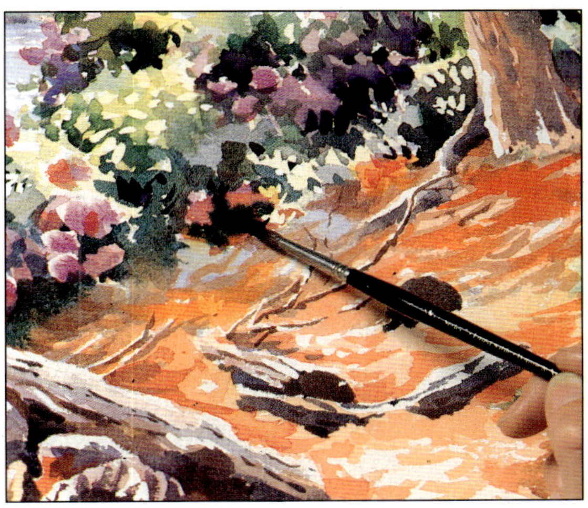

13 ▲ *Im Gegensatz zu den Fotovorlagen hat die Künstlerin nur wenige Lichtreflexe auf dem Wasser eingetragen. Wichtig war es ihr, die dreieckige Form des Wasserlaufs herauszuarbeiten.*

Blumen aquarellieren

Neben der Landschaft sind auch Blumenstilleben beliebte Motive der Aquarellmalerei. Manchmal überschneiden sich natürlich auch beide Themenbereiche, zum Beispiel wenn man Blumen in einem Garten oder einem Park malt. Blumenarrangements in einer Vase zählen dagegen zur Kategorie der Stilleben.
Für Anfänger ist es zunächst einfacher, sich in Ruhe mit einem Motiv auseinandersetzen zu können, ohne mit Problemen wie ständig wechselnden Lichtverhältnissen oder unstetem Wetter kämpfen zu müssen.

Blumenarrangements

Jedes Stilleben erfordert sorgfältige Überlegungen zur Komposition. Zunächst sollten Sie dabei auf ein Gleichgewicht zwischen den Farben achten. Wählen Sie nicht unbedingt einen kunterbunten Blumenstrauß, bei dem es schwierig ist, eine Farbharmonie zu gestalten. Die schönsten Blumenbilder entstehen meist, wenn nur ein oder zwei Farben das Motiv dominieren.
Suchen Sie ein Gefäß aus, das zu den Blumen paßt und komponieren Sie sie nicht zu streng, so daß ihre natürliche Ausdruckskraft erhalten bleibt. Einzelne Blumen können sich überschneiden, stellen Sie einige höher als andere, einige dem Betrachter abgewandt und einige zugewandt, so daß sich im wahrsten Sinne des Wortes ein „stilles Leben" ergibt.

Zur Komposition

Der erste Schritt zur Wiedergabe eines Motivs sollte immer in einer guten Vorzeichnung bestehen. Wichtig ist es dabei, sich über die Bildaufteilung klarzuwerden. Vermeiden Sie auch hier starre Symmetrien. Stellen Sie die Blumenvase also nicht unbedingt genau in die Bildmitte: Oft wirkt dies langweilig und läßt sich höchstens ausglei-

▼ **Die Komposition einfach halten**
Bunte üppige Blumensträuße sind nicht unbedingt die besten Motive. Beim Zusammenstellen Ihres Stillebens sollten Sie sich daher lieber auf einige wenige Blumen beschränken. In dem hier gezeigten Aquarell „Mohnblumen" hat Elisabeth Harden durch die Konzentration auf einzelne Blütenköpfe sowie einige weiße Blumen und Samenkapseln ein sehr ausdrucksvolles Stilleben geschaffen. Der komplementäre Kontrast (siehe S. 147) zwischen dem Rot der Blüten und dem Grün der Blätter läßt die Farben intensiv leuchten. Der Hintergrund wurde freigelassen, um diesen Effekt nicht abzuschwächen.

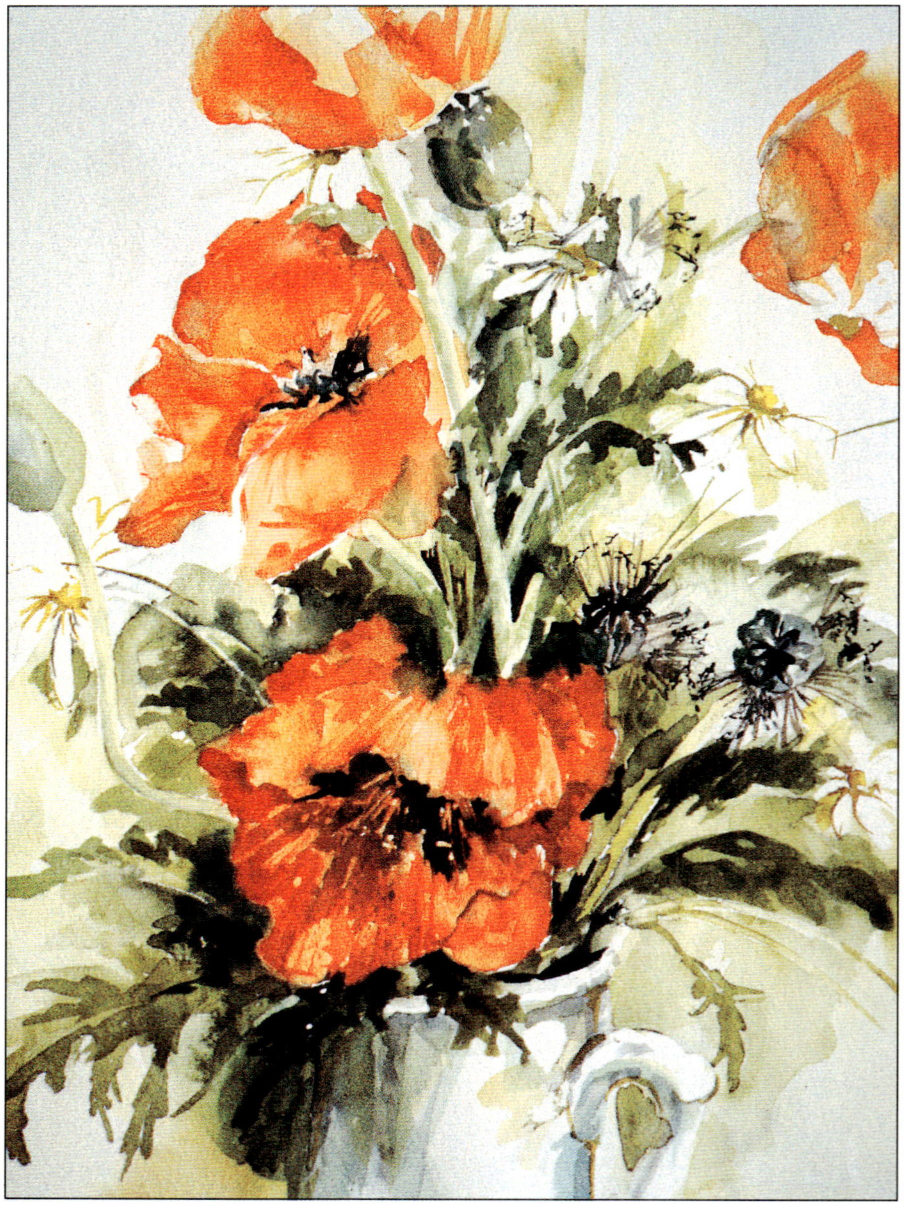

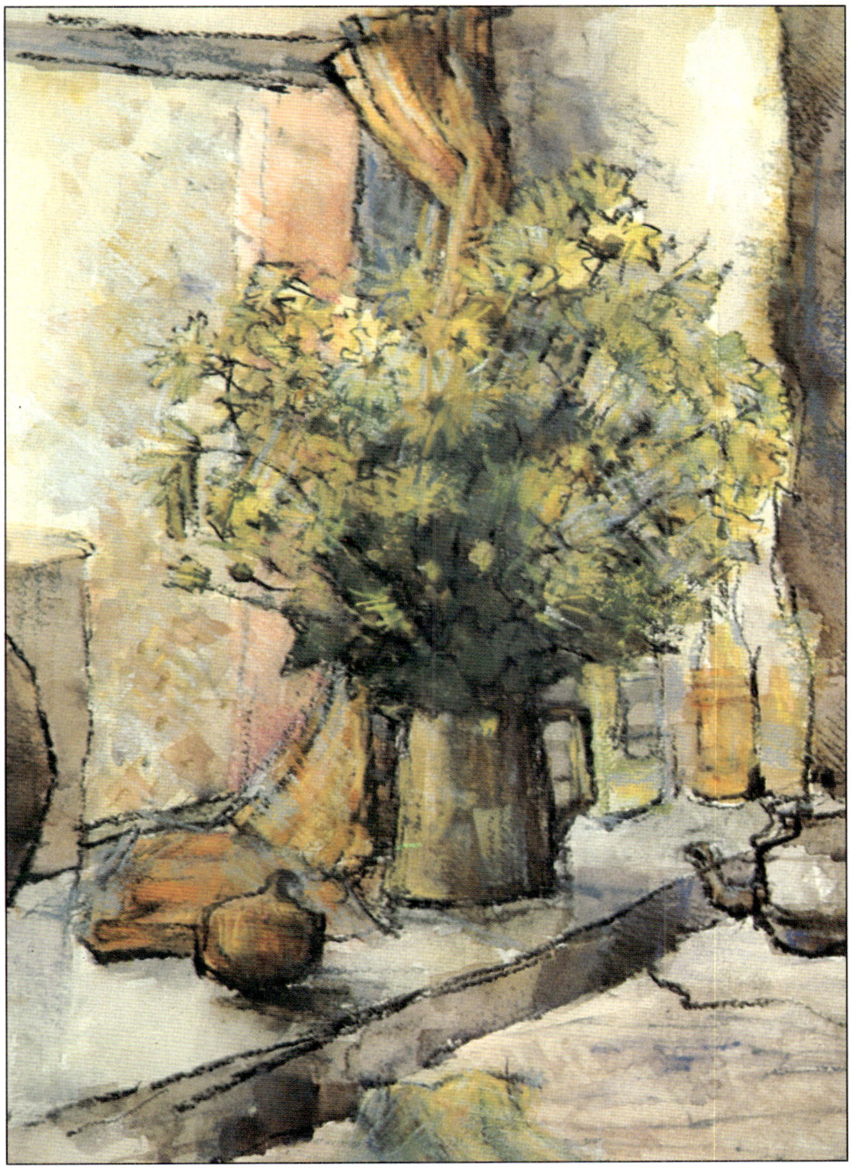

◄ **Blumen im Stilleben**
Blumen können auch in ein größeres Umfeld eingebunden werden, wie das „Stilleben in Waliser Küche" von Joan Elliott Bates zeigt. Die Blumen bilden zwar auch hier das Bildzentrum, zugleich aber wurden die anderen Bildelemente, Vorhang und Fenster, sorgfältig arrangiert, und sie spielen eine wichtige Rolle in der Komposition. Besonders wirkungsvoll ist die Gardine, deren Falten einen spannenden Hintergrund für Blumen und Vase bilden. Das Bild wurde in Mischtechnik gemalt, in einer Verbindung von Aquarellfarbe, Conté- und Pastellkreide.

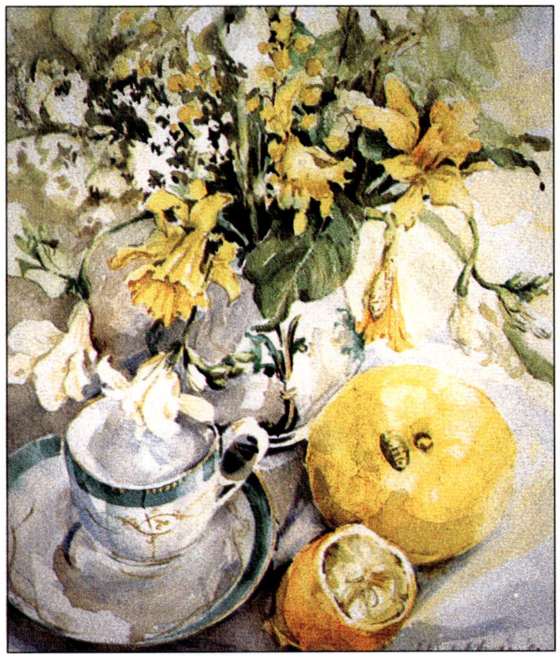

▲ **Farbharmonie**
In dem Bild „Narzissen und Früchte" hat sich Elisabeth Harden besonders auf die Farbgebung konzentriert. Zitrone und Grapefruit nehmen die gelbe Farbe der Narzissen auf. Blau- und Grautöne erscheinen sowohl in der Vase, in der Tasse wie auch im Tischtuch. Die gedämpften Grüntöne der Blätter unterstreichen die farbige Wirkung der weißen, gelben und grauen Farbtöne.

chen, wenn die Blumen selbst besonders wild und asymmetrisch zusammengestellt wurden. Sie müssen auch entscheiden, ob die gesamte Blumengruppe in die Komposition aufgenommen werden soll, oder ob Sie sich nur auf einen Teil des Blumenstillebens konzentrieren wollen. Dabei dürfen ruhig einige Blumen vom Bildrand angeschnitten werden.

Auch die Gestaltung von Vorder- und Hintergrund sollte überlegt sein. Achten Sie darauf, nicht plötzlich leere unausgefüllte Räume zu haben. Fügen Sie in einem solchen Fall einige Gegenstände ein, die das Stilleben unterstreichen, ohne selbst zu dominieren. Oft genügen schon ein gemustertes Tischtuch, auf dem die Schatten der Vase spielen, oder einige Blumen, die man neben oder vor der Vase arrangiert, um das Motiv abzurunden.

Hintergründe werden in Blumenstilleben oft nur angedeutet, feste Regeln gibt es jedoch nicht. Die geometrischen Formen eines Fensters zum Beispiel können eine Komposition wirkungsvoll unterstützen. Man kann das Stilleben auch vor eine Tapete setzen, deren Muster vielleicht sogar bestimmte Farben der Blumen wieder aufgreift. Generell sollte man jedoch zu viele Details im Hintergrund oder Vordergrund vermeiden, denn die Blumen stehen im Zentrum der Aufmerksamkeit.

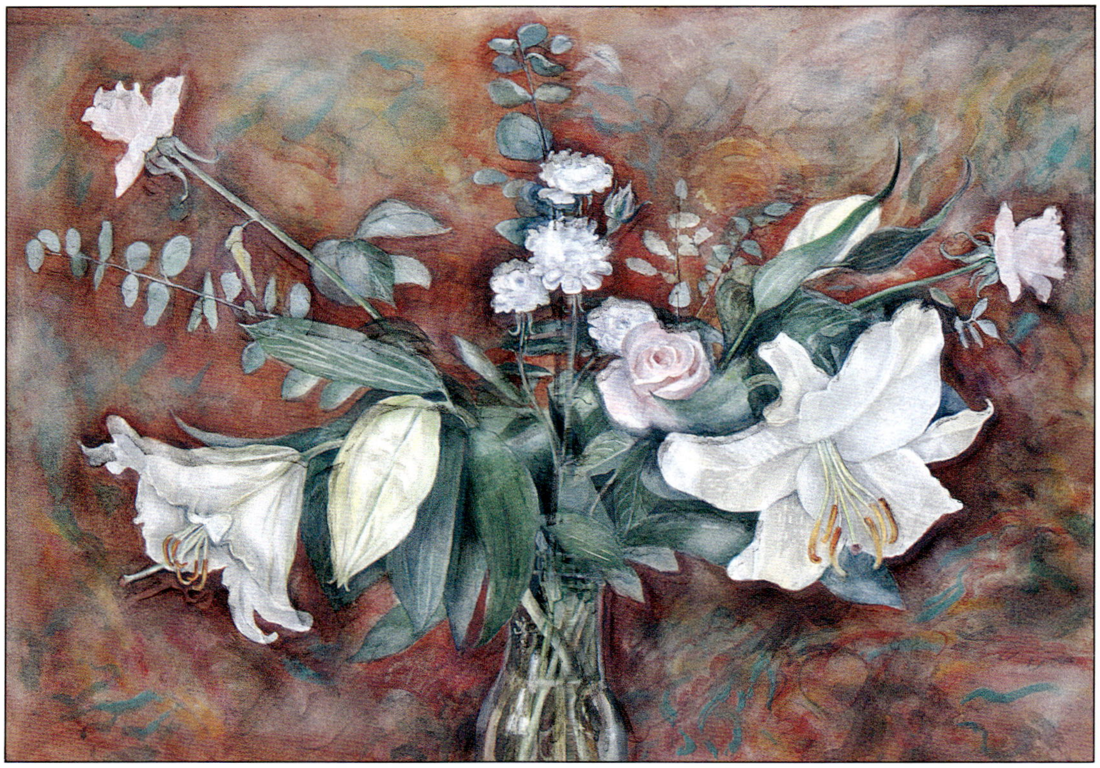

◄ **Realistische Darstellung**
Blumenstilleben können einen geradezu ornamentalen Charakter haben, wie zum Beispiel das Aquarell „Casablanca Lilien“ von Audrey Macleod. Die Blüten und Blätter wurden sehr sorgfältig ausgearbeitet, fast fotorealistisch, und in dem starken Hell-Dunkel-Kontrast treten die Formen deutlich hervor. Die etwas weichere Farbgebung auf den Blättern und in Teilen des Hintergrundes wurde durch Abwaschen erzielt.

Blumenstilleben malen

Die meisten Blumenmotive erfordern einen leichten, zarten Pinselstrich, und man sollte darauf achten, daß Frische und Lebendigkeit der Farben erhalten bleiben. Arbeiten Sie zumindest am Anfang großzügig und frei. Legen Sie die wichtigsten Formen und Tonwerte an, und heben Sie sich die Ausarbeitung der Details für den Schluß auf. Abdecken kann dabei sehr hilfreich sein. Wenn Sie zum Beispiel weiße oder helle Blumen vor grünen Blättern malen, sollten Sie die Blüten abdecken, um zunächst die dunkleren Farben anlegen zu können. Versuchen Sie, Kontraste zwischen harten und weichen Rändern zu schaffen, indem Sie für weiche Übergänge die Naß-in-Naß-Technik einsetzen und für klare, saubere Ränder (vielleicht für einige genauer wiedergegebene Blüten oder Blätter) naß auf trocken arbeiten. Setzen Sie erst dann kleinere Details ein, wenn Sie mit den Formen und der Farbgebung zufrieden sind, denn erst in den letzten Schritten sollte man mit einem feinen Pinsel arbeiten.

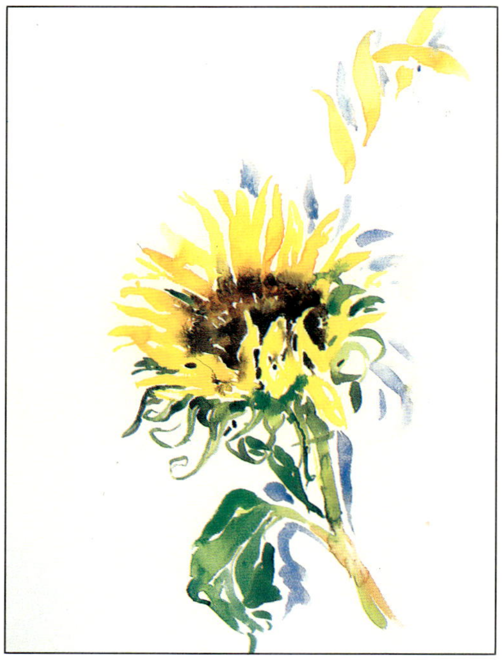

▲ **Einzelne Blüten**
Blumen werden zwar meist im Zusammenhang eines größeren Arrangements gemalt, aber auch einzelne Blüten können wundervolle Motive sein. Künstler aus China und Japan brachten diese Art der Blumenmalerei zu großer Vollkommenheit. Vicky Lowes „Sonnenblume“ lehnt sich eng an diese östliche Tradition an. Jedes Blütenblatt wurde mit einem einzigen sicheren Pinselstrich wiedergegeben. Durch Abdämpfen bestimmter Teile und Auftropfen von Farbe wurde der weiche Übergang vom dunklen Korb zu den Blättern geschaffen.

► **Farbe einsetzen**
Bei der Wiedergabe eines Motivs können ganz unterschiedliche Schwerpunkte gesetzt werden. Gerry Baptist beschäftigt sich zum Beispiel intensiv mit Farben. In seinem Aquarell „Gartenblumen“ hat er brillante Rot- und Gelbtöne gegen kühle Blau-, Violett- und dunkle Grüntöne gesetzt. Die Formen sind oftmals nur angedeutet, aber dennoch bleiben die Stiefmütterchen im Vordergrund deutlich erkennbar.

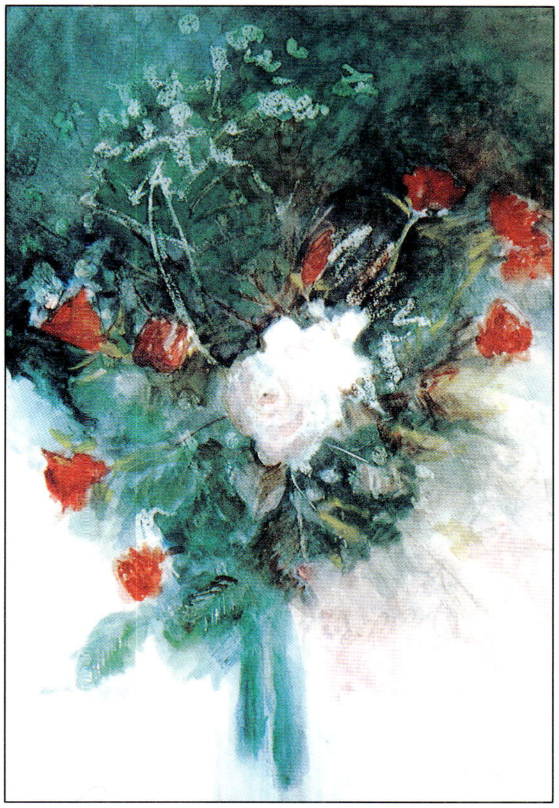

▶ **Vorder- und Hintergründe**

Bei der Darstellung eines langstieligen Blumenstraußes weiß man oft nicht genau, was man unterhalb und neben die Vase malen soll. Ebenso wie Elisabeth Harden und Audrey Macleod hat auch Debra Manifold in diesem Aquarell das Problem gelöst, indem sie die Vase unten angeschnitten hat, wodurch der Blumenstrauß stärker ins Bildzentrum gerückt ist. Durch einen dunklen Hintergrund werden die roten Blüten, aber vor allem die weiße Rose, wie in einem explodierenden Feuerwerk nach vorne gebracht.

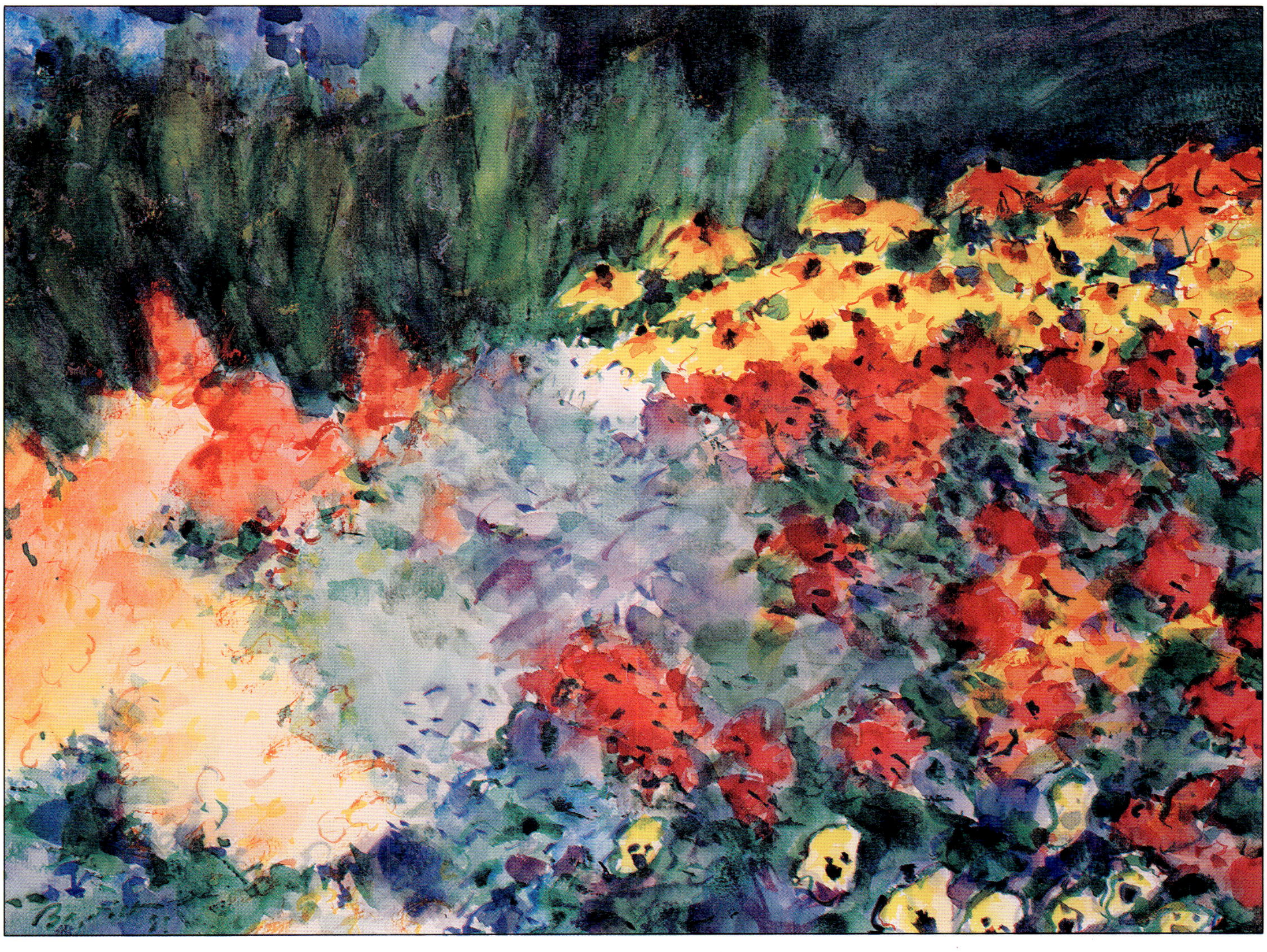

Blumen

ÜBUNG SCHRITT FÜR SCHRITT

John Lidzey arbeitet ausschließlich mit Aquarellfarben. Er spielt in seinen Bildern gerne mit den unvorhersehbaren Zufällen, die sich während des Malens ergeben können und die das Aquarell so faszinierend machen. Als Motiv wählt er vorwiegend Landschaften und lichterfüllte Innenräume, die oft durch Blumen belebt werden. Lidzey ist übrigens Autodidakt, der durch zahlreiche Experimente und Übungen seinen ganz persönlichen Stil entwickelt hat. Besonders gerne setzt er die Naß-in-Naß-Technik ein, wobei er die Farbe – trotz einer gewissen Kontrolle – meist auf glattem Papier frei verlaufen läßt.

Verwendete Farben: Lichter Ocker, Neapelgelb, Kadmiumgelb, Ultramarinblau, Kadmiumrot, Karmin, Indigo und Paynesgrau

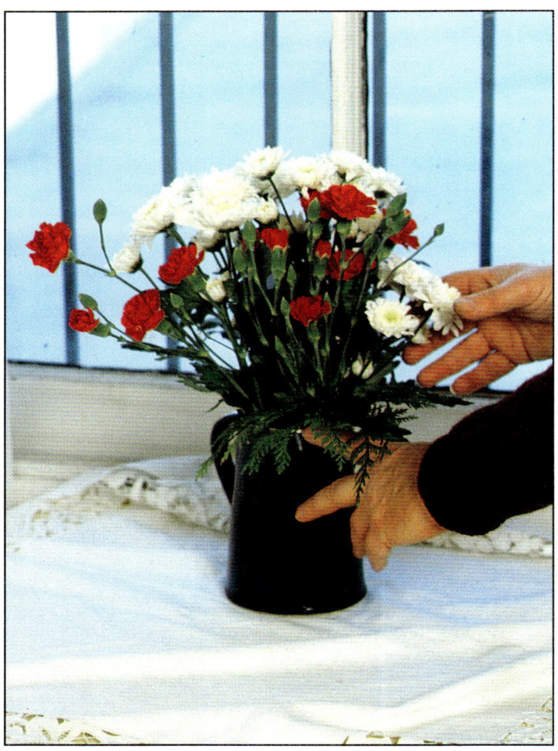

▲ *Der Künstler hat farblich kontrastierende Blumen in einer Vase arrangiert.*

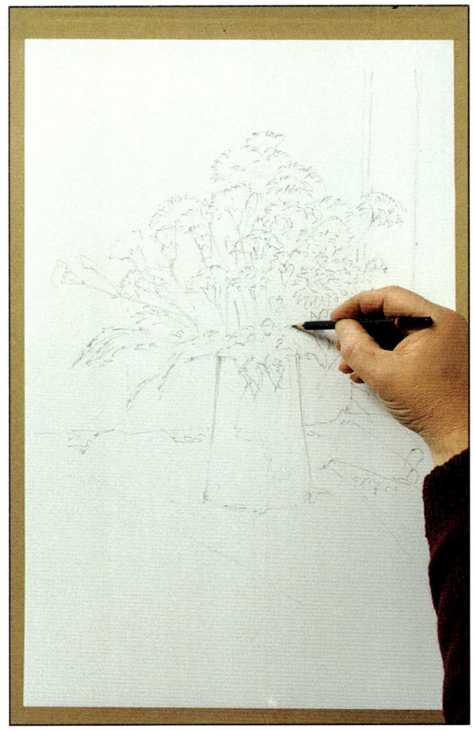

1 *Zunächst zeichnet der Künstler mit einem 4B-Bleistift sorgfältig vor. Wichtig sind hier vor allem die Größenverhältnisse zwischen Blumen und Vase. Mit kleinen Markierungen werden die wichtigsten Punkte der Komposition auf dem Blatt gekennzeichnet.*

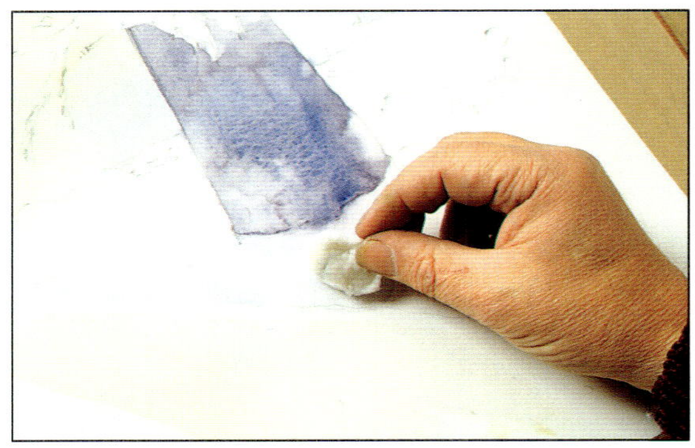

2 *Die Vase und der darunterliegende Schatten werden naß in naß gemalt, so daß die Farben ineinander verfließen können. Mit einem Wattebausch wird der Farbfluß kontrolliert.*

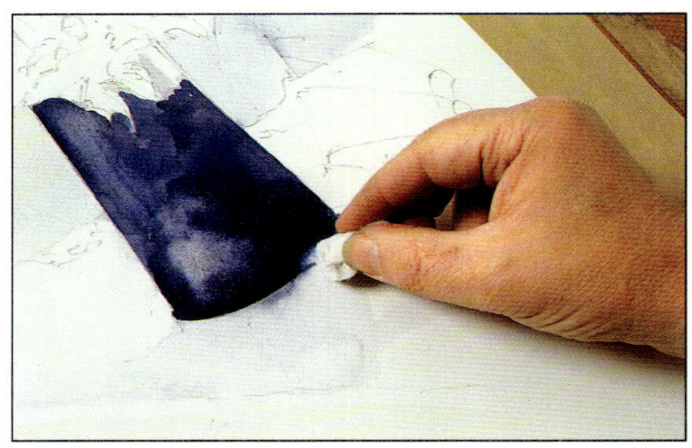

3 *Nachdem die ersten Schichten leicht getrocknet sind, wird ein dunkler Farbton darübergelegt und mit einem Wattebausch abgetupft, weiche Lichter entstehen.*

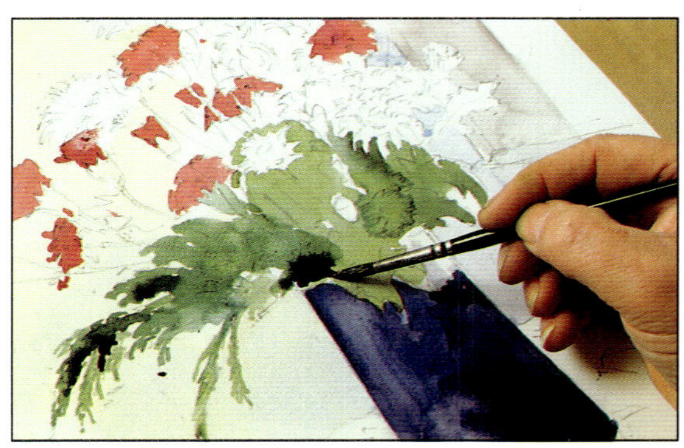

4 *Es ist ungewöhnlich, mit den dunkelsten Farben zu beginnen, denn meist werden dunkle Töne langsam aufgebaut. Doch hier wollte der Künstler das Blau der Vase festlegen, um die Farbgebung darauf abzustimmen.*

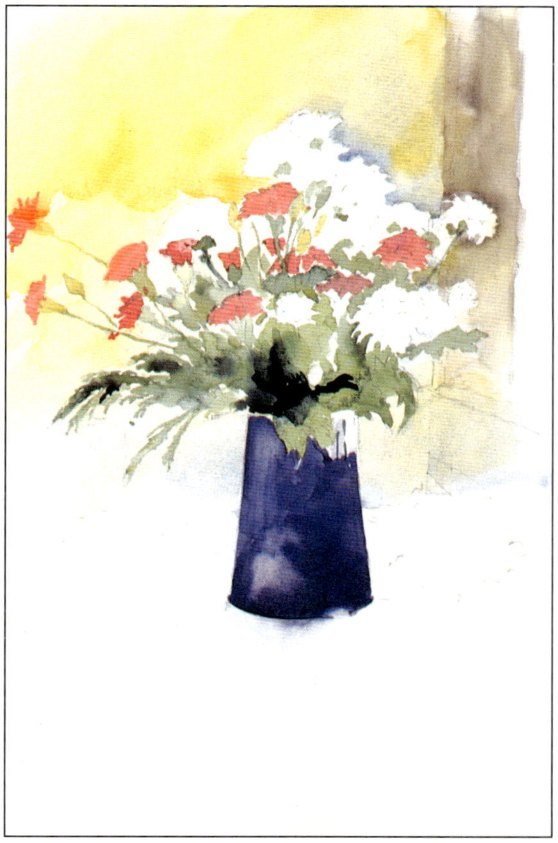

5 Die dunkelsten Farben sind angelegt, und für die weißen Blumen wurde das Weiß des Papiergrundes ausgespart.

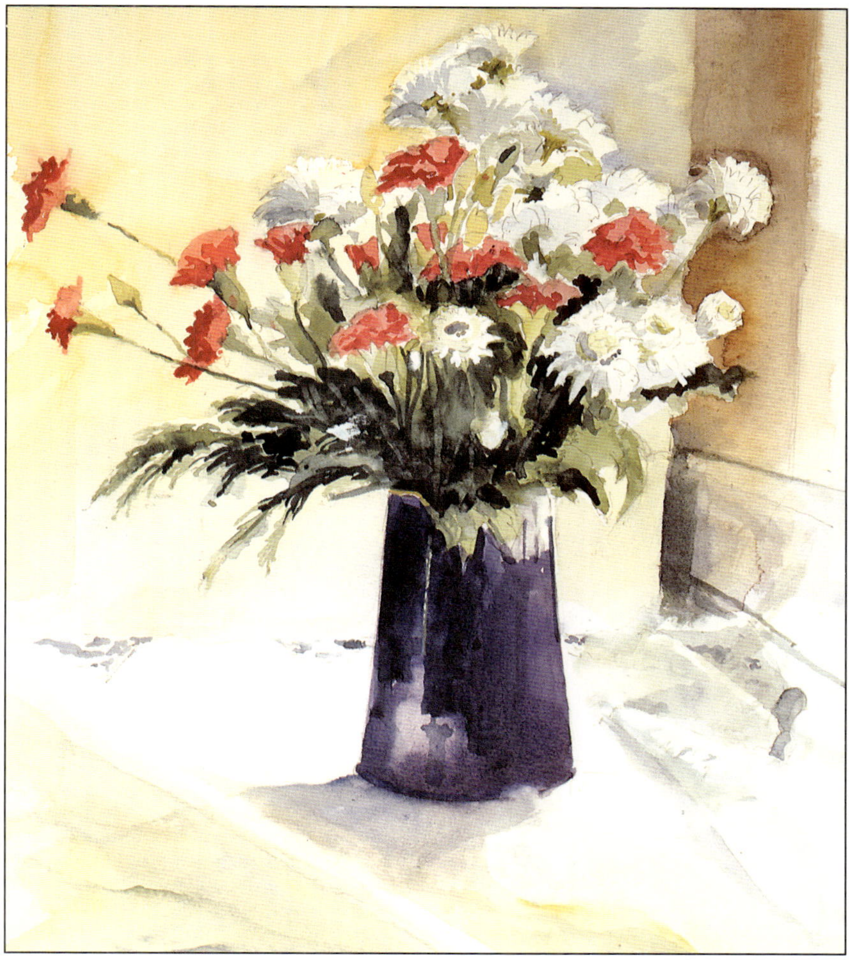

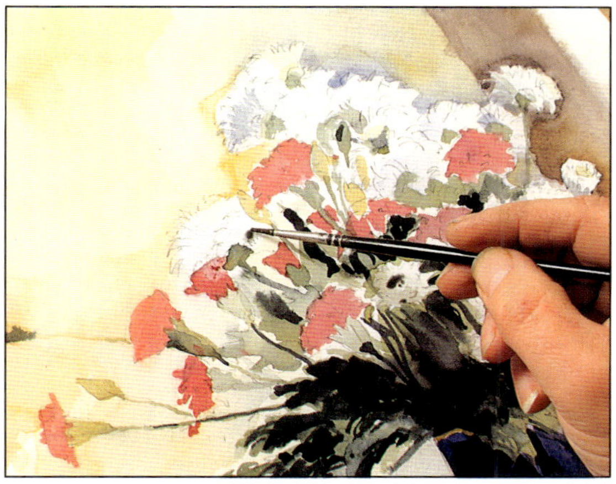

6 Diese Blumen werden nun weiter bearbeitet: Mit einem spitzen, feinen Pinsel wird ein blaugrauer Schatten eingetragen, der den Blumen Plastizität und Volumen gibt.

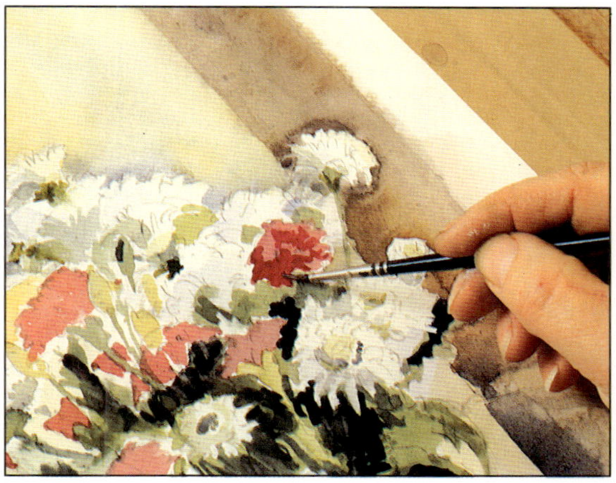

7 Nelken haben eine sehr deutliche Blütenstruktur. Wenige Striche eines dunkleren Farbtons, die über die rosafarbene Grundlavierung gesetzt werden, geben diese überzeugend wieder. Der Künstler arbeitet hier naß auf trocken, um scharfe Ränder und kräftige Tonwertkontraste zu erhalten.

8 ▲ Schließlich werden Blumen und Blätter mit weiteren Schichten naß auf trokken aufgebaut. Von der Vorzeichnung sind noch einige Linien auf den weißen Blumen zu sehen. Sie sollen dazu dienen, weitere Details anzugeben. Abschließend wird die Komposition weiter abgerundet, indem der bisher etwas formlose Vorder- und Hintergrund mit Hilfe von Abdeckungen differenziert ausgemalt wird.

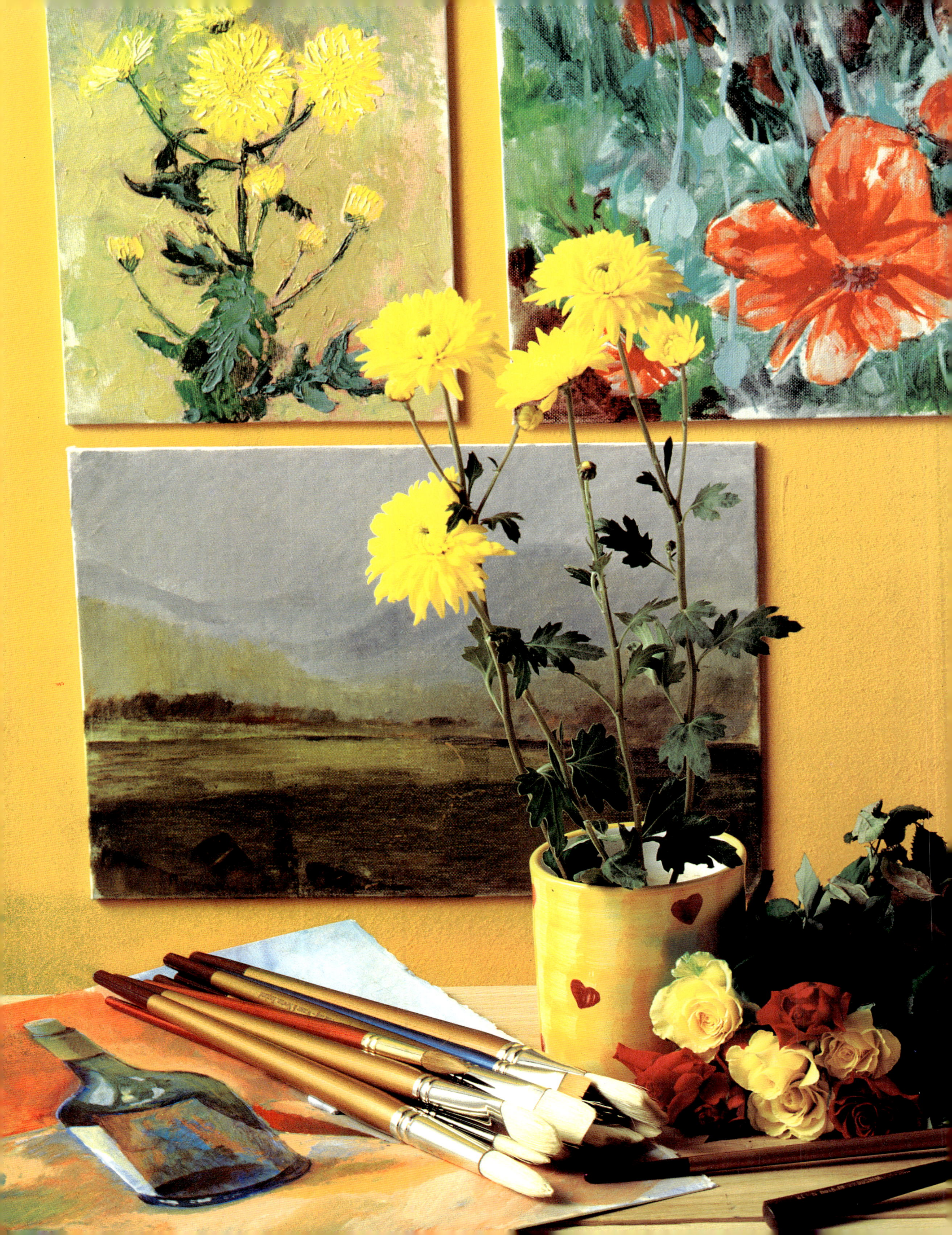

Öl- und Acrylmalerei

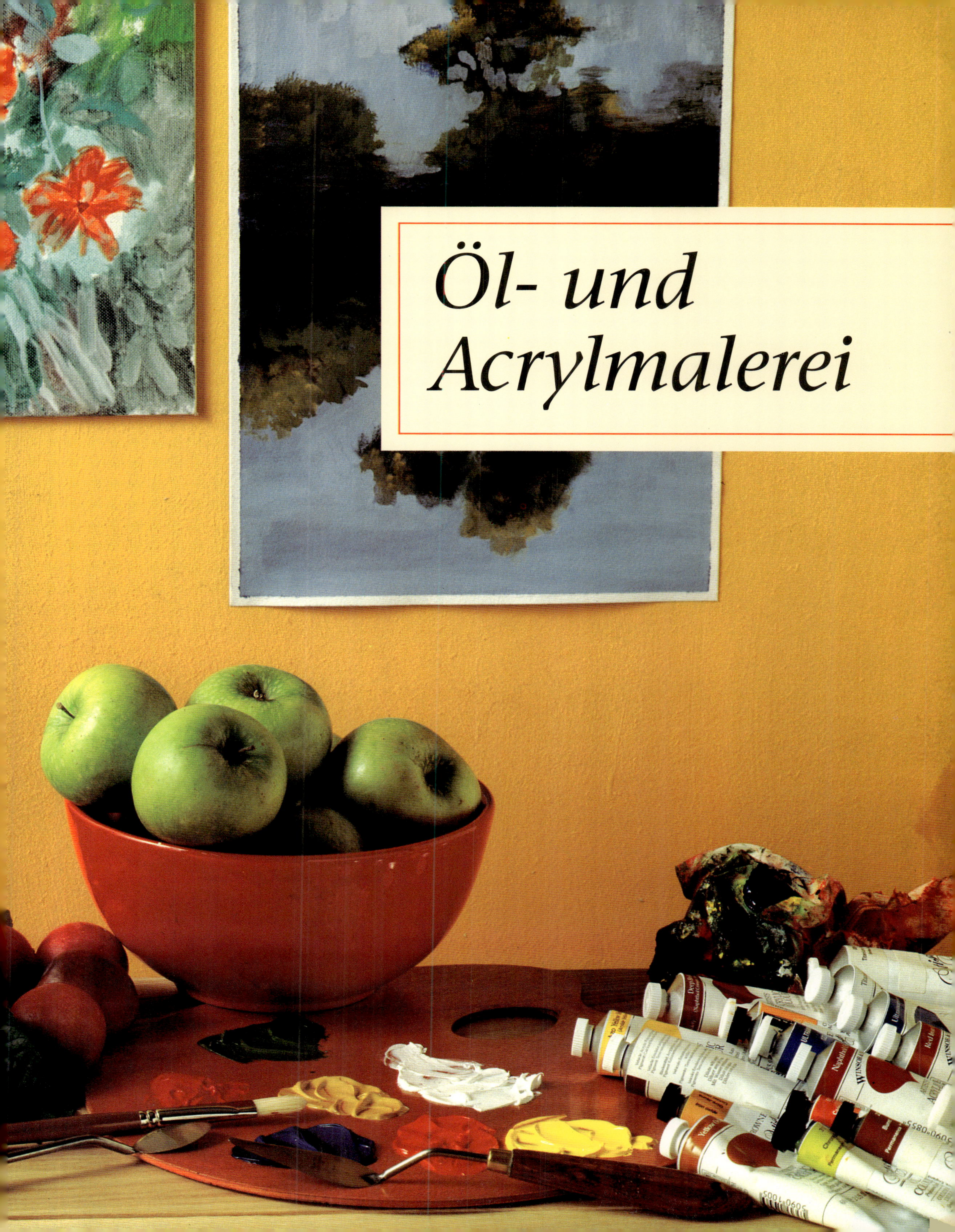

Einführung

Öl- und Acrylmalerei

Oft wird die Ölfarbe als das älteste Malmittel überhaupt eingestuft. Dabei ist sie in Wirklichkeit viel jüngeren Datums als die Aquarellfarbe oder besser gesagt als eine mit Wasser gelöste Farbe. Die Temperafarbe nämlich ging der Ölfarbe lange voraus und wurde für Tafelbilder wie auch für Fresken verwendet. Temperafarbe bestand aus in Wasser gelösten Pigmenten, die mit Eigelb oder einem ganzen Ei gebunden wurden.
Die Erfindung der Ölmalerei, d. h. der ölgebundenen Farbe, wird meist dem flämischen Maler Jan van Eyck aus dem frühen 15. Jahrhundert zugeschrieben. Wahrscheinlich haben aber auch andere Künstler gleichzeitig mit ähnlichen Rezepten experimentiert.
Wo immer die Ursprünge der Ölmalerei zu suchen sind, ihr Triumphzug war nicht aufzuhalten. Denn die mit Eigelb gemischte Temperafarbe war sehr zähflüssig und konnte nur in einer strichelnden Technik aufgetragen werden. Die ölgebundene Farbe erlaubte es dagegen, weiche Übergänge und feine Modulationen zu schaffen.
Anfangs wurde die Ölfarbe sehr dünn aufgetragen und das Bild mit Hilfe von Lasuren in mehreren transparenten Farbschichten aufgebaut. Die Oberflächen der Bilder waren sehr glatt, kein Pinselstrich blieb sichtbar stehen. Erst viel später entdeckten die Maler auch die expressiven Eigenschaften der Ölfarbe: Pinselstriche oder auch Spuren des Palettmessers wurden ein wichtiges Erkennungszeichen des individuellen künstlerischen Stils. Ein Meister der Ölmalerei war zum Beispiel Rembrandt. In seinen Bildern offenbaren sich die vielfältigsten Möglichkeiten, Ölfarbe einzusetzen. Im 19. Jahrhundert waren es dann die Impressionisten, die neue Maltechniken entwickelten.

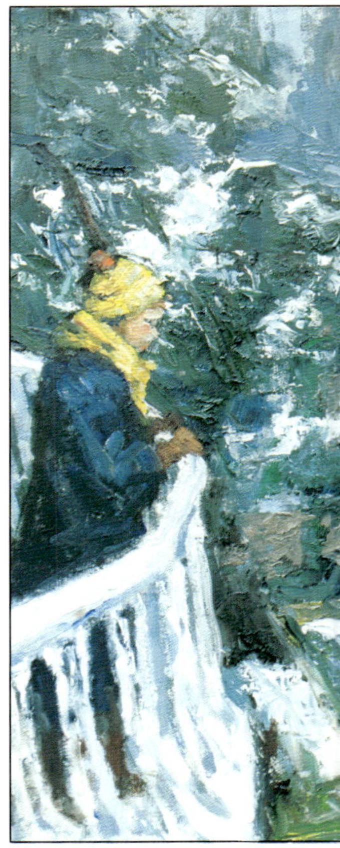

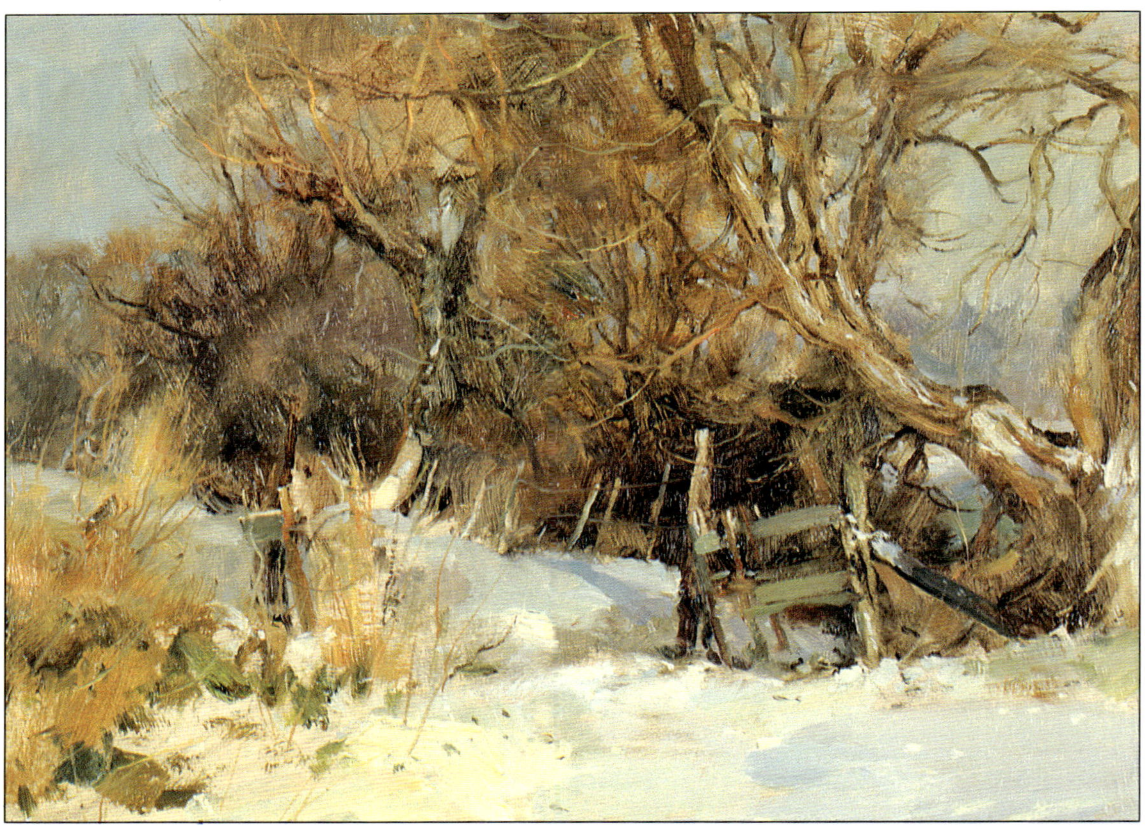

◀ David Curtis
Red Lane bei Dronfield
In der Ölmalerei ist der Pinselduktus von großer Bedeutung. Die bewegten Pinselstriche auf diesem Bild folgen der Richtung der Baumstämme und Zweige, Tiefenwirkung wird durch den Kontrast zwischen dünnem und pastosem Farbauftrag erzeugt: Der rechte Baum wurde mit pastosen Farben modelliert, während der blaue Hintergrund nur ganz leicht und durchscheinend gemalt wurde.

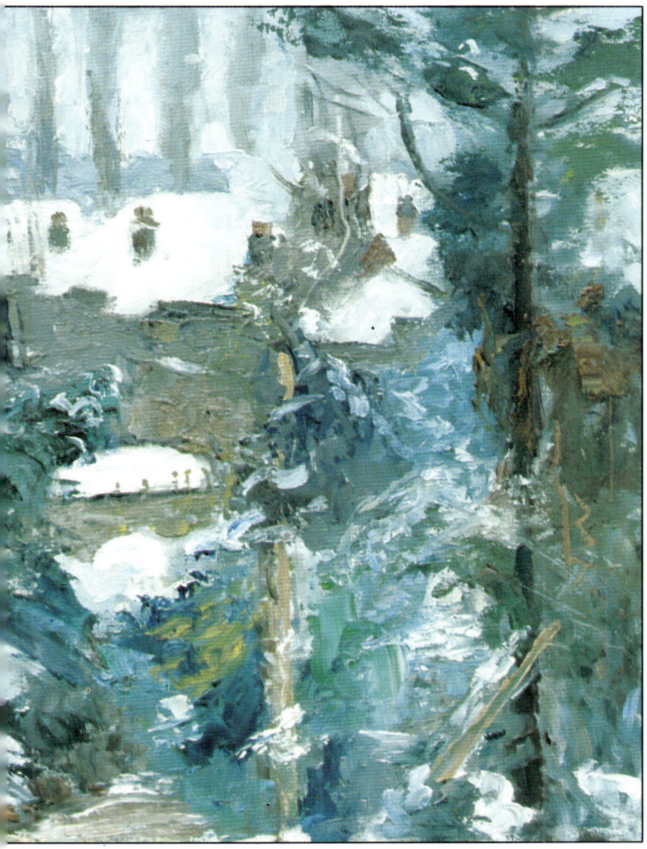

▼ Gerry Baptist

Pinien auf Beauvballa

Dieses Bild ist mit Acrylfarben gemalt worden, die stark mit Wasser verdünnt wurden. Der Künstler setzt gezielt Komplementärkontraste von Gelb und Violett ein, die dem Bild – trotz der realistischen Wiedergabe des Motivs – einen expressiven Ausdruck geben.

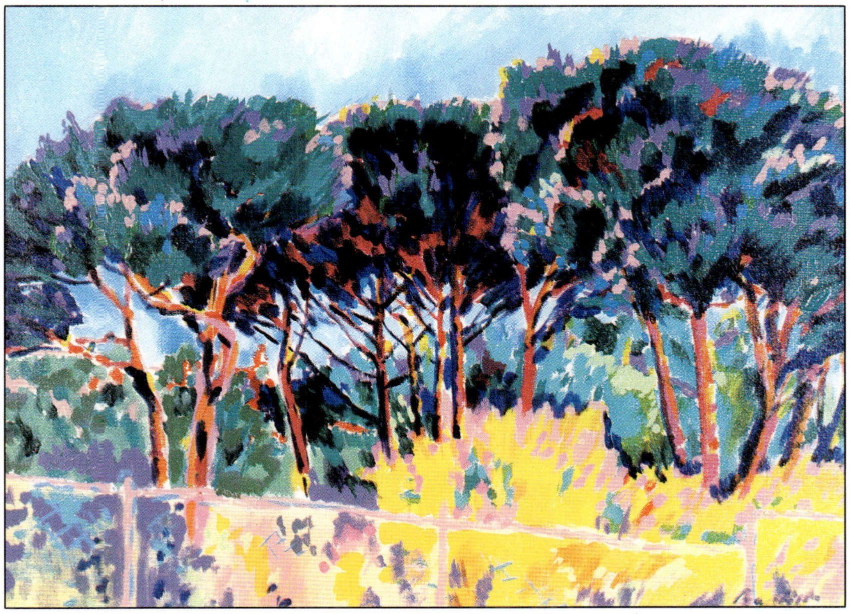

▲ Ted Gould

Schneeszene

Das Bild von David Curtis (in Acrylfarben angelegt) kombiniert warme goldbraune Töne mit blauen und grauen Farben: Die dominierende Farbgebung des Bildes ist kühl gehalten, doch das helle Gelb von Mütze und Schal bildet einen lebhaften Akzent, der wirkungsvoll aus den blauen, blaugrünen, grauen und graubraunen Tönen hervortritt. Die Farbe wurde sehr pastos auf Leinwand aufgetragen.

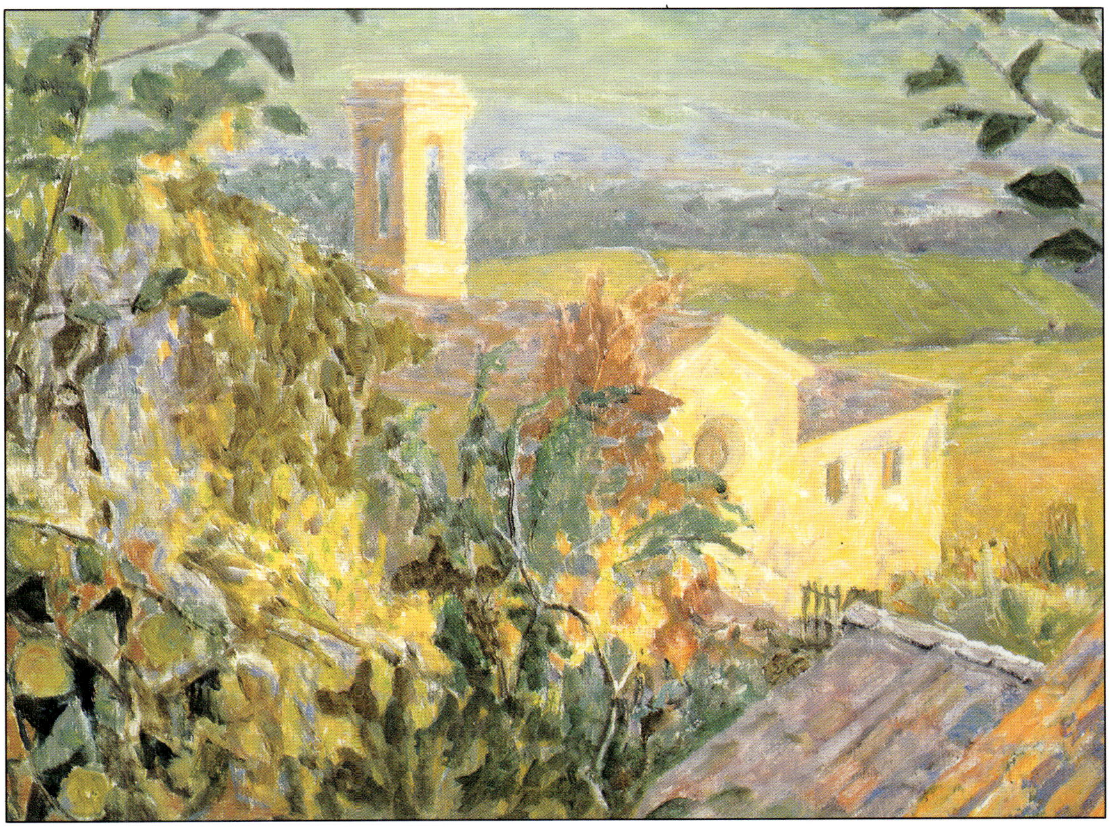

▲ Patrick Cullen

Kirche in San Donnino

Auf einem weißen Grund wirken die dünn aufgetragenen Farben so leuchtend wie in einem Aquarell, da das einfallende Licht durch die Farben hindurch vom Weiß des Grundes reflektiert wird.

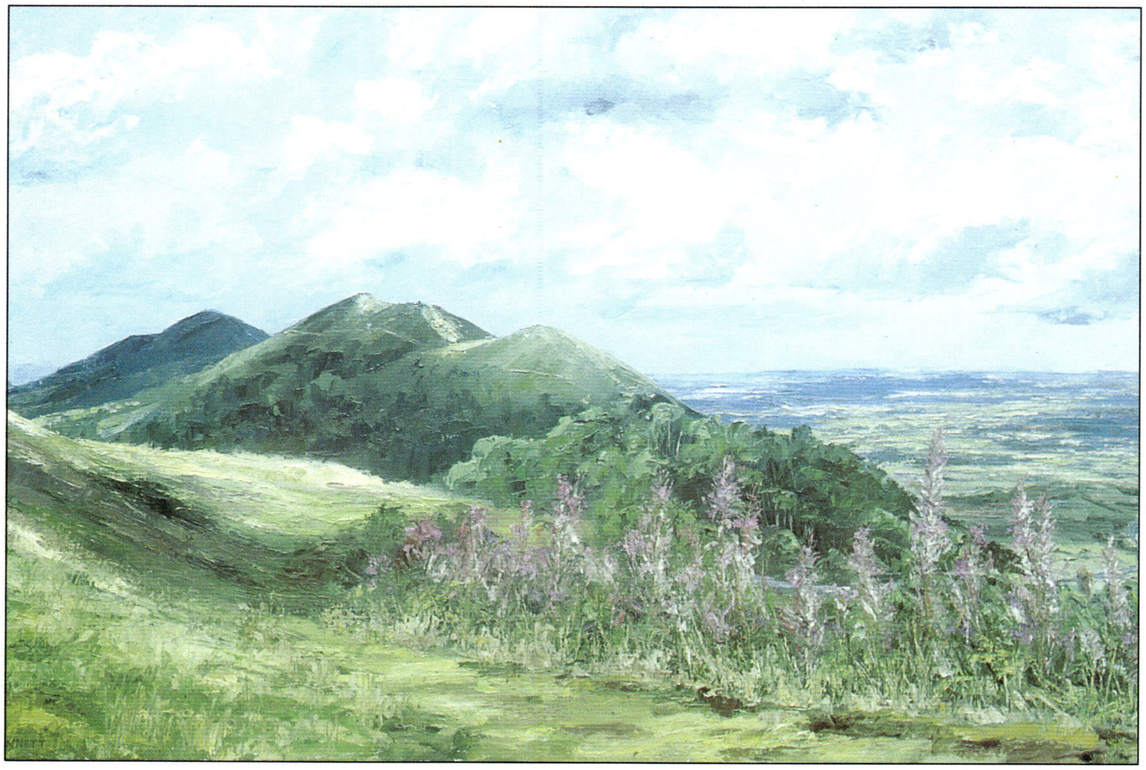

◄ Brian Bennett

Hügel bei Malvern

Brian Bennett ist ein bekannter englischer Landschaftsmaler. Er arbeitet in der traditionellen Öltechnik, verwendet aber beim Farbauftrag statt Pinseln den Malspachtel. Mit diesem lassen sich sowohl kühne, dynamische Strukturen schaffen als auch sehr feine Spuren anlegen, wie auf diesem Bild zu sehen ist.

Ölmalerei heute

Die Ölfarbe ist so geschmeidig und flexibel wie kein anderes Malmittel. Man kann sie dünn oder dick, mit Pinseln, Malspachteln oder mit den Fingern auftragen, und es gibt kein Format und kein Motiv, für das sie nicht geeignet wäre. Die langsam trocknende Ölfarbe erlaubt über Tage und Wochen ständige Korrekturen. Mißlungene Partien können problemlos abgekratzt werden, ein unschätzbarer Vorteil auch für den unerfahrenen Malanfänger.

Früher mußten Lehrlinge die Farben im Atelier des Meisters mühsam mit Öl anreiben. Heute ist dies natürlich sehr viel einfacher: Die Farbe wird in Tuben unterschiedlichster Größe und Zusammensetzung angeboten. Die Erfindung der Tubenfarbe Mitte des 19. Jahrhunderts machte zudem einen problemlosen Einsatz der Ölfarbe außerhalb des Ateliers in der Freilichtmalerei möglich. Ölfarben werden heute sehr sorgfältig hergestellt, und sie sind in einer großen Farbskala erhältlich. Fertig bespannte Leinwände und Malkartons aller Größen sowie Pinsel aller Art ermöglichen zudem die unterschiedlichsten Arbeitsweisen und Techniken.

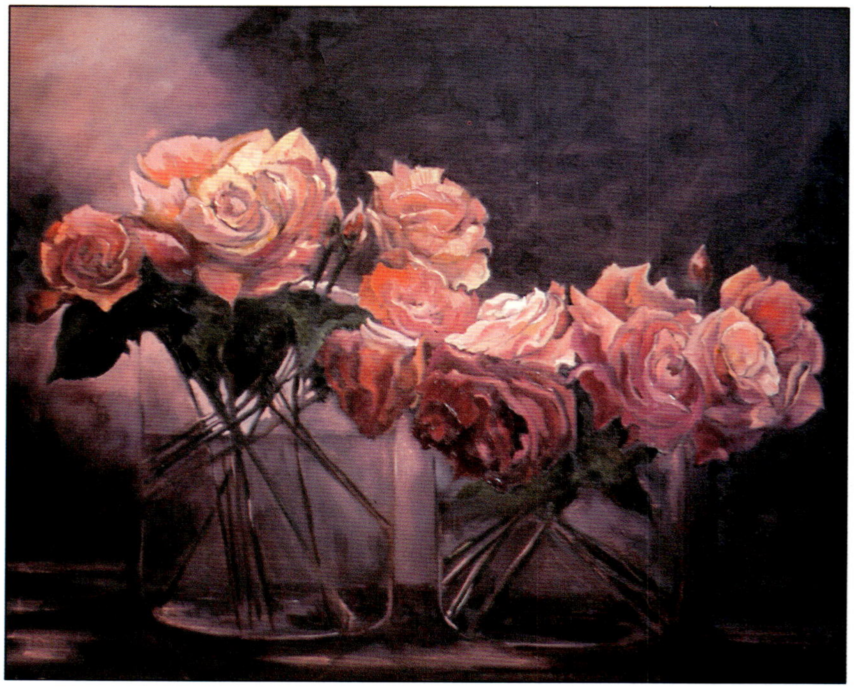

Madge Bright

Viktorianische Rosen im Glas

▲ *Für dieses in Öl gemalte ausdrucksstarke Bild wurde eine sehr begrenzte Farbskala verwendet, die nur aus rosa und dunkelgrünen Tönen besteht. Trotz der einfachen Komposition ist das Bild sorgfältig geplant und angelegt worden. Die Blüten bilden ein unregelmäßiges Muster vor der dunklen Bildfläche, die in alle Richtungen weisenden Stiele stehen in einem reizvollen Kontrast dazu.*

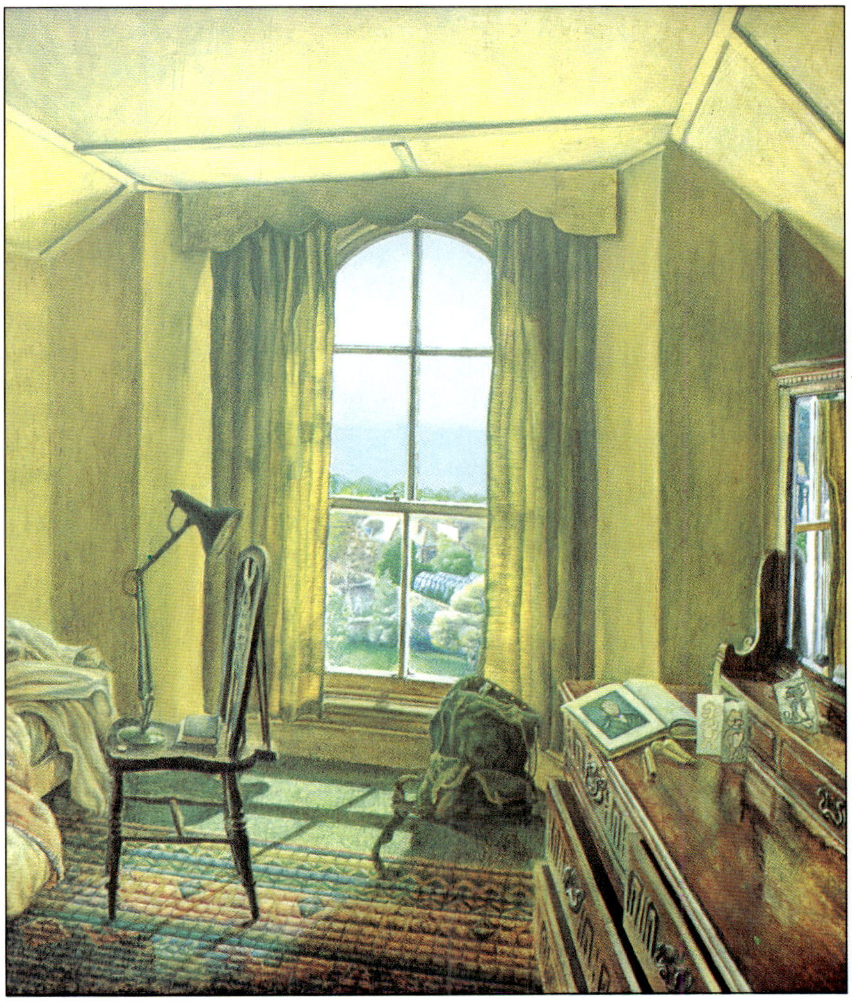

◄ Paul Bartlett

Zimmer 15, Kathmore House in Falmouth

Das Thema dieses Ölbildes ist das Licht. In der Farbgebung ähnelt es dem Bild von Karen Raney (unten). Es wurde jedoch in einer ganz anderen Technik gearbeitet. Die Pinselstriche sind fein vermalt und fast unsichtbar. Jedes Detail und jede Textur wurde sehr genau wiedergegeben.

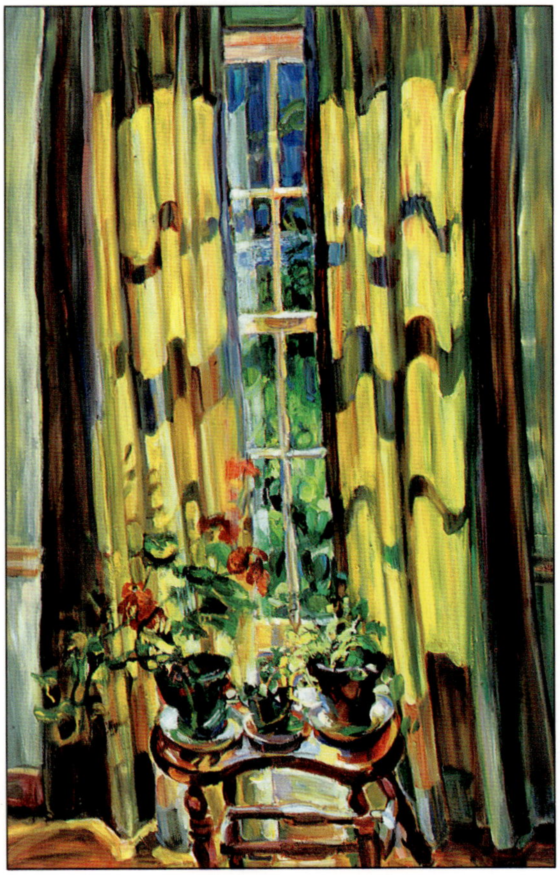

▲ Karen Raney

Clairmont Road

Räume bieten die vielfältigsten Motive, nicht zuletzt, weil man in ihnen Lichtverhältnisse besonders gut studieren kann. In diesem Ölbild ergeben die Schatten auf dem Vorhang ein lebhaftes Muster, das zum Hauptthema des Bildes geworden ist. Raney hat ein Hochformat gewählt, um die vertikale Richtung der Komposition zu betonen.

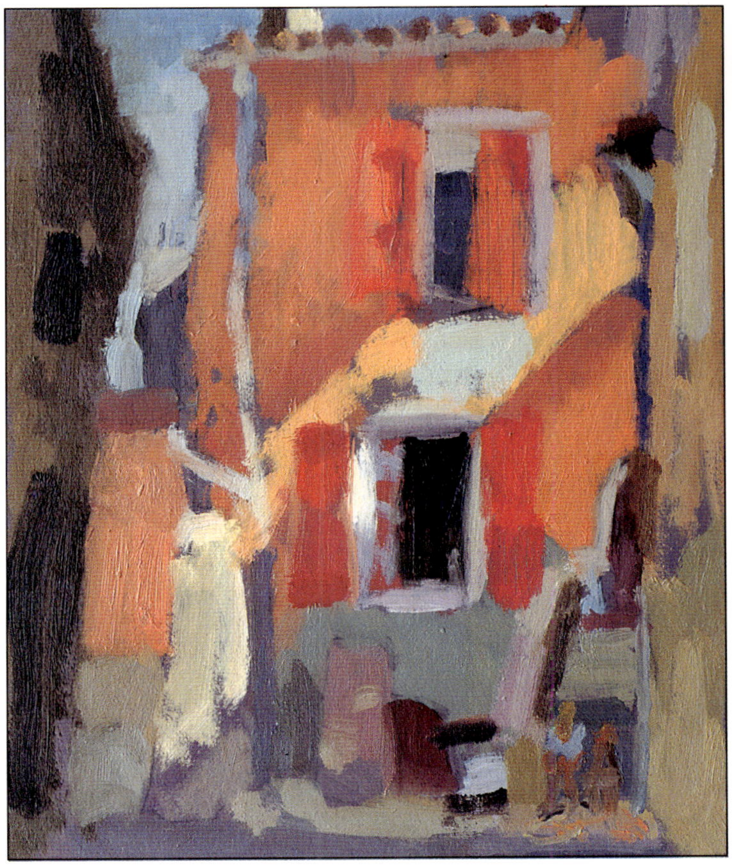

◄ Stewart Geddes

Rotes Haus in der Provence

Hauswände können unter einem bestimmten Licht sehr intensive Farben annehmen. Unter einem grauen Himmel würde das hier abgebildete Haus sicher etwas langweilig wirken. Im südlichen Licht der Provence inspirierte es den Künstler jedoch zu einem lebhaften Farbspiel. Komplementäre Kontraste intensivieren das Licht in dem auf Karton gemalten Ölbild, und neutrale Töne verstärken die warmen, glühenden Farben.

▶ Oliver Bevan

Scharfe Ecke

Bevan malt Landschaften und Stadtszenen, setzt Farbe aber nicht unbedingt naturalistisch ein, sondern will mit ihr eine kraftvolle Atmosphäre schaffen. In diesem Ölbild ergibt sich aus den starken Tonwert- und Farbkontrasten eine sehr dramatische, fast bedrohliche Stimmung, die von den beiden dunklen Figuren und den kantigen Formen im Vordergrund weiter verstärkt wird.

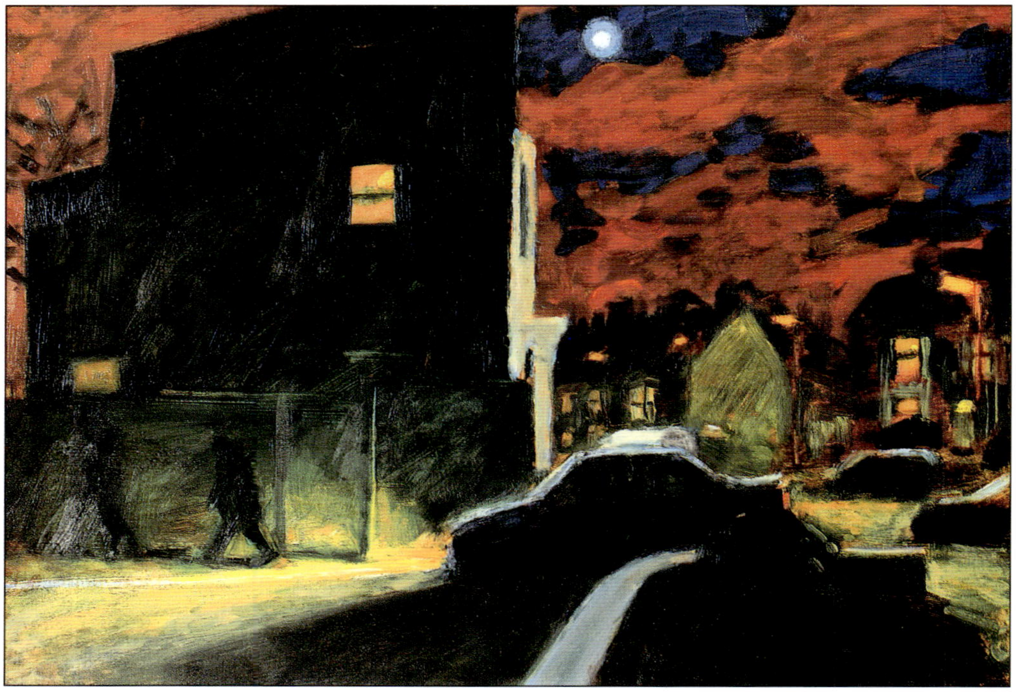

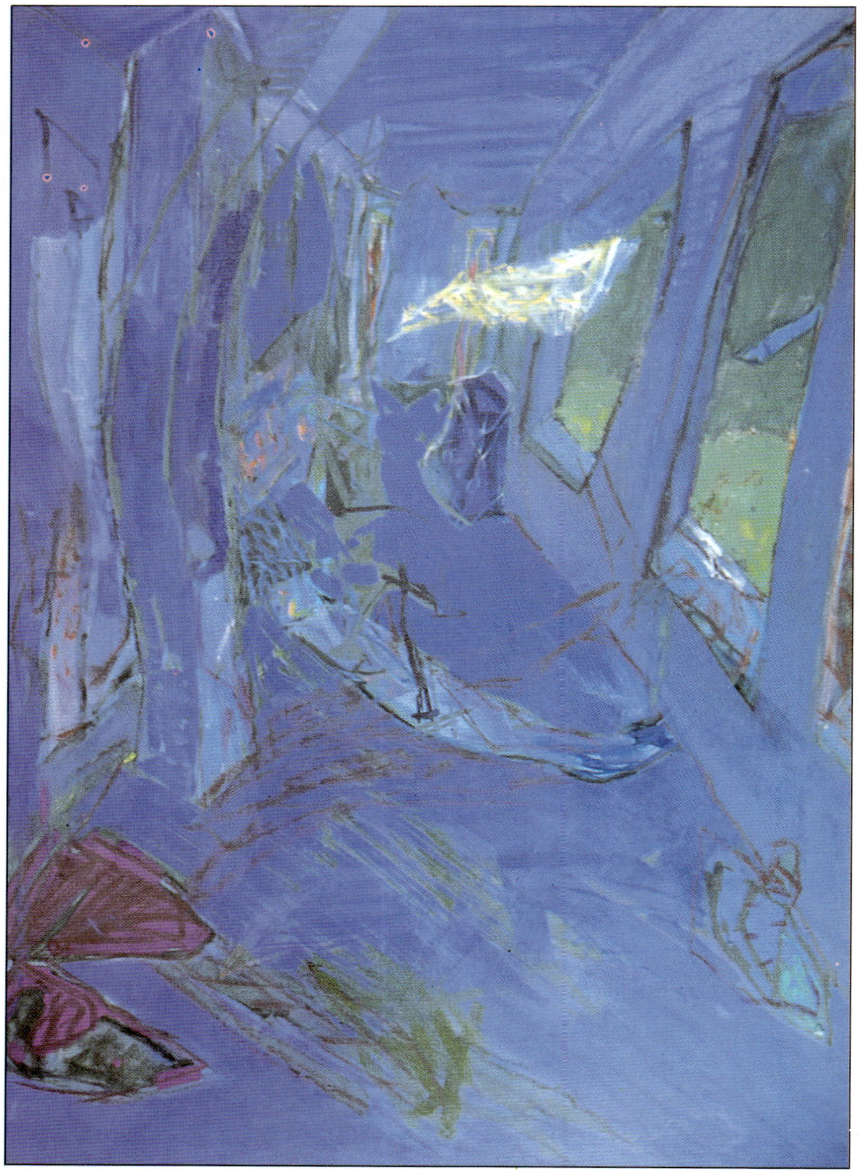

◀ Anne Vancatova

Blaues Zimmer

Dieses in Öl auf Leinwand gemalte faszinierende Bild ist eine Hommage an die Farbe Blau, die, intensiv aufgetragen, fast die ganze Fläche füllt. Formen wurden nur angedeutet. Mit wenigen Strichen ist die Perspektive gekennzeichnet. Tupfen in Gelbgrün, Rot und Weiß deuten Details wie das durch die Fenster dringende Abendlicht an.

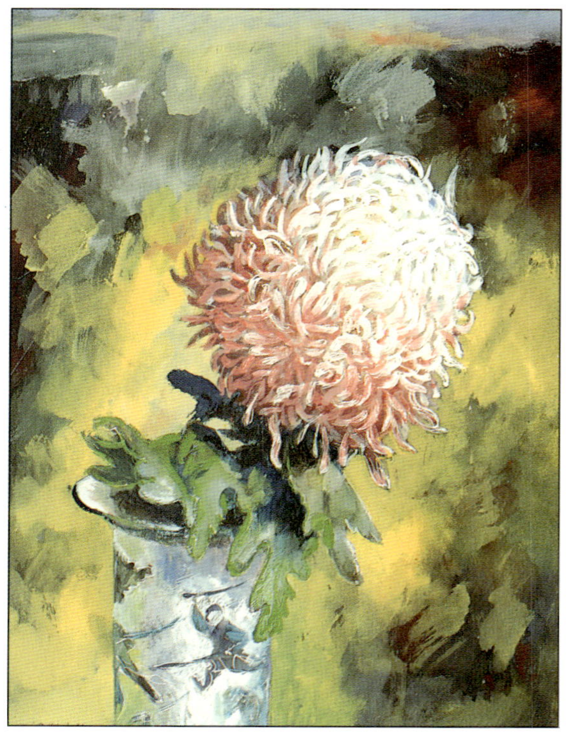

▶ Timothy Easton
Neuer Einsatz
Dieses Gemälde ist äußerst genau gemalt worden. Beachten Sie zum Beispiel die Wiedergabe der abblätternden Farbe auf den geöffneten Toren oder die Lederjacke des Jungen im Eingang. Normalerweise ziehen Figuren immer die Aufmerksamkeit auf sich; doch in diesem Bild läßt die fast abstrakt wirkende, kraftvolle Komposition aus Blau, Schwarz und Braun die Personen fast nebensächlich erscheinen.

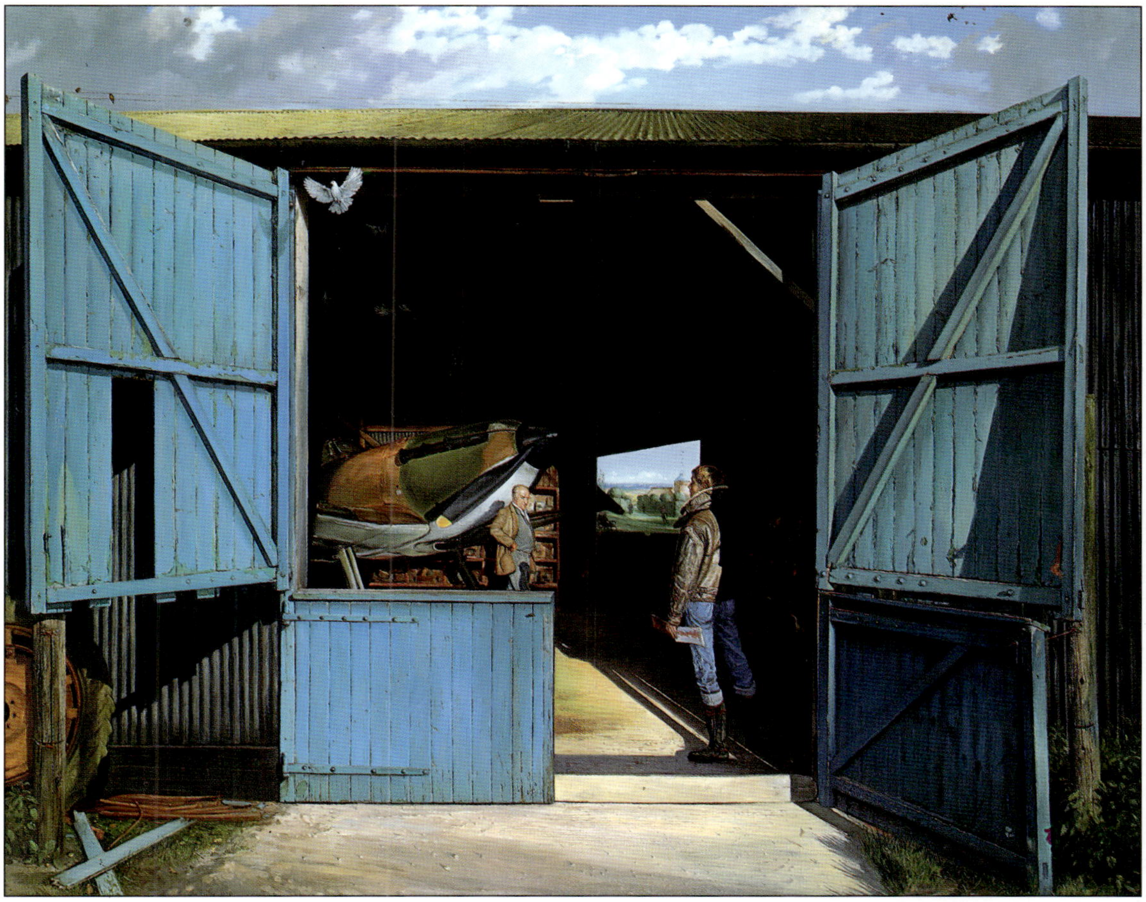

Rosalind Cuthbert
Große Chrysantheme
◀ *Da Acrylfarbe wasserlöslich ist, läßt sie sich wunderbar sowohl mit anderen Wasserfarben wie auch mit verschiedenen anderen Zeichenmitteln kombinieren. Die Künstlerin hat hier Acryl und Gouache auf dem Papier vermischt und dabei mit dem Kontrast zwischen dünnem und dickem Farbauftrag gespielt. Texturen und Details der Blume wurden dagegen mit Hilfe der Sgraffito-Technik geschaffen.*

Acrylmalerei

Acrylfarben wurden als Nebenprodukt der sich rasch entwickelnden Kunststoffindustrie in den 50er Jahren entdeckt. Sie sind also noch relativ neu, und vielleicht ist dies der Grund, warum ihnen auch heute noch viele Vorbehalte entgegengebracht werden. Dabei sind Acrylfarben genauso vielseitig einsetzbar wie Ölfarben und besitzen zudem noch einige weitere spezielle Eigenschaften: Besonders interessant für den Freizeitmaler ist zum Beispiel ihre kurze Trockenzeit. Man kann Acrylfarben bereits nach sehr kurzer Zeit beliebig oft übermalen. Sobald eine Acrylfarbschicht trocken ist, kann unbesorgt eine neue Schicht aufgetragen werden, ohne daß sich die Farben darunter wieder anlösen. Acrylfarben lassen sich natürlich auch mit Ölfarben übermalen. Man muß dann aber die lange Trockenzeit des Öls beachten, da die Farbschicht sonst reißt und bricht. Ein anderer großer Vorteil ist, daß man mit den unterschiedlichsten Malgründen arbeiten kann, angefangen mit Papier und Karton bis hin zur Leinwand, wobei meist sogar auf eine Grundierung verzichtet werden kann.

Die Acrylfarben sind in ihrer Wirkung den Ölfarben sehr ähnlich. Dennoch gibt es zwischen beiden Medien sowohl in der Verarbeitung wie in der Erscheinung erhebliche Unterschiede. Alle Farben bestehen aus Pigmenten, die mit einem Bindemittel gebunden sind. Im Falle der Acrylfarbe ist das Bindemittel eine Kunststoffdispersion, die aus in Wasser gelösten feinen Acrylharzpartikeln hergestellt wird. Daher lassen sich Acrylfarben mit Wasser verdünnen. Die Pinsel werden sofort nach Gebrauch mit Wasser gereinigt, es muß also kein Terpentinersatz verwendet werden.

Der Nachteil der Acrylfarbe besteht darin, daß die Farben fast zu schnell eintrocknen, so daß man kaum naß in naß arbeiten kann. Veränderungen können nur durch Übermalungen ausgeführt werden. Pinsel müssen sehr rasch und sorgfältig ausgewaschen werden, da sie sonst völlig verkleben.

Material und Zubehör

Farben, Pinsel und Malmittel

Öl- wie Acrylfarben sind in Tuben verschiedener Größe erhältlich. Einige Hersteller bieten Acrylfarbe auch in Plastiktöpfen bis zu 1000 ml an. Für normale Bildformate sind Tubenfarben jedoch völlig ausreichend. Der Vorteil der größeren Plastiktöpfe ist allerdings, daß man die Farbe direkt aus dem Topf entnehmen kann. Auf die Palette ausgedrückte Acrylfarbe wird dagegen leider sehr schnell hart und unbrauchbar. Die Acrylfarbe in Plastiktöpfen ist aber auch wesentlich dünnflüssiger als die Tubenfarbe und daher für pastose Effekte ungeeignet.

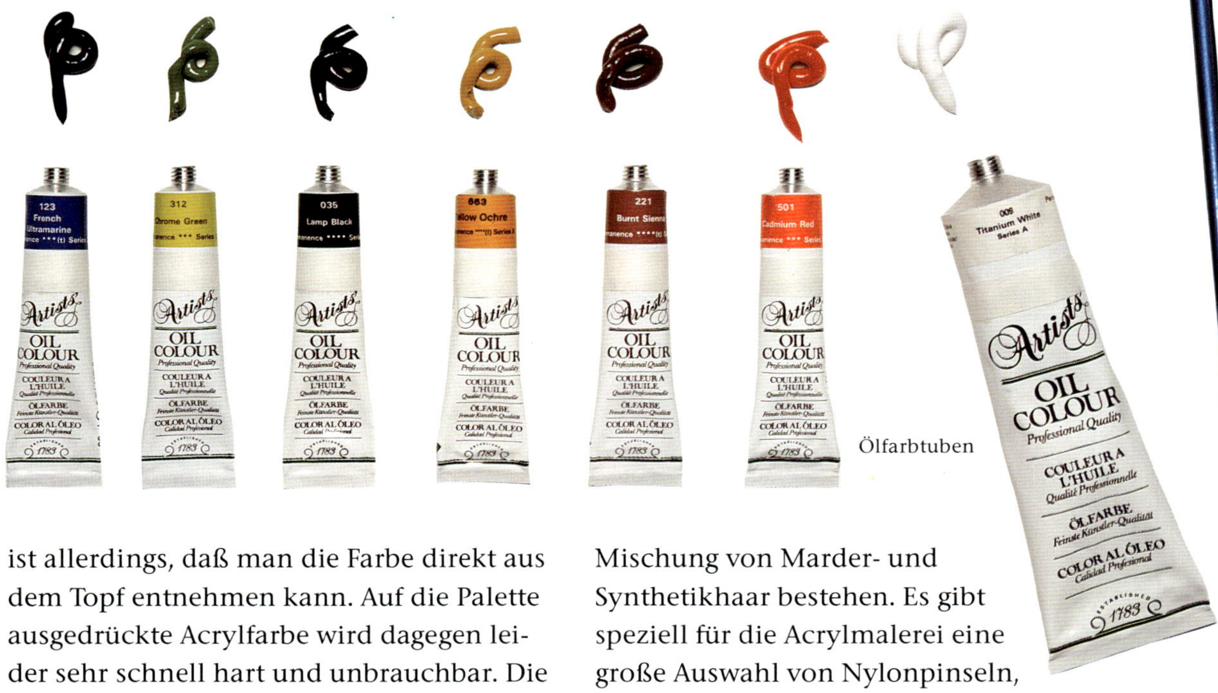

Ölfarbtuben

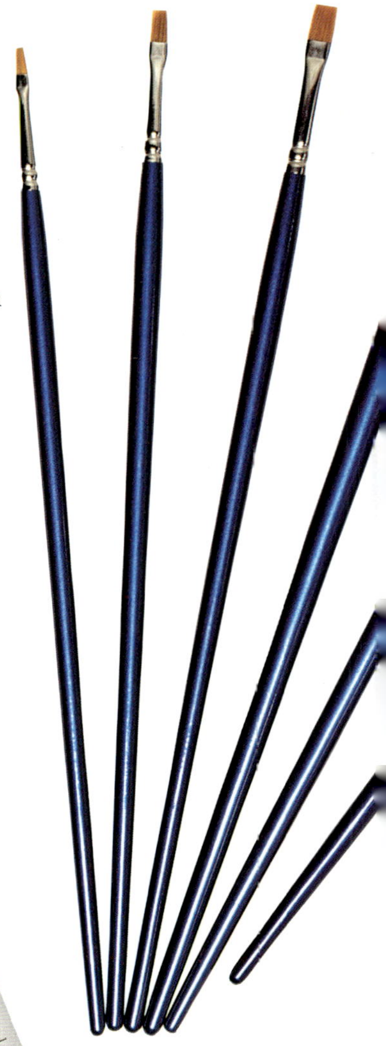

Nylonpinsel für Öl- und Acrylmalerei

Pinsel

Für die Öl- wie die Acrylmalerei werden langstielige Borstenpinsel verwendet. Es gibt drei verschiedene Formen: Flachpinsel, Rundpinsel und Katzenzungenpinsel. Jede Sorte ergibt einen anderen Pinselstrich, und nur durch Ausprobieren und Experimentieren kann man herausfinden, wann man mit welchem Pinsel arbeiten will. Für die Grundausstattung genügt eine kleine Auswahl, vielleicht zwei Pinsel jeder Sorte. Die meisten Farbkästen enthalten zudem ein oder zwei weiche Haarpinsel, die man sowohl für kleine Details als auch zum Anlegen größerer glatter Flächen verwenden kann. Die qualitativ hochwertigsten Pinsel sind Marderhaarpinsel; sie sind aber auch die teuersten. Arbeiten Sie deshalb zu Beginn ruhig mit den billigeren Synthetikpinseln oder mit Pinseln, die aus einer Mischung von Marder- und Synthetikhaar bestehen. Es gibt speziell für die Acrylmalerei eine große Auswahl von Nylonpinseln, die man auch in der Ölmalerei einsetzen kann.

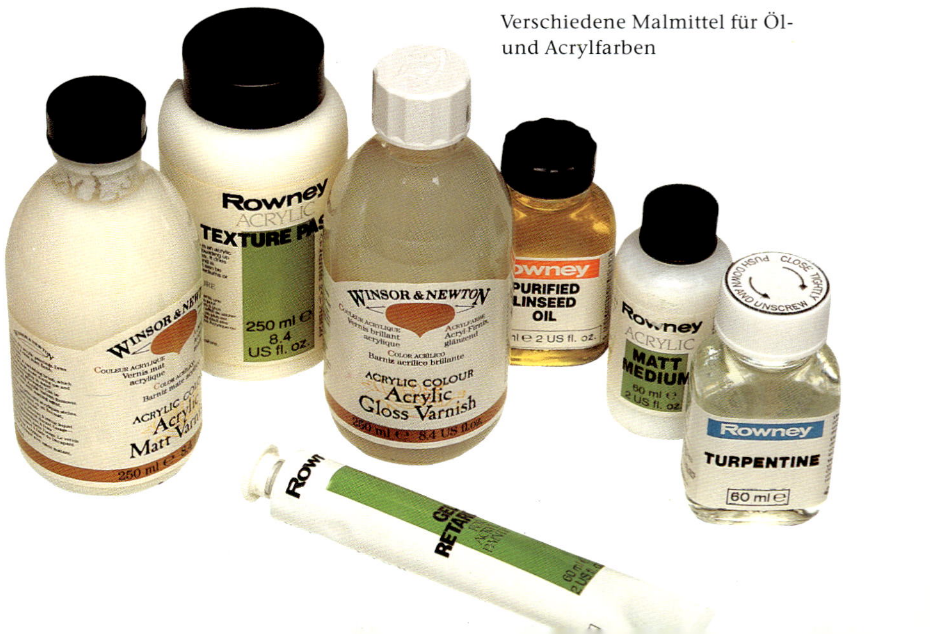

Verschiedene Malmittel für Öl- und Acrylfarben

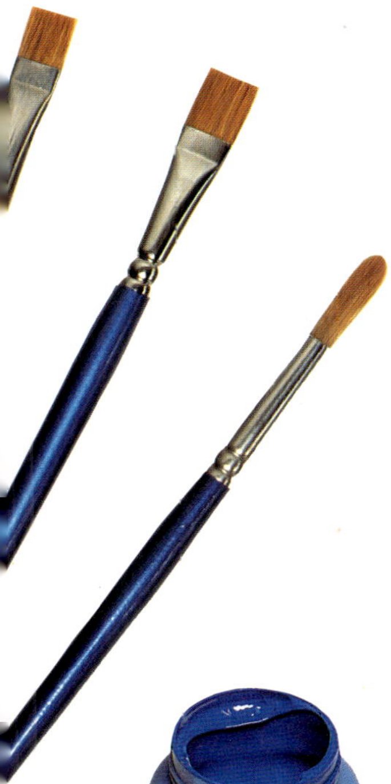

Malmittel

Öl- wie Acrylfarben können direkt aus der Tube vermalt werden. Will man die Farbe jedoch verdünnen, benötigt man ein Malmittel. Acrylfarben sind wasserlöslich und werden deshalb mit Wasser verdünnt, während man bei Ölfarben Terpentinöl verwendet. Will man die Transparenz und Fließfähigkeit von Farben für Lasuren steigern, kann man Öl- und Acrylfarben Lasiermittel zusetzen. Um pastos malen zu können, gibt es wiederum Verdickungsmittel. Später werden wir auf diese Zusatzmittel im Kapitel „Techniken" noch ausführlicher eingehen. Wichtig für die Acrylfarben ist der sogenannte Verzögerer, durch den die Farben länger vermalbar bleiben. Man kann den Verzögerer allerdings nur bei unverdünnter Farbe einsetzen, bei bereits mit Wasser verdünnten Farben spricht er nicht mehr an. Seine Verwendung ist besonders dann zu empfehlen, wenn man die Acrylfarbe wie pastose Ölfarbe verwenden möchte.

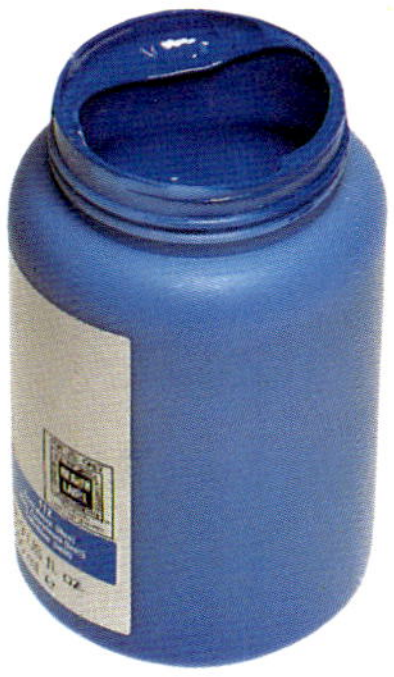

Acrylfarbe im Plastiktopf

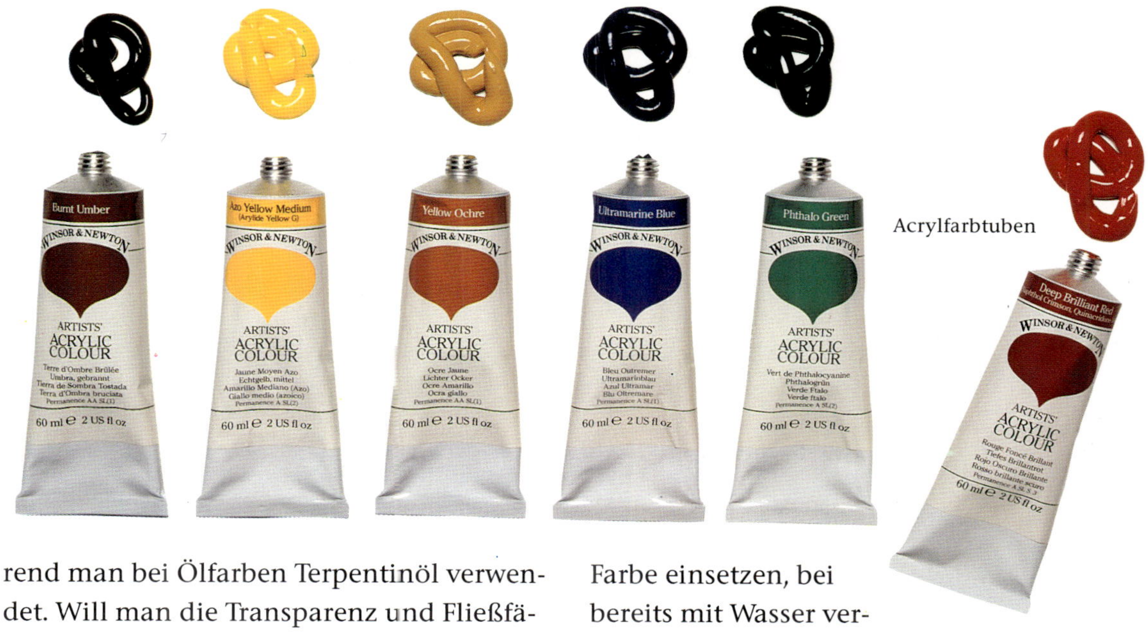

Acrylfarbtuben

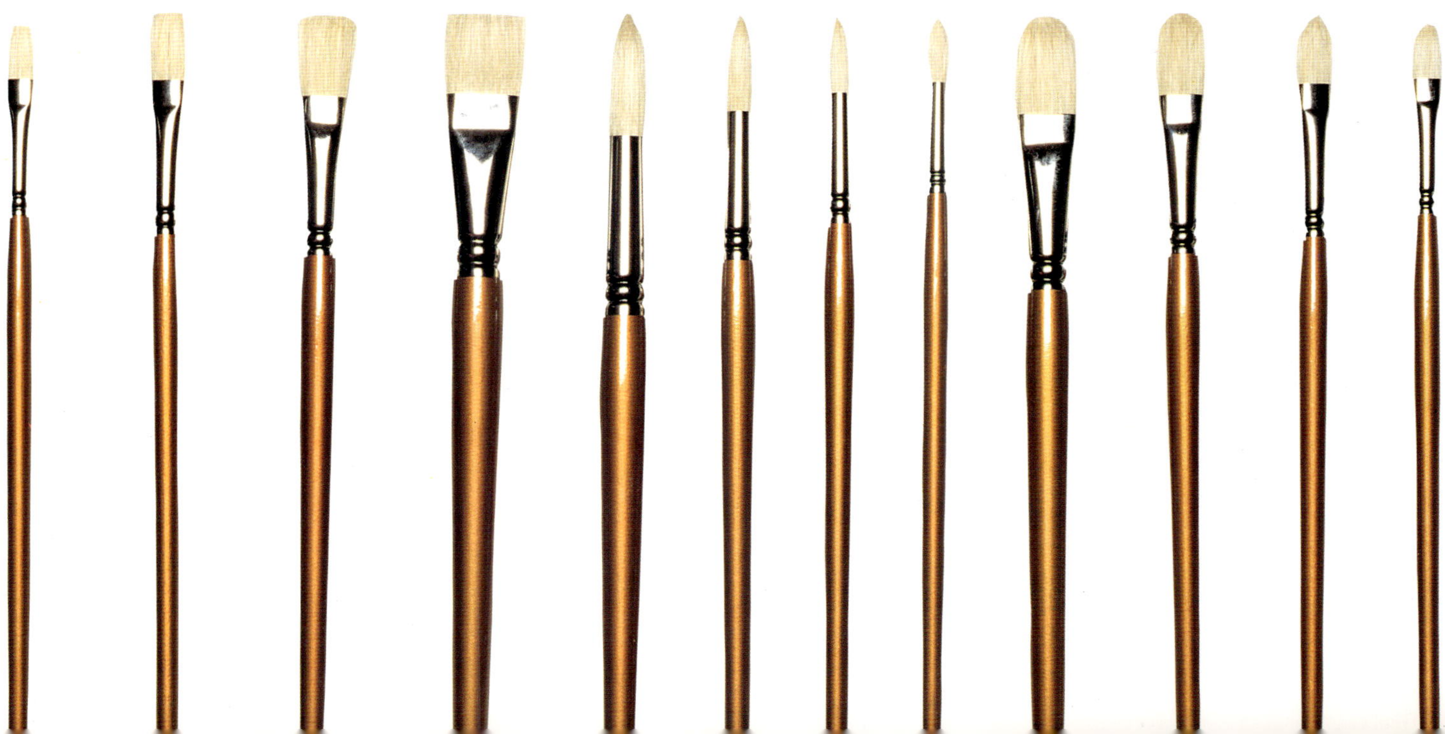

Borstenpinsel für Öl und Acryl

Material und Zubehör

Paletten und Malgründe

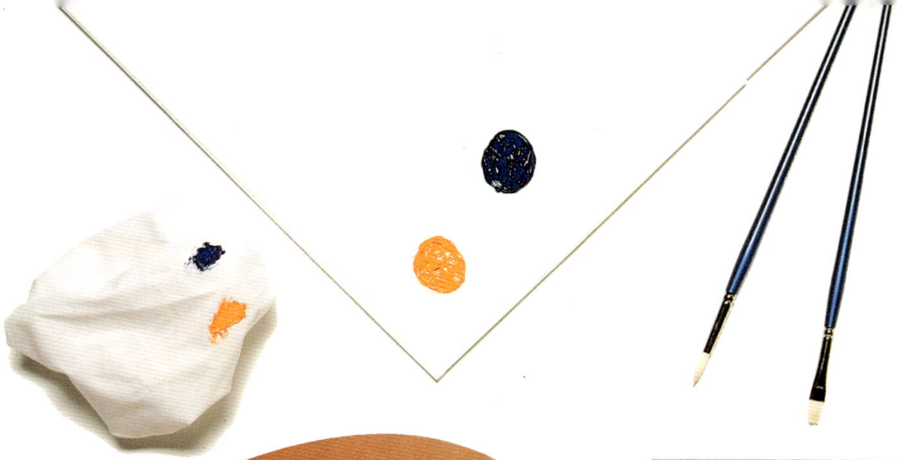

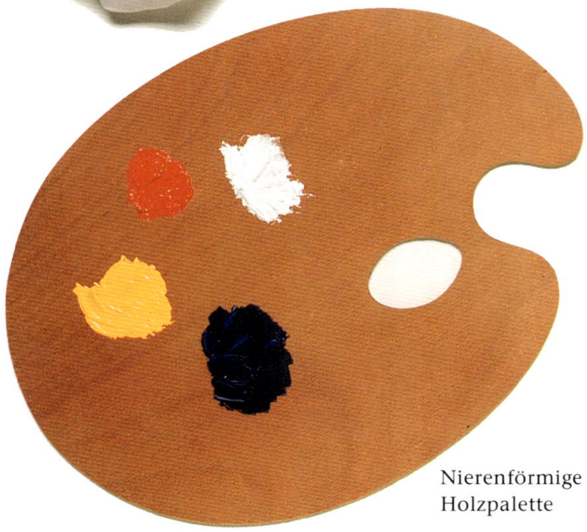

Nierenförmige Holzpalette

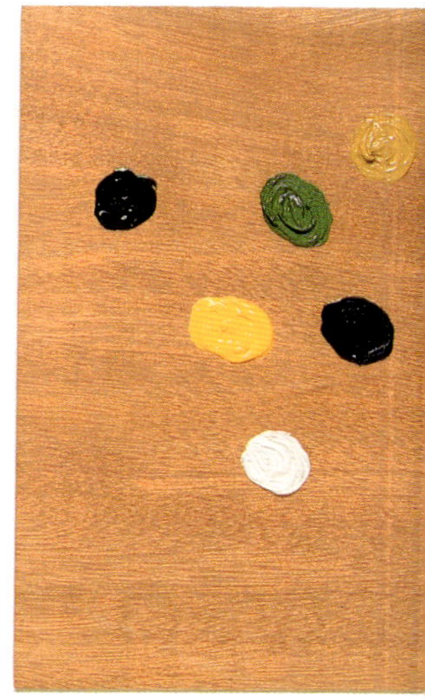

Rechteckige Holzpalette

Für die Ölmalerei werden nierenförmige oder rechteckige Holzpaletten angeboten. Man kann aber ebensogut mit einer Glasplatte oder einer Hartfaserplatte arbeiten. Für Acrylfarbe empfiehlt sich die Verwendung einer Glasscheibe oder einer Kunststoffplatte. Holzpaletten sind weniger geeignet, da man eingetrocknete Farbreste von ihnen nur schwer wieder entfernen kann. Am häufigsten werden in der Acrylmalerei Paletten mit einer glatten, nichtsaugenden Fläche wie zum Beispiel aus weißem Kunststoff verwendet, denn die Oberfläche ist leicht zu reinigen. Allerdings empfinden manche Maler die leuchtend weiße Fläche als Nachteil, da die Farbwerte darauf schwerer einzuschätzen sind.
Für die Acrylmalerei wird auch eine Spezialpalette angeboten, die aus einer Plastikschale mit einer Schicht nichtsaugendem Papier sowie einer darunterliegenden Schicht Löschpapier besteht. Füllt man die Schale mit Wasser, saugt das Löschpapier eine gewisse Menge Wasser auf, wodurch die auf dem oberen Blatt liegenden Acrylfarben feucht gehalten werden. Ein transparenter Deckel schließt die Schale luftdicht ab, so daß die Farben sogar über einen längeren Zeitraum hinweg nicht eintrocknen.

Malgründe

Der beste Malgrund für Öl- wie auch für Acrylbilder ist eine auf Keilrahmen aufgezogene Leinwand aus Baumwolle oder Leinen. Fertig aufgezogene Leinwände sind nicht gerade billig; günstiger und auch nicht besonders schwierig ist es, sie selbst aufzuziehen. In Künstlerbedarfsgeschäften wird Leinwand meterweise angeboten, und auch die dazugehörigen Keilrahmen sind hier erhältlich. Neben dem Aufziehen besteht auch die Möglichkeit, einen Malgrund auf eine feste Unterlage wie zum Beispiel eine Hartfaserplatte aus Masonit aufzuleimen. Eine billigere Alternative zur Leinwand sind beschichtete Malkartons. Denken Sie beim Kauf jedoch daran, daß man für Ölbilder unbedingt eine Grundierung benötigt. Eine Grundierung besteht aus einer oder mehreren Schichten weißer Farbe. Sie schützt die Malfläche vor einsickernden Ölen. Im Handel werden fertig grundierte Leinwände und Malkartons angeboten, wobei die meisten sowohl für die Öl- wie auch für die Acrylmalerei geeignet sind.
Sollten Sie sich für eine unbehandelte Malfläche entscheiden, können Sie diese auch leicht selber grundieren: Zum einen kann man einen speziellen Gessogrund auf Acrylbasis verwenden oder aber einfache weiße Dispersionsfarbe.
Auch Papier kann als Malgrund eingesetzt werden. Auf normalem Zeichenpapier kann man mit Acrylfarbe, allerdings nur in einem relativ dünnen Auftrag, malen. Öl- oder pastose Acrylfarbe benötigen einen etwas festeren Malgrund wie zum Beispiel schweres Aquarellpapier.

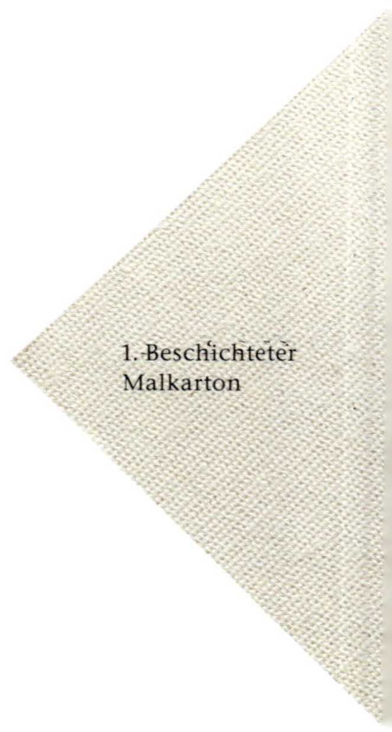

1. Beschichteter Malkarton

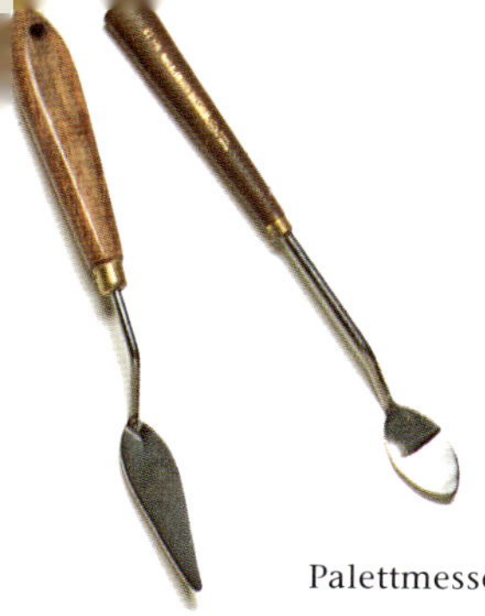

Palettmesser

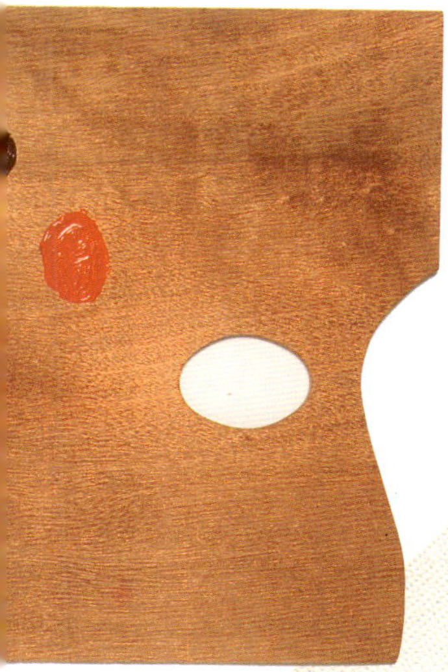

Leinwand aufziehen

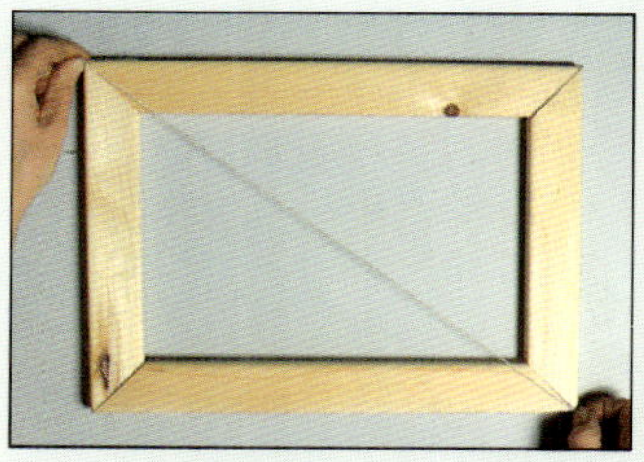

1 Nachdem die Keilrahmen zusammengebaut worden sind, mißt man mit einem Faden die Diagonalen aus. Weichen sie in der Länge voneinander ab, so sind die Keilrahmenstücke nicht genau rechtwinklig und müssen neu zusammengesetzt werden.

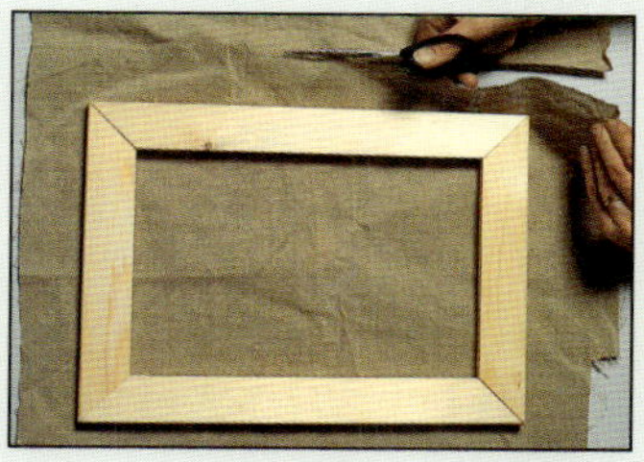

2 Legen Sie den Keilrahmen auf die Leinwand und markieren Sie die Umrisse in einem Abstand von ca. 5 cm mit einem Bleistift. In dieser Größe wird die Leinwand ausgeschnitten.

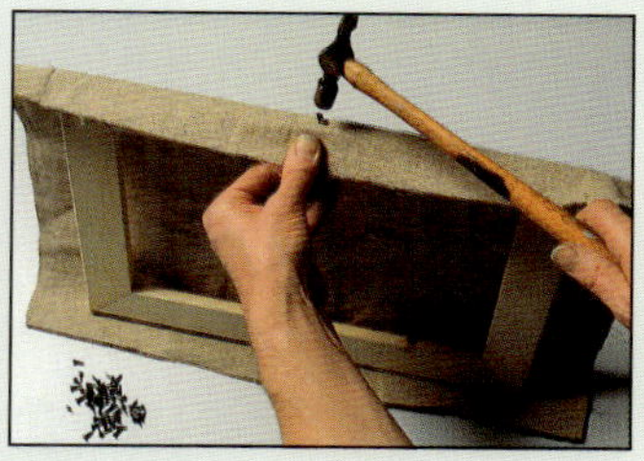

3 Der erste Spannagel wird genau in die Mitte der ersten langen Seite geschlagen, der zweite auf der gegenüberliegenden Seite. Dann werden von der Mitte aus in regelmäßigen Abständen weitere Spannägel bis zum Ende der jeweiligen Leiste eingeschlagen.

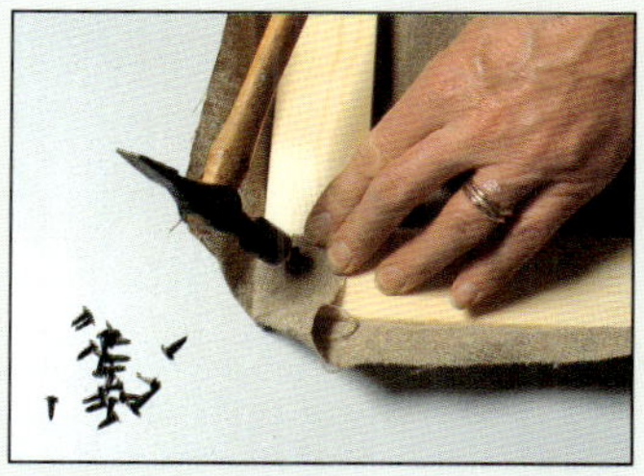

4 Es gibt verschiedene Möglichkeiten, die schwierigen Ecken des Rahmens zu bewältigen. Am einfachsten ist es, die Leinwandecke über den Keilrahmen zu legen und festzunageln.

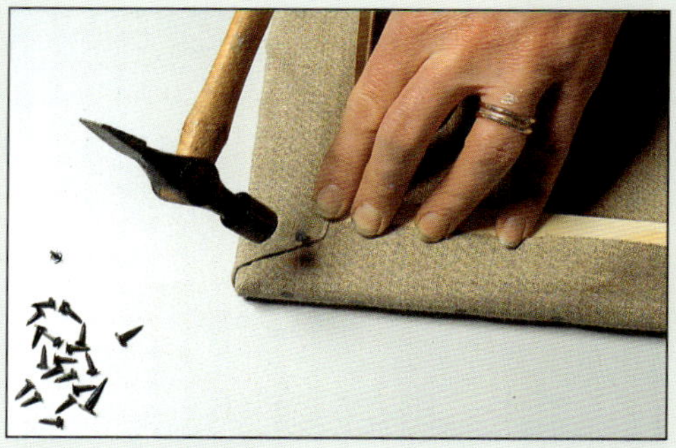

5 Falten Sie nun die überstehenden Ecken zusammen, und nageln Sie diese besonders gut fest. Ungrundierte Leinwand sollte allerdings nicht zu fest aufgespannt werden, da sie beim Grundieren noch etwas eingeht.

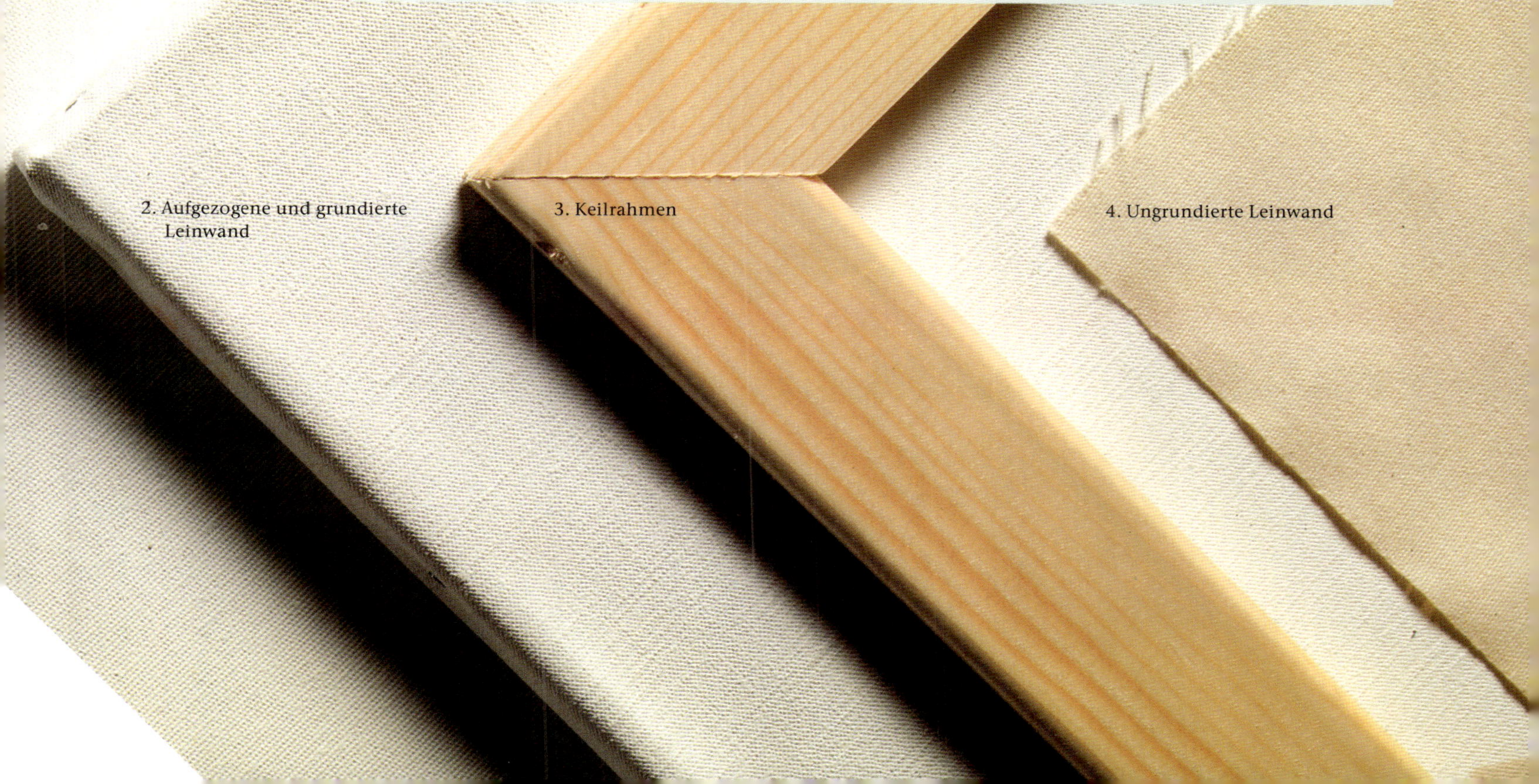

2. Aufgezogene und grundierte Leinwand

3. Keilrahmen

4. Ungrundierte Leinwand

Primär- und Sekundärfarben

Unser Wissen über Farben ist meist ein physikalisches; wer kennt nicht die sieben Spektralfarben Violett, Indigo, Blau, Grün, Gelb, Orange und Rot, die man auch im Regenbogen sehen kann. Diese Farben des Lichts sind sozusagen „absolut“: Es gibt nur ein Rot mit einer ganz bestimmten Wellenlänge, ein Blau, ein Gelb usw. Die Farbtöne, die dem Künstler zur Verfügung stehen, haben dagegen viele verschiedene Nuancen, und sie können daher den Spektralfarben nicht gleichgesetzt werden.

Sekundärfarben mischen

Würde man auch beim Malen über ganz reine Spektralfarben verfügen, könnten theoretisch alle Farben aus nur drei Grundfarben gemischt werden, aus Rot, Blau und Gelb. Tatsächlich sind zum Beispiel auch die Farben in diesem Buch aus nur drei Farben plus Schwarz gedruckt worden. Beim Druck werden unzählig viele winzige kleine Punkte verschiedener reiner Farbe nebeneinandergesetzt, die dann vom Auge als eine Farbe wahrgenommen werden, ein Vorgang, der deshalb „optische Mischung“ genannt wird. Anders verhält es sich jedoch bei unseren Malfarben: Sie müssen zum einen auf der Palette oder dem Papier ausgemischt werden und zum anderen sind die Pigmente nie so rein wie die Spektralfarben. So gibt es ganz unterschiedliche Rot-, Gelb- und Blautöne; welche Farbtöne muß man also miteinander mischen, wenn man eine ganz bestimmte Farbe erhalten möchte? Ein Blick auf die Farbskala für Anfänger zeigt, daß die Grundfarben unterschiedliche Farbtemperaturen aufweisen. Ein Rot

Sekundärfarben ausmischen

Die obere Reihe zeigt Mischungen von „ähnlichen“ Primärfarben, also von Farbtönen mit ähnlichen Farbtemperaturen. Die untere Reihe zeigt gedämpfte Farbtöne, die aus Ausgangsfarben mit unterschiedlicher Farbtemperatur entstanden sind. In beiden Fällen stehen die Primärfarben jeweils rechts und links außen. Die daraus resultierenden Mischungen befinden sich in den drei mittleren Bereichen.

Eine Farbskala für den Anfang

Bauen Sie Ihre Farbpalette langsam auf, und beginnen Sie zunächst mit einer kleinen Auswahl. Mit wachsender Erfahrung werden Sie herausfinden, welche Farbtöne Sie leicht durch Mischungen herstellen können und welche Farben Sie lieber als Tubenfarbe ergänzen. Es ist zum Beispiel fast unmöglich, gute Violett- und Pinktöne selbst zu mischen. Daher greifen vor allem Künstler, die sich auf Blumenbilder spezialisiert haben, meist zu fertigen Violett- und auch einigen speziellen Rottönen. Die hier gezeigten Farben reichen für den Anfang völlig aus. Es gibt sie sowohl in Öl wie in Acryl. Einige Acrylfarben weichen in ihrer Bezeichnung allerdings von den Ölfarben ab. Chromoxidgrün feurig ist in manchen Acrylsorten zum Beispiel nicht zu haben. Dafür gibt es aber ein schönes Austauschpigment mit dem Namen Phthalogrün.

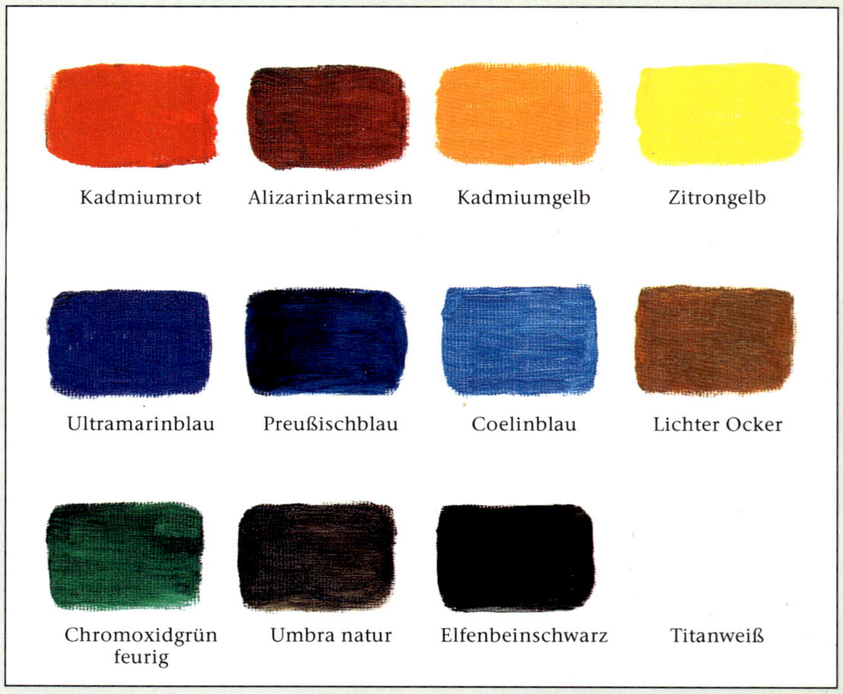

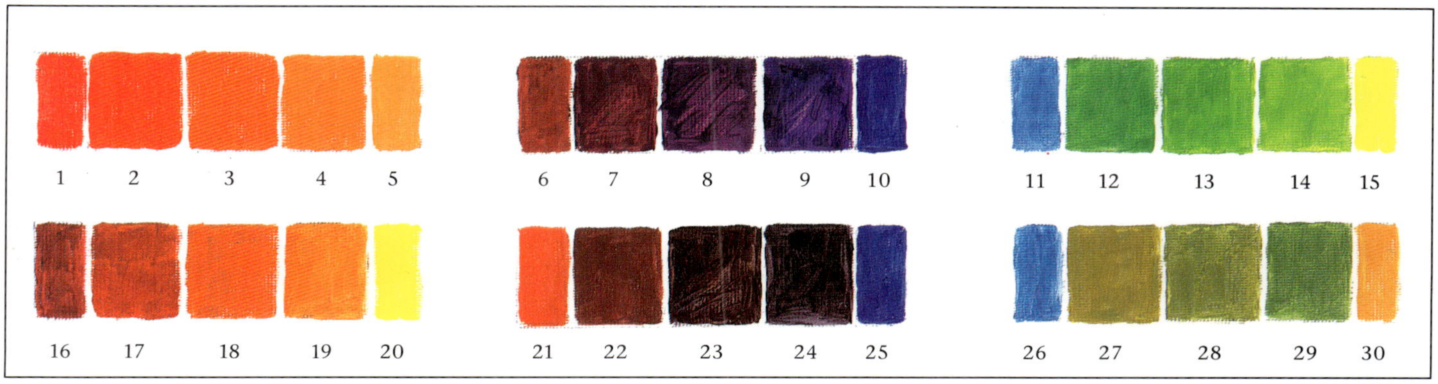

1 Kadmiumrot; 2, 3 und 4 Mischungen; 5 Kadmiumgelb; 6 Alizarinkarmesin; 7, 8 und 9 Mischungen; 10 Ultramarinblau; 11 Coelinblau; 12, 13 und 14 Mischungen; 15 Zitrongelb; 16 Alizarinkarmesin; 17, 18 und 19 Mischungen; 20 Zitrongelb; 21 Kadmiumrot; 22, 23 und 24 Mischungen; 25 Ultramarinblau; 26 Coelinblau; 27, 28 und 29 Mischungen; 30 Kadmiumgelb

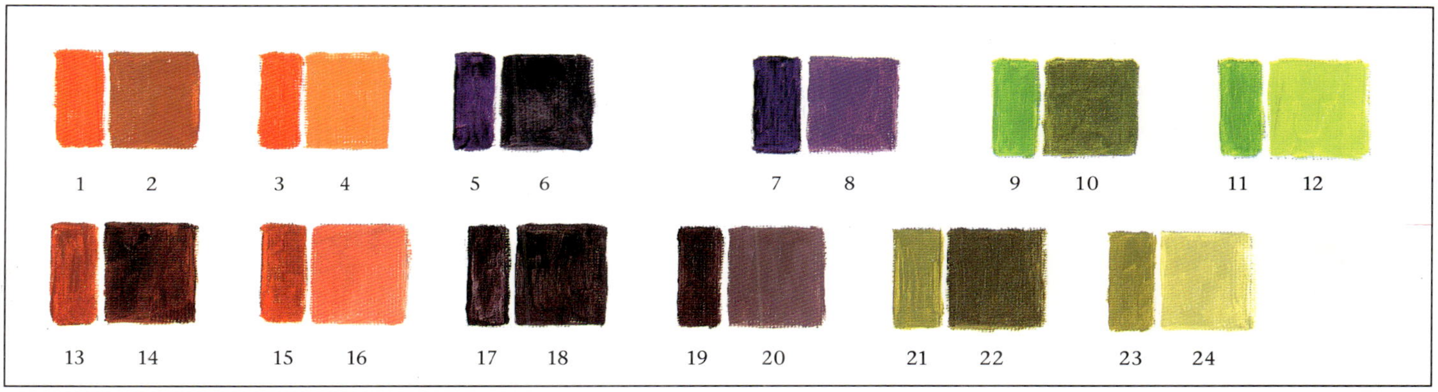

1 Orange (Kadmiumrot und Gelb); 2 plus Schwarz; 3 Orange; 4 plus Weiß; 5 Violett (Alizarinkarmesin und Ultramarinblau); 6 plus Schwarz; 7 Violett; 8 plus Weiß; 9 Grün (Coelinblau und Zitrongelb); 10 plus Schwarz; 11 Grün; 12 plus Weiß; 13 gedämpftes Orange; 14 plus Schwarz; 15 gedämpftes Orange; 16 plus Weiß; 17 Violettbraun; 18 plus Schwarz; 19 Violettbraun; 20 plus Weiß; 21 Grün; 22 plus Schwarz; 23 Grün; 24 plus Weiß

▲ **Schwarz und Weiß zufügen**
Ausgehend von den Sekundärfarben der oberen Tabelle, und zwar immer vom mittleren Tonwert, in dem die Primärfarben in einem Verhältnis 50:50 gemischt wurden, wurde durch Beimischung von Schwarz und Weiß eine große Skala von Farbnuancen geschaffen.

wirkt warm und nähert sich mehr dem Orange; das andere Rot wirkt kalt und nähert sich mehr dem Violett. Zitrongelb ist grünlicher als Kadmiumgelb und daher kälter, das wärmere Ultramarinblau ist etwas rötlicher als Coelin- oder Preußischblau. Die leuchtendsten Sekundärfarben erhält man, wenn man zwei Grundfarben mit der gleichen Farbtemperatur mischt. Aus einem Zitrongelb und einem Alizarinkarmesin entsteht dagegen niemals ein kräftiges Orange, aus Kadmiumrot und Ultramarinblau kein intensives Violett. Eine ausgezeichnete Übung ist das Anlegen von Farbtabellen. Gehen Sie zunächst von sechs Primärfarben aus, die Sie dann zusätzlich jeweils mit Schwarz und Weiß mischen. Auf diese Weise lernt man, wann leuchtende und wann gedämpfte Farbtöne entstehen. Besonders wichtig sind dabei auch die farbigen Grautöne, die man oft benötigt. Das schönste Grau erhält man nicht aus Schwarz und Weiß, sondern aus einer Mischung der Grundfarben (siehe auch S. 81).

Übung

Mit einer begrenzten Farbskala malen

Eine gute Übung, Farben zu mischen und mehr über Tonwerte zu lernen, ist, mit einer nur begrenzten Farbskala zu malen. In unserem Beispiel werden lediglich sechs Grundfarben verwendet: Kadmiumrot, Alizarinkarmesin, Kadmiumgelb, Zitrongelb, Ultramarinblau und Preußischblau sowie Weiß. Schwarz wurde ganz ausgeschlossen, um der Versuchung zu widerstehen, Farben einfach mit Schwarz abzudunkeln. Weiß ist dagegen wichtig, um deckende Farben aufzuhellen. Beim Malen werden Sie jedoch feststellen, daß auch hier manchmal eine Mischung mit einer anderen Farbe die schöneren Farbtöne ergibt. Mischt man zum Beispiel Weiß und Rot, entsteht ein stechender Rosaton; hier wäre eine Aufhellung mit Gelb besser.

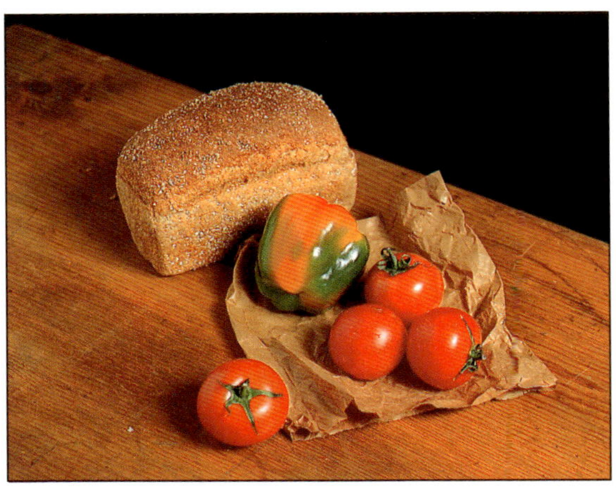

Stellen Sie – wie auf dem Foto – ein einfaches Stilleben zusammen. Achten Sie aber darauf, daß Ihr Motiv viele Farb- und Hell-Dunkel-Kontraste aufweist, so daß Sie üben können, dunkle Farben ohne Zugabe von Schwarz zu mischen. Ob Sie Öl- oder Acrylfarben verwenden, bleibt Ihnen überlassen, denn die Übung konzentriert sich ganz auf das Farbenmischen.

Die hier verwendeten Ölfarben sind Titanweiß, Preußischblau, Alizarinkarmesin, Ultramarinblau, Kadmiumrot, Zitrongelb und Kadmiumgelb.

Stilleben in sechs Farben

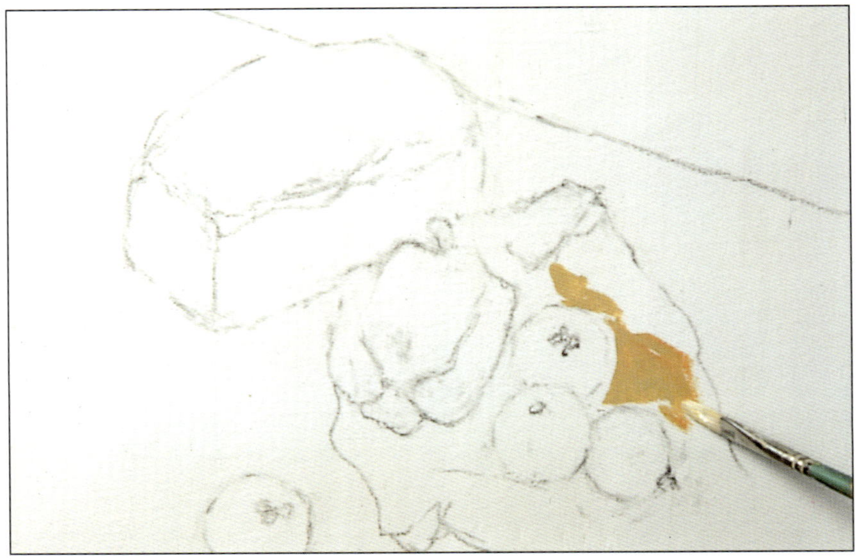

1 *Die hier verwendete Farbe ähnelt dem Lichten Ocker. Doch wurde sie aus Weiß, Zitrongelb und ein wenig Kadmiumrot ausgemischt.*

2 *Die Tomaten werden mit einer Mischung von beiden Rottönen und ein wenig Zitrongelb für die helleren Stellen gemalt. Für Lichter wird an einigen Stellen das Weiß des Malgrunds ausgespart.*

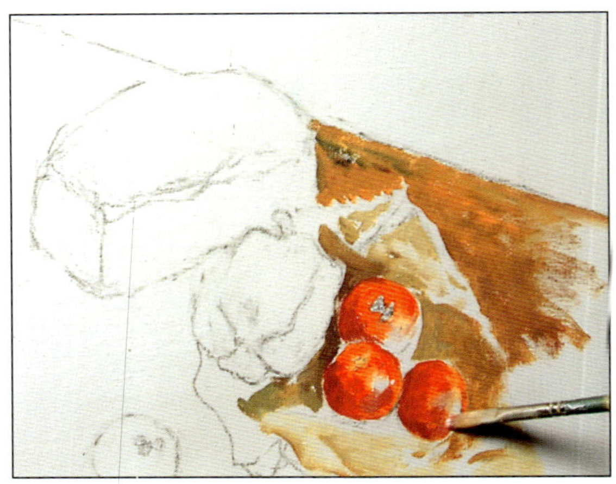

3 *Das Grün der Paprika entsteht aus Ultramarinblau und Kadmiumgelb, zwei Farben, mit denen man eine Reihe schöner Grüntöne mischen kann.*

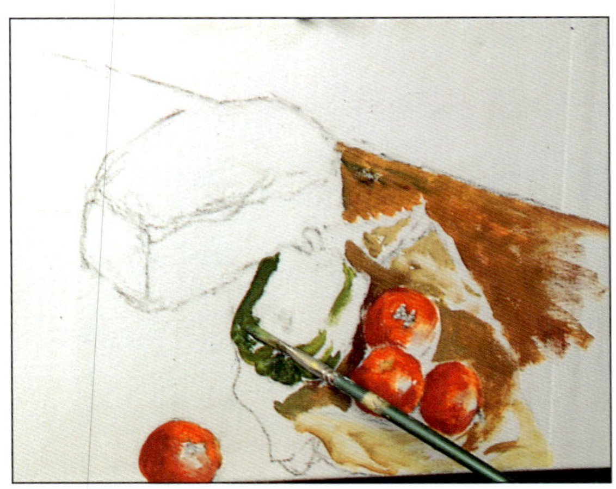

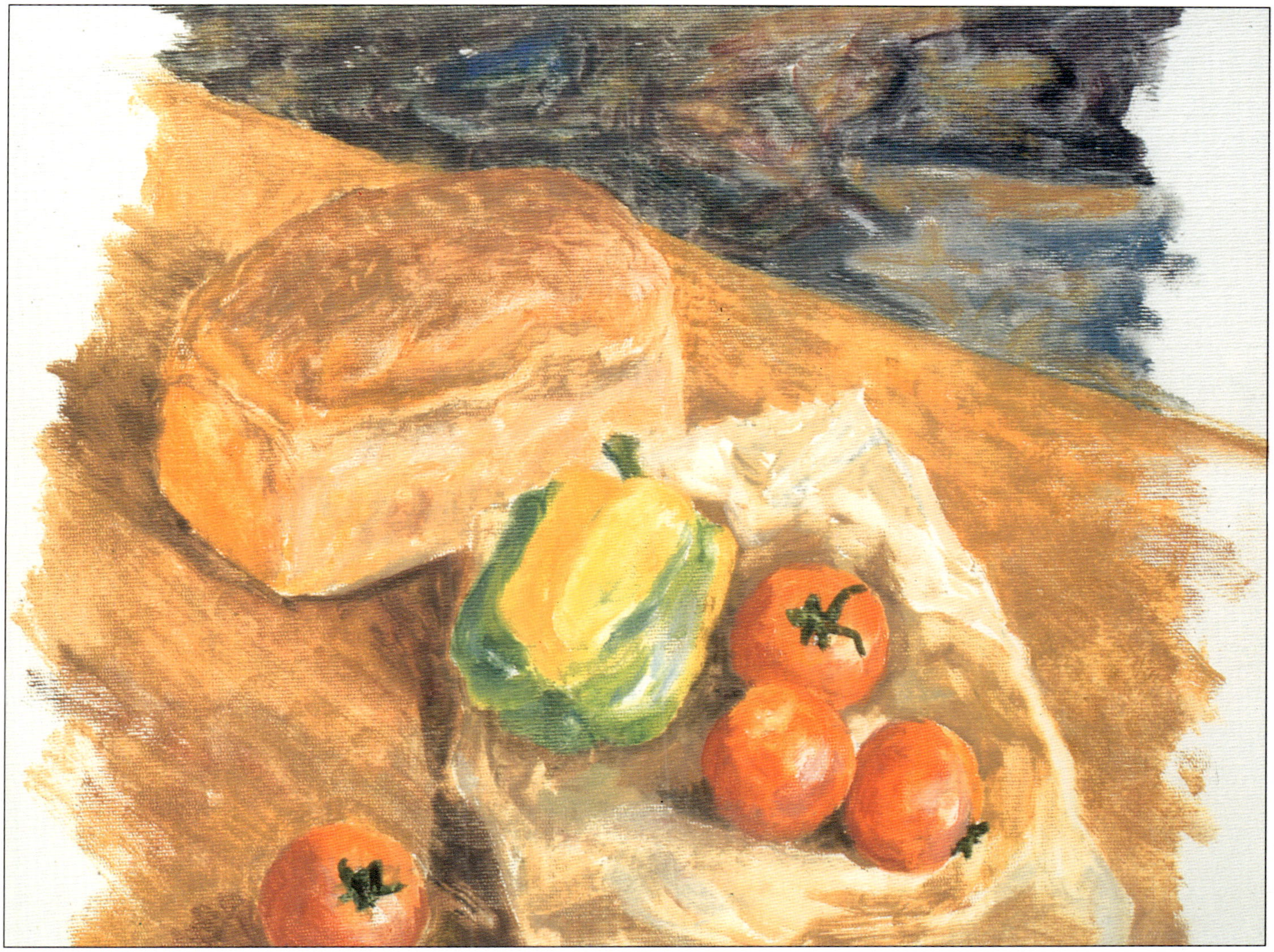

6 ▲ *Mit nur sechs Farben ist ein warmes, lebendiges Stilleben entstanden. Sogar auf das Preußischblau hätte man noch verzichten und die Farbpalette auf nur fünf Farben beschränken können.*

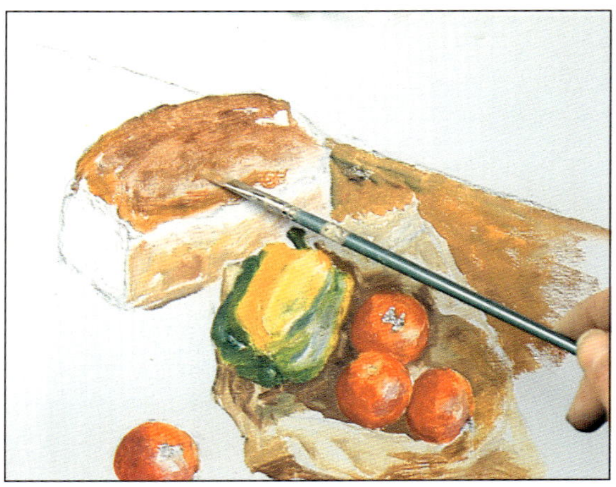

4 *Das Braun für das Brot ähnelt der Farbe aus Schritt 1, ist aber mit etwas Alizarinkarmesin und Ultramarinblau abgedunkelt worden.*

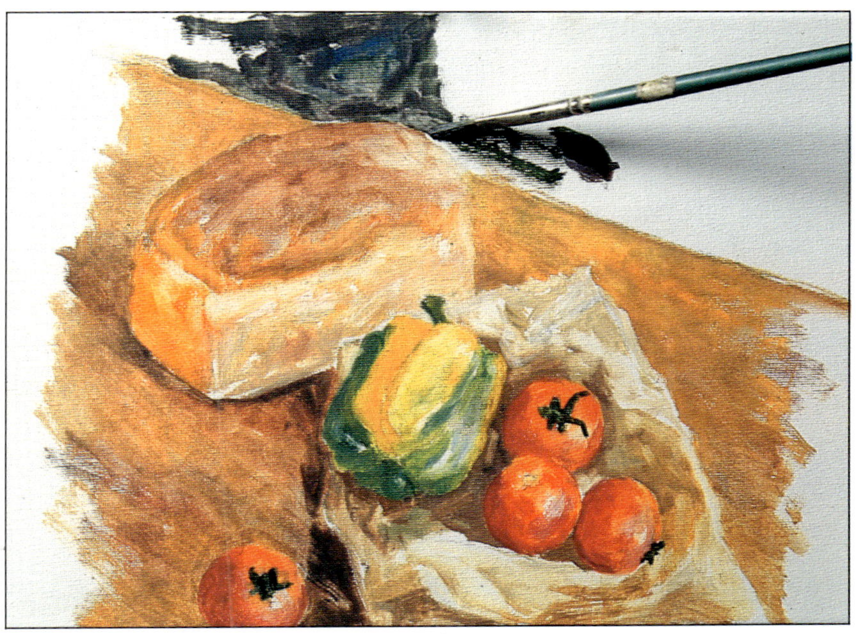

5 ► *Preußischblau ist eine sehr kräftige Farbe, die nur sparsam eingesetzt werden sollte. Hier ist sie mit beiden Rot- und Gelbtönen gemischt worden, um den dunklen Hintergrund wiederzugeben. Eine ähnliche Mischung mit mehr Preußischblau wurde für die Blätter der Tomaten verwendet.*

Die Beziehungen der Farben

Beim Malen ist es nicht nur wichtig, Farben richtig zu mischen, auch die Beziehungen der Farben untereinander müssen berücksichtigt werden. Keine Farbe steht für sich allein, immer wird sie von den sie umgebenden Farben, mit denen sie harmonieren kann oder zu denen sie im Kontrast steht, beeinflußt. Eine Orange oder Zitrone leuchtet zum Beispiel aufgrund des Kontrastes auf einem dunklen Tuch stärker als auf einem orangefarbenen oder gelben Tuch. Man spricht bei einem solchen Hell-Dunkel-Kontrast auch von einem Tonwertkontrast. Tonwerte benennen die jeweiligen Helligkeits- bzw. Dunkelheitsgrade einer Farbe.
Es gibt aber noch andere Kontrastarten: Helle Farben können mit neutralen kontrastieren und warme mit kalten Farben.

Temperatur

Der Begriff „Temperatur" wurde schon beim Farbenmischen verwendet. Blaue, blaugrüne und blaugraue Farben wirken kühl, während rote, gelbe und daraus gemischte Farben warm erscheinen.
Mit dem Warm-Kalt-Kontrast wird vor allem gearbeitet, um der Komposition Tiefe und Raum zu geben. Die Bildelemente, die in warmen Farben angelegt sind, scheinen in den Vordergrund zu treten, kühle Farbtöne dagegen weichen in den Hintergrund des Bildes zurück.
Bei einem zu schwachen Kontrast kann allerdings selbst eine sonst als kühl empfundene Farbe ihre zurückweichende Wirkung verlieren. Zudem besitzt jede Farbe eine warme und eine kalte Variante: Ultramarinblau zum Beispiel hat einen rötlichen Ton und ist daher wärmer als Coelin- oder Preußischblau, und Kadmiumgelb ist wärmer als das kalte Zitrongelb, das nach Grün neigt.

Neutrale Farbtöne

Grau-, Braun und Beigetöne spielen in der Malerei eine große Rolle. Meist dienen sie als Hintergrund für die leuchtenden reinen Farben, deren Wirkung sie steigern.
Neutrale Farben sind nicht einfach zu bestimmen und auch nicht leicht zu mischen, denn neutral erscheinen sie eigentlich nur im Kontrast zu anderen Farben. Ein grünliches Grau, das gegenüber Rot zurücktritt, kann wiederum neben einem neutralen Grau aus Schwarz und Weiß recht lebhaft wirken.
Mit Ausnahme des aus Schwarz und Weiß gemischten Graus, das man grundsätzlich nur selten verwenden sollte, sind alle neutralen Töne farbig ausgerichtet. Es gibt gelbliche, bräunliche, bläuliche und rötliche Grautöne, und ihre jeweilige Farbstimmung sollte bei der Auswahl auf jeden Fall berücksichtigt werden. Aus Farbresten auf der Palette lassen sich übrigens während des Malens ganz wundervolle neutrale Töne mischen. Dadurch ist zudem garantiert, daß die neutralen Farben als Mischung aus den bereits verwendeten Farben in das bisherige Farbkonzept passen. Allerdings ist dies nur bei Ölfarben möglich, da Acrylfarben auf der Palette zu schnell eintrocknen.
Schöne neutrale Farbtöne lassen sich auch aus komplementären Farben mischen. Komplementärfarben liegen sich auf dem Farbkreis (siehe Seite 253) genau gegenüber: Rot und Grün, Violett und Gelb, Orange und Blau. Wenn man je ein Paar dieser Komplementärfarben mischt, entstehen neutrale Töne, die je nach Farbanteil zur einen oder anderen Farbe tendieren.
Gerade die geschickt eingesetzten neutralen Farben steigern die Wirkung eines Bildes.

Warme und kalte Farben
Warme Farben treten vor den kühleren nach vorne. Das Orange hebt sich jedoch von dem wärmeren Ultramarinblau nicht so stark ab wie von Coelinblau.

Relative Farbwerte
Die Farben in den ersten beiden Quadraten sind kalt, sie weichen jedoch nicht zurück, da die sie umgebenden Farben noch kühler sind. Im dritten und vierten Quadrat sind alle Farben warm.

Neutrale Farben
Die neutralen Farbproben wurden aus Schwarz und Weiß mit geringen farbigen Anteilen gemischt. Isoliert betrachtet, scheinen sie keine bestimmte Farbtönung zu haben. In der Reihe darunter sieht man jedoch, wie unterschiedlich sie auf verschiedenen Hintergründen wirken. Im ersten und dritten Quadrat stehen die neutralen Farben auf leuchtenden Hintergründen, im zweiten und vierten Quadrat verändern sie Farbton und Tonwert im Kontrast zu einem neutralen Grau aus Schwarz und Weiß.

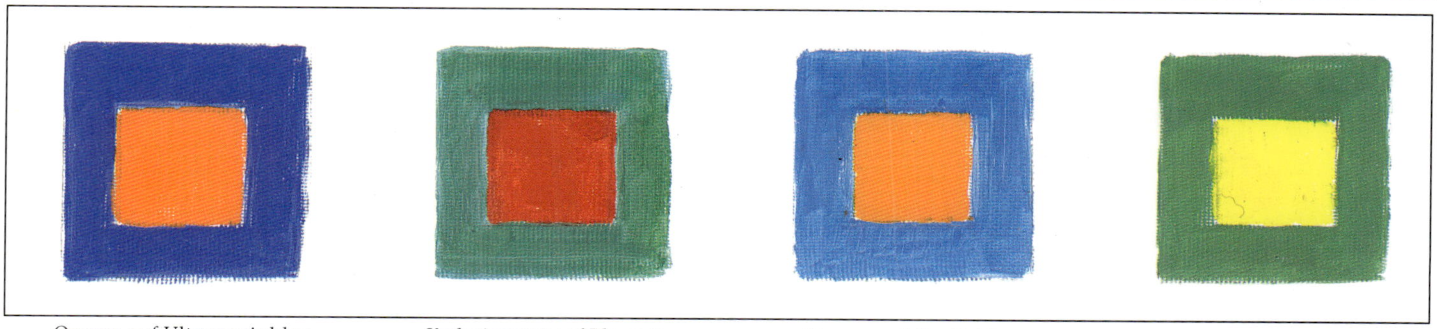

Orange auf Ultramarinblau | Kadmiumrot auf Blaugrün | Orange auf Coelinblau | Zitrongelb auf Grün

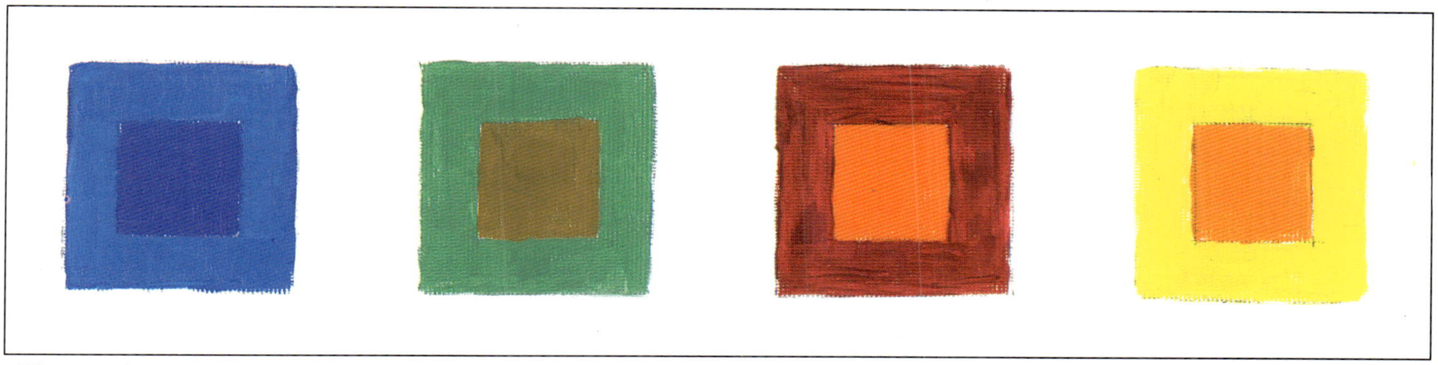

Ultramarinblau auf Preußischblau | Gelbgrün auf Blaugrün | Orange auf Alizarinkarmesin | Orange auf Zitrongelb

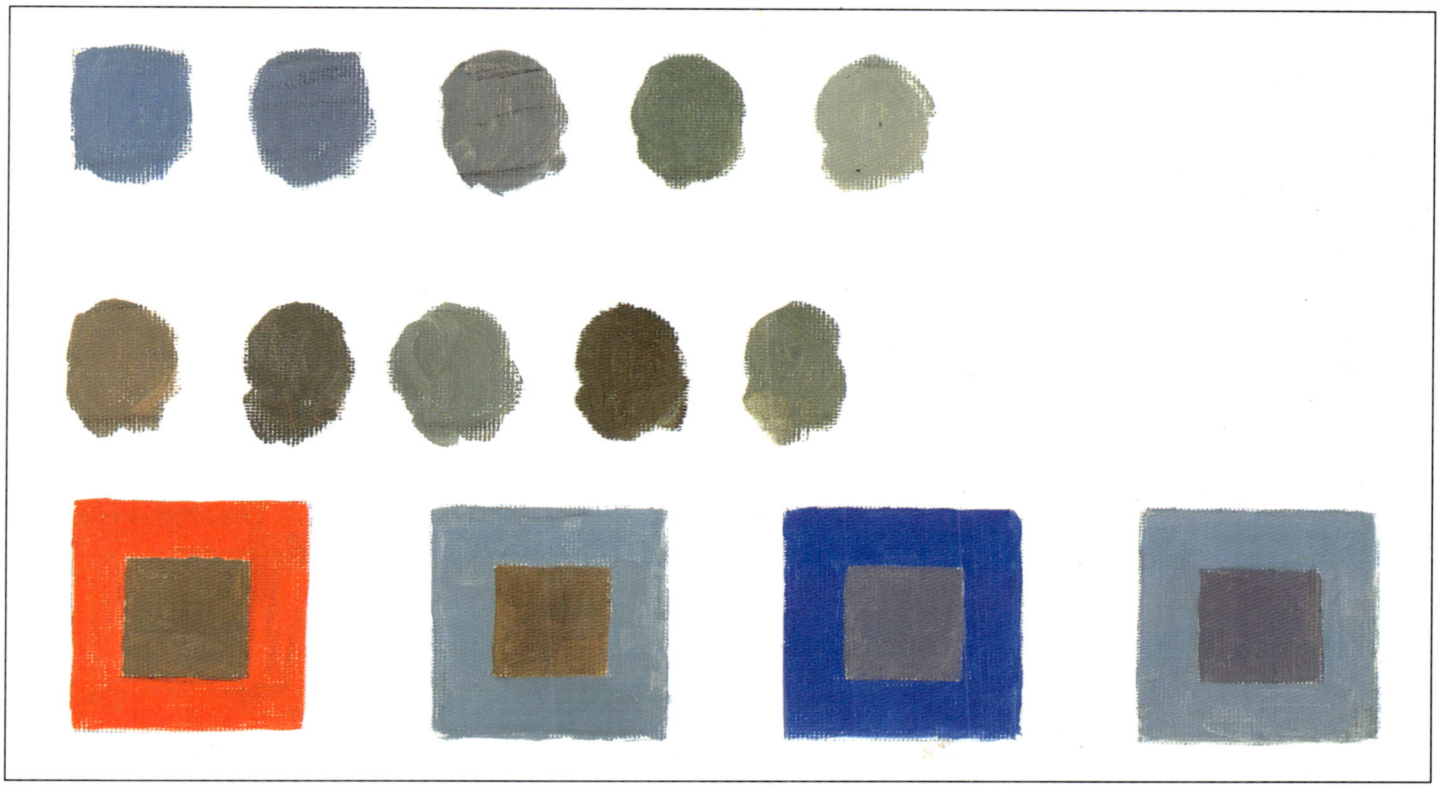

Braun auf Kadmiumrot | Die gleiche Farbe auf Grau | Grau auf Ultramarinblau | Grau auf Grau aus Weiß und Schwarz

Übung

Komposition in Weiss

Um sich mit der Mischung neutraler Farben vertraut zu machen, gibt es keine bessere Übung, als ein oder zwei intensiv farbige Gegenstände auf einem weißen Grund zu malen. Zugleich sollte man dabei beachten, wie sehr Licht Farben verändert: Dunkle Farben absorbieren Licht, Weiß reflektiert es. Wenn man auf einen weißen Gegenstand blickt, sieht man meist nur wenige wirklich rein weiße Stellen, da er seine Umgebung auf vielfältige Weise reflektiert. Farben werden immer vom jeweiligen Lichteinfall bestimmt. Versuchen Sie einmal, ein Motiv zu verschiedenen Tageszeiten und unter veränderten Lichtverhältnissen zu skizzieren und die Unterschiede festzuhalten.

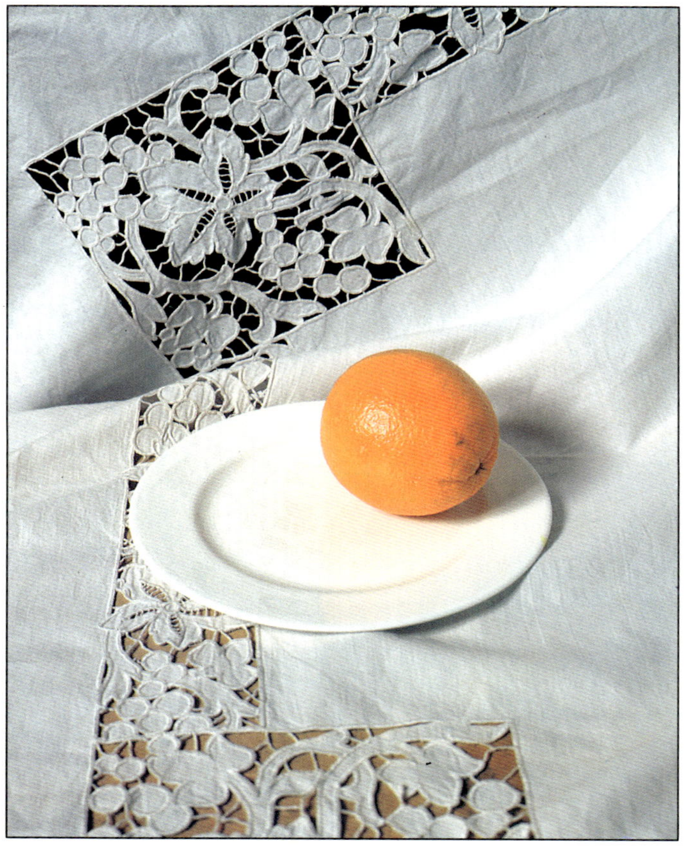

Verwendete Farben: Schwarz, Ultramarinblau, Coelinblau, Indischrot, Kadmiumrot, Venezianischrot, Umbra gebrannt, Lichter Ocker, Kadmiumgelb, Zitrongelb und Titanweiß.

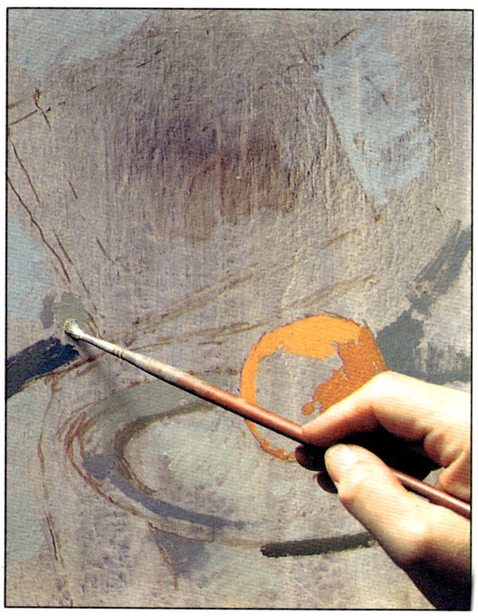

1 *Da das Orange die hellste Farbe im Stilleben ist, wurde es zuerst angelegt. Nun werden die anderen graugrünen und blaugrünen Farben für Teller und Hintergrund darauf abgestimmt.*

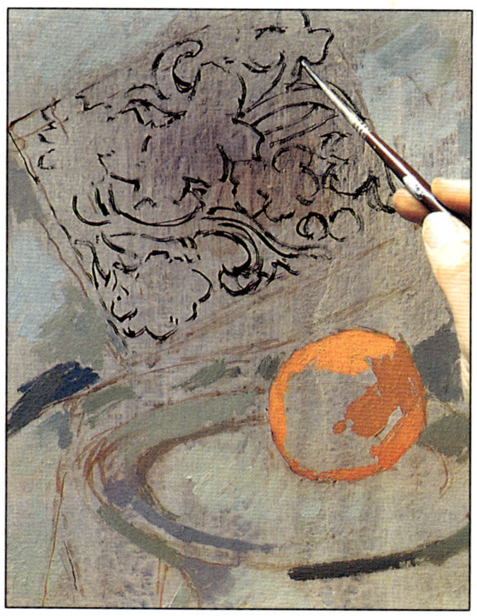

2 *Das Muster der Spitzendecke, der Bereich mit dem stärksten Hell-Dunkel-Kontrast, wird mit einem feinen Marderhaarpinsel vorgezeichnet.*

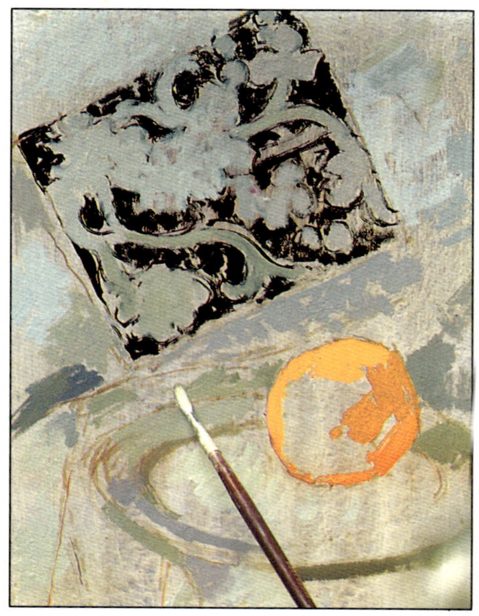

3 *Sorgfältig wird eine Farbe gegen die andere ausbalanciert. Die Grautöne der Tischdecke sind alles andere als farblos, wenn sie auch gegenüber dem Orange neutral wirken.*

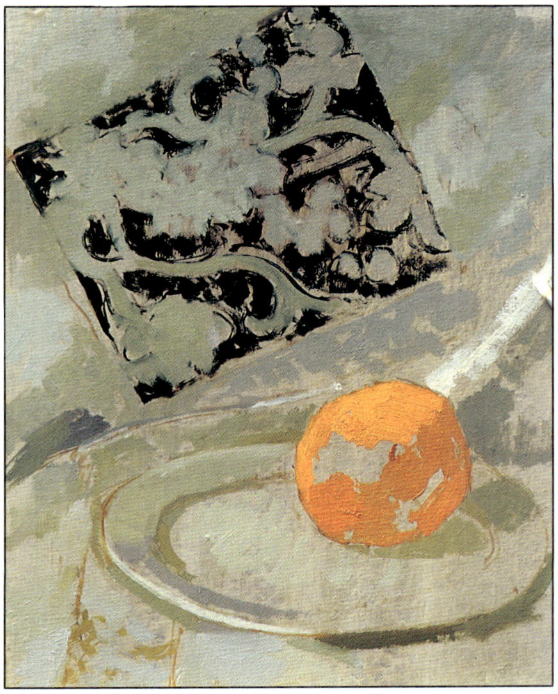

4 *Die mittleren Tonwerte der Decke wurden festgelegt, und nun wird das Licht auf den Falten mit reinem Weiß leicht aufgetupft, so daß die darunterliegende Farbe noch durchschimmert.*

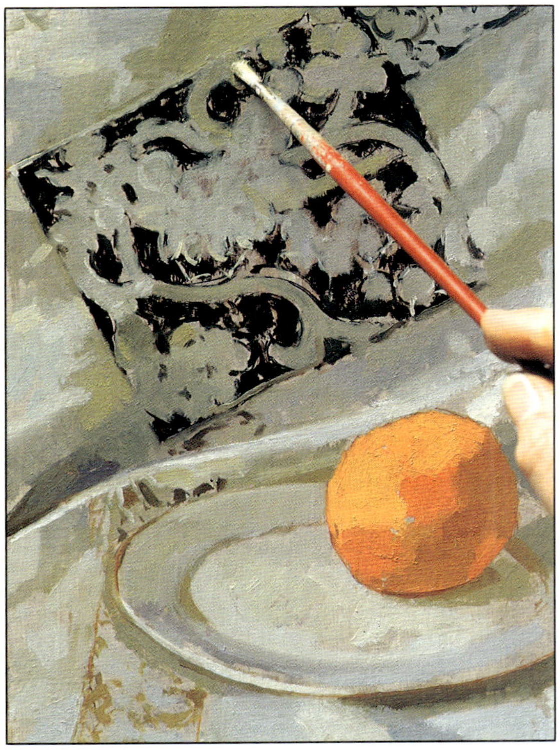

5 *Orange und Teller sind fertig. Im Hintergrund werden noch einige Akzente aufgetragen. Die Tonwertkontraste dürfen hier nicht zu stark sein. Dem Weiß ist daher etwas Gelb und Rot zugemischt worden, um es abzudunkeln und wärmer wirken zu lassen.*

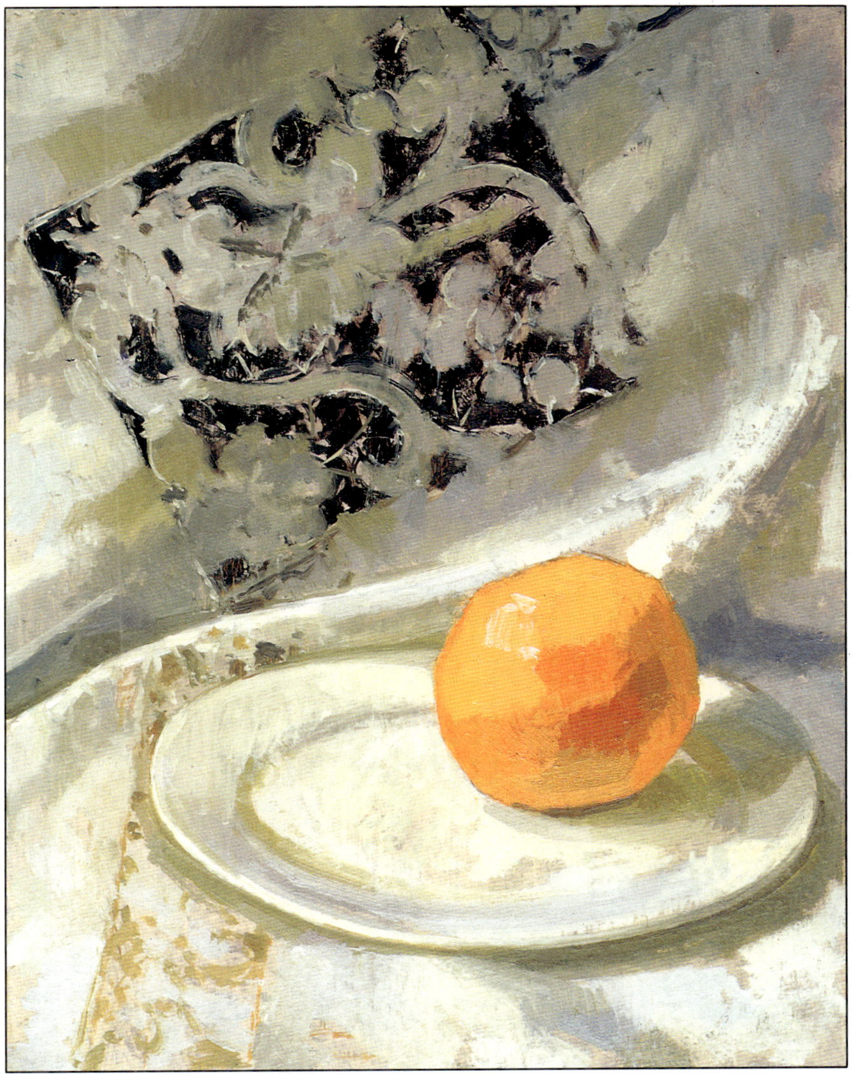

6 *Das Bild wurde auf einer auf Karton aufgezogenen feinen Leinwand gemalt, die mit einer hellen Lavierung getönt wurde. Auf einem farbigen Grund lassen sich Farbwerte meist besser einschätzen, und gerade bei einem so hell gestimmten Stilleben ist dies besonders hilfreich.*

Alla Prima malen

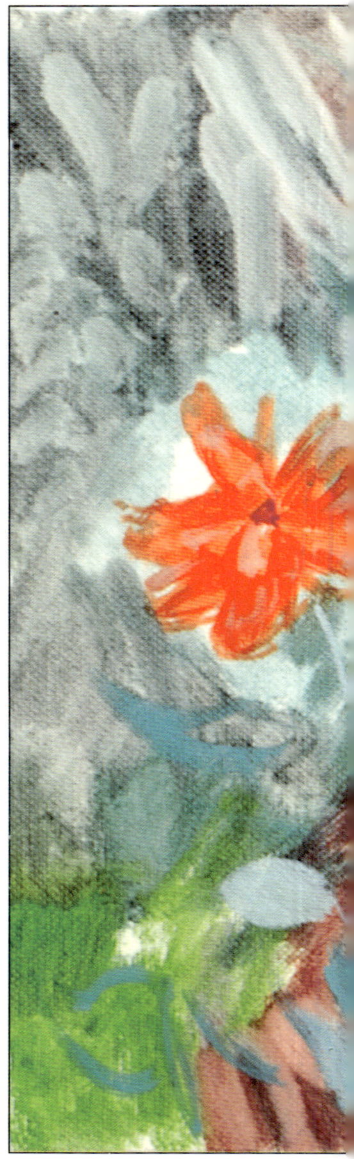

Gerade für den Anfänger stellt sich immer wieder die Frage, wie man ein Ölbild aufbauen soll. Dies ist eine Frage, die nicht einfach zu beantworten ist, da es so viele verschiedene Möglichkeiten gibt und sich die Ölmaltechniken über die Jahrhunderte immer wieder verändert haben.

Revolution in der Maltechnik

Einer der wichtigsten Einschnitte in der Ölmalerei wurde im 19. Jahrhundert von den französischen Impressionisten eingeleitet. Damals wurden viele Vorstellungen, nicht nur über Techniken der Malerei, sondern auch über den Sinn der Kunst im allgemeinen neu diskutiert. In früheren Zeiten mußte ein Ölbild in vielen Schichten mühsam aufgebaut werden. Man begann mit einer monochromen Untermalung auf einem Malgrund in mittlerem Tonwert. Darauf wurden die Komposition, die Formen und die gesamte tonale Struktur des Bildes vorbereitet. Farbe wurde erst zu einem viel späteren Zeitpunkt eingesetzt. Diese Bilder wurden im Atelier gemalt. Vor Ort erstellte man nur kleine Skizzen.

Die Impressionisten arbeiteten dagegen fast ausschließlich im Freien, und sie entwickelten neue Techniken im Bildaufbau und dem Einsatz der Farbe. Meist wurde ein Bild in nur einer Schicht und nur einer einzigen Sitzung erstellt. Diese als „alla prima" bezeichnete Methode wurde vor allem für die Freilichtmalerei, die ja ein rasches Malen erfordert, zur gängigen Maltechnik. Aber auch die älteren Techniken besitzen bis heute ihre Gültigkeit.

Naß in naß

Der Begriff „alla prima" beschreibt keine spezielle Technik, doch alle Bilder, die in „alla prima" gemalt worden sind, haben eines gemeinsam: Die Farben werden naß in naß vermalt. Läßt man jede Farbschicht trocknen, bevor man die nächste aufträgt, erhält man scharf abgegrenzte Formen. Beim Vermalen der Farben naß in naß sind die Übergänge dagegen fließender, da sich

Naß in naß malen

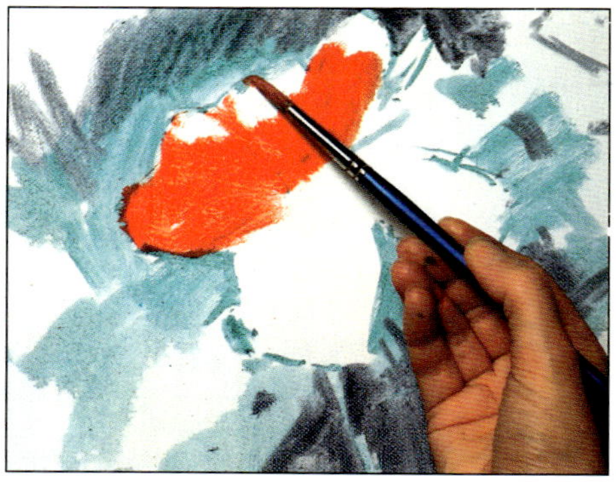

1 *Die erste Schicht wird mit stark verdünnter Ölfarbe auf einem Malkarton ausgeführt. Zum Verdünnen kann man sowohl Terpentinöl als auch Terpentinersatz verwenden. Mit Terpentinöl erhält man eine glänzendere Oberfläche.*

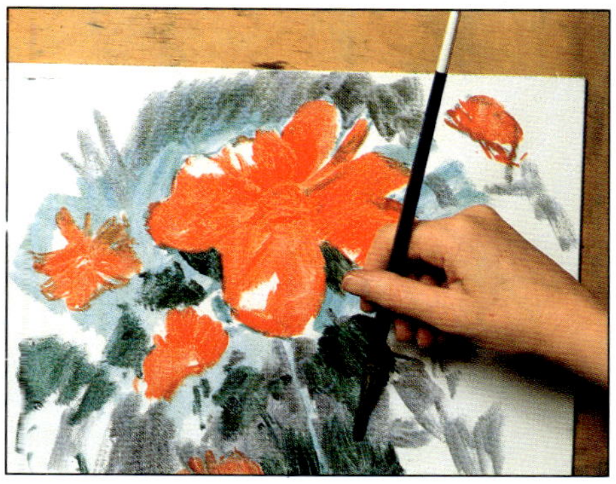

2 *Nachdem in einem dünnen Farbauftrag die Blumen skizziert worden sind, wird in den umliegenden Bereichen dunkles Grün in die noch feuchte Farbe vermalt. Der verwendete Borstenpinsel schafft weiche Übergänge.*

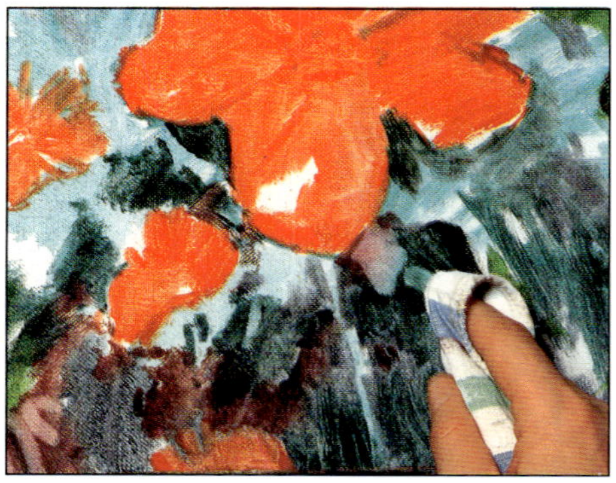

3 *Mit einem Lappen wird ein verschwommenes Licht in die Farbe gewischt. Die erste blaugrüne Schicht ist jetzt trocken und bildet einen festen Untergrund.*

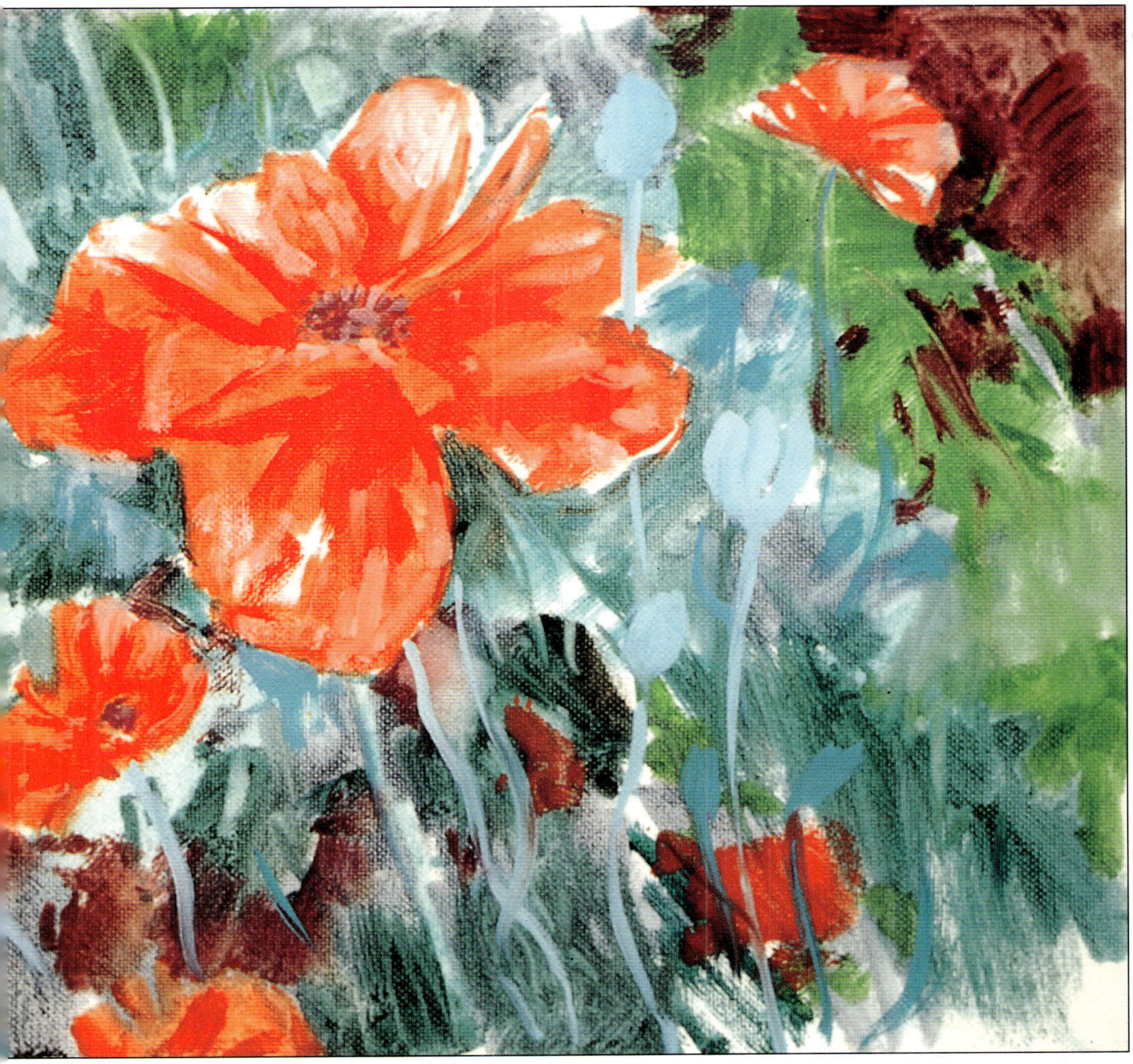

6 ◄ *Wenn man mit Ölfarben arbeitet, sollte man immer – nicht nur in der Naß-in-Naß-Technik – mit verdünnten Farbschichten beginnen und pastosere Farben erst später einsetzen. Diese „Fett-auf-Mager"-Regel ist sehr wichtig, denn verfährt man umgekehrt, trocknen die oberen Schichten schneller als die unteren, und auf dem Bild entstehen Risse.*

4 ► *Nun wird die Farbe pastoser eingesetzt. Als Malmittel dient eine Mischung aus Leinöl und Terpentinöl. Die Pinselstriche werden weich vermalt.*

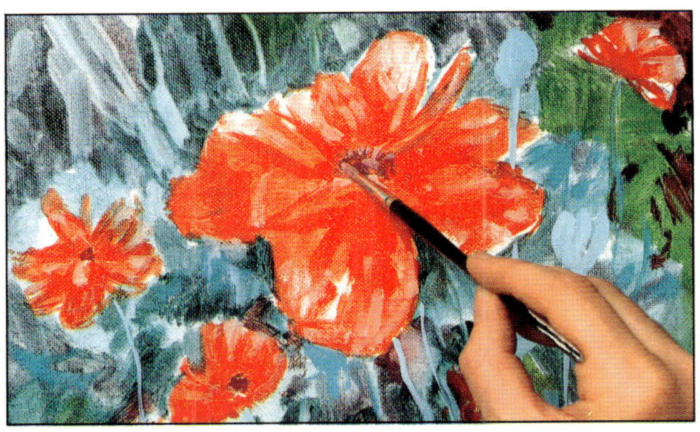

5 ► *Auf die noch feuchte rote Farbe wird etwas Weiß gesetzt, so daß sich beide Farben leicht vermischen und ein weiches rosafarbenes Licht entsteht.*

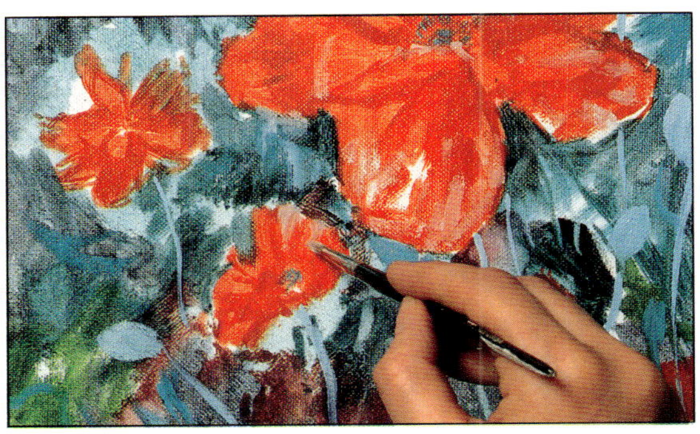

die Farben untereinander mischen. Die weichen sanften Farbaufträge, die zum Beispiel Monets Wasserlandschaften kennzeichnen, wurden auf diese Weise geschaffen.
Allerdings bedarf die Alla-Prima-Malerei einiger Übung: Man muß einen sicheren festen Strich haben, denn das Bild sollte nicht zu oft überarbeitet werden. Trägt man viele Farben zu rasch auf, können schnell ungewollt schmutzig-graue Farbtöne entstehen. Sollte dies einmal passieren, kratzen Sie am besten die noch feuchte Farbe mit einem Palettmesser wieder ab und fangen noch einmal neu an.
Will man mit Acrylfarben naß in naß arbeiten, muß man den Farben unbedingt einen Verzögerer zugeben, um sie frisch und weich zu halten.

Untermalung

Viele Künstler zeichnen auf ihrem Malgrund vor, bevor sie mit dem Malen beginnen. Dabei kann es sich entweder um eine Pinselzeichnung oder eine Bleistift- oder Kohlezeichnung handeln. Dieses erste Gerüst kann auch zu einer monochromen Untermalung ausgebaut werden, mit deren Hilfe die Komposition und die Hell-Dunkel-Struktur eines Bildes sehr gut geplant werden können. Eine monochrome Untermalung muß übrigens nicht unbedingt in Grauschattierungen ausgeführt werden, monochrom bedeutet lediglich einfarbig, nicht farblos.

Eine Untermalung kann auch zur Modellierung der Farbe herangezogen werden, indem man einige Stellen der Untermalung durch dünn aufgetragene Farbschichten durchschimmern läßt, woraus sich interessante Schattierungen ergeben. In der Renaissance zum Beispiel war eine grünliche Untermalung üblich, auf der die Fleischtöne aufgebaut wurden. Ebenso eignet sich eine warme rote oder gelbe Untermalung für ein Motiv, bei dem grüne und blaue Töne überwiegen.

Man kann eine Untermalung auch mit mehreren verschiedenen Farben aufbauen. Untermalung bedeutet einfach, eine dünne Schicht Farbe aufzutragen, die die Struktur und Farbstimmung der nachfolgenden dikkeren Malschicht vorgibt. Einige Künstler legen als erste Schicht stark verdünnte Lavierungen an, lassen diese trocknen und bauen das Bild dann mit pastoseren Farbschichten weiter auf. Da man mit Öl- über die schneller trocknenden Acrylfarben malen kann (nie umgekehrt) wird manchmal auch letztere für die ersten Malschichten verwendet. Aber auch stark verdünnte Ölfarben trocknen relativ schnell.

Untermalung in Acryl

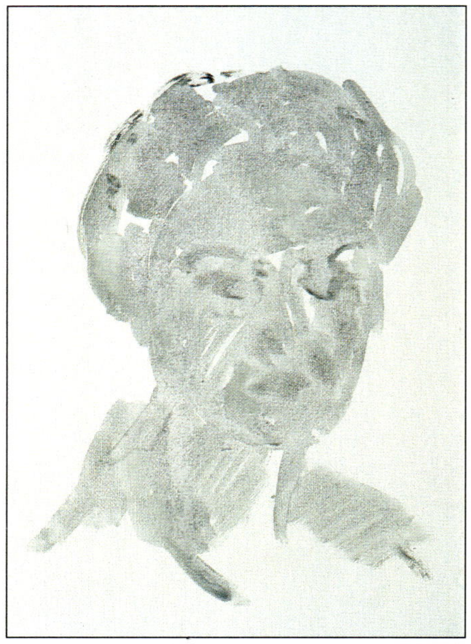

1 Die Künstlerin legt zunächst dünne Lavierungen graugrüner Acrylfarbe auf Malkarton an und baut langsam die Grundformen des Gesichts und des Kopfs auf.

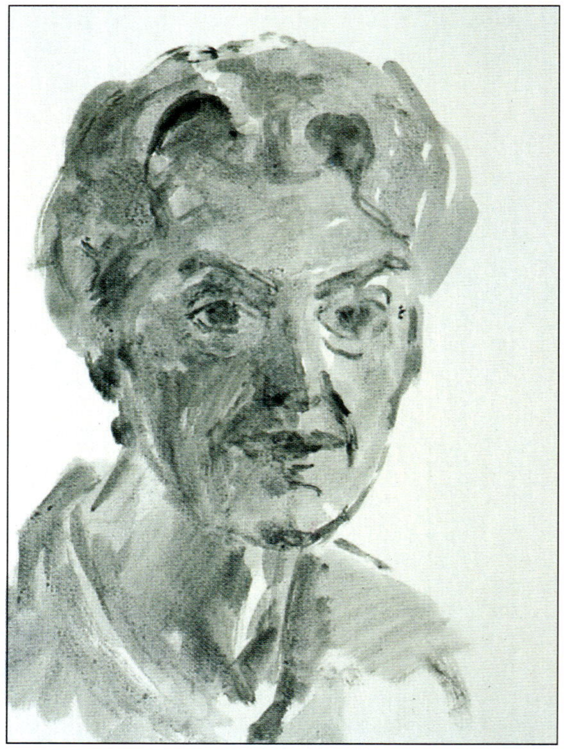

2 Diese – obwohl mit Acrylfarben gearbeitet wird – dünn ausgeführte Untermalung ist nun fertig und gibt die Tonwerte der weiteren Farbgebung vor.

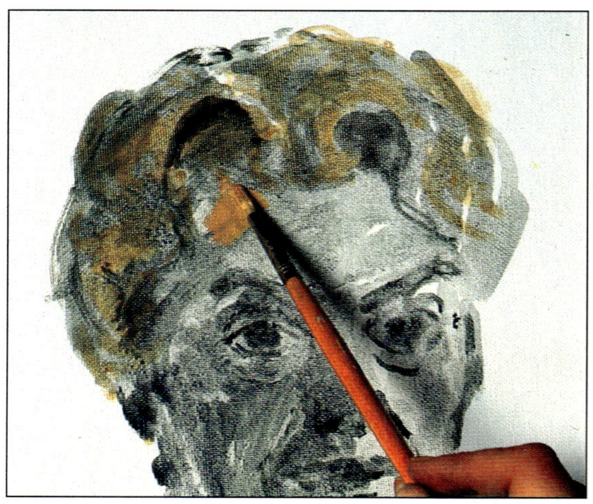

3 Nun geht die Künstlerin zur Ölfarbe über und legt zunächst noch dünn das Haar an sowie etwas pastoser die warme Farbe der Stirnfläche.

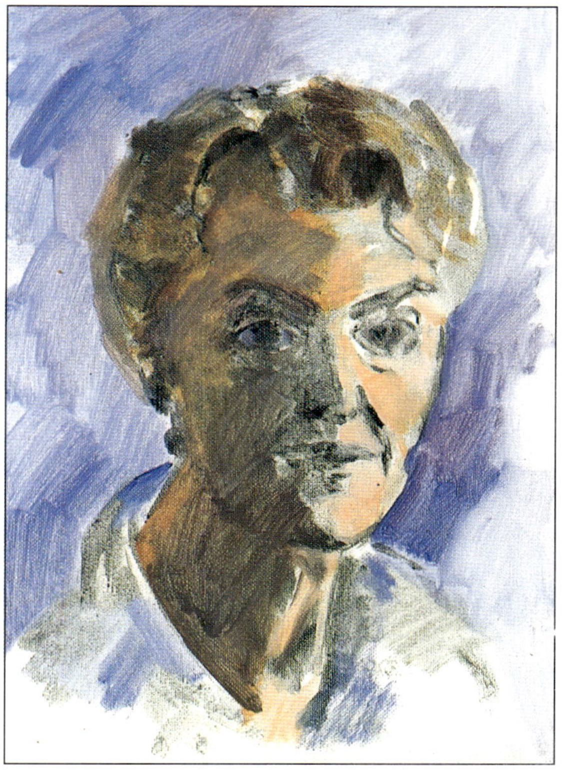

4 Die für die Stirn verwendeten Farben wurden leicht mit der Untermalung vermalt, um weiche Abstufungen zu erzielen. Der violettblaue Hintergrund wurde mit verdünnter Ölfarbe ausgearbeitet.

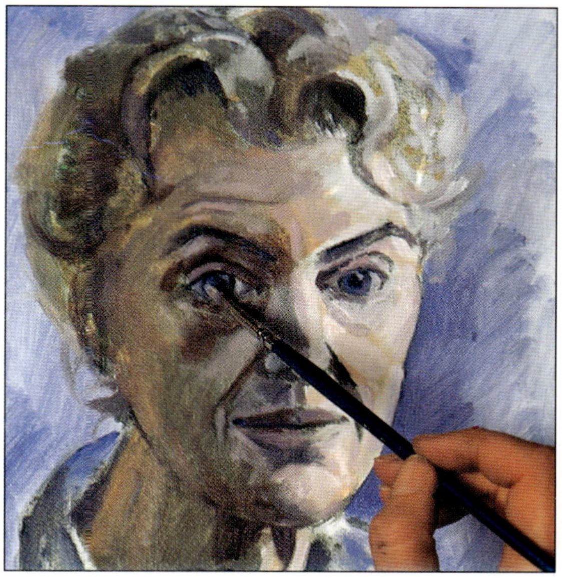

5 Lichter und Details im Gesicht werden nun pastoser angelegt. An einigen Stellen ist die Untermalung noch sichtbar, so zum Beispiel im Haar und unterhalb des linken Auges.

6 ▼ Welche Farbe man für eine Untermalung wählt, hängt von dem jeweiligen Motiv ab. Das hier verwendete stumpfe Grün wird häufig bei Porträts und Figuren eingesetzt, da es die Schattenflächen verstärkt und warme Lichter deutlicher hervortreten läßt.

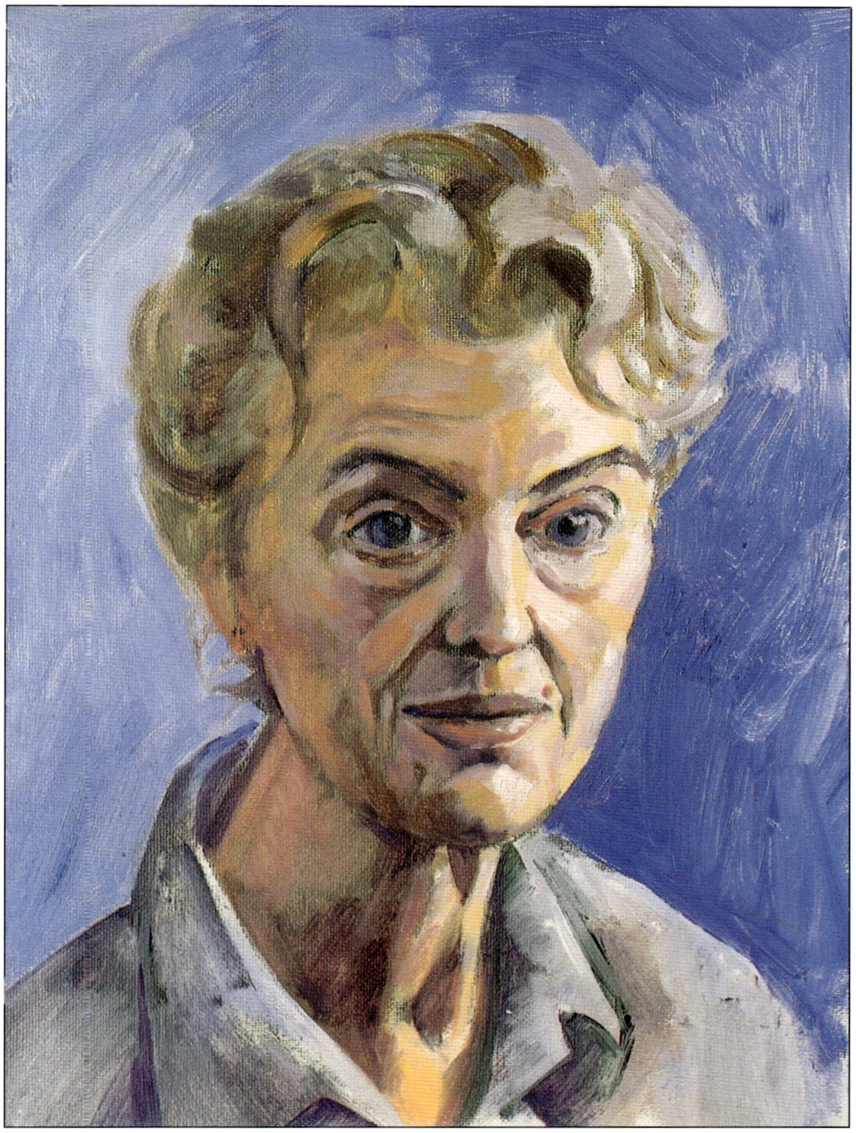

Fett auf mager

Auch wenn es in der Malerei kaum noch feststehende Regeln gibt, eine Grundregel ist in der Ölmalerei auf jeden Fall zu beachten: Man muß immer von mager zu fett arbeiten, also von dünner Farbe zu dicker Farbe. Wenn man verdünnte (magere), schneller trocknende Farbe über pastose (fette) malt, entstehen aufgrund der unterschiedlichen Trockenzeiten Risse in den Malschichten.

Techniken

Auf einem getönten Grund malen

Bis zur Mitte des 19. Jahrhunderts war es allgemein üblich, auf einem getönten Grund, einer sogenannten Imprimitur, zu malen. Auch mit dieser Regel haben die Impressionisten gebrochen: Sie bevorzugten einen weißen Malgrund, der Licht reflektiert und die Farben intensiv und leuchtend hervortreten läßt.

Heute sind die Meinungen geteilt, denn zweifellos kann ein getönter Grund in manchen Fällen sehr hilfreich sein. Reines Weiß ist zudem eine künstliche Farbe, die in der Natur praktisch nicht vorkommt, und auf einer weißen Malfläche lassen sich Farbwerte nur schwer einschätzen. Meist fallen sie zu hell aus, weil jede Farbe auf Weiß dunkler wirkt.

Durch das Tönen des Malgrundes wird dagegen ein mittlerer Tonwert vorgegeben, auf dem dann die helleren und dunkleren Tonwerte leicht aufgebaut werden können. Welche Farbe man für die Abtönung wählt, ist natürlich von entscheidender Bedeutung: Meist werden neutrale Farben wie Braun, Gelbbraun, Grau- oder Blaugrautöne eingesetzt. Besonders helle Farben lassen sich auf diesen schattigen Tönen gut aufbauen. Manche Künstler wählen eine kontrastierende Untermalung wie zum Beispiel ein warmes Braun für ein Bild, das vorwiegend in Blau gehalten werden soll. Andere wiederum möchten eine harmonische Farbstimmung schaffen und ziehen daher eine Tönung vor, die der allgemeinen Farbgebung des Bildes entspricht. Immer jedoch sollten kleine Stellen der Untermalung im Bild durchscheinen, da dies die Farb- und Bildwirkung vereinheitlicht.

Einen farbigen Grund anzulegen, ist ganz einfach: Man kann Acrylfarben, Wasserfarben (Gouache) oder mit Terpentinersatz verdünnte Ölfarbe verwenden. Für ein Acrylbild muß man natürlich auf die ersten beiden Mittel zurückgreifen. Die Farbe wird mit einem großen Pinsel oder einem Lappen über die Fläche verteilt. Dabei dürfen ruhig einige Streifen entstehen, damit die Fläche nicht langweilig wirkt.

Acryl auf blauem Grund

1 Meist wird für ein Ölbild als Grundfarbe ein unauffälliges Braun oder Grau gewählt. Bei einem Acrylbild darf man mutiger vorgehen. In unserem Beispiel wird das Aquarellpapier mit einem großen Nylonpinsel in raschen Zügen mit einem dunklen Blau bedeckt.

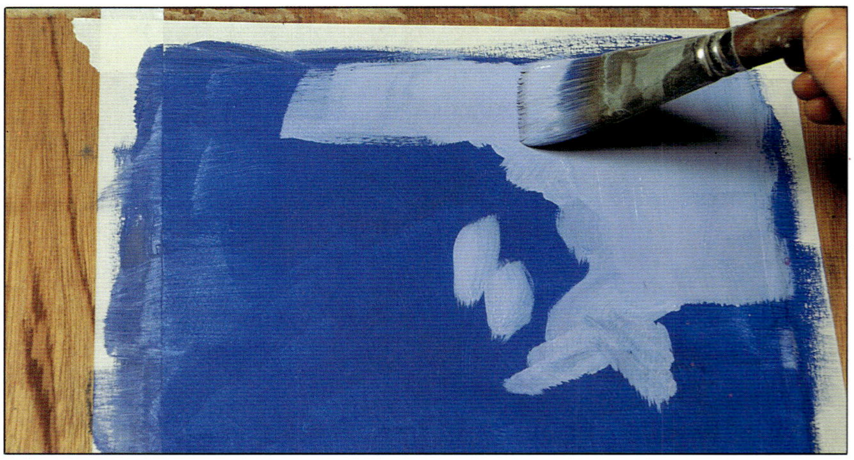

2 Anschließend wird die helle Stelle des Himmels mit einem großen Nylonflachpinsel angelegt. Die Farbe wird dabei relativ dick aufgetragen und mit nur wenig Wasser verdünnt. Bei Acryl kann insofern auf eine Vorzeichnung verzichtet werden, als man die trockene Farbe wieder übermalen kann.

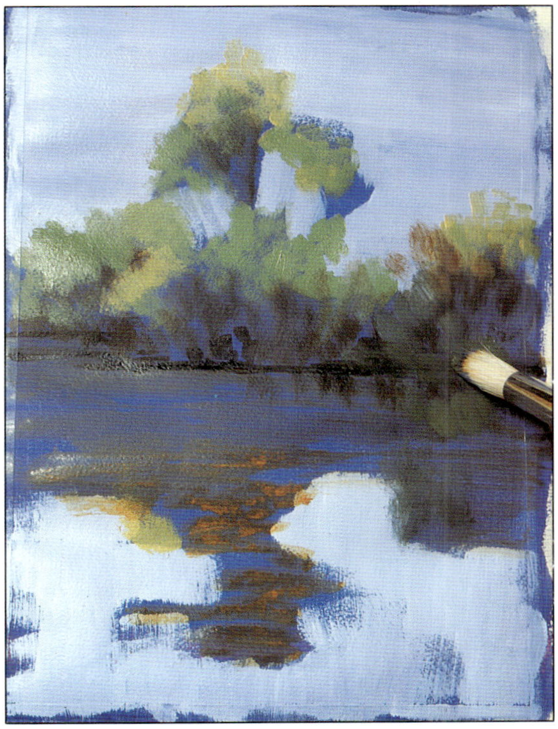

3 *Dunkles Grün wird über das Blau gelegt. Dafür wird ein kleinerer Borstenpinsel genommen, um kurze Tupfen aufzutragen, die den blauen Grund nicht ganz bedecken sollen.*

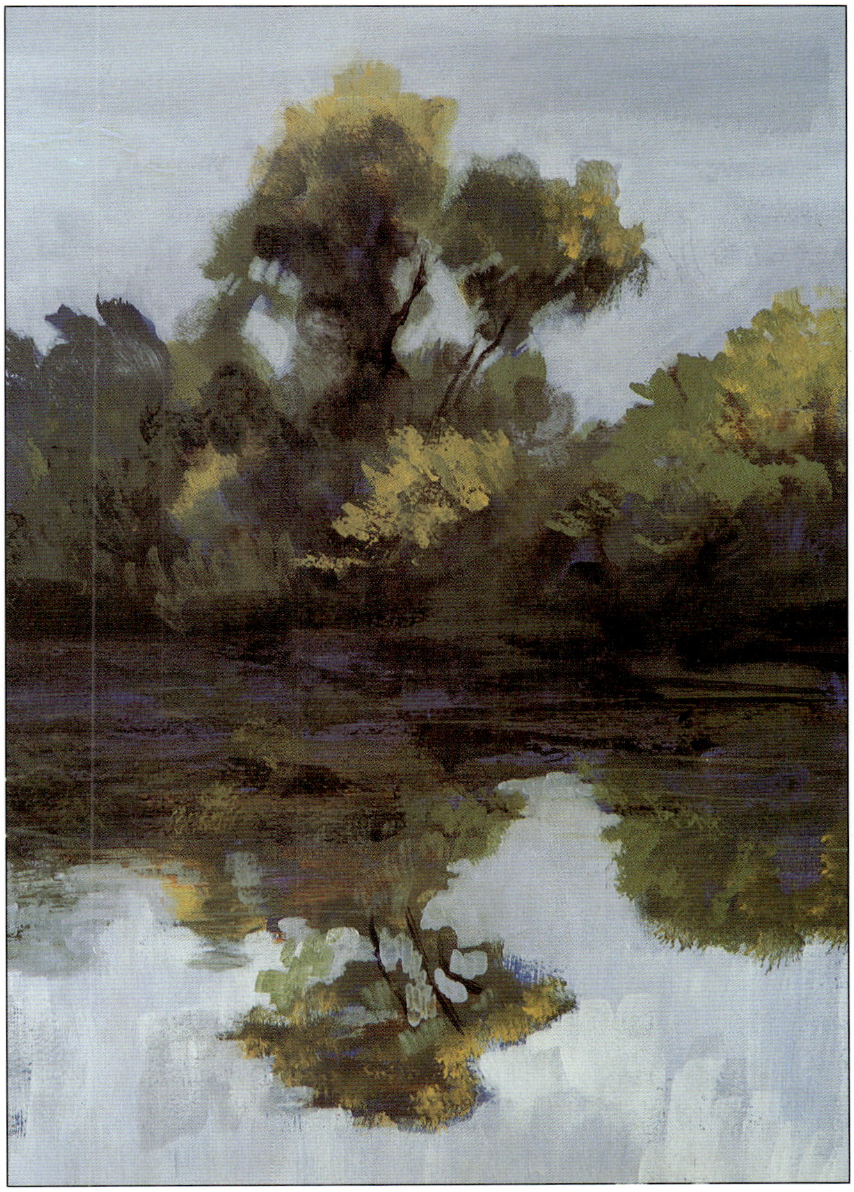

6 ▲ *Die dunklen Reflexe wurden durch leicht verwischte Lasuren mit einem großen weichen Pinsel und verdünnter Farbe geschaffen.*

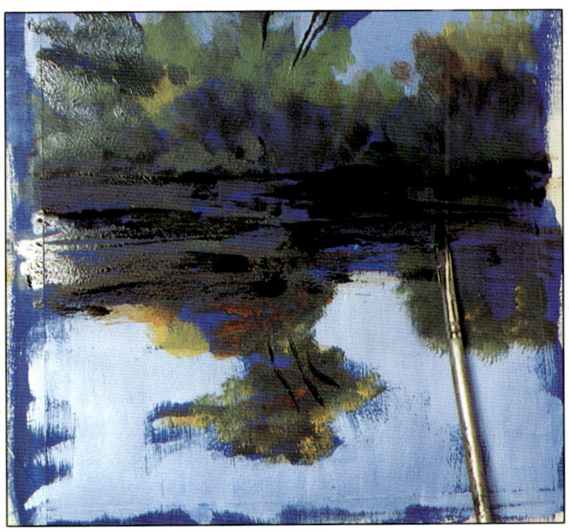

4 *Um die verschwommene Spiegelung im Wasser wiederzugeben, wird schwarze Farbe leicht über die bereits trockenen Schichten gerieben. Einige Stellen der blauen Untermalung sollen aber weiterhin offen stehen bleiben.*

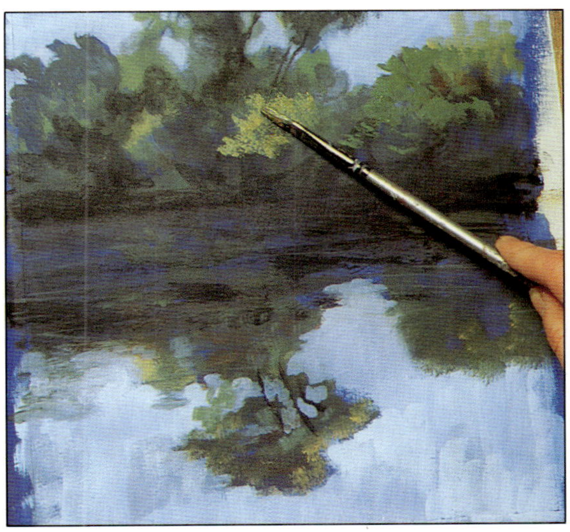

5 *Zum Schluß wird noch ein lebhafter Akzent in Gelbgrün bei dem kleinen Baum in der Bildmitte eingesetzt.*

Pinselduktus

Da die natürliche Konsistenz sowohl von Acryl- wie Ölfarbe dick und cremig ist, bleiben Pinselstriche gut sichtbar stehen. Der Pinselduktus ist daher für jedes Bild, außer bei sehr glatten Vermalungen und Lasuren, von großer Bedeutung. Bereits im 17. Jahrhundert haben Tizian und Rembrandt die bildnerischen Möglichkeiten virtuoser Pinseltechnik erkundet. Später waren es vor allem Cézanne und van Gogh, die den Pinselstrich als persönliches künstlerisches Ausdrucksmittel einsetzten.
Der gekonnte Umgang mit dem Pinsel ist eines der wichtigsten Elemente der Malerei, denn die Pinseltechnik kann bei der Wiedergabe des Motivs sehr hilfreich sein. Wenn man zum Beispiel einen Baumstamm malen will oder den Schwung eines Hügels oder eines Feldes darstellen möchte, ist es viel einfacher, mit einem großen Pinsel die Form fast wie von selbst entstehen zu lassen, als sie mit vielen kleinen Strichen mühsam aufzubauen.
Achten Sie vor allem auf eine gewisse Gleichmäßigkeit in der Pinselarbeit. Natürlich müssen die Pinselstriche nicht alle in die gleiche Richtung laufen oder die gleiche Größe haben (was durchaus möglich wäre); dennoch sollte das Bild von einer zusammenhängenden Malweise geprägt werden. Wenn man den Himmel in einer Landschaft flächig anlegt und darunter die Hügel und Bäume in gestischer Pinselschrift, wird das Motiv uneinheitlich und zerrissen wirken. Wie ausdrucksstark gerade Himmelsflächen, die ja meist flach und glatt aussehen, gestaltet werden können, zeigen die Bilder von Cézanne, der mit Hilfe deutlich sichtbarer Pinselstriche und unterschiedlichen Farbtönen eindrucksvolle Landschaften geschaffen hat.
Pinsel werden in vielfältigen Formen und Größen angeboten. Experimentieren Sie mit unterschiedlichen Sorten, um die verschiedenen Pinselspuren kennenzulernen. Cézanne verwendete zum Beispiel meist große Flachpinsel, die einen rechteckigen Strich ergeben. Monet bevorzugte dagegen spitze Pinsel, um die Farbe in kleinen Tupfen auftragen zu können. Spielen Sie mit den Möglichkeiten, halten Sie die Pinsel auf verschiedene Weise, und verändern Sie den Druck, um unterschiedliche Pinselzeichen zu schaffen. Dieses spielerische Ausprobieren hilft Ihnen, Ihren eigenen Stil zu finden.

Pinselspuren ausprobieren

1 *Mit Ölfarbe und einem Borstenpinsel werden großzügige Striche auf ein Ölskizzenpapier aufgetragen, um den Schwung der Hügelzone anzudeuten.*

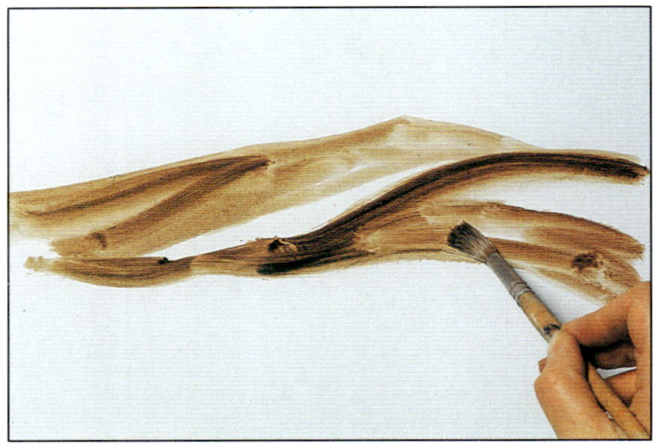

2 *Die Pinselstruktur zeichnet sich am besten in dicker Farbe ab. Hier wurde sie jedoch relativ stark mit Terpentin verdünnt, wobei eine ungleichmäßige streifige Fläche entstanden ist, auf der das weiße Papier an einigen Stellen durchschimmert.*

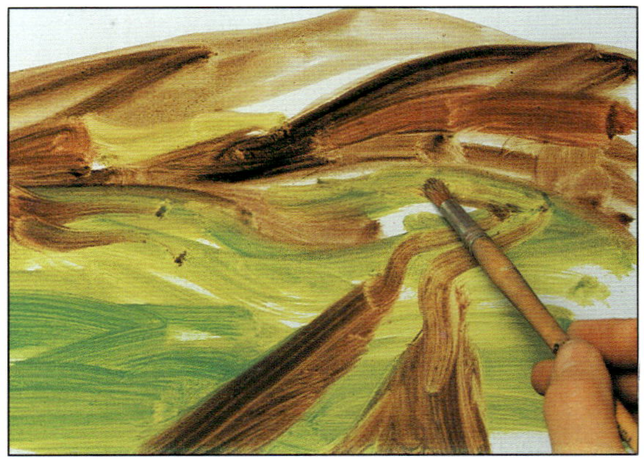

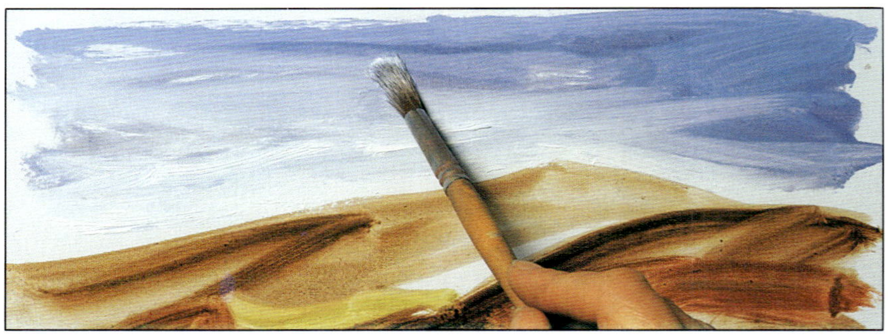

3 ▲ *Nun wird die Farbe pastoser aufgetragen. Die Pinseltechnik ähnelt aber dennoch dem Farbauftrag der Landfläche. Die Künstlerin zieht lange, geschwungene Striche, die der Form der Hügel folgen.*

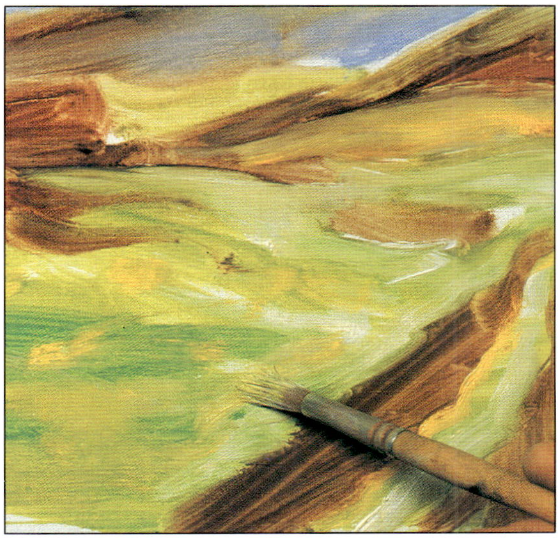

4 *Die dünn aufgetragene Farbe der ersten Schichten ist jetzt bereits trocken. In der Folge können also dickere Farbschichten aufgetragen werden.*

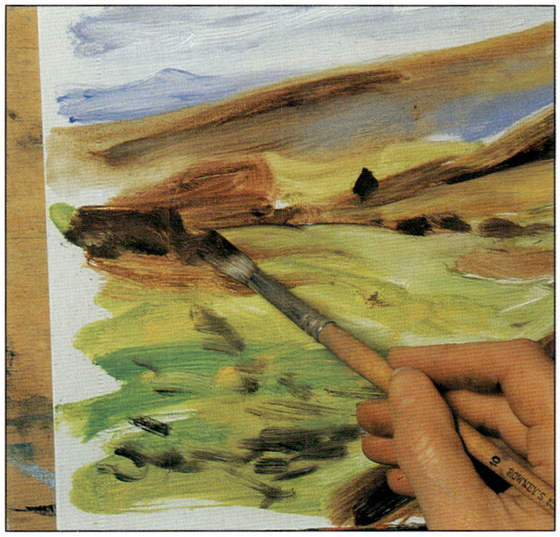

5 *Der Pinsel wird in unterschiedliche Richtung, meist aber nach oben gezogen. Pastose Farbstriche geben den Steinwall im Mittelgrund wieder, ohne ihn zu genau zu beschreiben.*

6 ▼ *Das gesamte Bild ist von einer einheitlichen Pinselarbeit geprägt. Die Formen der Landschaft sind überzeugend wiedergegeben, und der Pinselduktus vermittelt Bewegung und Energie.*

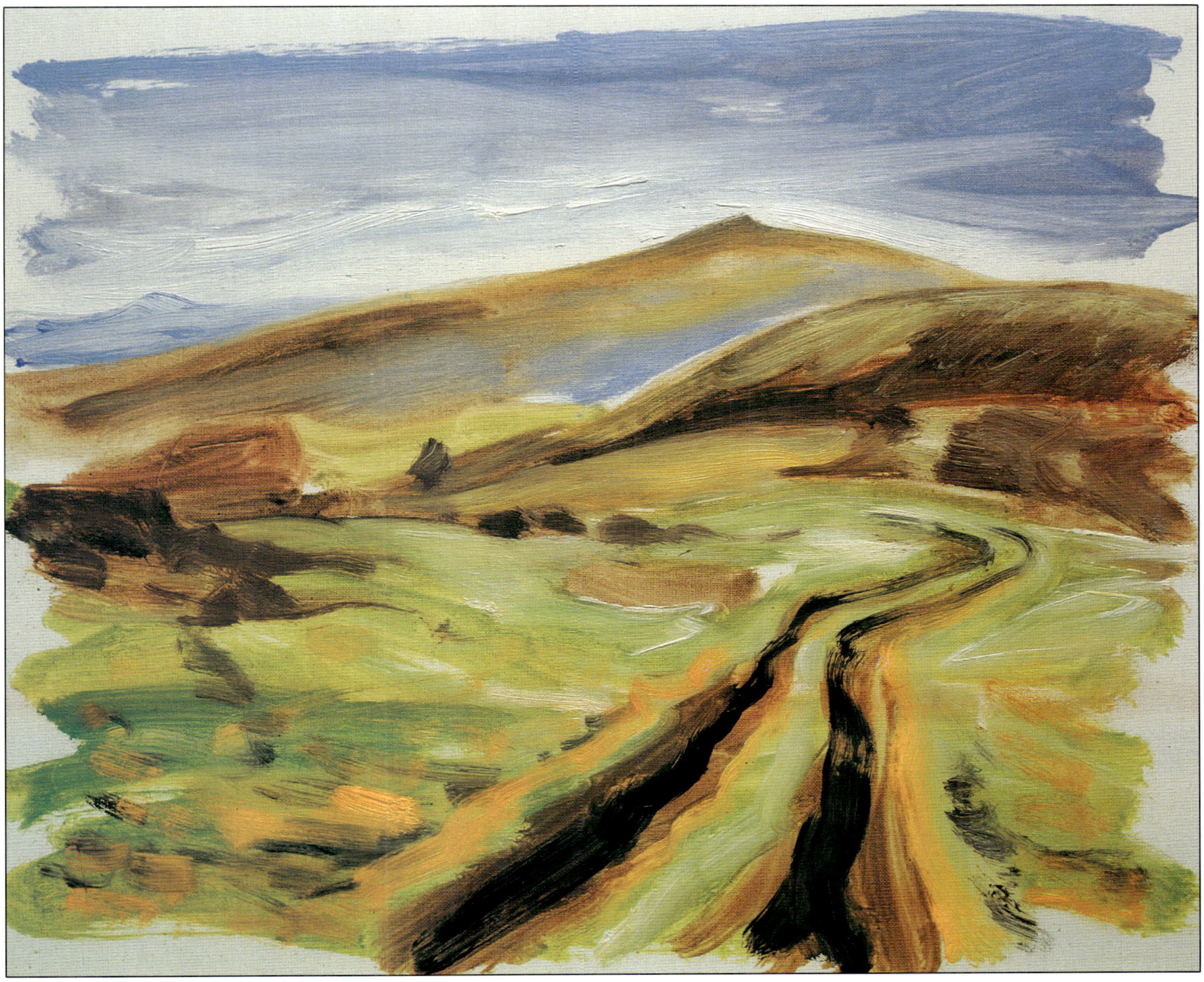

Impasto

Impasto bedeutet, Farbe sehr dick und pastos aufzutragen, so daß deutlich strukturierte, reliefartige Flächen entstehen. Öl- wie Acrylfarbe sind gleichermaßen für das Impasto geeignet.
Die Geschichte der Ölmalerei kennt Impasto-Techniken seit dem Barock, wie zum Beispiel die Bilder Rembrandts zeigen. In einigen seiner Porträts sind die Farbflächen so dick, daß man die Gesichtszüge abtasten könnte.
Auch der berühmte englische Landschaftsmaler des 19. Jahrhunderts, J. M.W. Turner, setzte in seinen Bildern pastose Farbe ein, wechselte aber auch zu Lagen dünner Farbe über. Van Gogh baute seine Bilder aus kurzen oder geschwungenen pastosen Strichen auf. Bilder, die in dieser Technik gestaltet wurden, besitzen meist eine besondere Dynamik. Man kann die Farbe direkt aus der Tube auftragen und dann mit dem Pinsel weiter bearbeiten. Mit dem Malspachtel aufgetragene Farbe ergibt wieder andere Texturen; ja, man kann die Farbe sogar mit dem Finger auftragen und verreiben.
Für das Impasto benötigt man sehr viel Farbe. Daher sollte man vor allem die teure Ölfarbe mit speziellen Malmitteln andicken, um Kosten zu sparen. Auch bei der Acrylfarbe ist das Verdicken notwendig, da ihre Konsistenz etwas dünnflüssiger ist.
Die im Fachhandel erhältlichen Malmittel erhöhen die Farbmenge um das Zwei- bis Dreifache. Die einzige andere Möglichkeit, Farbe pastoser anzusetzen, besteht in der Zugabe von viel Weiß, was aber den Farbton beträchtlich aufhellt.
Man muß das Impasto aber auch nicht unbedingt im ganzen Bild einsetzen. Meist werden nur Akzente und Lichthöhungen, die die Aufmerksamkeit des Betrachters auf sich ziehen sollen, in pastosen kleinen Strichen aufgetragen.

Pastose Farbe verwenden

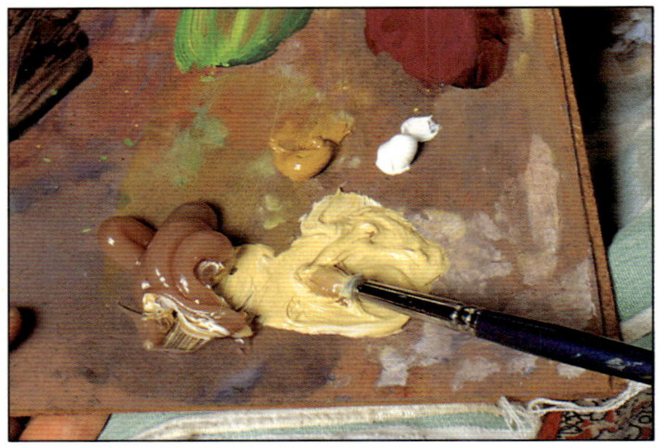

1 Das Foto zeigt, wie Ölfarbe mit Verdickungsmittel (die bräunliche Substanz links) gemischt wird. Ähnliche Malmittel sind auch für die Acrylmalerei erhältlich.

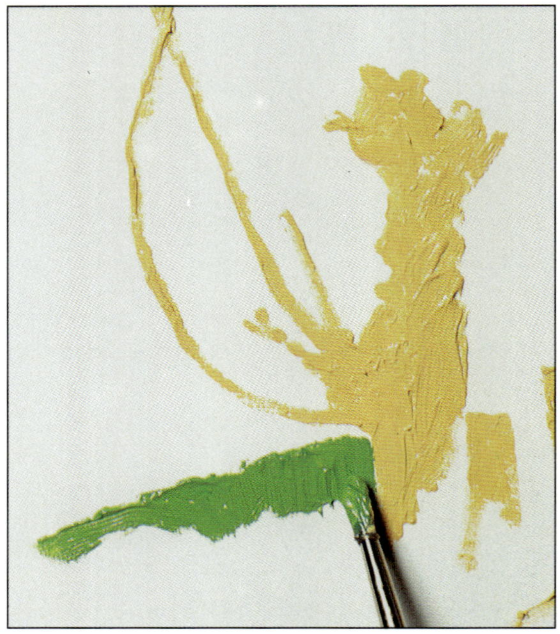

2 Die Impasto-Technik wird manchmal nur ganz zum Schluß zur Wiedergabe einiger Details angewandt. In diesem Fall soll der pastose Farbauftrag jedoch im ganzen Bild eingesetzt werden. Die Farben werden getrennt aufgetragen und Mischungen sorgfältig vermieden.

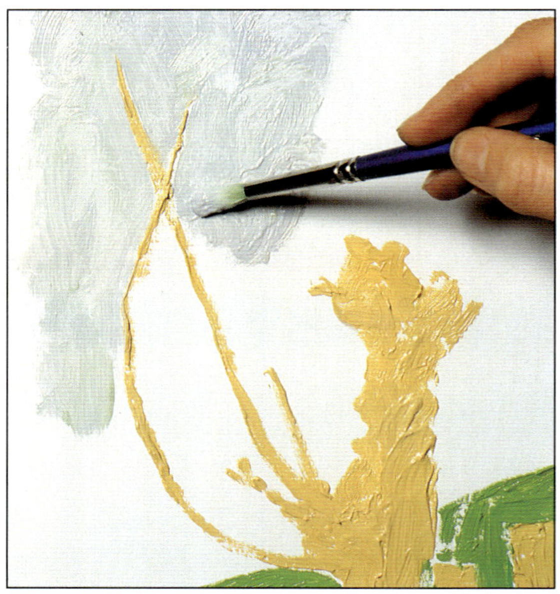

3 Im Himmel wird der Pinsel in verschiedene Richtungen geführt. Dadurch entstehen Erhebungen in der Farbschicht, die das Licht unterschiedlich reflektieren.

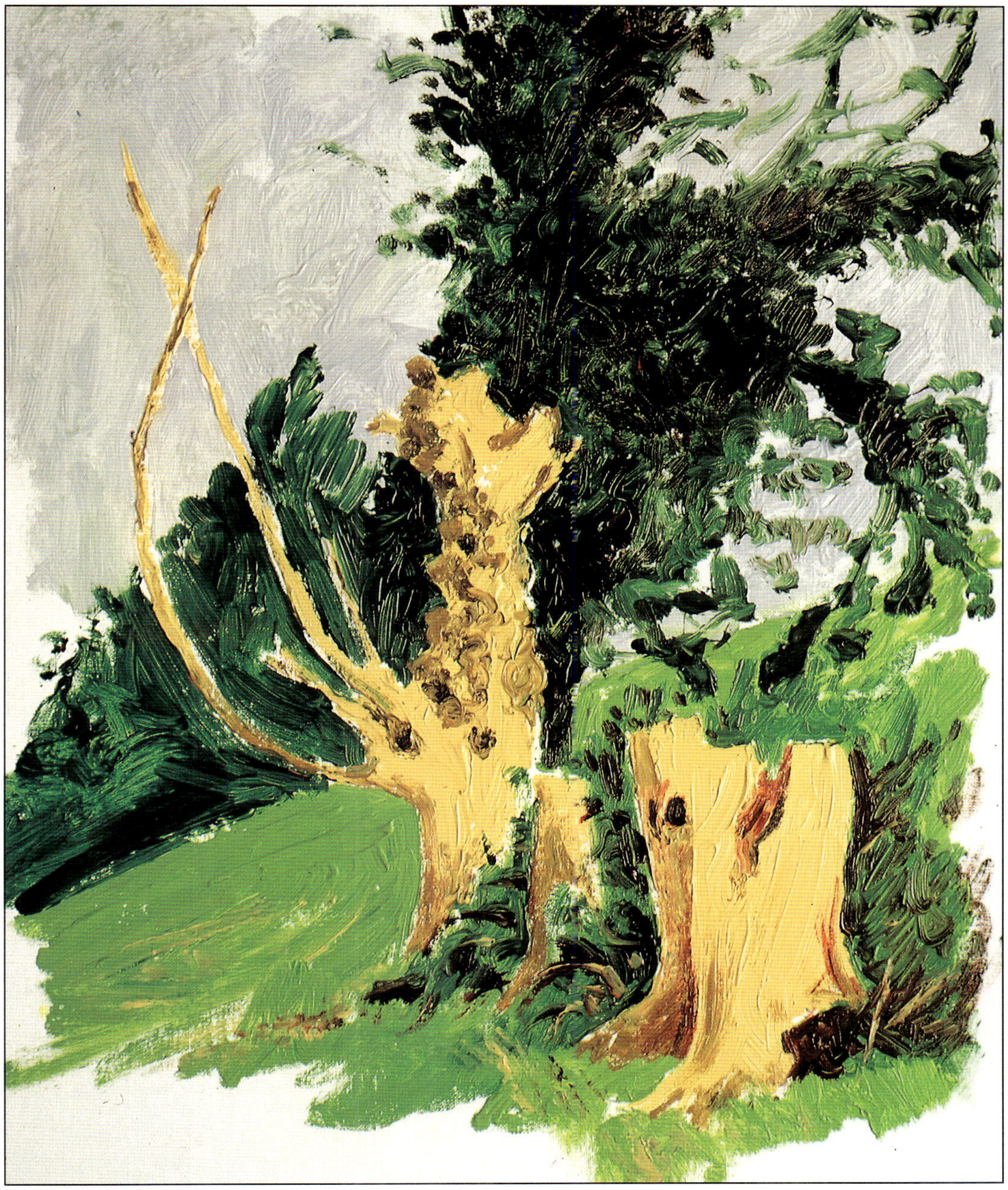

6 ◄ *Kurze Tupfen dunkler Farbe werden zum Schluß mit der Pinselspitze über die gelbbraune Farbe der Baumstämme gemalt. So dick aufgetragene Farbe benötigt übrigens einige Wochen zum gründlichen Durchtrocknen.*

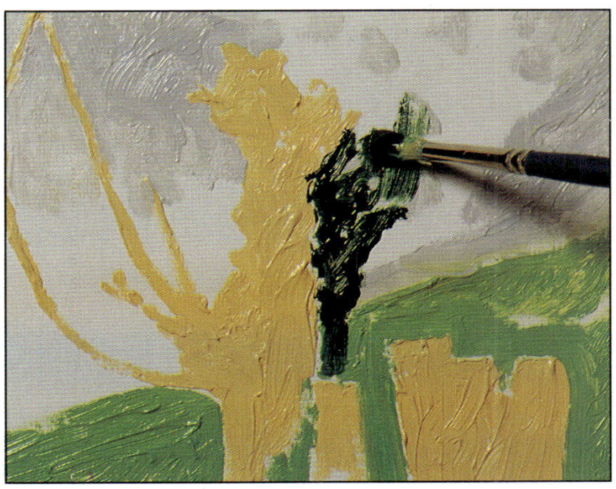

4 *Wieder wird Wert darauf gelegt, jede neue Farbe getrennt zu halten. Wenn man die pastose grüne Farbe mit dem hellen Grau mischen würde, würde in diesem Fall ein schmutziger Farbton entstehen.*

5 ► *Dunkelgrün wird in einen helleren Grünton naß in naß vermalt, um einen weichen Übergang herzustellen. Die Spitzen der Zweige verlaufen in der grauen Farbe des Himmels und erscheinen dadurch luftiger und weicher.*

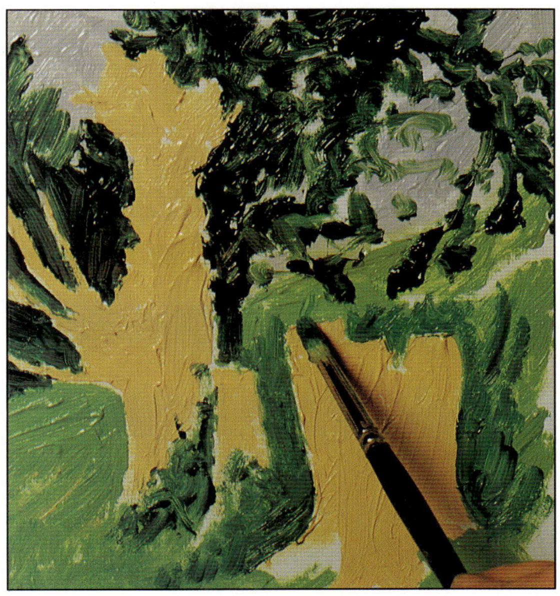

Spachteltechnik

Das traditionelle Malwerkzeug ist der Pinsel. Man kann Farben aber auch mit einem Malspachtel auftragen. Spachtelmalerei ist eine aufregende und ausdrucksstarke Malweise, und ihre Wirkung unterscheidet sich vollkommen von dem herkömmlichen Pinselduktus. Der Spachtel drückt die Farbe flach auf die Malfläche, wodurch glatte Stellen mit Erhebungen an den Rändern des Farbauftrags entstehen, die das Licht vielfältig reflektieren. Die Spachtelzüge können natürlich wie Pinselstriche in verschiedene Richtungen angelegt werden, und sie variieren je nach Größe, ausgeübtem Druck und Farbdicke. Allerdings sollte man nicht zu viele Spachtelzüge übereinandersetzen, da sonst die Klarheit verlorengeht, die diese Technik charakterisiert.

Mit dem Spachtel können aber auch, wie in jeder Impasto-Technik, an bestimmten Stellen des Bildes Akzente gesetzt werden. Bei einem Blumenstilleben kann man so zum Beispiel ein lichtreflektierendes Detail auf eine Vase oder ein Blatt setzen. Ein langweiliger Vordergrund in einer Landschaft läßt sich durch einige Striche mit der Seite des Spachtels beleben, die lange Grashalme andeuten. Mit der Spachtelspitze kann man Blüten nachahmen.

Malspachtel sind überraschend feine und sensible Malwerkzeuge, nicht zu verwechseln mit den normalen Palettmessern, mit denen man die Palette säubert. Spachtel haben gewinkelte Griffe und sehr flexible Stahlklingen. Sie sind in einer großen Auswahl verschiedener Formen und Größen erhältlich.

Blumen in Spachteltechnik

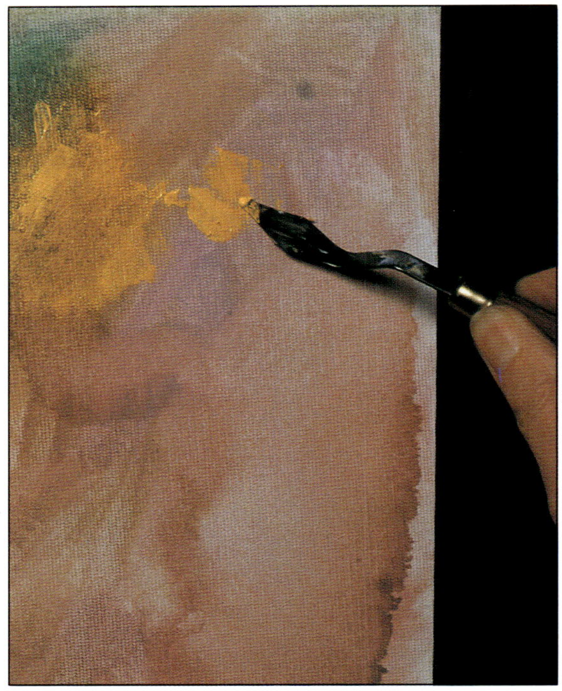

1 Zunächst wird mit stark verdünnten Ölfarblavierungen der Hintergrund angelegt. Diese Farben müssen dann gründlich trocknen, bevor die ersten Spachtelzüge aufgetragen werden können.

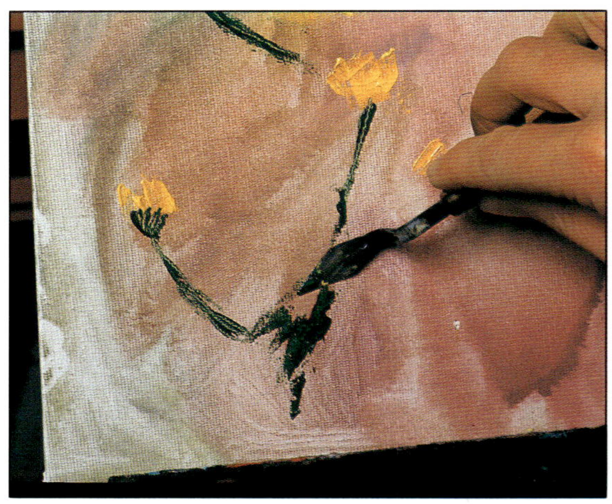

2 Mit der Spachtelspitze werden nun in pastosen, dunklen Grüntönen die Blumenstiele herausgearbeitet. Die Blüten wurden dagegen zunächst nur ganz dünn angelegt, indem Farbe aufgetragen und mit dem Spachtel wieder abgezogen wurde.

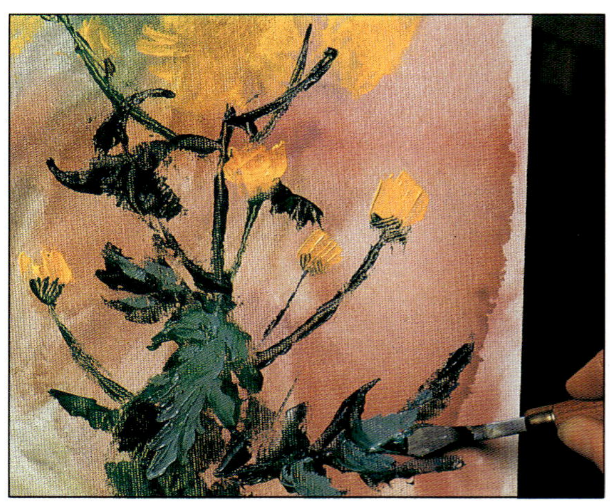

3 Ein helles Blaugrün wird mit der flachen Klinge über die dunklere Farbe gelegt und dabei flächig verstrichen, wobei an den Rändern Erhebungen entstehen, die das Licht reflektieren.

4 ► *Die Blumen werden nun mit verschiedenen Spachtelzügen, entweder mit der Spitze oder mit der Seite, weiter aufgebaut. Der hier verwendete kleine dreieckige Spachtel eignet sich gut für Blumen wie die Chrysanthemen, da jedes Blütenblatt mit einem einzigen kurzen Zug geschaffen werden kann.*

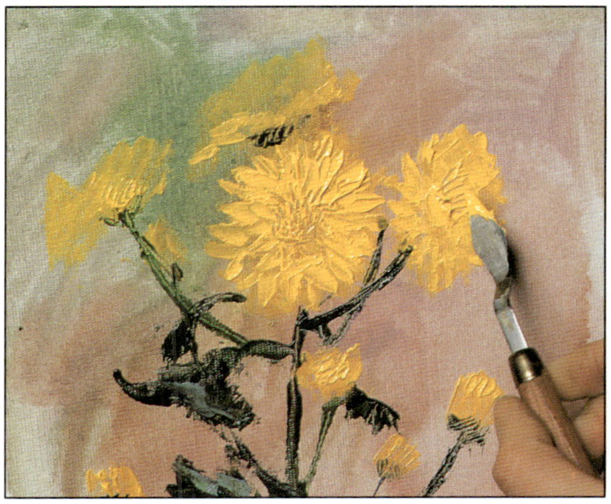

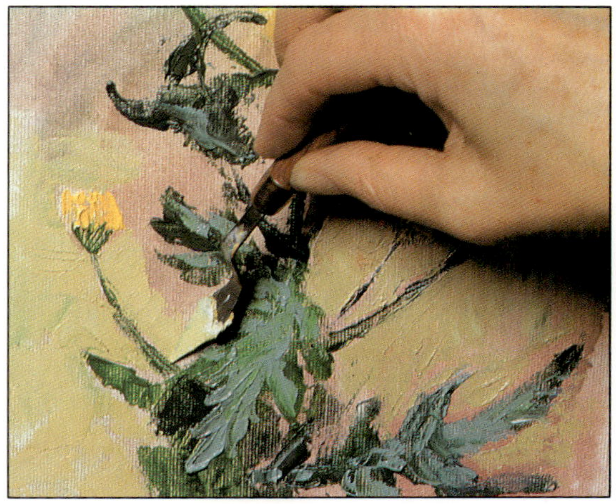

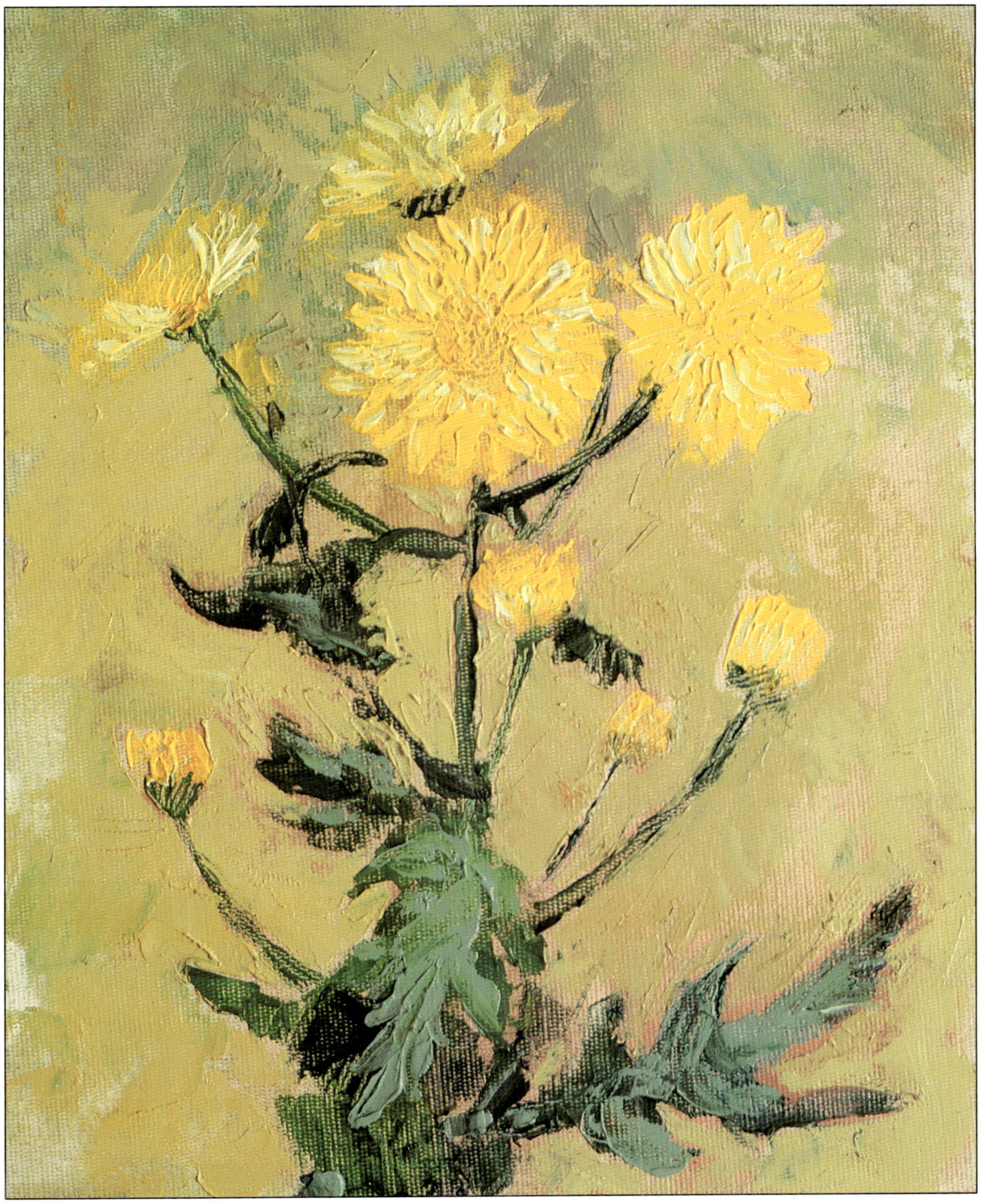

5 ▲ *Eine neutrale, grüngraue Farbe wird nun um die Blätter und Stiele herum im Hintergrund mit der flachen Klinge aufgetragen. Hätte man Blumen und Blätter auf einen pastosen, noch feuchten Hintergrund gesetzt, hätten sich die Farben vermischt und ihre Leuchtkraft verloren.*

6 ◄ *Ein ausdrucksstarkes Blumenstilleben ist entstanden. Das Bild gewinnt vor allem durch den Kontrast zwischen den pastos mit dem Spachtel aufgetragenen Farben, die leuchtend hervortreten, und dem dünnen Farbauftrag im Hintergrund an Lebendigkeit.*

Techniken

LASIEREN

Lasieren ist eine der ältesten Maltechniken. Die Maler der Frührenaissance verwendeten die Ölfarbe sehr sparsam und bauten die Bilder in mehreren Schichten transparenter Farben auf. Die leuchtenden Blau- und Rottöne in den Gewändern der Madonnen und Heiligen wurden auf diese Weise geschaffen. Lasieren war früher sehr mühsam, da jede Schicht gründlich trocknen mußte, bevor die nächste angelegt werden konnte. Als die Alla-Prima-Malerei aufkam, verdrängte sie daher sehr schnell die schwerfällig wirkende Lasurtechnik. Heute gibt es jedoch spezielle Lasiermittel, die die Trockenzeiten der Ölfarbe beschleunigen und die Transparenz der Farben steigern.
Von vornherein unproblematischer ist das Anlegen von Lasuren in der Acrylmalerei, da Acrylfarben ja sehr schnell trocknen. Die Farbe kann dabei mit Wasser oder mit Acrylmalmittel (matt oder glänzend) verdünnt werden. Malmittel geben den Farben je nach Wunsch einen leichten oder starken Glanz, während Wasser allein die Farben sehr matt trocknen läßt.
Man kann Lasuren auch über pastose Farbschichten legen, sobald diese trocken sind. Vor allem in der Acrylmalerei werden die Farbtöne der Impastoschichten oft mit Lasuren weiter differenziert. Dabei entstehen zudem interessante Texturen, da sich die Farblasur in der reliefartigen Oberfläche des Impasto absetzt.
Öl- wie Acrylfarben sind im Grunde genommen im Auftrag deckend. Dennoch gibt es einige Farben, deren Pigmente von Natur aus transparenter sind als andere und die deshalb auch besser für das Anlegen von Lasuren geeignet sind.

Farben aufbauen

Statt von Anfang an einen deckenden Farbton einzusetzen, lassen sich Farbtöne auch durch Lasuren aufbauen. Die hier gezeigten Farbproben wurden in Acryl ausgeführt, sind aber ähnlich auch in Öl möglich. Ölfarben lassen sich zudem über Acrylfarben lasieren.

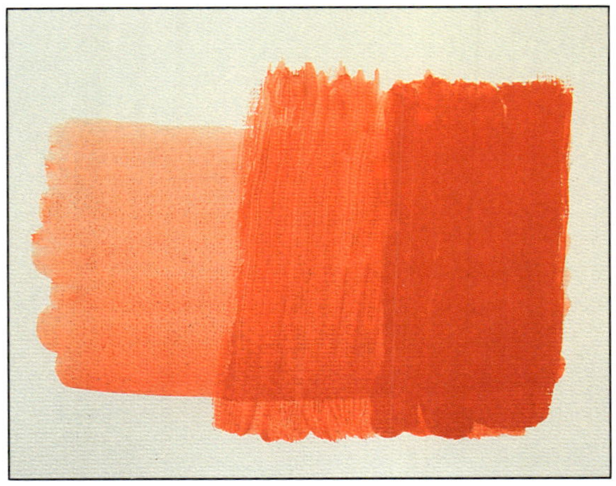

Farbtöne verändern

Wenn man Lasuren verschiedener Farbtöne übereinandersetzt, entsteht ein neuer Farbton. Die oberen Farbstriche wurden mit Acrylmalmittel verdünnt, um ihre Transparenz zu steigern.

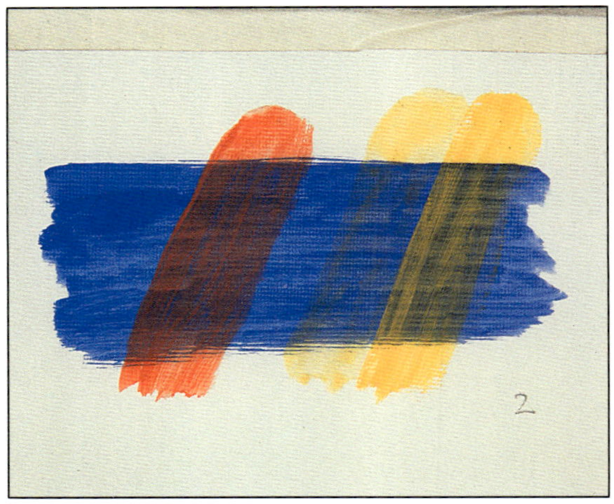

Abdämpfen

Wenn eine Farbfläche einmal zu grell ausgefallen ist, kann sie durch eine mit Wasser stark verdünnte Acryllasur abgedämpft werden. Bei Ölfarbe muß man natürlich zum Verdünnen Lasiermittel verwenden.

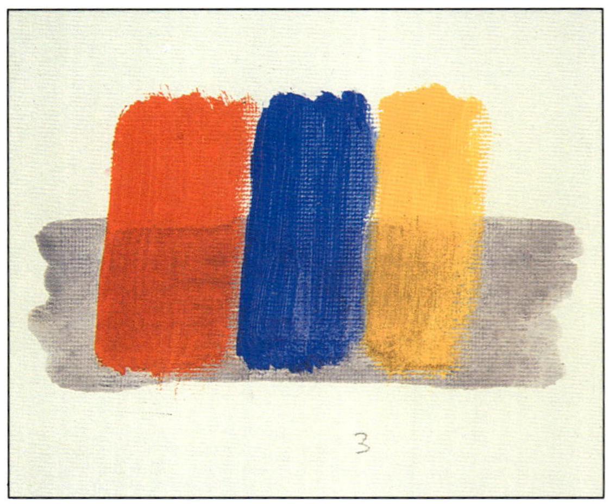

Lasieren über monochrome Farben

Man kann bei Öl- und Acrylbildern die ersten Farbschichten monochrom aufbauen, also in Schwarzweiß oder einfarbig, und dann mehrere Lasuren darüberlegen.

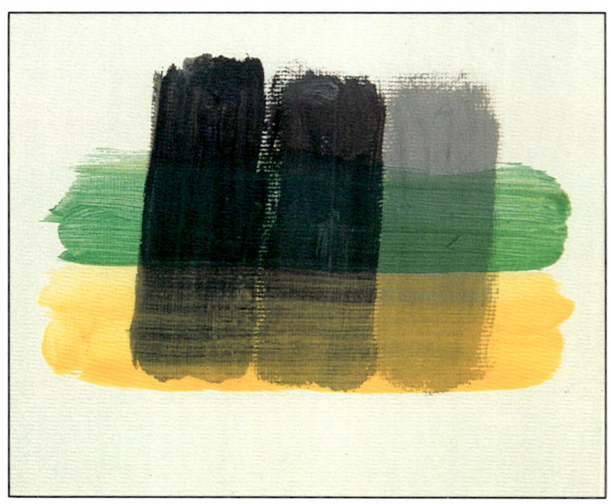

Gebrochene Farbe

Wenn man Öl- oder Acrylfarbe leicht über eine rauhe Leinwand oder eine Schicht bereits trockener Farbe streicht, entsteht ein gebrochener Pinselstrich, durch den die untere Farbschicht an einigen Stellen durchschimmert. Mit dieser Trockenpinseltechnik kann man sehr schöne Texturen gestalten. In der Landschaftsmalerei wird sie zum Beispiel dazu verwendet, Lichtreflexe auf Wasser oder die Struktur des Grases wiederzugeben. Im Porträt dient sie zur Darstellung von Haar und Kleidungstexturen. Der Trick dabei ist, möglichst wenig Farbe in pastoser, trockener Konsistenz zu verstreichen.

Auf ähnliche Weise kann man die Farben eines Bildes auch abdämpfen, indem man vor allem größere Flächen mit dicker, trokkener Farbe und einem Lappen, einem Borstenpinsel oder sogar mit den Fingern einreibt. Meist setzt man dabei helle Farben auf dunkle, auch wenn natürlich rein theoretisch ebenso eine umgekehrte Vorgehensweise möglich ist.

Durch die beim Farbauftrag entstehende Struktur spricht man von „gebrochener Farbe“, ein Begriff, der auch verwendet wird, wenn eine Fläche aus kleinen, getrennt nebeneinander aufgetragenen Pinselstrichen aufgebaut ist. Mit letzterem arbeiteten vor allem die Impressionisten, die feststellten, daß man Gras oder Laub lebendiger erscheinen lassen kann, wenn man blaue, grüne, gelbe und manchmal auch violette Tupfen nebeneinandersetzt. In einiger Entfernung verschmelzen diese Tupfen dann optisch zu Grün.

Trockenpinseltechnik in Acryl

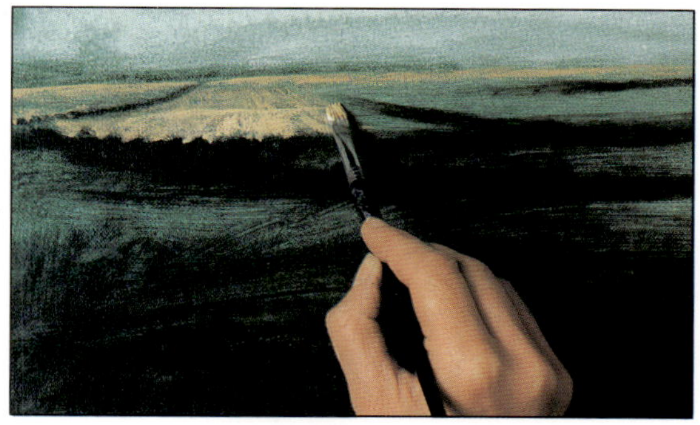

1 Die Landschaft erhält eine Untermalung, der Himmel wird transparent gehalten. Nun werden pastose Farbstriche leicht darüber gezogen.

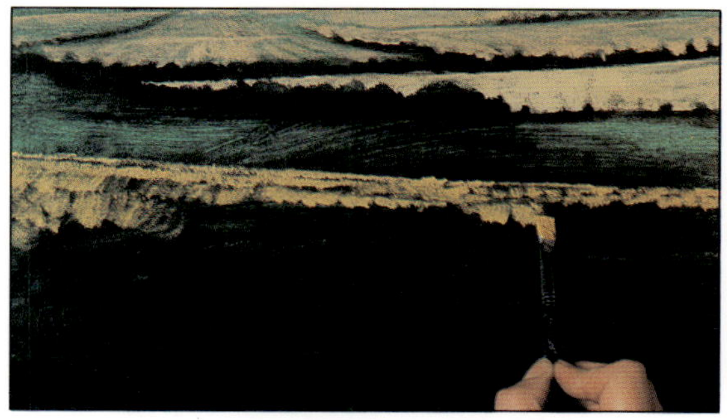

2 Mit dem gleichen Pinsel werden im Vordergrund kürzere, senkrechte Striche in verschiedene Richtungen gesetzt, die die Textur und Bewegung des Grases andeuten sollen.

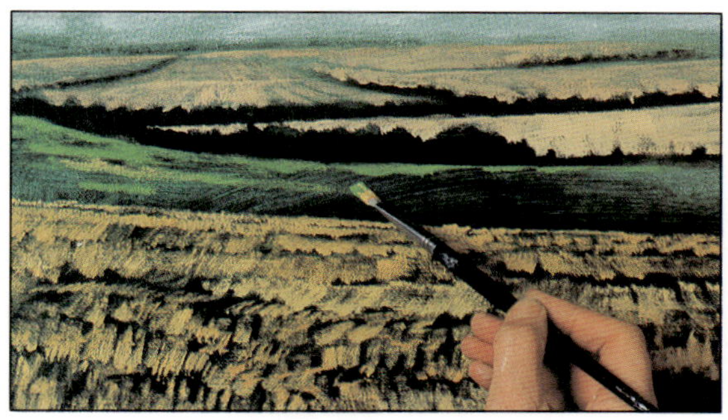

3 Das Feld in der Bildmitte ist die dunkelste Stelle im Bild. Mit einer nur etwas helleren Farbe wird dieses Feld in horizontalen Strichen leicht übermalt, wobei die Untermalung weiterhin durchscheint.

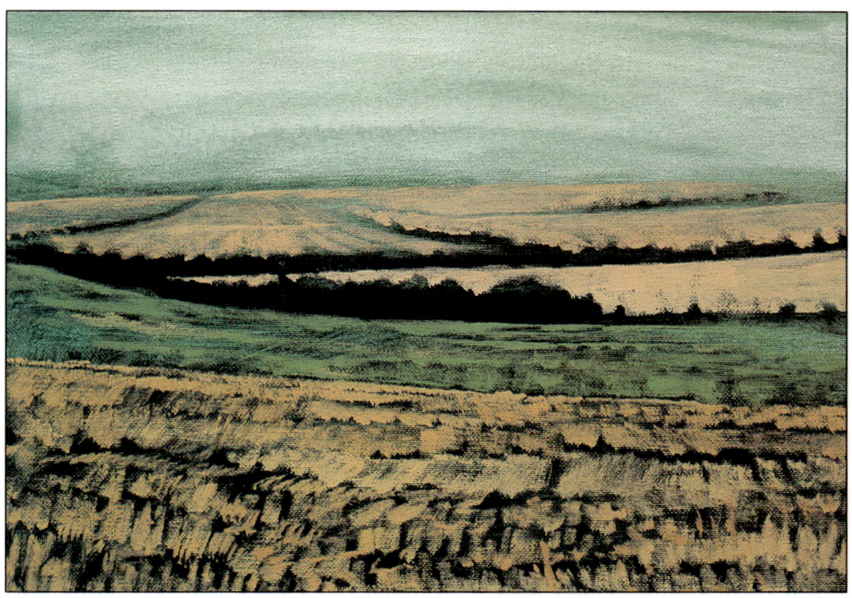

4 ► Trockenpinselstriche geben nicht nur Texturen überzeugend wieder, sondern schaffen auch eine lebendige Bildstruktur. Am besten arbeitet man auf einer rauhen Malfläche, wie hier auf einem Malkarton.

Farbe entfernen

Die erste im folgenden beschriebene Methode kann nur in der Ölmalerei angewandt werden, da Acrylfarben zu schnell trocknen.

Schaben

Fehlerhafte Stellen können in einem Ölbild durch Abschaben der noch feuchten Farbe beseitigt werden. Man kann auch ein ganzes Bild abschaben und mit dem Malen neu beginnen. Oft bleibt dabei das Gerüst des alten Bildes stehen und bildet einen neuen interessanten Ausgangspunkt.
Man kann diese Technik aber auch ganz bewußt als Stilmittel einsetzen. Bekannt ist zum Beispiel, daß der aus Amerika stammende Künstler James Whistler seine Porträts häufig nach Beendigung einer Sitzung wieder abschabte, um sie erneut zu überarbeiten, und einmal überraschend feststellte, daß dabei genau die Textur entstand, die er für die Wiedergabe eines Gazekleides zu erzielen versucht hatte.
Schabt man Farbe von einem Bild, das in mehreren Schichten aufgebaut wurde, können, da jede neue Farbschicht nach dem Abschaben etwas von der unteren sichtbar werden läßt, interessante Farbtöne erzielt werden. Besonders eindrucksvoll kann dies zum Beispiel bei einer nebligen Landschaft wirken. Wenn man zudem noch auf einer rauhen Malfläche, auf Leinwand oder Malkarton, arbeitet, werden mit dem Palettmesser nur die oberen Schichten abgetragen, während im Gewebe deutliche Farbspuren stehen bleiben.

Ölfarbe abschaben

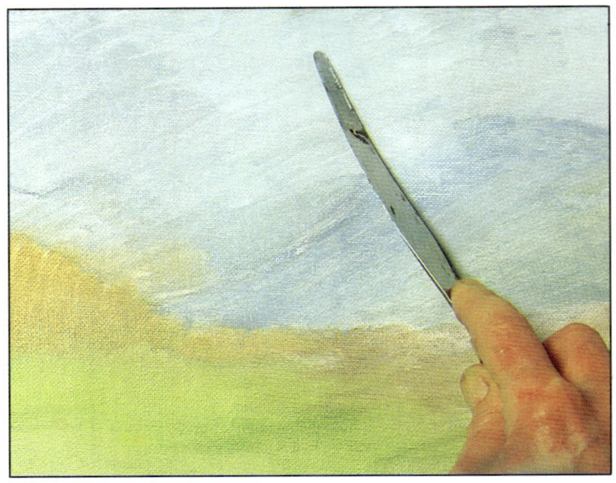

1 *Pastose Farbschichten werden angelegt und mit der Seite eines Palettmessers wieder abgeschabt.*

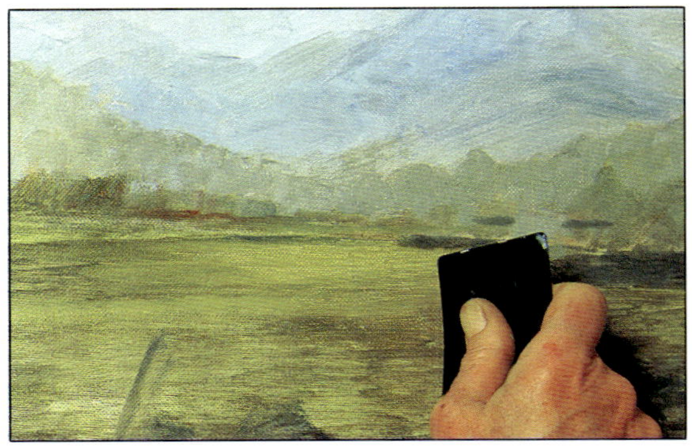

2 *Auf eine Untermalung in Gelbgrün wird dunklere, pastose Farbe gelegt und wieder abgeschabt. Zum Abschaben können die unterschiedlichsten Gegenstände eingesetzt werden, hier eine Kreditkarte aus Plastik.*

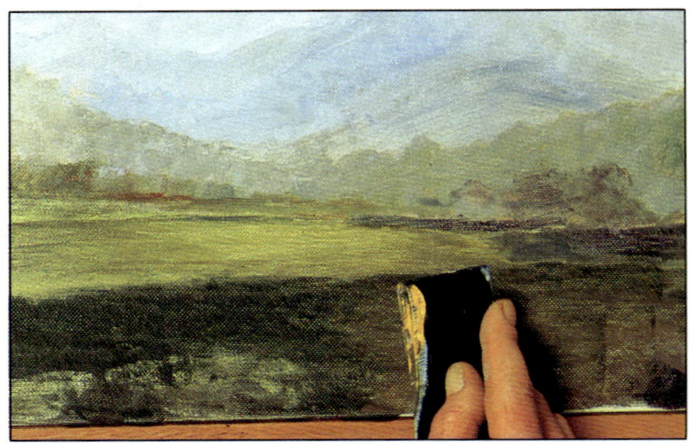

3 *Im Vordergrund wurden, ebenfalls mit der Kreditkarte, mehrere Farbschichten aufgetragen und abgedunkelt und jedesmal wieder abgeschabt.*

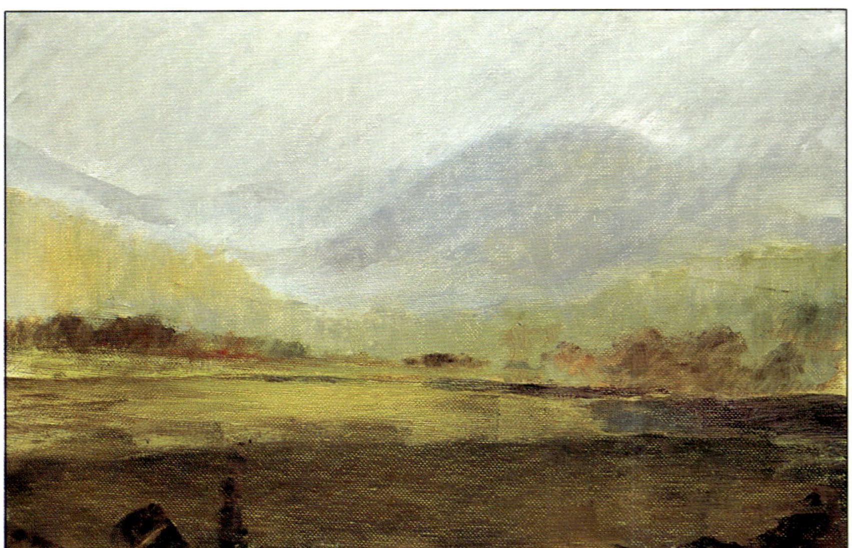

4 ▶ *Diese Technik eignet sich besonders für atmosphärische Effekte und weiche Farbverläufe. An einigen Stellen wurden die Farben mit dem Finger verrieben.*

In die Farbe kratzen

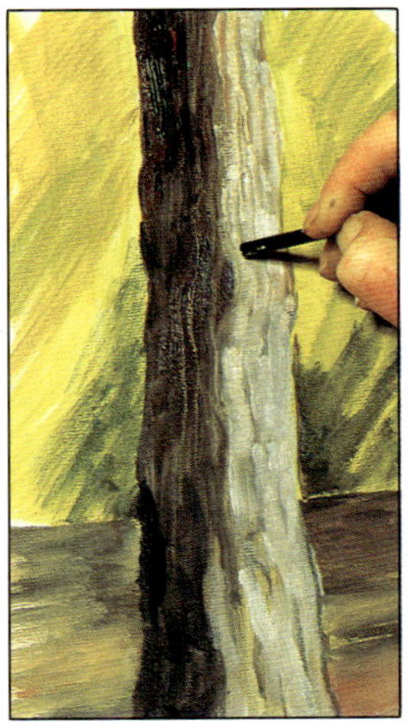

1 *Nachdem eine dicke Schicht Ölfarbe auf den Malkarton aufgetragen wurde, werden mit einem Pinselstiel Rillen hineingezeichnet.*

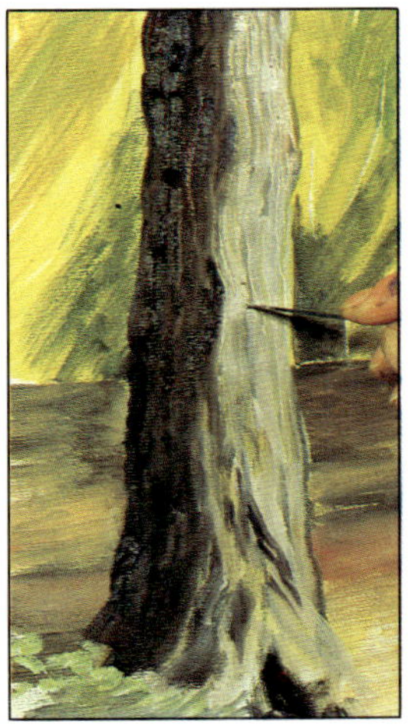

2 *Mit der Spitze eines Skalpells wird die Farbe sauberer und gründlicher entfernt, so daß die Leinwand in feinen weißen Linien durchschimmert.*

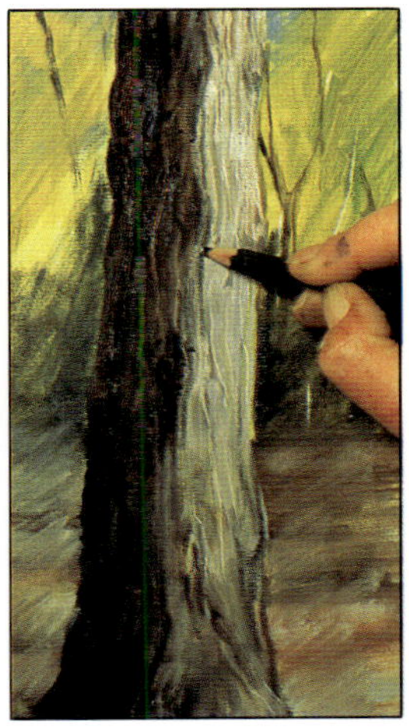

3 *Eine weitere Möglichkeit ist, mit einem Bleistift in die noch feuchte Farbe hineinzuzeichnen. Der Bleistift erzeugt sowohl dunkle Linien als auch tiefe Rillen, ähnlich einem Pinselstiel.*

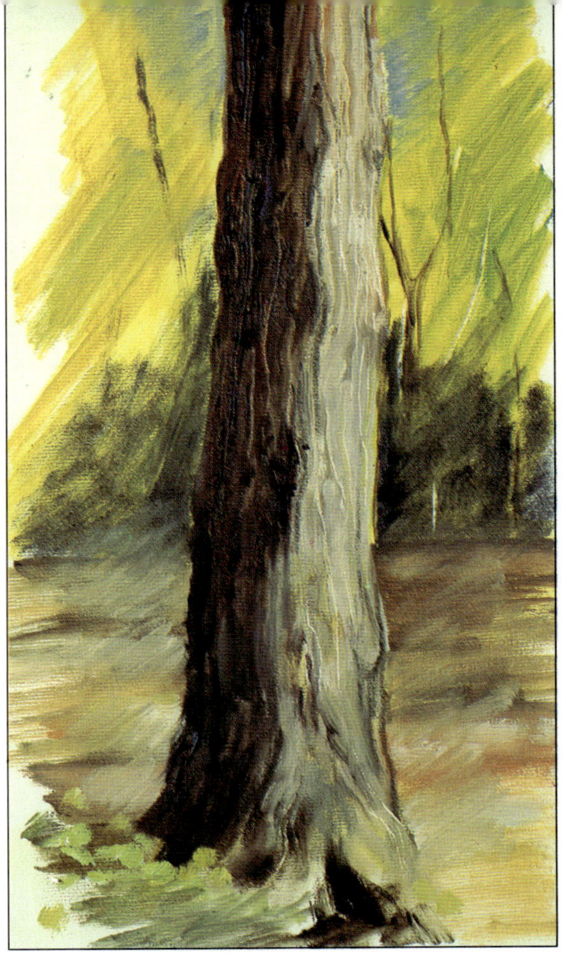

4 ▲ *Sgrafitto hilft, detailreiche Texturen und jede Art feiner Linien zu gestalten, die mit einem Pinsel nur schwer zu erzielen wären, wie zum Beispiel bei Grasbüscheln oder dünnen Zweigen, auf die das Licht fällt.*

Sgraffito

Sgraffito, vom ital. sgraffiare = kratzen, bedeutet, mit einem spitzen Werkzeug in die noch feuchte Farbe hineinzukratzen, wobei Rillen entstehen, mit deren Hilfe man sehr gut verschiedene Texturen gestalten kann. Rembrandt zum Beispiel kratzte mit dem Pinselstiel in die pastose nasse Farbe, um Schnurrbarthaare oder den Stoff eines Kleidungsstücks wiederzugeben.
Mit Hilfe des Sgraffitos lassen sich auch sehr gut Muster abbilden: Sofern die obere Farbschicht dünn aufgetragen wurde, kann man durch das Kratzen mit einem scharfen Gegenstand den weißen Leinwandgrund oder eine darunterliegende trockene Farbe sichtbar werden lassen. In einem Stilleben können so zum Beispiel Gegenstände mit feinen weißen Linien Konturen bekommen oder Stoffmuster geschaffen werden.
Sgraffito ist in Öl einfach zu handhaben. Aber auch in trockene Acrylfarbschichten kann man hineinkratzen, vorausgesetzt man arbeitet mit einer festen Unterlage wie einem Malkarton.

Farbe abheben

Es kann passieren, daß ein Ölbild so viele dicke Schichten Farbe trägt, daß es nur noch schwer weiter bearbeitet werden kann. Zudem mischen sich zu viele Farbschichten häufig zu schmutzigen Farbtönen. In diesem Fall nimmt man einfach ein Stück Zeitungspapier, legt es auf die noch feuchte Farbschicht, drückt es an und hebt dann die überschüssige Farbe wieder ab. Darunter wird noch etwas von dem ursprünglichen Bild zu sehen sein, das nun als Ausgangspunkt für eine neue Überarbeitung dienen kann. Durch Abheben kann man vor allem Bilder korrigieren, in denen man sich zu sehr auf einzelne Details konzentriert hat und der Gesamtwirkung zu wenig Beachtung geschenkt hat. Das kann zum Beispiel bei einem Porträt der Fall sein, bei dem man Augen und Mund sehr genau herausgearbeitet hat, es aber dann nicht mehr gelingt, sie in den allgemeinen Gesichtsausdruck einzubinden.

Ein Motiv — verschiedene Malweisen

Es gibt zahlreiche Möglichkeiten, mit Öl- oder Acrylfarben zu arbeiten. Um seinen eigenen Stil zu finden, ist es wichtig, sich mit diesen verschiedenen Techniken vertraut zu machen. Hilfreich kann es dabei auch sein, einmal ein Motiv in unterschiedlichen Malweisen umzusetzen. Auf den folgenden Seiten stellen drei Maler ihren jeweiligen Malstil anhand eines gemeinsamen Stillebenmotivs vor. James Horton arbeitet in Öl auf feiner, aufgezogener und mit Aquarellfarbe getönter Leinwand. Patrick Cullen verwendet ebenfalls Ölfarben, aber auf einem weißen Malkarton. Rosalind Cuthbert malt hauptsächlich in Lasuren mit Acrylfarbe auf Papier.

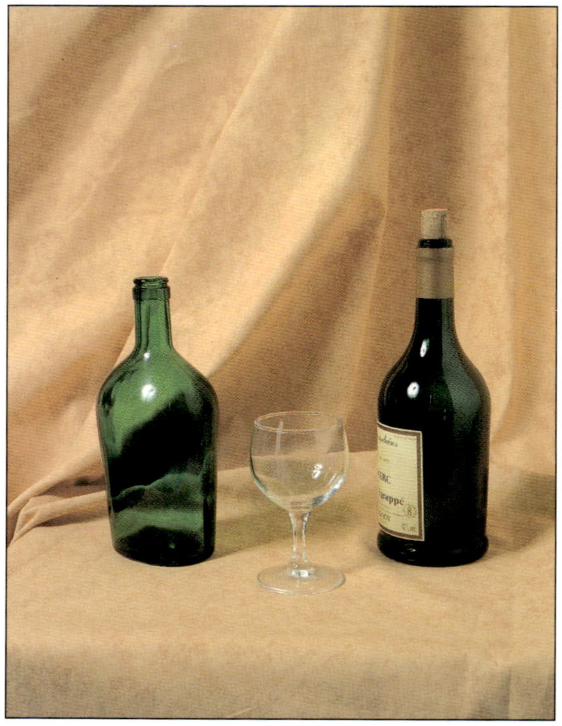

Öl auf grundierter und getönter Leinwand

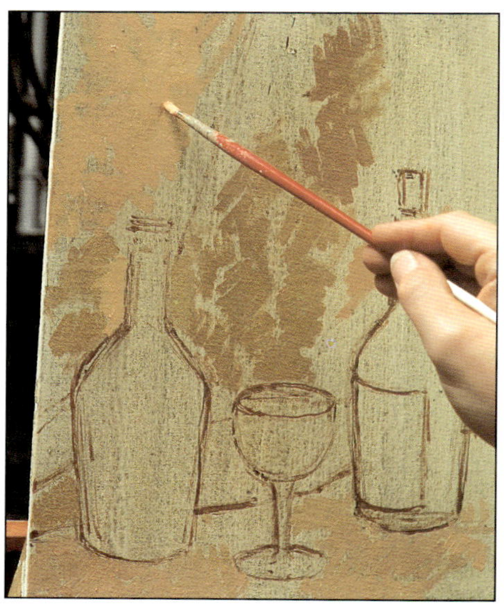

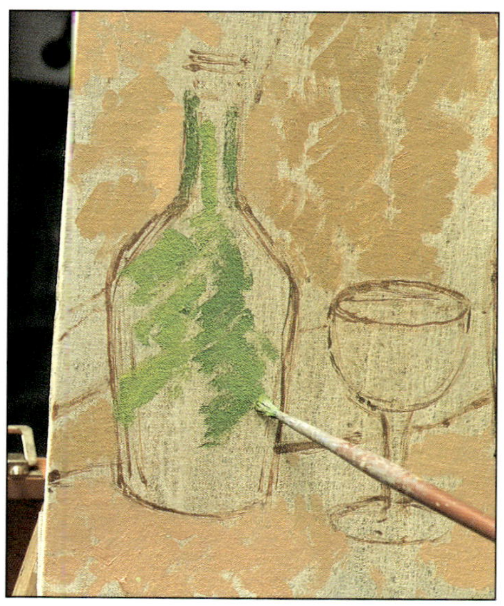

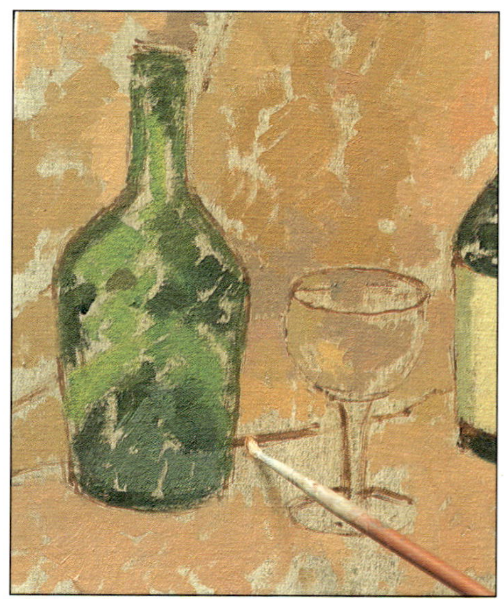

1 *Mit einer Pinselzeichnung in einer Mischung aus Venezianischrot und Umbra natur werden die Formen der Flaschen und ihre Position im Bild skizziert. Nun werden die warmen Farben im Hintergrund angelegt. Sie geben den mittleren Tonwert vor, auf den die Farbgebung des restlichen Motivs abgestimmt wird.*

2 *Kleine Farbtupfen werden über die ganze Bildfläche verteilt, um die Beziehungen von Farbe und Tonwert für den weiteren Malprozeß anzudeuten.*

3 *Die dunkleren Töne für die Flaschen werden durch helle Farben im Hintergrund noch stärker hervorgehoben.*

► *Künstlerpaletten verraten einiges über die Arbeitsweise des Künstlers. Deutlich ist hier zu erkennen, wie die Farben in kurzen Pinselstrichen ausgemischt wurden.*

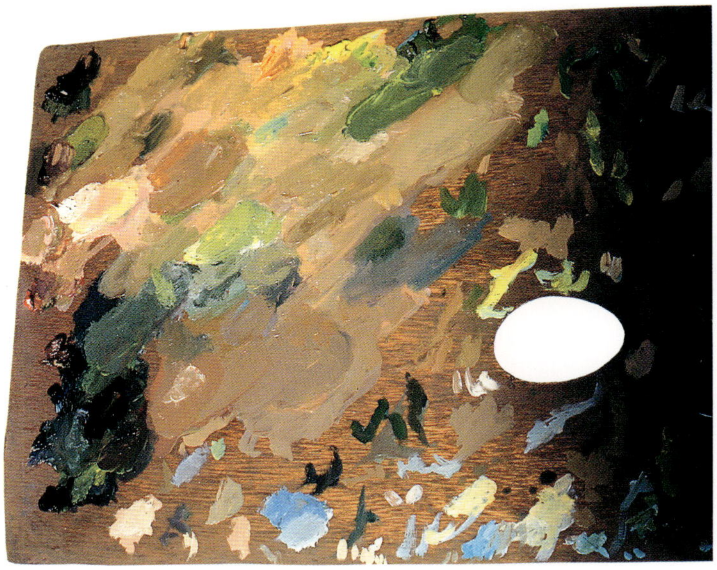

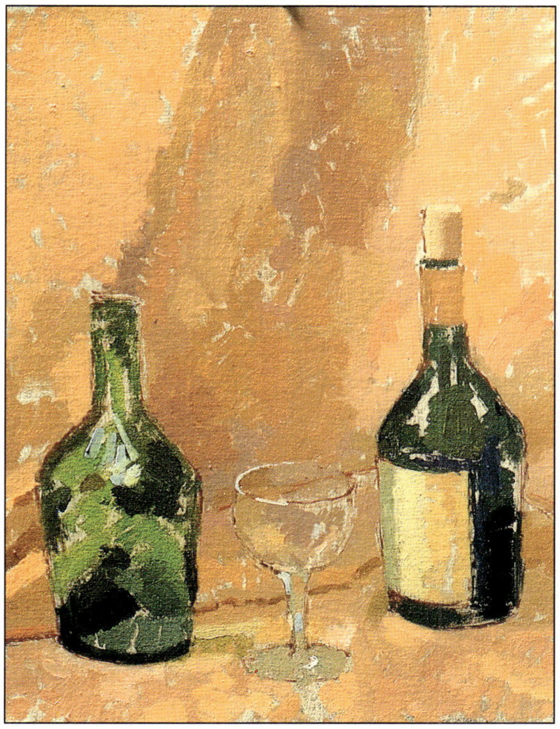

4 *Das Bild ist noch nicht ganz fertig. Die Pinselführung ist weiterhin locker und die Bildfläche nicht ganz mit Farbe bedeckt. Die Farben werden überall in der gleichen Konsistenz verwendet, nur leicht mit einer Mischung aus Terpentin, Leinöl und Dammarfirnis verdünnt.*

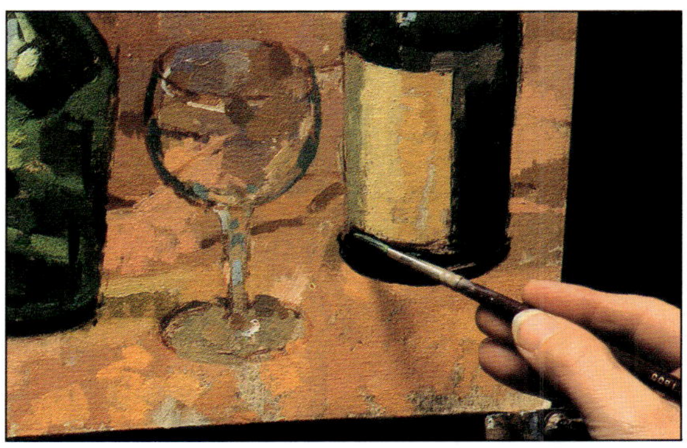

5 *Ellipsen zu zeichnen, ist nicht einfach, und ihre Form sollte immer wieder sorgfältig nachgezogen werden. Das Etikett der Flasche wird durch Einfügen dunklerer Farbe am Fuß betont.*

6 ► *Zum Schluß werden noch einige Details eingesetzt wie die Buchstaben auf dem Weinetikett und die Lichter auf dem Rund des Glases.*

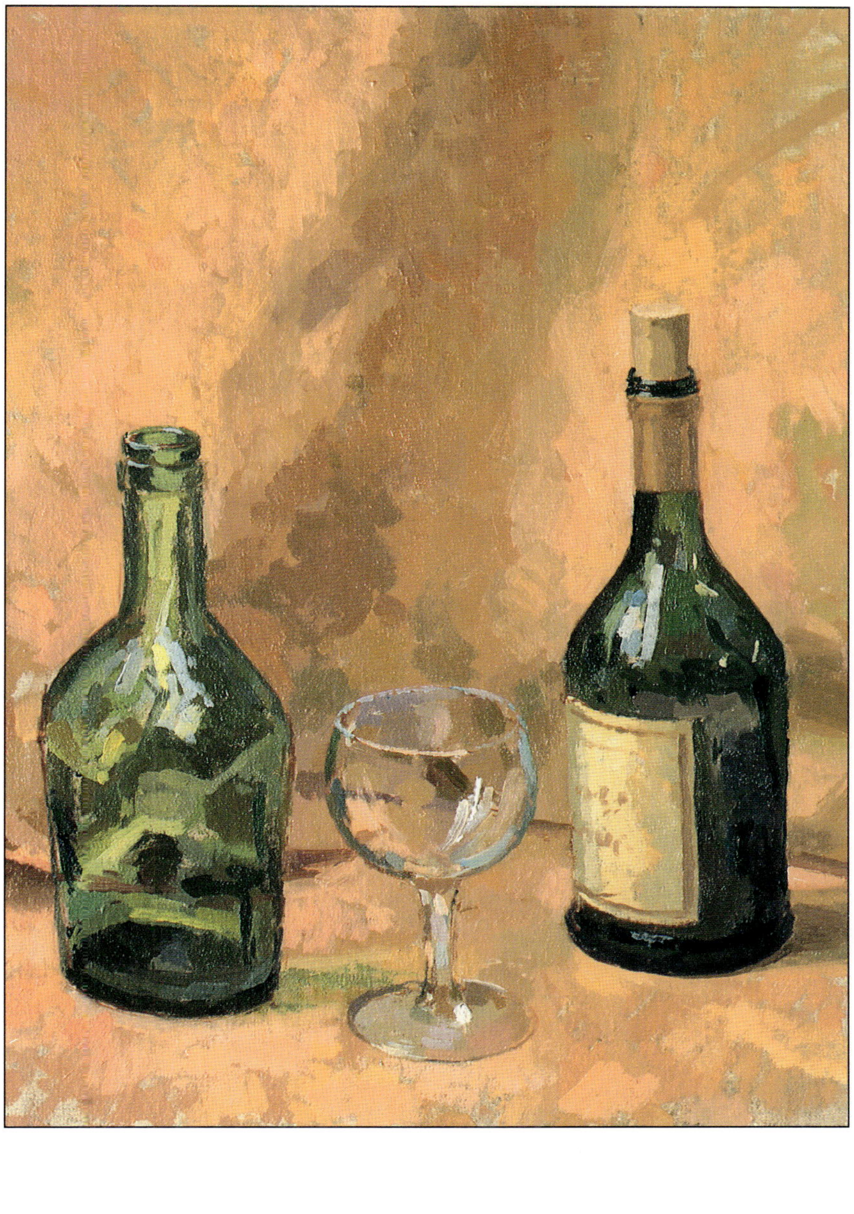

Öl auf Malkarton

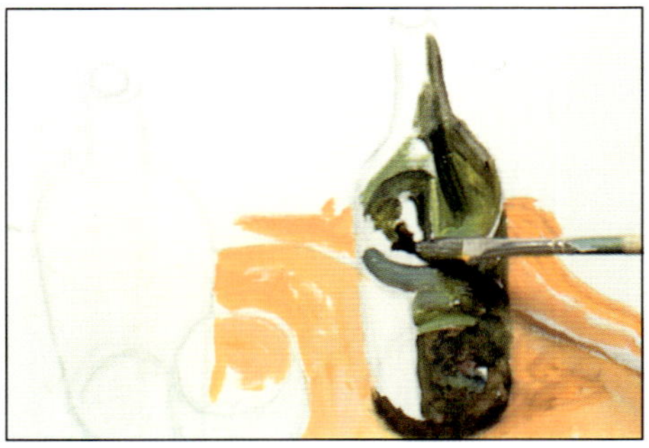

1 Nach einer Vorzeichnung mit weichem Bleistift wird die erste Farbschicht angelegt. Die Farbe ist (im Verhältnis 1:1) mit einer Mischung aus Malmittel und Terpentin verdünnt worden.

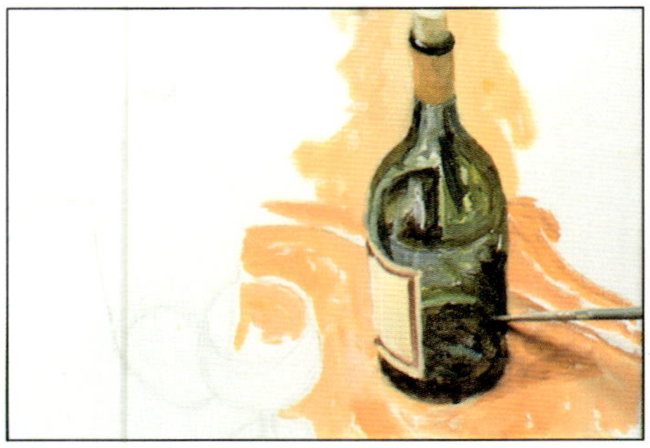

2 Bereits in den ersten Phasen wird die unterschiedliche Vorgehensweise deutlich. In diesem Übungsbeispiel arbeitet der Künstler jeden einzelnen Bildteil, hier die Flasche, aus, bevor er zum nächsten übergeht.

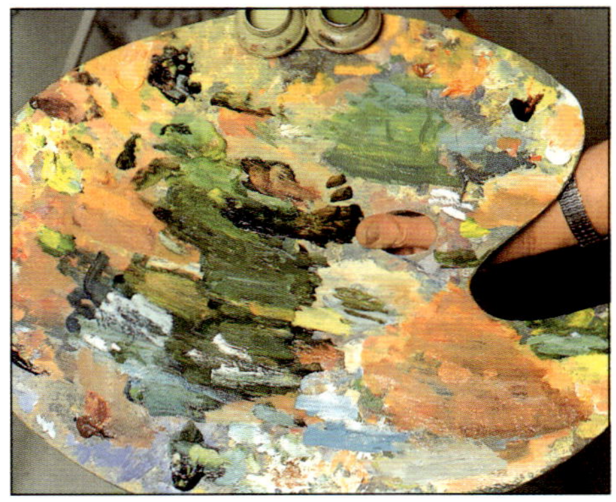

Diese Malerpalette ist nierenförmig zugeschnitten und wesentlich größer als eine normale Palette, die in den Deckel des Malkastens paßt.

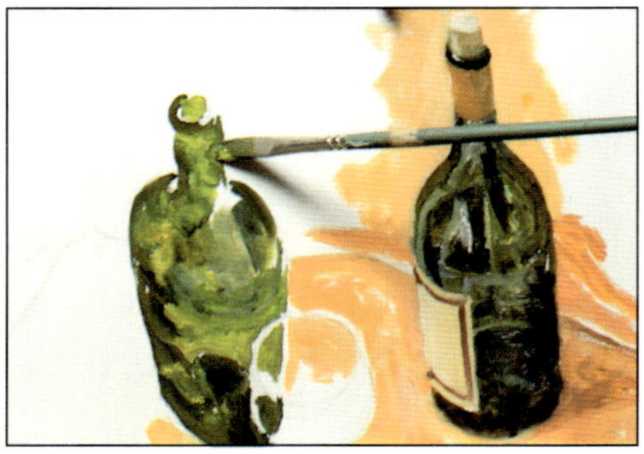

3 Nachdem die erste Flasche fast fertig ist, wendet sich der Künstler nun der zweiten zu. Der weiße Grund schimmert an einigen Stellen durch und deutet die Transparenz des Glases an.

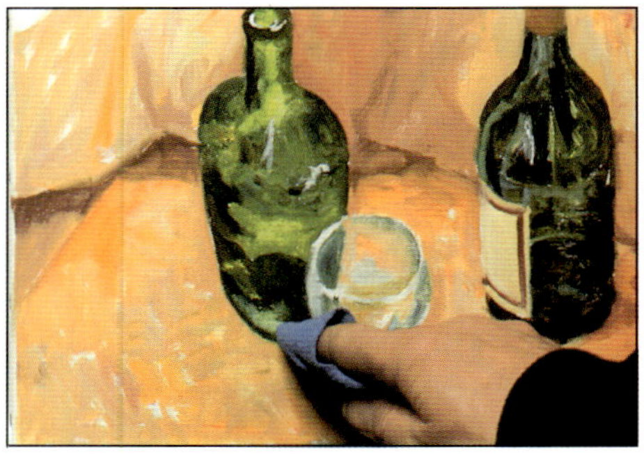

4 Nachdem Hintergrund und Weinglas gemalt worden sind, setzt der Künstler noch einige Akzente auf die Flasche. Mit einem Lappen wird ein weiches Licht in die noch feuchte Farbe gewischt.

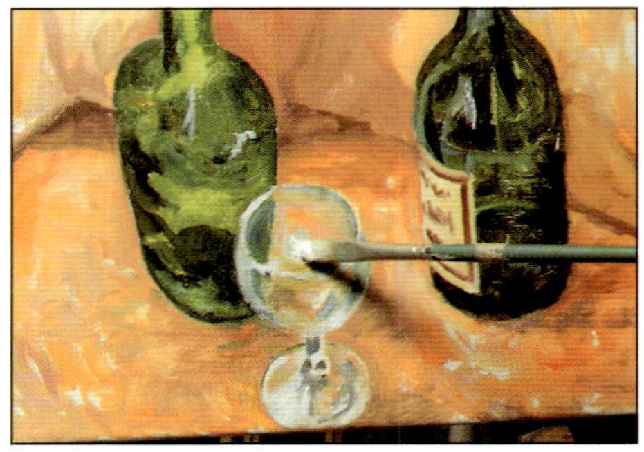

5 Beim Malen von transparenten Gegenständen muß der Hintergrund sichtbar bleiben. Deshalb wurde dieser zuerst gemalt und die Lichter und Schatten des Glases noch ausgespart.

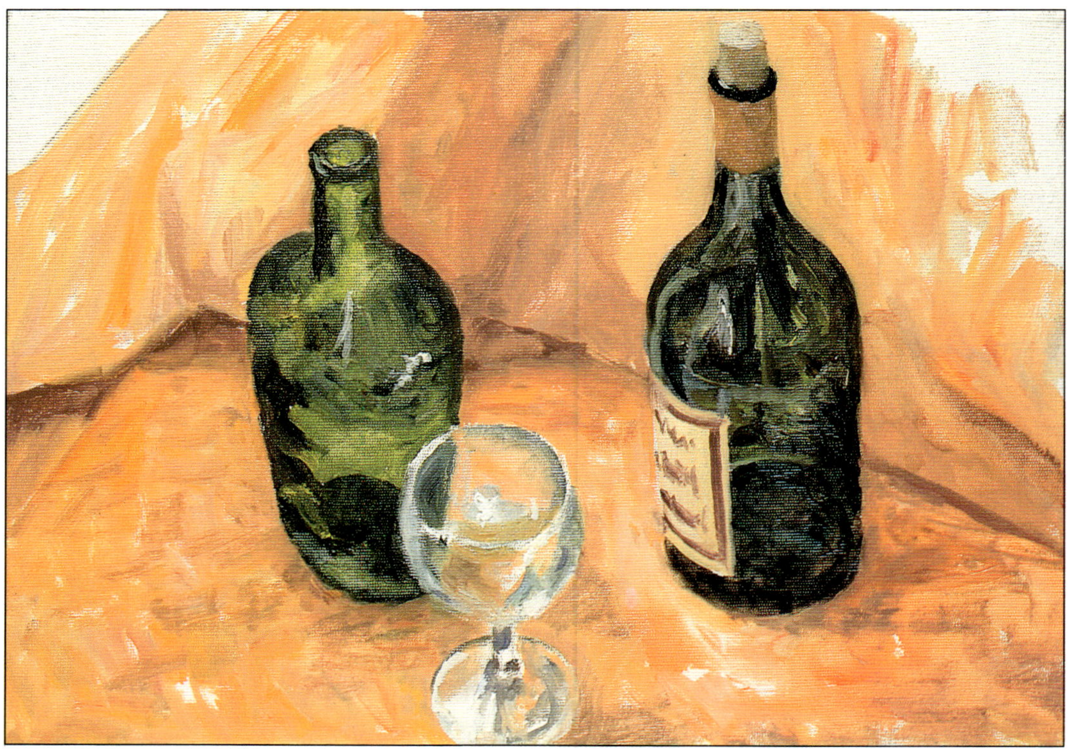

6 Der größte Unterschied zwischen diesem Bild und dem vorhergehenden liegt in der Farbkonsistenz. In diesem Bild wurden Lichter durch Wegwischen der Farbe erzeugt und nicht wie im vorigen Fall durch Aufsetzen pastoser Farbe. In beiden Bildern ist der Pinselduktus lebhaft und differenziert und trägt doch gleichzeitig die persönliche Handschrift des jeweiligen Künstlers.

Acryl auf Aquarellpapier

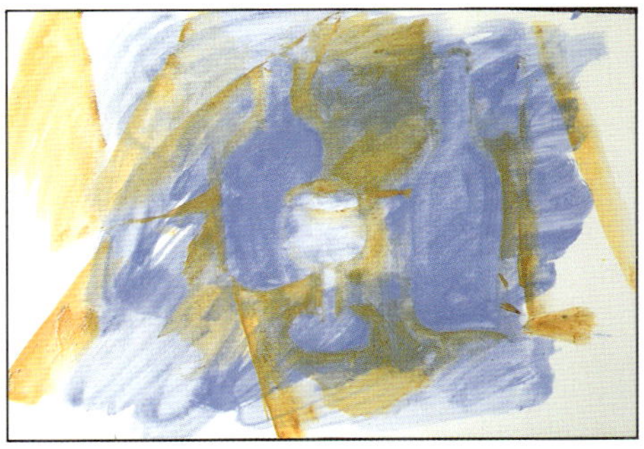

1 *Die Künstlerin beginnt mit einer dünnen Untermalung und skizziert die Formen der Flasche nur leicht vor, da die deckenden Acrylfarben leicht übermalt und dadurch korrigiert werden können.*

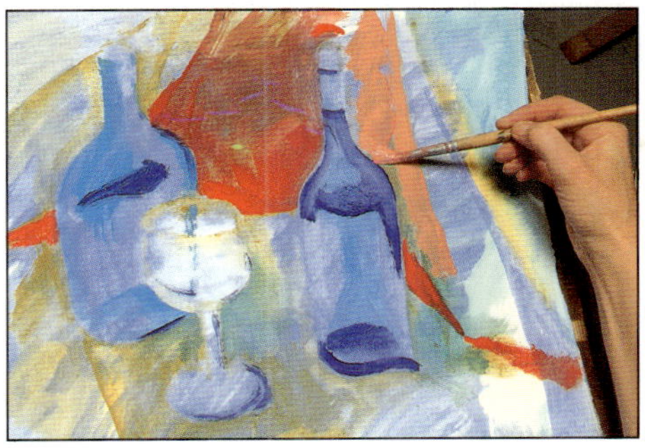

2 *Das Bild wird diesmal schichtweise in verschiedenen Lasuren über einen intensiv farbigen Grund aufgebaut. Für die Flaschen wird ein Blau und für den Hintergrund ein sattes Rot gewählt.*

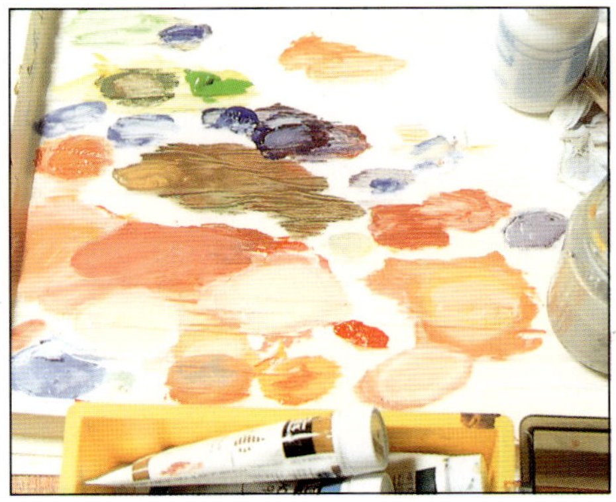

Spezielle Acrylpaletten sehen zwar nicht besonders schön aus, haben aber dafür den Vorteil, die Farben ständig feucht zu halten.

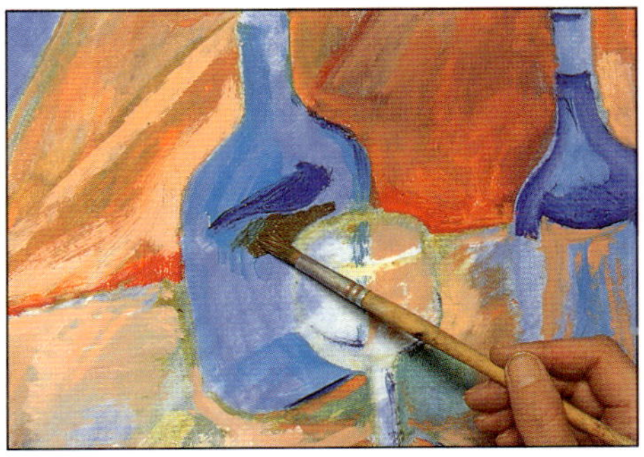

3 *Über das Blau wird eine mit mattem Malmittel gemischte Farbe gestrichen. Im nassen Zustand sieht die Farbe deckend aus, wird aber beim Trocknen durchsichtig.*

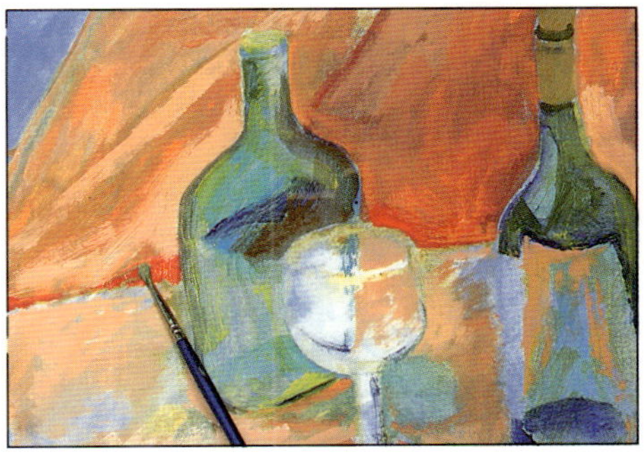

4 *Auf der linken Flasche sieht man die Wirkung der Lasurtechnik: Die Farben sind nun getrocknet, und jede einzelne Schicht ist sichtbar. Im Hintergrund wird pastosere Farbe verwendet.*

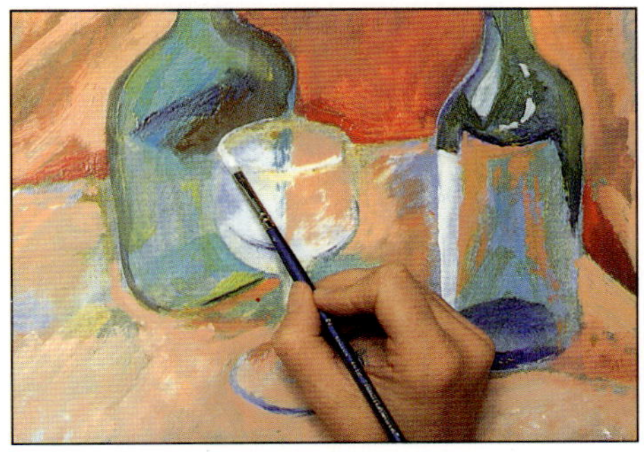

5 *Auch diesmal wird das Glas erst ganz zum Schluß gemalt. Die Lichter auf dem Rand des Glases werden mit einem feinen Marderhaarpinsel und verdünnter Farbe aufgesetzt.*

6 *Dieses Bild ist etwas abstrakter gehalten als die beiden anderen Stilleben. Der blaue Hintergrund wurde als Kontrast zu den übrigen Farbtönen eingesetzt. Die Farben wurden insgesamt aufgehellt, besitzen aber dennoch Intensität und Leuchtkraft. Die rechte Flasche wurde aus kompositionellen Gründen etwas verzerrt wiedergegeben.*

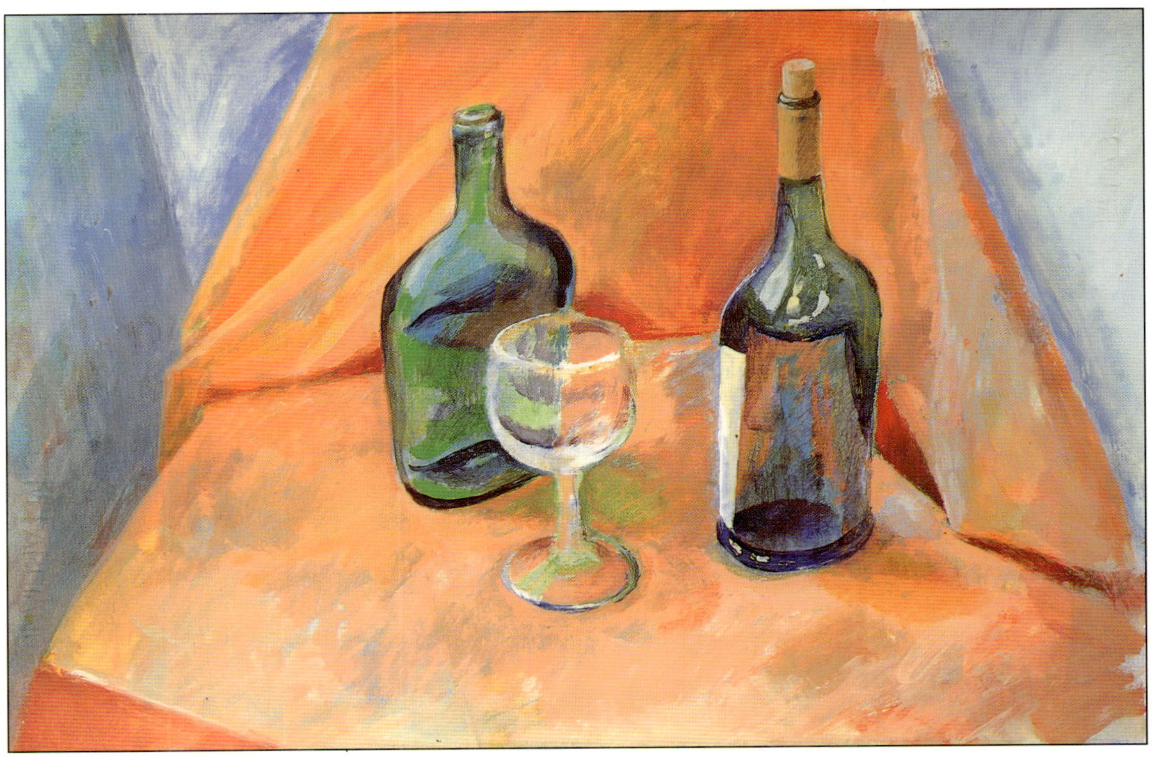

Stilleben in Öl und Acryl

Dem Stilleben wurde in der Geschichte der Malerei unterschiedliche Aufmerksamkeit entgegengebracht, was vor allem durch die Vorlieben der Käufer bestimmt war. Im 16. und 17. Jahrhundert waren Stillebenbilder besonders in Holland sehr gefragt, während sie zum Beispiel in Frankreich und England weit weniger populär waren. Lange Zeit dominierte in der Motivwahl die Darstellung historischer oder religiöser Themen. Im 19. Jahrhundert wandten sich die Künstler jedoch dann mehr und mehr den einfachen Motiven des Alltagslebens zu, wodurch auch das Stilleben einen neuen Aufschwung erlebte. Seither ist die Stillebenmalerei ein beliebtes Thema, und einige Maler haben sich sogar darauf spezialisiert. Im Unterschied zum Malen einer Landschaft vor Ort zum Beispiel, wo die Anordnung der Formen und Farben von der Natur vorgegeben wird, können Sie diese Bildelemente bei einem Stilleben selbst bestimmen; sie können den Einfall des Lichts beeinflussen und sich beim Malen so viel Zeit lassen, wie Sie wollen. Sie sind nicht vom Wetter abhängig, und auf Stilleben

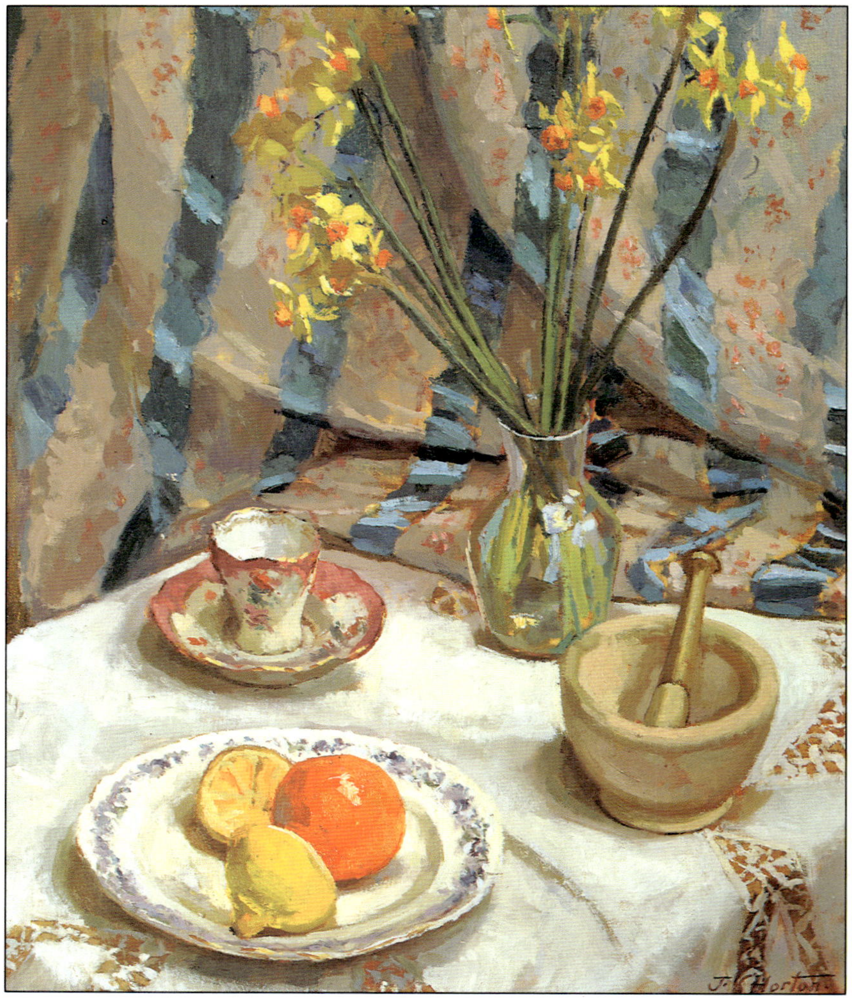

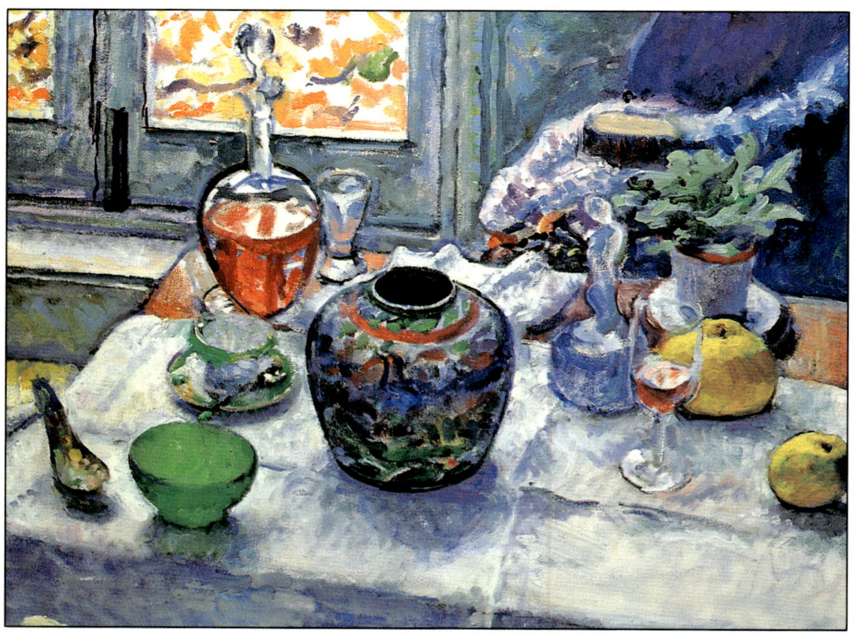

Ein Stilleben arrangieren

▲ *Nehmen Sie sich für das Arrangieren Ihres Stillebens viel Zeit, und überlegen Sie sich die Komposition genau. In James Hortons Ölbild „Stilleben mit Narzissen" wurden die Gegenstände, das Tischtuch und der Vorhang im Hintergrund sehr sorgfältig angeordnet. Schale und Blumenvase sind durch eine leichte Überschneidung miteinander verbunden worden. Das Muster des Tischtuches zieht den Blick in die Komposition.*

Farben wiederholen

◀ *Auch das in Öl gemalte Stilleben von Elizabeth Moore „Gegenstände auf einem Tisch" ist sorgfältig komponiert. Das die Gegenstände verbindende Element ist in diesem Fall die Farbe, denn durch die Dominanz der Blautöne hat das Bild eine einheitliche Farbgebung erhalten, die von wenigen Akzenten in Rot und Gelb unterstrichen wird.*

Ornament und Blickpunkt
► *Der Blickpunkt auf ein Stilleben hängt vom jeweiligen Motiv ab. Von oben gesehen erscheinen die Dinge weniger plastisch als in Augenhöhe, und sie setzen sich zu einem flächigen Muster zusammen. Robert Maxwell hat in seinem „Stilleben mit Auberginen" (Öl) die Gegenstände so zusammengestellt, daß sie das Muster des Tuchs wieder aufnehmen. Das Stiefmütterchen erscheint dabei einmal als Dekormuster und einmal als Topfpflanze.*

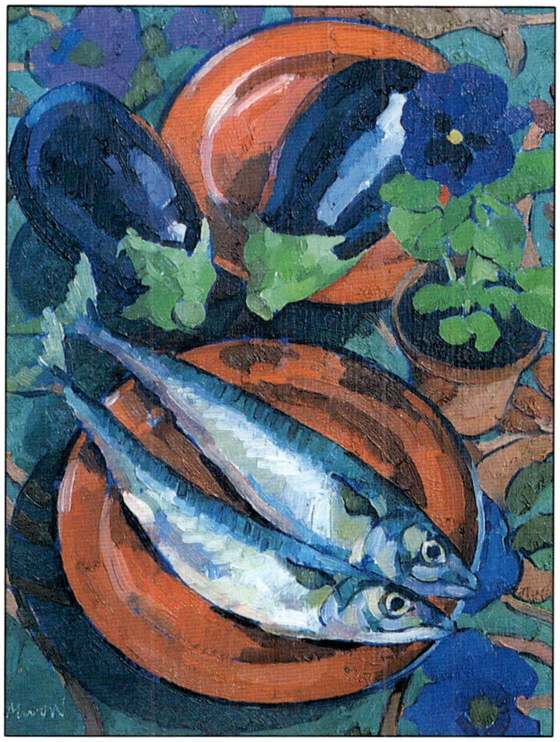

Mit Licht komponieren
▼ *Licht und Schatten spielen besonders in Stilleben, die eine natürliche Lichtquelle besitzen, eine wichtige Rolle. Timothy Easton hat in seinem Ölbild „Lilien und Strohhut" die Schattenwürfe der Blumen und Fenstergitter zu einem wichtigen Bestandteil der Komposition gemacht. Das eigentliche Thema des Bildes ist das Licht, das hier durch die sehr schön abgestuften Farbtöne und den einzigen Hell-Dunkel-Kontrast, der im dunklen Laub der Fensteröffnung erscheint, ausgedrückt wurde. Der Strohhut verweist noch einmal metaphorisch auf das Sonnenlicht.*

Ein Thema auswählen

Die Aussage eines Stillebens drückt sich meist in der jeweiligen Wahl der Gegenstände aus. Dinge zusammenzustellen, die eigentlich nicht zusammengehören, kann zu Verfremdungen führen. Die Surrealisten spielten zum Beispiel mit der Spannung seltsamer Gegenüberstellungen. Ein herkömmliches Küchenstilleben besteht dagegen zum Beispiel aus Früchten, Gemüse sowie vielleicht einigen Geräten, die auf einem Küchentisch zusammengestellt werden.
Ein Stilleben kann aber auch dem Studium von Form und Farbe gewidmet sein. Zum Beispiel können mehrere blaue Gegenstände auf einem gelben oder roten Tuch arrangiert werden. Auch hohe Flaschen oder Blumen mit einem langen Stiel in einer entsprechenden Vase können zum Malen anregen. Vielleicht läßt man sich auch einmal auf eine Anordnung von Tellern und Schüsseln ein, um sich dem Thema des Kreises und des Ovals zu widmen.
Mit Stilleben lassen sich aber auch ganze Geschichten erzählen, und man kann ein Motiv wählen, zu dem man einen ganz persönlichen Bezug hat. Van Gogh malte einmal seine alten, abgetragenen Schuhe, ein ausdrucksstarkes Bild, das viel über seinen damaligen Seelenzustand verrät.

können Sie daher auch immer dann zurückgreifen, wenn es draußen zu kalt, zu dunkel oder zu naß zum Malen ist.

Stilleben arrangieren

Eine der großen Herausforderungen in der Stillebenmalerei ist das Auswählen und Arrangieren der Gegenstände, für das man sich ebenso viel Zeit nehmen sollte wie für das eigentliche Malen. Cézanne verbrachte manchmal Tage damit, seine Motive anzuordnen und malte dann einige der schönsten Stilleben in der Geschichte der Malerei. Versuchen Sie, Ihr Motiv möglichst zwanglos zusammenzustellen, denn auch in einem Stilleben sollten die Gegenstände natürlich wirken. Einige Dinge sollten sich

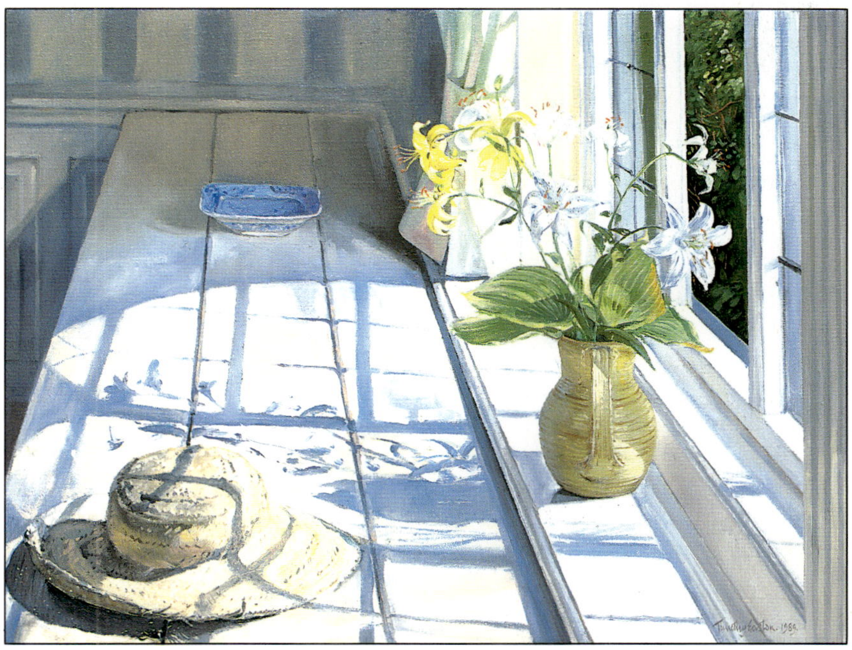

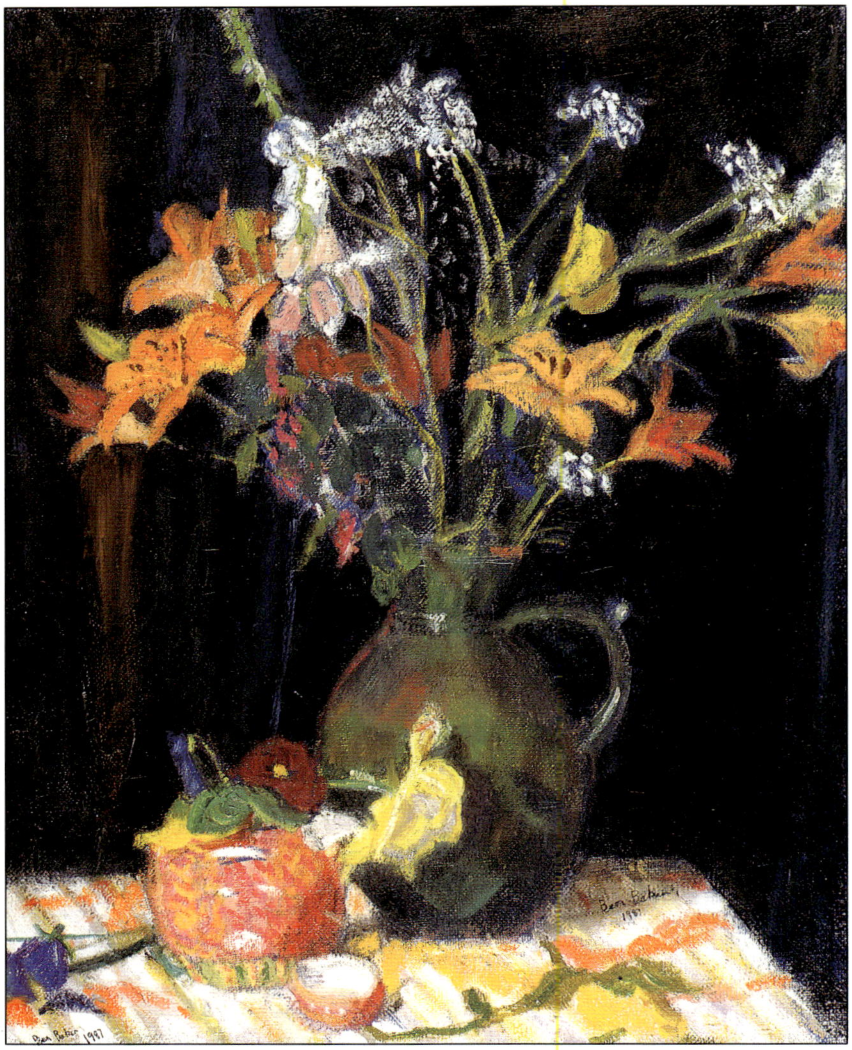

Blumenstilleben

◀ *Bei Blumenstilleben muß man darauf achten, daß Vorder- und Hintergrund nicht zu langweilig wirken. Um leere Flächen zu vermeiden, kann man zum Beispiel andere Gegenstände dazustellen oder einige Blüten vor die Vase legen, wie es Ben Baker in seinem farbenfrohen „Stilleben mit Blumen" getan hat. Die Gegenstände im Vordergrund wurden nicht sehr genau ausgearbeitet, so daß die Aufmerksamkeit nicht von dem eigentlichen Bildthema, dem wirkungsvoll dunkel abgesetzten Strauß Blumen, abgelenkt wird.*

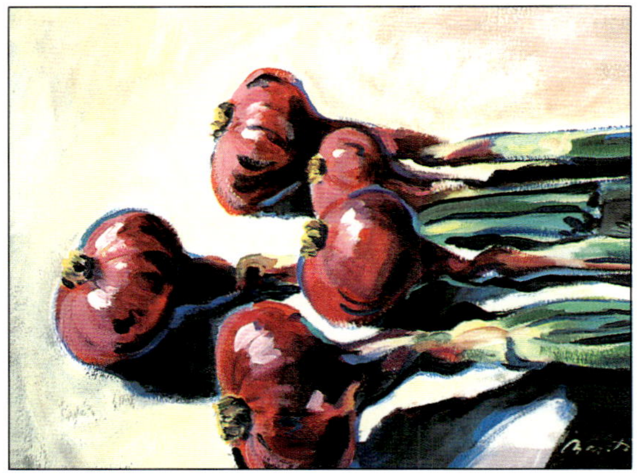

überschneiden, wobei man jedoch darauf achten muß, daß keine Form ganz abgedeckt wird.

Auch die Zwischenräume zwischen den einzelnen Gegenständen müssen bedacht werden. Zu weite Zwischenräume lassen das Stilleben auseinanderfallen. In diesem Fall ist es empfehlenswert, einige verbindende Elemente einzubauen. Je nach Lichteinfall können auch Schatten Verbindungen schaffen. Eine andere Möglichkeit besteht in dem geschickten Arrangieren von Vorhängen oder Tüchern zwischen oder vor den Gegenständen, die dem Bild zudem Bewegung verleihen.

In jedem Bild, egal um was für ein Motiv es sich handelt, sollte der Blick des Betrachters von einem Teil der Komposition zum anderen gelenkt werden. Daher sollten Sie niemals Gegenstände so stellen, daß sie aus dem Bild „herausschauen": Wenn zum Beispiel die Form eines Teelöffels aus dem Bild hinausführt anstatt hinein, wird das Auge des Betrachters automatisch dieser Richtung folgen und dadurch vom Bildzentrum abgelenkt.

Das Bild planen

Es kann vorkommen, daß man trotz eines sorgfältigen Arrangements erst beim Malen erkennt, welche Probleme eine Komposition aufwirft. Vielleicht ist ein Gegenstand zu hoch, so daß der Hintergrund an den Seiten zu leer wirkt. Oder es stehen zu viele Gegenstände im Vordergrund. Meist läßt sich dies jedoch leicht ändern. Stellen Sie Ihr Stilleben so lange um, bis Sie eine zufriedenstellende Gesamtwirkung erhalten. Der nächste Schritt besteht in der Festschreibung der Komposition auf dem Malgrund. Man muß sich für einen Blickwinkel und die Stellung des Stillebens auf der Bild-

Ungewöhnliche Kompositionen

▲ *In der Stillebenmalerei kann man mit ganz einfachen Dingen völlig neue, aufregende Kompositionen zusammenstellen. Gerry Baptist wählte diesen Bund Zwiebeln zunächst wegen seiner intensiven Farben für sein Acrylbild „Rote Zwiebeln" aus. Durch die langen Triebe wurde er jedoch angeregt, die Zwiebeln so zu arrangieren, als ob sie sich quer durchs Bild bewegen würde. Dieser Eindruck wird durch die kräftigen Schatten und die langen Pinselstriche unterstrichen.*

Zufallsfunde

▼ *Die meisten Stilleben werden sorgfältig geplant. Es gibt manchmal aber auch Zufallsentdeckungen wie zum Beispiel ein über einen Stuhl abgelegtes Kleidungsstück oder Schuhe in der Ecke eines Zimmers. Eigentlich läßt sich überall in der alltäglichen Umgebung ein interessantes Motiv ausfindig machen. In dem Ölbild „Geschmückter Baum" hat Robert Maxwell Wood in Form, Farbe und Textur ein eher ungewöhnliches Motiv eingefangen.*

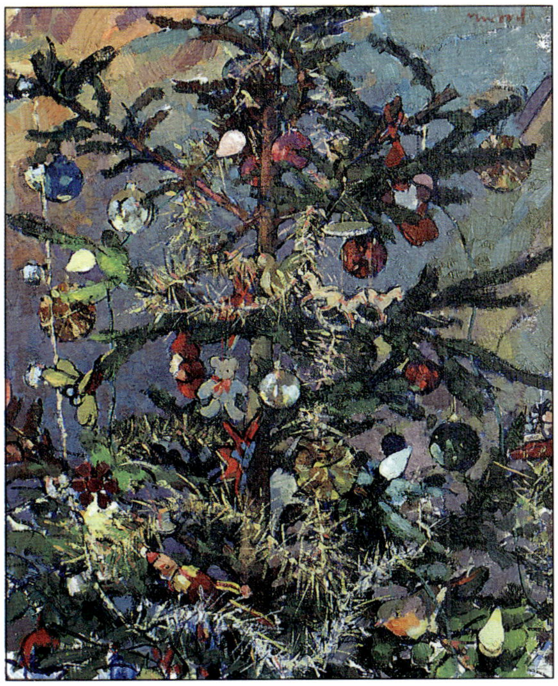

fläche entscheiden. Wenn das Stilleben zum Beispiel auf einem Tisch aufgebaut worden ist und die Vorderseite des Tisches ins Bild kommen soll, ist es besser, einen direkten horizontalen Blickwinkel zu vermeiden. Horizontale Linien wirken meist sehr statisch, während Diagonalen das Auge durch das Bild führen.

Auch ein Blick von oben kann sehr interessant sein, vor allem dann, wenn wie bei Tellern und Schüsseln Kreisformen ein wichtiger Bestandteil der Komposition sind. Von einem höheren Blickpunkt aus sieht man Ellipsen runder als in Augenhöhe. Experimentieren Sie daher mit hohen und niedrigen Blickpunkten und verschiedenen Blickwinkeln. Hilfreich ist es, vor dem Malen einige Skizzen unter verschiedenen Gesichtspunkten anzufertigen.

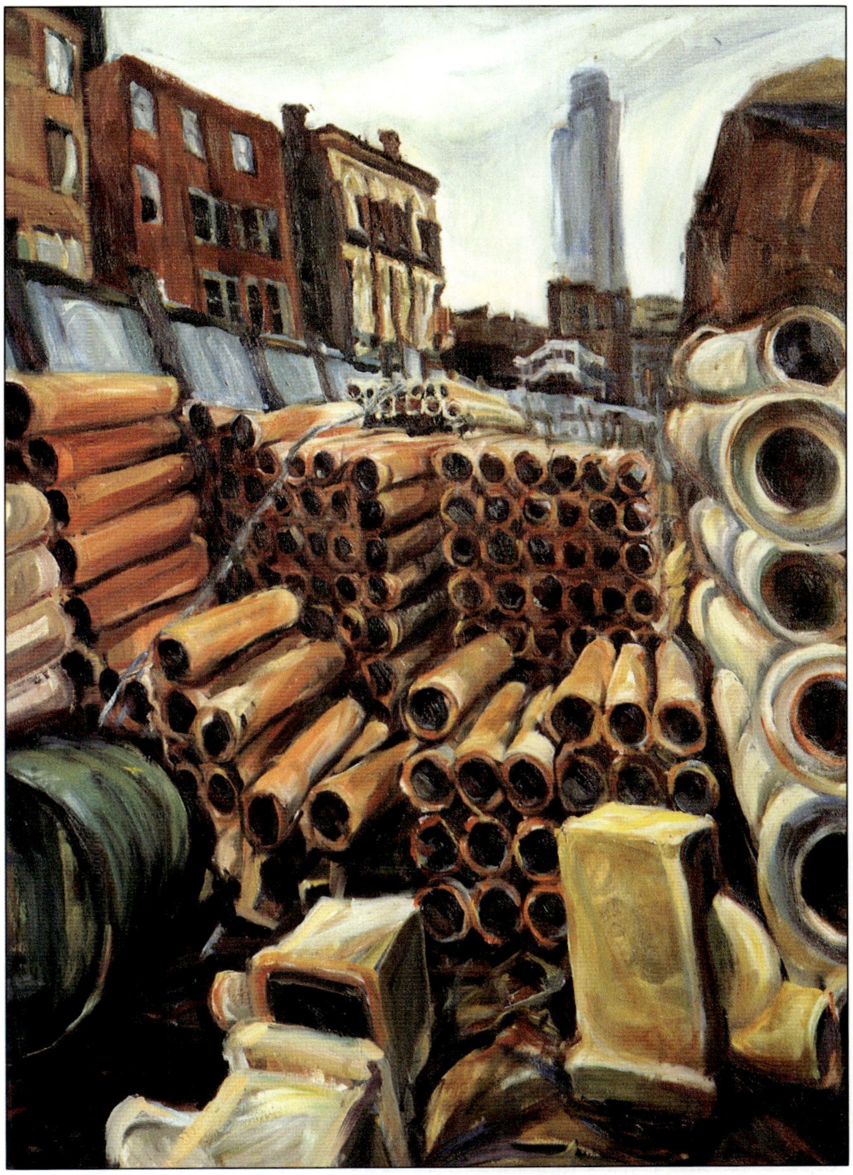

Stilleben im Freien

▲ *Stilleben sind durch ihre Unbeweglichkeit, ihre Ruhe und Statik charakterisiert. Sie lassen sich jedoch nicht nur zu Hause entdecken, sondern auch im Freien. Steine am Strand, Pflanzentöpfe, eine Reihe von Stühlen in einem Garten, Gläser und Flaschen auf einem Cafétisch sind nur einige der vielen Möglichkeiten. Bei ihrem Ölbild „Röhren im East End" hat Karen Raney ein ungewöhnliches und interessantes Motiv gefunden, in dem sie die kräftigen Tonwertkontraste und die Beziehungen zwischen Farben und Formen studieren konnte.*

Übung Schritt für Schritt

James Horton sieht sich selbst vorwiegend als Landschaftsmaler. Manchmal malt er jedoch auch Porträts, und mit Stilleben beschäftigt er sich meist dann, wenn das Wetter keine Freilichtmalerei erlaubt. Da er beim Stillebenmalen das Motiv selber arrangieren kann, experimentiert er dabei gerne mit verschiedenen Kompositionen und Farben. Er arbeitet in Öl auf kleinformatigen Leinwänden, die er selbst auf ein Malbrett aufspannt. Die Grundierungen basieren auf einem Hausrezept, das vor allem aus Hautleim und Kreide besteht.

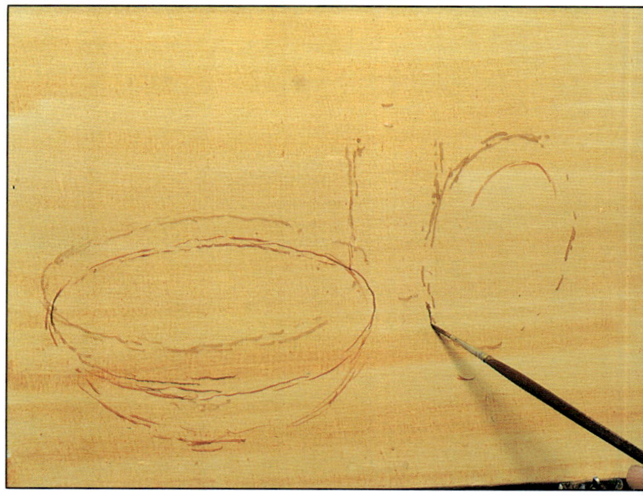

1 ► *Der Künstler arbeitet gerne auf einer getönten Leinwand. Deshalb wird der weißen Grundierung eine warme gelbe Farbe zugemischt, die als Ausgangspunkt für die weitere Farbgebung dient. Die Vorzeichnung wird mit einem feinen Marderhaarpinsel und einem warmen Rotbraun angelegt.*

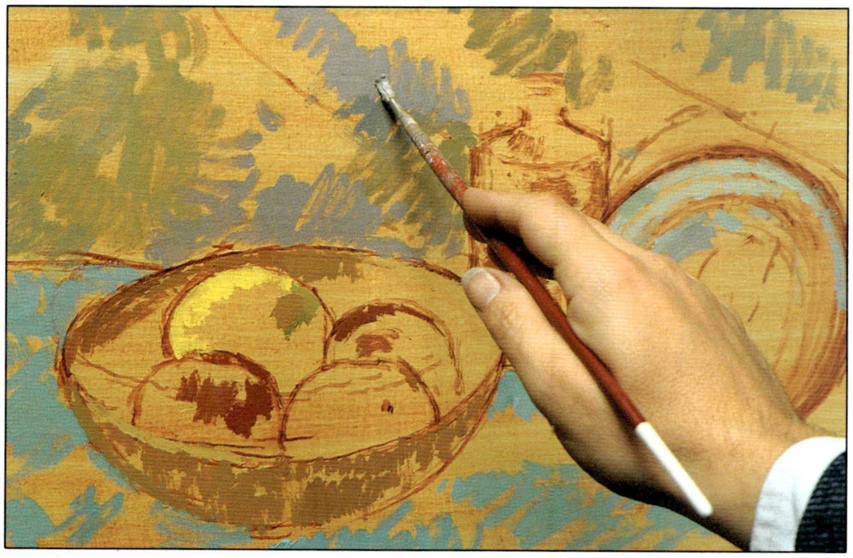

2 ▲ *Vorder- und Hintergrund werden mit kleinen Tupfen bedeckt, um die Tonwerte festzulegen.*

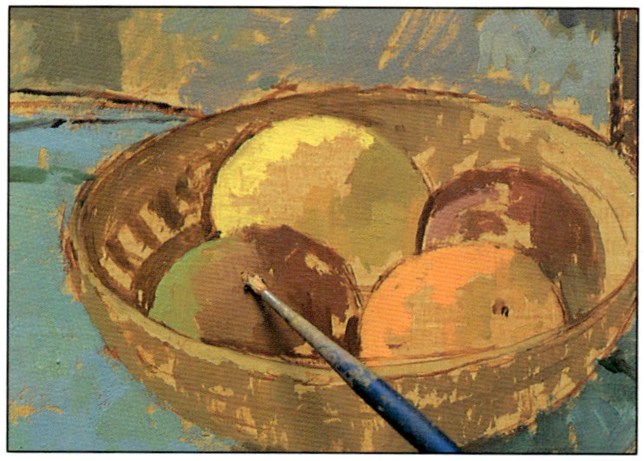

3 *Helle und dunkle Töne müssen aufeinander bezogen werden. Das Licht auf der Grapefruit gibt einen Anhaltspunkt für die Intensität der Farbe, die für die Äpfel benötigt wird.*

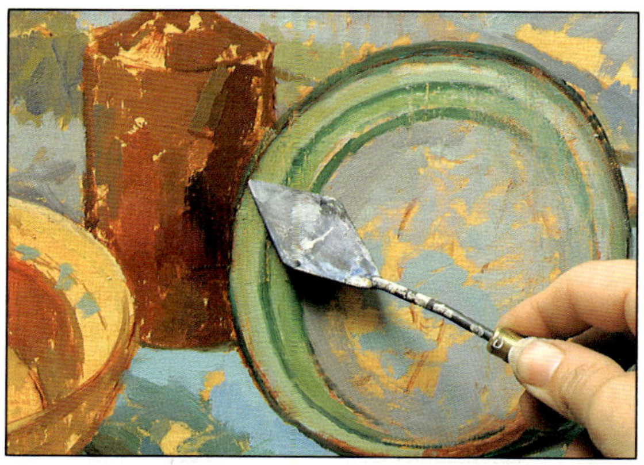

4 *Mit einem Malspachtel wird Farbe weggekratzt, um die Farben auf dem Tellerrand weicher zu vermalen und abzudämpfen.*

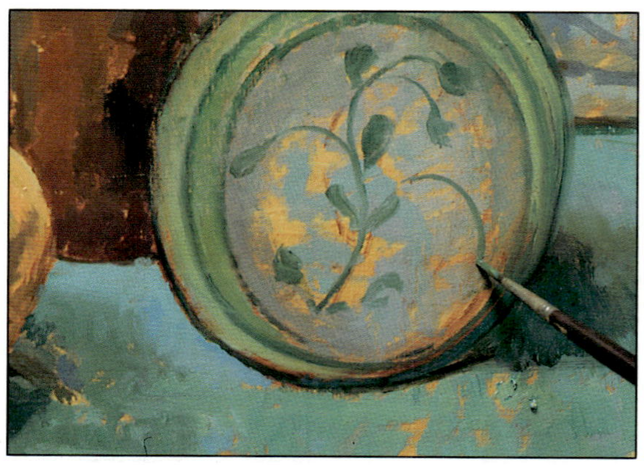

5 *Das Muster des Tellers wird mit einem feinen Marderhaarpinsel eingezeichnet. Der farbige Grund schimmert dabei durch die hellen, kühlen und neutralen Töne durch.*

6 *Nach dem Zeichnen des Musters werden Lichter zugefügt. Immer noch ist an einigen Stellen der farbige Grund sichtbar. Bis zum Schluß wird er in die Farbgebung einbezogen.*

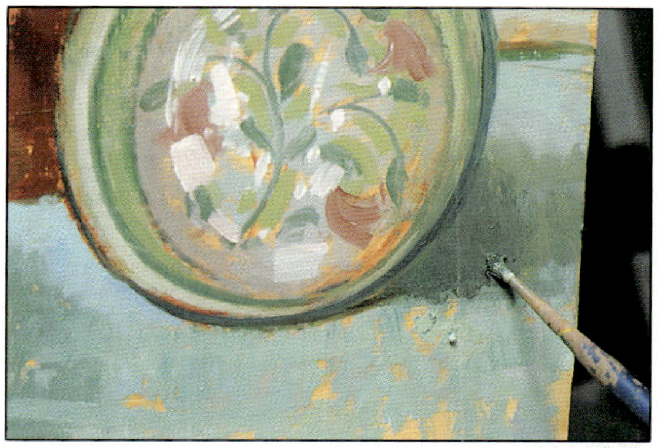

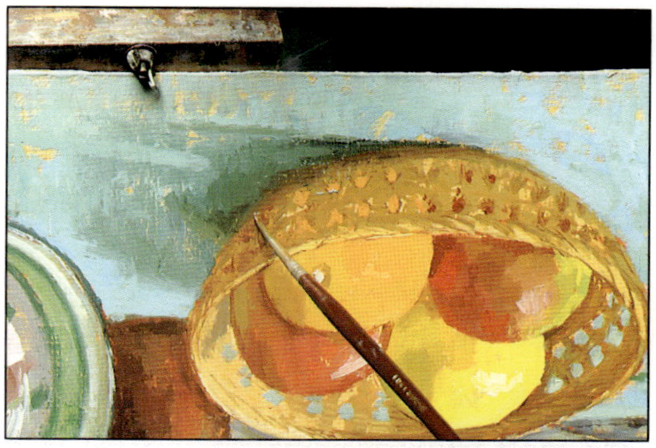

7 *Zu viele Details im Hintergrund würden vom Vordergrund ablenken. Daher deutet der Künstler das Muster nur mit kleinen Pinseltupfen an. Die Flechtstruktur des Brotkorbs wurde mit hellgrünen Tupfen über Braun wiedergegeben.*

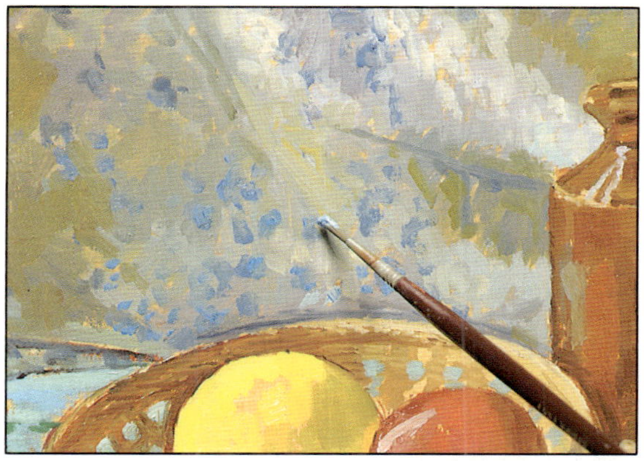

8 *Das Bild wurde auf den Kopf gestellt, um die letzten Feinheiten leichter einsetzen zu können. Mit einem feinen Marderhaarpinsel werden die Linien des Korbgeflechts eingezeichnet.*

9 ▼ *Selbst im fertigen Bild sind einige Tupfen des farbigen Grundes noch sichtbar, vor allem im blaugrünen Vordergrund. Dadurch wird dieser mit den warmen Farben des Hintergrundes und den Gegenständen des Stillebens verknüpft.*

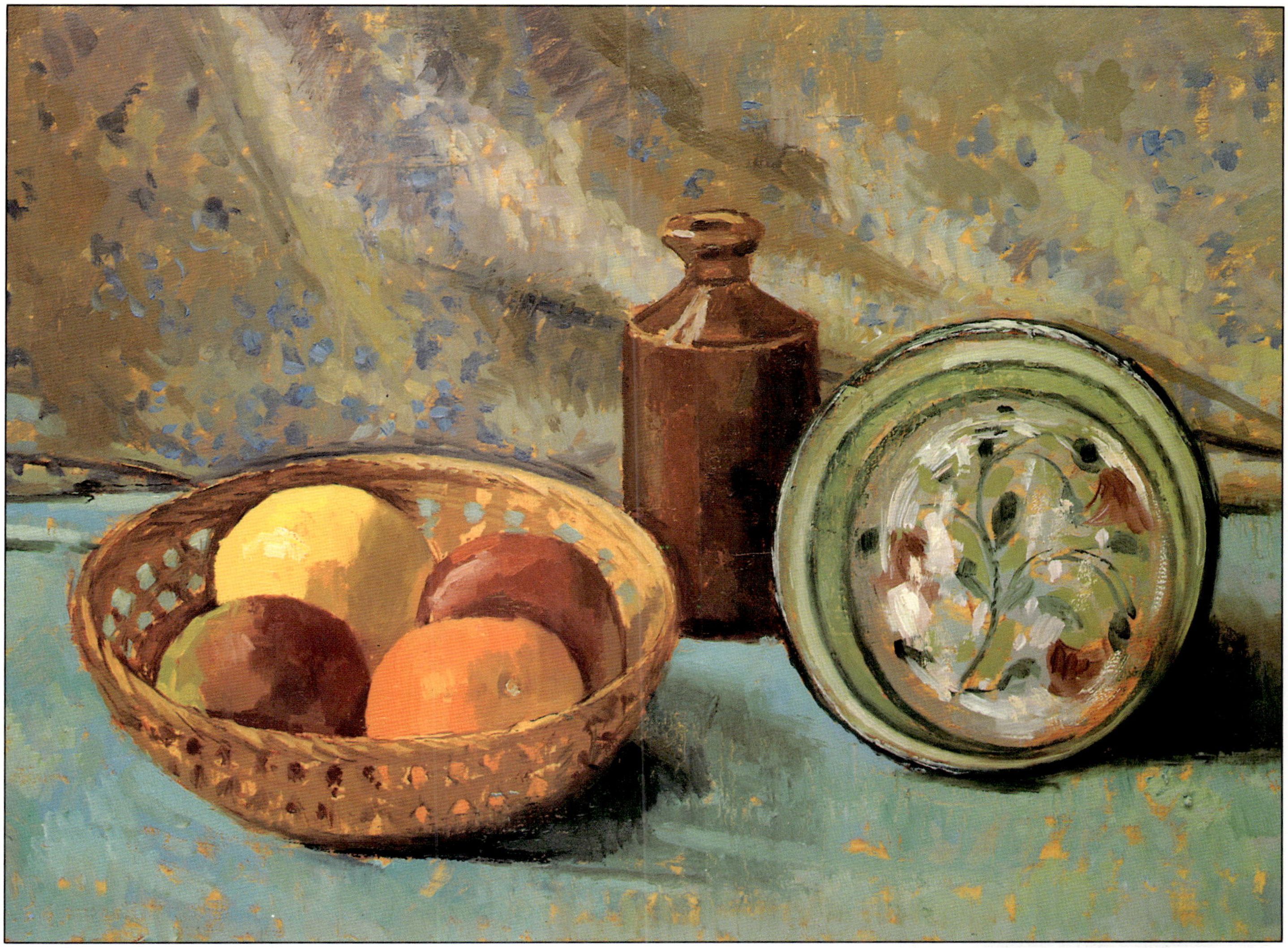

Landschaft in Öl und Acryl

Landschaften müssen nicht unbedingt vor Ort gemalt werden. Es gibt wunderbare Bilder, die nach Skizzen oder Fotovorlagen ausgearbeitet worden sind. Sobald es das Wetter aber erlaubt, sollte man direkt in der Natur arbeiten.

Sowohl Öl- wie Acrylfarben sind für die Arbeit im Freien gut geeignet. Bei Acrylfarben kann es allerdings passieren, daß die Farben zu schnell auf der Palette eintrocknen. Deshalb sollte man im Freien auf jeden Fall eine spezielle Acrylfarbenpalette verwenden, auf der die Farben feucht gehalten werden. Der Vorteil der Acrylfarbe besteht darin, daß das Bild nach jeder Phase

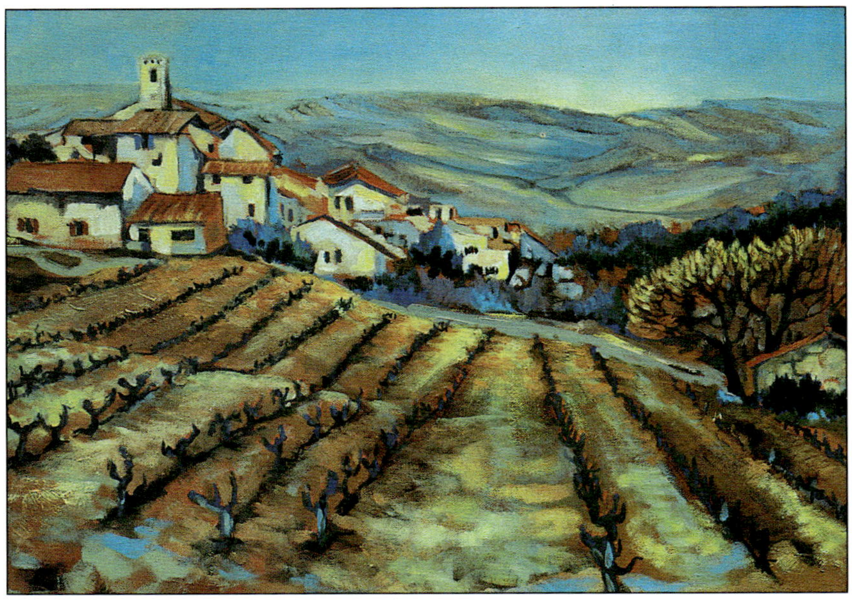

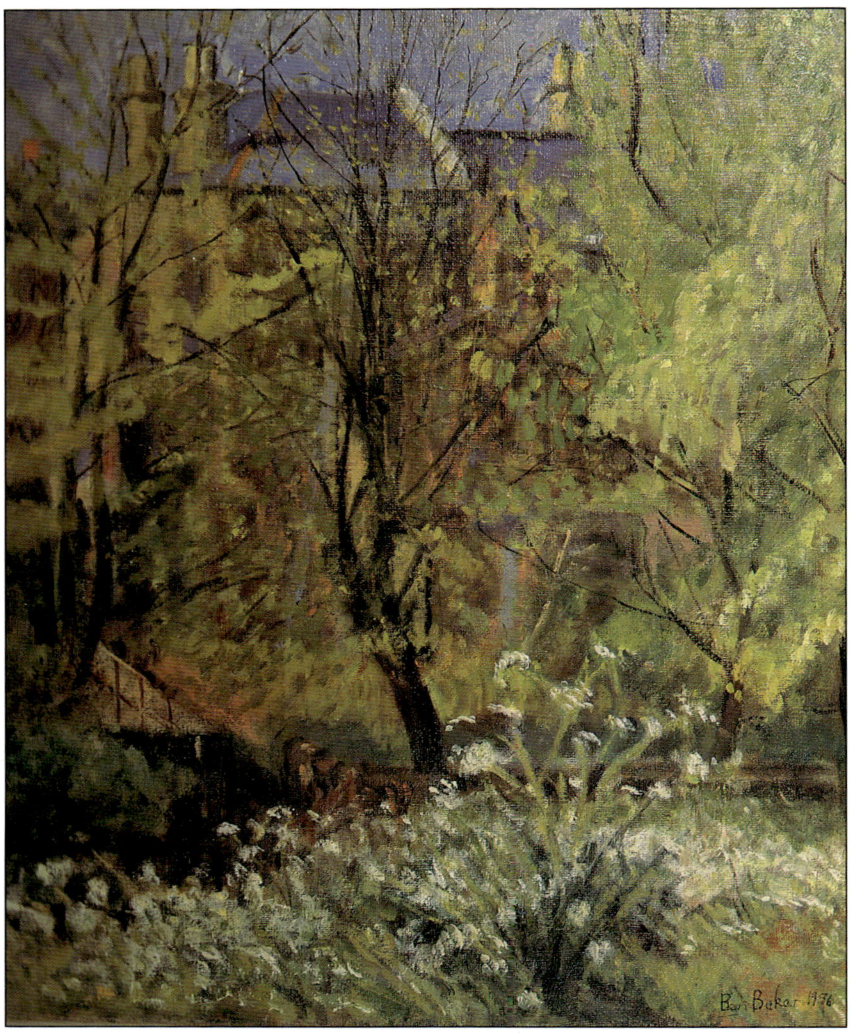

Das Auge leiten

▲ *Ein Landschaftsbild sollte zu einem Spaziergang mit dem Auge einladen. Es ist daher wichtig, dem Bild Tiefe zu geben. Ein bekanntes Stilmittel ist der gewundene Pfad oder der sich vom Vordergrund in den Mittelgrund ins Bild schlängelnde Fluß. In dem Ölbild „Weinberg im Languedoc" hat Madge Bright die Weinstöcke auf diese Weise eingesetzt: Sie führen direkt ins Bildzentrum, einer Häusergruppe im Mittelgrund.*

Motive suchen

◄ *Mit dem Wort Landschaft verbinden wir meist ein weites Panorama oder vielleicht auch eine dramatische Gebirgsszene. Aber auch in Ihrer Umgebung, in Ihrem Garten, in einem Wald, oder einem Park finden sich zahlreiche Landschaftsmotive. Ben Baker hat sich in seinem Bild „Blick in einen Garten" mit einem solchen Mikrokosmos begnügt und daraus eine lebendige Komposition aus Farben, Formen und Texturen geschaffen.*

Der Mensch im Blickpunkt

► *Setzt man eine Figur ins Bild, wird das Auge sofort davon angezogen, so auch in David Curtis Ölbild „Mohnfeld bei Misson". Menschliche Figuren ziehen immer besondere Aufmerksamkeit auf sich. In einer Landschaftsszene können sie aber auch dazu dienen, Größenverhältnisse darzustellen. In diesem Fall verdeutlichen die kleinen Figuren im Hintergrund die weite Ausdehnung des Mohnfeldes.*

Raum im Bild schaffen

▶ *Bei einem kleinen Landschaftsausschnitt muß man der Tiefenwirkung nicht dieselbe Beachtung schenken wie bei einer so weiträumigen Landschaftsszenerie, wie sie Timothy Eastons Bild „Der gepflügte Rand" einfängt. Easton hat auf zweierlei Weise Tiefe geschaffen: Zunächst führen die fluchtenden Linien der gepflügten Erde die Blicke durch das Bild, und zum anderen läßt die Luftperspektive die Farben im Hintergrund hell und kühl werden.*

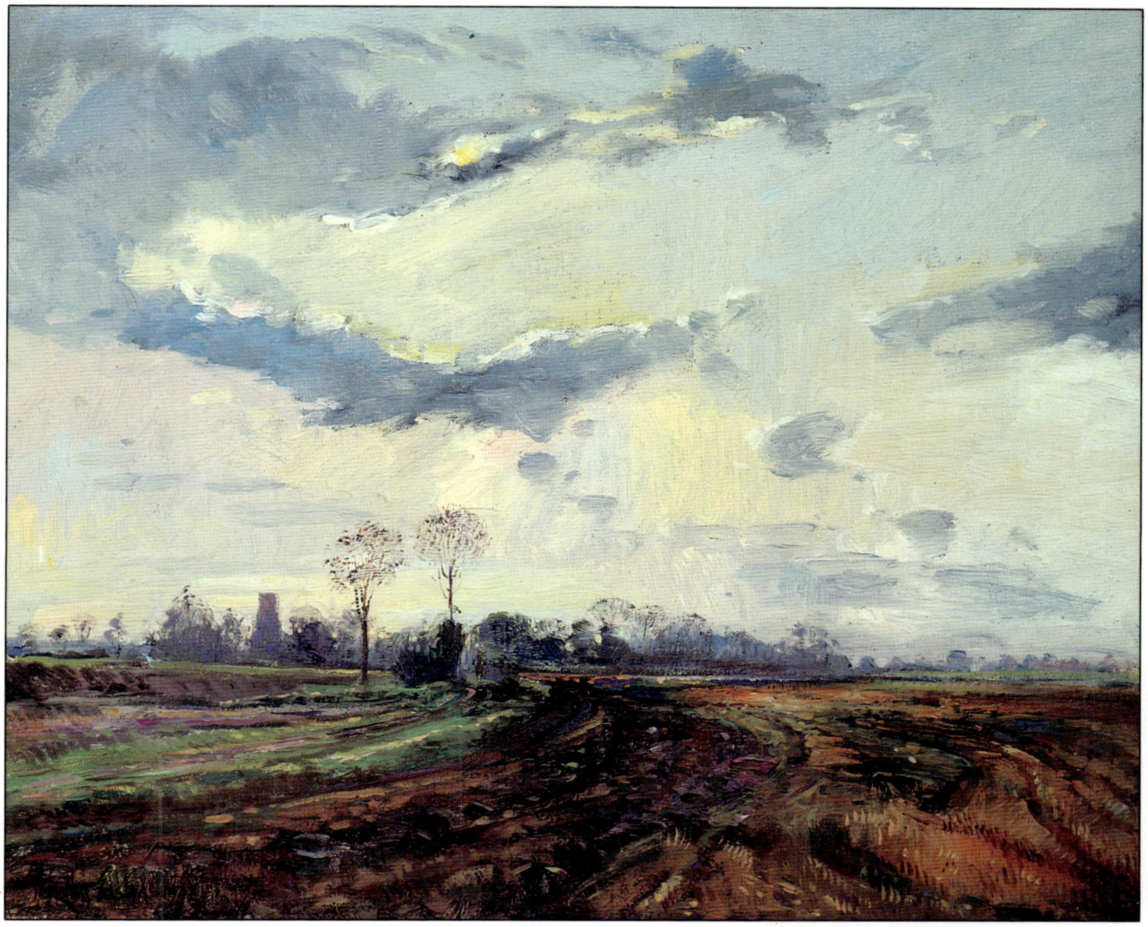

schnell vollkommen trocken ist, und statt auf einer Leinwand kann man auch auf Papier oder Karton arbeiten. Arbeitet man mit Ölfarbe, muß man immer ein nasses Bild nach Hause tragen. Das ist besonders dann ein Problem, wenn das Bild relativ groß ist.

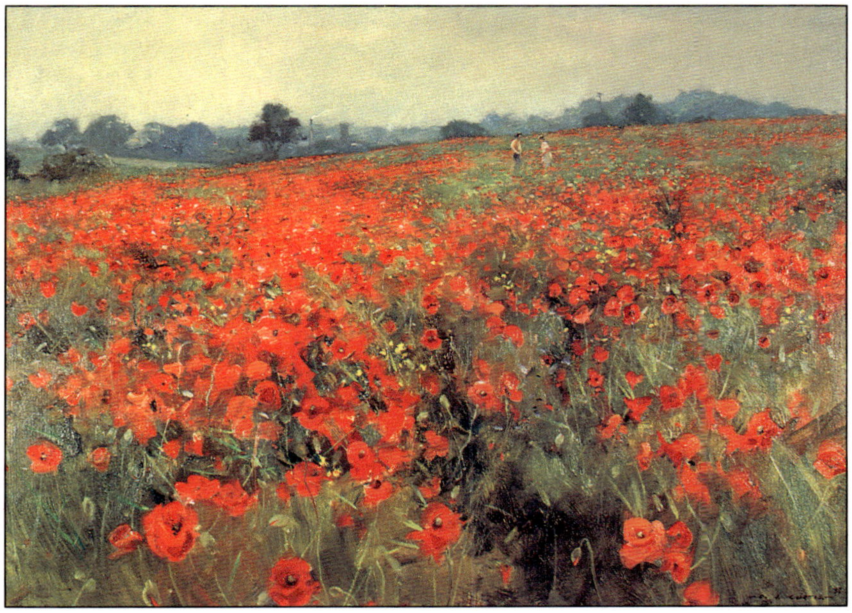

Das Bild planen

Auch beim Malen im Freien sollte man sich die Zeit nehmen, die Komposition eines Bildes genau zu planen. Zunächst muß man sich für ein Format entscheiden und den Motivausschnitt festlegen.

Wegen des ständig wechselnden Lichts hat man meist nicht viel Zeit für die Vorbereitung des Bildes, und so kann es passieren, daß man mitten im Malen plötzlich bemerkt, daß man zum Beispiel den Baum rechts doch in die Komposition hätte einbeziehen sollen, oder daß das Motiv eigentlich hochformatig statt querformatig ausgeführt werden sollte. Es ist daher empfehlenswert, von Anfang an ein großes Papier zu verwenden und beim Komponieren des Motivs Spielraum für Änderungen einzuplanen. Auf diese Weise kann man seinen Bildaufbau relativ problemlos korrigieren und gegebenenfalls vergrößern. Acrylmalerei auf Papier hat den großen Vorteil, daß man Bildteile und Farbschichten problemlos übermalen kann. Bilder in Öl-

Der Vordergrund

▶ *Den Vordergrund einer Landschaft sieht man am deutlichsten. Also ist man versucht, ihn auch mit ebenso vielen Details zu malen. Das kann sich aber als problematisch erweisen, da der Blick des Betrachters von den vielen Einzelheiten abgelenkt und nicht weiter ins Bild geführt wird. Timothy Easton hat dieses Problem in seinem Ölbild „Landhaus unter Fichten" dadurch gelöst, daß er einen dominanten Blickpunkt, die Figur vor dem Haus, gesetzt hat. Das Auge wird so trotz der vielen liebevoll ausgemalten Blumen im Vordergrund doch ins Bildzentrum hineingezogen.*

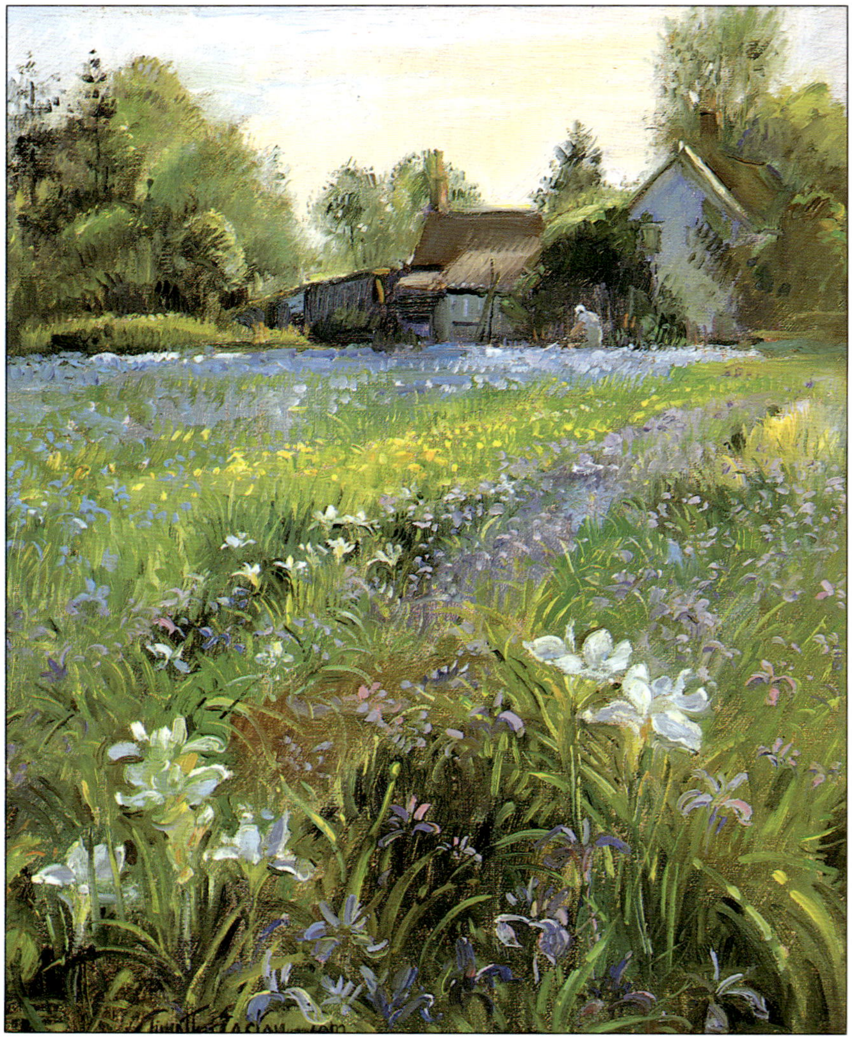

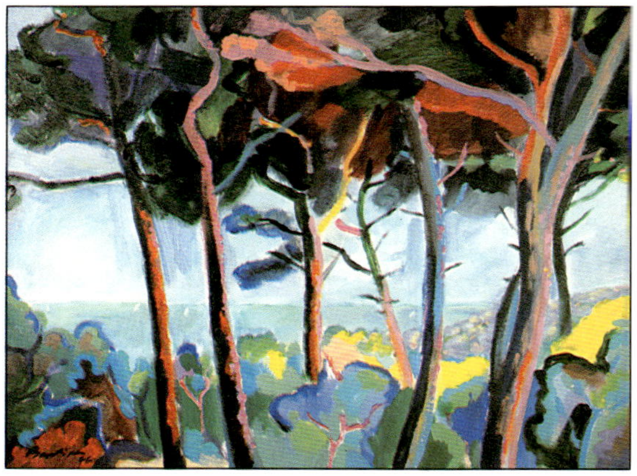

Den Vordergrund eingrenzen

▲ *Auch der Vordergrund kann dazu dienen, den Blick ins Bild zu ziehen. In dem Acrylbild von Gerry Baptist „An der Küste der Provence" stellt der Vordergrund das eigentliche Bildthema dar. Um dennoch die nötige Tiefenwirkung zu gewinnen, hat Baptist ein traditionelles Mittel der Komposition zu Hilfe genommen: Die Bäume werden oben und unten vom Bildformat angeschnitten und treten dadurch stark nach vorne, während die Landschaft dahinter weit zurückgeht.*

farbe müssen sorgfältiger geplant werden. Am besten nimmt man Malgründe verschiedenen Formats mit, damit man vor Ort eine Auswahl treffen kann. Auch einen Motivsucher sollte man dabeihaben, da sich dadurch der passende Ausschnitt leichter finden läßt. Man kann ihn leicht selber herstellen, indem man einen rechtwinkligen Ausschnitt aus einem Stück Karton schneidet (siehe Seite 254). Man hält dann den Karton in verschiedenen Blickwinkeln und Entfernungen zum Auge vor die Landschaft und sieht so immer wieder verschiedene Ausschnitte. Das erleichtert die Motivwahl besonders bei weiten Panoramalandschaften.

Der Blickpunkt

Meist wird das Auge in einer Landschaft von einem ganz bestimmten Element besonders angezogen, welches dann zum sogenannten Blickpunkt wird. Dies kann eine Häusergruppe sein oder ein großer Baum, oder auch Leute beim Picknick. Gerade Menschen erwecken unsere Aufmerksamkeit.

Versuchen Sie Ihr Bild so abzustimmen, daß einige markante Punkte auf den Blickpunkt oder ein Bildzentrum hinführen. Solche Punkte finden sich in fast jeder Landschaft, man muß sie nur entdecken. Diagonale oder gebogene Linien nehmen den Blick mit. Daher werden in einem Landschaftsbild oft ein gewundener Weg oder fluchtende Baumreihen eingesetzt, die vom Vordergrund in den Mittelgrund führen, in dem dann der Blickpunkt liegt. Der Vordergrund sollte allerdings das Bild nicht zu sehr dominieren. Wenn der Blickpunkt im Mittelgrund liegt oder noch weiter entfernt, würden zu viele Details im Vordergrund zu stark von diesem ablenken.

Wie Tiefe im Bild entsteht

Gerade ein Landschaftsbild bedarf der Gestaltung von Tiefe und Räumlichkeit. Es gibt dabei zwei grundlegende Möglichkeiten, dem Bild Tiefe zu geben: Zum einen kann man mit der Linearperspektive arbeiten. Jeder weiß, daß Gegenstände mit zunehmender Entfernung immer kleiner wirken. Dies sollte man bei der Gestaltung der Größenverhältnisse unbedingt beachten. Zwar weiß man, daß zum Beispiel ein Feld oder ein See in einiger Entfernung eine bestimmte Größe besitzen. Beim Malen vergißt man dann aber leicht, daß diese Bildelemente im Verhältnis zu den anderen nur ganz klein erscheinen dürfen. Daher ist es ratsam, Größenverhältnisse in einer Vorzeichnung festzulegen. Halten Sie den Bleistift oder den Pinsel in Armeslänge vor sich, und bestimmen Sie mit dem Finger oder dem Daumen die Relationen zum Beispiel zwischen einem See und einem näher gelegenen Feld.
Eine andere Möglichkeit ist die Luftperspektive: Kleine Staubpartikel in der Luft bewirken, daß wir entfernt liegende Dinge heller sehen als näher liegende. Der Hell-Dunkel-Kontrast ist in der Entfernung abgeschwächt, und die Farbtönung wird blauer und kühler. Auch dieser Effekt wird leicht unterschätzt, besonders im Mittelgrund. Man weiß zum Beispiel, daß ein Baumstamm in einiger Entfernung braun ist, also malt man ihn braun, ohne den Einfluß der Luftperspektive zu berücksichtigen.
Die feinen Nuancen in Farbe und Tonwert zu erfassen, erfordert ein wenig Übung, ist aber für die Darstellung von Tiefe von großer Bedeutung.

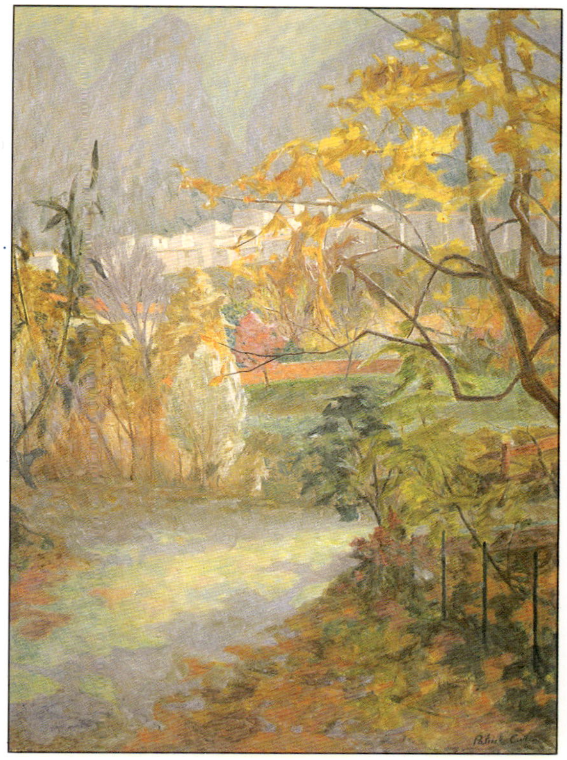

Bestimmung der Tonwerte
◄ *„Landschaft in der Provence" von Patrick Cullen ist in erster Linie eine Lichtstudie, die Landschaft ist vom weichen Schimmer des frühen Morgens beleuchtet. Dadurch werden die Tonwertkontraste reduziert, so daß die Helligkeit und Dunkelheit der Farben sehr genau bestimmt werden müssen. In dem Bild gibt es eigentlich keine dunklen Farben und die Komposition erhält durch die feinen Violett-, Gelb- und Hellbrauntöne eine zarte Farbstimmung.*

Licht und Farbe
▼ *Lichteffekte können eine Landschaft vollkommen verwandeln; Farben, die an einem sonnigen Tag intensiv leuchten, können an einem bedeckten Tag flach und grau wirken. Schon die Unterschiede zwischen Mittags- und Abendsonne sind verblüffend. Stewart Geddes Ölbild „Le Rocher Dongle am Abend" spielt mit der Wechselwirkung zwischen Landschaft und Licht. Der Künstler hat dabei die Form der Häuser relativ flächig angelegt und auf die Wiedergabe von Details verzichtet, um sich besonders auf die goldenen Abendfarben konzentrieren zu können.*

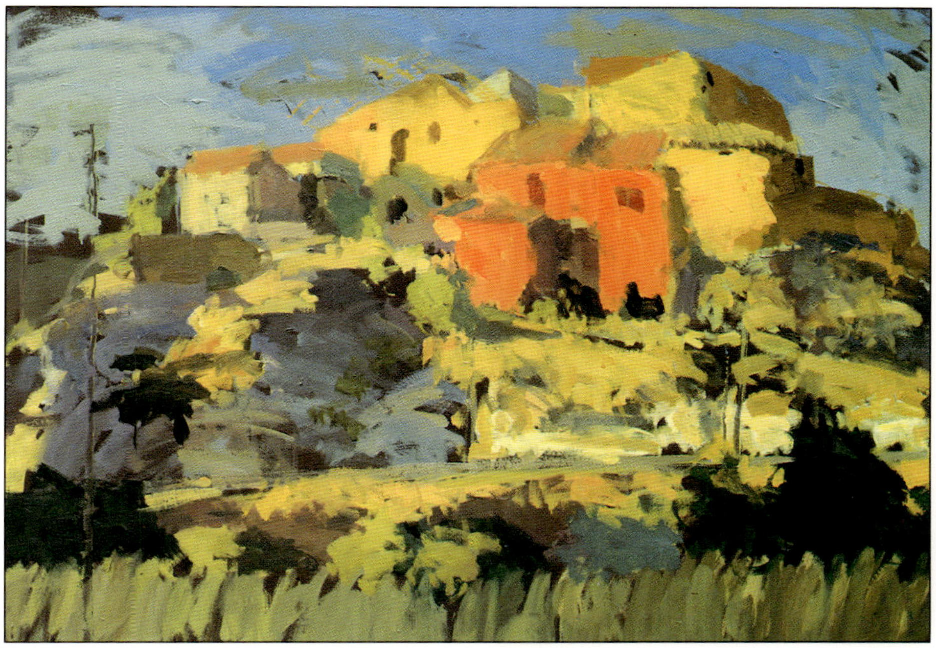

Übung Schritt für Schritt

Karen Raney arbeitet in verschiedenen Techniken und behandelt eine Vielzahl unterschiedlicher Themen und Motive. So oft wie möglich malt sie direkt vor Ort, verwendet aber daneben auch Fotovorlagen. Hier setzt sie eine Landschaft nach einer Fotografie um, wobei sie allerdings den Ort von vielen früheren Sitzungen noch gut in Erinnerung hat. Sie malt in Öl auf einer fertig grundierten, aufgezogenen Leinwand.

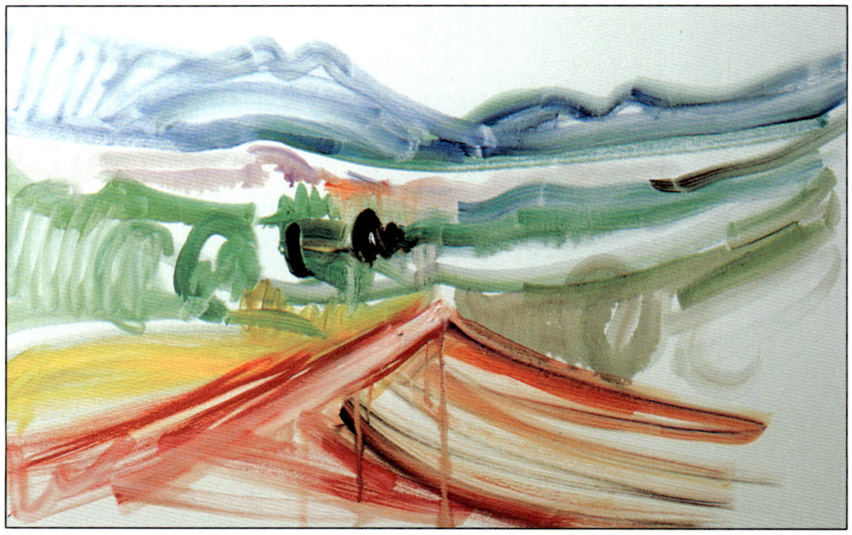

1 *Der Pinselduktus ist in diesem Bild von großer Bedeutung. Mit einem flachen Borstenpinsel werden breite, flüssige Striche gezogen. Die Farbe ist mit Terpentin verdünnt worden.*

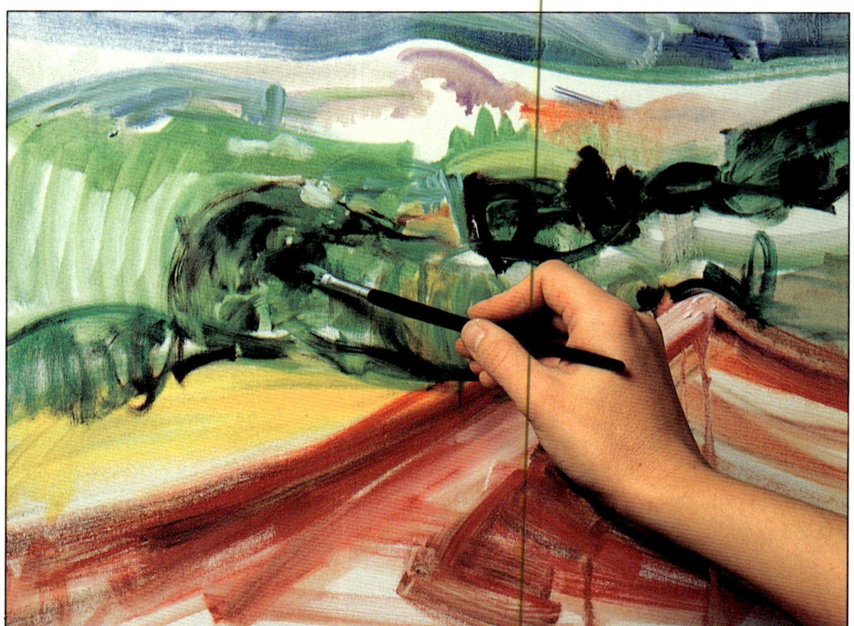

2 *Nachdem die Komposition mit dieser verdünnten Farbe vorskizziert wurde, werden die Farben nun deckender eingesetzt. Zu diesem Zweck wird dem Terpentin etwas Leinöl zugegeben. Auf diese Weise werden dunklere Farben in die dünnen Lavierungen gemalt.*

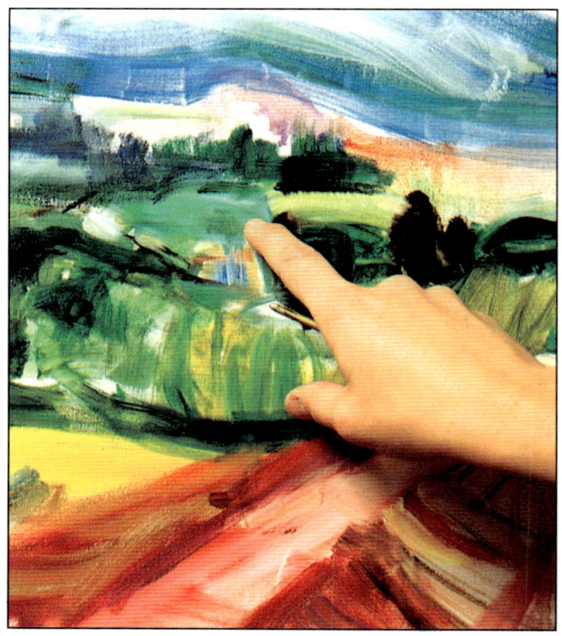

3 *Mit der Fingerspitze werden die Farben verrieben und vermischt, eine Technik, durch die sich besonders mit den pastosen, stets feuchten Ölfarben interessante Strukturen erzielen lassen.*

4 ► *Um die runden Formen der Bäume wiedergeben, wird der Borstenpinsel mit grüner Farbe auf die Bildfläche gesetzt und leicht gedreht. Dadurch wird die direkt aus der Tube kommende Farbe gleichmäßig auf der Fläche verteilt. Mit breiten Pinselstrichen werden die Dachziegel skizziert.*

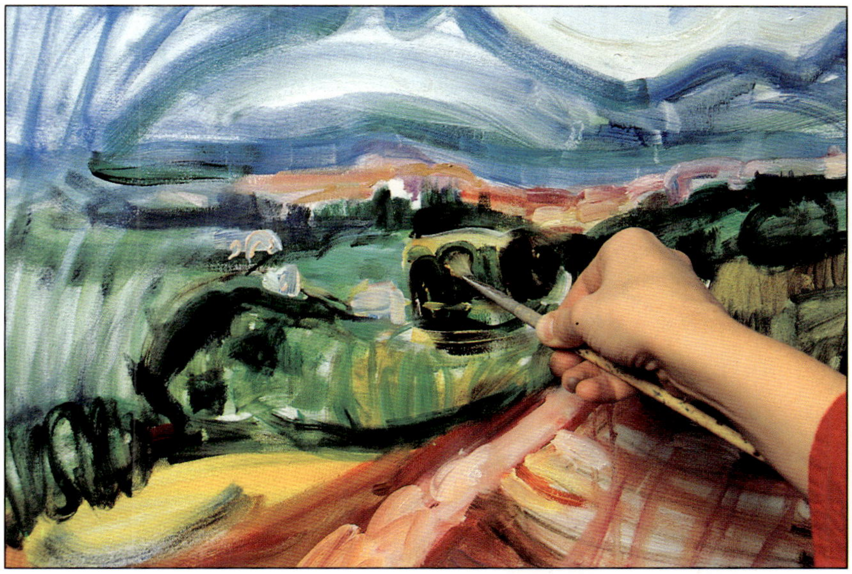

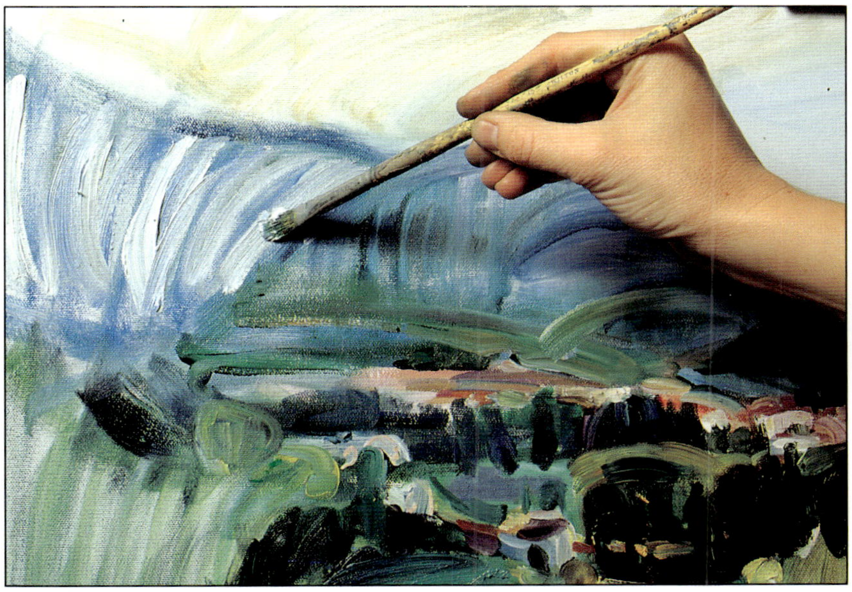

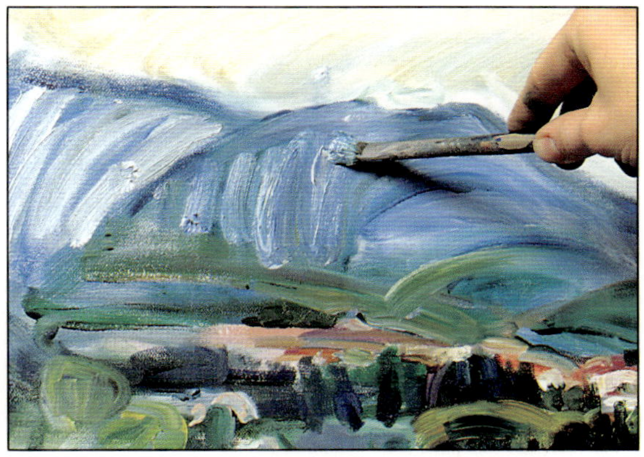

6 ▲ *Karen Raney arbeitet spontan und experimentiert mit einer vielseitigen Strichführung. Hier setzt sie aufwärts gezogene Striche ein, die später noch abgewandelt werden.*

5 ▲ *Mit einem Lappen wurde in die dünne Farbe des Hintergrundes gewischt, um Streifen zu schaffen, die nun mit dicken weißen Strichen verstärkt werden. Die Künstlerin nimmt damit die Pinselschwünge, die dem Dach Dynamik verleihen, in diesem Bildteil wieder auf.*

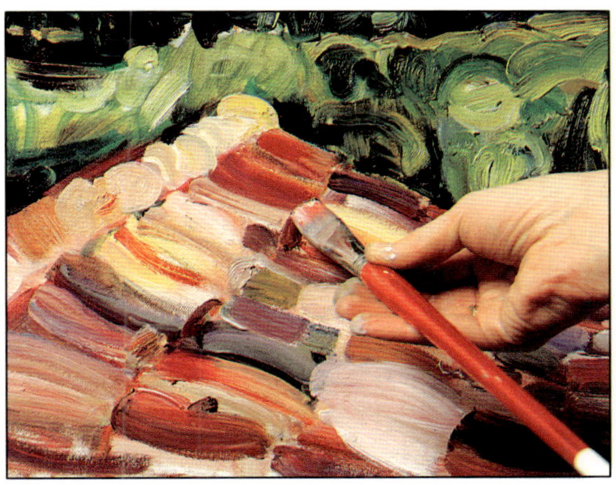

7 ► *Nachdem Mittel- und Hintergrund aufgebaut worden sind, werden im Vordergrund mit einem flachen Borstenpinsel dunkle, intensive Farben im Dach eingesetzt, um die schattigen Stellen zwischen den Ziegeln anzudeuten.*

8 *Das in der Ferne liegende Dorf, der Blickpunkt im Bild, wird erst ganz zum Schluß bearbeitet und nun ebenfalls in kräftigen Pinselstrichen einskizziert.*

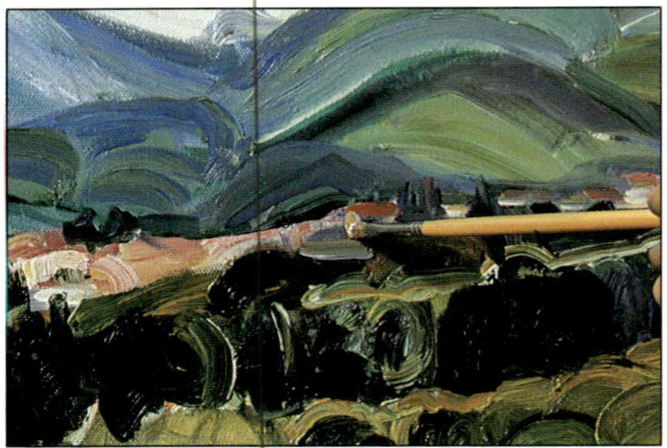

9 *Hier sieht man sehr deutlich den bei den Häusern eingesetzten Pinselduktus – vertikale Striche für die Wände und horizontale für die Dächer. Jetzt werden die Hügel weiter ausgearbeitet.*

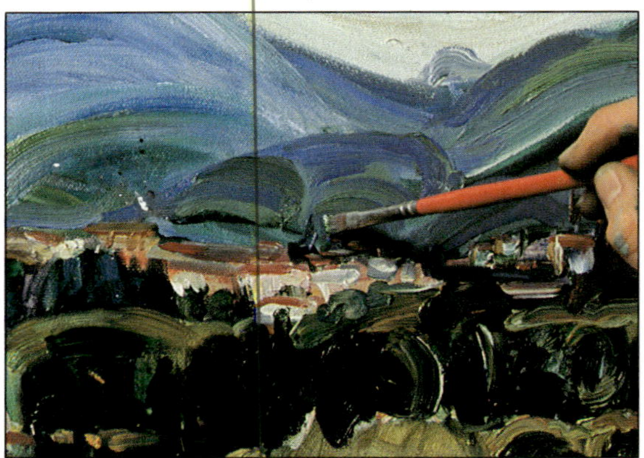

10 *Mit dem Fingernagel wird in die helle Farbschicht hineingekratzt, um etwas dunkle Farbe durchschimmern zu lassen, die jetzt bereits vollkommen trocken ist.*

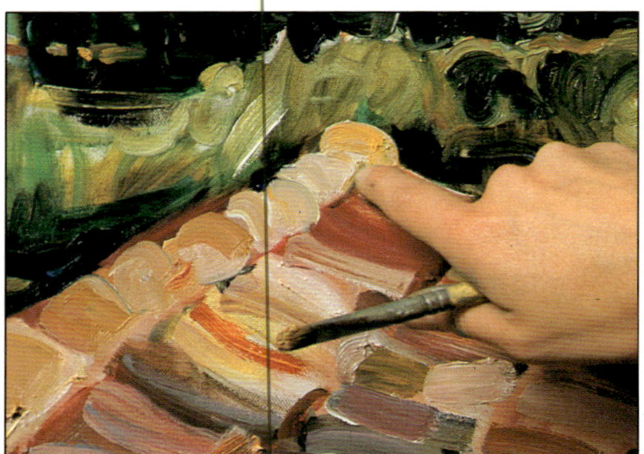

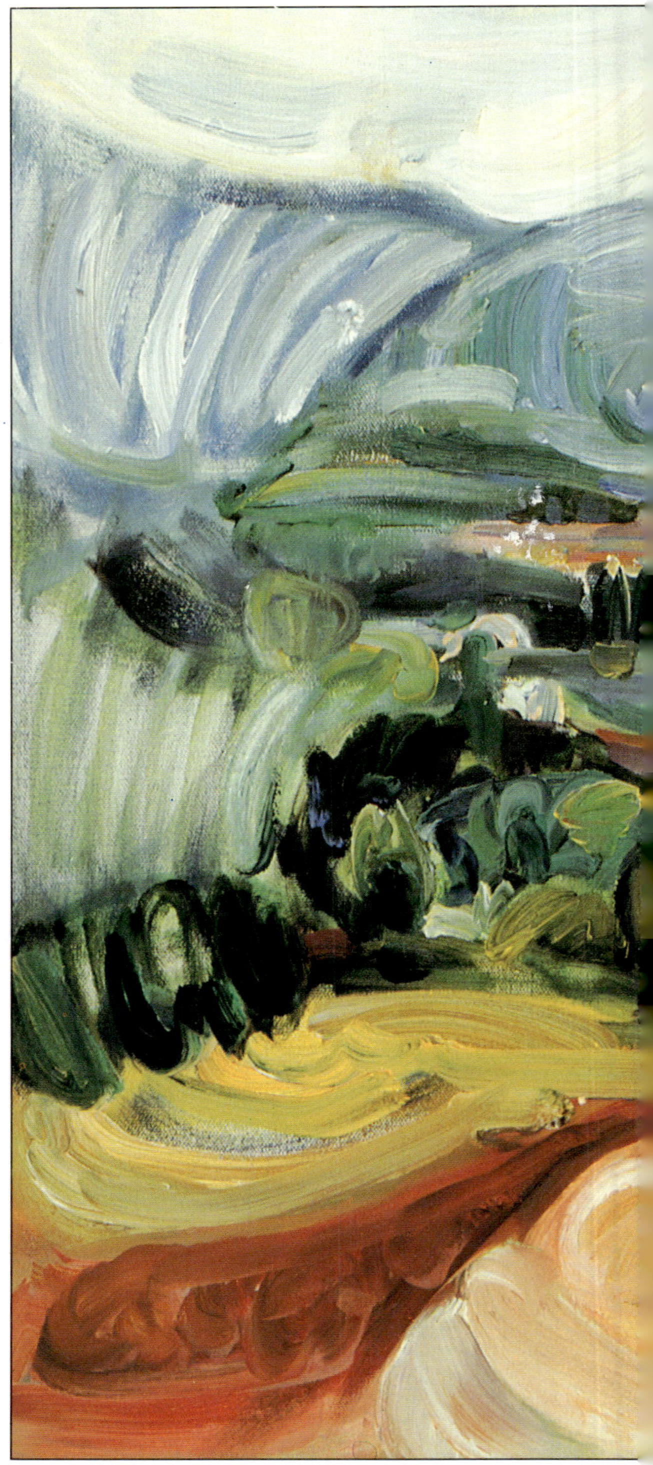

11 *Ein Bild muß in Farbe und Form zusammenhängend gestaltet werden. Das helle Grün des Mittelgrundes wird also auch in das Blau der Hügel hineingemalt.*

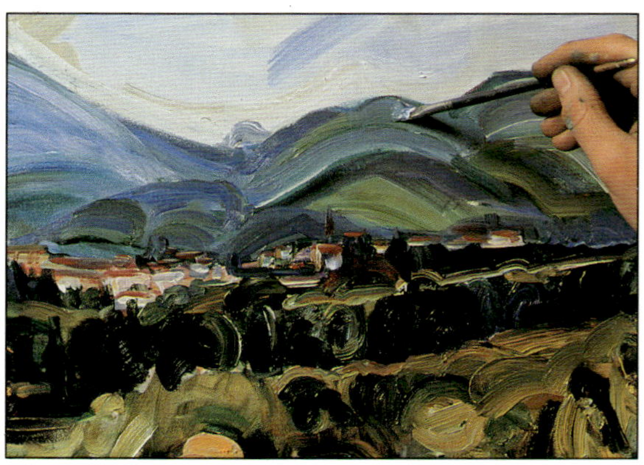

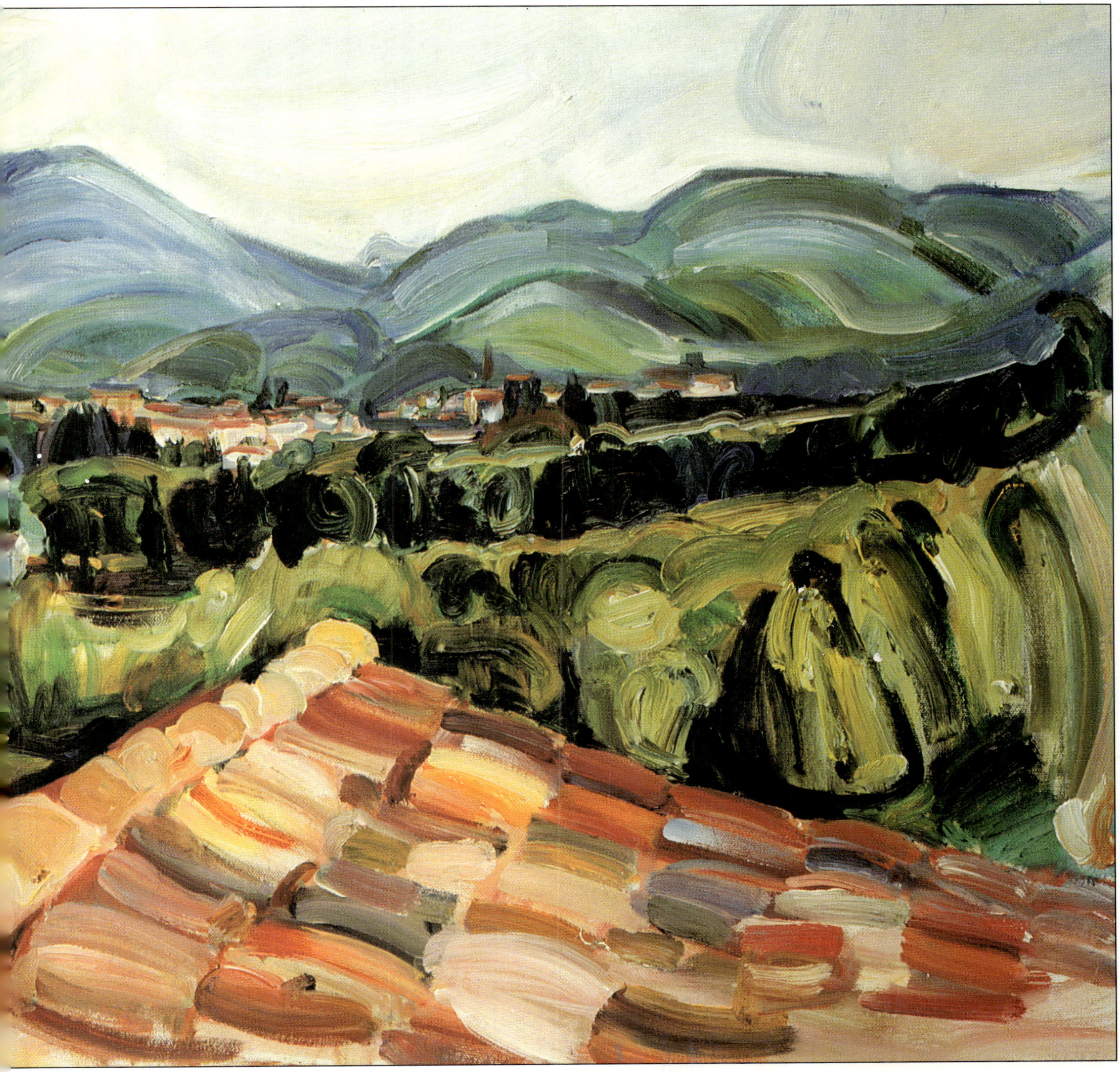

12 ▶ *Mit einem breiten Borstenpinsel werden breite pastose Striche heller Farbe im Himmel aufgetragen. Durch den entsprechenden Druck auf den Pinsel entstehen kräftige, bewegte Strukturen.*

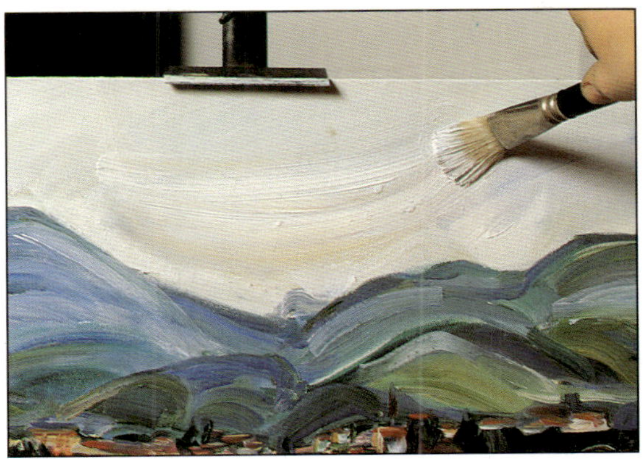

13 ▲ *In diesem ausgesprochen dynamischen Bild wird das Auge des Betrachters durch die Strichführung in weiten Bögen durchs Bild geleitet, ausgehend vom Dach mit den kräftigen Pinselspuren bis zu den ausschwingenden Wellen der fernen Hügelkette.*

Figurenmalerei in Öl und Acryl

Die menschliche Figur stellt in jeder Hinsicht, ob als Porträt, als Figur, bekleidet oder nackt, eine große Herausforderung dar. Ein Stilleben kann auch dann noch stimmig wirken, wenn die Öffnung einer Vase oder die Rundung eines Tellers nicht ganz getroffen oder die Perspektive des Tisches etwas schief geraten ist. Schwieriger ist dies in der Figurenmalerei, denn die menschlichen Proportionen sind dem Betrachter vertrauter, und er beurteilt sie daher kritischer als die Geometrie von Gegenständen.
Die menschliche Figur stellt also erhöhte Anforderungen an den Maler. Das Zusammenspiel der Formen ist sehr komplex und vielschichtig. Daher ist es bei diesem Thema besonders wichtig, eine gute Vorzeichnung auszuarbeiten. Das bedeutet natürlich nicht, eine peinlich genaue Zeichnung anzufertigen und diese dann nur noch farbig auszufüllen. Doch sollte während des Malens die zugrundeliegende Struktur immer mitberücksichtigt werden. Seien Sie außerdem jederzeit bereit, Korrekturen vorzunehmen. Bei deckenden Farben ist dies einfacher, und bei einem Ölbild kann man Teile abkratzen und neu malen. Bei einem Acrylbild lassen sich Korrekturen schnell durch Übermalungen ausführen.

Das Modell studieren

Aktzeichnen ist die beste Form, die menschliche Figur zu studieren. Selbst wenn man nur Porträts und bekleidete Figuren malen möchte, sollte man nach Möglichkeit einige Stunden an einem Aktkurs teilnehmen. Zeichnen und skizzieren Sie Menschen, wo immer sie können. Bitten Sie Freunde, Modell zu stehen; zeichnen Sie sich selbst im Spiegel; nehmen Sie, wohin Sie auch gehen, ein Skizzenbuch mit, und machen Sie Studien von Menschen auf der Straße oder im Café.

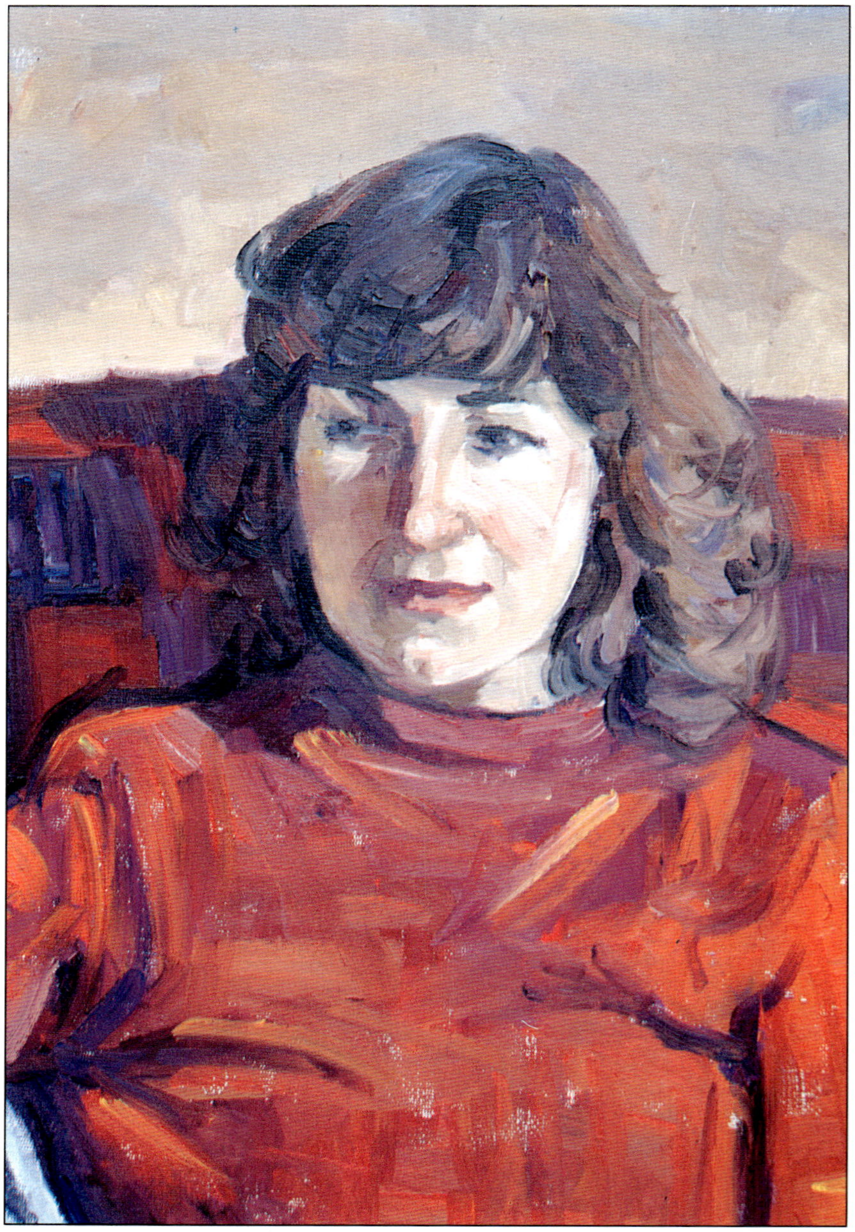

Form und Pinselduktus

▲ *Da Gesicht und Kopf schwer zu malen sind, neigt man dazu, die Konturen in einigen Linien mit einem kleinen Pinsel vorzuzeichnen. Zu harte Linien können jedoch die Form zerstören. In dem Ölbild von Ted Gould mit dem Titel „Sue" wurden die Gesichtszüge mit nur wenigen Details und keiner einzigen scharfen Linie gestaltet. Die Gesichtsformen, das Haar und die Kleidung wurden mit breiten Strichen in verschiedenen Richtungen gemalt.*

Form und Farbe

▶ *Allgemein gilt, Farben im Schatten sind kühler, blauer oder grüner als die Farben in hellen Partien. Gerry Baptist hat diesen Warm-Kalt-Kontrast sehr geschickt in seinem Acrylselbstporträt ausgenutzt. Obwohl alle Farben sehr hell gehalten und ungewöhnlich wirkende Farbtöne eingesetzt wurden, basieren sie doch auf den tatsächlichen Fleischtönen.*

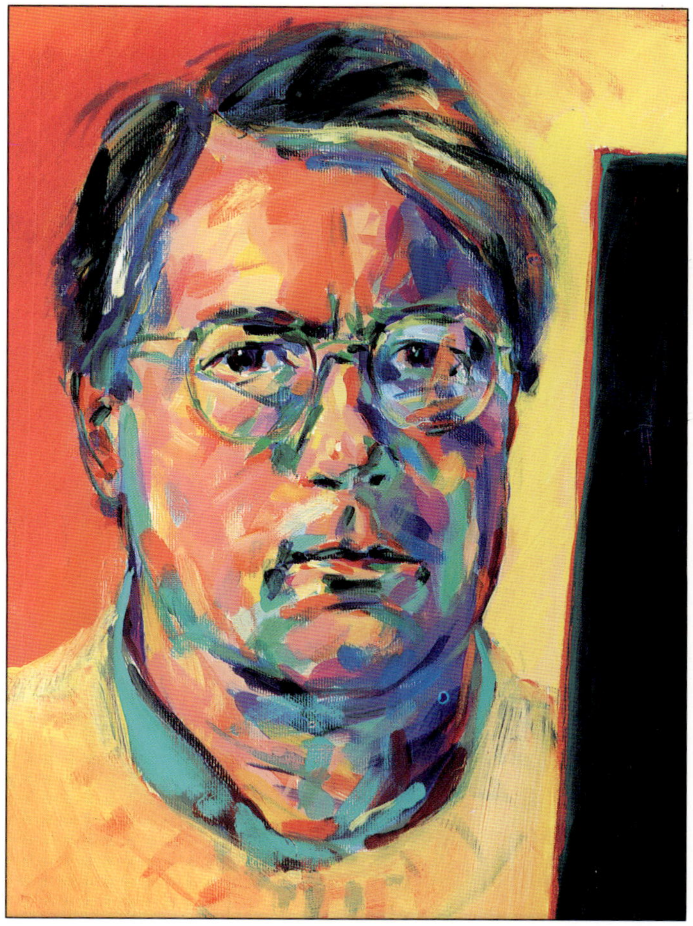

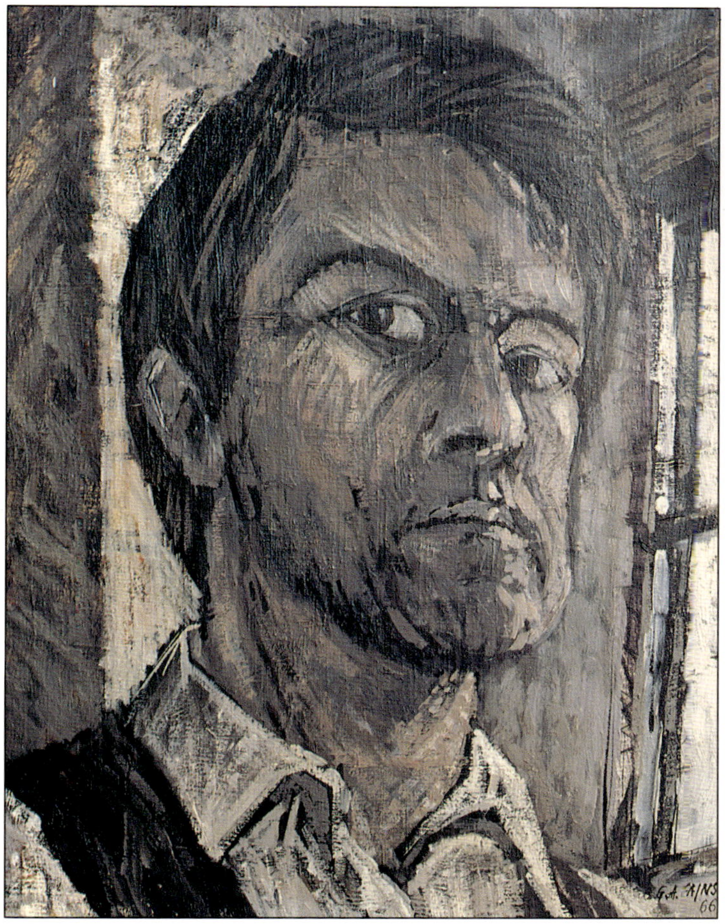

Monochrom malen

◀ *In diesem ungewöhnlichen „Selbstporträt mit 32 Jahren" von Gerald Cains kommt eine völlig andere Darstellungsweise zum Tragen. Durch die Pinselstrukturen wirkt das Bild sehr ausdrucksstark. Monochrom zu malen kann insofern eine sehr gute Übung sein, als man gezwungen wird, sich auf die Komposition und die Tonwertbalance zu konzentrieren, ohne von der Farbe abgelenkt zu werden.*

Das Bild komponieren

Ob Sie nun ein Porträt, eine bekleidete Figur oder eine Aktstudie malen möchten, nie sollten Sie Ihr Gesamtwerk aus den Augen verlieren. Vor allem bei einem Porträt kann das Streben nach Ähnlichkeit so einnehmend sein, daß man alle anderen Aspekte der Malerei vergißt.

Das gilt auch für die Figurenmalerei. Das Modell wird oft mitten auf die Bildfläche gesetzt oder mit abgeschnittenen Füßen dargestellt, weil diese einfach nicht mehr auf das Bild paßten. Der Figur wird zuviel Beachtung geschenkt, den anderen Elementen des Bildes zu wenig. Das ist zwar verständlich, gehört die Figur doch zu den

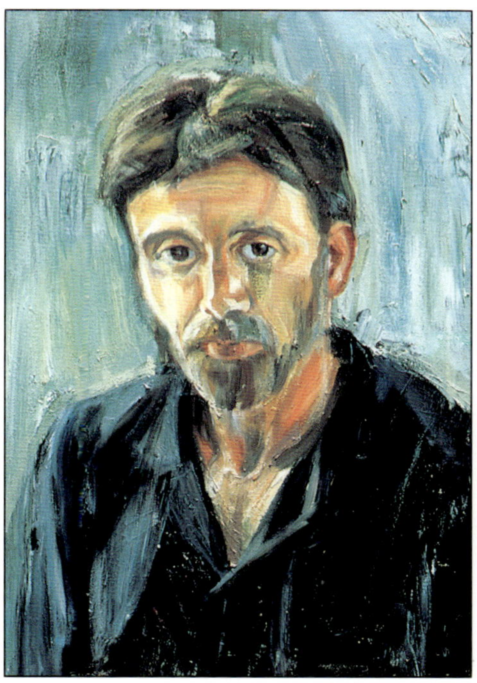

Farbe und Stimmung

◀ *Porträtmalerei bedeutet mehr, als durch genaue Wiedergabe von Nase, Augen und Mund ein möglichst getreues Abbild zu erreichen. Die besten Porträts fangen auch etwas vom Charakter des Modells ein. In Karen Raneys Bild „David" entsteht durch die dunklen Farben und kräftigen Pinselzüge sowie durch den nach innen gerichteten Blick des Modells ein Gefühl der Melancholie.*

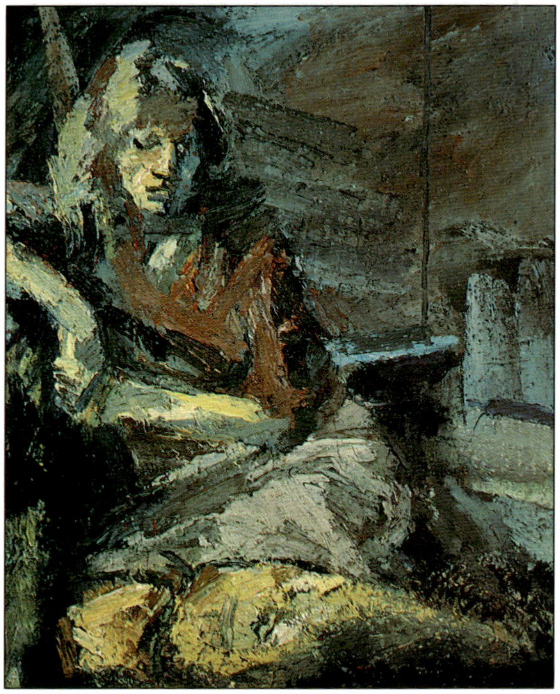

Eine Figurenstudie komponieren

◄ *Bei einer Figurenstudie muß die Position des Modells genau bedacht werden. Soll man einen Teil weglassen oder nicht? Welche Elemente gehören noch in das Bild, um es auszubalancieren? Das Bild „Sitzende Helen" von Peter Clossick wirkt aufgrund der pastosen Farbstruktur fast, als sei es spontan skizziert worden. Es basiert jedoch, erkennbar an der Balance der diagonal gesetzten Figur zu den vertikalen und horizontalen Linien im Hintergrund, auf einer sorgfältigen Komposition.*

schwierigsten Aufgaben in der Malerei, dennoch sollte man sich um eine ausgewogene Komposition bemühen.

Vor dem Malen muß man als erstes entscheiden, wo der Kopf der Figur plaziert werden soll. Genau in der Bildmitte wirkt er meist steif und unnatürlich, ebenso wie ein Porträt in Frontalansicht. Köpfe im Porträt werden meist etwas aus dem Bildzentrum gerückt und in Dreiviertel-Ansicht wiedergegeben. Eine Schulter erscheint dabei höher als die andere, und die Bildseite, in deren Richtung die Figur blickt, erhält dadurch mehr Raum. Die andere Schulter wird oft hart an den Bildrand gesetzt. Zu überlegen ist zudem, wieviel Platz oberhalb des Kopfes frei bleiben soll. Zuviel Platz drückt den Kopf herunter, zu wenig beengt ihn.

Beleuchtung

Durch das Spiel von Licht und Schatten werden nicht nur die Formen gestaltet, sondern auch die Tonwertkontraste festgelegt. Betrachtet man ein Gesicht unter einem grellen, direkten Licht, wirkt es relativ flach, und es besitzt wenig Tiefe. Wenn das Licht aber von einer Seite kommt, beleuchtet es nur einige Teile des Gesichts und wirft auf andere Schatten. So entsteht eine spannende Ausgangssituation. Die für Porträts bevorzugte Beleuchtungsart ist daher auch ein Lichteinfall von der Seite, der nur drei Viertel von Gesicht und Körper trifft.

Falls man das Licht kontrollieren kann, sollte man auch über die Lichtstärke nachdenken. Die Freilichtmaler haben sicher schon festgestellt, daß helles Sonnenlicht sehr starke Schatten wirft. Und obwohl starkes Licht auch im Porträt dramatische Effekte schaffen kann und deswegen auch oft eingesetzt wird, ist es doch nicht für alle Motive geeignet. Will man zum Beispiel ein kleines Kind malen, ist gedämpftes Licht angebracht, da so die zarten Fleischtöne betont werden. Durch ein Fenster einfallendes Licht kann durch einen Vorhang oder Transparentpapier abgeblendet werden. Zu harte Schatten auf einer Gesichtshälfte können wiederum durch einen Reflektor aufgehellt werden. Dazu stellt man einen weißen Karton oder ein Blatt Papier neben das Modell, genau gegenüber der Lichtquelle, so daß etwas Licht auf die dunkle Seite des Gesichts fällt.

Kinder malen

► *Ein Modell bei einer typischen Beschäftigung zu zeigen, kann die Bildaussage verstärken. Bei Kindern wird es insofern meist zur Notwendigkeit, als sie selten ruhig sitzen bleiben. Zudem wirken Kinder fast immer steif und unnatürlich, wenn man sie in künstlichen Posen sitzen läßt. In diesem fröhlichen lichterfüllten Ölbild von „Samantha und Alexis" hat Karen Raney einen Moment im Gespräch der beiden Mädchen rasch eingefangen.*

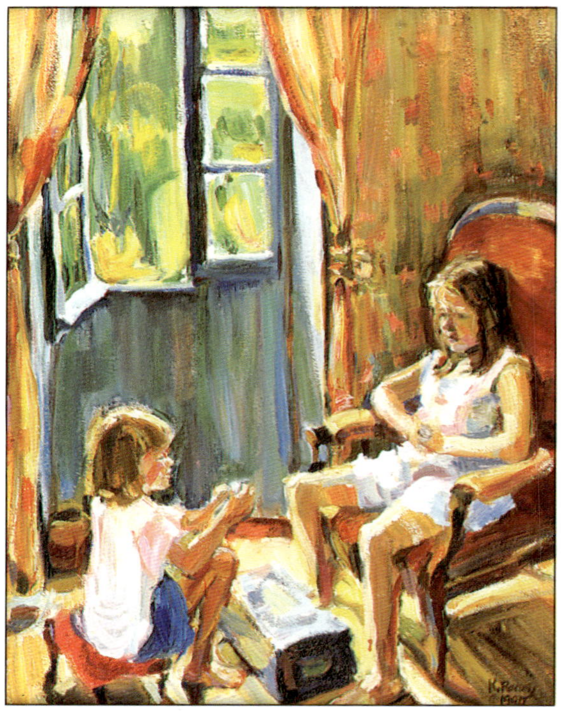

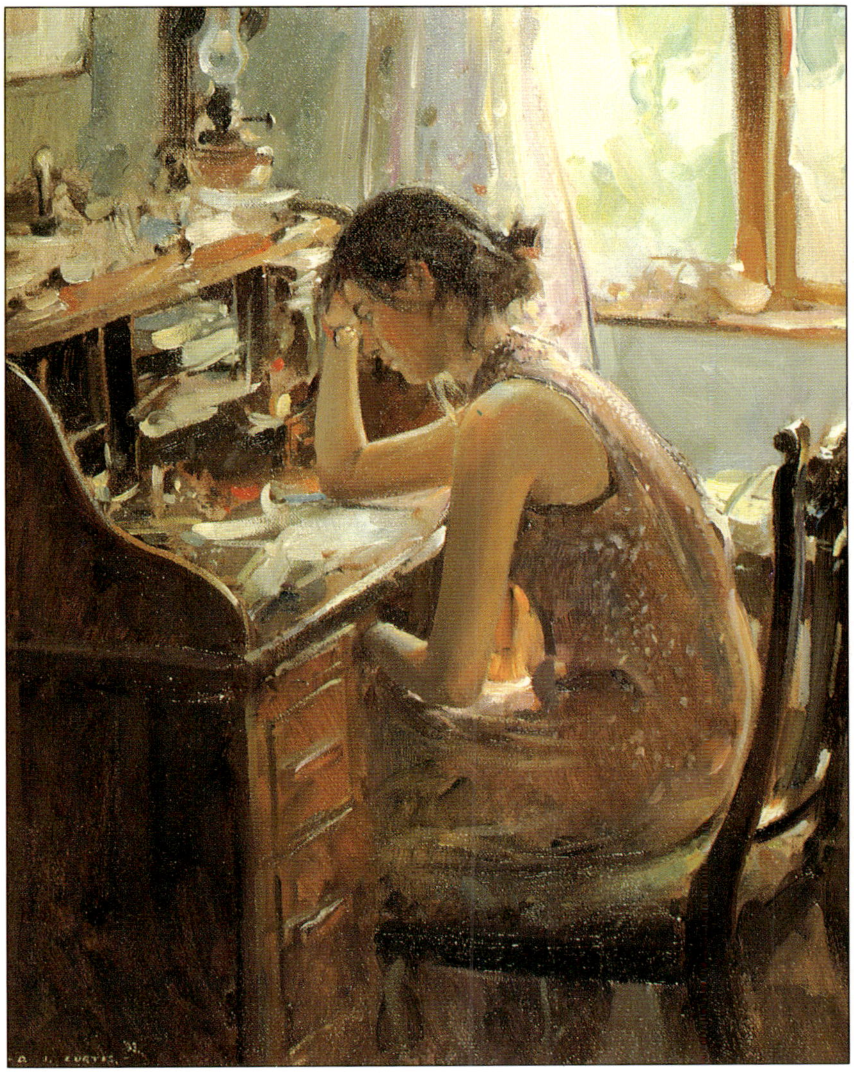

Die Figur im Umfeld

Bei einem Porträt mit Schulteransatz wird der Hintergrund meist nicht detailliert ausgearbeitet, um die Aufmerksamkeit nicht vom Gesicht abzulenken. Eine ganze Figur ist jedoch meist in ein Umfeld eingebettet. Wenn Sie ein Aktmodell in einer Aktzeichenklasse malen, haben Sie natürlich keinen Einfluß auf den Hintergrund. Eine bekleidete Figur zu Hause zu malen, bietet jedoch die Gelegenheit, die entsprechende Umgebung zu schaffen. Mit bestimmten Gegenständen kann man auf den Charakter und die Interessen des Modells hinweisen. Einen Menschen, der gerne liest, kann man zum Beispiel inmitten seiner Lieblingsbücher darstellen, einen Musiker umgeben von seinen Instrumenten. Versuchen Sie, für Ihr Modell die entsprechende Atmosphäre zu finden!

Sitzende Figur

▲ *Wenn man die ganze Figur malen möchte, also nicht nur Kopf und Schulterpartie, sollte man sich gut überlegen, welche anderen Bildelemente und Hilfsmittel einbezogen werden können, um die Charakterisierung des Modells zu unterstützen. Die Entscheidung fällt leicht, wenn das Porträt in der Wohnung des Modells gemalt wird. David Curtis hat in seinem warmen Ölbild „Zimmer mit Jacqueline" zugleich ein Porträt dieser jungen Frau an ihrem Arbeitsplatz sowie auch eine poetische Lichtstudie geschaffen.*

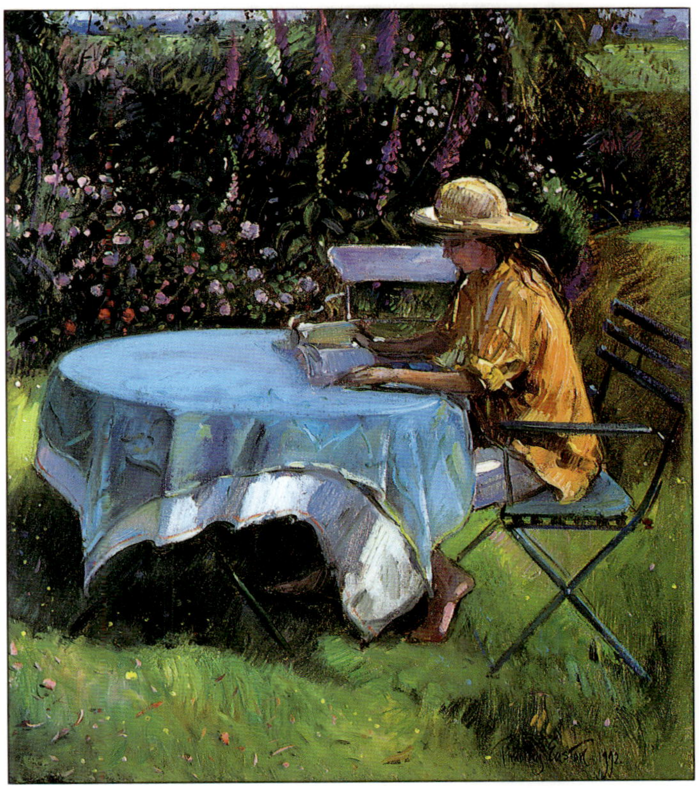

Figuren im Freien

► *Auch in Timothy Eastons „Sommerlektüre" spielt das Licht eine wichtige Rolle. Ähnlich wie bei David Curtis' Porträt wird auch hier das Modell weniger durch die genaue Beschreibung der Gesichtszüge als durch die Haltung, die Kleidung und die Formgebung dargestellt. Auf diese Weise kann ein Modell treffend wiedergegeben werden, auch ohne daß das Gesicht sichtbar ist.*

Ein Porträt in Öl

Elizabeth Moore malt Landschaften, Porträts und Stilleben in verschiedensten Techniken, bevorzugt aber Ölfarben. Oft arbeitet sie nach Fotovorlagen, vor allem nach Schwarzweißfotos, die bei der künstlerischen Umsetzung größeren Spielraum bieten als farbige Fotos. Auch diesem Ölbild liegt ein Foto zugrunde. Die Farbgebung hat die Künstlerin jedoch frei gestaltet.

1 ▶ Diese Skizzen in Bleistift und Ölpastell erkunden die Komposition und die Farbgebung des Porträts.

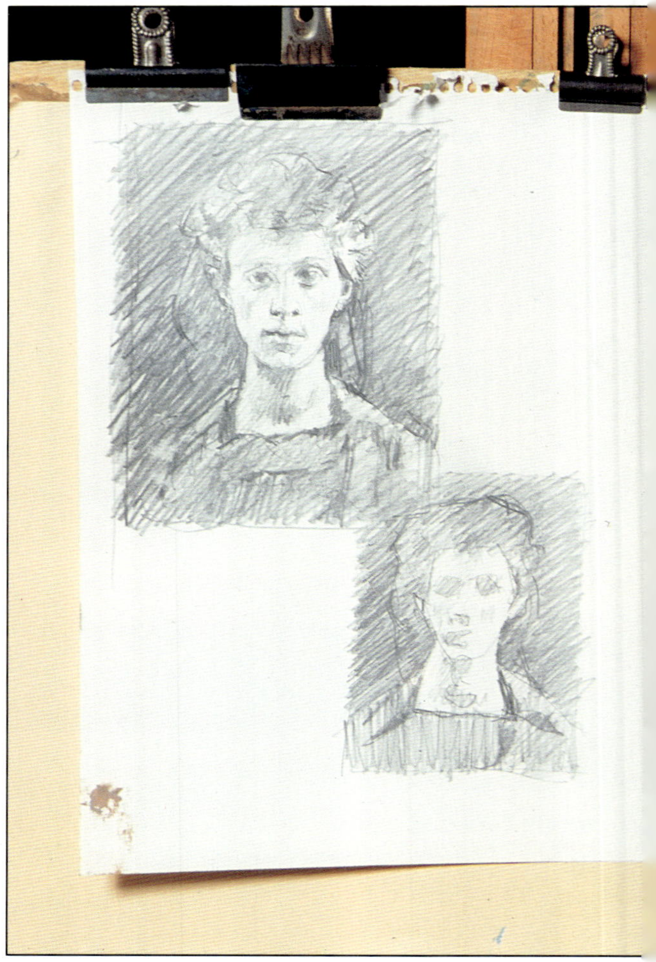

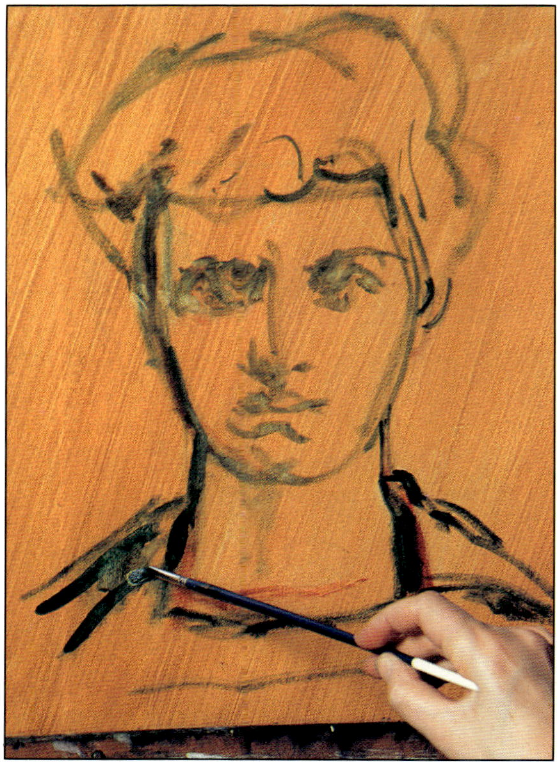

2 Die Künstlerin arbeitet auf grundierter und aufgezogener Leinwand, die mit einer gelbbraunen Imprimitur gefärbt wurde, um eine farbige Grundlage für die Fleischtöne zu erhalten. Zunächst skizziert eine Pinselzeichnung in Grün, der Farbe für das Kleid, grob die Umrisse des Porträts.

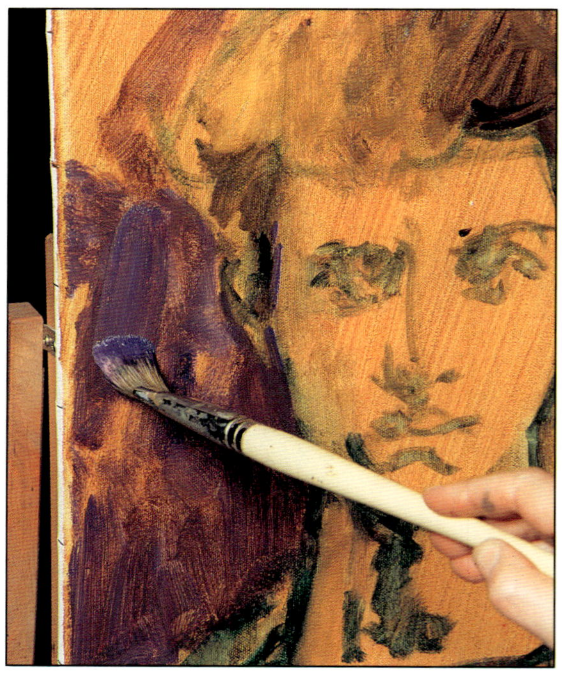

3 ▶ Dann wird der Hintergrund in intensivem Violettrot angelegt, um die Farbwerte für das Gesicht bestimmen zu können.

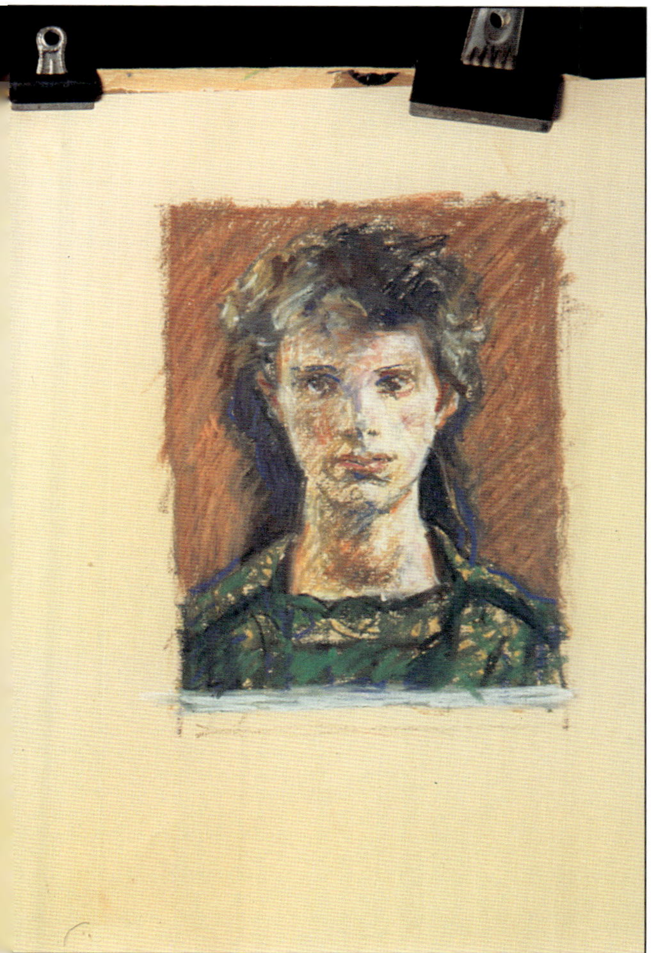

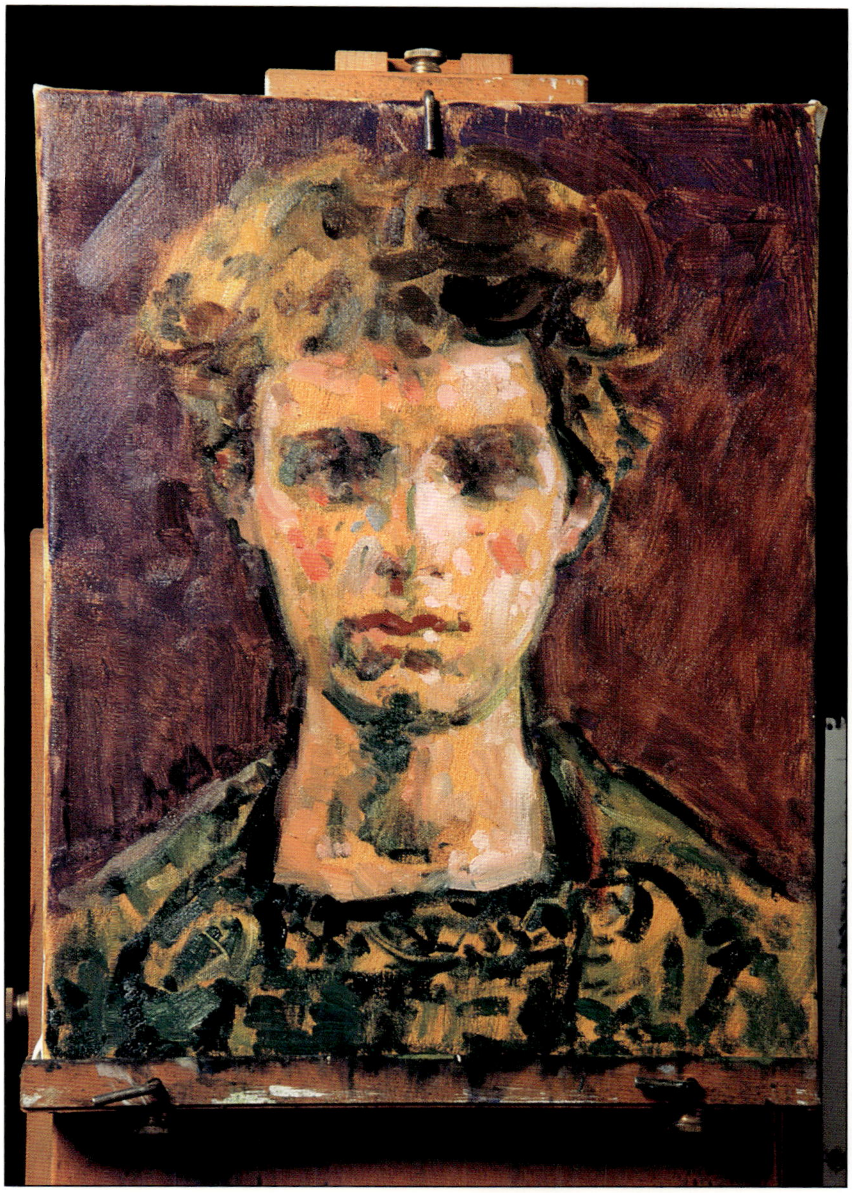

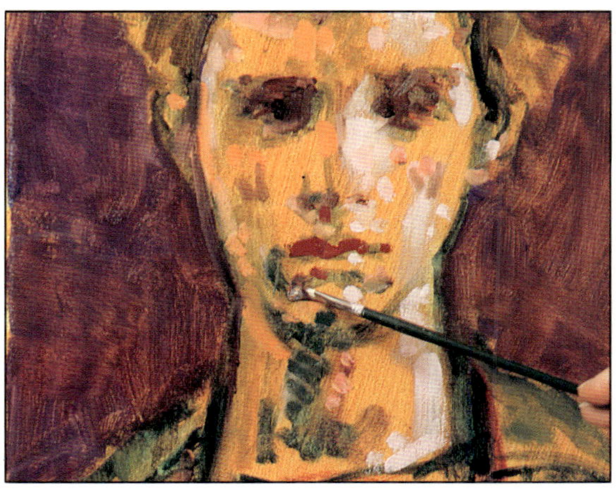

4 *Helle und dunkle Töne werden Tupfen für Tupfen auf die Bildteile für das Gesicht, den Hals und die Kleidung aufgetragen. Die Farben werden dabei so rein wie möglich gehalten, ohne sie stark zu mischen. Eine ungewöhnlich große Farbskala soll helfen, das Motiv so genau wie möglich wiederzugeben.*

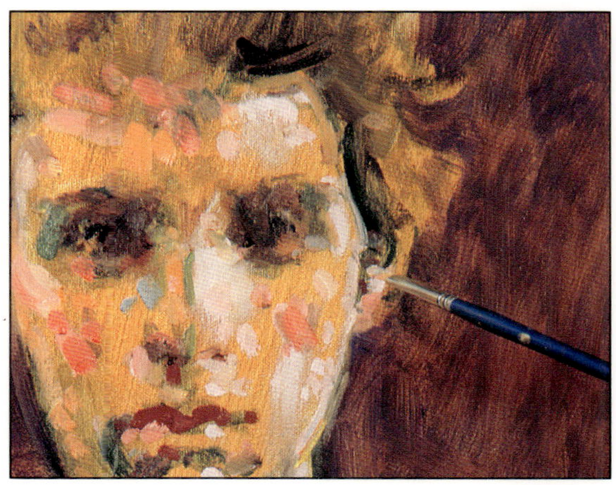

5 *Nachdem die Augenhöhlen mit einem abgewandelten Purpurton gemalt worden sind, wird die helle Seite des Gesichts aufgebaut. Damit die zarten Rosatöne nicht in die dunklen Farben fließen, werden sie statt mit einem Flachpinsel mit einem feinen, spitzen Borstenpinsel aufgetragen.*

6 ▲ *Nun tritt die Künstlerin ein paar Schritte von der Staffelei zurück, um das bisherige Ergebnis in Augenschein zu nehmen.*

7 *In jedem Porträt, besonders aber bei einer Ansicht „en face", sind die Augen der entscheidende Blickpunkt. Augen und Augenlider werden sorgfältig mit feinen Strichen eines Katzenzungenpinsels ausgearbeitet.*

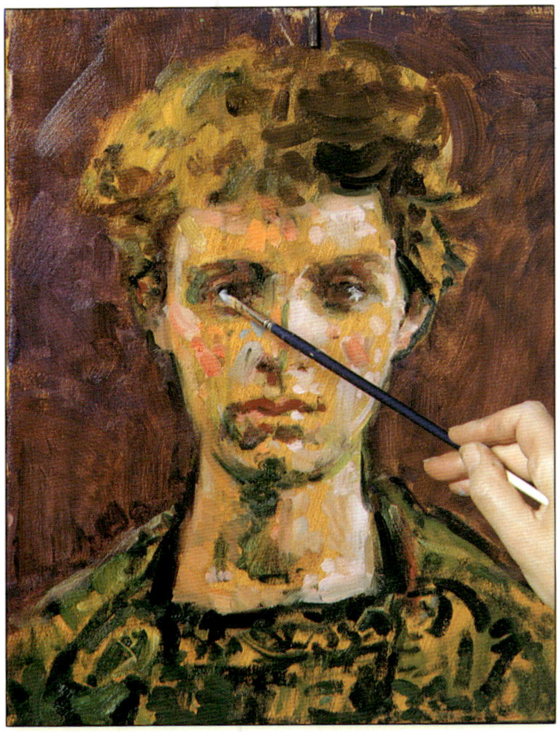

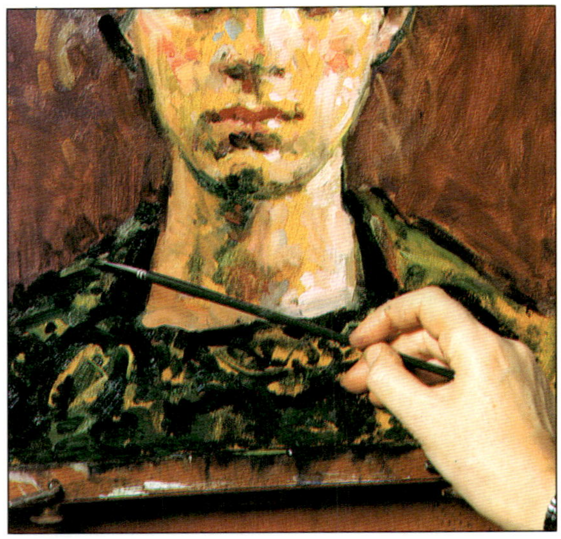

8 *Nun wendet sich die Künstlerin anderen Bildteilen zu. Mit einem kleinen Rundpinsel wird das Muster des Kleides gezeichnet.*

9 *Da das dunkle Violett im Hintergrund zu warm erschien, werden einige dunkelblaue Farbtöne darüber gesetzt. Unter Beachtung der Regel „fett auf mager" wird nun in den oberen Schichten pastose und ölhaltigere Farbe verwendet.*

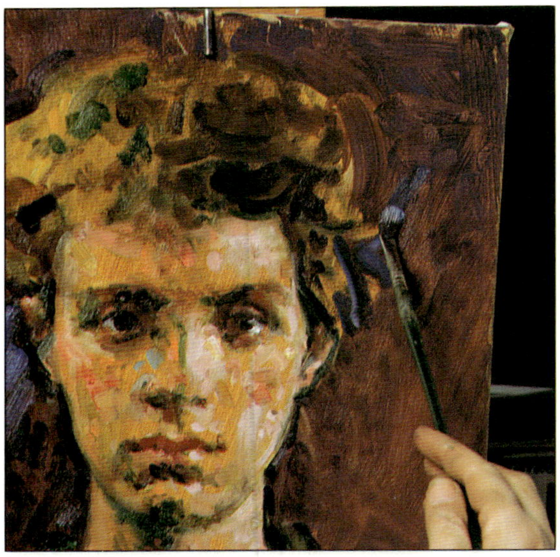

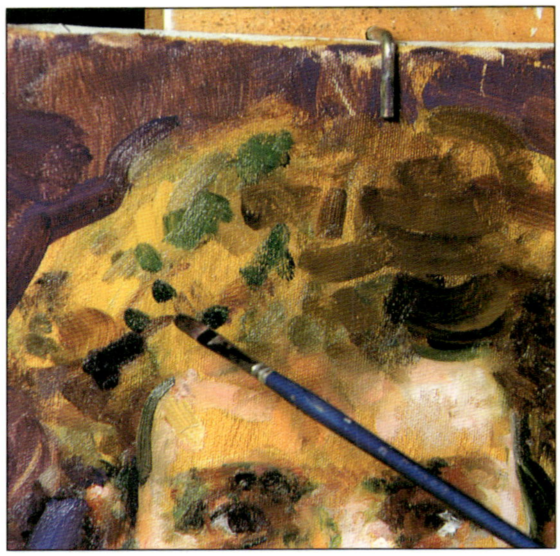

10 *Das Grün des Kleides wiederholt sich in Teilen des Gesichts wie auch in den tiefen Schatten der Halspartie und im Haar, so daß Kopf und Kleidung durch die Farbgebung verbunden sind.*

11 *Der obere Rand des Auges wird mit kurzen Tupfen eines kleinen Pinsels abgedunkelt. Obwohl das Bild schon fast fertig ist, ist die Imprimitur noch an vielen Stellen sichtbar. Kleine Tupfen in Rosa, Rot und Grün im Gesicht bleiben unvermischt.*

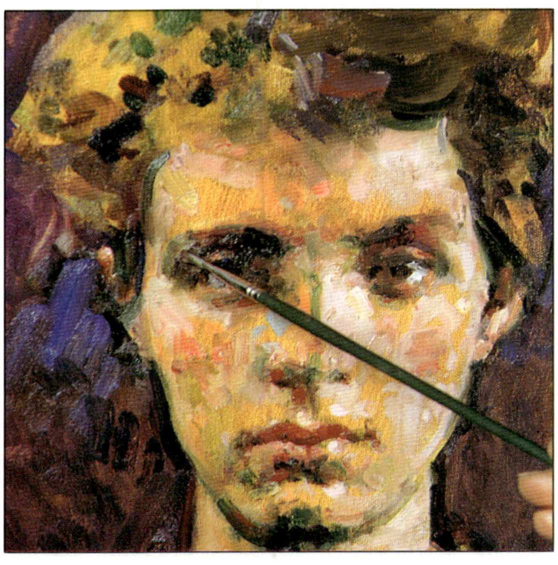

12 ► *Eine der goldenen Regeln der Komposition ist es, Symmetrien zu vermeiden. Regeln können aber auch gebrochen werden. In diesem Beispiel ist durch den statischen Bildaufbau und die zentrale Stellung des Kopfes ein ernstes ausdrucksstarkes Porträt entstanden, wobei der Betrachter in direkten Blickkontakt mit der Figur tritt.*

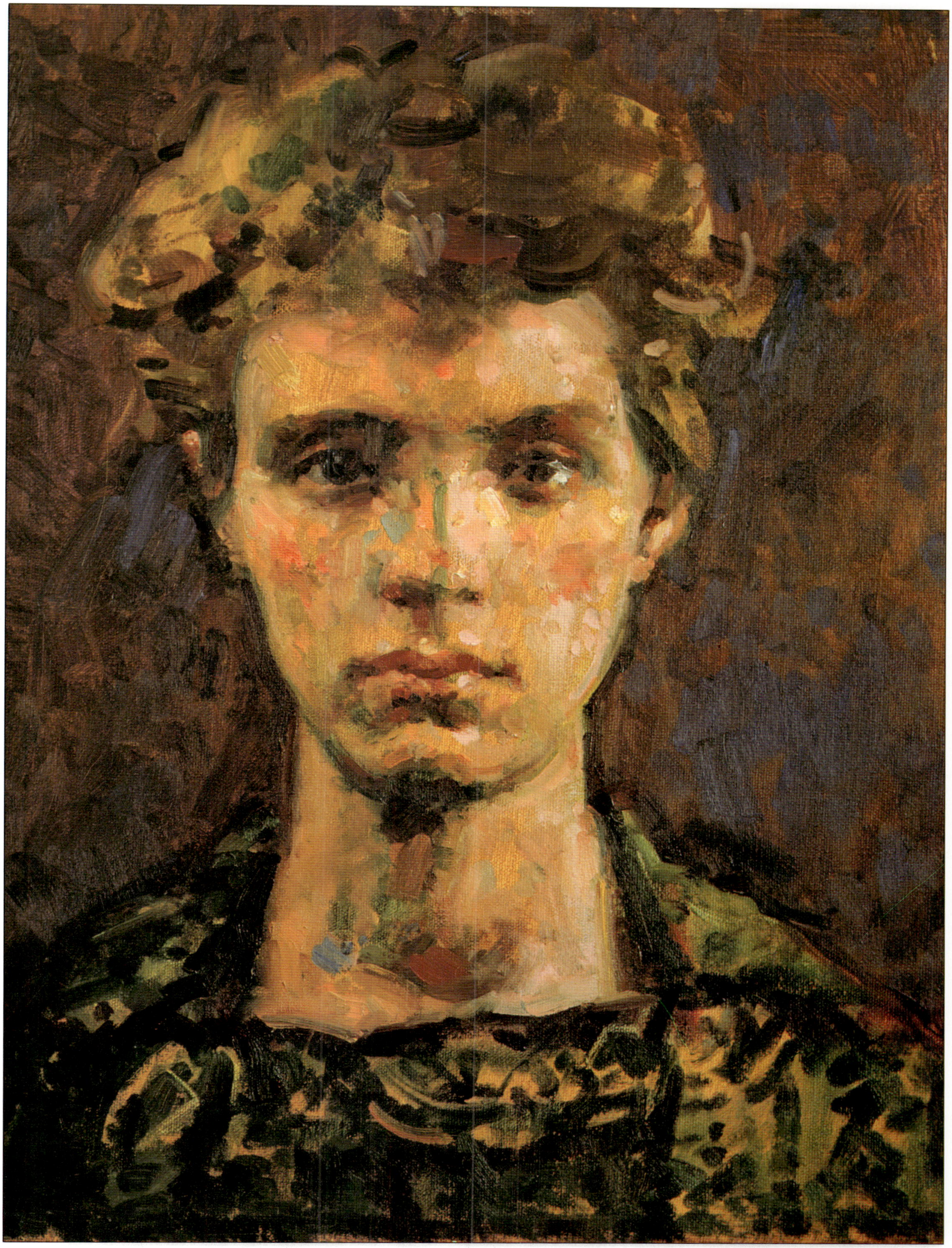

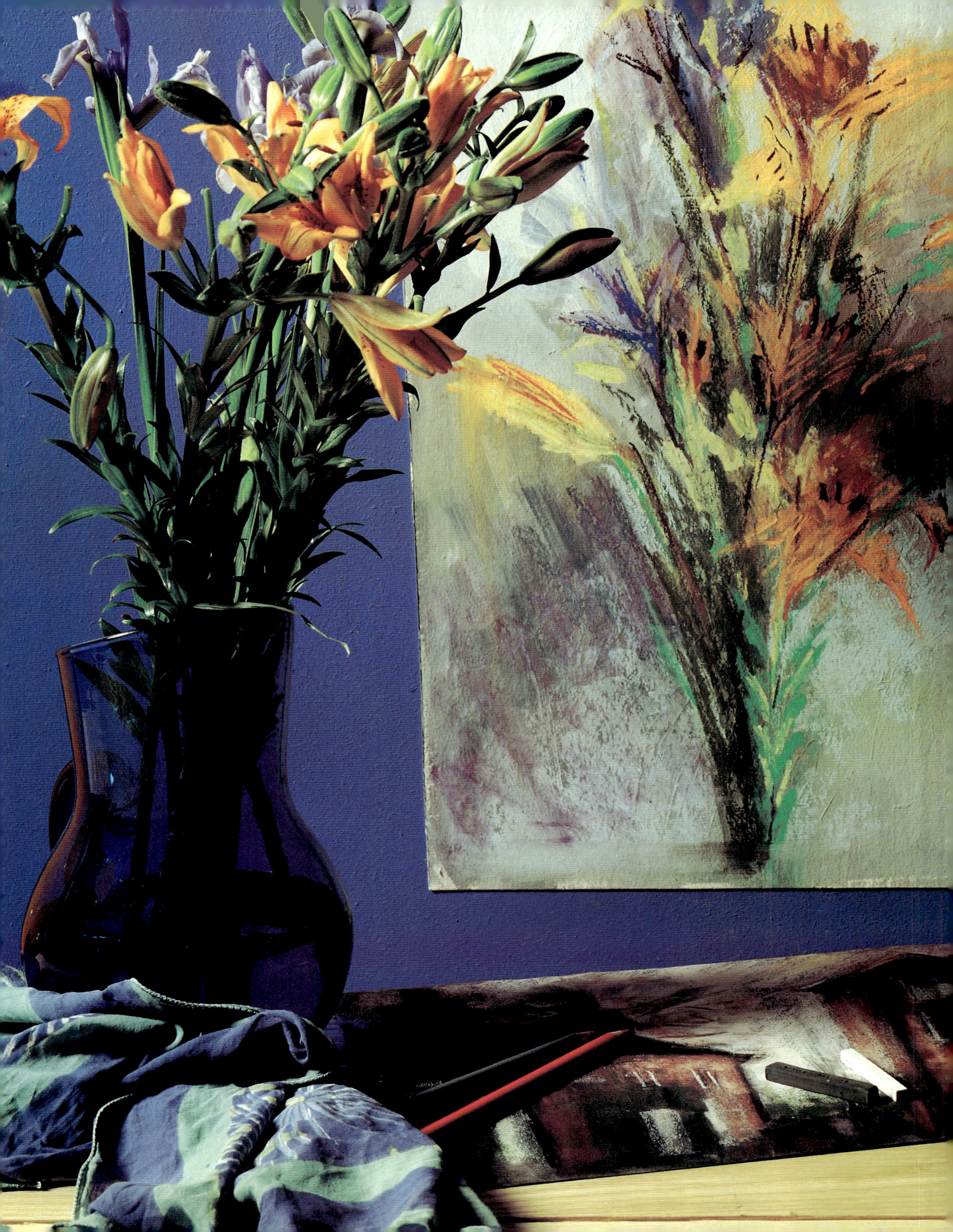

Pastellmalerei

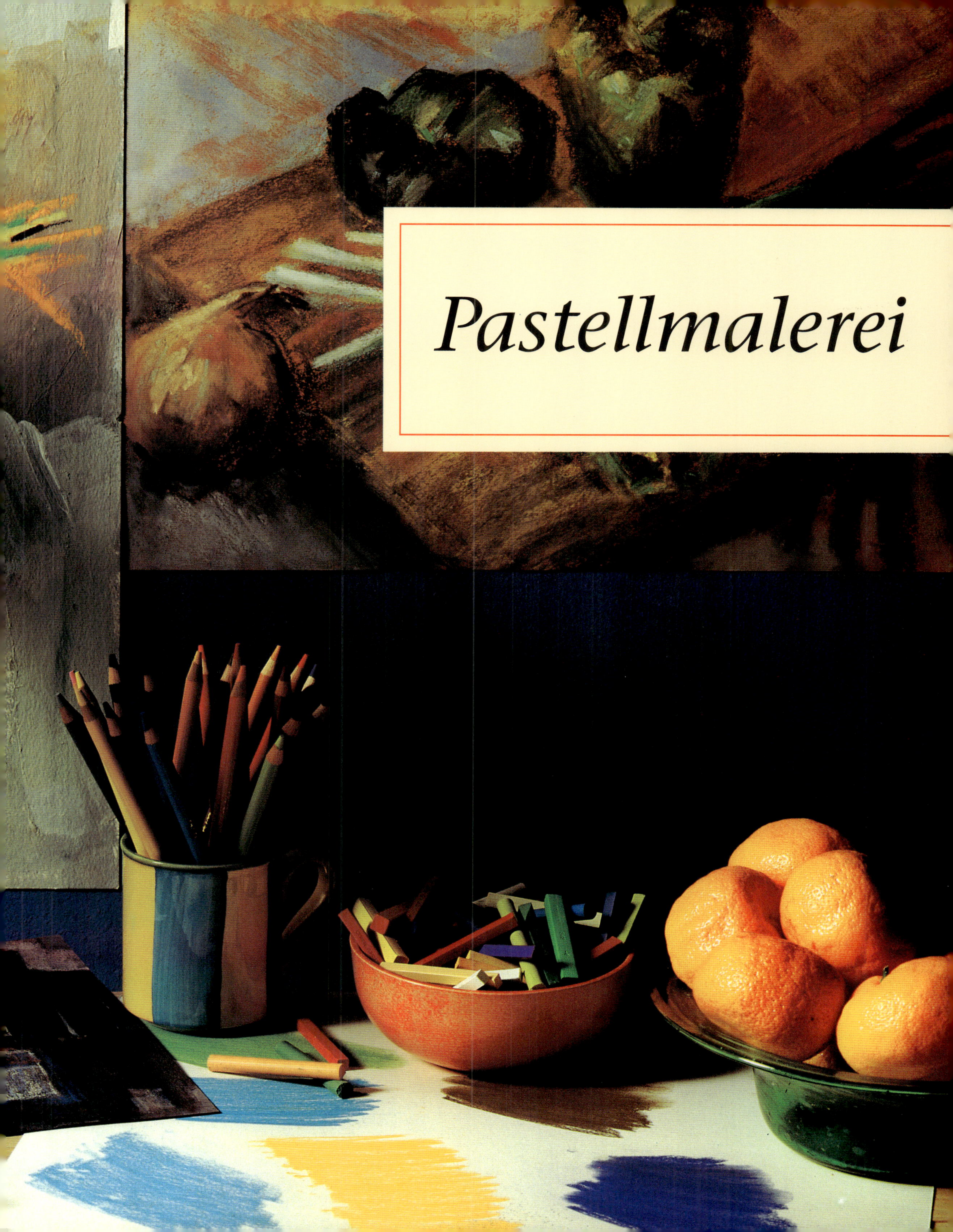

Einführung

Pastellmalerei

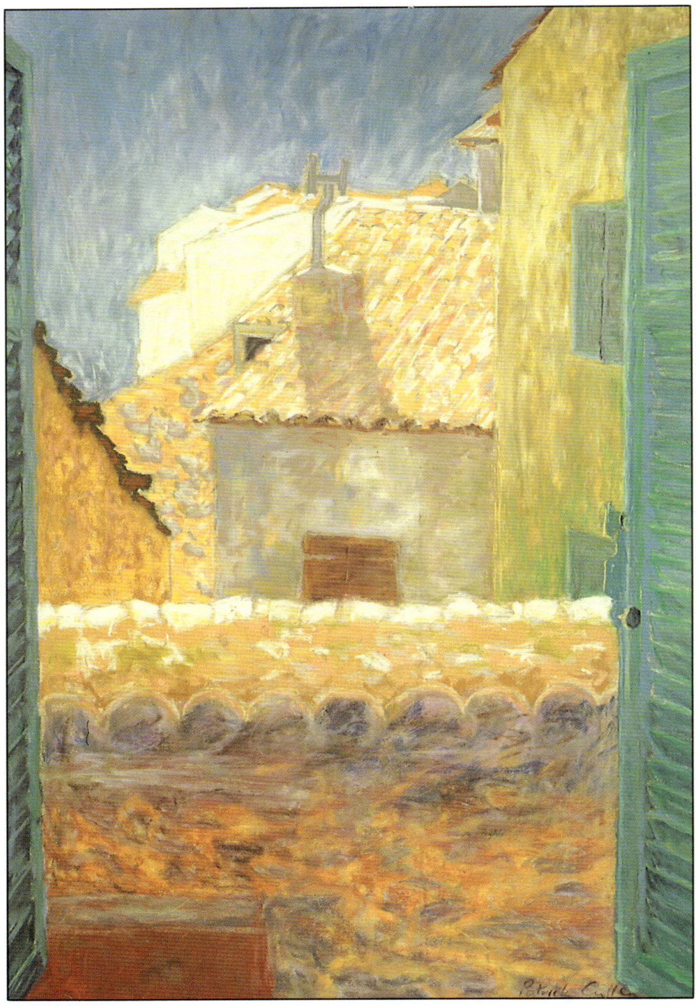

Pastellkreiden besitzen die besondere Eigenschaft, sowohl als Zeichen- wie auch als Malmittel eingesetzt werden zu können. Meist ordnet man ein Pastell der Zeichnung zu, weil die Farben nicht mit einem Pinsel angelegt werden. Doch gerade die breite Farbskala und die vielen maltechnischen Möglichkeiten, die die Pastellkreiden bieten, laden zu einem malerischen Arbeiten ein, und bestimmte Techniken steigern die malerische Wirkung des Pastells so stark, daß die Arbeiten fast wie Ölbilder aussehen.

Neben den Aquarellfarben zählen die Pastellkreiden heute zu den beliebtesten Mal- und Zeichenmitteln. Einer der Gründe für ihre wachsende Beliebtheit ist sicherlich die farbenprächtige Auswahl an Kreiden, deren Anblick allein schon zum Malen und Zeichnen verlockt.

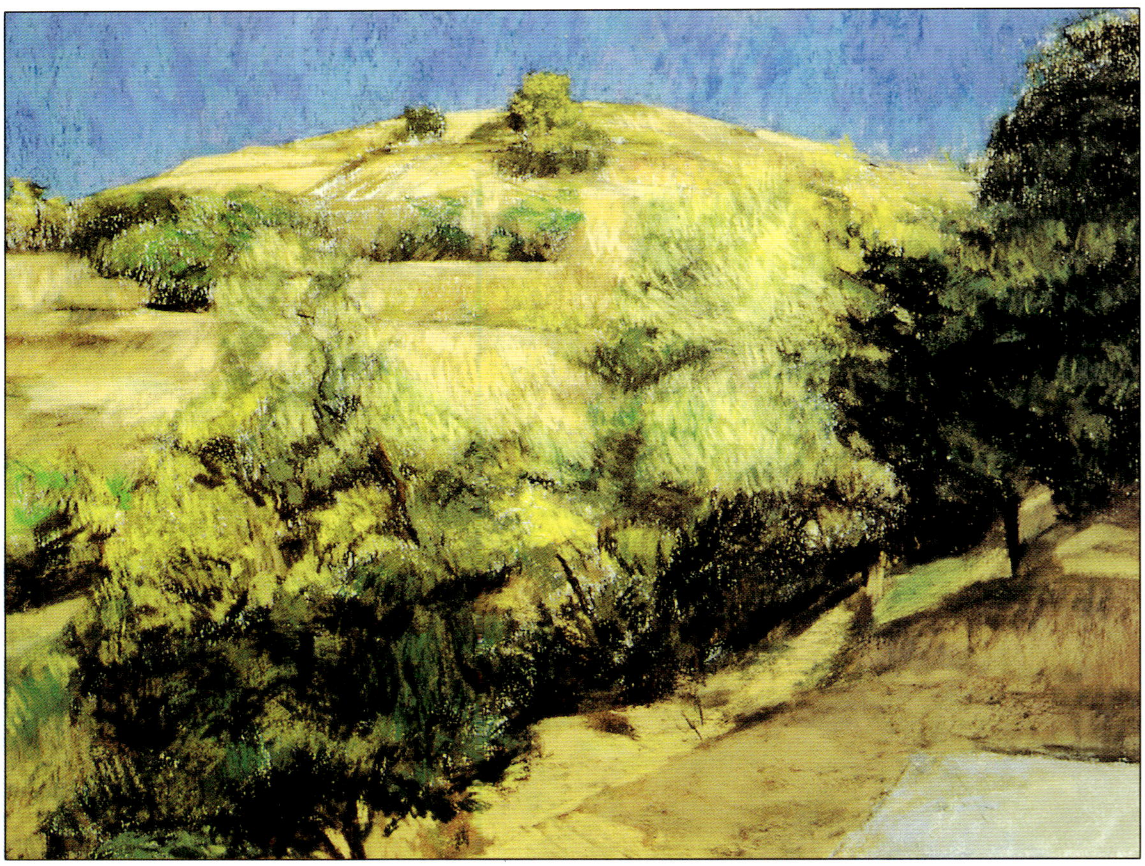

◄ James Crittenden
Hügel im Sommerlicht
Pastell wird oft mit zarten Farben in Verbindung gebracht. Daher kommt auch der Begriff „Pastelltöne". Diese Landschaft zeigt jedoch, daß durch Überlagern von Farbschichten auch im Pastell eine kraftvolle Farbgebung erreicht werden kann. Durch die deutlich sichtbaren Strichlagen wird ein Gefühl von Lebensfreude und Bewegung vermittelt. Besonders in den Baumkronen ähneln die Pastellstriche den Pinselstrichen in einem Öl- oder Acrylbild.

◄ Patrick Cullen
Fenster in der Provence
Auch in diesem Bild sind die Farbtöne in dichten Schichten aufgebaut worden. Dennoch ist die Technik eine ganz andere als in dem Bild links unten. Hier wurden mit kurzen Pastellstücken breite Schraffuren angelegt, wodurch weiche, leuchtende Farbspiele entstanden sind.

► Ken Paine
Kopf einer jungen Frau
In diesem Pastellporträt wurde die Pastellkreide sehr spontan eingesetzt. Ken Paine arbeitet mit großer Schnelligkeit. Zunächst baut er mit kurzen Pastellstücken in breiten Schraffuren eine monochrome Untermalung auf. Danach folgt eine genauere Zeichnung, und zum Schluß werden kräftige Farbakzente gesetzt. Das farbige Papier ist dabei an einigen Stellen noch sichtbar.

▼ Maureen Jordan
Rosen und Geranien
In diesem lebhaften Bild hat die Künstlerin mit der ganzen Breite der Pastelltechniken gearbeitet. Dichte Farbflächen, die an einigen Stellen vermalt worden sind, wechseln mit feinen Linienzeichnungen ab, die einzelne Blüten und Blätter herausheben. Im Vordergrund, der bei Blumenstilleben leicht langweilig wirken kann, ist mit kräftigen Strichen ein interessantes, bewegtes Muster entstanden.

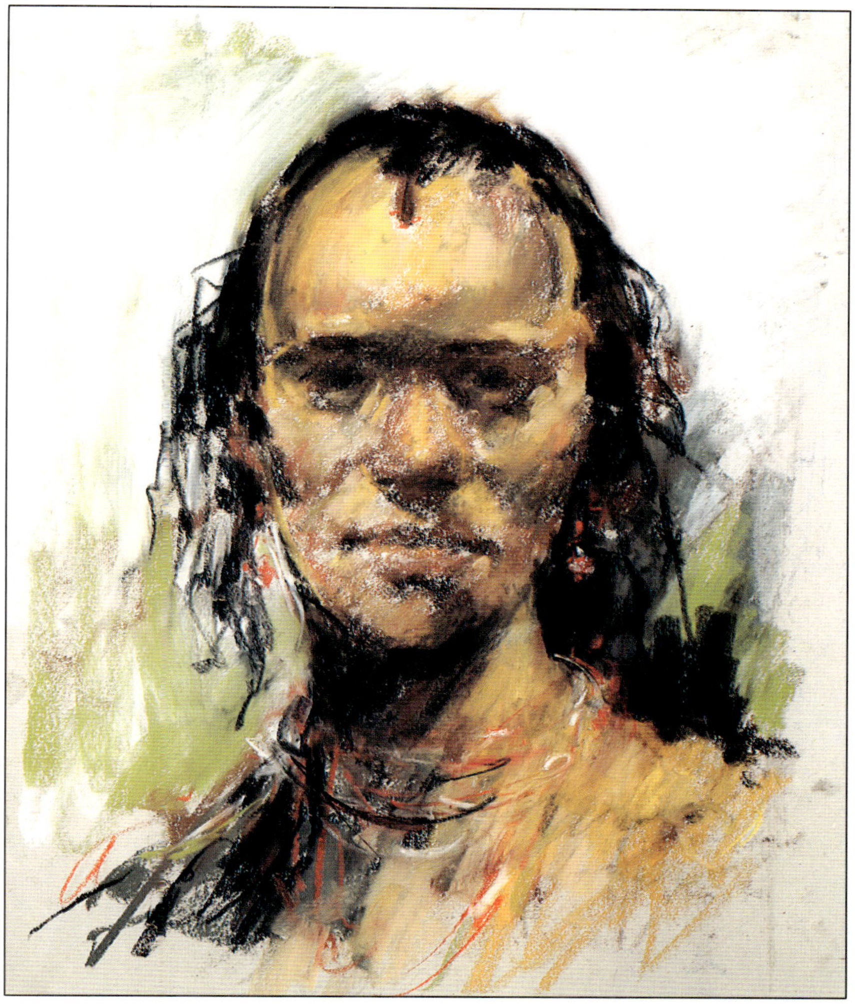

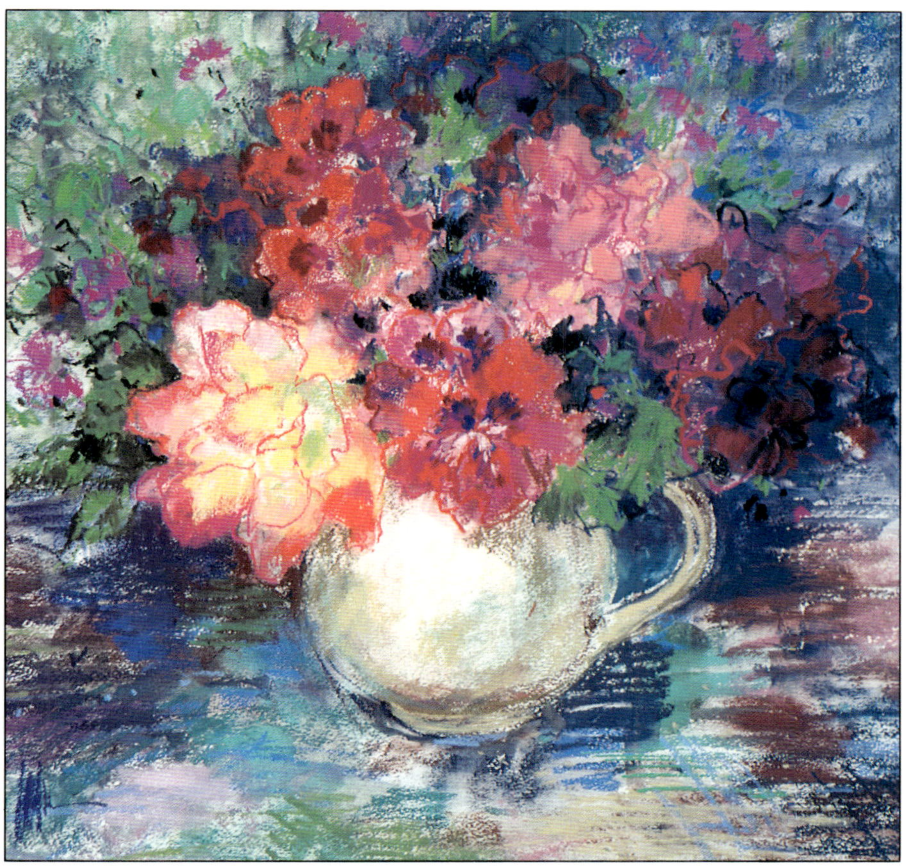

Vor- und Nachteile des Pastells

Mit den Pastellkreiden verfügt man über ein sehr direktes unmittelbares Werkzeug: Die Farben müssen nicht vor dem Auftrag auf einer Palette ausgemischt werden, und man benötigt keine Pinsel. Wie jedes Zeichenmittel sind die Pastellkreiden einfach zu handhaben und rasch einzusetzen, was sie auch für Skizzen im Freien sehr geeignet macht. Pastellkreiden zeigen zudem eine große Farbbrillanz und können wie Ölfarben in Schichten aufgebaut werden. Sie sind ein sehr vielseitiges Medium, wie man in der hier gezeigten kleinen Bildergalerie sehen kann, die die vielen verschiedenen Möglichkeiten des Pastells widerspiegelt. Einer der Vorteile der Pastellmalerei, der unmittelbare Farbauftrag, kann sich allerdings auch als Nachteil herausstellen. Da man die Farbtöne nicht vorher ausmischt, sondern direkt auf das Papier aufträgt, sollte man über eine gewisse Sicherheit im

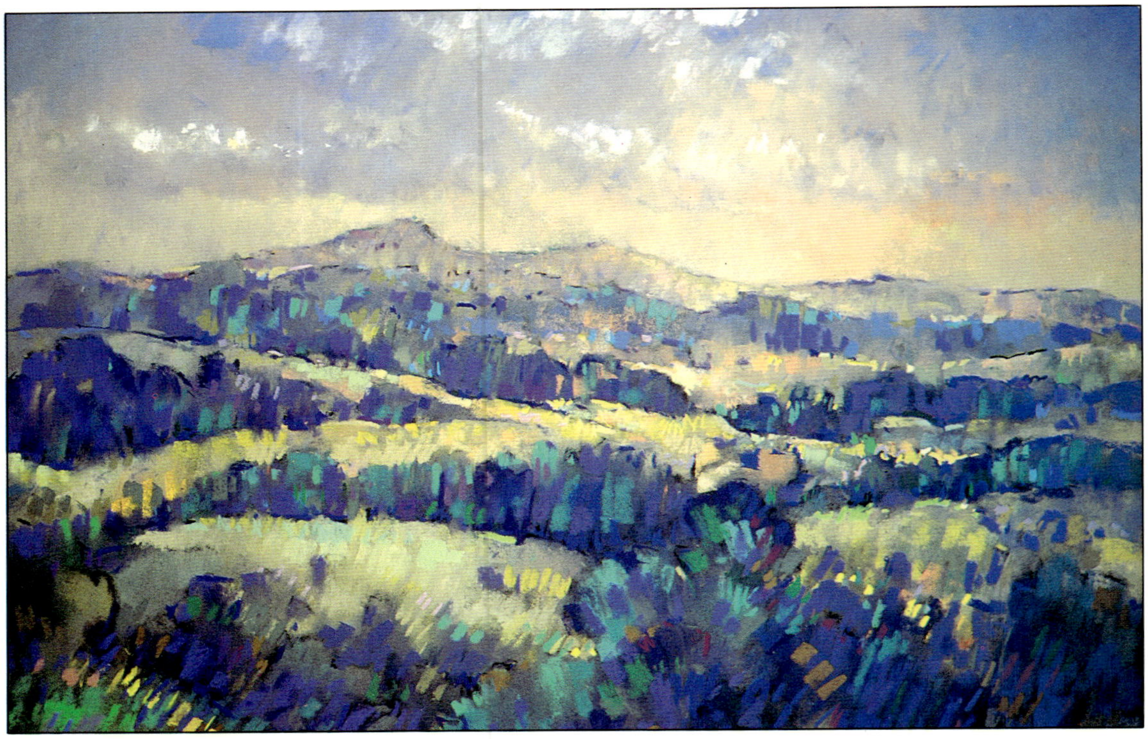

◄ Geoff Marsters

Landschaft in der Auvergne

Marsters setzt die Pastellkreiden sehr malerisch ein. Dabei hat er eine eigene Technik entwickelt. Die satte, intensive Farbgebung entsteht durch Verreiben der Pastellkreiden auf einem speziellen Bimssteinpapier. Die Kreiden werden kräftig aufgetragen, fixiert und mit weiteren Farbschichten bedeckt. Dabei kommt die Brillanz der Pastellfarben besonders gut zur Geltung.

Umgang mit den Farben verfügen, denn Korrekturen sind relativ schwer auszuführen, und Pastellkreide läßt sich nur schlecht wegradieren. Man kann Fehlstellen korrigieren, indem man weitere Farbschichten aufträgt, doch bei zu vielen Aufträgen verstopfen die Poren des Papiers, und es entsteht eine schmutziggraue Fläche.

Auf diese Schwierigkeit des Pastells machte schon einer der größten Pastellmaler des 18. Jahrhunderts, der französische Porträtmaler Maurice Quentin de La Tour, aufmerksam. Er beklagte zudem den beim Pastellmalen auftretenden Staub. Auf saubere Tische und Fußböden muß man beim Pastellmalen leider verzichten. Auch an den Fingern bleibt sehr viel Farbstaub hängen, falls man die Kreiden ohne Schutzhülse verwendet.

Ein ernsthafteres Problem ist die Zerbrechlichkeit vor allem der weichen Pastellkreiden. Drückt man zu stark oder zu heftig auf, zerbricht die Kreide und kann die Arbeit verschmieren. Selbst nach dem Fixieren können noch Pigmentteilchen abfallen und andere Flächen verschmutzen. Solange man die Arbeit nicht hinter Glas gelegt und gerahmt hat, sollte man sie daher sorgfältig mit einem Schutzpapier abdecken.

Von diesen kleinen Problemen abgesehen, sind Pastellkreiden ein wundervolles Mal- und Zeichenmittel. Hat man sich erst einmal mit ihren Eigenschaften vertraut gemacht, kann man sich ihrem Reiz kaum noch entziehen.

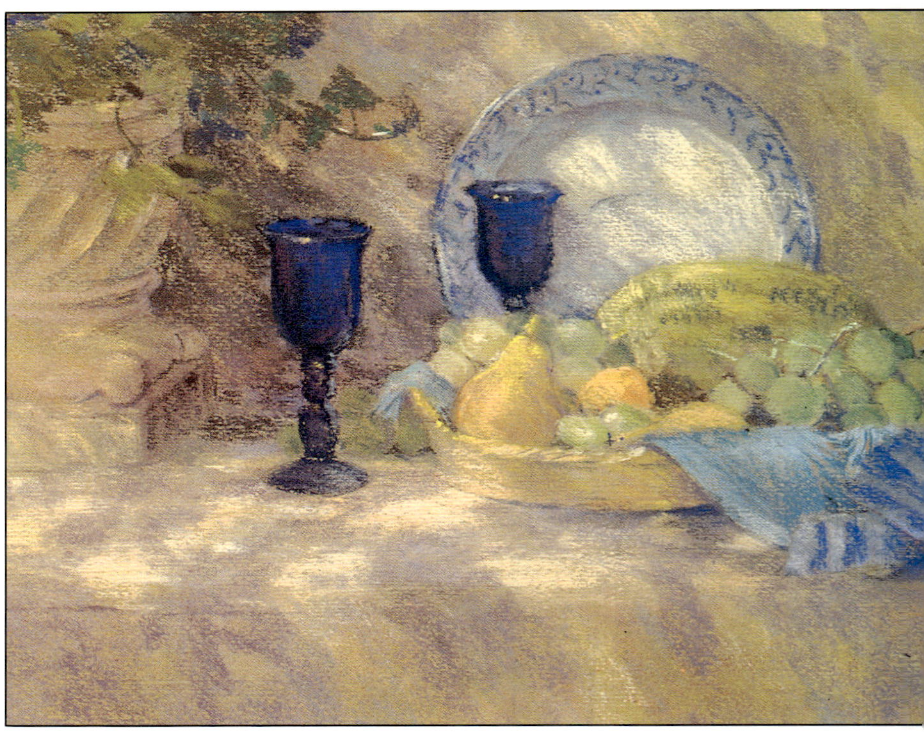

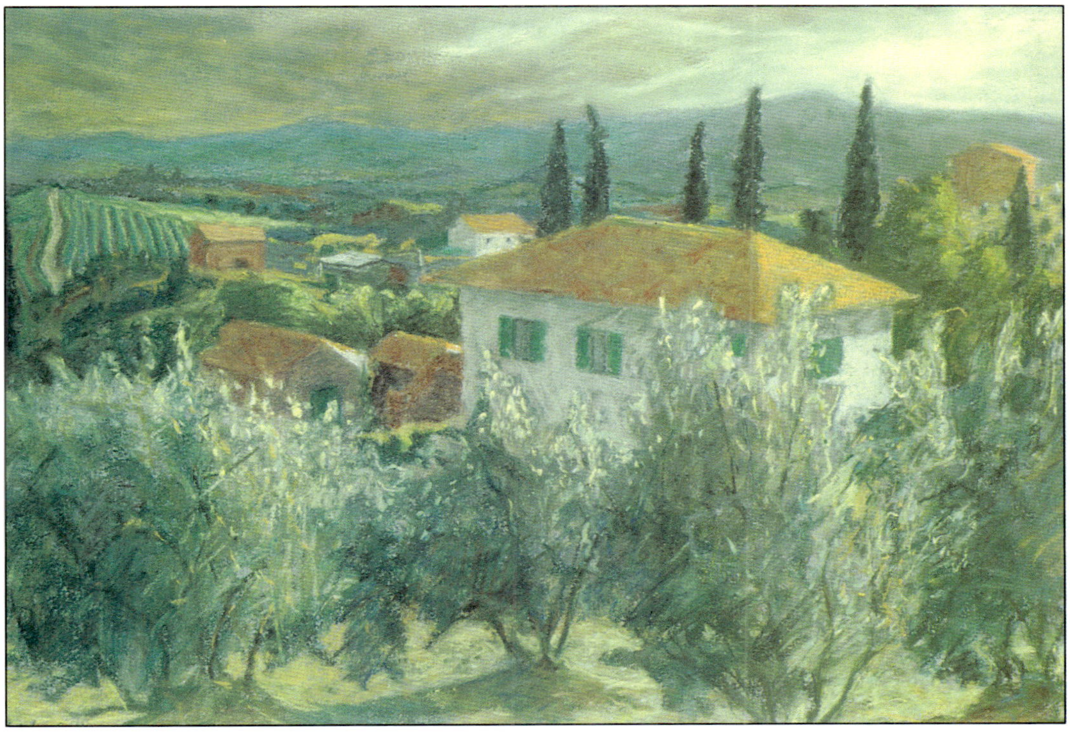

◄ Patrick Cullen

Casa de Lido

Im Unterschied zur Landschaft auf der linken Seite ist diese atmosphärische Studie naturalistisch ausgearbeitet worden. In der Technik gibt es jedoch Gemeinsamkeiten. Auch hier wurde die Pastellkreide in dichten Schichten aufgetragen. Cullen arbeitet meist auf Sandpapier oder schwerem Aquarellpapier, das er mit Aquarellfarbe abtönt.

► Geoff Marsters

Bootshaus

Dieses detailreiche Motiv mit den vielen Winkeln mag für das weiche Pastell, das meist in breiteren Schraffuren angelegt wird, auf den ersten Blick als ungeeignet erscheinen. Bei näherer Betrachtung sieht man jedoch, daß es dem Künstler gelungen ist, selbst scharfe Linien und Kanten mit lockeren, freien Strichen wiederzugeben. Diese Wirkung beruht vor allem auf den starken Kontrasten in Tonwert und Farbe.

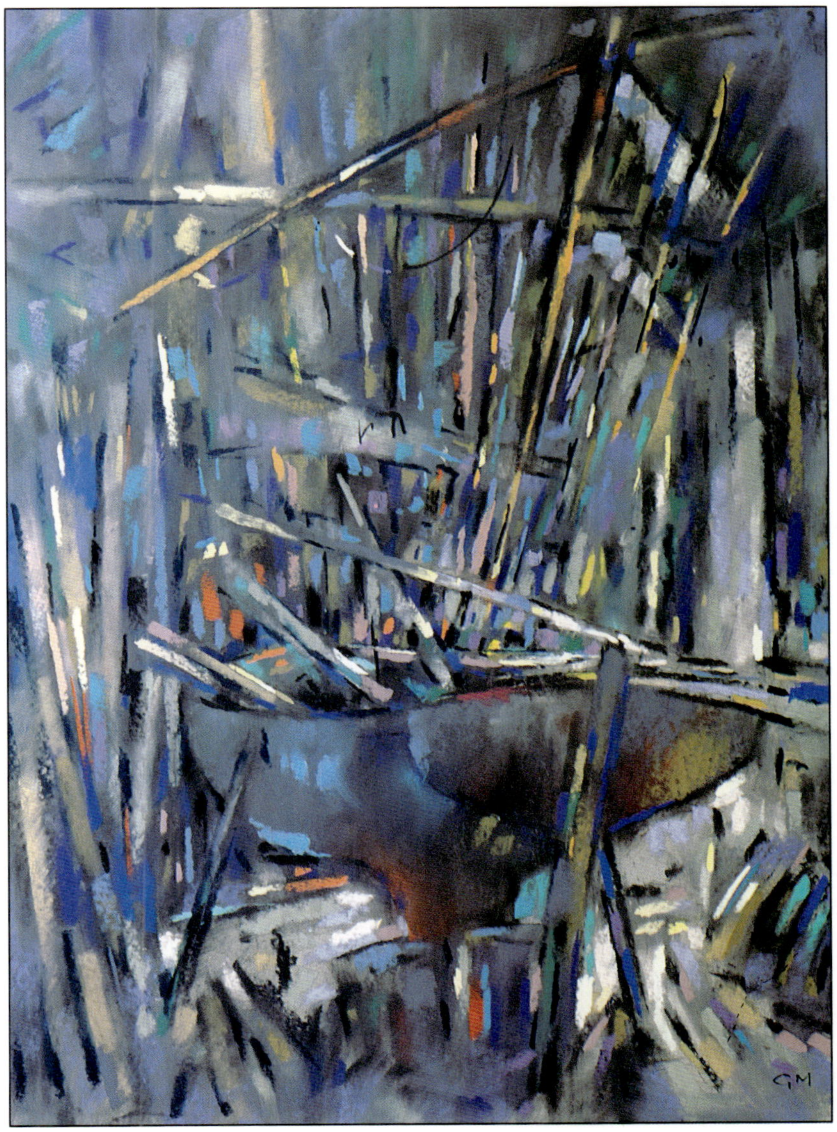

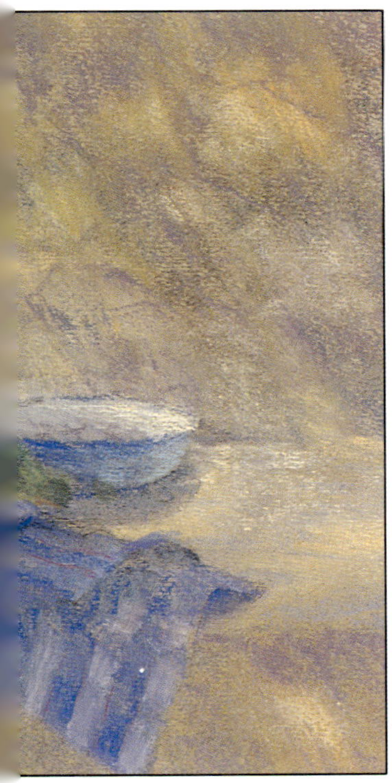

◄ Jackie Simmonds

Stilleben mit blauem spanischen Glas

In diesem ruhigen Bild wurde mit der Pastellkreide eine Vielzahl von Texturen geschaffen. Das blaue Glas entstand aus mehreren weich vermalten Pastellschichten, die die glatte Oberfläche wiedergeben. Die Mitte des Tellers wurde hingegen nur mit einigen Strichlagen angelegt, um die rauhe Textur anzudeuten. Im Hintergrund wurden einige Farbtöne leicht übereinander schraffiert.

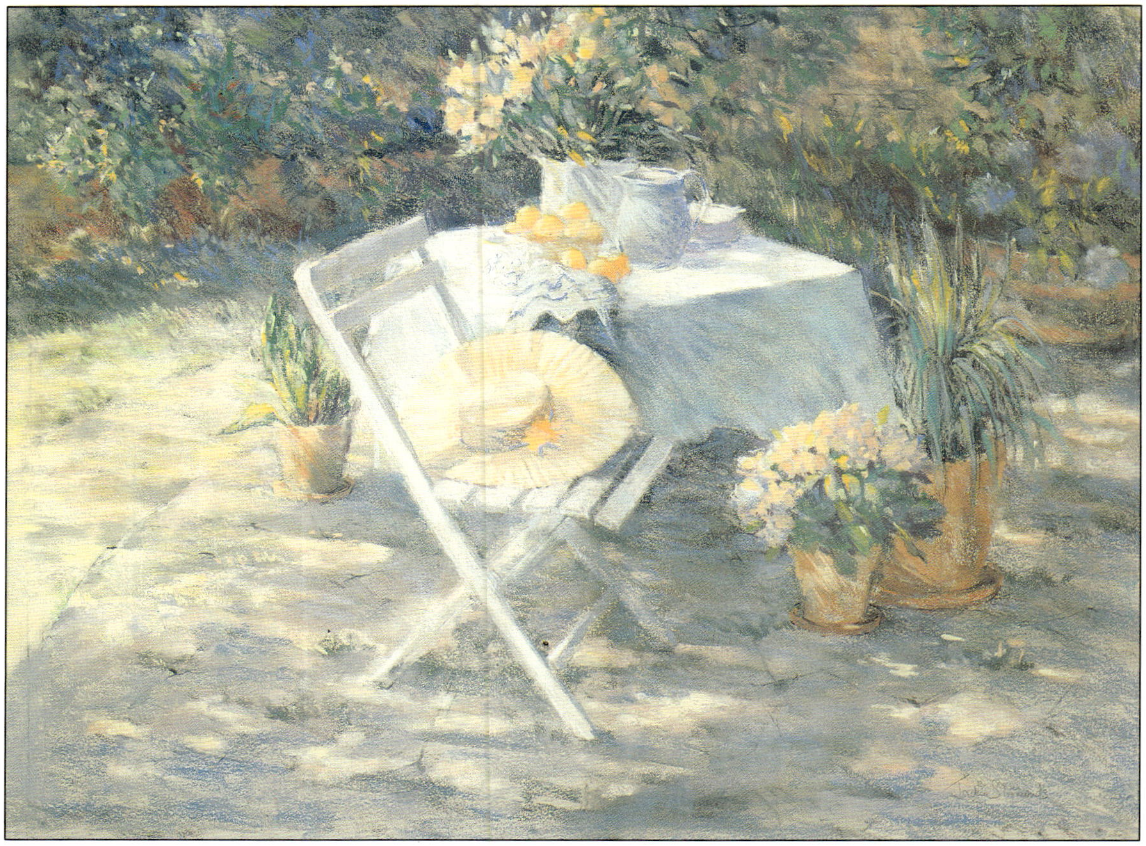

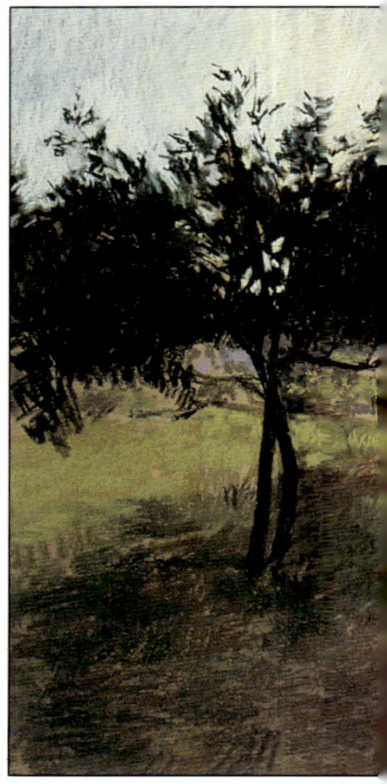

▲ Jackie Simmonds

Tee auf der Terrasse

Dieses sonnige, heitere Bild entspricht vielleicht am ehesten dem, was man sich im allgemeinen unter Pastell vorstellt. Die Farben sind hell und frisch, die Technik ist zart. Diese Merkmale des Bildes beruhen jedoch eher auf den technischen Fähigkeiten und den Farbkenntnissen der Künstlerin als auf den Eigenschaften der Pastellkreiden.

▼ Elizabeth Moore

Stilleben mit Birnen und Pflaumen

Dieses Stilleben wurde mit Ölpastellkreiden gemalt, einem Medium, das in vielem der Ölfarbe ähnelt. Ölpastellkreide läßt sich leichter kontrollieren als weiche Pastellkreide. Das Bild lebt von dem Kontrast zwischen tiefen, satten Farben und weichen Lichtakzenten, wie sie vor allem auf den Pflaumen zu finden sind.

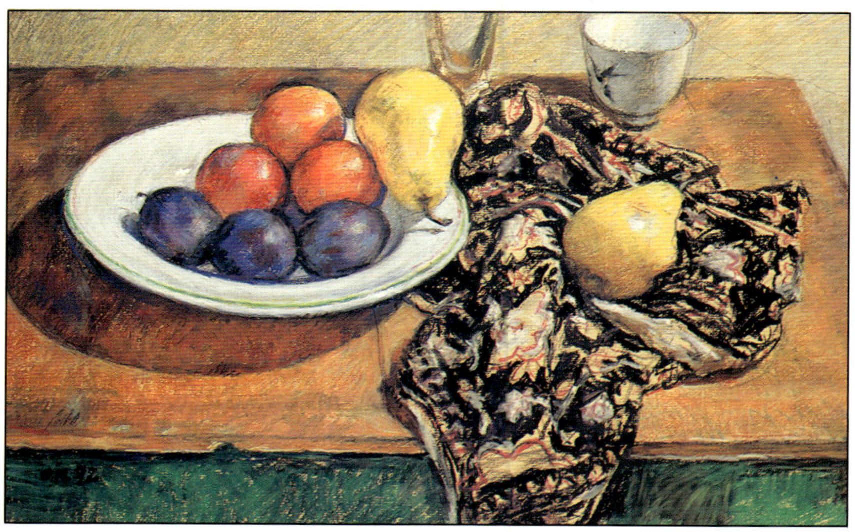

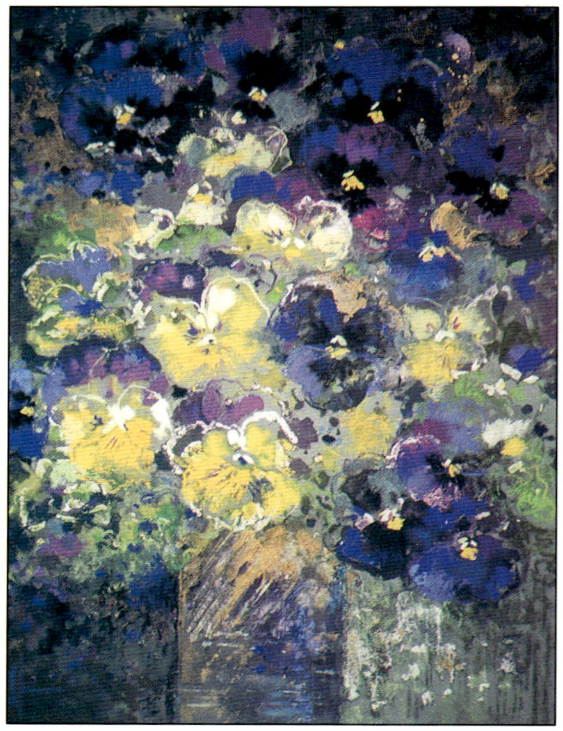

▲ Maureen Jordan

Stiefmütterchen

Die charakteristische körnige Textur der Pastellkreide kann von dem Kontrast mit einem glatteren Malmittel sehr profitieren. Die Künstlerin hat hier Pastellkreiden mit Acrylfarben kombiniert, wobei die Untermalung in Acrylfarbe satte, intensive Farben vorgibt.

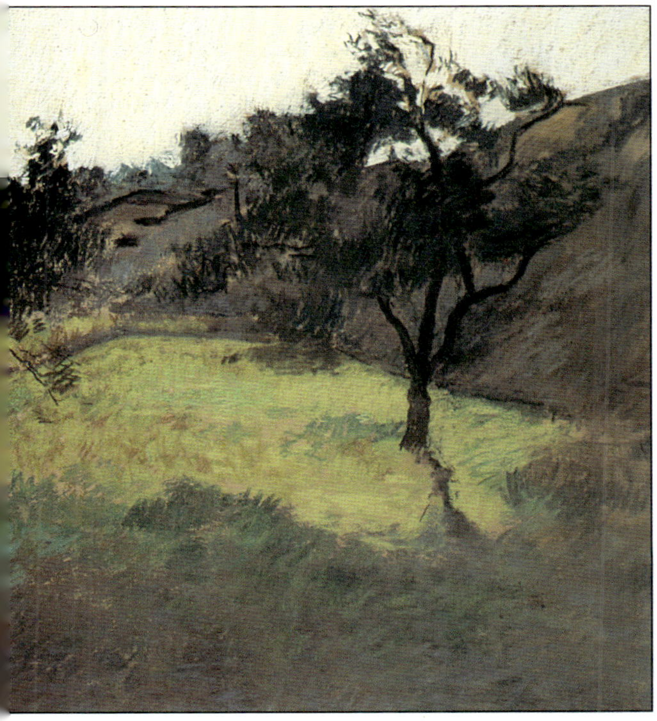

◄ James Crittenden

Orangenhain am Abend

In diesem Pastell wurden die zeichnerischen und malerischen Eigenschaften der Pastellkreiden zu einer harmonischen Einheit verbunden. Was zunächst wie eine einheitliche Farbfläche wirkt, der Himmel und das Gras, entpuppt sich bei näherem Hinsehen als ein feines Netz von Linien und Strichen, die mit der Pastellspitze geschaffen wurden. Die Blätter der Bäume entstanden dagegen aus schnellen, fast kalligraphischen Zeichen.

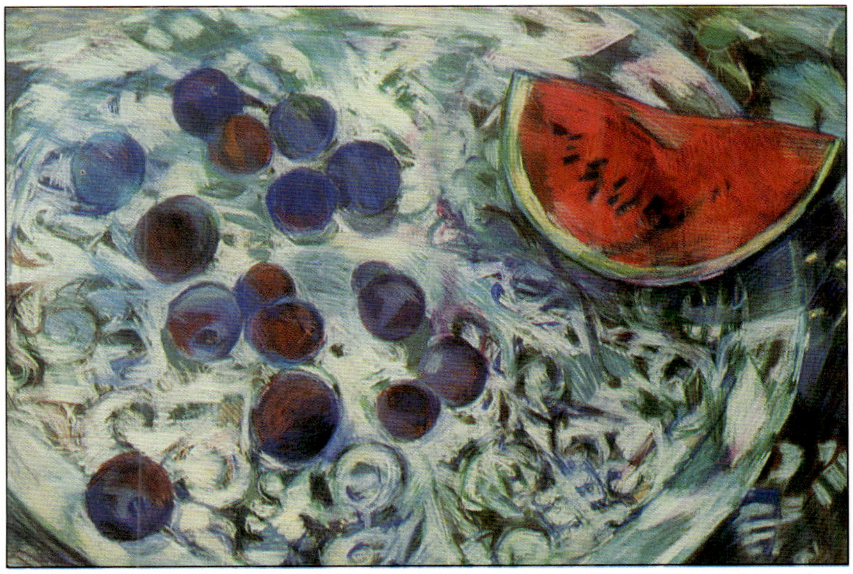

► Pip Carpenter

Spiel von Licht und Schatten

Auf den ersten Blick mag es scheinen, als sei bei diesem auf dunkelgrünem Papier entstandenen Bild mit Ölpastellkreiden gearbeitet worden. Tatsächlich handelt es sich jedoch um weiche Pastellkreide, die kräftig ins Papier gerieben und immer wieder fixiert wurde. Den Künstler faszinierten an dem Motiv vor allem die Lichtreflexe auf den verschiedenen Oberflächen, auf den Früchten und dem Eisentisch.

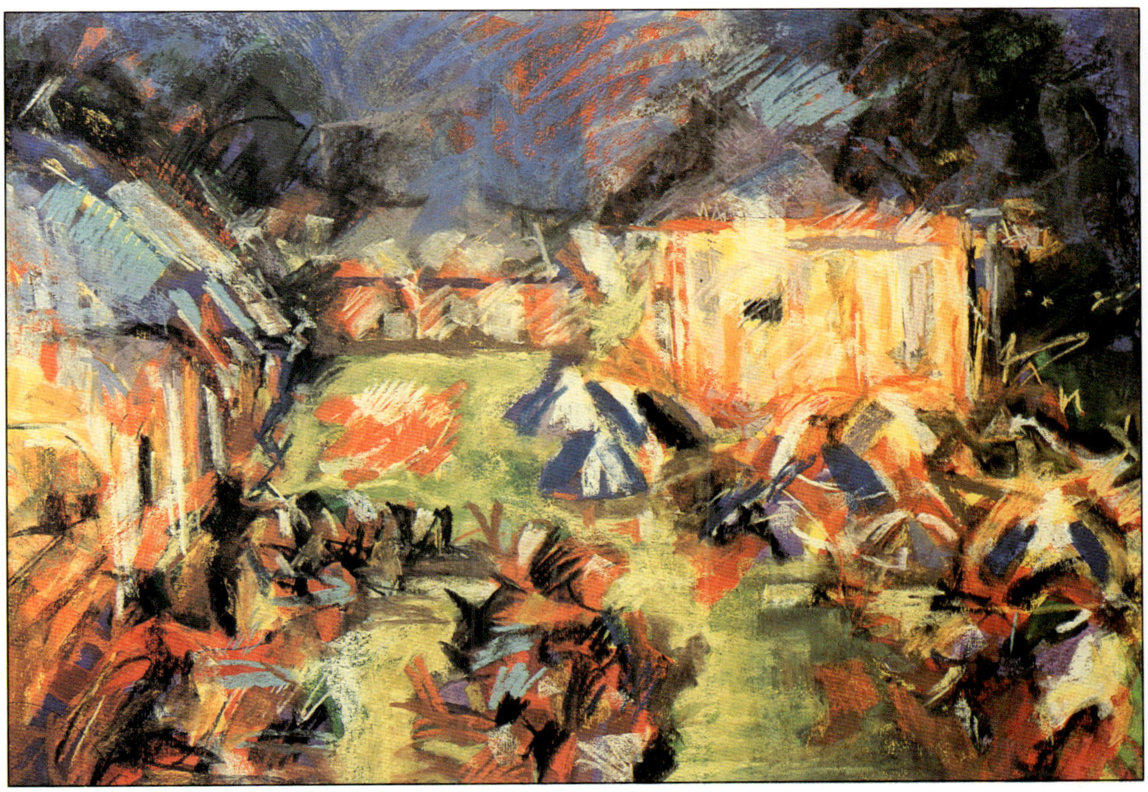

◄ Judy Martin

Musikpavillon

Dieses Bild lebt von seiner Farbgebung. Auch hier wurden Acrylfarben und Pastellkreiden kombiniert. Die Untermalung in Acrylfarben gab die Farbskala in Rot- und Gelbtönen vor. Darauf wurden kontrastierende Pastellfarbtöne in kräftigen Strichlagen aufgetragen. Deutlich ist dies zum Beispiel im Himmel zu sehen, in dem blaue Pastellstriche über die rote Acrylfarbe gelegt wurden.

Pastellsorten

Bei den Pastellkreiden lassen sich drei Hauptsorten unterscheiden: weiche Pastellkreide, harte Pastellkreide und Pastellstifte sowie Ölpastellkreiden. Alle Pastellsorten werden auf die gleiche Weise hergestellt: Fein geriebene Pigmente werden mit einem Füllstoff wie Kreide gestreckt und mit einem leichten Bindemittel, meist mit dem Pflanzengummi Tragant, gebunden.

Weiche Pastellkreiden

Bei der Herstellung von weichen Pastellkreiden wird eine nur geringe Menge an Bindemittel beigefügt. Dadurch weisen sie eine große Farbbrillanz auf, sind aber andererseits auch sehr zerbrechlich und von pulvriger Konsistenz. Weiche Pastellkreide ist die am häufigsten verwendete Pastellsorte. Sie kann jedoch auch sehr gut mit harten Kreiden oder Pastellstiften kombiniert werden.

Harte Pastellkreiden

Harte Pastellkreiden enthalten mehr Bindemittel und haben eine feinere Konsistenz als weiche Pastellkreiden. Sie zerbrechen nicht so schnell und können für die Zeichnung von Details fein zugespitzt werden. Einige Künstler verwenden ihre Breitseite, um große Farbflächen zur Vorbereitung eines Gemäldes anzulegen. Aufgrund ihrer Konsistenz ist es mit harten Kreiden leichter, Farbschichten aufzubauen. Harte Pastellkreiden eignen sich zudem ausgesprochen gut für zeichnerische Techniken. Die Farbskala ist im Vergleich zu der überwältigenden Farbenvielfalt bei weichen Kreiden etwas eingeschränkter.

Pastellstifte

Pastellstifte sind harte Pastellkreiden in Stiftform. Sie werden vor allem zum Zeichnen eingesetzt, denn man kann mit ihnen ausgezeichnet kleine Stellen und Details in einem Bild ausarbeiten oder auch Vorzeichnungen anlegen. Mit normalen Graphitstiften sollte man in einem Pastell nie vorzeichnen, da Graphit leicht fettig ist und die nachfolgenden Pastellfarben abstößt.

Ölpastellkreiden

Diese Kreiden sind mit Öl gebunden und können daher nicht immer mit anderen Pastellsorten zusammen verwendet werden. Sie sind aber eine ausgezeichnete Alternative zu den weichen Kreiden und lassen sich ebenso weich und malerisch verarbeiten. Besonders interessante Ergebnisse kann man auch erzielen, wenn man die Kreiden mit Terpentin oder Terpentinersatz auflöst und mit einem Pinsel auf dem Papier verteilt. Man kann die Stifte auch mit Terpentin befeuchten, um weiche malerische Übergänge zu schaffen, oder bereits angelegte Farbflächen mit einem Pinsel, der in Terpentin getaucht wurde, vermalen. Bisher ist die Farbskala bei Ölpastellkreiden noch relativ begrenzt. Dank der steigenden Nachfrage beginnen sich die Hersteller aber auf ein größeres Angebot umzustellen.

Verschiedene Tonstufen

Bei einem Öl- oder Acrylbild, wie auch bei einem Aquarell, genügen einige wenige Farben, mit denen man nach Bedarf beliebig viele andere Farbtöne ausmischen kann. Pastellkreiden können jedoch nicht vorgemischt werden. Daher benötigt man ein weit größeres Spektrum verschiedener Farbtöne. Die richtige Farbauswahl, die den Geldbeutel nicht zu sehr strapaziert, kann zu einem Problem werden.
Viele Hersteller bieten jedoch Anfängersortimente an, die auf bestimmte Motivgruppen zugeschnitten sind. Es gibt zum Beispiel kleine und große Sortimente für die Themen Landschaft oder Porträt. Ein

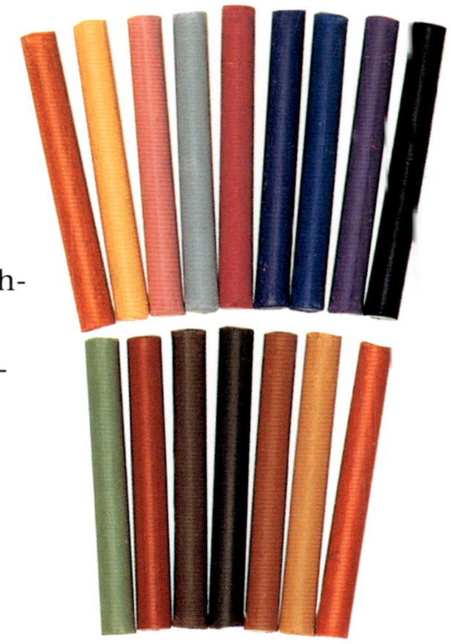

Ölpastellkreiden

Pastellstifte

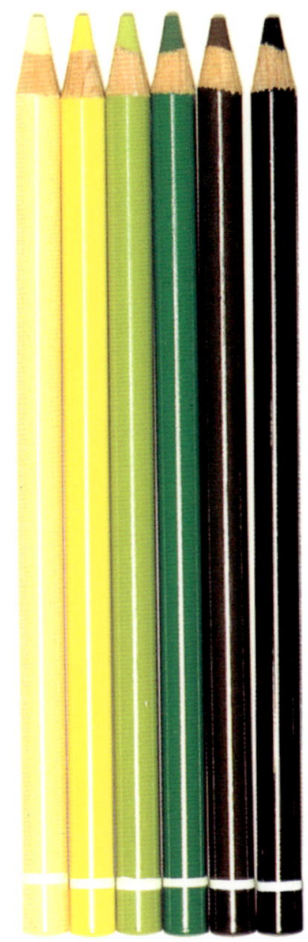

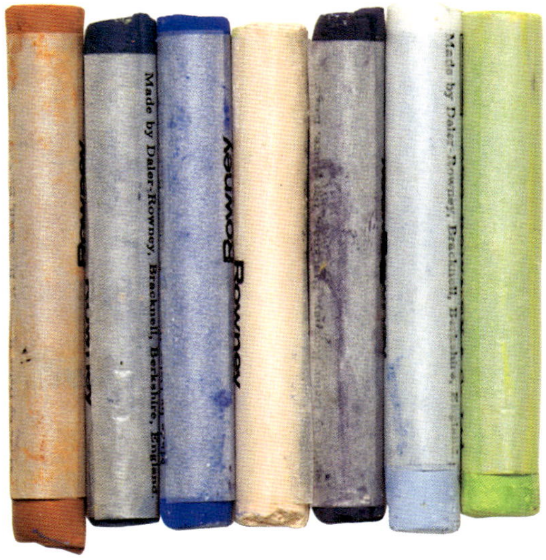

Weiche Pastellkreiden

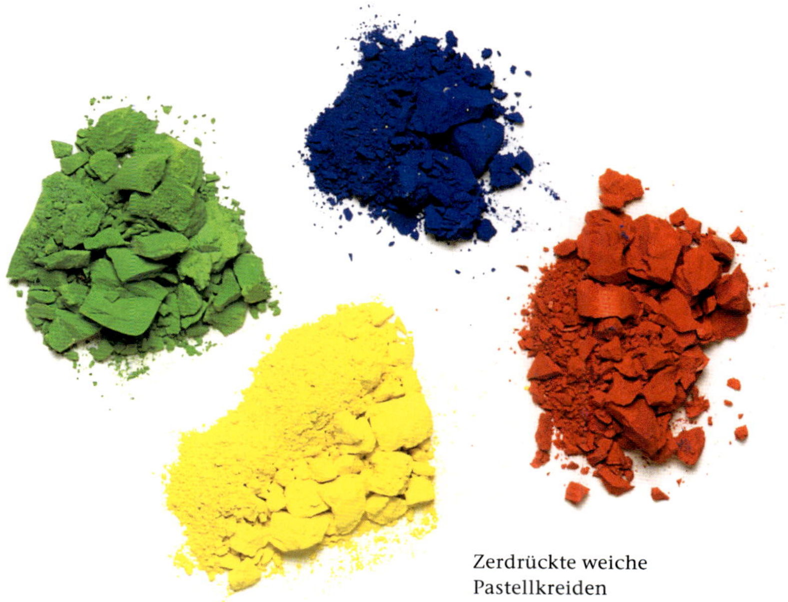

Zerdrückte weiche Pastellkreiden

solches Einsteigerset bildet für den Anfang eine gute Grundlage.
Kennt man sich mit Farben schon ein wenig aus, kann man die Farbtöne auch einzeln kaufen und ein eigenes Sortiment zusammenstellen. Dabei wird ihnen auffallen, daß einige Kreiden einen Namen und eine Nummer tragen. Die Zahl bezeichnet die Tonstufe, zum Beispiel eine helle oder dunkle Variante von Ultramarinblau. Alle Pastellfarben werden in einem reinen Farbton sowie einer hellen und einer dunklen Nuance ausgeliefert. Helle Tonstufen werden durch Zugabe von Weiß, dunkle durch Zugabe von Schwarz ermischt. Leider weichen die Bezeichnungen und Bezifferungen bei den verschiedenen Herstellern stark voneinander ab. Mit zunehmender Erfahrung wird man jedoch die gewünschte Farbe schnell finden.

Variationen

Bei den einzelnen Farbskalen der Pastellsortimente gibt es große Unterschiede. Wenn man also seine Farbauswahl erweitern möchte, sollte man Kreiden verschiedener Hersteller ausprobieren.
Erfahrene Künstler sind mit den unterschiedlichen Angeboten vertraut und wählen oft spezielle Farbtöne aus, die nur von einem bestimmten Hersteller geliefert werden. In einem Profi-Malkasten befinden sich also Kreiden von verschiedenen Herstellern und Fabrikaten.
Auch die Konsistenz der Kreiden ist von Hersteller zu Hersteller sehr unterschiedlich. Einige „weiche“ Kreiden sind relativ hart, während andere so weich sind, daß sie schon beim Aufnehmen zerbrechen und mit dem Finger verrieben werden müssen. All dies findet man jedoch selbst durch ständiges Ausprobieren heraus.

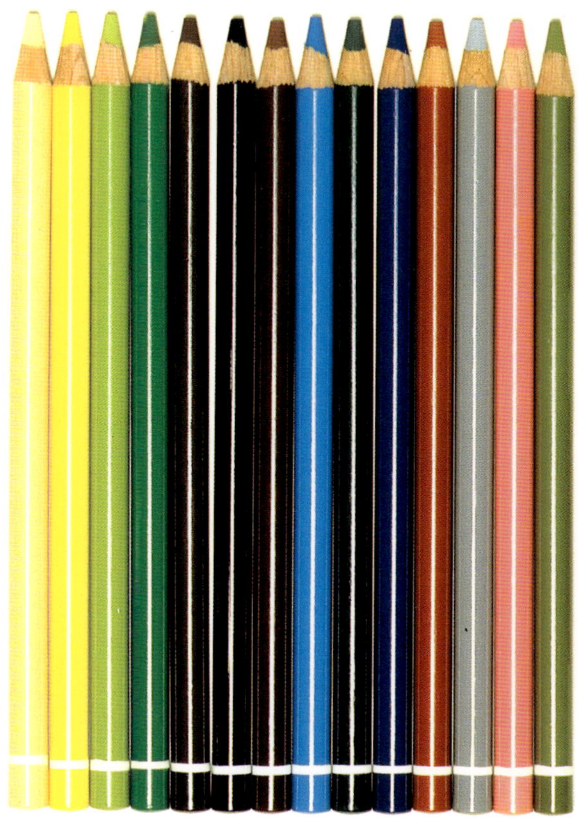

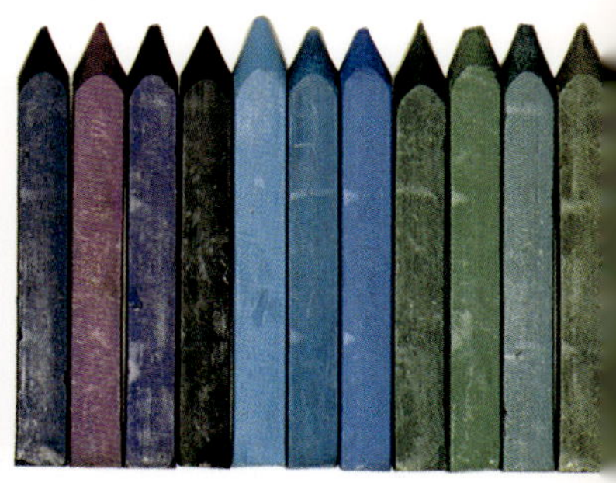

Harte Pastellkreiden

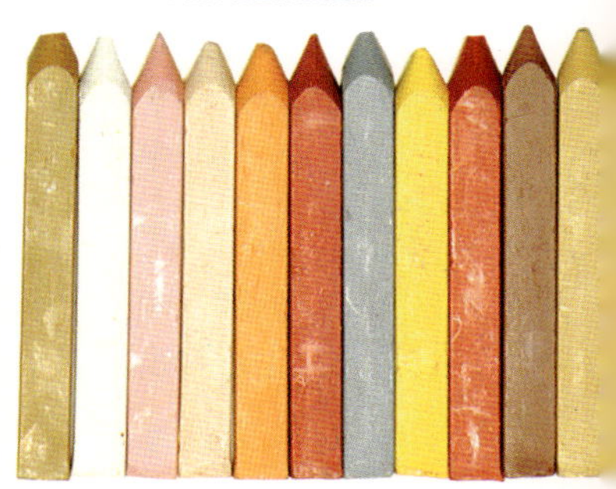

Pastellstifte

Material und Zubehör

Papier

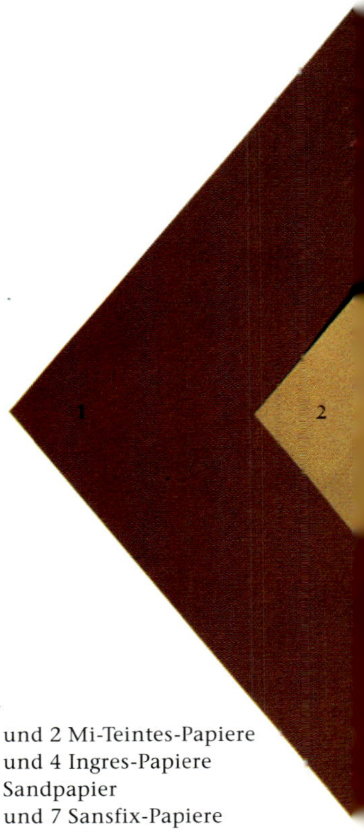

1 und 2 Mi-Teintes-Papiere
3 und 4 Ingres-Papiere
5 Sandpapier
6 und 7 Sansfix-Papiere
8 Aquarellpapier

Die Wahl des Papiers ist im Pastell von besonderer Bedeutung, da seine Farbe und Textur die Bildwirkung entscheidend mitbestimmen. Pastelle werden meist auf einem farbigen Grund angelegt. Das Papier muß zudem eine relativ starke Körnung aufweisen, um den Pastellstaub halten zu können. Arbeitet man auf einem zu glatten Papier, fällt der Farbstaub ab, und es ist unmöglich, eine dichte Farbschicht anzulegen.

Papier und Textur

Auf farbigem Papier zu arbeiten, hat einen ganz pragmatischen Grund. Es ist manchmal sehr schwierig, ja unmöglich, das gesamte Blatt mit Pastellfarbe zu bedecken. Selbst wenn man eine Pastellkreide mit der Breitseite dick aufstreicht, scheint noch ein Teil des Papiers durch. Diese kleinen weißen Flecken zwischen den einzelnen Pastellstrichen können eine gleichmäßige Farbwirkung stören und die Farbtöne verändern. Daher arbeitet man gewöhnlich auf einem Papier, dessen Farbe mit der gewünschten farblichen Gesamtwirkung des Pastellbildes kontrastiert oder sich harmonisch in diese einfügt.
Bei Pastellpapieren gibt es zwei Standardsorten: Ingres- und Mi-Teintes-Papier, wobei es sich nicht um Herstellernamen handelt, sondern um Bezeichnungen für die Papiersorte. Beide Papiere gibt es in vielen Farben, und beide besitzen eine körnige Textur, die die Pigmente festhält. Ingres-Papier hat feine, gleichmäßige Linien, Mi-Teintes-Papier ein Raster, das feinem Maschendraht ähnelt. Man sollte beide einmal ausprobieren. Beim Mi-Teintes-Papier kann man auch die „falsche", glatte Seite verwenden, wenn für ein bestimmtes Motiv die Körnung zu grob erscheint.
Schwieriger ist die Wahl der richtigen Farbe, da man dabei das fertige Bild bereits vor Augen haben sollte. Man kann die Farbe nach der allgemeinen Farbgebung des Bildes auswählen und einige Stellen unbe-

Fixative

Es gibt zwar Künstler, die Fixative ablehnen und sie so selten wie möglich verwenden, aber als Anfänger sollte man seine Pastelle auf jeden Fall fixieren. Solange man die Bilder nicht hinter Glas legen und rahmen kann, können sie leicht verschmieren. Bevor sie in eine Mappe gelegt werden, sollten sie daher mit einem Fixativ besprüht werden. Und selbst nach dem Fixieren ist es ratsam, zum Schutz ein Blatt Papier auf die Bildoberfläche zu legen.
Fixative neigen allerdings dazu, die Farben dunkler zu machen, und sie verlieren etwas von ihrer feinen, typischen Struktur, die durch den Pastellstaub entsteht. Ein in Schichten aufgebautes Bild muß jedoch unbedingt nach jeder Schicht fixiert werden, um neue Farben anlegen zu können.
Sprühen Sie so leicht wie möglich. Mehrere sparsame Anwendungen sind besser als eine einzige ausgiebige Fixierung. Arbeiten Sie solange nicht weiter, bis das Fixativ ganz eingetrocknet ist.
Man kann zum Fixieren entweder eine Flasche Fixativ mit einem Mundzerstäuber verwenden oder eine Sprühdose. Sprühfixative sind heutzutage „umweltfreundlich" (FCKW-frei) und ergeben einen feinen Sprühnebel. Solche Sprays sind allerdings relativ teuer. Als billigere Alternative bietet sich ein geruchsneutrales Haarspray an.

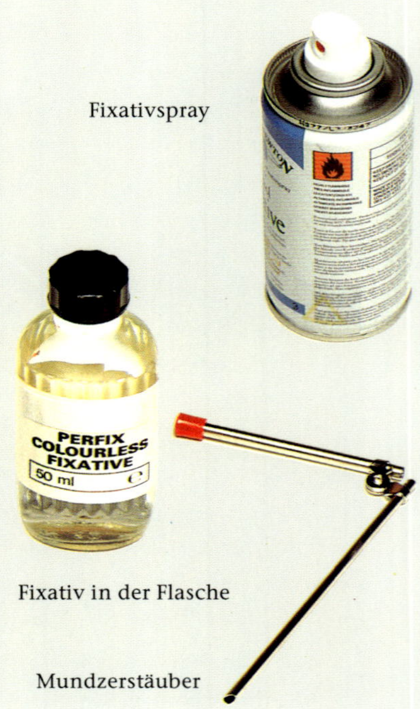

Fixativspray
Fixativ in der Flasche
Mundzerstäuber

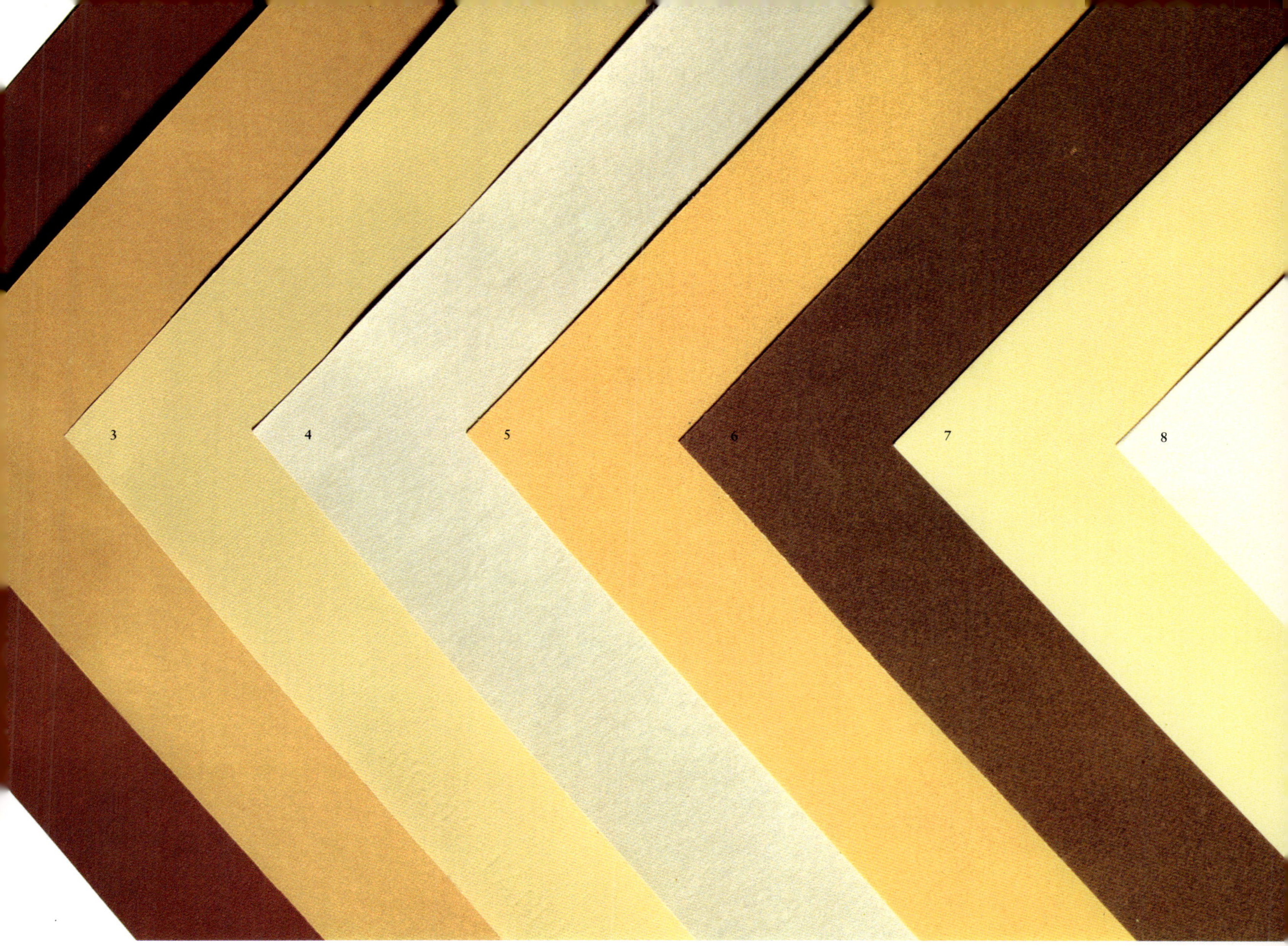

deckt lassen. Ein blaugraues Papier eignet sich zum Beispiel gut für eine Landschaft oder ein Seestück unter einem wolkigen Himmel. Teile des Papiers bleiben dann zur Unterstützung der Wiedergabe von Himmel und Wasser unbedeckt stehen. Man kann auch eine kontrastierende Farbe wählen wie zum Beispiel ein Gelb für eine Schneeszene, die vorwiegend aus blauen und blaugrauen Farbtönen besteht. Am Anfang arbeitet man allerdings am besten mit einer neutralen Farbe in mittlerem Tonwert wie einem hellen Grau oder Beige.

Andere Papiersorten

Man kann auch auf einer Vielzahl von Papieren arbeiten, die nicht speziell für das Pastell gedacht sind wie zum Beispiel auf grobem Aquarellpapier. Die rauhe Körnung hält die Pastellstriche gut und läßt sogar das Anlegen dichter Farbschichten zu. Aquarellpapiere können zudem im Vorfeld mit Aquarellfarben eingefärbt werden. Speziell für das Pastell werden drei Papiersorten hergestellt, auf denen besonders dichte Farbschichten aufgebaut werden können: Sandpapier, Velourspapier und Sansfix-Papier.

Das Sandpapier entspricht in der Qualität dem, das Sie auch aus der herkömmlichen Verwendung in einer Schreinerei oder im Haushalt kennen. Im Künstlerfachhandel gibt es verschiedene Größen und Körnungen. Velourspapier hat eine samtige Oberfläche, auf der eindrucksvolle weiche Linien stehen bleiben. Sansfix-Papier gleicht dem Sandpapier, besitzt jedoch eine etwas geringere Körnung.

Linien und Striche

Mit Pastellkreiden kann man sowohl zeichnerisch als auch malerisch arbeiten. Es ist dabei durchaus möglich, ein Pastellbild zu schaffen, in dem alle Farbtöne weich vermalt und keine Linien oder Zeichen mehr sichtbar sind. Doch der eigentliche Reiz der Pastellkreide liegt gerade darin, malerische und zeichnerische Ausdrucksformen miteinander verbinden zu können. Als im 18. Jahrhundert die Pastellmalerei sehr populär wurde, schufen Jean-Etienne Liotard und Maurice Quentin de La Tour Pastellbilder, deren glatte Oberfläche den zeitgenössischen Ölgemälden ähnelte. Heute werden meist die zeichnerischen Aspekte der Pastellkreide stärker betont und ihre dynamischen, linearen Qualitäten herausgearbeitet.

Am Anfang sollte man sich in einigen Übungen mit den Eigenschaften der Pastellkreiden vertraut machen. Probieren Sie auf einem Stück Papier unterschiedliche Kreiden aus, und entdecken Sie die verschiedenen Möglichkeiten, Linien zu ziehen und Schraffuren zu erstellen. Die Spitze der Pastellkreide ergibt eine große Vielfalt verschiedener Zeichen, je nach ausgeübtem Druck, der Schärfe oder Stumpfheit der Spitze und der Haltung der Kreide. Drücken Sie anfangs fest auf, und lassen Sie dann im Druck nach und die Linie leicht auslaufen. Führen Sie die Kreide im Zickzack oder legen Sie breite Schraffuren an.

Pastellkreide ist zwar weich und zerbrechlich, man kann aber ganz feine Linien ziehen, wenn man eine Kreide in zwei Stücke bricht und mit dem abgebrochenen Ende zeichnet. Die feinsten Details lassen sich natürlich mit harten Pastellkreiden erzielen. Man sollte aber mit beiden Sorten, den weichen und den harten Pastellkreiden, experimentieren.

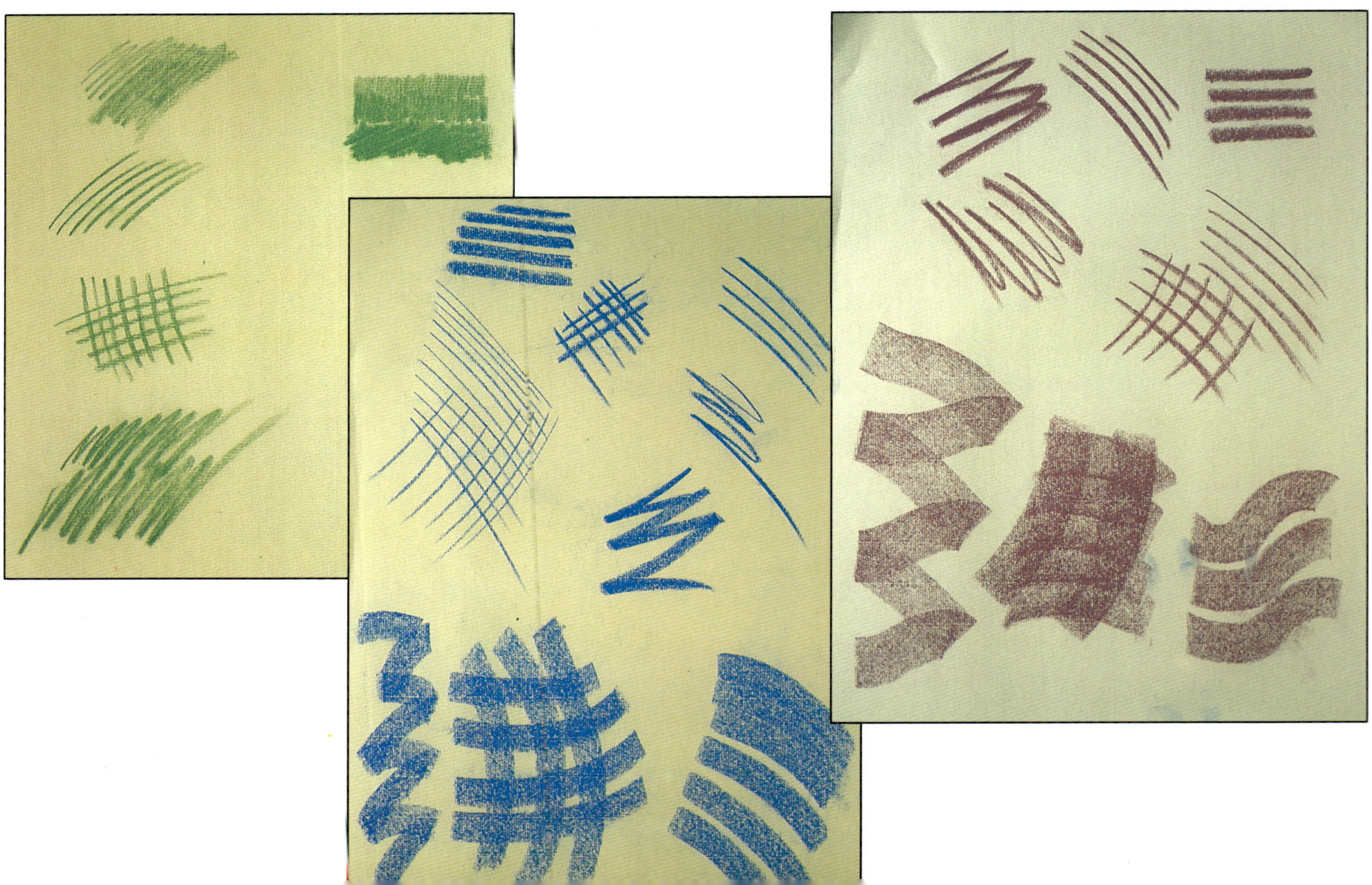

▼ *Diese Übungen zeigen die Vielfalt an Linien, die mit der Spitze und der Längsseite der Kreide erzielt werden können.*

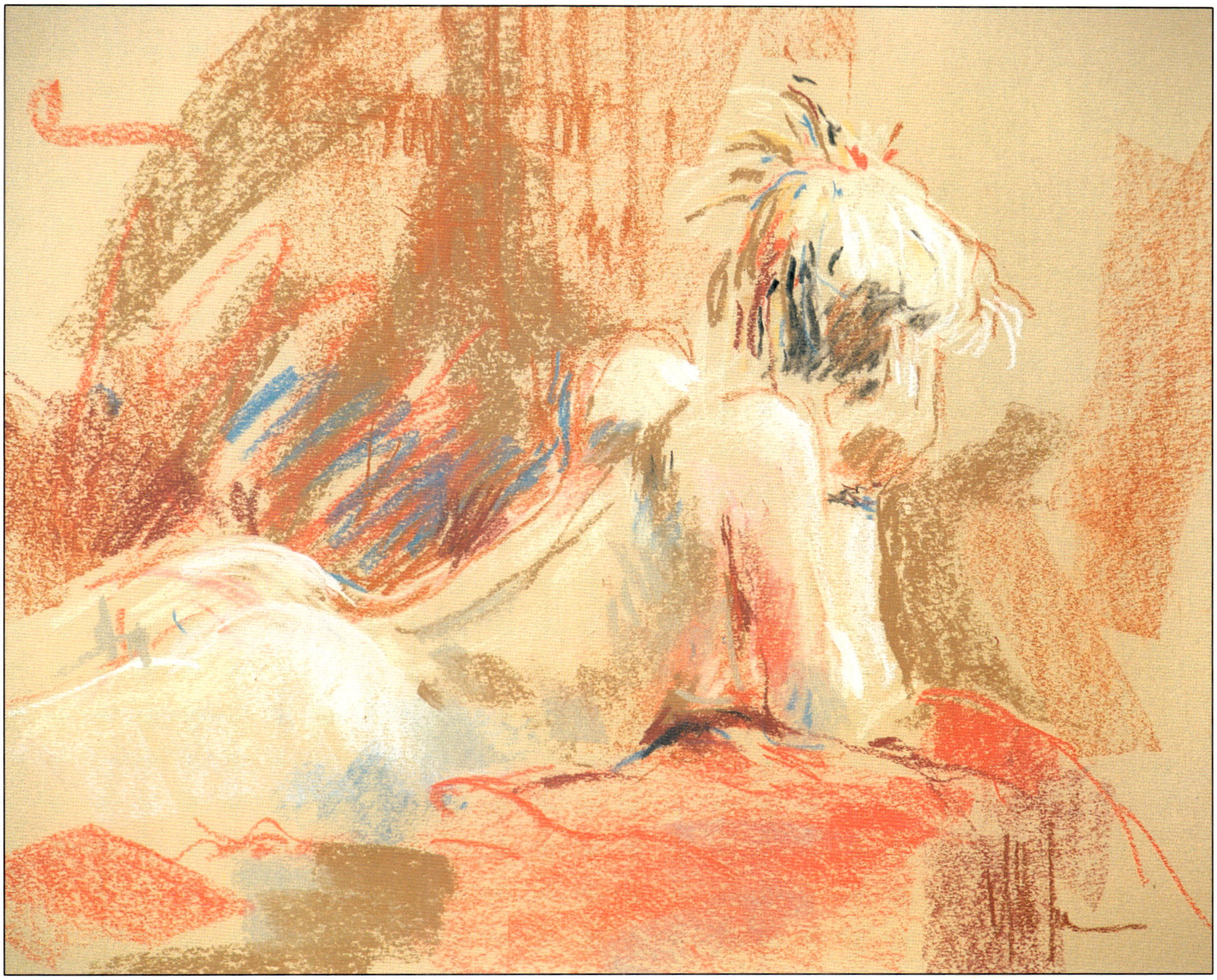

Maureen Jordan
Aktstudie
Eine klassische Kombination von Linie und Schraffur ist in dieser Aktstudie zu sehen. In bewegten, lebendigen Strichen folgt die Künstlerin den Formen ihres Modells.

Breite Schraffuren

Um in einem Pastellbild größere Flächen zu bedecken, zieht man die breite Seite einer Pastellkreide über das Papier. Dadurch entstehen Schraffuren, die vielfältig eingesetzt werden können, und durch Variationen in Druck und Strichführung, durch Überlagern mehrerer Schraffuren oder teilweises Verwischen lassen sich viele verschiedene Texturen und Flächen gestalten.

Auch die Länge der Kreide beeinflußt die Linienqualität. Mit Ausnahme der harten Kreiden wird man die Pastellkreide fast immer in kleinere Stücke brechen müssen. Versucht man, Schraffuren mit der ganzen Länge einer Kreide auszuführen, wird diese dabei sehr wahrscheinlich sowieso zerbrechen. Mit kurzen Stücken läßt sich die Schraffur auch besser kontrollieren. Normalerweise sollte die Länge der Kreide nicht mehr als 5 cm betragen. Natürlich kann man auch noch kürzere Stücke verwenden, um kurze, gestische Striche auszuführen.

Schraffuren werden von der Papiertextur stark beeinflußt. Eine rauhe Textur wie die eines schweren Aquarellpapiers bricht den Strich auf und erzeugt eine körnige Textur. Auf glatterem Papier wird die Schraffur je nach Druck dichter und bedeckt das Papier schließlich ganz. Will man Schraffuren zum Farbenmischen einsetzen, darf man nur leicht schraffieren, da die Papierkörnung sonst zu schnell gesättigt ist und die Farbe nicht mehr hält.

Pastellfarben mischen

Trotz des reichhaltigen Angebots an Farben sollte man sich mit dem Mischen von Pastellkreiden auf dem Papier vertraut machen. Um das Farbenmischen kommen selbst Profis nicht herum, die hunderte verschiedener Pastellkreiden besitzen, denn niemals können alle Farbnuancen der Natur völlig von einem Sortiment an Künstlerpigmenten abgedeckt werden.

Aufhellen und Abdunkeln der Pastellfarben

Wie bereits erwähnt, werden alle Pastellfarben in hellen und dunklen Varianten ausgeliefert. Den Tonwert – die Helligkeit oder Dunkelheit eines Farbtons – kann man weiterhin variieren, indem man den Druck auf die Kreide verändert: Je größer der Druck, desto kräftiger wird der Farbton. Die Farben können aber auch durch Mischungen aufgehellt oder abgedunkelt werden. Einem hellblauen Himmel entspricht vielleicht eine Mischung aus Blau und Weiß oder aus Blau und Hellgrau. Für dunkles Laub oder dunkle Schatten bieten sich zum Beispiel Mischungen aus Dunkelblau oder Schwarz mit Grün an. Schwarz ist im Pastell von besonderer Bedeutung. Die Farbwirkung von Pastellkreiden ist zwar relativ intensiv, aber im allgemeinen nicht sehr dunkel. Daher benötigt man Schwarz, um den Farben Tiefe zu geben.

Mischmethoden

Die bekannteste Technik zum Mischen von Pastellfarben ist das Verwischen. Man setzt zwei oder mehr Farben übereinander und verwischt sie mit dem Finger, einem Lappen, einem Wattestäbchen oder einem Torchon (einem Stab aus fest gerolltem Papier). Wenn man die Pastelltöne sorgfältig auswählt, läßt sich so fast jede nur erdenkliche Farbnuance erzielen. Diese Technik eignet

Aufhellen

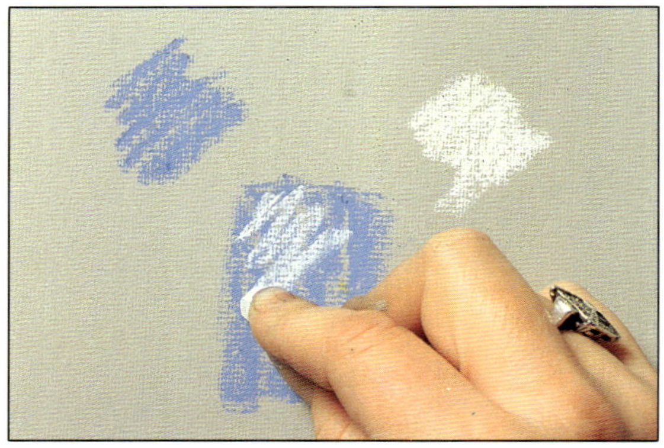

1 Wenn sehr helle Farbtöne benötigt werden, muß man der entsprechenden Farbe Weiß zufügen. Hier wird gerade Weiß über ein mittleres Blau gestrichen.

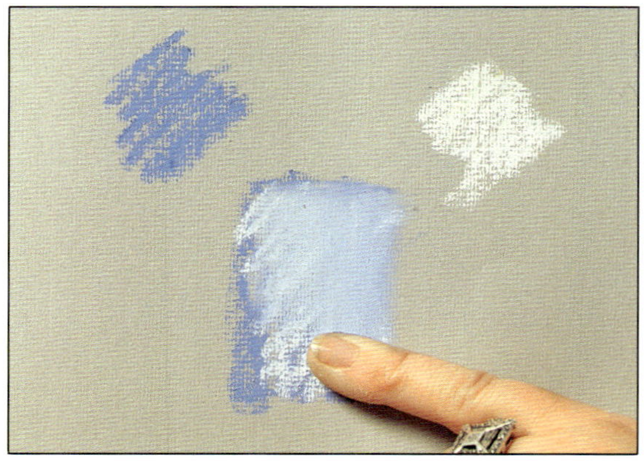

2 Die Pastellpigmente werden mit der Fingerspitze leicht verrieben. Die Finger sind eines der besten Werkzeuge für die Pastellmalerei, besonders beim Verwischen kleiner Stellen.

Abdunkeln

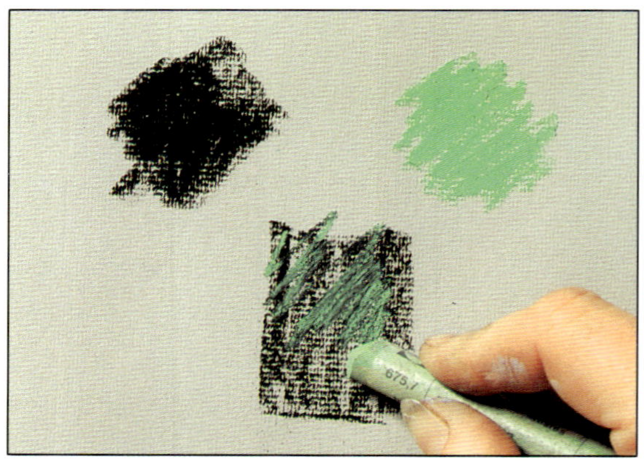

1 Schwarz spielt im Pastell eine besondere Rolle. Ohne Schwarz ist es schwer, dunkle Farben zu erhalten. Hier wird Schwarz aufgestrichen und dann mit Grün überlagert.

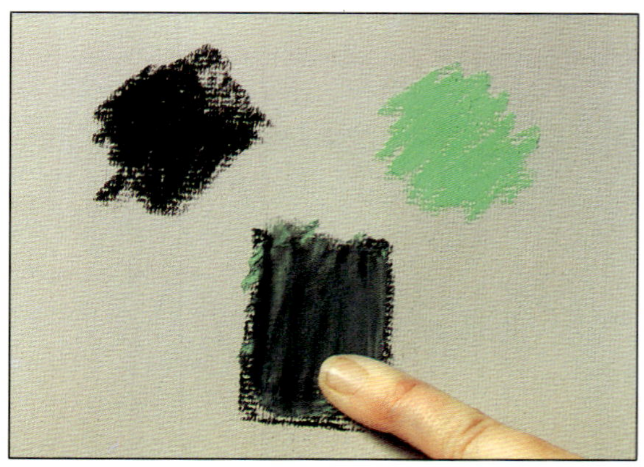

2 Mit zunehmender Übung werden Sie schnell herausfinden, welche Farben sich am besten mit Schwarz abdunkeln lassen. In diesem Fall ist das helle Grün kaum mehr zu erkennen und ein sehr düsterer Farbton entstanden.

Grüntöne mischen

Keine noch so große Auswahl an Pastellkreiden wird all die vielfältigen Grüntöne abdecken, auf die wir in unserer Umwelt treffen. Hier wird Ultramarinblau mit Zitrongelb gemischt, wobei ein kräftiges, sehr dunkles Grün entsteht. Weitere Farbnuancen erhalten Sie auch, wenn Sie fertigen Grüntönen gelbe und blaue Farbtöne zumischen.

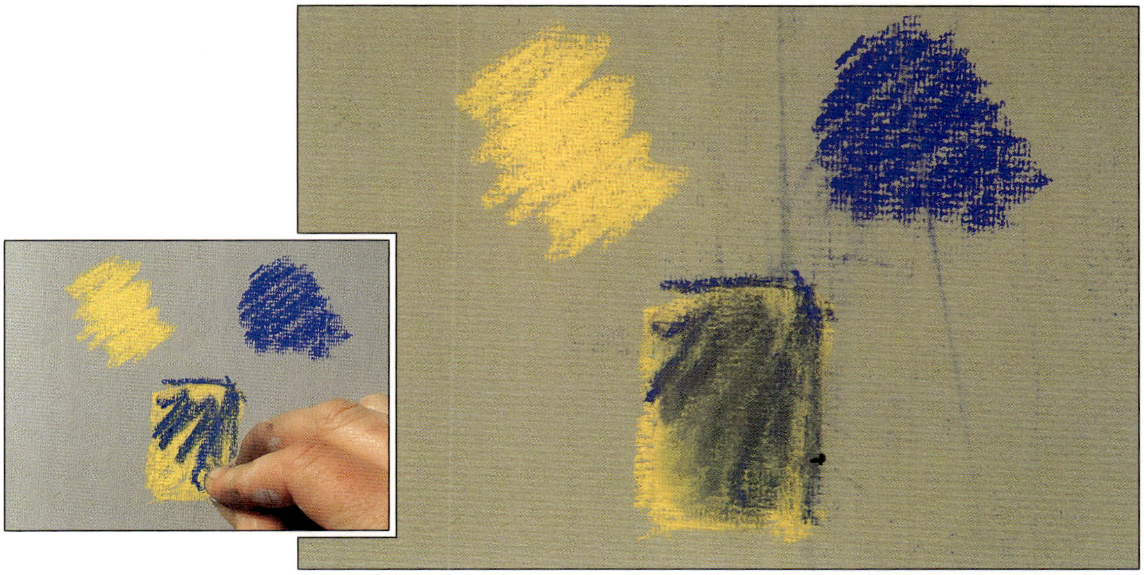

Orangetöne ausmischen

Um ein reines Orange zu erhalten, benötigt man sehr intensive Rot- und Gelbtöne. Legen Sie das Gelb über das Rot, denn im umgekehrten Fall wird selbst nach dem Verwischen das dunklere Rot dominieren. Probieren Sie dies in verschiedenen Mischungen aus, indem Sie einmal die helle über die dunkle und dann die dunkle über die helle Farbe setzen.

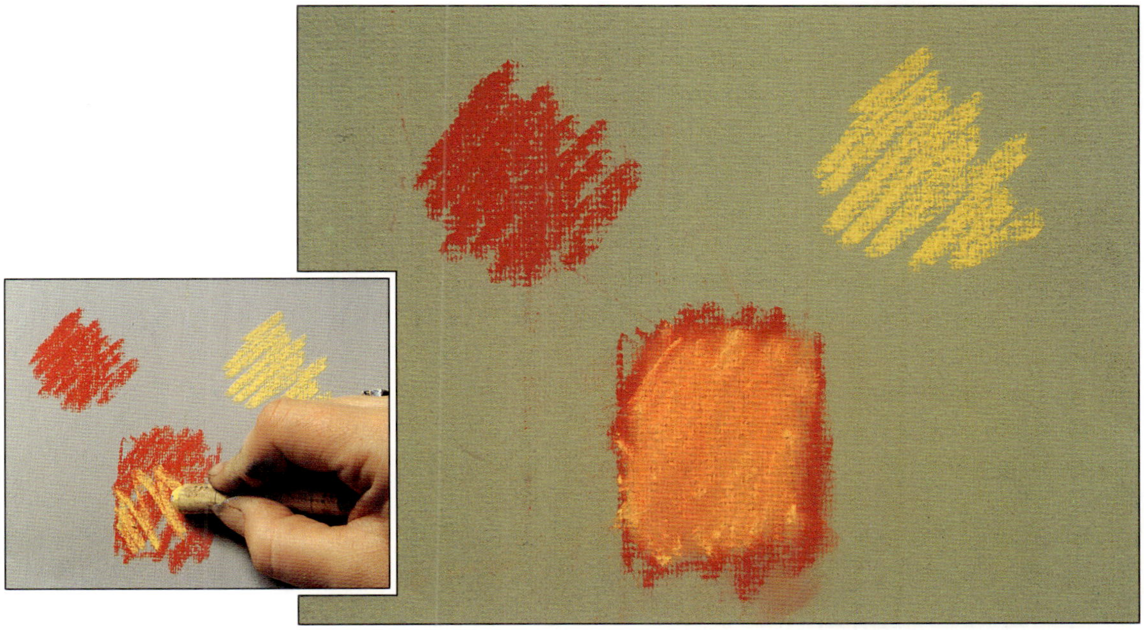

Grautöne mischen

Die meisten Pastellsortimente bieten eine gute Auswahl an Grautönen. Man kann sie aber auch leicht aus Schwarz und Weiß mischen. Probehalber können noch andere Farben wie Blau- und Grüntöne zugemischt werden. Die Farbmischungen werden von der Reihenfolge der Farbaufstriche beeinflußt. Weiß über Schwarz ergibt eine hellere Mischung, besonders wenn die Farben nur leicht verwischt werden.

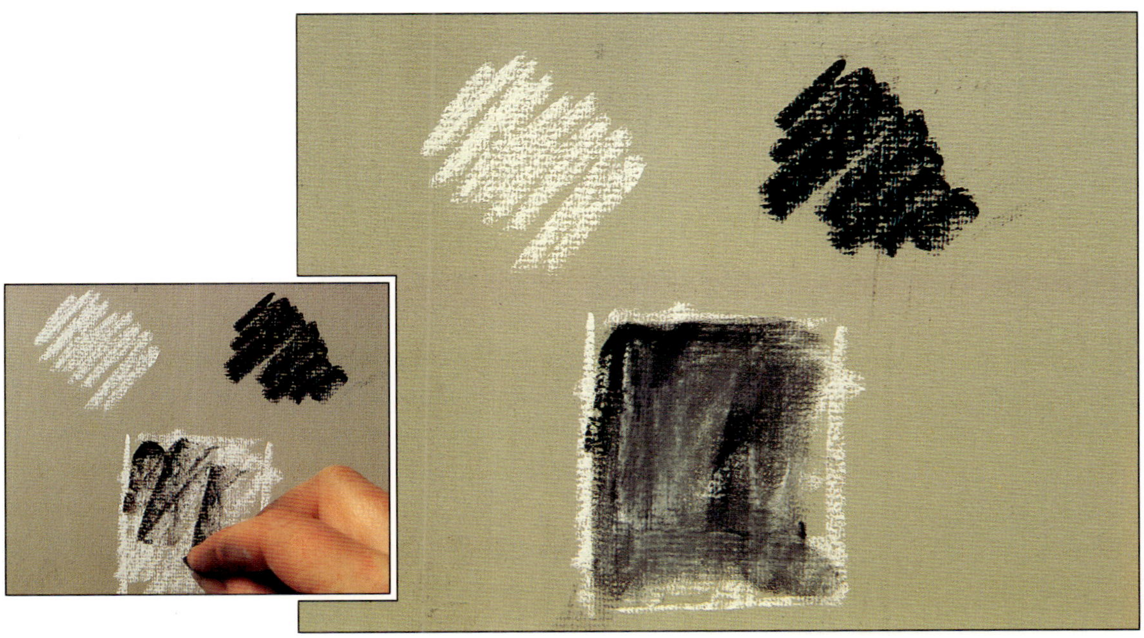

Große Flächen vermalen

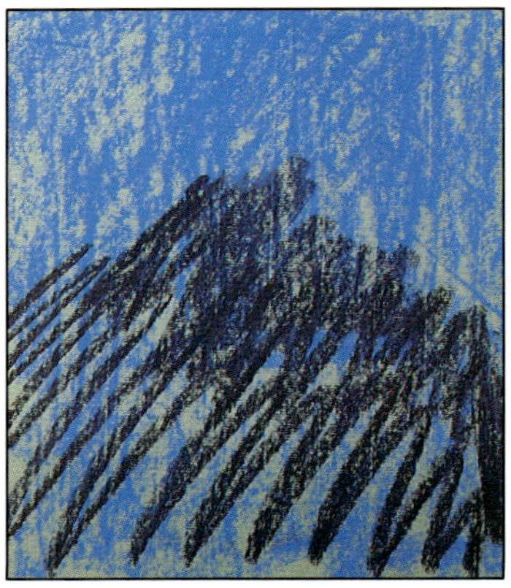

1 *Eine ausdrucksvolle Farbe für einen Himmel erhält man, wenn man Blau und Schwarz leicht übereinander schraffiert.*

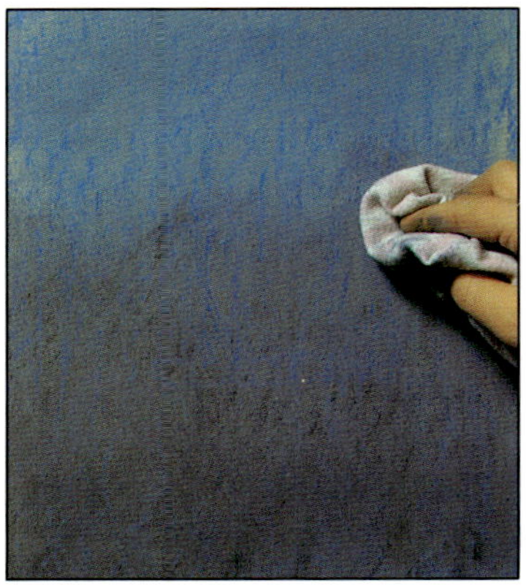

2 *Mit einem Lappen werden dann die Schraffuren leicht ineinander verrieben. Dabei entsteht eine hellere Farbnuance als beim Verwischen mit dem Finger.*

Fiedern

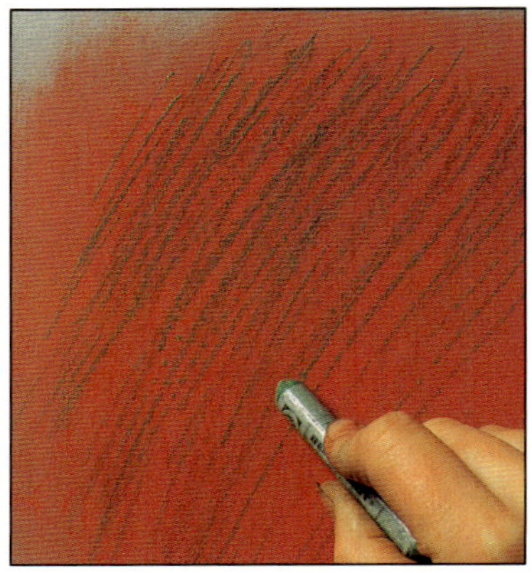

Durch das Fiedern können langweilige Flächen belebt oder zu intensive Farben abgedämpft werden. Leichte gefiederte Striche dienen hier zum Beispiel zum Abdämpfen einer roten Fläche.

sich besonders gut für Bildbereiche, in denen weich vermalte, glatte Flächen entstehen sollen. Oft jedoch soll der gestisch-lineare Charakter des Pastells erhalten

Zur Papierwahl

Legt man eine Farbe über eine andere, entsteht eine dritte Farbe: Gelb über Blau ergibt Grün, Rot über Gelb wird Orange usw. Auch die Papierfarbe beeinflußt die aufgetragene Farbe: Verwendet man ein neutrales Papier in mittlerem Tonwert, ist dieser Einfluß sicherlich kaum spürbar. Eine helle Schraffur in Gelb auf einem dunkelblauen Papier hat dagegen eine ähnliche Wirkung, als ob man gelbe Pastellkreide über blaue legt. Das Papier wirkt zudem bei jeder Mischung von zwei Farben immer als dritte Farbe mit, es sei denn, die Pastellfarbe wird sehr dicht angelegt. Auf den folgenden Seiten können Sie an Beispielen sehen, wie die Papierfarbe Farbmischungen beeinflußt.

bleiben, und dabei bilden sichtbare Pastellstriche einen wichtigen Bestandteil der Bildkomposition. In diesem Fall werden Farbtöne gemischt, indem Pastellstriche in leichten Kreuzschraffuren übereinandergelegt werden. Dabei erhalten Sie eine interessante, gebrochene Struktur, in der sich Farben, aus einiger Entfernung betrachtet, optisch zu einem neuen Farbton mischen. Pastellfarben sind deckend, und man kann dabei sowohl helle Farben über dunkle schraffieren als auch umgekehrt dunkle Farben über helle.

Ähnlich wie das Schraffieren funktioniert das Fiedern. Dieses wird gerne eingesetzt, um eine zu leere Fläche zu beleben oder Farbtöne abzudämpfen. Man zieht dabei mit der Spitze der Pastellkreide leichte Striche über die betreffende Stelle. Wenn zum Beispiel eine rote Fläche zu stark in den Vordergrund tritt, läßt sie sich durch Fiedern mit grünen Strichen abdämpfen, und ein zu blauer Himmel könnte so durch graue oder hellviolette Striche verwandelt werden.

▲ Geoff Marsters
Licht
Hier wurde mit vielfältigen Schraffuren und Überlagerungen gearbeitet. Jede Farbschicht wurde nach dem Auftrag fixiert. Die hellen Lichtflecken in den Feldern entstanden aus intensiven dichten Strichen, mit der Spitze der Pastellkreide über weiche Vermalungen gesetzt.

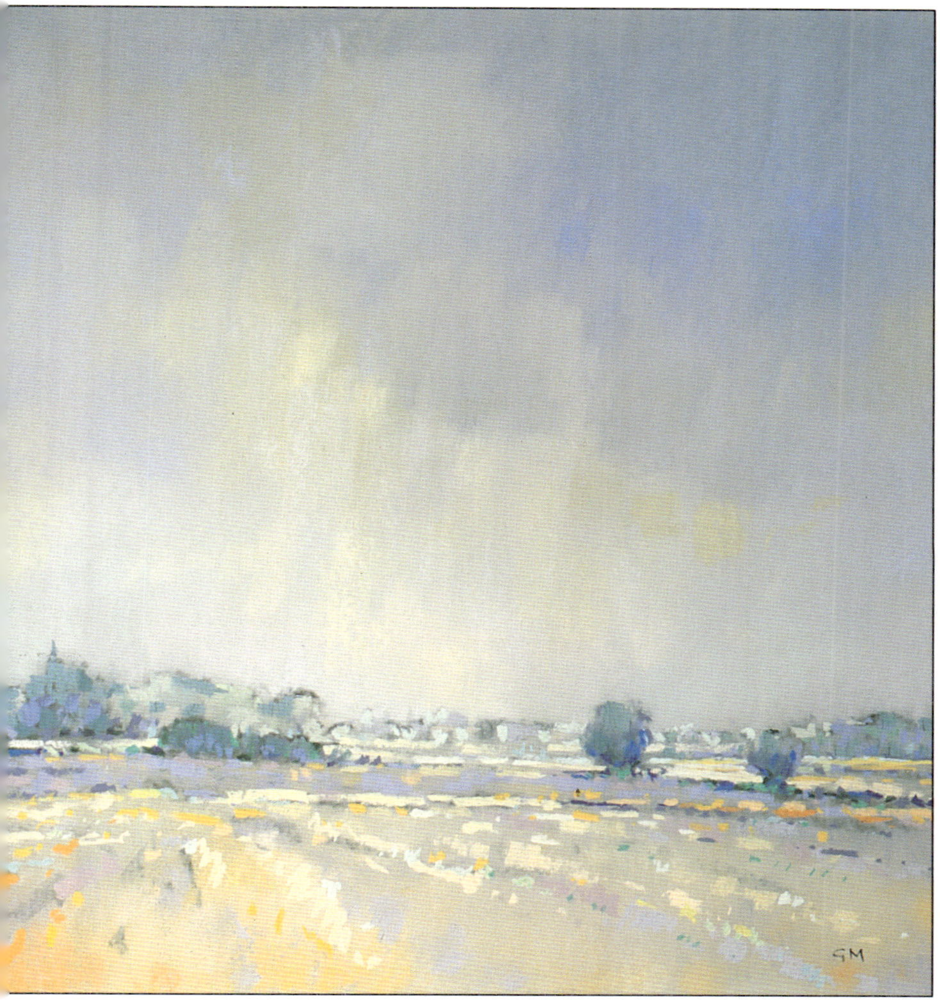

Die Papierfarbe einsetzen

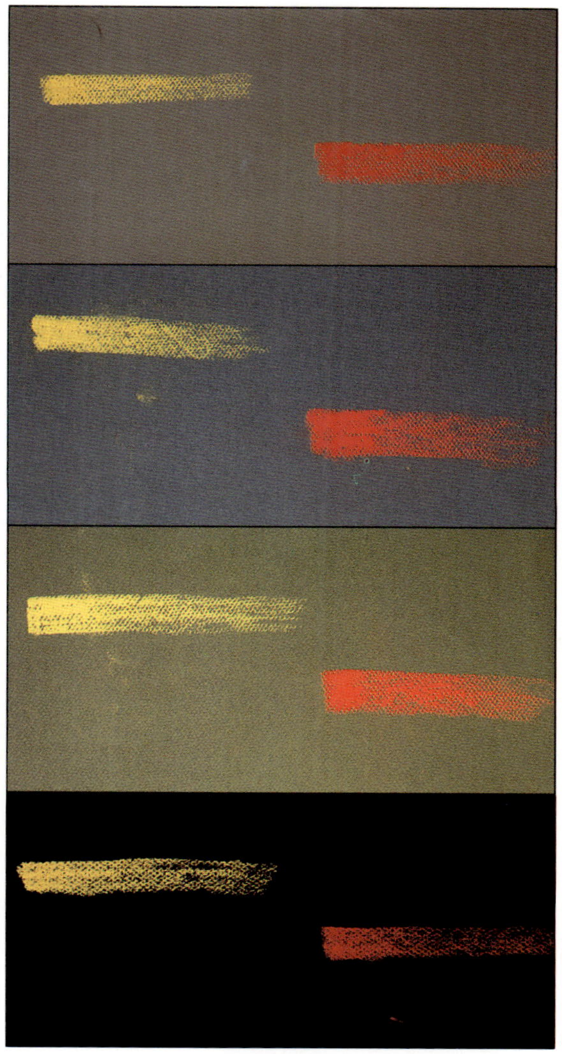

▲ *In diesen Beispielen können Sie sehen, daß selbst bei dichten Farbaufträgen einige Stellen des Papiers durchscheinen und die Farbtönung beeinflussen. Die Papierfarbe bildet daher auch die Grundlage für die weitere Farbgebung. Schwarzes oder dunkelblaues Papier dämpft helle Farbtöne sehr stark, und selbst ein intensives Rot oder Grün sieht auf einem solchen Hintergrund vergleichsweise blaß aus. Als Anfänger sollte man daher zunächst eine neutrale Farbe mittleren Tonwerts wählen, die sich fast jeder gewünschten Farbgebung anpaßt.*

Farben überlagern

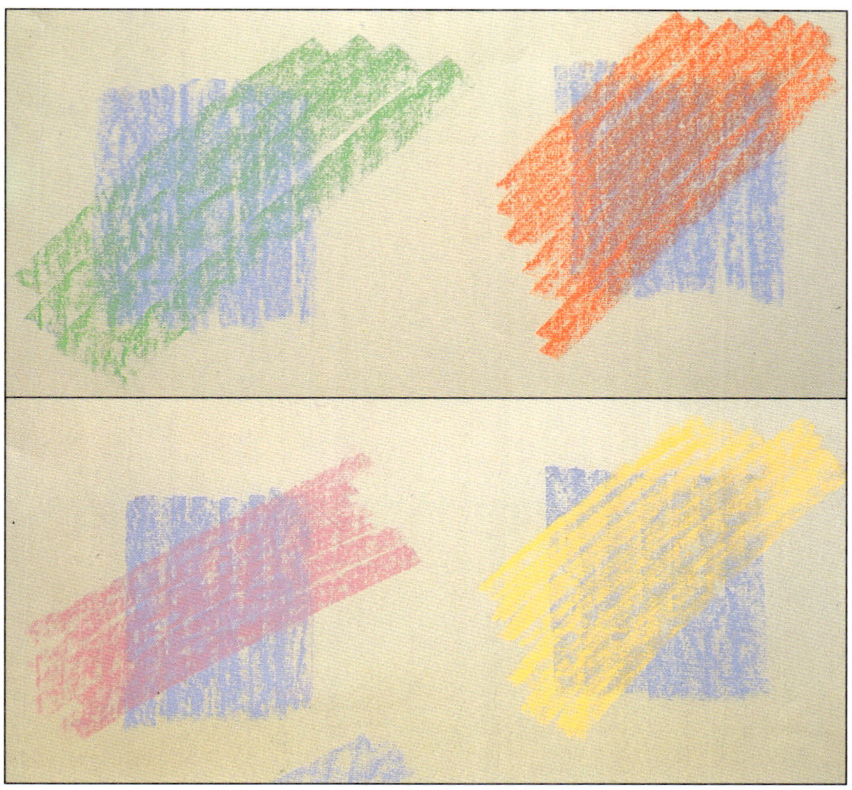

◄ *Manche Bildbereiche erfordern weiche und glatt vermalte Farben. Interessanter wirken aber meist schraffierte Farbtöne. Diese Beispiele zeigen, wie eine Farbe durch die andere durchschimmert, wodurch eine lebhafte, gebrochene Textur entsteht.*

Übung: Verschiedene Papiere ausprobieren

Das richtige Papier für ein Motiv zu finden erfordert ein wenig Erfahrung. Als Übung ist es hilfreich, einmal ein und dasselbe Motiv auf zwei verschiedenen Papieren zu malen. Stellen Sie ein einfaches Stilleben zusammen, das von einer Farbe dominiert wird. Man kann sich für Blau entscheiden, also zum Beispiel einen Strauß blauer Blumen malen, mit ein oder zwei gelben Blumen als Kontrast. Man kann auch ein Stilleben aus grünen Flaschen aufbauen, wieder mit einer Kontrastfarbe wie einer Orange oder einem roten Apfel.

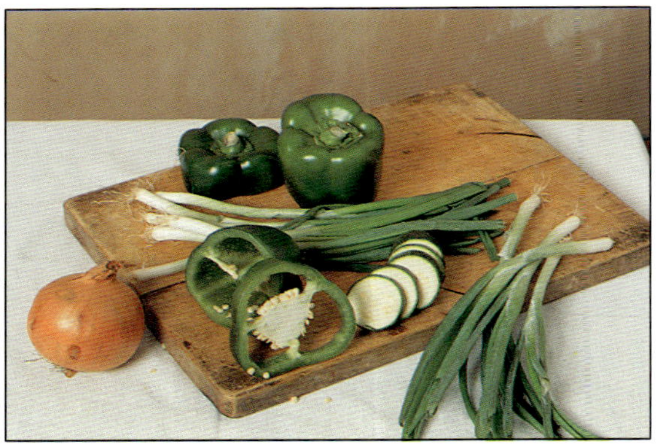

Führen Sie das Stilleben zuerst auf einem Malgrund aus, dessen Farbe mit der Hauptfarbe des Stillebens kontrastiert. Haben Sie Blau als Hauptfarbe gewählt, wäre das Orange-Gelb, bei Grün wäre es Rot oder Rotbraun. Man spricht bei einem solchen Kontrast auch von Komplementärkontrast (siehe Glossar Seite 252).
Das zweite Bild sollte auf einem Papier entstehen, das eine der Farben des Motivs aufgreift. Im Falle einer blauen Blumengruppe könnte man ein dunkleres oder mittleres Blau oder ein Blaugrau wählen. Sie werden bald herausfinden, daß man nicht das ganze Blatt mit Pastellfarbe bedecken muß und trotzdem aufgrund der sich einfügenden Hintergrundfarbe der Eindruck einer einheitlichen Farbfläche entsteht.

Malen auf getöntem Papier

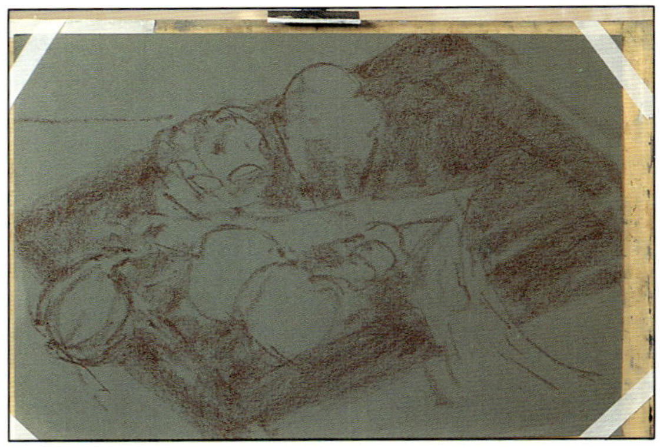

1 Das dunkelgrüne Papier entspricht den im Motiv überwiegenden Grüntönen. Die Vorzeichnung wird in der Gegenfarbe, also in Rotbraun, ausgeführt.

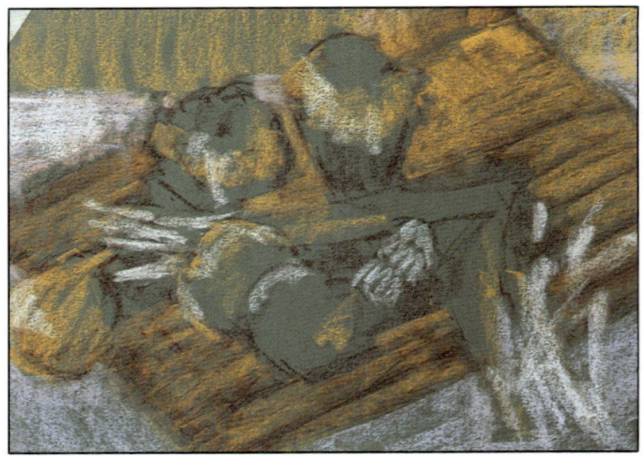

2 Zuerst werden die nicht-grünen Flächen bearbeitet und warme Brauntöne sowie die Blauweißtöne angelegt. Der Malgrund bleibt an vielen Stellen sichtbar.

Malen auf kontrastierender Papierfarbe

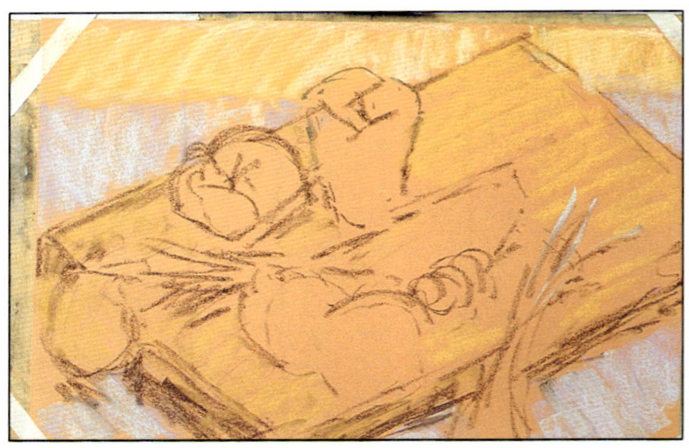

1 In diesem Fall greift die Papierfarbe das Gelbbraun des Schneidebretts auf, steht aber im Kontrast zum Gemüse.

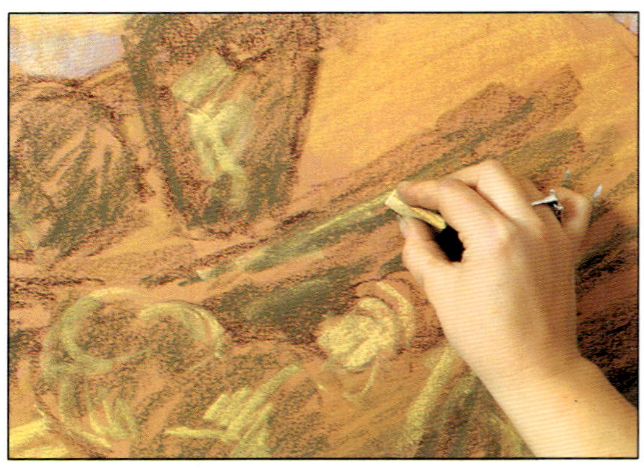

2 Um die Farbe des Papiers auszubalancieren, greift die Künstlerin auf verschiedene Grün- und Gelbtöne zurück, die sich von denen des ersten Bildes insofern unterscheiden, als die Farbskala in diesem Bild wärmer und die Grüntöne weniger kräftig sind.

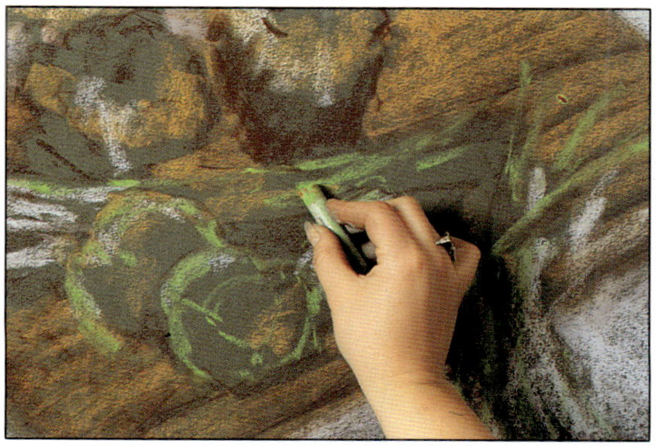

3 *Die Farbe des Papiers gibt die mittleren Tonwerte für das Gemüse vor, auf das die dunklen Schatten der Paprika im Hintergrund und die hellen grünen Lichter abgestimmt werden. An manchen Stellen des Gemüses wird etwas von den warmen Braun- und Gelbtönen des Schneidebrettes eingefügt, so daß im gesamten Bild eine harmonische grünbraune Farbgebung entsteht.*

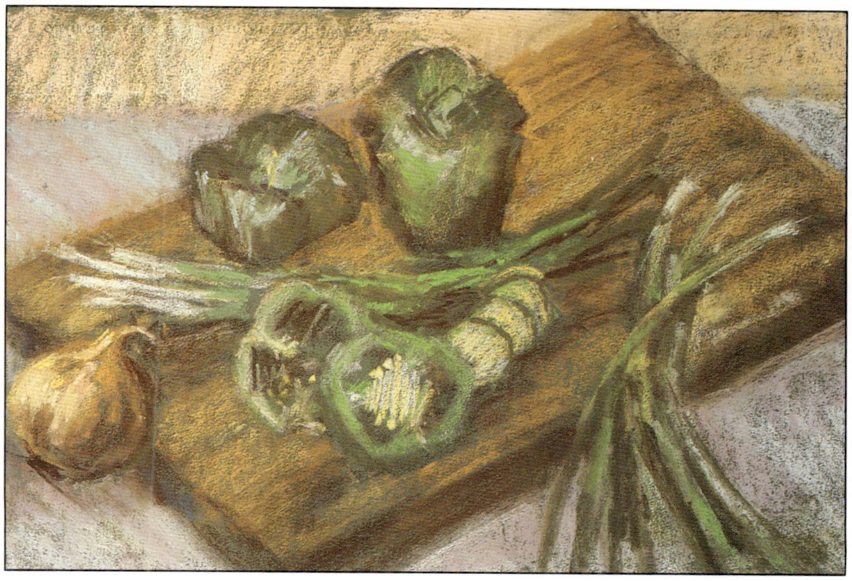

4 *Das fertige Bild zeigt die Bedeutung des getönten Grundes für die Farbgebung. Das Gemüse wird zu einem großen Teil durch die grüne Papierfarbe wiedergegeben, aber auch an anderen Stellen des Bildes blitzen stellenweise grüne Flecken des Papiers auf. Durch die Wiederholung der Farben im Bild ist eine einheitliche farbliche Komposition entstanden.*

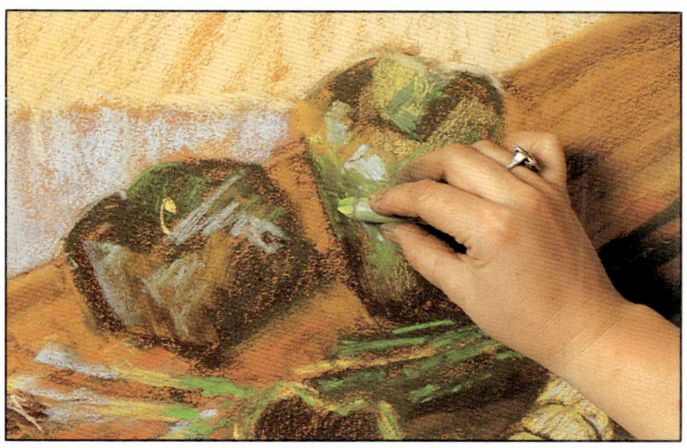

3 *Im ersten Bild mußten die Grüntöne nur ganz leicht aufgetragen werden, da die Papierfarbe den Farbton bereits vorgab. Hier bedarf es dagegen sehr dichter Farbschichten, damit nicht zuviel von der gelben Papierfarbe durchscheint.*

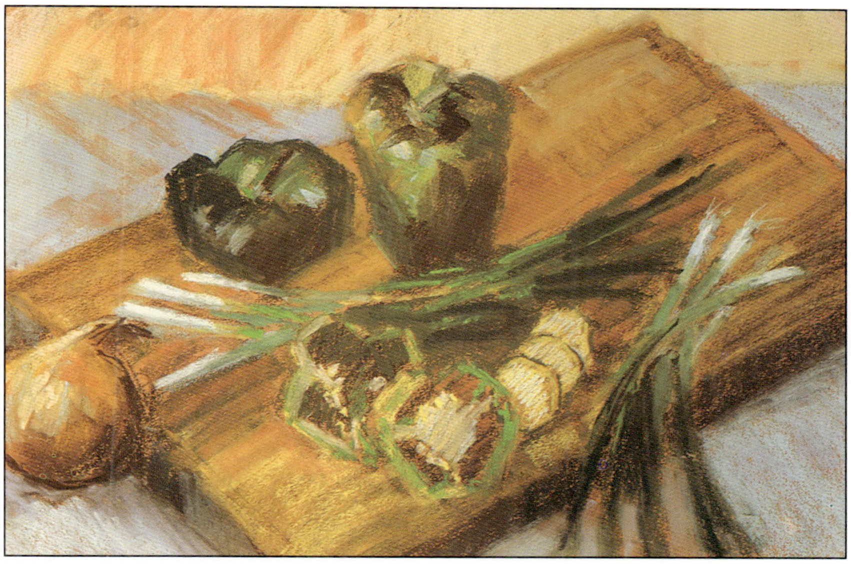

4 *Zwischen beiden Bildern gibt es einige Unterschiede: Hier überwiegt in der Farbgebung Orangebraun und nicht Grün wie im ersten Beispiel, und die Papierfarbe scheint naturgemäß vor allem beim Brett und im Hintergrund durch. Die Arbeitsweise hat sich ebenfalls verändert. Die Grüntöne wurden in dichten Schraffuren angelegt, um die Papierfarbe abzudecken. Daher sieht das Gemüse dunkler und fester aus und steht in einem stärkeren Kontrast zu dem hellen Holzbrett.*

Papier abtönen

Die beiden gebräuchlichsten Pastellpapiere, Ingres- und Mi-Teintes-Papier, werden in einer großen Farbpalette angeboten. Wenn man jedoch auf schwerem Aquarellpapier mit rauher Textur arbeiten möchte, kann man dieses auch in jeder gewünschten Farbe gestalten. Ein schweres Aquarellpapier ist besonders dann zu empfehlen, wenn man mehrere dichte Pastellschichten aufbauen möchte.

Einen getönten Grund anlegen

Ein Malgrund kann auf zweierlei Weise farbig gestaltet werden. Eine leichte und schnelle Möglichkeit ist eine Lavierung mit Aquarell- oder verdünnter Acrylfarbe. Die andere Möglichkeit, die sog. Trockenlavierung, kommt vor allen Dingen dann in Frage, wenn man ausschließlich in Pastell arbeitet. Um eine trockene Lavierung in Pastell anzulegen, muß man zuerst mit einem scharfen Messer eine ausreichende Menge an Pastellstaub von einer Kreide abschaben. Anschließend wird dieser Pastellstaub mit einem Wattebausch aufgenommen und mit leichtem Druck auf dem Papier verrieben.

Man kann die Farbgebung dabei auch variieren, indem man den Farbstaub an manchen Stellen dicker aufträgt und an anderen dünner. Es können auch mehrere Farben eingesetzt werden, so zum Beispiel eine blaue Trockenlavierung für den Himmel einer Landschaft und eine Lavierung in Braun oder Lichtem Ocker für den Rest des Bildes. Eine Trockenlavierung kann übrigens nicht nur zum Abtönen eines Malgrundes dienen, sondern auch, um weiche verschwommene Farbflächen im Bild zu schaffen. Trockenlavierungen benötigen eine Fixierung, bevor man weiterarbeiten kann. Bei einer Lavierung in Aquarell oder Acryl ist dies nicht nötig.

Eine Trockenlavierung anlegen

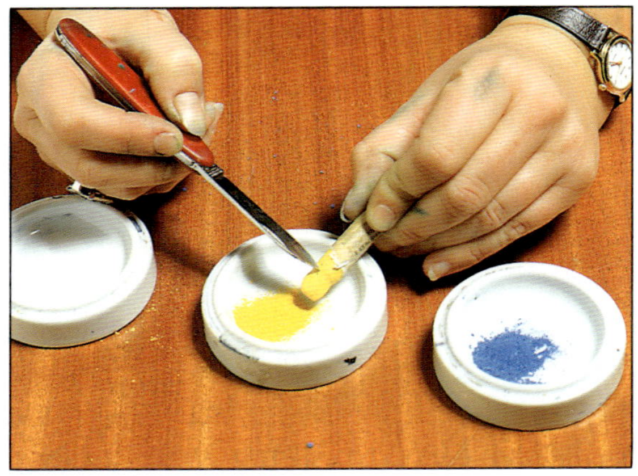

1 *Mit einem Messer wird etwas Staub von einer Pastellkreide abgeschabt. Sie werden dabei bald feststellen, daß Sie für eine Lavierung nur relativ wenig Farbe benötigen.*

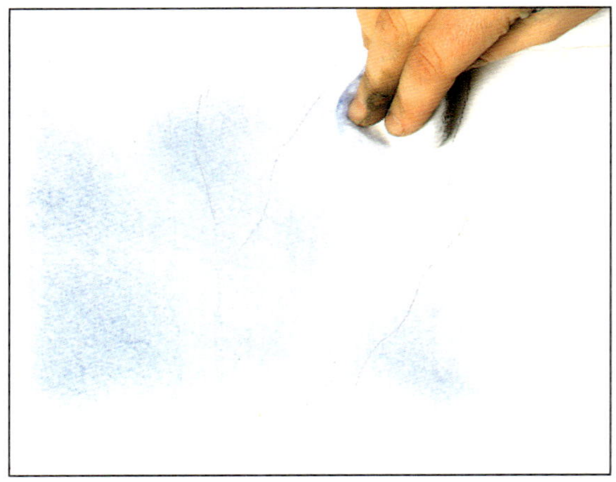

2 *In diesem Fall soll ein getönter Grund für eine Landschaft entstehen: Blau im Himmel und Gelb für das Land. Das blaue Farbpulver wird mit einem Wattebausch leicht auf dem Aquarellpapier verrieben.*

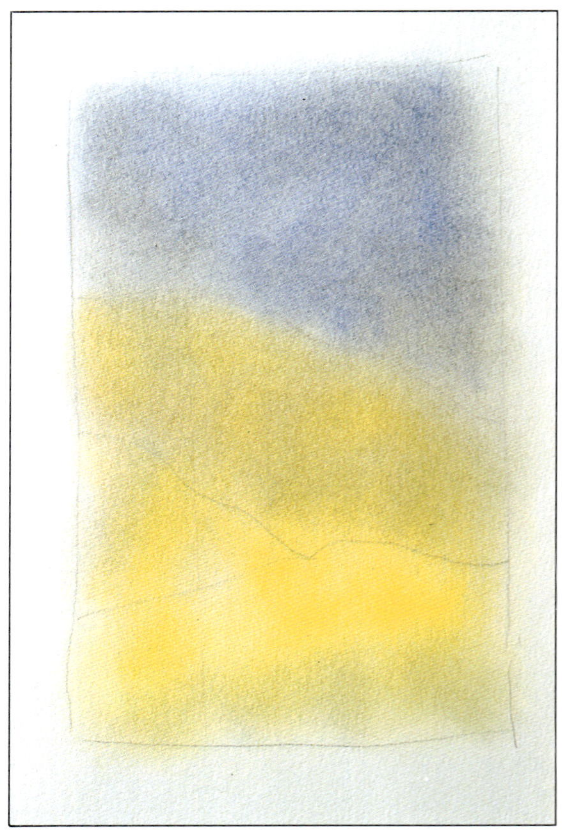

3 *Die blaue und gelbe Lavierung überlagern sich in der Mitte leicht, wodurch ein Gelbgrün entsteht. Vor dem weiteren Bearbeiten der Fläche sollte sie gründlich fixiert werden.*

Anlösen mit einem nassen Borstenpinsel

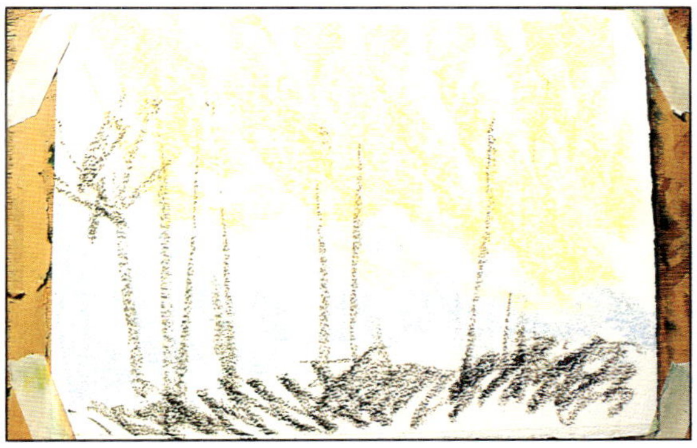

1 *Die Komposition wurde auf einem Aquarellpapier vorskizziert. Breite Schraffuren markieren den Boden, während mit der Spitze der Pastellkreide die Bäume einskizziert wurden.*

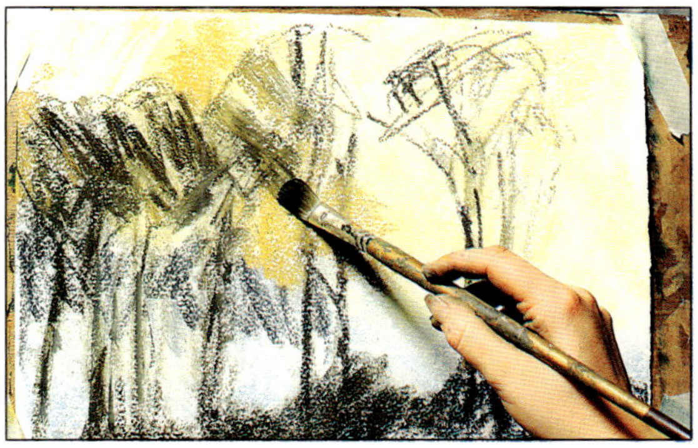

2 *Ein nasser Borstenpinsel verteilt die Farben. Borstenpinsel sind härter als Aquarellpinsel und verteilen die Farben besser.*

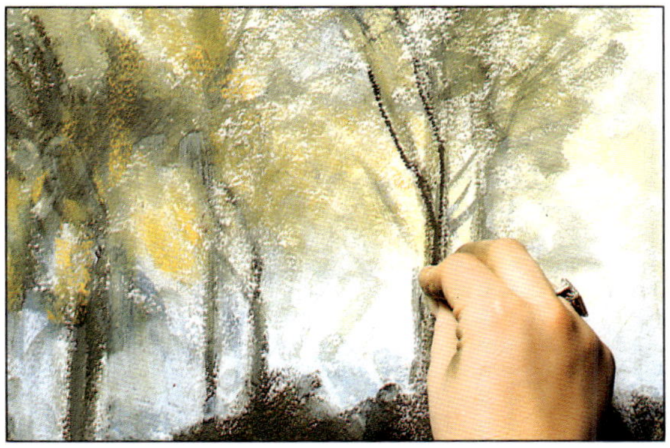

3 *Über die angelösten Pastellfarben werden dann mit der Kreidespitze Details an den Baumstämmen und Zweigen eingefügt. An einigen Stellen wird auch in noch feuchte Farben hineingearbeitet, um weichere Linien entstehen zu lassen.*

Anlösen mit einem weichen Pinsel

Geht man mit einem weichen angefeuchteten Pinsel über Pastellstriche, wird nur etwas Farbe angelöst, und die Zeichenspur bleibt weitgehend erhalten. Diese Technik sollte man nur auf Aquarellpapier anwenden, da sich Pastellpapier wellen kann.

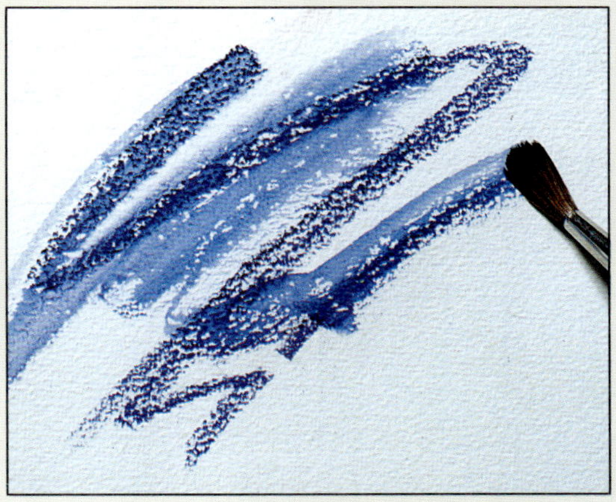

Mit dem Pinsel verwischen

Streicht man mit einem nassen, sauberen Pinsel über Pastellstriche, löst sich etwas Farbe, ohne jedoch die Spur ganz zu verwischen. Diese Technik läßt sich nur auf Aquarellpapier ausführen, da die normalen Pastellpapiere zu dünn sind und sich bei Befeuchten wellen würden. Auf Aquarellpapier ist diese Technik jedoch eine ausgezeichnete Laviermethode, mit der große Flächen rasch und dicht eingefärbt werden können. Auch die störenden weißen Sprenkel zwischen den Pastellstrichen werden dabei zugedeckt.

Zieht man den Pinsel über breite Schraffuren, erhält man eine körnige Lavierung, die zum Beispiel Texturen von Felsen, Gestein oder Baumrinde in einer Landschaft andeuten kann. Die Wirkung bei linearen Strichen gleicht der von „Linie und Lavierung“ im Aquarell. Die Lavierung ergibt eine helle Version der ursprünglichen Linie.

Auf die Idee, Pastellfarben mit einem Pinsel anzulösen, kam schon Edgar Degas, der sich erst bei nachlassendem Augenlicht mit der Pastellmalerei beschäftigte, dennoch aber zu den großen Erneuerern dieses Mediums zählt. Er löste die Pastellfarben durch heißen Dampf oder durch Aufsprühen von warmem Wasser zu einer dicken Paste, in die er mit Borstenpinseln hineinmalte, und auf der er nach dem Trocknen wieder zeichnerisch weiterarbeitete.

UNTERMALUNG

In der Aquarell- und Acrylmalerei wird häufig mit Untermalungen gearbeitet, sie finden aber auch zunehmend in der Pastellmalerei Verwendung. In erster Linie dient die Untermalung einer Einfärbung des Malgrundes, sie besitzt jedoch auch weiterreichende Funktion: Mit Hilfe einer ganzformatigen mehrfarbigen Untermalung kann man zum Beispiel wichtige Farben und Formen des Motivs vorgeben, die dann später feiner überarbeitet werden. Eine monochrome Untermalung liefert hingegen die Formen und die Hell-Dunkel-Struktur des Bildes. Dabei kann man zum Beispiel eine Farbe wählen, die zu dem im Bild überwiegenden Farbton in Kontrast steht.
Der Vorteil einer mehrfarbigen Untermalung ist, daß dadurch bereits verschiedene Farbflächen vorgegeben sind und so später nicht mehr viele Pastellschichten aufgetragen werden müssen. Eine Untermalung läßt sich aus diesem Grund auch durchaus auf einem glatten Papier anlegen. Denn bei den wenigen später noch nötigen Pastellschichten ist das Risiko, daß die Pastellpigmente vom Papier abfallen, relativ gering. Zudem entstehen auf glattem Aquarellpapier glatte Pastellstriche, die nicht so stark aufbrechen wie auf rauhem Papier, wodurch relativ leicht und schnell dichte Farbschichten entstehen.

Pastell über Untermalung in Aquarellfarbe

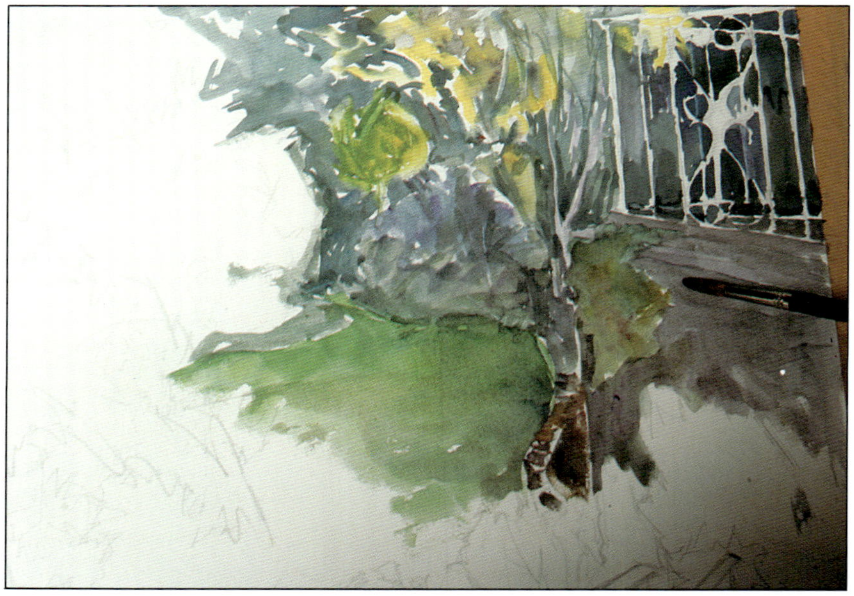

1 *Die Untermalung aus Aquarellfarben wird auf einem leicht rauhen Aquarellpapier angelegt.*

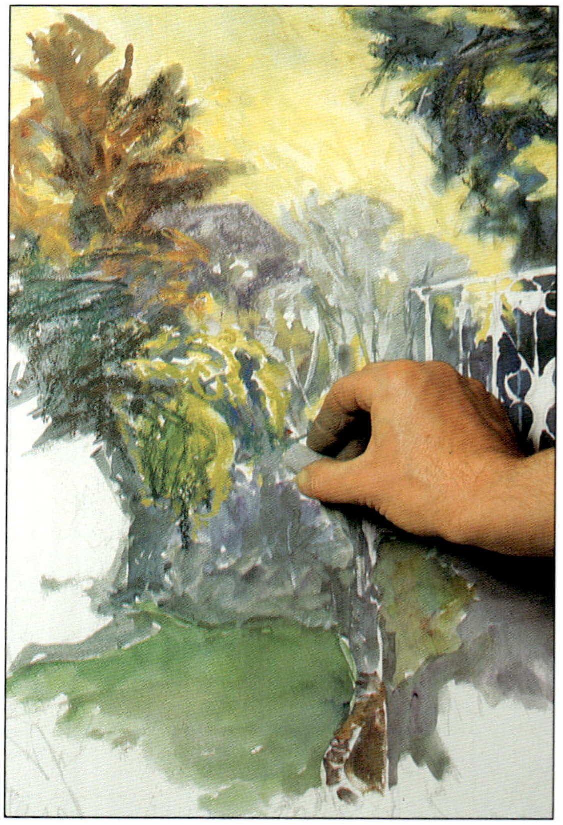

2 *Leichte Pastellspuren werden über das Laub und den Himmel gelegt. Mit Hellgrau wird in die dunklen Blaugrautöne gemalt.*

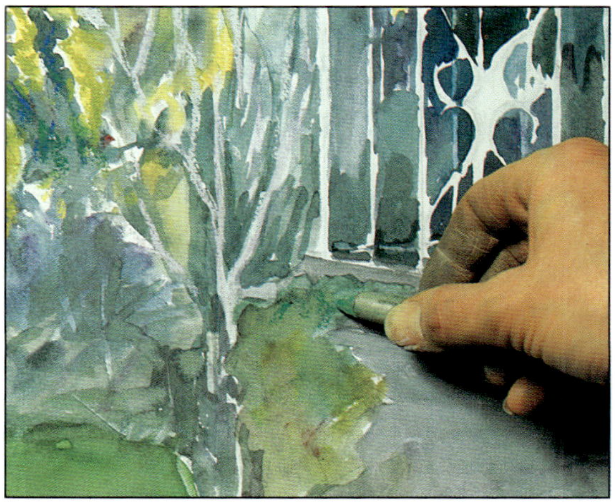

3 *Die beiden Farbmittel sollen möglichst miteinander verschmelzen. Daher werden auch im Pastell Farben gewählt, die denen der Aquarellfarbe ähneln.*

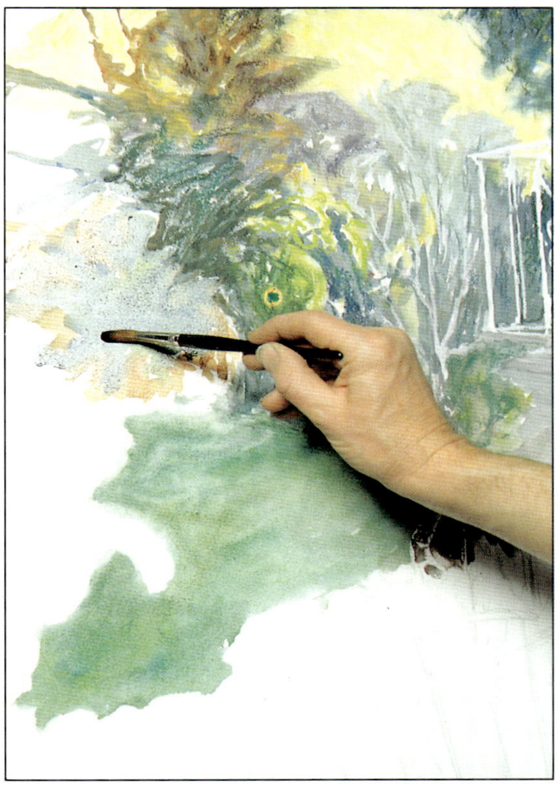

4 *Das Bild wird von der Mitte aus zu den Rändern gemalt. Mit Aquarellfarbe wird ein weiterer Teil des Laubes angedeutet.*

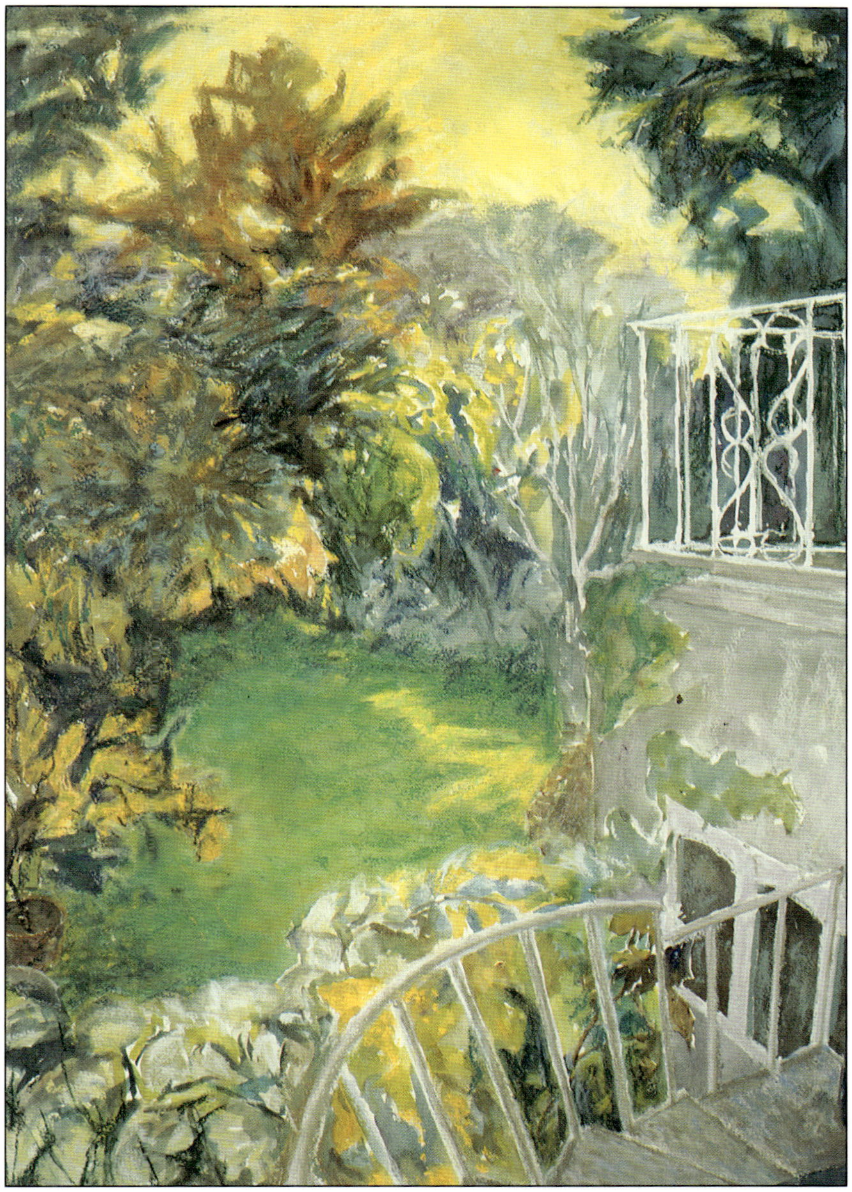

6 ▲ *Untermalungen in Aquarell können dazu dienen, einen abgetönten Malgrund zu schaffen, der dann vollkommen mit Pastellfarben bedeckt wird. In diesem Beispiel wurde jedoch darauf Wert gelegt, Aquarell und Pastell gleichberechtigt zusammenspielen zu lassen.*

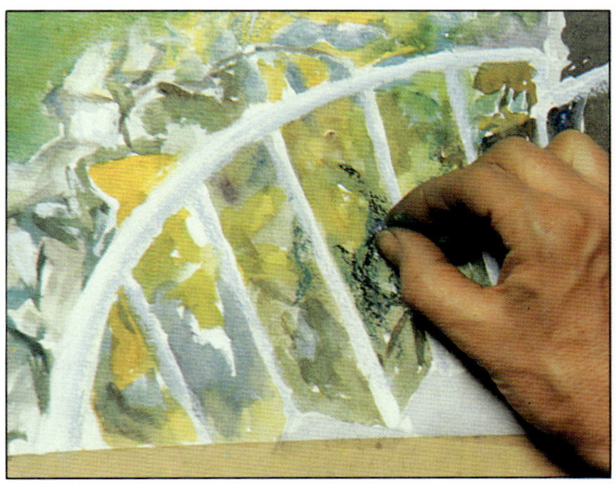

5 *Die Geländer wurden von der Aquarellfarbe ausgespart. Sie werden jetzt mit grauer Pastellkreide ausgearbeitet. Die Pflanzen ringsherum werden stark abgedunkelt, so daß die weißen Stellen deutlich hervortreten.*

ANLÖSEN VON ÖLPASTELL

Ölpastell wird im Gegensatz zu normalen Pastellkreiden mit Leinöl und nicht mit Pflanzengummi gebunden. Durch die pastose, leicht fettige Konsistenz wird die Körnung des Papiers schnell ausgefüllt, so daß es kaum möglich ist, Farben durch Überlagern mehrerer Schichten zu mischen. Allerdings tritt dieses Problem nur auf, wenn man Ölpastell trocken wie normales Pastell einsetzt. Der große Vorteil des Ölpastells ist jedoch, daß man die Farben mit Terpentin oder Terpentinersatz anlösen und mit einem Pinsel oder Lappen auf dem Papier, der Leinwand oder auf Ölskizzenpapier vertreiben kann. So lassen sich relativ schnell breite Farbflächen anlegen, die dann wieder mit linearen Strichen überarbeitet werden können. Man wechselt also ständig zwischen nassen und trockenen Farbschichten. Wenn das Papier zuviel Farbe aufgenommen hat, kann man sie mit Terpentin verdünnen und mit einem Tuch vorsichtig wegreiben. Auf Ölskizzenpapier zum Beispiel kann man sehr viele Korrekturen ausführen, ohne die Oberfläche zu beschädigen.

Die Farbauswahl ist bei den Ölpastellkreiden etwas eingeschränkter als bei den anderen Pastellsorten. Durch die Möglichkeit des Anlösens lassen sich jedoch auf der Malfläche leicht weitere Farbnuancen ausmischen. Man kann aufgelöste Ölpastellfarben sogar auf einer Palette mischen. Dazu befeuchtet man einfach die Spitze der Ölpastellkreide mit einem in Terpentin getauchten Pinsel und drückt das angelöste Stück Farbe auf die Palette.

Ölpastellkreiden sind einfach zu handhaben, und eine Fixierung ist nicht nötig. Damit sind sie das ideale Malmittel für Skizzen im Freien. Bei direktem Sonnenlicht fangen sie allerdings an zu schmelzen und werden sehr weich.

Ölpastell und Terpentinersatz

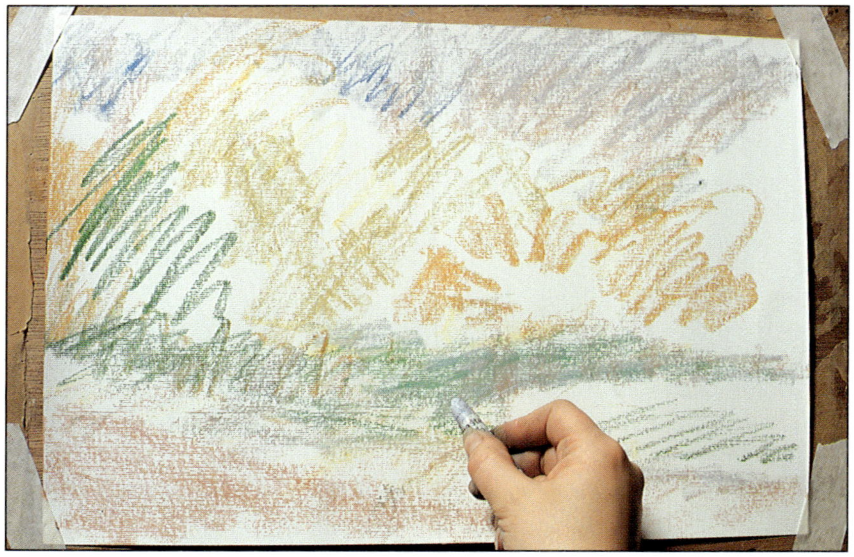

1 Die Komposition wird zunächst mit sehr weichen Ölpastellkreiden auf einem Ölskizzenpapier vorgezeichnet. Man kann auch auf normalem Pastellpapier, zum Beispiel auf Ingres-Papier, malen, muß dann aber das Risiko eingehen, daß das Öl in den Kreiden eines Tages durchschlägt und Fettränder auf der Rückseite des Papiers entstehen.

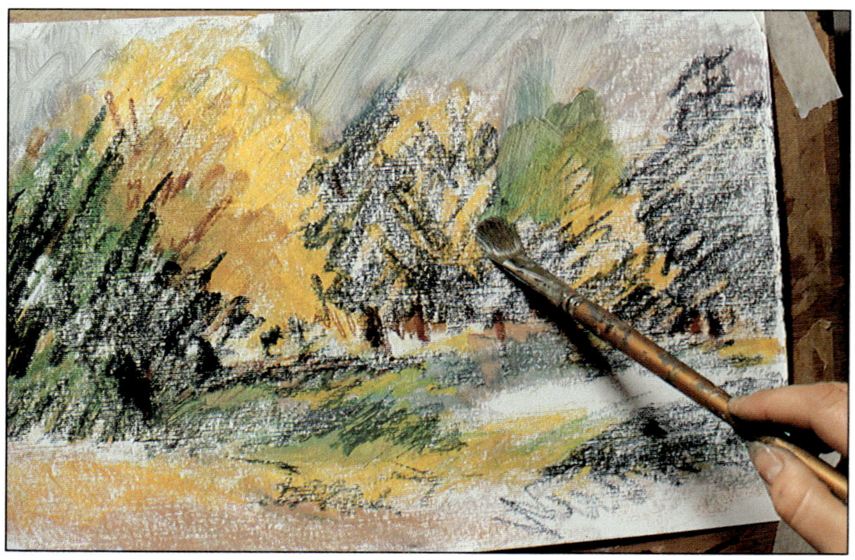

2 Ein in Terpentinersatz getauchter Pinsel vertreibt und mischt die angelegten Farben. Um eine relativ transparente Mischung zu erhalten, sollten Sie die Ausgangsfarben nur ganz leicht auftragen. Wenn man die Farben schon in der ersten Schicht zu dick anlegt, läuft man Gefahr, beim Mischen schmutziggraue Farbtöne zu erhalten.

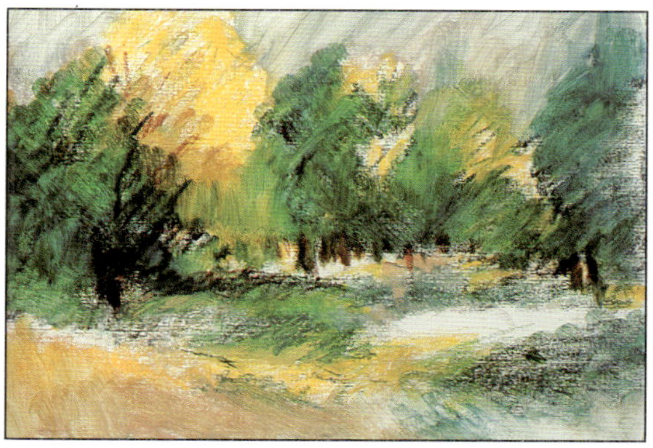

3 *Form und Farbe der Bäume sind weiter ausgearbeitet worden. Die Farben wurden, um ihre Leuchtkraft zu erhalten, nur leicht vermischt. In den dunklen und hellen Grüntönen sind zum Beispiel Blau und Gelb noch deutlich zu erkennen.*

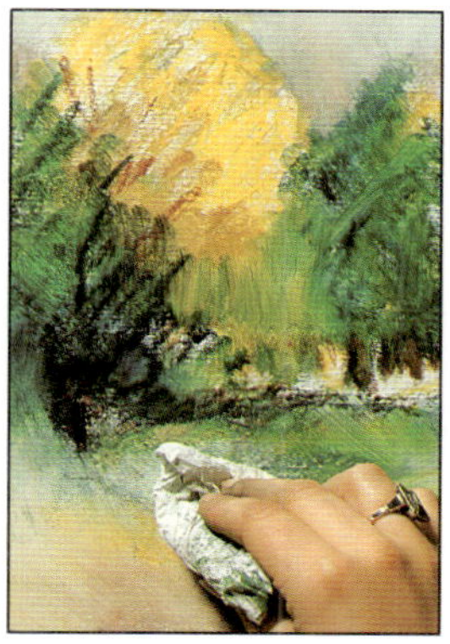

4 *Im Ölpastell können Korrekturen relativ leicht ausgeführt werden. Ganze Partien lassen sich mühelos mit einem in Terpentinersatz getauchten Lappen wegwischen, wie das hier gerade im Vordergrund geschieht, der überarbeitet werden soll.*

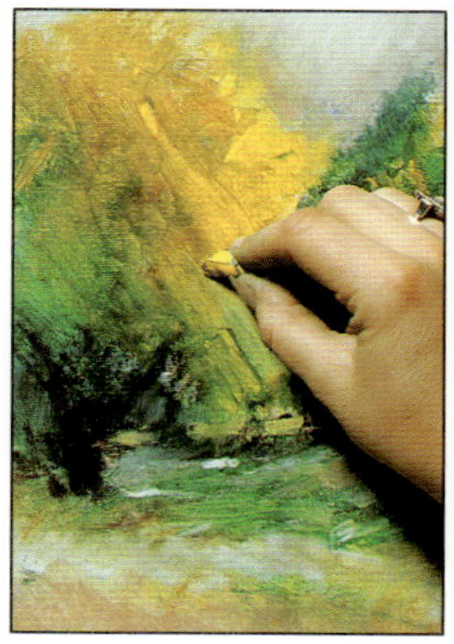

5 *Um dem Laub Textur zu verleihen, werden kräftige Striche Pastellkreide in eine noch feuchte Stelle gesetzt. Die dabei entstehende Struktur ähnelt der des Sgraffito.*

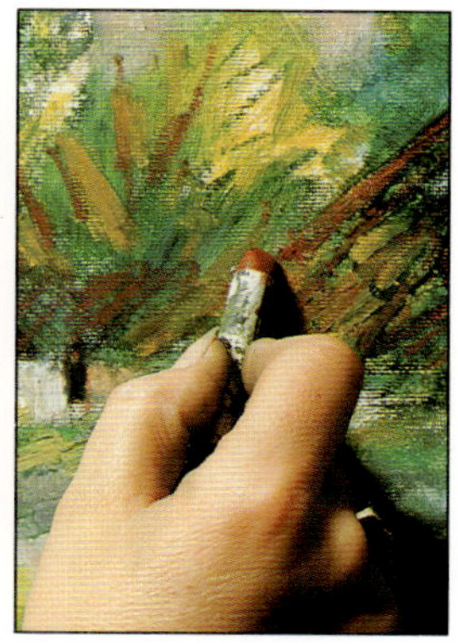

6 *Mit dunkelroter Pastellkreide werden Zweige angedeutet, die sich gut von den darunterliegenden grünen Farbtönen abheben. Die Strichführung ist in diesem Bild sehr locker und frei.*

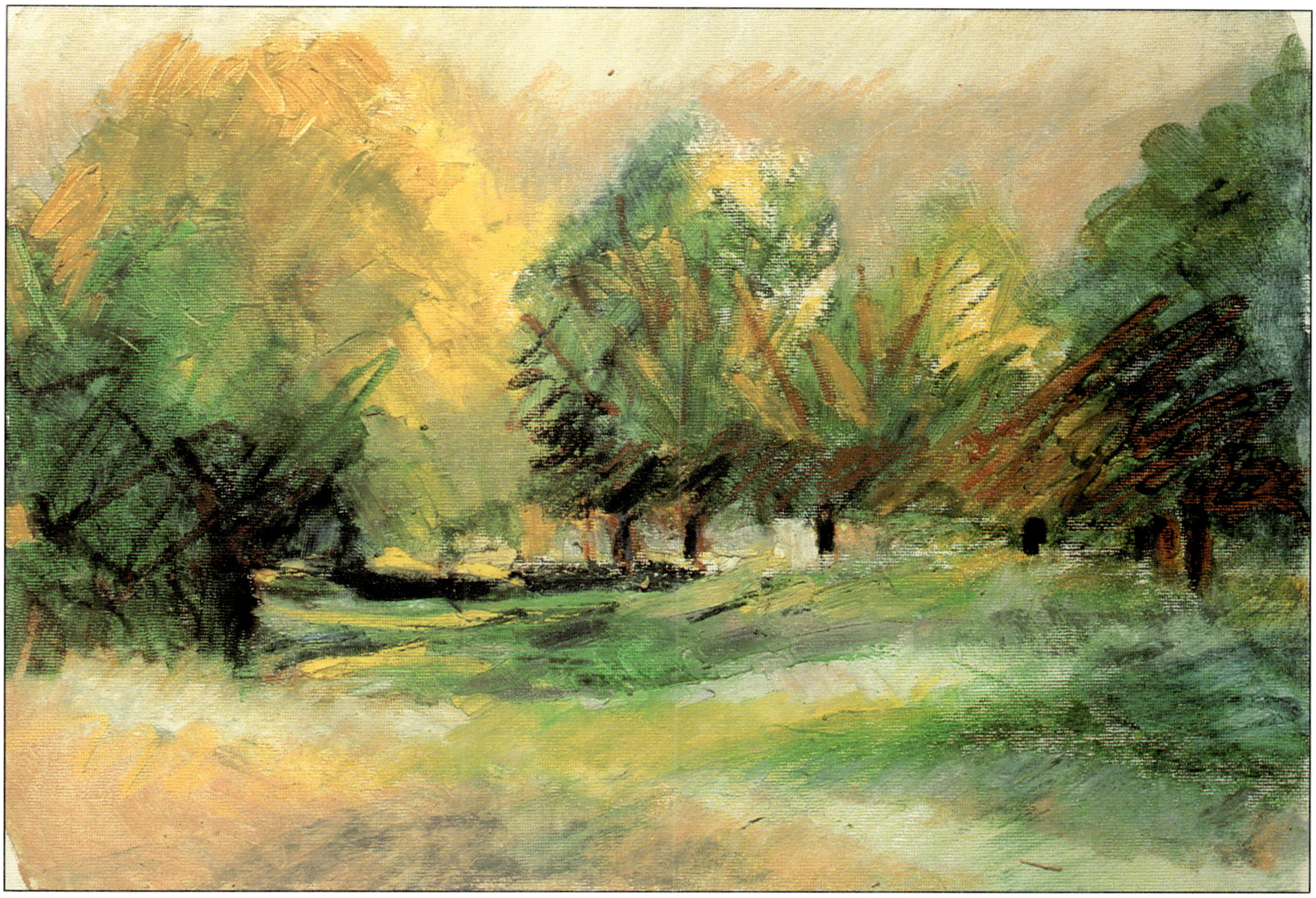

7 *Die Pastellfarben wurden in mehreren dünnen Schichten übereinander gesetzt und leuchten wie Ölfarben in der Lasurtechnik. Das weiße Papier, das durch die dünnen Farbschichten schimmert, verstärkt diese Wirkung. Ausnahmsweise ist es daher vorteilhafter als farbiges Papier.*

Kohle im Pastell

Vorzeichnungen für Pastellbilder sollten niemals mit Bleistift erstellt werden, da die fettige Substanz des Graphits die Pastellkreiden abstößt. Ausgezeichnet für solche Zwecke geeignet ist dagegen die Zeichenkohle. Bevor man diese dann mit Pastellkreide überarbeitet, wird der lose Staub weggeblasen und die Zeichnung fixiert.
In diesem Beispiel wird die Kohlezeichnung von den Pastellfarben fast vollständig abgedeckt und spielt in der Bildwirkung kaum mehr eine Rolle. Man kann die Kohlezeichnung aber auch als Ergänzung zur Pastellkreide einsetzen. Kohle ergibt einen deutlicheren, härteren Strich und kann daher zur Ausarbeitung von Details und linearen Strukturen herangezogen werden, während man mit der Pastellkreide breite farbige Flächen bearbeitet.
Bei Figuren und Porträts wird häufig mit der Breitseite der Kohle eine Vorzeichnung angelegt, die die Tonwerte festschreibt und die hellen und dunklen Flächen festlegt. Diese Vorgehensweise ist jedoch nur bei relativ dunkel gestimmten Bildern zu empfehlen. Selbst wenn die Kohle fixiert wurde, nimmt die nachfolgende Pastellzeichnung immer wieder etwas Kohlenstaub auf, wodurch die Farben etwas abgedunkelt werden.
Kohle kann auch gleichberechtigt neben die Pastellkreide gestellt werden. Besonders für feine Farbtöne mittleren Tonwerts, die oft schwer zu mischen sind, ist die Kohle besser geeignet als die schwere schwarze Pastellkreide. Graugrüne oder graublaue Töne, wie sie häufig im Mittelgrund einer Landschaft zu finden sind, können sehr gut aus einer Mischung von Kohle und grüner oder blauer Pastellkreide ermischt werden. Man kann die Zeichenkohle auch zum Abdämpfen eines Farbtons verwenden, indem man sie ganz leicht über eine Pastellschicht zieht.

Eine Vorzeichnung in Kohle

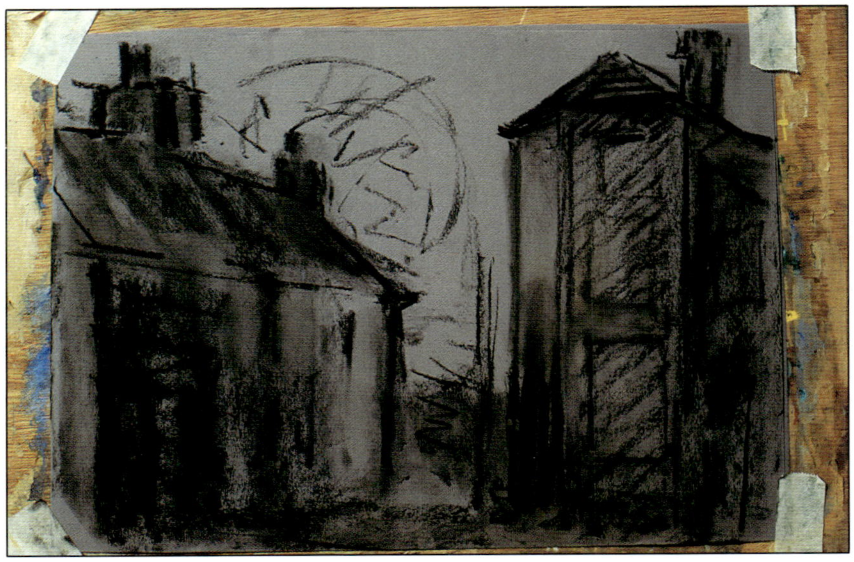

1 *Die Farbstimmung dieses Bildes sollte relativ dunkel sein, so daß sich eine Vorzeichnung in Kohle anbot. Gezeichnet wurde auf der glatten Seite eines violetten Mi-Teintes-Papiers.*

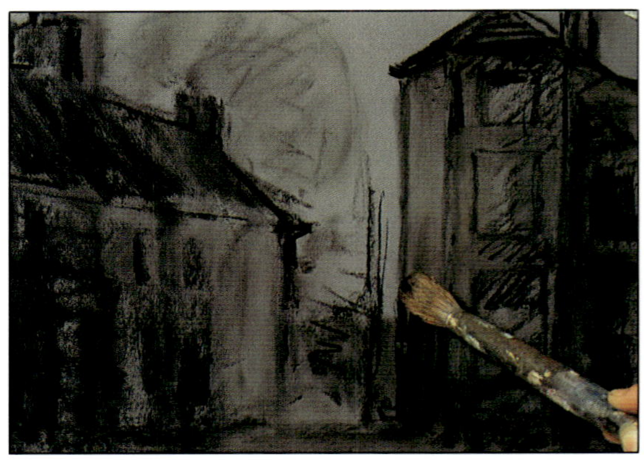

2 *Der überschüssige Staub der Vorzeichnung wird mit einem Borstenpinsel weggewischt und die Zeichnung anschließend fixiert, damit die nachfolgenden Pastellfarben nicht verschmutzt werden.*

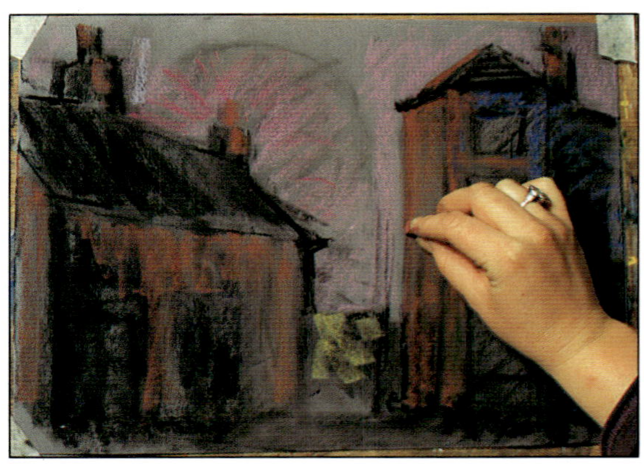

3 *Die verschiedenen Farben sollen nun in mehreren Schichten aufgebaut werden. Der stechende Rosaton im Himmel wird später durch weitere Farbschichten abgewandelt werden, und für die Gebäude werden dunkle, kräftige Farben gewählt.*

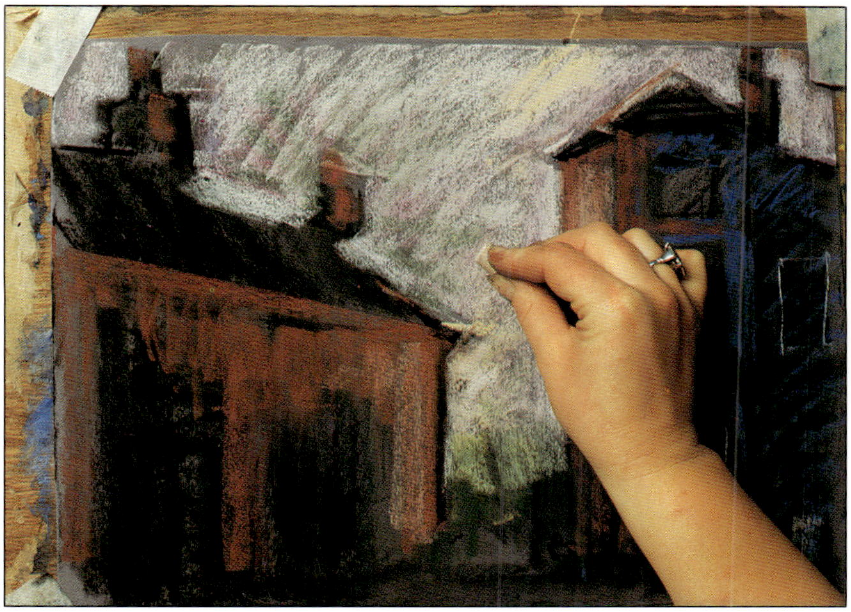

4 Mit der Breitseite einer kurzen weißen Pastellkreide wird nun über die rosafarbene Fläche schraffiert, wobei etwas von dem Rosaton wie auch von der Papierfarbe durchblitzt. Auch die Gebäudeseiten, die an den Himmel angrenzen, wurden aufgehellt.

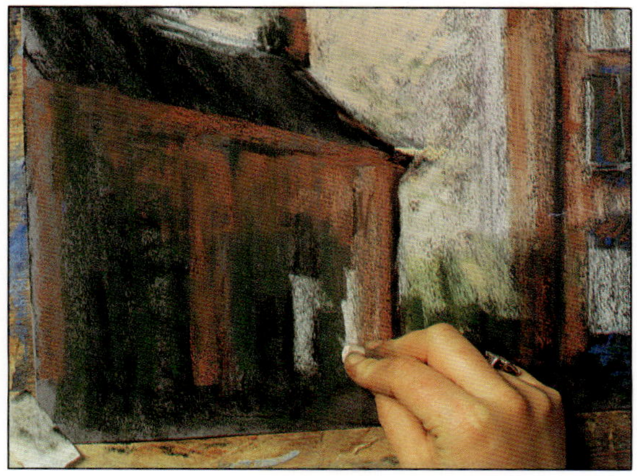

5 Da Pastellfarben gut decken, können auch über dunkle Partien später noch helle Lichter gesetzt werden. Die Hauswände schillern in ganz verschiedenen Farbabstufungen, von dunkelgrünen Tönen bis zu Rot- und Rosatönen sowie dem Violett des Papiers, das an manchen Stellen durchscheint.

6 Letzte Akzente wurden mit feinen weißen Strichen eines Stücks abgebrochener Kreide an den Fenstern gesetzt. Im Hintergrund wurde ein großer Baum, der über das Dach links ragt, eingefügt. Beide Bäume sind für die Komposition zwar wichtig, sollten aber nicht zu sehr in den Vordergrund treten. Daher wurden sie mit leichten, in das Papier verwischten Strichen wiedergegeben, so daß sie mit dem Himmel fast verschmelzen.

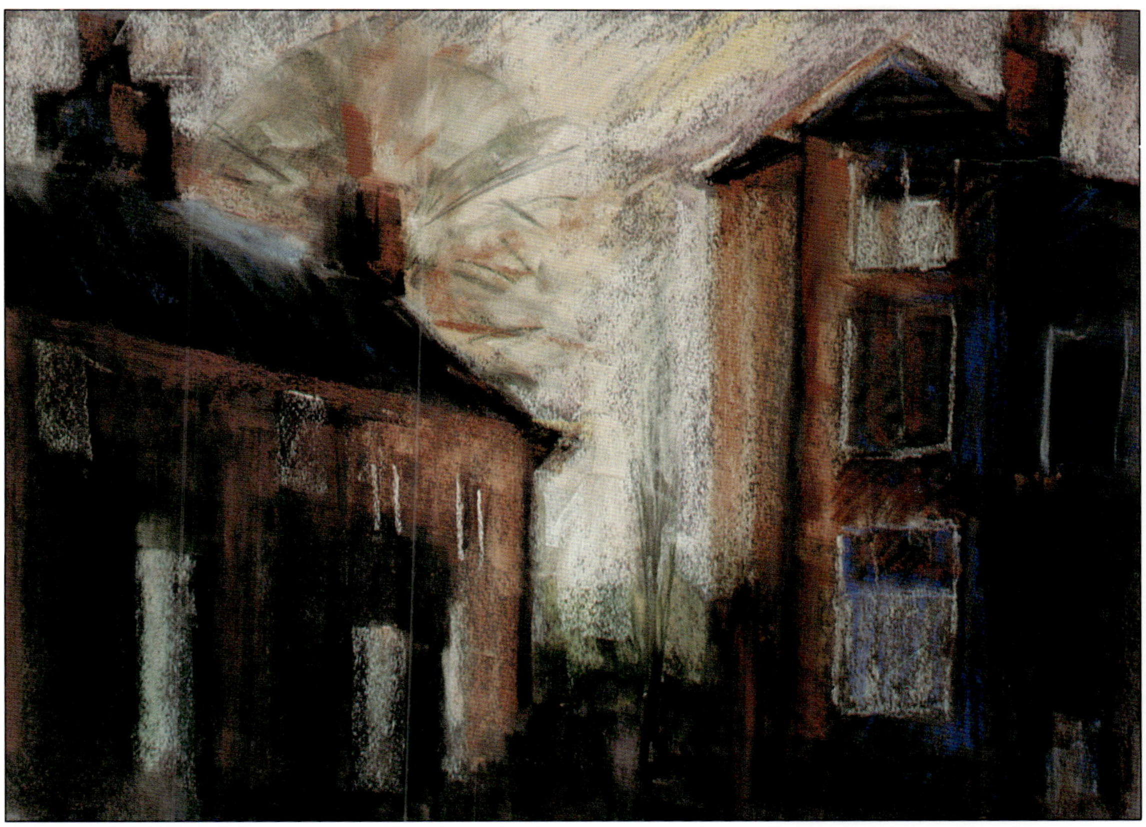

Pastellfarben in Schichten aufbauen

Die normalen Pastellpapiere vertragen zwar einige Schichten Pastellfarbe, will man jedoch mit ausgesprochen malerischen Techniken arbeiten, sollte man die Spezialpapiere für Pastellmalerei ausprobieren: Sandpapier, Velourspapier und Sansfix-Papier.

Diese Papiere unterscheiden sich in einigen Punkten von den normalen Pastellpapieren. Vor allem Sandpapier hält das Pastellpigment so fest, daß es fast unmöglich ist, Farben mit dem Finger oder einem Lappen zu verwischen. Das bedeutet aber auch, daß man fast endlos neue Farbschichten auflegen kann und dabei Farbmischungen und eine Farbtiefe erreichen kann, die dem Impasto der Ölmalerei gleichen. Pastellbilder auf Sandpapier können daher auch wie Ölbilder wirken.

Alle Spezialpapiere haben jedoch auch einen großen Nachteil: Sie „fressen" die Pastellkreiden förmlich auf. Man benötigt daher erheblich mehr Pastellfarben als bei der Arbeit auf normalem Ingres- oder Mi-Teintes-Papier. Dies wird zum Teil durch die Tatsache ausgewogen, daß man kaum – wenn überhaupt – fixieren muß, so daß man hier Kosten einsparen kann. Nur wenn die Papierkörnung gesättigt ist, kann man, wenn man will, fixieren. Unbedingt nötig ist es nicht. Am besten verzichtet man ganz auf eine Fixierung, da die Farben dabei ja immer etwas nachdunkeln.

Auf Sansfix-Papier arbeiten

1 Dieses Papier hält die Pastellfarbe fester als Normalpapier und ist darum hervorragend für malerisches Arbeiten geeignet.

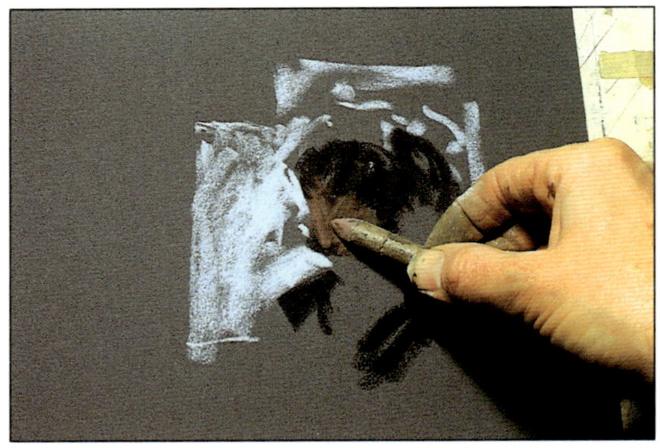

2 Eine feste schwarze Linie definiert die am Fensterbrett angelehnte Stange, die für die Komposition des Bildes eine wichtige Rolle spielt.

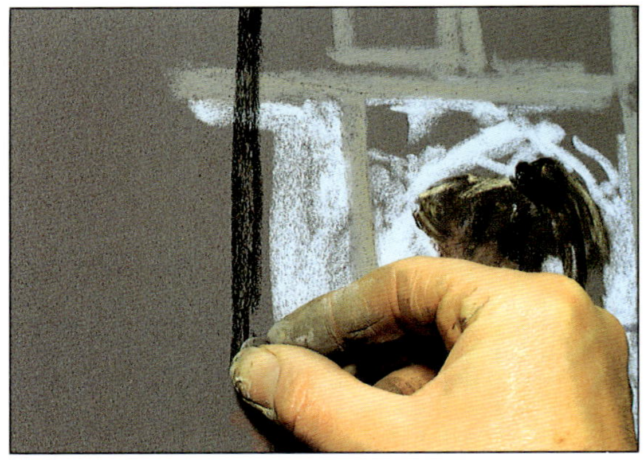

3 Die Farben auf Gesicht und Körper der Malerin wurden sehr dicht angelegt. Den ersten weißen Schichten auf dem Fenster wird Grau und Gelb zugefügt. Das Papier trägt einige solcher Farbschichten problemlos.

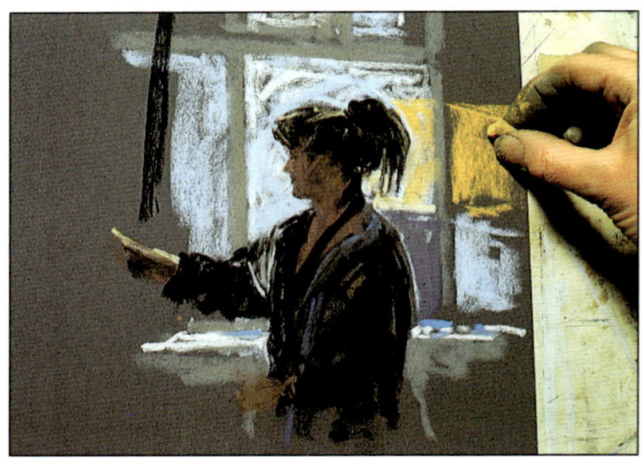

4 Mit einem kleinen Stück Pastellkreide legt der Künstler hellgraue Töne über das Weiß und Hellblau. Kleine Stellen des dunkelgrauen Papiers bleiben sichtbar, so daß eine lebhafte, gebrochene Farbstruktur entsteht.

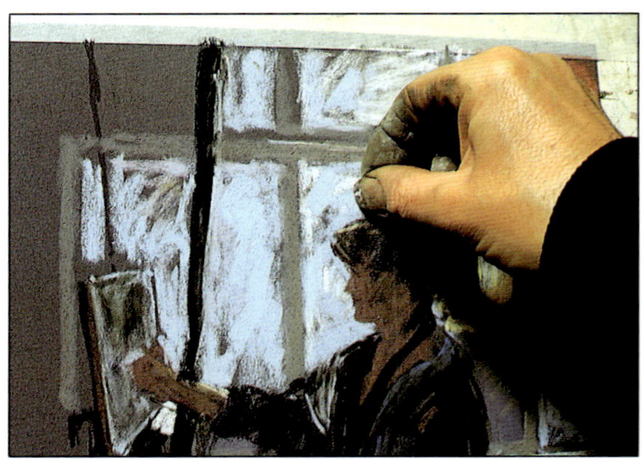

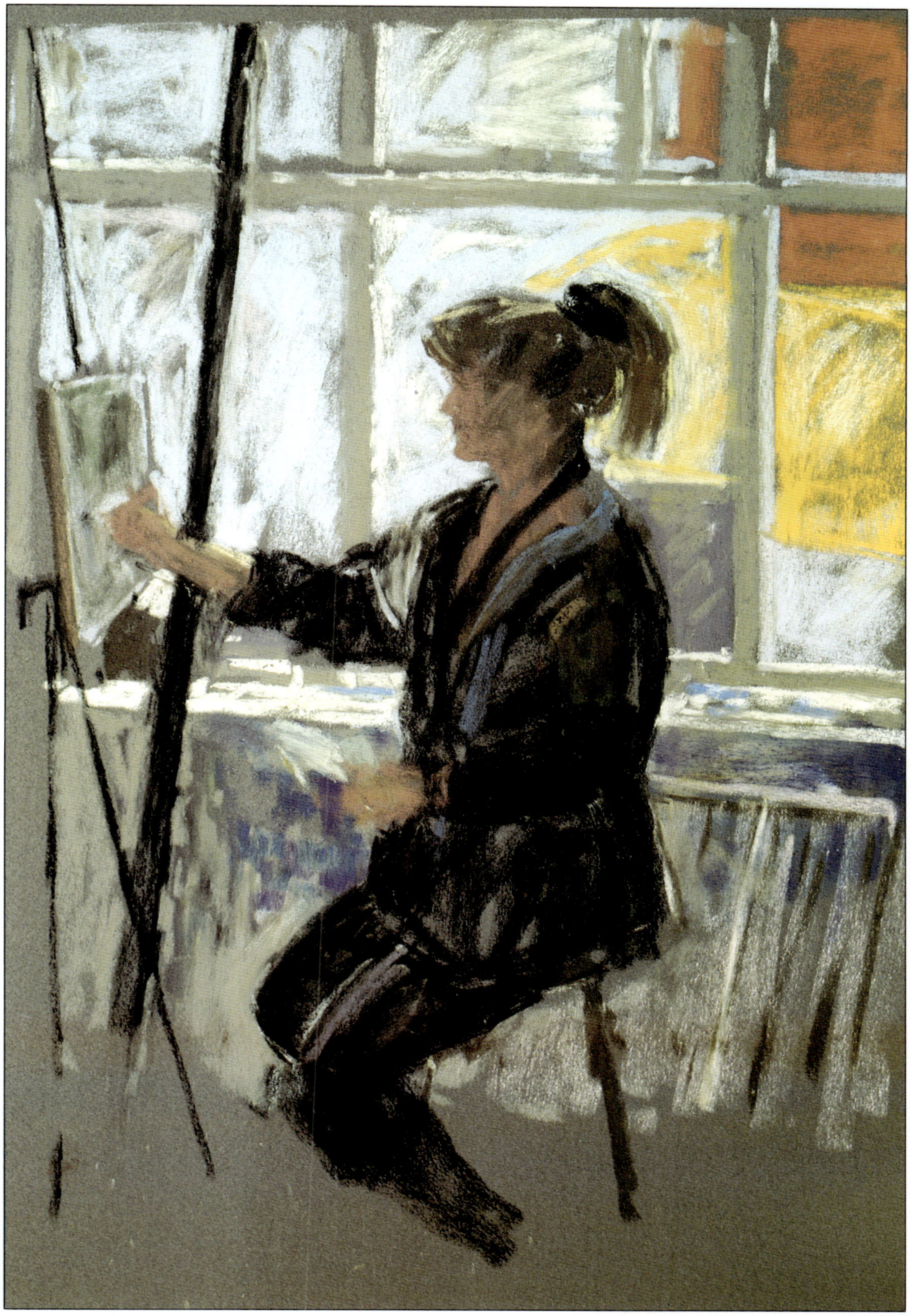

5 *Das fertige Bild erinnert mit seinen dicken, schweren Pastellschichten an ein Ölbild. Feinere Techniken wie das Verwischen mit dem Finger oder einem Lappen wären auf einem solchen Papier nicht durchführbar.*

Einen Texturmalgrund anlegen

Die Textur des jeweils verwendeten Papiers spielt in der Pastellmalerei immer eine wichtige Rolle. Einige Künstler ziehen den im Handel erhältlichen Papieren einen selbst hergestellten Untergrund vor bzw. bearbeiten diese Papiere weiter. Ein solcher selbst gestalteter Malgrund kann die verschiedensten Texturen annehmen. Am gebräuchlichsten ist es, eine Folge unregelmäßiger diagonaler oder vertikaler Pinselstriche anzulegen, die den darüber gesetzten Pastellstrichen eine Richtung vorgeben. Gute Ergebnisse erzielt man dabei zum Beispiel mit pastos aufgetragener Acrylfarbe, die jeden einzelnen Pinselstrich sichtbar stehen läßt. Man kann aber auch fertigen Acrylgessogrund verwenden oder Acrylmodellierpaste, die nach Bedarf mit Wasser verdünnt wird. Solche Pasten werden aber nur in größeren Mengen angeboten und sind nicht gerade billig.
Der Vorteil eines Texturgrundes in Acrylfarbe ist es, daß dadurch gleichzeitig eine erste Farbgebung festgelegt werden kann. Man kann diesen sogar mit einer farbigen Untermalung kombinieren. Allerdings sollte die Grundierung nicht so dominant werden, daß sie vom eigentlichen Pastell ablenkt.
Eine Acryltextur vorzugeben, ist besonders dann empfehlenswert, wenn man mit dicken Pastellschichten weiterarbeiten möchte. Dazu benötigt man natürlich ein sehr festes Papier wie zum Beispiel schweres Aquarellpapier. Legen Sie nie einen Texturgrund auf normalem Pastellpapier an, da es sich wellt und verzieht.

Ein gefärbter Texturmalgrund

1 Acrylgesso wird vor allem zum Grundieren von Malkartons und Leinwänden für die Öl- und Acrylmalerei angeboten, ergibt aber auch einen ausgezeichneten Texturgrund für das Pastell. Es ist etwas dickflüssiger als eine Tubenfarbe und trocknet sehr schnell. Hier wurde es mit schwarzer Acrylfarbe vermischt und mit einem großen Borstenpinsel auf dickes Aquarellpapier aufgetragen.

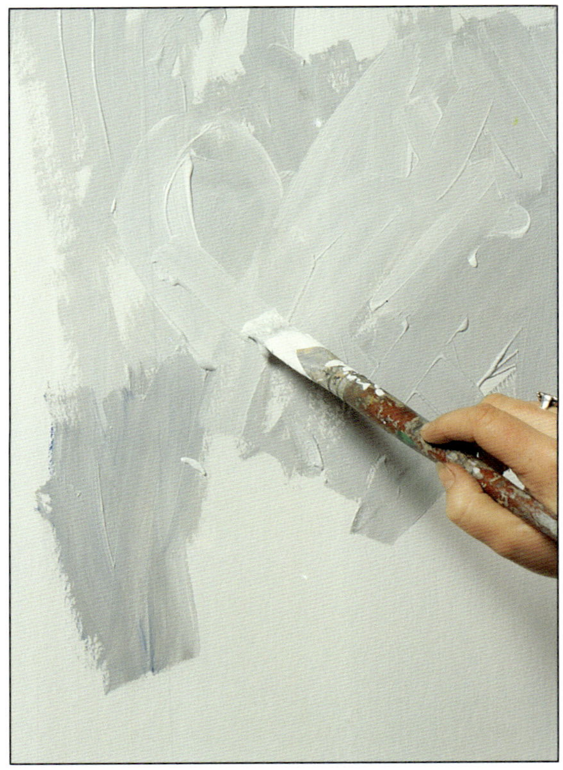

2 Der bewußt unregelmäßige Auftrag schafft eine Fläche, die die nachfolgenden Pastellstriche auf eine interessante Weise aufbricht. Durch die sich dabei ergebenden zufälligen Strukturen entsteht ein sehr dynamisches, lebendiges Bild.

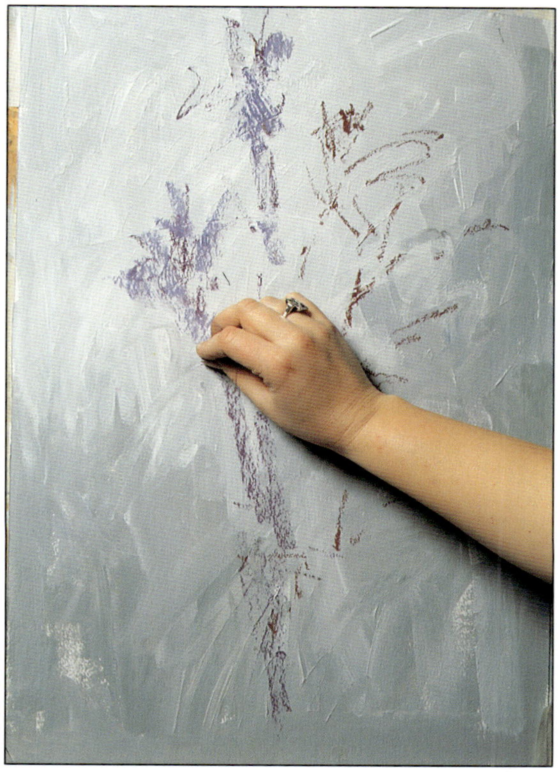

3 *Malt man nun mit der Pastellkreide über den trockenen Acrylgrund, bleiben stark aufgebrochene Kreidespuren sichtbar stehen. Diese Vorgehensweise eignet sich daher vor allem für malerisches, impressionistisches Arbeiten. Feine Details können in einer solchen pastosen Struktur dagegen kaum herausgearbeitet werden.*

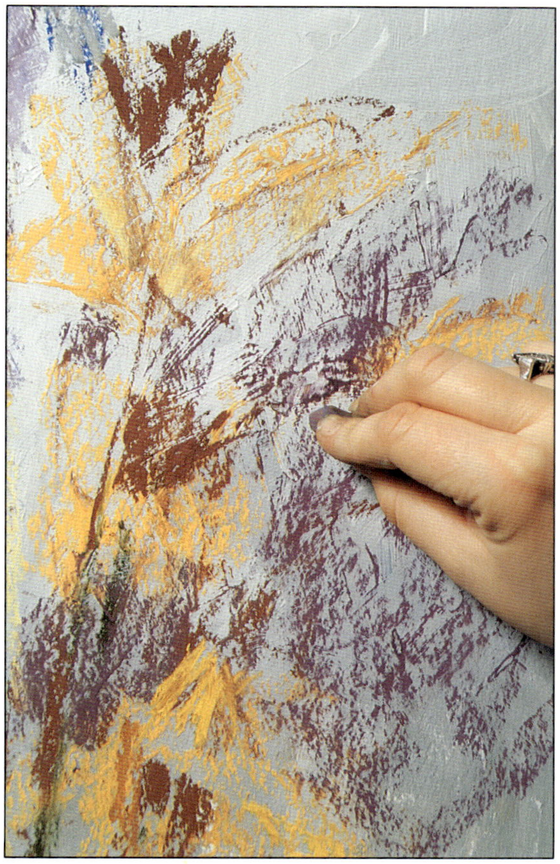

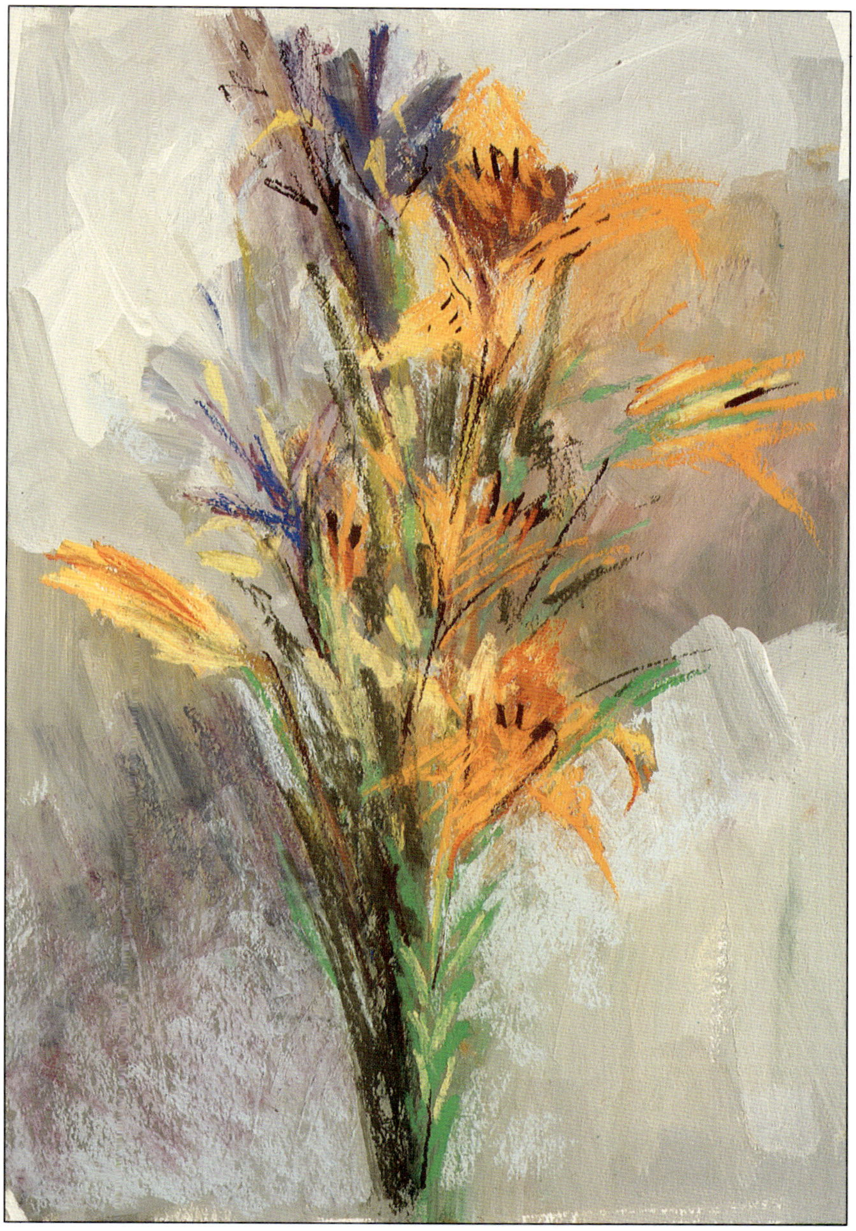

4 ◄ *Mit breiten Strichen werden die wesentlichen Farben und Formen der Blumen skizziert.*

5 ▲ *Mit Pastellkreiden lassen sich die Pinselspuren des Gessogrundes nicht vollständig abdecken. Deshalb wurden die Pastellagen noch einmal mit Gessogrund überarbeitet. Die Farben wurden auf diese Weise vermischt und vertrieben.*

SGRAFFITO

Sgraffito ist eine Technik, die vor allem in der Ölmalerei angewendet wird und bei der Farbe aus einer trockenen Farbschicht gekratzt wird, so daß die darunterliegende Farbschicht sichtbar wird. Beim Ölpastell trifft man diese Technik ebenso häufig an, und man kann sie auch bei weichen Pastellkreiden einmal ausprobieren, vorausgesetzt man verwendet ein festes Papier wie zum Beispiel Aquarellpapier und fixiert die erste Farbschicht vor dem Auftragen neuer Farben.

Leichter zu handhaben, ist der Einsatz der Sgraffito-Technik jedoch im Ölpastell, da die Ölpastellfarben besser am Papier haften und nicht fixiert werden müssen. Je nach Werkzeug, dem ausgeübten Druck, der Farbdichte und der Papiertextur werden ganz unterschiedliche Ergebnisse erzielt. Legt man zum Beispiel auf einem glatten Papier zwei flächige Pastellschichten an, in die man mit einem spitzen Gegenstand hineinkratzt, erhält man ganz feine Linien. Bei auf rauhes Papier aufgetragenen Farbschichten, in die man mit einer Messerschneide hineinkratzt, entstehen dagegen gebrochene, breite Strukturen.

Man kann entweder dunkel über hell oder hell über dunkel arbeiten und verschiedene Farbschichten anlegen, in die man dann jeweils hineinkratzt. Dabei kann man auch in einer Schicht verschiedene Farben verwenden.

Landschaft in Sgraffito

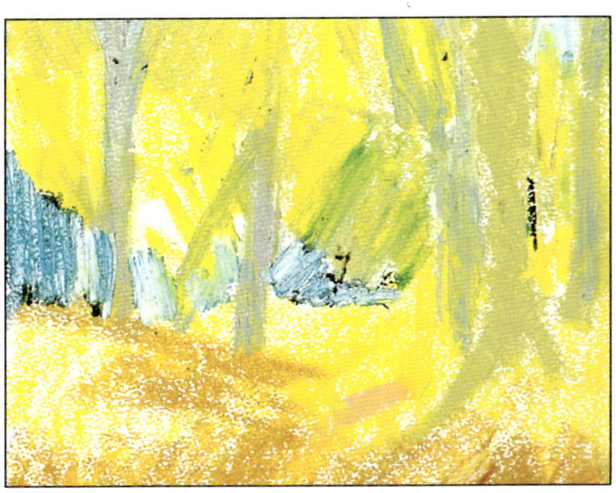

1 *Die Künstlerin hat zunächst auf einem schweren Aquarellpapier helle, leuchtende Farben angelegt, die später teilweise wieder mit einem Messer oder einem Skalpell abgekratzt werden.*

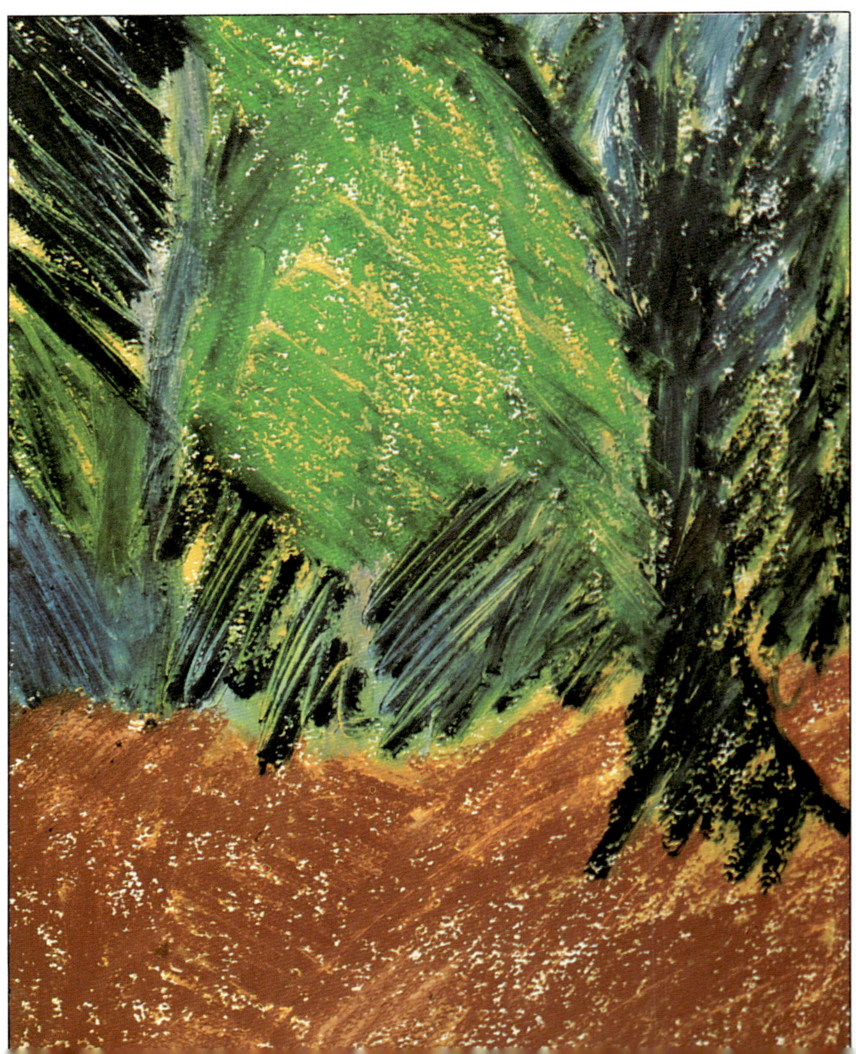

2 ► *Über die ersten Farben wurden nun dunkle Grün-, Blau- und Rotbrauntöne gestrichen. Mit einem Messer wurde in die Mitte des Bildes sowie bei der Baumkrone links hineingekratzt. Um die Textur zu verstärken, wurde zwischen den grünen Strichen relativ viel von dem Gelb stehengelassen.*

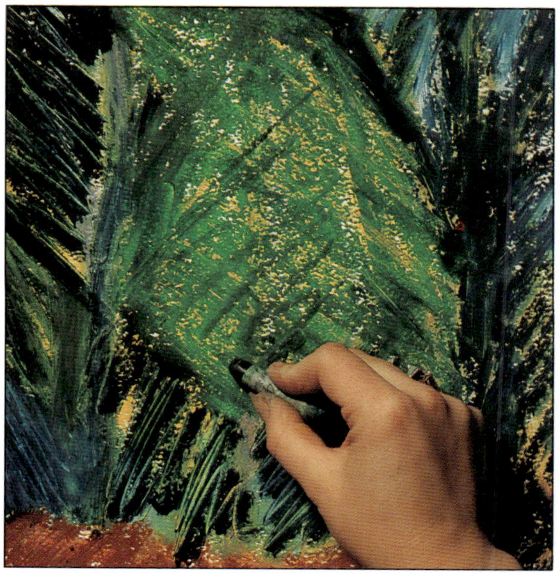

3 *Über die grüne Fläche werden nun in lockerer Kreuzschraffur kräftige diagonale Striche in Dunkelblau gelegt. Die Pastellstriche folgen dabei den zuvor angelegten Kratzspuren, um eine Verbindung zwischen beiden zu schaffen.*

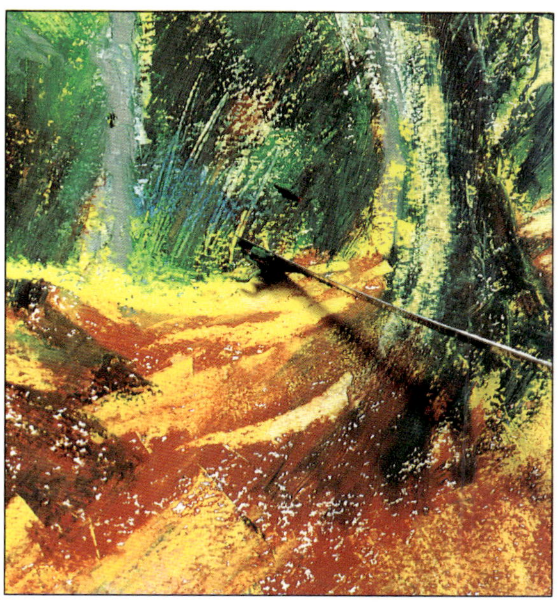

4 *Mit der Spitze des locker gehaltenen Skalpells kratzt die Künstlerin leicht in die Ölpastellschichten. Durch das Einkratzen erscheinen verschiedene leuchtende Blau- und Grüntöne sowie etwas von der ursprünglichen gelben Grundfarbe.*

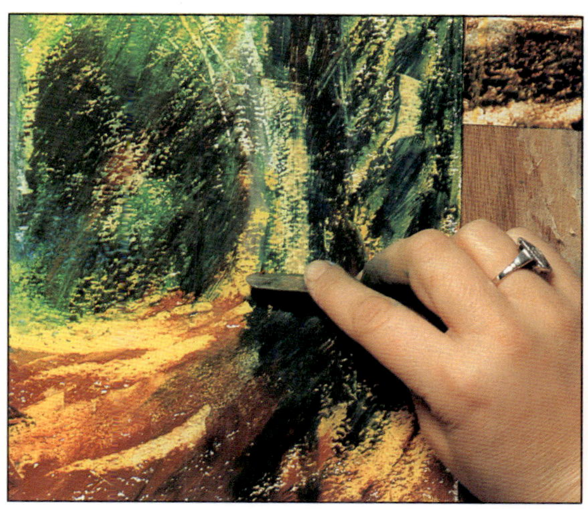

5 *Man kann mit Hilfe der Sgraffito-Technik nicht nur feine Linien ziehen, sondern auch breite, malerische Texturen erzielen, wenn man zum Beispiel mit der Seite eines Palettmessers eine breite Schicht Farbe abkratzt, wie hier bei dem Baumstamm. Mit dem Palettmesser wurden auch Teile der oberen Farbschicht im Vordergrund abgenommen, um Flecken starken Sonnenlichts anzudeuten.*

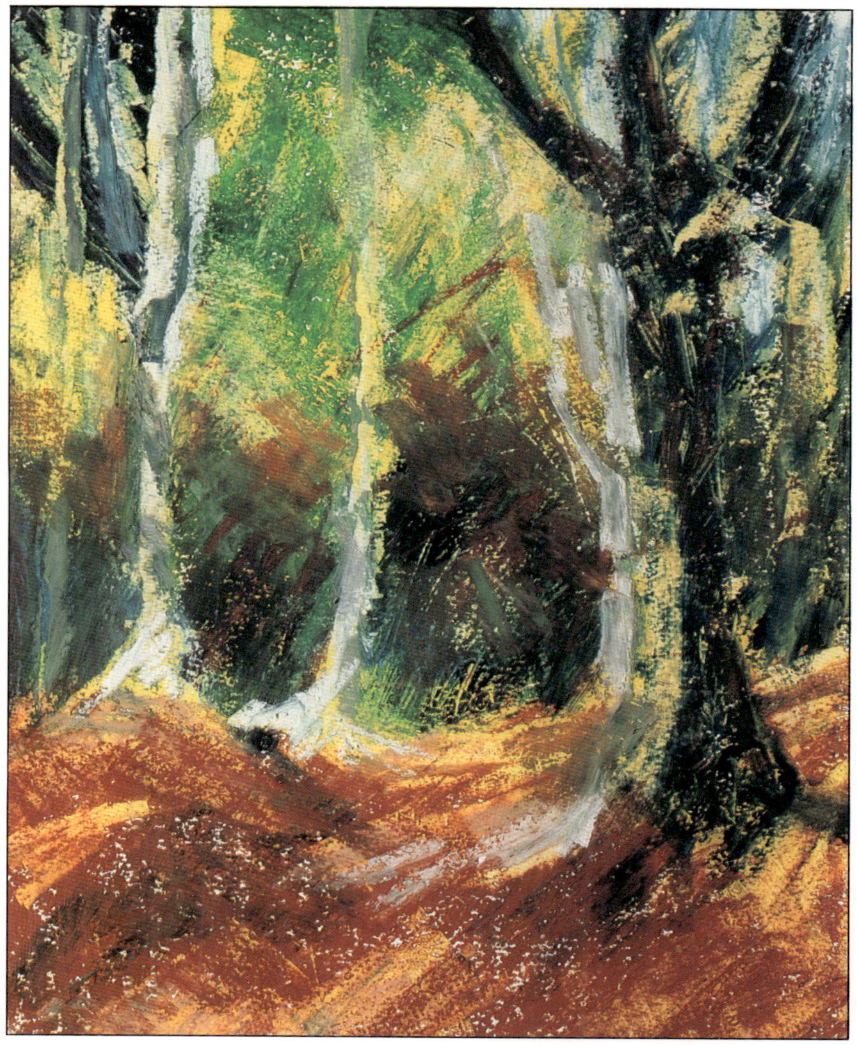

6 ▲ *Durch die immer wieder weggekratzten Farbschichten und die kräftigen Pastellstriche wurde eine wunderschöne Lichtwirkung geschaffen. Die Kratzspuren der Sgraffito-Technik wurden als belebendes Stilmittel eingesetzt und harmonisch mit der Pastellzeichnung verbunden.*

Ein Motiv – verschiedene Techniken

In einer Ausstellung von Pastellbildern wird man eine große Vielfalt verschiedener Stile entdecken, selbst dann, wenn sich die Motive gleichen. Pastellandschaften von drei verschiedenen Künstlern werden sich zum Beispiel (mit Ausnahme natürlich des verwendeten Malmittels) kaum ähneln. Auch Sie sollten versuchen, Ihren ganz eigenen Weg in Ausdruck und Technik zu finden, und schon bald werden Sie Ihre persönliche künstlerische „Handschrift" entwickeln. Als Beispiel dafür, wie unterschiedlich man an ein Bild herantreten kann, haben wir erneut drei verschiedene Künstler gebeten, ein und dasselbe Motiv in ihrem jeweils eigenen Stil umzusetzen. Patrick Cullen, dessen Arbeit auf diesen Seiten gezeigt wird, malt auf Aquarellpapier. Debra Manifold arbeitet in Ölpastell auf Ölskizzenpapier, während Hazel Harrison weiche Pastellkreiden und ein traditionelles Mi-Teintes-Papier bevorzugt.

Pastell auf Aquarellpapier

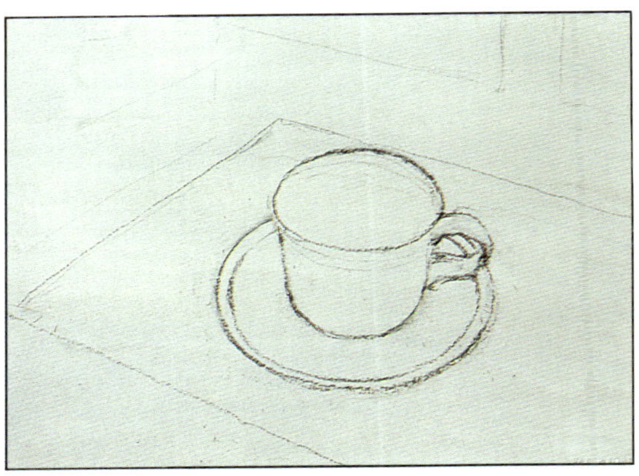

1 ▲ *Zunächst wurde eine leichte Lavierung angelegt, um den weißen Papiergrund etwas abzutönen. Danach fertigt der Künstler eine sorgfältige Kohlevorzeichnung an.*

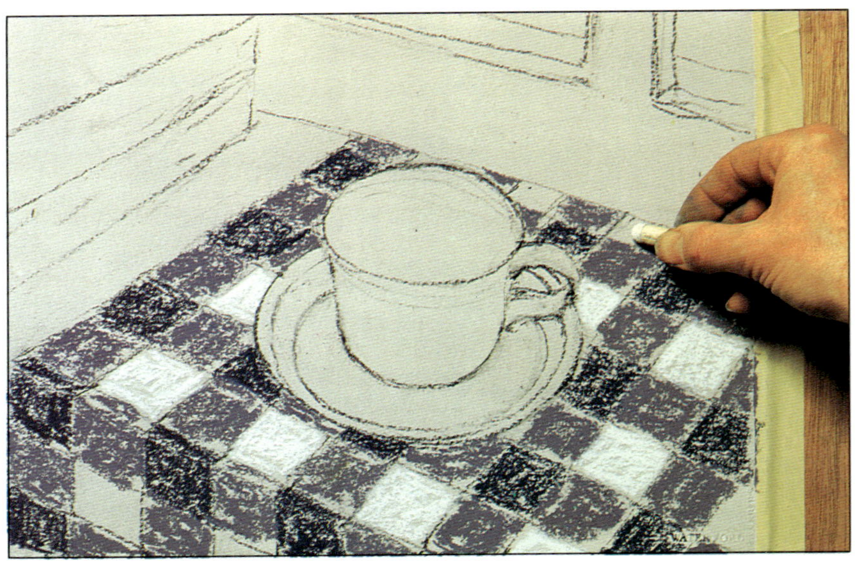

2 ▲ ▶ *Patrick Cullen hat eine ungewöhnliche Arbeitsweise entwickelt: Anstatt zunächst im ganzen Bild breite Farbschraffuren anzulegen, die später detaillierter ausgearbeitet werden, stellt er ganz systematisch ein Teil des Bildes nach dem anderen fertig. Hier vollendet er das Tischtuch, auf dessen Farbgebung die anderen Farbtöne abgestimmt werden.*

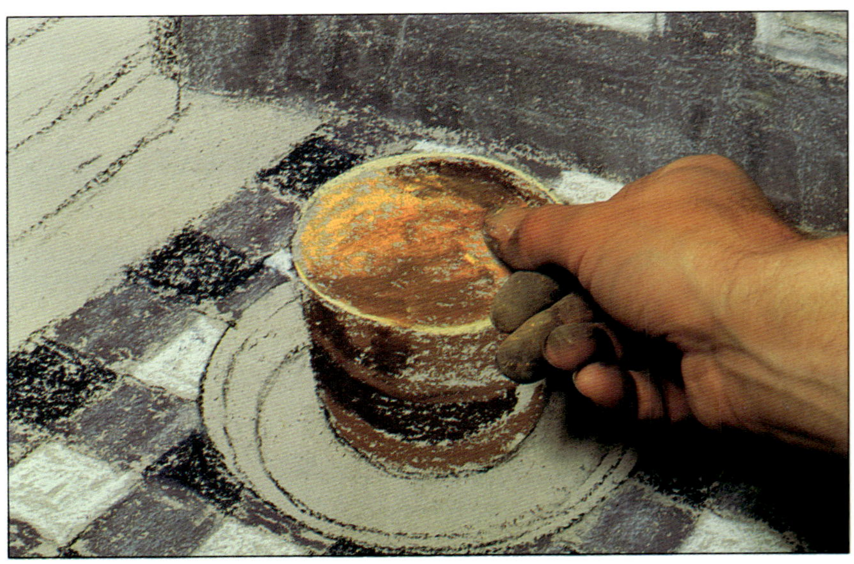

3 ▶ *Mit dem gleichen Grau wurde der Fensterrahmen gemalt, wodurch eine farbige Verbindung zum Tischtuch entstanden ist. Tasse und Untertasse stellen die wärmsten Farbpartien dar. Der Tassenrand wird eingezeichnet, die Farben werden mit dem Daumen vermalt.*

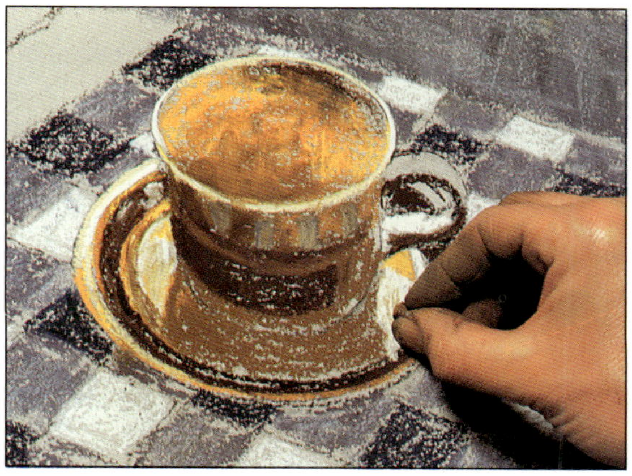

4 *Die Form der Untertasse wird, ähnlich wie beim Rand der Tasse, durch die Lichtreflexe mitbestimmt, die daher in leuchtendem Weiß eingesetzt werden. Später werden diese mit leichten Strichen in Braun abgedämpft.*

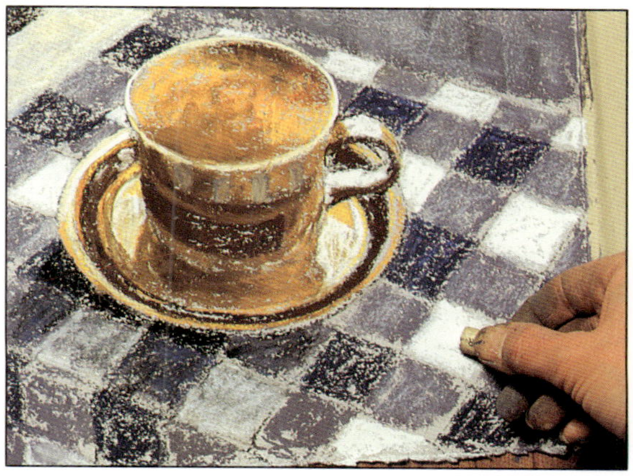

5 *Nun zeigte sich, daß der Kontrast zwischen den schattigen Stellen des Tischtuches unter der Tasse und dem lichtbeschienenen rechten Teil noch nicht stark genug war. Die hellen Stellen werden daher noch einmal in reinem Weiß überarbeitet.*

6 ▼ *Trotz der Einfachheit des Motivs und dem begrenzten Farbspektrum wirkt das Bild ausgewogen und harmonisch. Die Diagonalen des Fensters und der Kisten links ergeben einen interessanten Rahmen für das eigentliche Motiv „Tasse".*

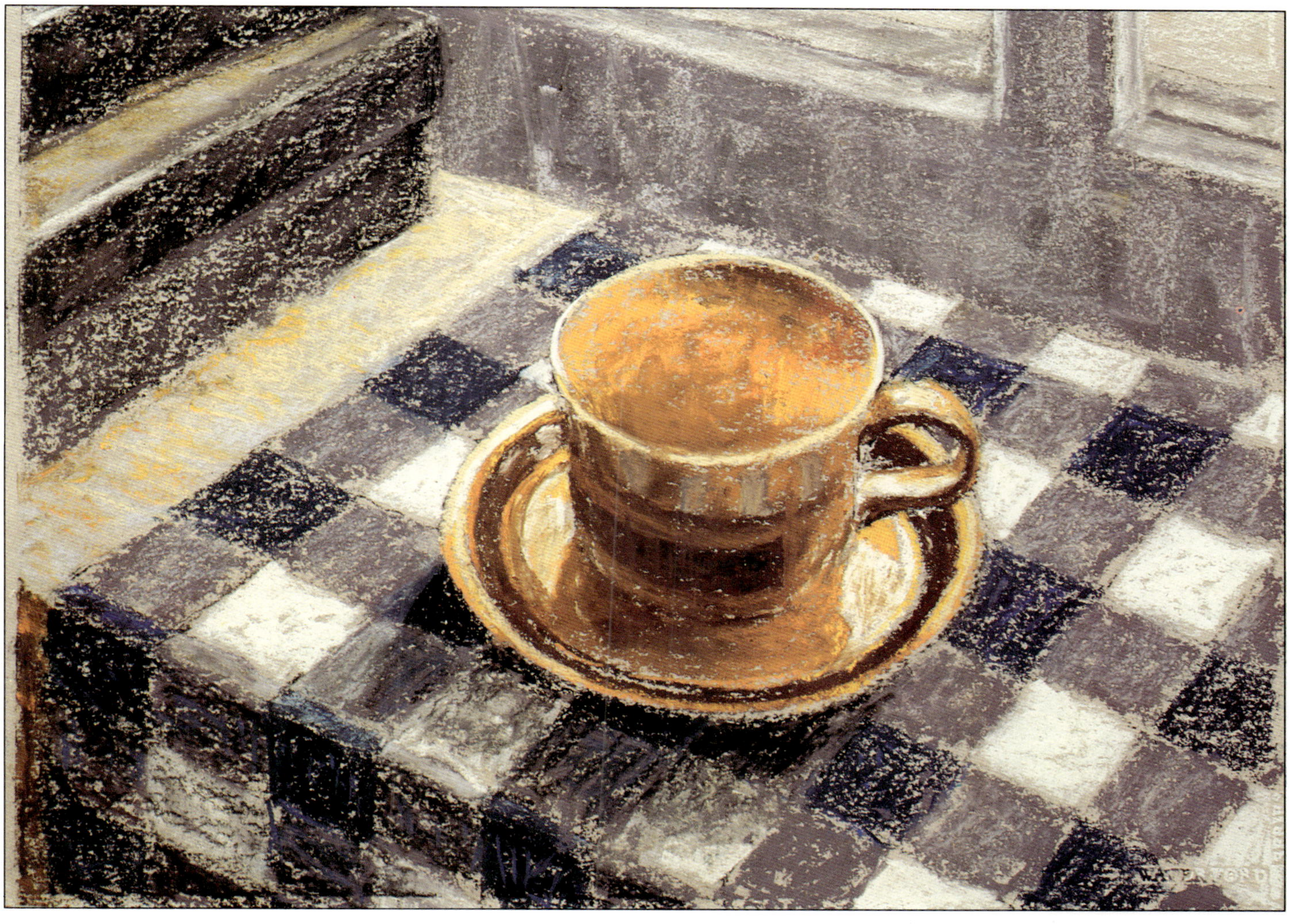

Ölpastell und Terpentinersatz

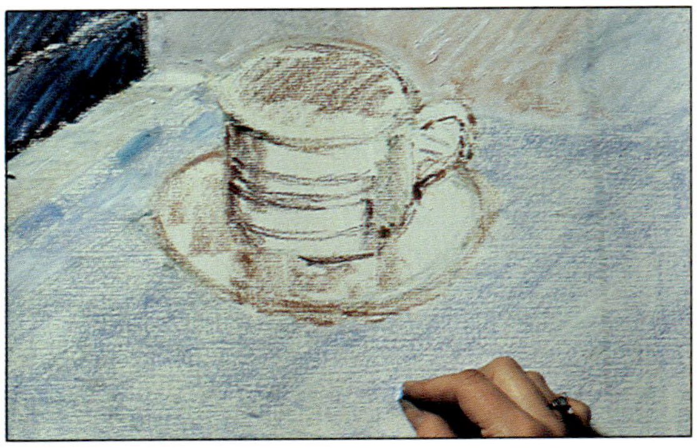

2 ▶ *Die Farben wurden weiter aufgebaut und mit einem in Terpentinersatz getauchten Pinsel vermalt. Um die warmen Rosatöne und Brauntöne der Tasse auszubalancieren, wurden verwandte Farben auch im Hintergrund eingearbeitet.*

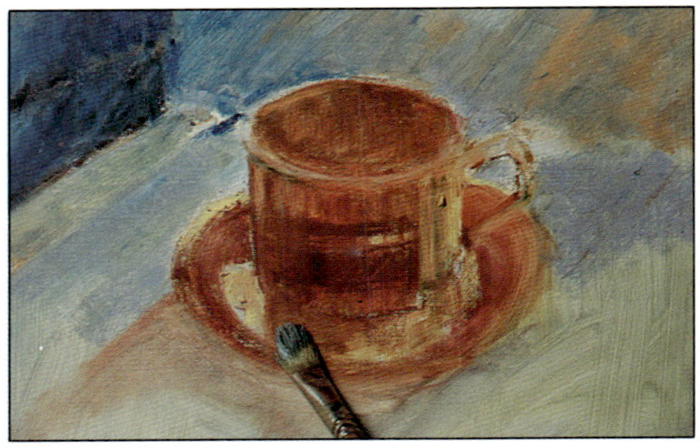

1 ▲ *Eine Vorzeichnung in grauem Ölpastell legt die Formen fest; und mit der Breitseite der Kreide werden erste Farbschraffuren angelegt. Die Vorzeichnung muß nicht besonders detailliert sein, da man Ölpastell leicht korrigieren kann.*

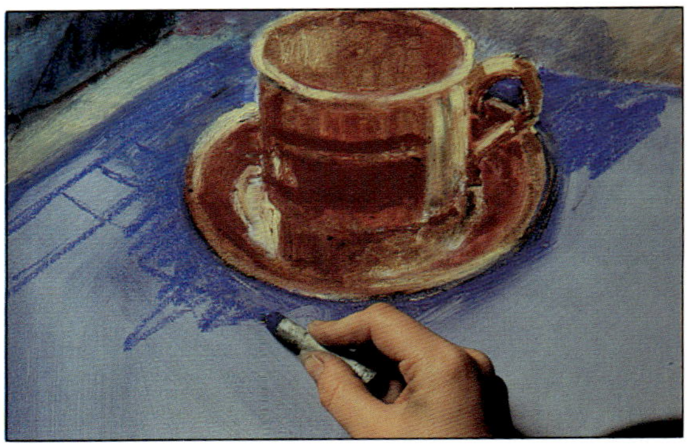

3 Wichtiger als die Lokalfarben sind für die Künstlerin die Farbbeziehungen des Motivs. Hier wählt sie ein lebhaftes Blau für das Tischtuch als Kontrastfarbe zur Tasse.

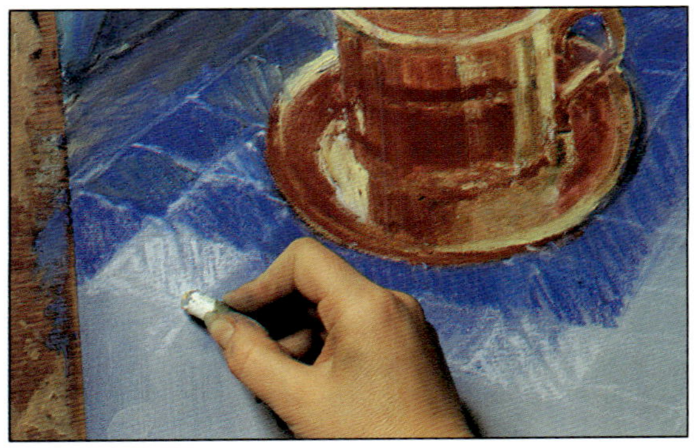

4 Nach der Anlage des Rasters für die Tischdecke werden die weißen Felder in diagonalen Strichen einschraffiert. Die Felder sollen weich und verschwommen wirken.

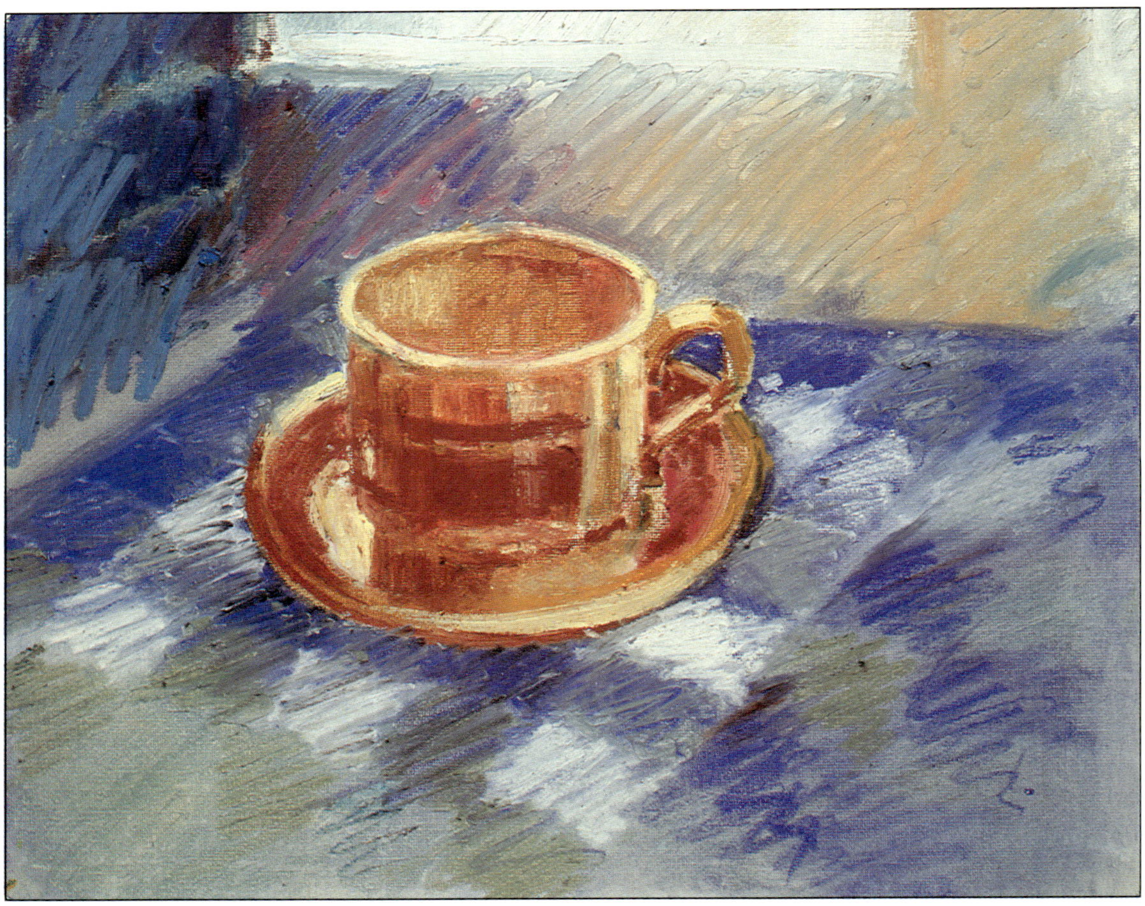

5 Dieses Bild wirkt mit seinem lebhaften Farbenspiel zwischen Brauntönen im Hintergrund und dem grünlichen Blau im Vordergrund ganz anders als das erste Übungsbeispiel. Das Tischtuch wurde sehr viel malerischer und freier umgesetzt, und es spielt in der Komposition eine nur untergeordnete Rolle.

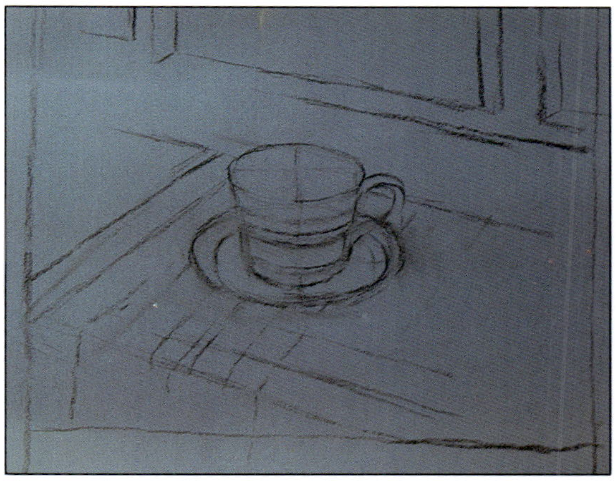

1 Als Farbe für das Papier wurde ein Dunkelblau gewählt, das dem Tischtuch entspricht. Hier wird eine Vorzeichnung in Kohle angefertigt.

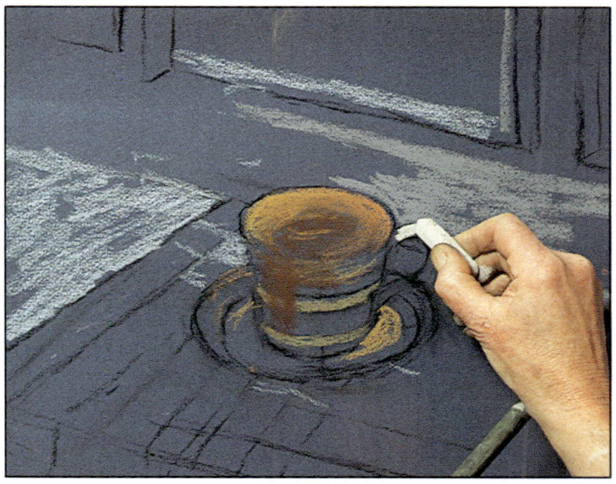

2 Tasse und Untertasse bilden den farblichen Mittelpunkt des Motivs. Das warme Rotbraun steht dabei in einem wirkungsvollen Kontrast zur Farbe des Papiers.

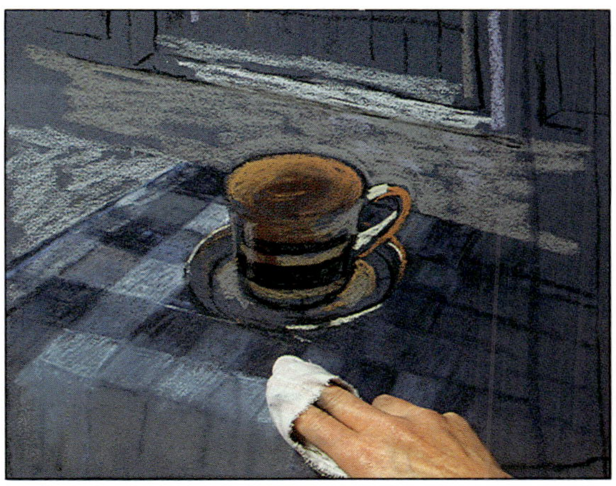

3 Die Perspektive des Tischtuches war nicht ganz richtig. Man kann Pastellkreiden nicht völlig ausradieren. Die lockeren Pigmentteilchen lassen sich jedoch leicht mit einem Lappen wegwischen, so daß die gesamte Fläche korrigiert und überarbeitet werden kann.

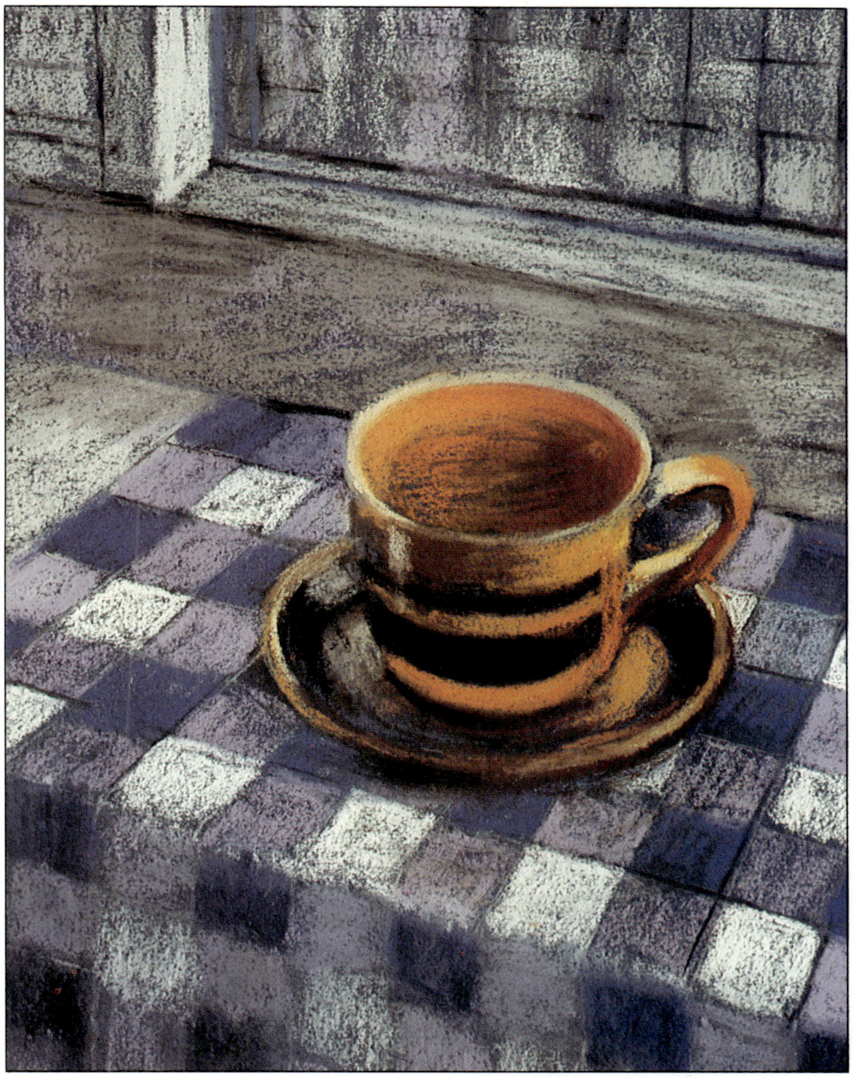

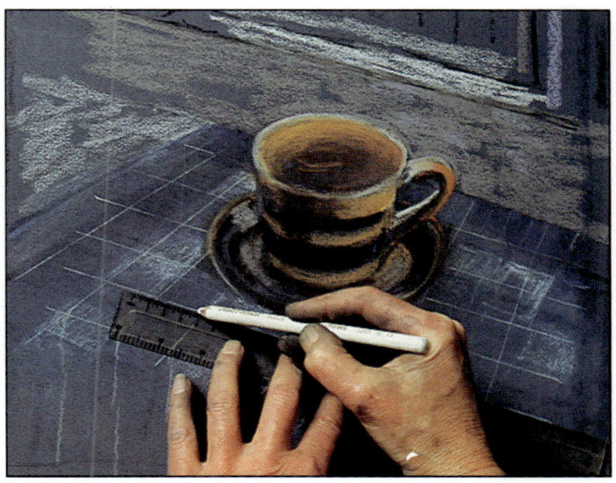

4 Mit einem weißen Pastellstift und einem Lineal wird das Raster neu gezeichnet, denn gerade Linien sind freihand nicht leicht zu ziehen.

5 ▲ Das Bild wurde in ein Hochformat umgewandelt, indem rund um das zentrale Motiv Abdeckband geklebt wurde. Der Rand der Tasse wurde mit weißer Pastellkreide neu gezeichnet. Das Raster des Tischtuches wiederholt sich im Hintergrund und greift dort einige violett-blaue Farbtöne aus dem Vordergrund auf.

LANDSCHAFT IN PASTELL

Sowohl weiche Pastellkreiden wie Ölpastellkreiden eignen sich hervorragend für die Landschaftsmalerei. Ihre Vielseitigkeit bietet die Möglichkeit, nahezu alle Naturphänomene wiedergeben zu können. Beide Pastellsorten ermöglichen die rasche Anlage größerer Farbflächen, so daß auch flüchtige atmosphärische Eindrücke schnell und sicher erfaßt werden können.
Beim Arbeiten im Freien benötigt man wesentlich weniger Ausrüstung als bei anderen Malfarben. Als Grundausstattung genügen der Kasten mit den Pastellkreiden, etwas Papier und ein Zeichenbrett. Will man auf einem großen Format mit weicher Pastellkreide malen, ist es zudem empfehlenswert, eine tragbare Feldstaffelei anzuschaffen.

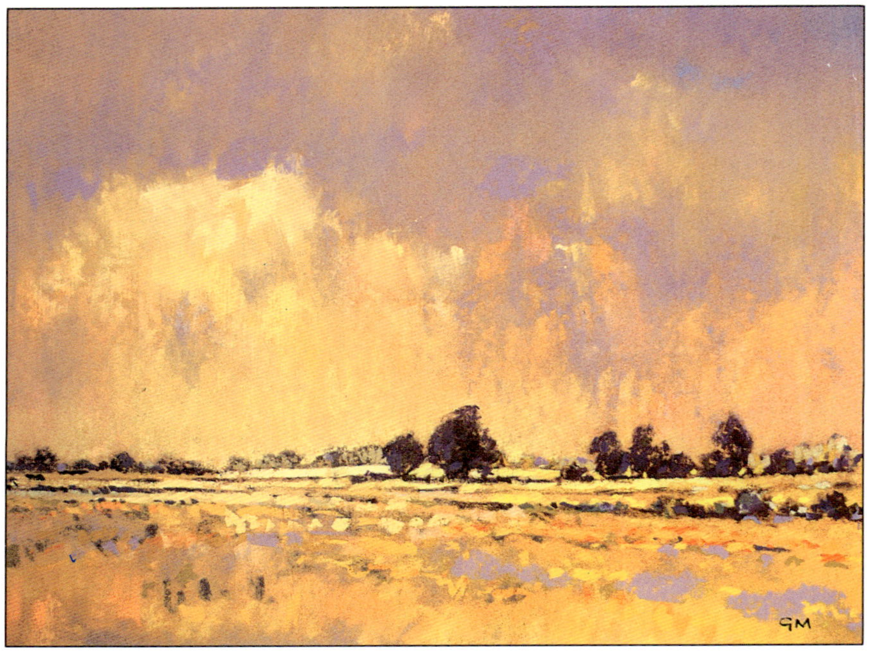

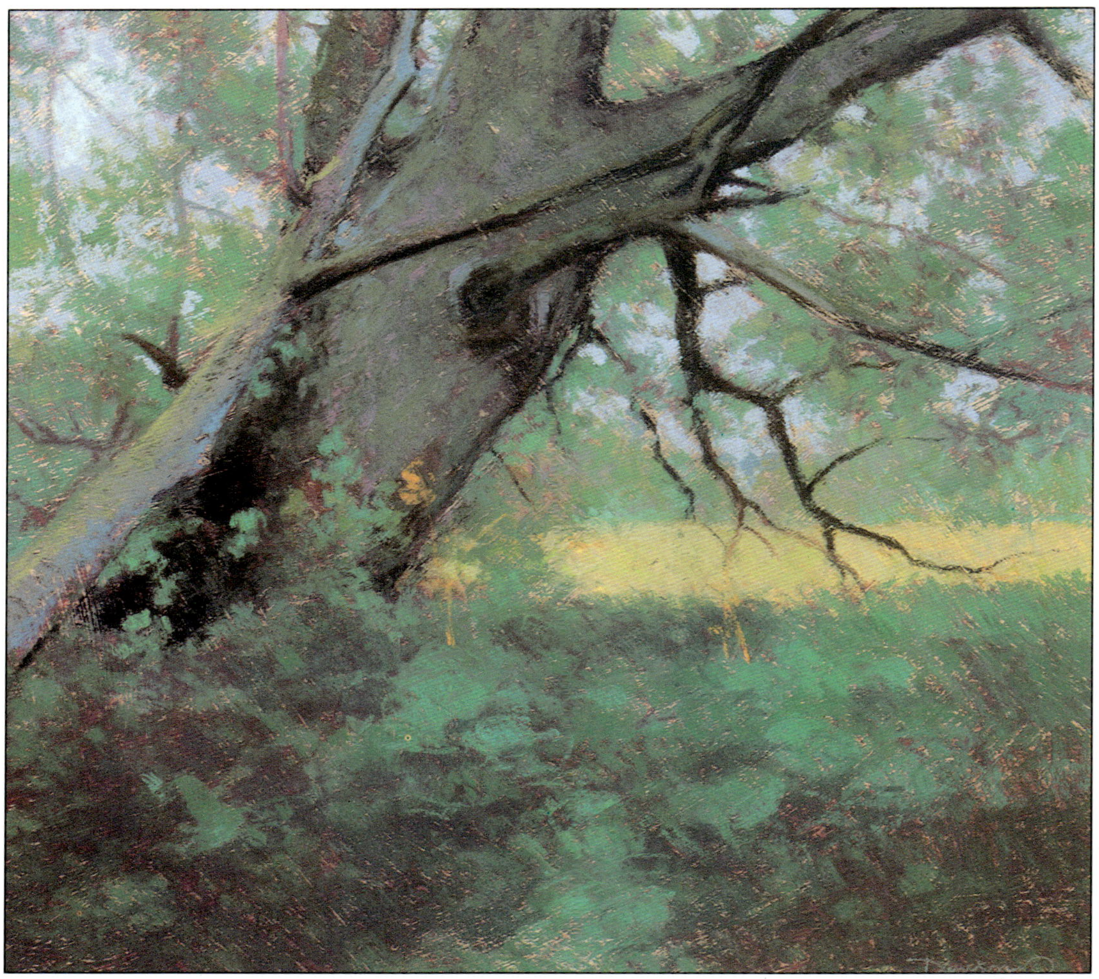

◄ **Landschaft in Nahaufnahme**
Die Wahl des richtigen Motivausschnitts einer Landschaftsszene gehört zu den schwierigsten Problemen der Landschaftsmalerei. Doug Dawson hat sich in seinem Bild „Am Wiesenrand" für eine dynamische Nahaufnahme entschieden. Der starke diagonale Schwung des Baumes quer durch das Bild wird durch die horizontalen Farbbänder ausgewogen, die vom Vordergrund und dem hellen Feld im Mittelgrund gebildet werden.

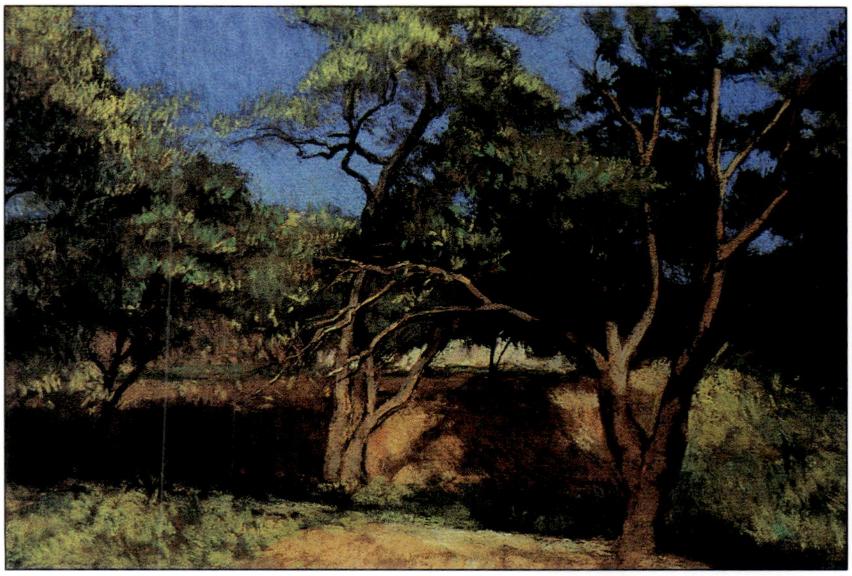

▶ **Tonwertkontrast**
Wichtig ist es auch, in einem Landschaftsbild die Tonwerte – Helligkeit und Dunkelheit der Farbtöne – genau zu bestimmen. In der „Spanischen Landschaft" von James Crittenden spiegelt sich in den leuchtenden Tonwertkontrasten das intensive Licht südlicher Breitengrade wider, und es ist eine interessante Komposition mit deutlicher Hell-Dunkel-Struktur entstanden.

◀ **Den Horizont festlegen**
In einer weiten Panoramalandschaft wird die Bildaufteilung zur entscheidenden Frage. Geoff Marsters arbeitete in einer Gegend von England, in der ein großer weiter Himmel zu den charakteristischen Merkmalen gehört. In seinem Landschaftsbild nimmt er daher gut Dreiviertel des Bildes ein.

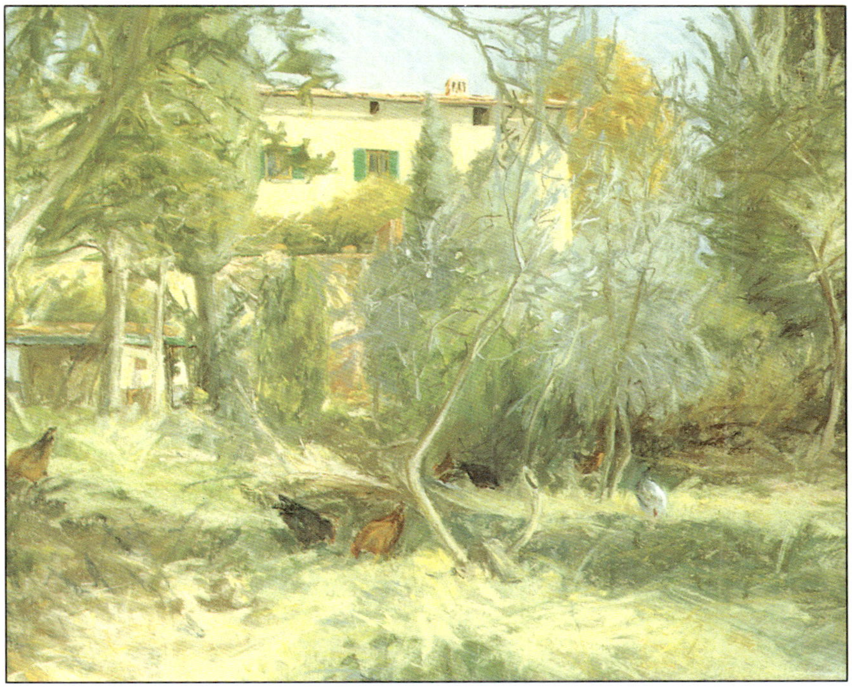

▲ **Grüntöne modifizieren**
Natürlich treffen wir gerade bei Landschaftsmotiven auf ein breites Spektrum verschiedener Grüntöne, deren Tonwerte durch das Spiel von Licht und Schatten bestimmt werden. Patrick Cullen hat in seinem Bild „Hühner bei Petrognano" die Grüntöne von silbergrauen und cremegelben Tönen bis zu braun wirkenden Nuancen variiert.

Hält man das Zeichenbrett auf dem Schoß, wird man nämlich schon bald von Pastellstaub bedeckt sein. Eine Feldstaffelei hat außerdem den Vorteil, daß man von Zeit zu Zeit zurücktreten kann, um die Arbeit aus der Distanz zu betrachten.
In jedem Fall wird man sich die Hände schmutzig machen, ob man nun eine Staffelei verwendet oder nicht. Man sollte also einige Lappen, Haushaltspapier oder noch besser einige feuchte Tücher mitnehmen. Bei der Arbeit mit Ölpastell benötigt man Terpentinersatz und einen Lappen, um die Hände zu reinigen. Will man die Farben auf der Bildfläche anlösen und vermalen, braucht man natürlich auch einige Pinsel. Arbeiten in weicher Pastellkreide müssen unbedingt fixiert werden, da sie beim Transportieren leicht verschmieren können.

Einige Vorüberlegungen

Auch wenn die Zeit beim Malen vor Ort meist relativ begrenzt ist, sollte man sein Bild auch hier genau planen. Zu den Vorüberlegungen gehören die Wahl des besten Blickpunktes, die Wahl des Ausschnitts und die Festlegung der Horizontlinie. Man neigt bei einem Landschaftsmotiv leicht dazu, die Bildfläche in zwei Hälften zu teilen, eine für das Land und eine für den Himmel. Dies kann jedoch schnell langweilig wirken, vor allem dann, wenn die Horizontlinie genau in der Bildmitte liegt. Versuchen Sie daher immer, zu starke Symmetrien im Bild zu vermeiden.
Besondere Aufmerksamkeit sollte der Gestaltung des Himmels geschenkt werden, da dieser in einem Landschaftsbild von großer Bedeutung ist. Er ist nicht allein die primäre Lichtquelle, sondern spielt auch eine große Rolle für die Tiefenwirkung des Bildes. Bei einer weiten Panoramalandschaft läßt sich zum Beispiel die Tiefenwirkung erheblich verstärken, indem man eine relativ große Fläche für den Himmel einplant und das Land auf ungefähr ein Drittel des Bildes beschränkt. Umgekehrt kann man in einer Gebirgsszene, in der man die Auf-

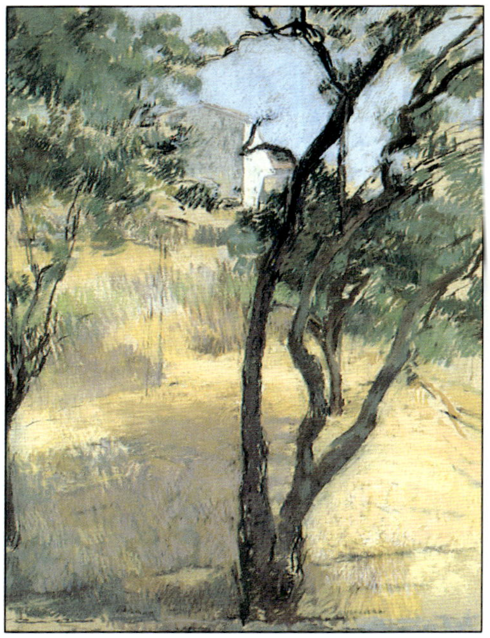

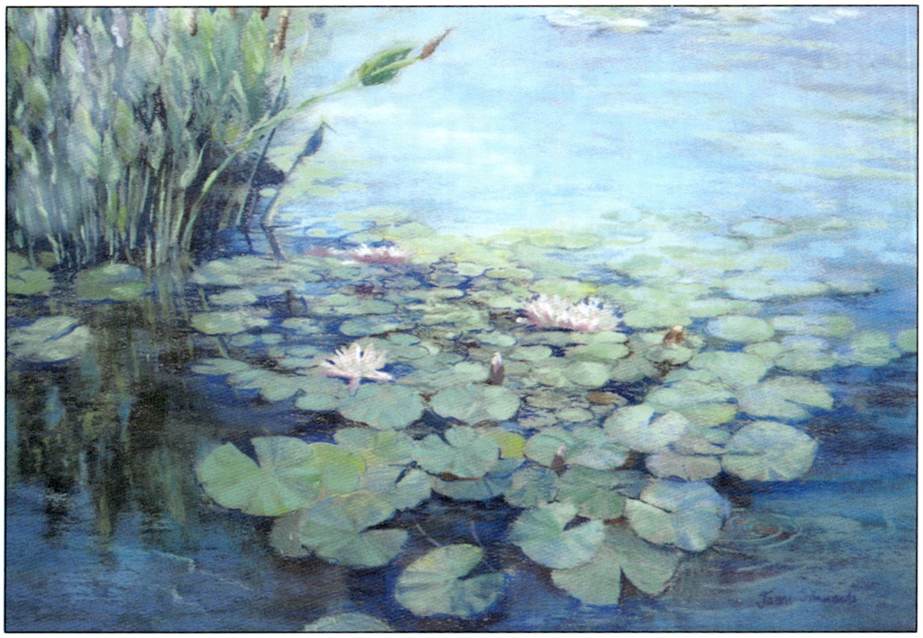

▲ **Flächen gestalten**
Die Spuren und Striche der Pastellkreide sind ebenso wichtig wie die Pinselstriche in einem Ölgemälde. Sie unterstützen nicht nur die Formgebung, sondern verleihen dem Bild auch Lebendigkeit und Bewegung, ganz unabhängig vom gewählten Gegenstand. Im Bild „Blick durch die blauen Bäume" von James Crittenden geben kurze Pastellstriche nicht allein die Blätter des Baumes wieder, sondern sie strukturieren zudem die Flächen im Vordergrund. Durch solche sichtbar gesetzten Spuren können Bildstellen belebt werden, die sonst eher langweilig und flach wirken würden.

wärtsbewegung der Berge betonen möchte, den Himmel auf ein Minimum reduzieren. Vordergründe sind ebenfalls sehr bewußt zu planen. Durch einen schwachen oder einen zu dominanten Vordergrund kann die Bildwirkung schnell zerstört werden. Als allgemeine Regel gilt, daß der Vordergrund in das Bild „einführen" sollte. Zu viele Details oder sehr starke Formen haben im Vordergrund oft den gegenteiligen Effekt und wirken dann als Blockade, wie eine geschlossene und nicht wie eine offene Tür. Ausschlaggebend ist vor allem die Ausgangsposition: Wieviel man im Bild vom Vordergrund sieht, ist nämlich vom jeweiligen Standpunkt abhängig. Im Stehen hat man einen hohen Blickpunkt, während man im Sitzen einen vollkommen anderen, niedrigen Blick auf die Landschaft hat. Vor allem bei einer flachen Landschaft werden dann plötzlich Dinge im Vordergrund dominant, die man sonst kaum beachtet hat, während im Mittelgrund liegende Dinge an Bedeutung verlieren. Welchen Blickpunkt Sie wählen, wird von Motiv zu Motiv verschieden sein. Meistens arbeitet man jedoch stehend an einer Staffelei.

Korrekturen

Da Pastellkreiden deckend auftragen, kann man die Komposition anfangs noch leicht verändern. Vielleicht muß man die Horizontlinie tiefer legen oder einige Dinge im Bild anders stellen. Am besten wappnet man sich gegen mögliche Fehler, indem man auf einem großen Papier beginnt und die Komposition langsam von innen nach außen wachsen läßt. Lassen Sie oben, unten und an den Seiten reichlich Platz, den man vielleicht im Laufe der Arbeit noch braucht. Man kann die Komposition auch später durch die Wahl eines Ausschnitts verändern. Vielleicht kennen Sie dies aus der Fotografie, wo häufig aus einem Negativ nur ein bestimmter Ausschnitt zum Vergrößern gewählt wird. Sollten Sie daher einmal mit einem Bild nicht ganz zufrieden sein, betrachten Sie kritisch seine Komposition. Mit der Wahl eines bestimmten Ausschnittes läßt sich dann häufig doch noch die gewünschte Wirkung finden. Fertigen Sie sich aus zwei rechtwinkligen Kartonstreifen einen Rahmen, den Sie so lange auf dem Bild verschieben, bis ein passender Ausschnitt gefunden wurde. Schon eine kleine Veränderung wie die Reduzierung des Vordergrundes um einige Zentimeter, kann die Bildwirkung unglaublich beleben. Schneiden Sie die wegfallenden Bildteile dennoch nicht gleich ab. Ein passend geschnittenes Passepartout deckt diese Teile bei der Rahmung einfach ab.

◄ **Wasser malen**

Wasser gehört zu den faszinierendsten, aber auch schwierigsten Motiven der Malerei. Die vielen verschiedenen Farben und Tonwerte, die durch die Lichtreflexe hervorgerufen werden, müssen sehr genau erfaßt werden. In Jackie Simmonds Bild „Seerosen und Schilf" wurde der Tonwertkontrast zwischen den Seerosen und dem Wasser im Vordergrund, das ein dunkles intensives Blau aufweist, das den Himmel reflektiert, deutlich herausgearbeitet.

► **Einen Blickpunkt setzen**

Nicht alle Landschaftsbilder besitzen ein klares Zentrum. Oft fühlt man sich jedoch von einem bestimmten Gegenstand in der Landschaft angezogen. James Crittenden hat in seinem Bild „Mandelblüte am Abend" den hellen Baum im Mittelgrund, der sich von den dunklen, neutralen Farbtönen der umliegenden Hügel deutlich abhebt, als Blickfang gestaltet.

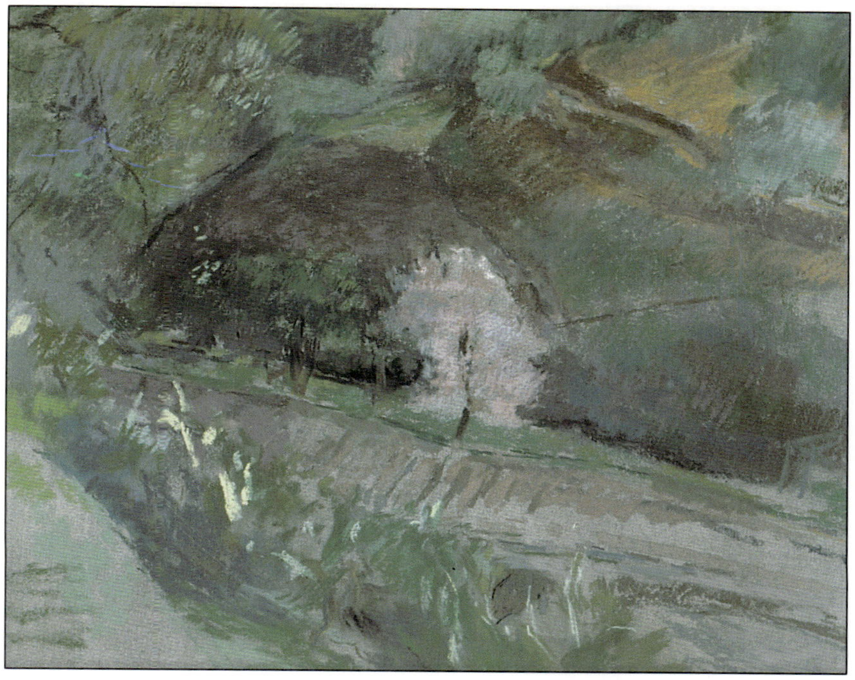

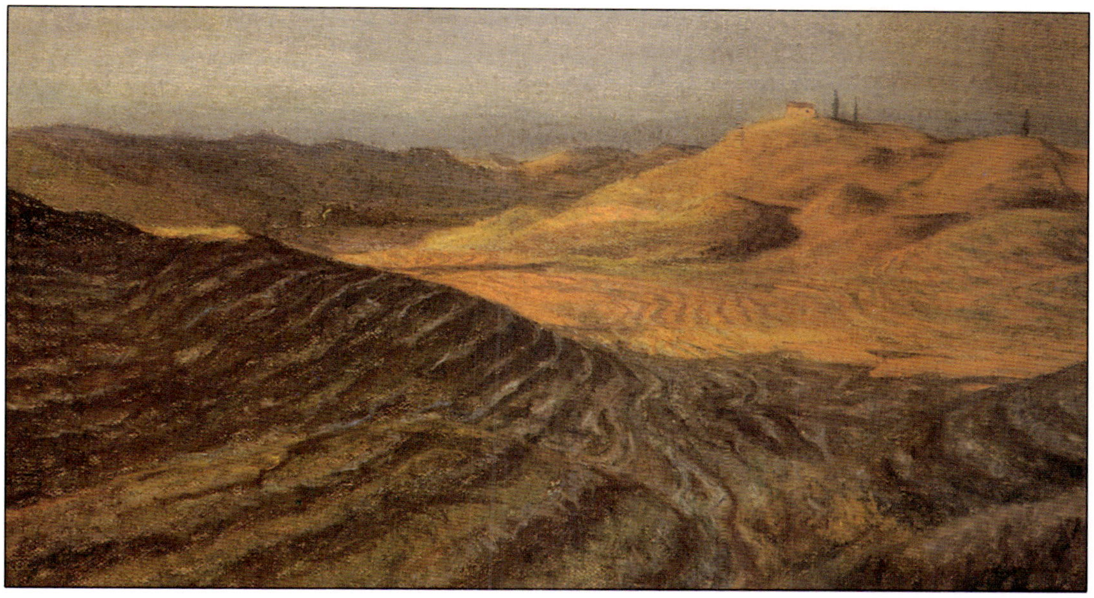

◄ **Skizzen**

Man kann ein Motiv direkt vor Ort ausarbeiten oder das Bild nach Skizzen, Notizen und Fotos im Atelier malen. Patrick Cullens „Landschaft in der Crete" ist eine Pastellskizze für ein großes Aquarell, das vor Ort nie hätte gemalt werden können. Pastellkreiden sind für solche Skizzen hervorragend geeignet.

Zu Hause arbeiten

Malen vor Ort, direkt in der freien Natur, mit allen damit verbundenen Ablenkungen, stellt gerade den Anfänger oft vor unüberwindliche Probleme. Leichter ist es, zunächst einige Skizzen in Pastell anzufertigen und diese dann später in aller Ruhe zu Hause in ein größeres Bild zu übertragen und weiter bearbeiten zu können. Skizzen, und seien sie auch noch so unbedeutend, sollte man niemals wegwerfen. Manchmal können sich solche vermeintlichen Abfallprodukte als unverhoffte Fundstücke für einen Bildansatz herausstellen. Zu Hause zu arbeiten hat den Vorteil, in aller Ruhe über die Komposition und Farbgebung nachdenken, alle Techniken ausprobieren und die Kreiden vielseitig einsetzen zu können. Mit unterschiedlichen Pastellstrichen wie zum Beispiel breiten Schraffuren im Kontrast zu linearen Zeichen, kurzen Tupfen und kalligraphischen Kürzeln erhöht man Ausdruck und Bewegung im Bild.

Übung Schritt für Schritt

Landschaften, vor allem in der Toskana, sind eines der Lieblingsmotive von Patrick Cullen. Er arbeitet in Öl, Aquarell wie auch in Pastell und komponiert seine Bilder im Atelier nach vor Ort gemachten Skizzen. Dieses Pastellbild auf Sandpapier entstand nach Farbskizzen und einer großen Arbeitszeichnung in Kohle, in der die Komposition vorgeplant wurde.

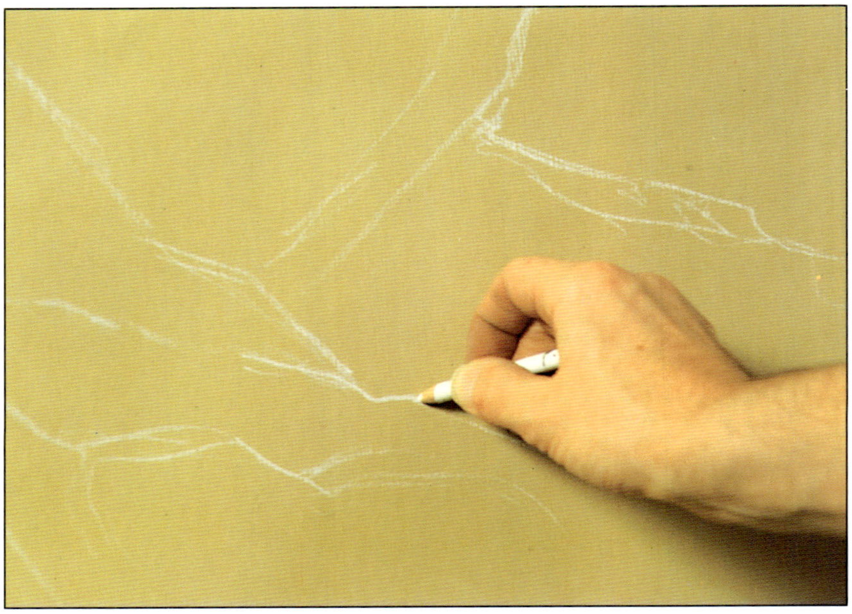

1 Die Komposition wird nach der Kohlezeichnung, die genau die gleiche Größe wie das Bild hat, in Pastellstift übertragen. Jeder Strich muß sehr genau gesetzt werden, da man Pastellkreiden auf Sandpapier nicht mehr entfernen kann.

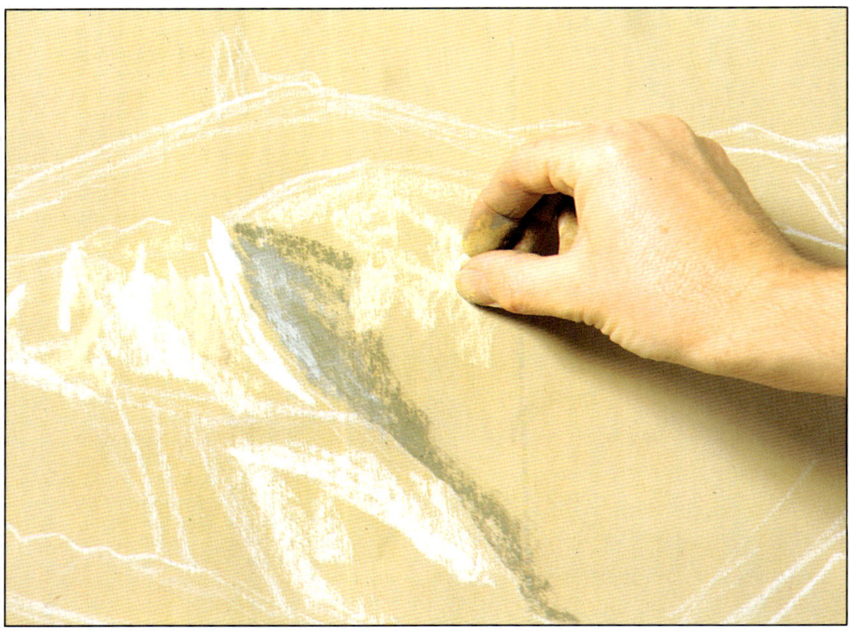

2 Sandpapier hält im Unterschied zu anderen Pastellpapieren die Pigmente fest. Der Künstler arbeitet hier jeden Bildteil einzeln aus. Er beginnt mit den Bergen im Zentrum.

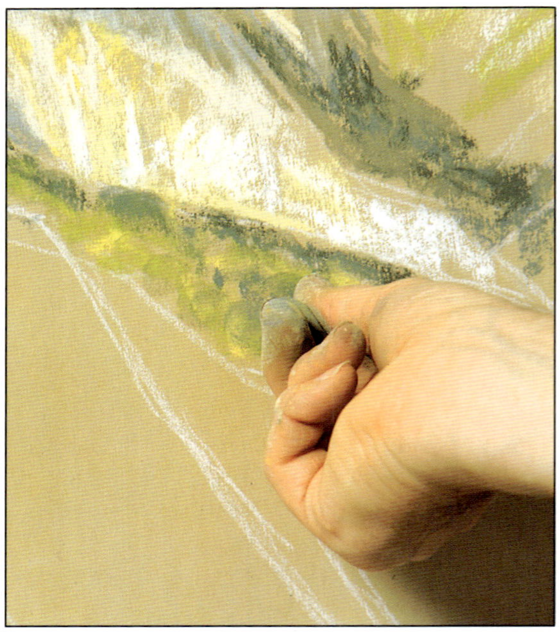

3 Mit dem Daumen wird die Pastellkreide zerdrückt, um die Textur des Laubes wiederzugeben. Überhaupt sind die Finger beim Arbeiten mit Pastellkreiden wichtige Malinstrumente.

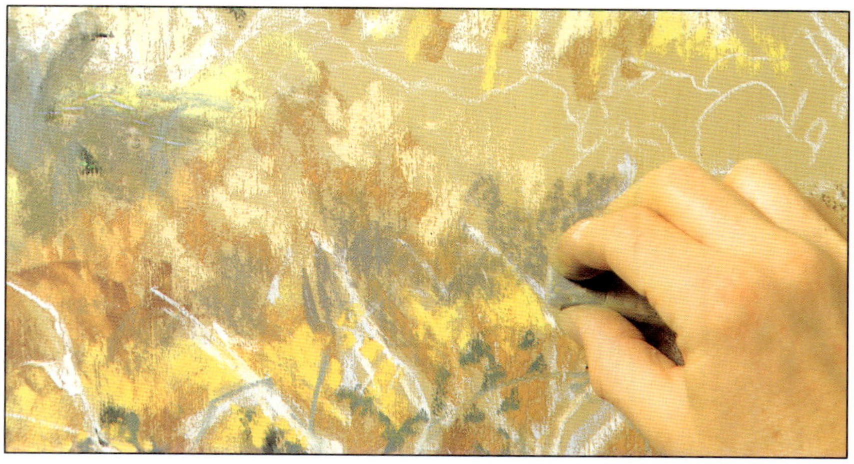

4 *In diesem Ausschnitt sieht man einige mögliche Pastellstrukturen, angefangen bei kurzen Tupfen bis zu Schraffuren, die mit der Breitseite der Kreide angelegt wurden, und scharfen Linien. Diese Vielfalt verleiht dem Bild Lebendigkeit und gibt die reiche Formenwelt der Landschaft wieder.*

5 *Diese Abbildung zeigt deutlich, daß der Künstler von innen nach außen arbeitet. Eine solche Vorgehensweise in kleinen Schritten ist etwas ungewöhnlich und nicht unbedingt für Anfänger geeignet, da man schon früh eine klare Vorstellung von dem fertigen Bild haben muß.*

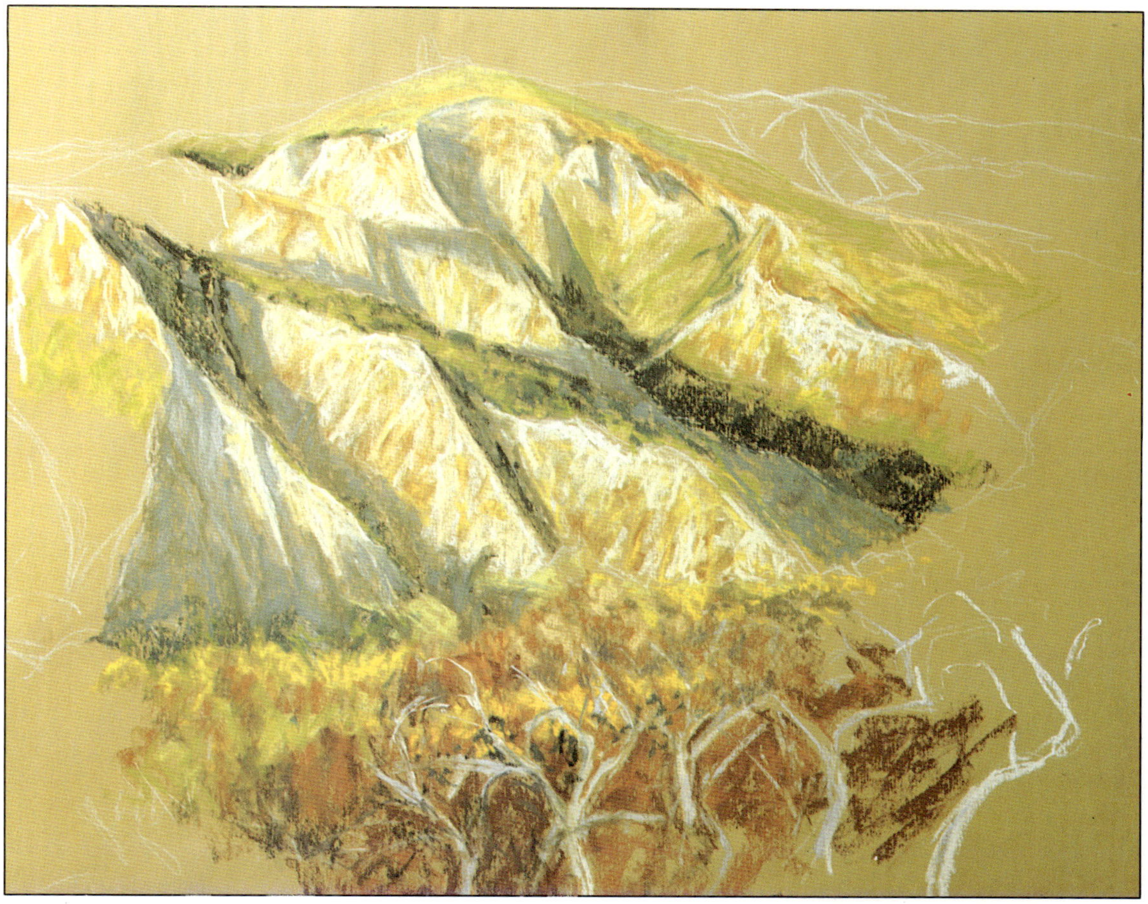

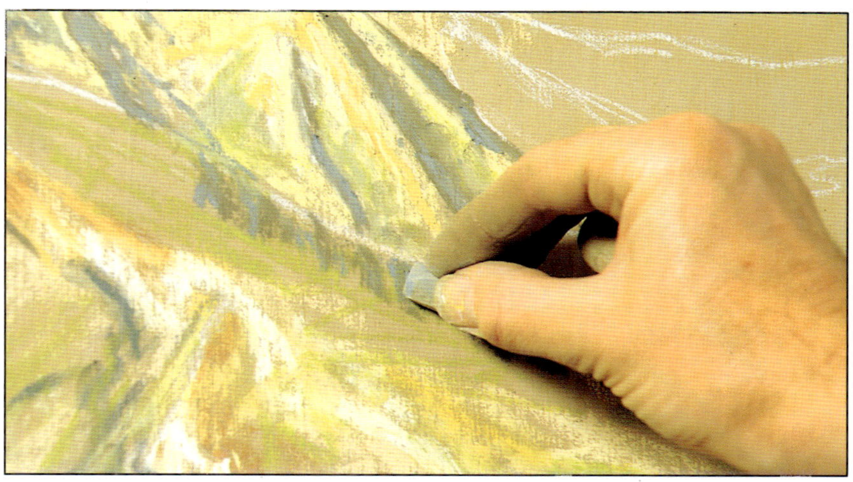

6 *Mit der Kante einer abgebrochenen Kreide wird im Kontrast zu den langen gebogenen Strichen eine Reihe kurzer Striche gesetzt. Das Papier scheint an einigen Stellen durch die Strichlagen und trägt somit zur Farbgebung bei.*

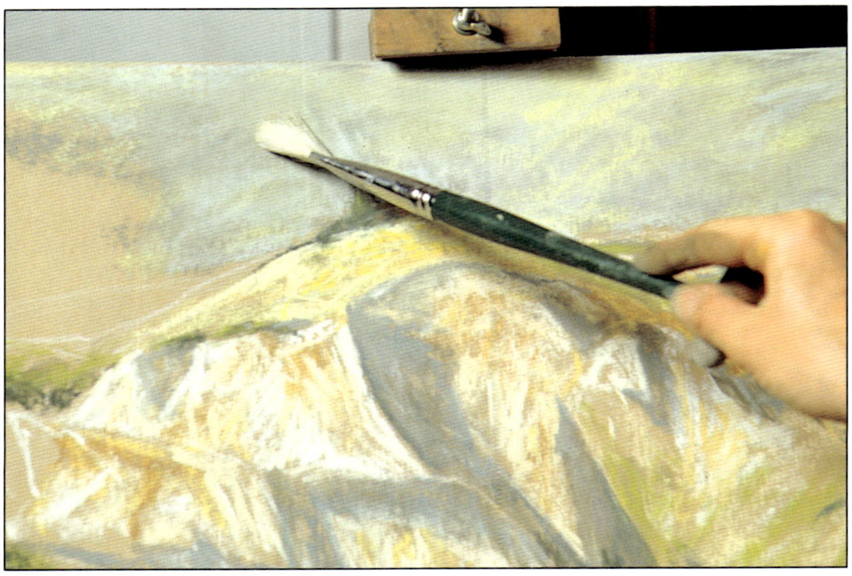

7 *Der Himmel blieb bis zum Schluß ausgespart und wird nun erst in die Bildkomposition einbezogen. Die gelben und hellen blaugrauen Töne nehmen die Farben der Berge wieder auf. Mit einem Borstenpinsel werden die Farben leicht vertrieben.*

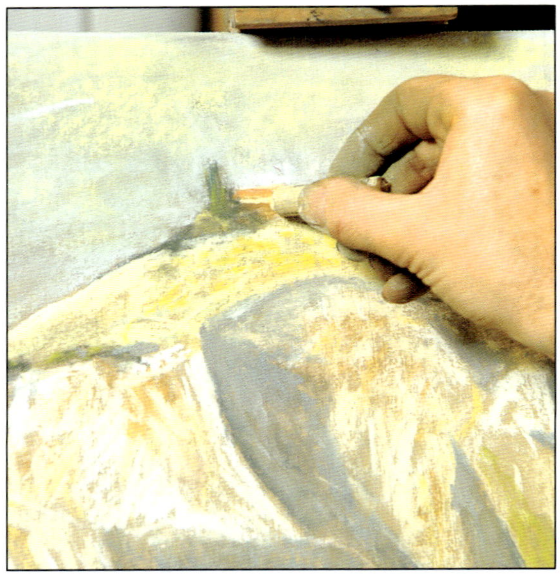

8 *Im Himmel sind weitere helle Farbtöne leicht über die ersten Farben gestrichelt worden. Das kleine Gebäude auf dem Bergkamm wird mit der Spitze eines Pastellstiftes gezeichnet. Es ist wichtig für die Komposition, da es den Blick des Betrachters einfängt und nach hinten führt.*

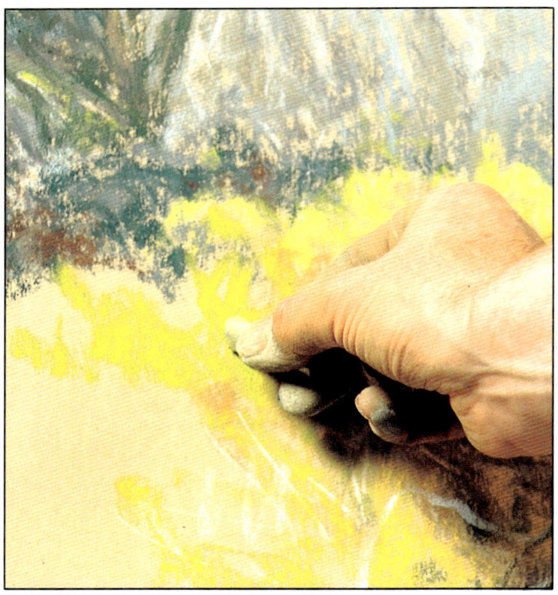

9 *Im linken Bildteil wird die Fläche oberhalb der weißen Bäume mit kurzen bewegten Strichen in Grün und Gelb, die in verschiedene Richtungen laufen, ausgearbeitet.*

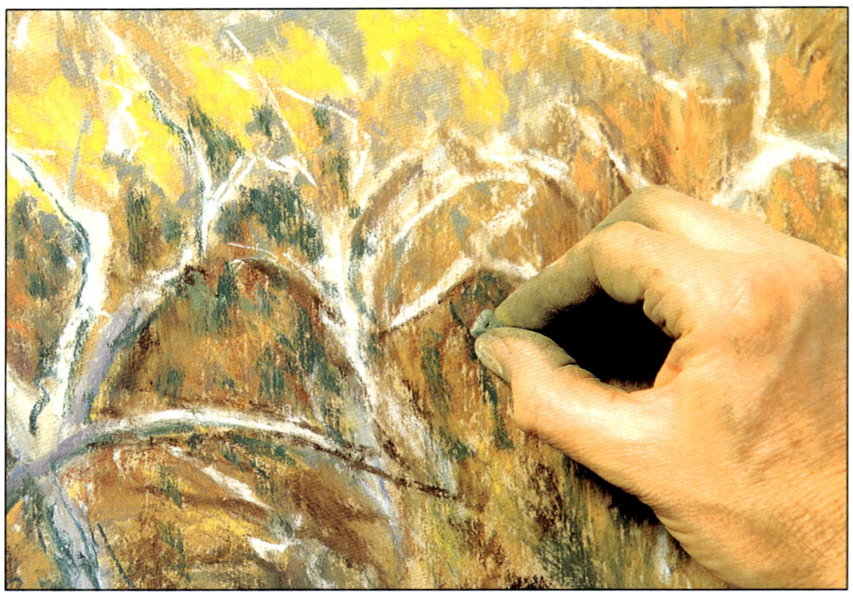

10 *Das Bild ist nun fast fertig, es fehlen noch einige Details und helle Farbpunkte im Vordergrund, der weiter nach vorne treten soll. Mit feurigem Grün werden Blätter und einige Zweige angedeutet.*

11 ► *Auch hier wird der Kontrast zwischen weichen und harten Kanten betont. Mit der Breitseite einer kurzen Pastellkreide wird leicht über und um die Zweige schraffiert.*

12 ▼ *Das Bild ist zunächst in einer Arbeitssitzung fertiggestellt worden. Nach einigen Tagen hat der Künstler dann allerdings doch noch einige Verbesserungen eingesetzt. Bedeutsam war die Erhöhung der Bäume auf der rechten Seite, damit die weißen Zweige das Auge bis zu den baumbedeckten Felsspalten führen können. So ist eine visuelle Verbindung zwischen Vorder- und Hintergrund entstanden.*

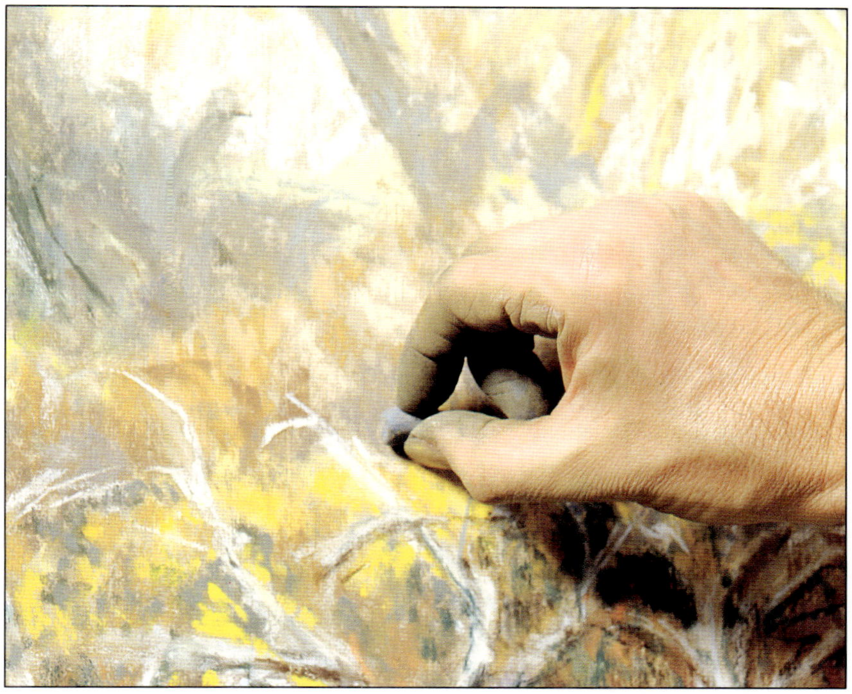

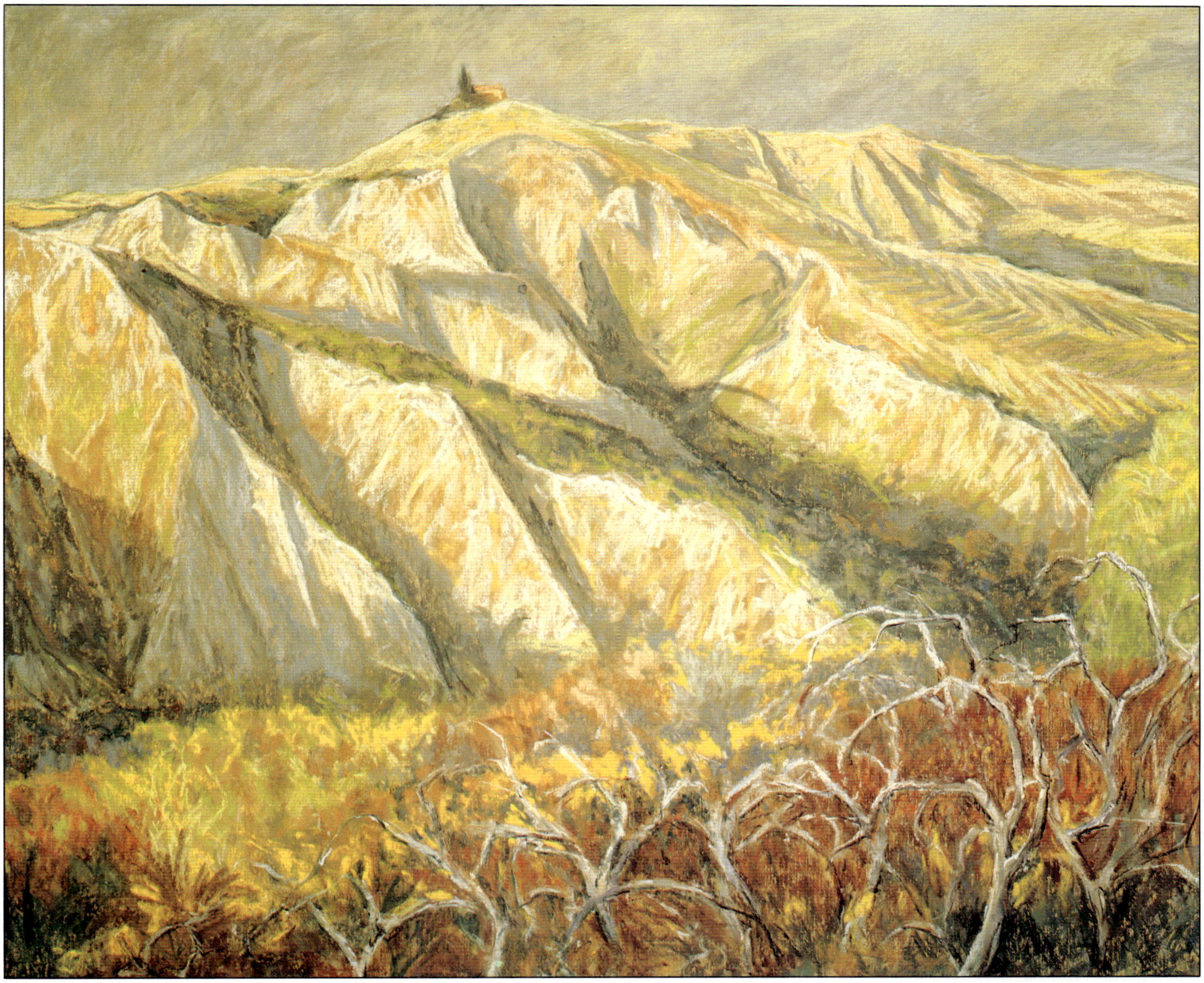

BLUMEN IN PASTELL

Die Vielfalt leuchtender Farbtöne, in denen Pastellkreiden angeboten werden, bietet herrliche Möglichkeiten, Blumen zu gestalten, und ihre weiche, samtige Textur scheint denen der Pflanzen besonders entgegenzukommen.

Zeichnen

Blumen sind wundervolle Motive für die Pastellmalerei. Da ihre Form und Struktur sowohl bei einzelnen Blüten als auch im Arrangement eines großen Blumenstraußes jedoch meist relativ kompliziert ist, empfiehlt es sich, sich zunächst auf die Zeichnung zu konzentrieren. Bei einem Strauß in einer Vase ergeben sich zum Beispiel so viele verschiedene Formen und Farben, daß man, ganz abgesehen von der Form der Vase selbst, leicht die Proportionen von Blumen und Stielen zur Vase oder der Blüten zu den Stielen falsch einschätzt. Bei einem Aquarell oder Ölbild kann man die Vorzeichnung ausradieren und hat viele Korrekturmöglichkeiten. Dies ist im Pastell leider nicht möglich, da die Farben die Bleistiftstriche nicht abdecken.

Man kann jedoch leicht in Kohle oder mit Pastellstift vorzeichnen. Letzteres ist meist besser, da Kohle die nachfolgenden Pastellfarben verschmutzen kann. Verwenden Sie am Anfang ein neutrales, helles Papier oder eines, dessen Farbe den Farben des Motivs entgegenkommt, und halten Sie die Zeichnung so einfach wie möglich. Wenn Sie Blumen in einer Vase malen, zeichnen Sie nicht jede einzelne Blüte und jeden einzelnen Stiel, sondern achten Sie mehr auf die Umrisse des Blumenstraußes.

Auch die Pastellfarben sollten zunächst nur leicht angelegt werden, damit man immer noch einige Formen ändern kann. Bauen Sie das Bild in breiten Schraffuren auf. Details werden erst ganz zum Schluß ausgearbeitet und können auch später noch mit Pastellstiften bzw. harten Kreiden eingezeichnet werden. Jedoch sollte man auch ganz allgemein gesehen nie zu sehr ins Detail gehen. Pastellkreiden sind ein malerisches Medium. Oft genügt es, hier und da den Rand eines Blattes oder eines Stiels anzudeuten, um eine Form wiederzugeben.

Blumenmuster

Blumen in einer Vase bilden durch das Zusammenspiel der verschiedenen Formen und Farben ein lebhaftes Muster, welches sich in einem Bild auf ganz unterschiedliche Weise herausarbeiten läßt. Man kann zum Beispiel die Aufmerksamkeit ausschließlich auf die Farbe und das Muster

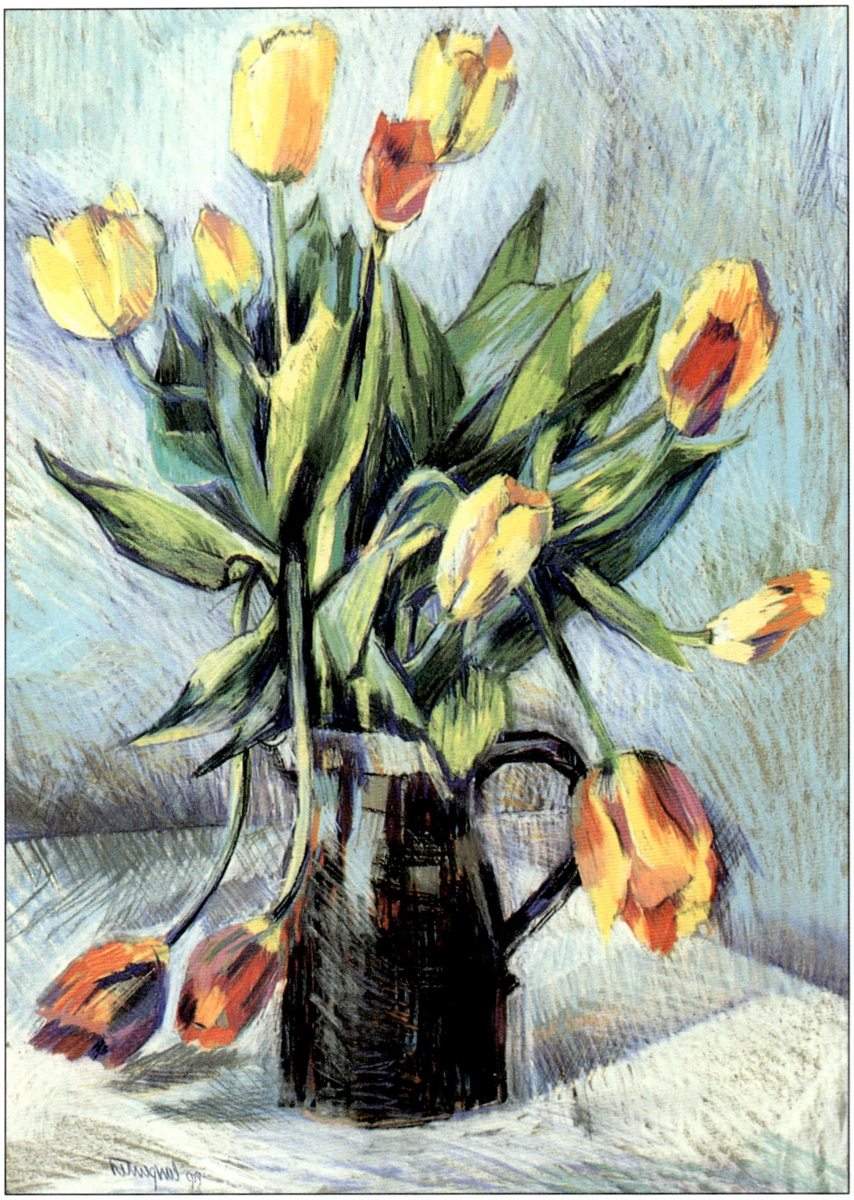

▲ **Bildeinheit durch Maltechnik**
Pip Carpenter hat die Formen der Blumen und Blätter durch die gleiche Strichführung im Hintergrund wieder aufgenommen. Dadurch entsteht ein lebhaftes Bildmuster. Eine ganz andere Technik findet sich dagegen in dem Stilleben von Jackie Simmonds (oben, rechts), in dem die verschiedenen Bildelemente durch eine einheitliche Farbgebung zusammengeführt wurden.

▼ Bildeinheit durch Farbe

Ein großer bunter Strauß sieht zwar faszinierend aus, ist aber meist nicht einfach zu malen, da zu viele Farben nebeneinander stehen. Oft ist es ratsam, dem Stilleben eine dominante Farbe zu geben, wie Jackie Simmonds das in dem Pastellbild „Blaue Murmeln" getan hat. Um den Zusammenhalt der Komposition zu gewährleisten, hat sie das dunkle Blau der Murmeln an mehreren Stellen der Töpfe und im Hintergrund wiederholt.

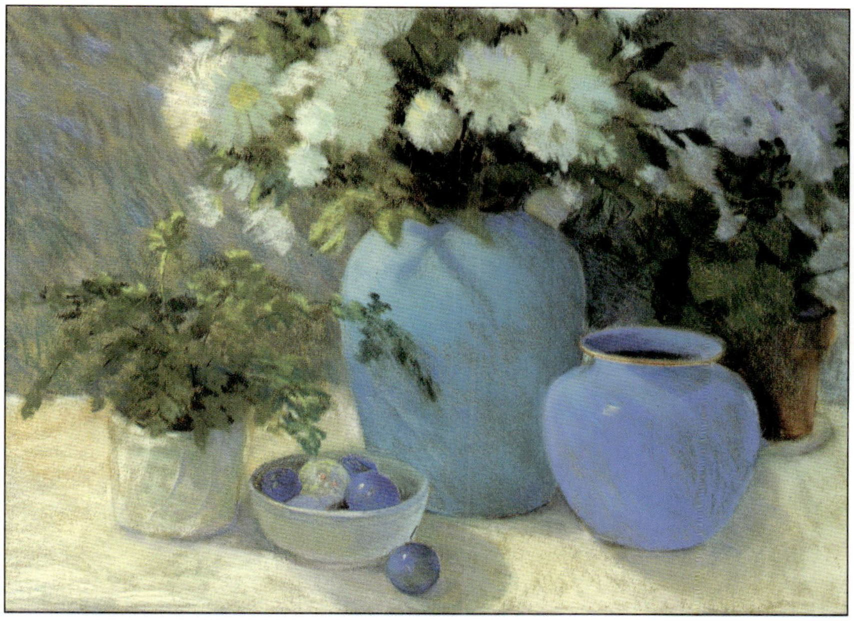

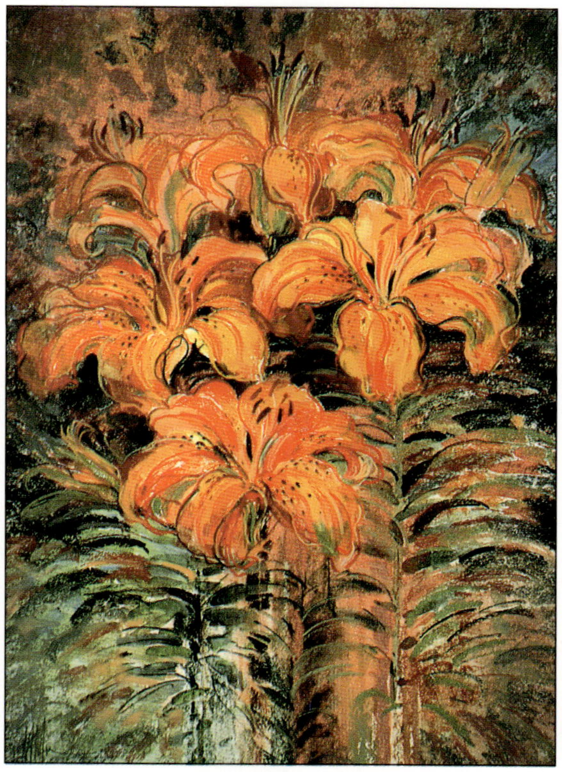

▲ Zu viele Details vermeiden

Blumenbilder leben von ihrer Frische und Natürlichkeit. Zu viele Details, dumpfe Farben und verwirrende Formfülle verderben diesen Eindruck oft. Maureen Jordan hat in dem Bild „Orangefarbene Lilien" die Gefahr zu dichter Pastellschichten umgangen, indem sie auf einer Acryluntermalung gearbeitet hat. Die Hauptfarben konnte sie so in dünnen Lavierungen vorgeben und darüber mit linearen Strichen in Pastell weiterarbeiten, die die Blüten wundervoll wiedergeben.

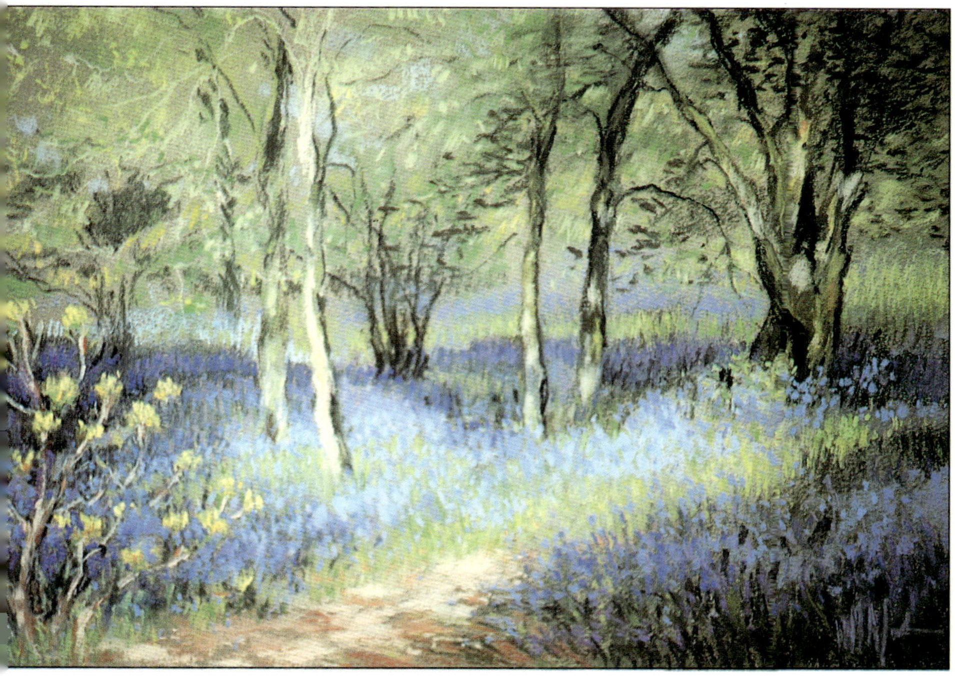

◀ Blumen in der Landschaft

Blumen in einer Landschaft müssen meist wesentlich großzügiger und einfacher wiedergegeben werden als in einem speziellen Blumenstilleben. Die wichtigsten Aspekte sind hier die Farbgebung und der Standort der Blumen. Die „Glockenblumen bei Isabella" von Maureen Jordan sind kaum detailliert ausgearbeitet worden. Selbst im Vordergrund bestehen die Blumen aus nicht mehr als kleinen Tupfen und Strichen, und doch sind sie für jeden, der schon einmal Glockenblumen in einem Wald gesehen hat, sofort zu erkennen.

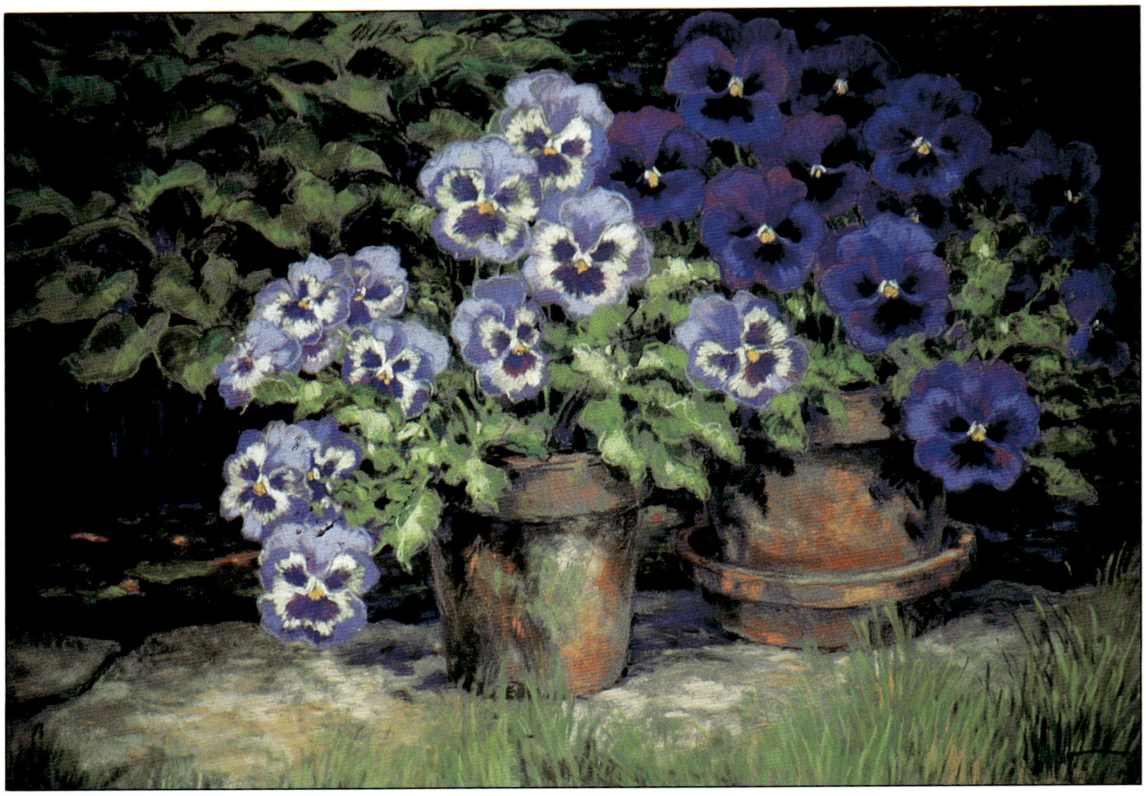

Hell auf dunkel
Weiße oder helle Blumen werden meist auf einem dunklen Hintergrund gemalt. Dadurch lassen sich Nuancen und Feinheiten der hellen Farben besser herausarbeiten. Auch Maureen Jordan ist in ihrem Bild „Stiefmütterchen am Teich" auf diese Weise vorgegangen. Licht und Schatten tragen zudem ihren Teil zur Formgebung und zum Hell-Dunkel-Kontrast bei.

eines üppigen Blumenarrangements lenken, indem man es gegen einen einfachen Hintergrund setzt. Auf einem dunkelfarbigen Papier kann man sogar einige Stellen offen lassen und in die Farbgebung einbeziehen. Man kann jedoch auch Blumen, Vase und Hintergrund zu einem Muster verbinden, indem man eine gemusterte Vase verwendet oder einen farbig bedruckten Stoff mit kräftigen Mustern und Texturen im Hintergrund arrangiert.
Ausschlaggebend ist auch die Anlage verschiedener Pastellstriche. Man kann die Kreiden weich vermalen, um zarte, fließende Texturen wiederzugeben, oder aber ein Muster durch einzelne, deutlich sichtbare Pastellstriche aufbauen. Für Blätter und Stiele eignen sich vor allem kräftige gerade Striche, während der Pastellstift im Hintergrund der Richtung der Blumen folgen und ein farbiges Linienmuster ergeben kann. Blumen wirken meist weich und zart. Achten Sie dennoch darauf, nicht alle Farben zu vermalen, denn einzelne Kreidespuren verleihen dem Bild Lebendigkeit.

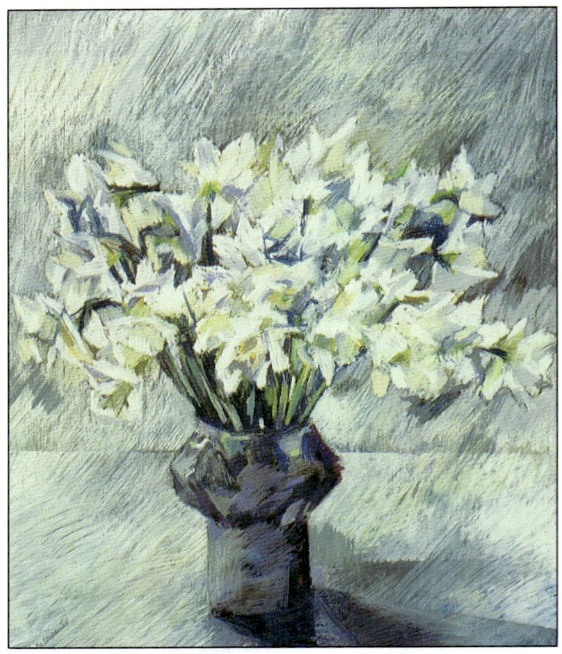

Hell auf hell
Eine andere Möglichkeit, weiße oder helle Blumen darzustellen, ist die Einbeziehung eines weißen Hintergrundes. In diesem Fall muß man die Tonwertkontraste in den Blumen selbst herausarbeiten, wie das Pip Carpenter in ihrem Bild „Weiße Narzißen" getan hat. Obwohl die Vase und die Stiele die einzigen wirklich dunklen Stellen im Bild sind, hat sie die Schatten in den Blüten und die feinen Kontraste im Hintergrund geschickt herausgearbeitet. Der Schatten der Vase im Vordergrund verankert das Stilleben fest in der Fläche.

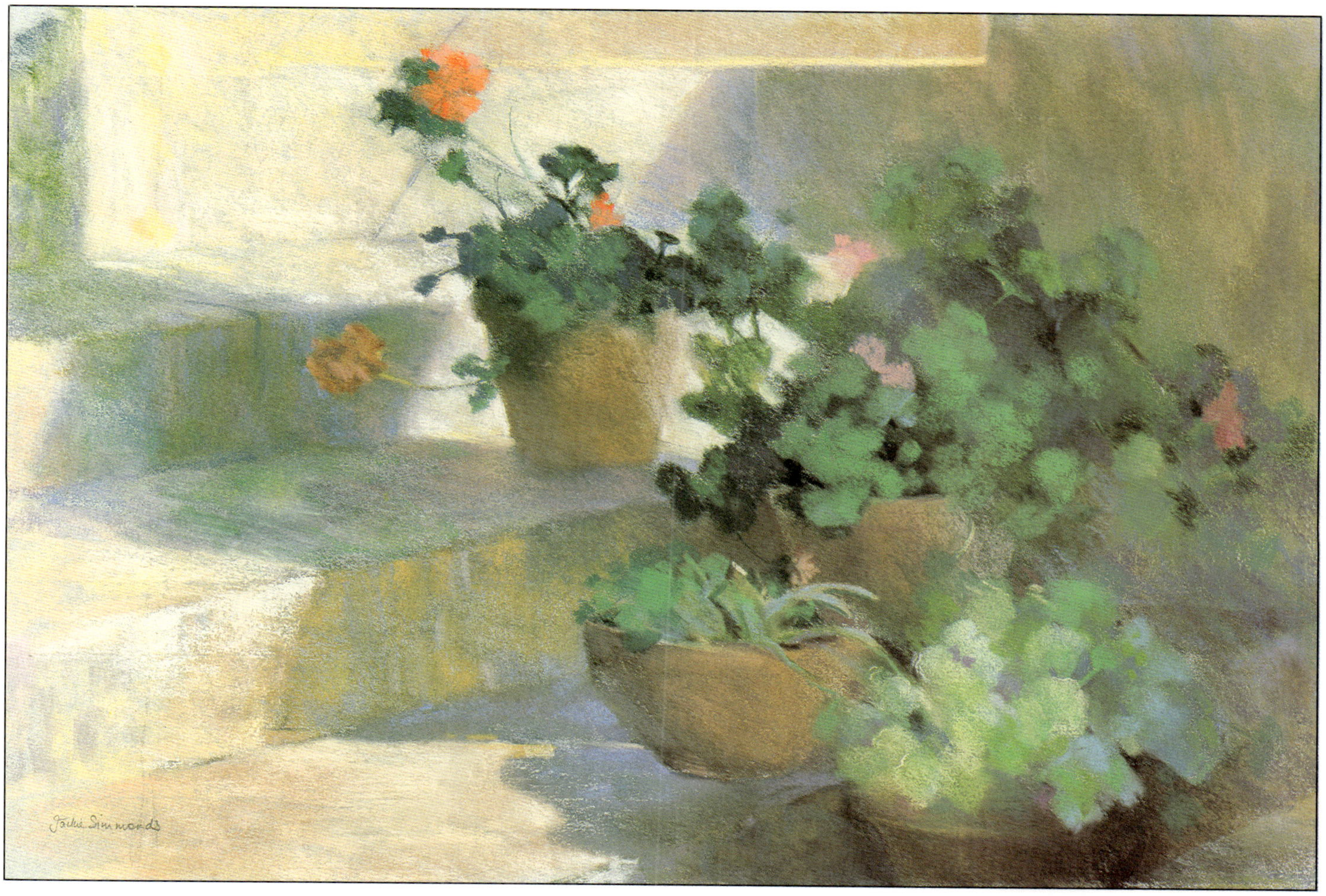

▲ **Komplementäre Farben**
Die sich auf dem Farbkreis genau gegenüberliegenden Farben, also Rot und Grün, Gelb und Violett, Orange und Blau, nennt man Komplementärfarben. Sie spielen in der Bildwirkung eine wichtige Rolle, da sie sich gegenseitig in ihrer Leuchtkraft steigern. Jackie Simmond hat in ihrem Pastellbild „Toskanische Stufen" vor allem das Farbenpaar Rot und Grün gegeneinander gesetzt sowie den Gelb-Violett-Kontrast sowohl für die Pflanzentöpfe wie auch für die Stufen verwendet, um eine vibrierende, leuchtende Farbwirkung zu erzielen.

Zum Standort der Blumen

Bei dem Motiv „Blumen" denkt man meist unweigerlich an einen Strauß im Haus. Aber auch Blumen in ihrer natürlichen Umgebung sind ein lohnendes Motiv. Man hat die freie Wahl, ob man im Garten arbeitet oder wilde Blumen auf einem Feld, in einem Waldstück oder auf einem Brachland mitten in der Stadt malen möchte. Dabei gibt es jedoch einige Punkte zur Komposition und Vorgehensweise, die man beachten sollte.
Blumen in einem Garten oder einem Feld können zum Beispiel entweder in breiten Farbflächen angelegt werden oder in Form von Farbakzenten innerhalb einer Landschaft. Wenn man an den Formen und Farben einzelner Pflanzen interessiert ist, kann man sich ein oder zwei Blumen als eigentliches Motiv herausholen. Wenn man solche Blumenporträts im Freien malen möchte, muß man den sich ständig verändernden Lichteinfall beachten. Gerade mit Pastellkreiden kann man jedoch auf solche atmosphärischen Veränderungen schneller reagieren als in der Aquarell- oder Ölmalerei.
Man sollte auch nicht vergessen, daß Bäume blühen können. Es gibt wenig Motive, die so anregend sind wie die Baumblüte im Frühling. Auch hier kann man ganz nah herangehen und einen einzelnen Blütenzweig malen, wie es die orientalischen Maler liebten. Für diese Arbeitsweise eignen sich besonders Bäume mit großen und gut ausgeformten Blüten wie zum Beispiel Magnolienbäume.

Übung Schritt für Schritt

Rosalind Cuthbert arbeitet in verschiedenen Techniken, und auch wenn sie sich überwiegend mit Porträts und Landschaften beschäftigt, ist ihr heller und zarter Pastellstil doch besonders gut für die Darstellung eleganter und farbenfroher Blumenarrangements geeignet. Sie zieht dem rauhen Papier glattes Aquarellpapier vor, weil letzteres die Pastellstriche nicht so stark aufbricht und daher feine, deutliche Striche gesetzt werden können.

1 *Das Papier wurde zunächst mit einer Trockenlavierung abgetönt. Da Gelb die vorherrschende Bildfarbe sein wird, wurde dabei für den Grund ebenfalls ein kräftiges Gelb gewählt. Nun werden die Hauptformen leicht in Kohle vorgezeichnet.*

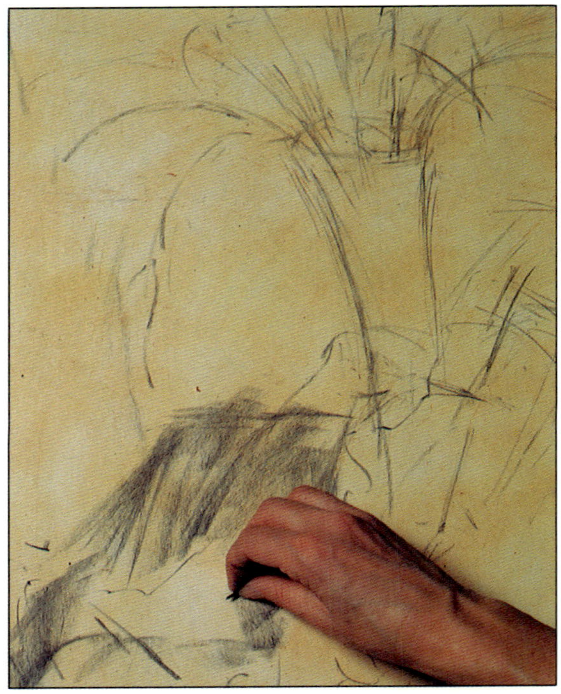

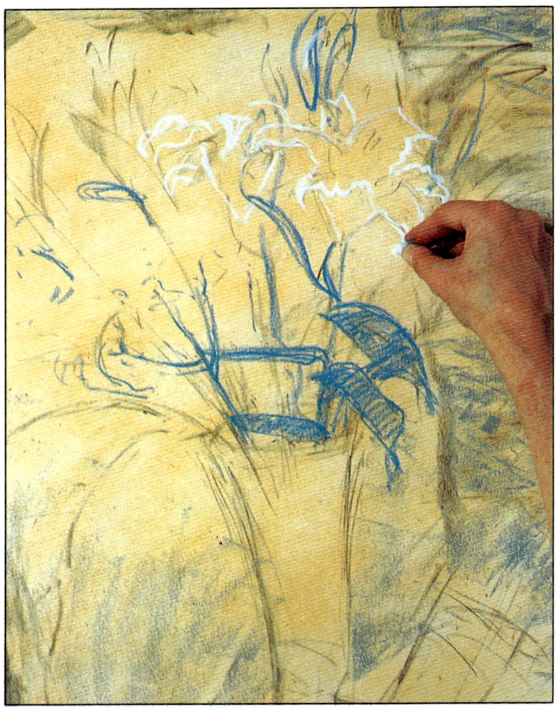

2 *Nachdem die Blätter in Blau einskizziert worden sind, werden nun die Umrisse der beiden rosa-weißen Lilien mit der Spitze der Pastellkreide eingezeichnet. Rosalind Cuthbert baut ihre Farben in mehreren, leicht übereinander schraffierten Schichten auf. Auch die blauen Blätter werden später durch weitere Farben abgewandelt.*

3 ► *Die Form der Vase sollte bereits zu einem frühen Zeitpunkt festgelegt werden, ebenso wie die Balance der dunklen und hellen Farben im Bild. An dieser Stelle arbeitet die Künstlerin weiterhin mit der Spitze der Kreide, man sieht aber im Hintergrund auch schon einige breite Schraffuren.*

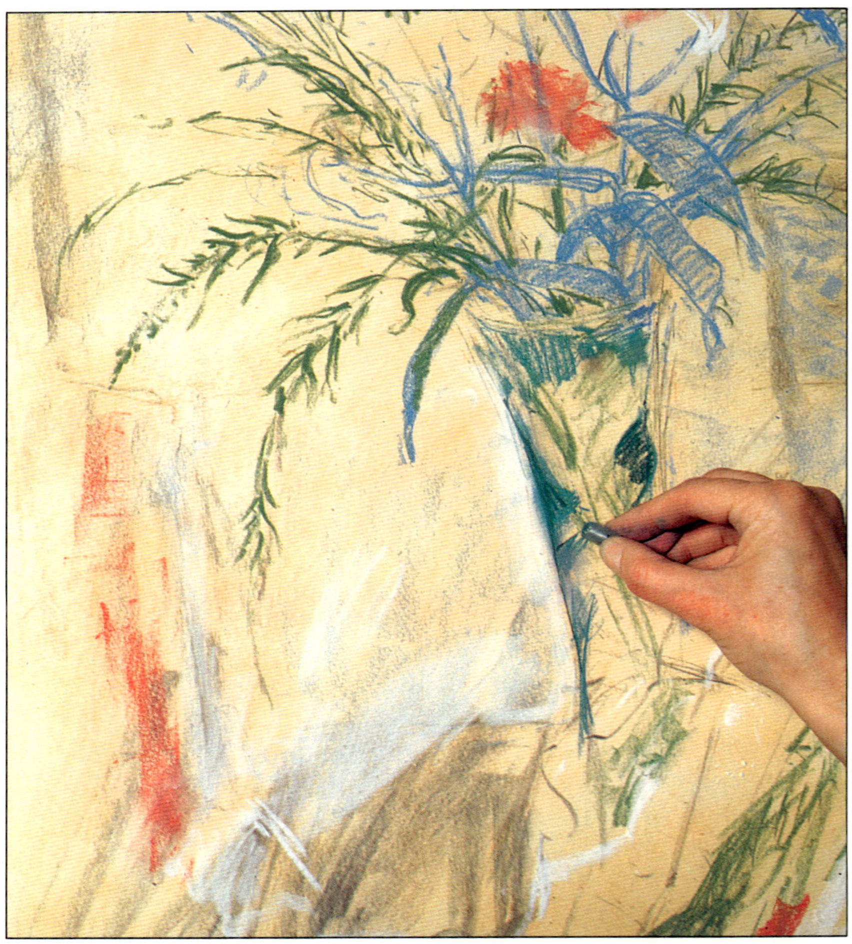

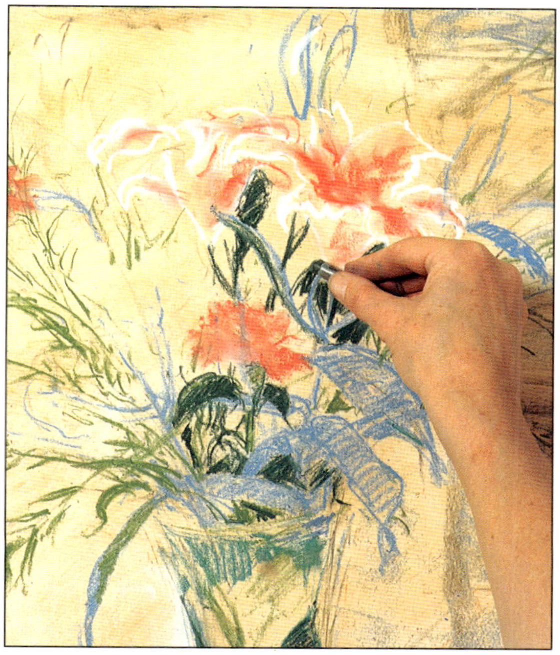

4 *Diese dunklen Blätter spielen eine wichtige Rolle im Bild, denn der Hell-Dunkel-Kontrast zwischen ihnen und den Blüten zieht das Auge ins Bildzentrum.*

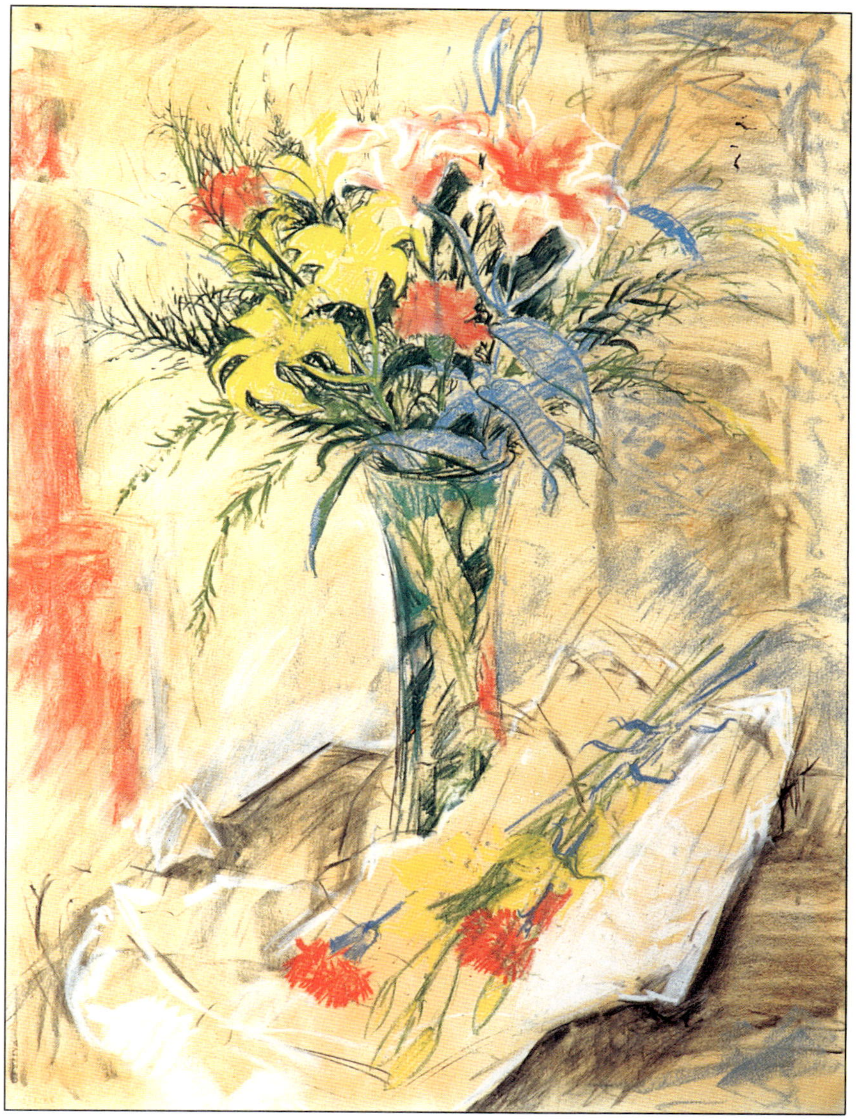

5 ► *Alle Farben sind nun angelegt. Die Künstlerin hat darauf geachtet, sie zunächst nur ganz leicht zu setzen und die Strichführung locker zu halten, um später noch Akzente und Details einfügen zu können.*

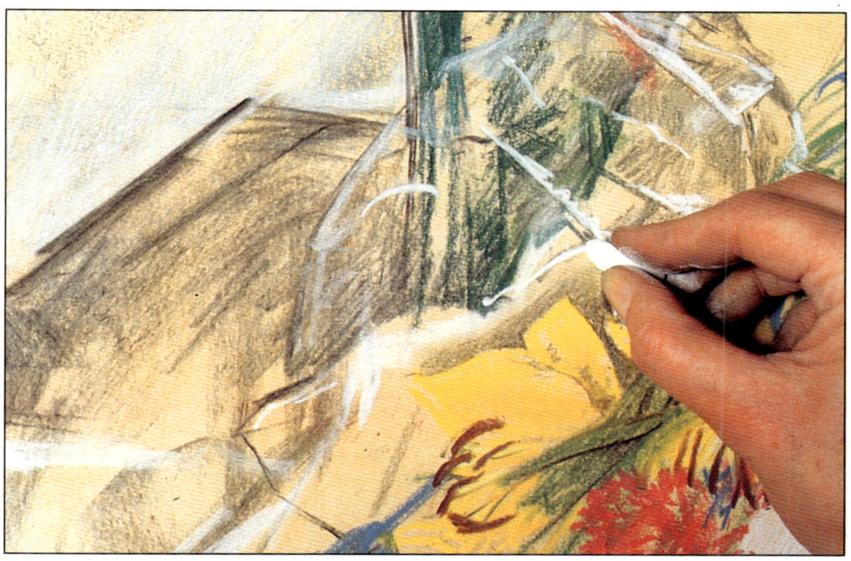

6 *Der Vordergrund blieb bisher noch weitgehend unbearbeitet. Nun wird er mit einem Stück zerknülltem Blumenpapier lebendig gestaltet.*

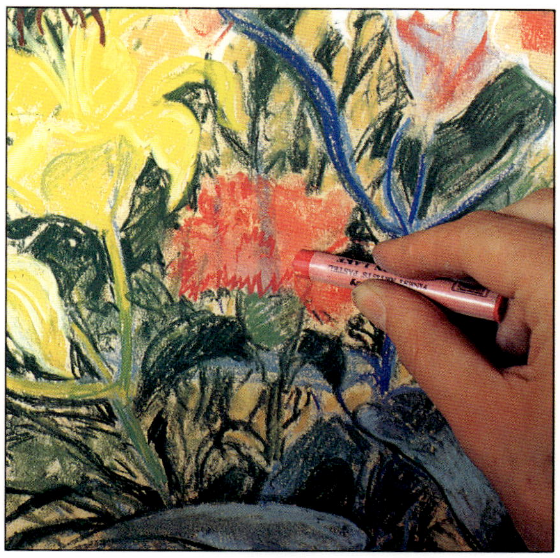

7 *Die gezackten Ränder der Nelkenblätter werden mit einer dunklen Variante des ursprünglichen rosafarbenen Tons eingezeichnet.*

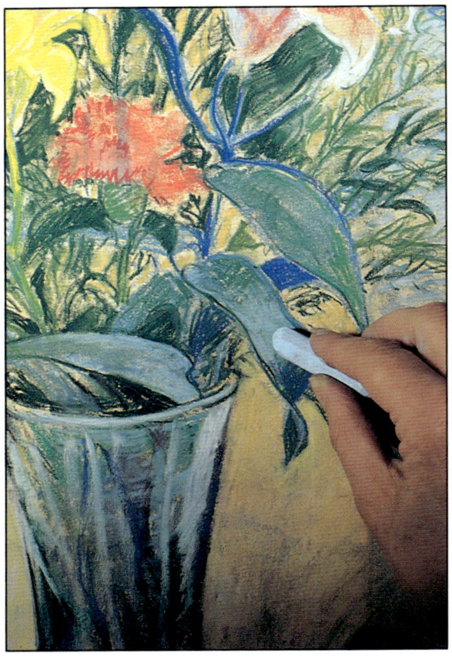

8 Das Blau der Blätter wird nun mit anderen Farben übermalt und leicht verwischt, so daß eine glatte Oberfläche entsteht. Das helle Grau, das hier für die Wiedergabe der Lichter eingesetzt wird, erscheint auch auf der Vase.

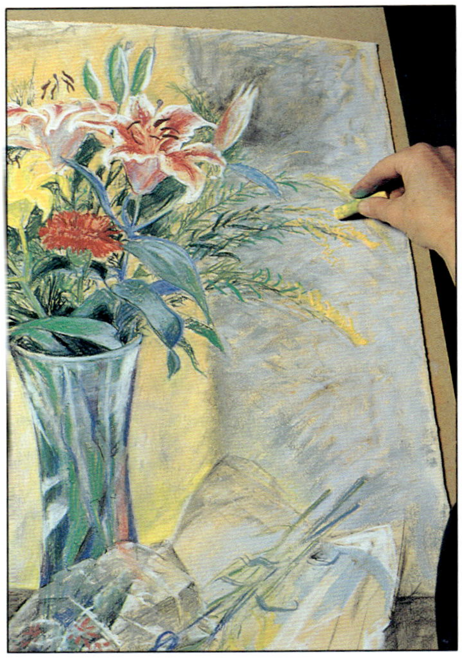

9 Die Farbe Gelb zieht sich durch das ganze Bild; im Vorder- und Hintergrund erscheint es etwas heller. Vor dem hellgrauen Teil des Hintergrundes treten die nun eingezeichneten zarten Blüten deutlich hervor. Sie werden aber nur skizzenhaft ausgeführt, um nicht von den Blumen in der Mitte abzulenken.

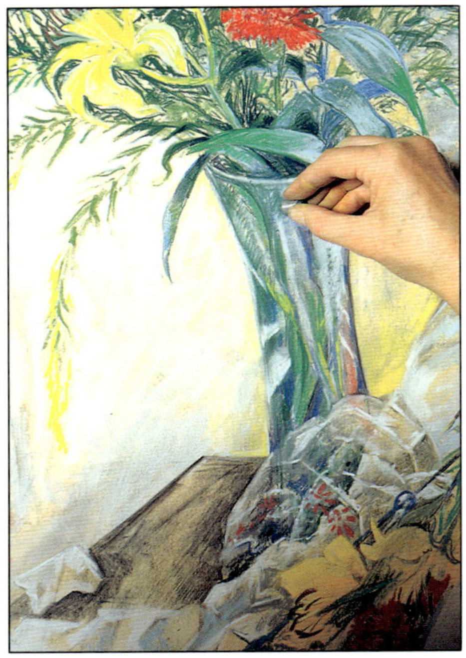

10 Die Farben in der Vase waren doch zu glatt vermalt, und sie wirkte dadurch etwas langweilig. Darum wird diese Fläche mit kleinen Strichen neu gestaltet, wodurch zugleich auch eine Verbindung zwischen Vase und Blättern geschaffen wird.

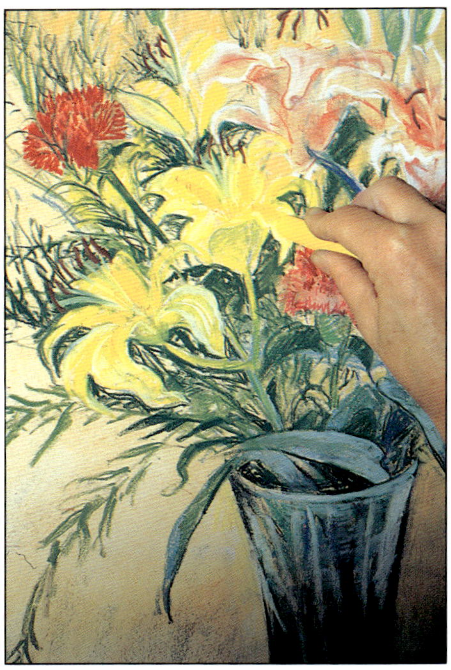

11 Die Blumen sind mit weiteren Farbschichten bearbeitet worden. Mit einer harten Pastellkreide wurden hier und da weiche Ränder gezogen. Mit einer weichen Pastellkreide in Dunkelgelb wird nun vorsichtig das Innere der Blätter gemalt.

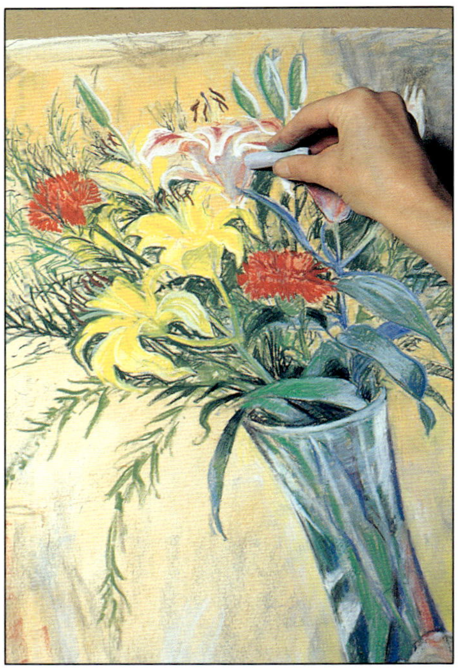

12 Mit einer harten Pastellkreide werden kleine gebrochene Linien auf die Blütenblätter der rosa-weißen Lilie gesetzt. Die Unterseite wird mit Grau abgedämpft, wobei ein feines Violett entsteht.

13 ► Beim Malen von langstieligen Blumen in einer Vase muß man darauf achten, daß die Komposition auch im Vordergrund ausgewogen ist. In diesem Bild ergeben die Tischfläche und das Blumenpapier genügend Gegengewicht. Auch der Hintergrund ist trotz seiner skizzenhaften Behandlung sorgfältig gestaltet. Die grauen und roten Flächen auf beiden Seiten halten Blumen und Vase in einem guten Gleichgewicht.

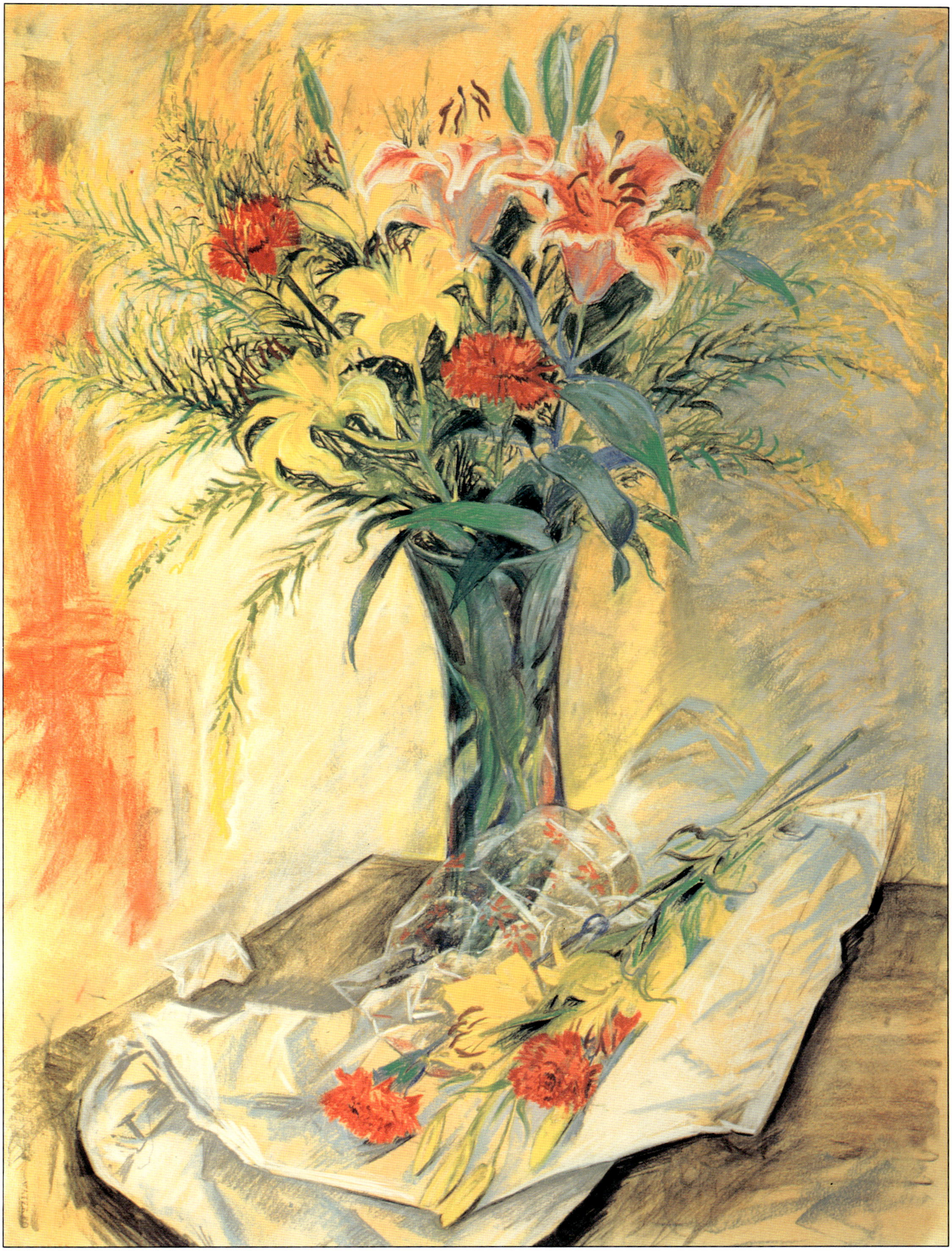

Gesichter und Figuren

Dadurch, daß die Pastellkreide sowohl zum Zeichnen wie auch zum Malen geeignet ist, ist sie geradezu ideal für Porträts und die Figurenmalerei.

Porträts

Das Pastell war schon im 18. Jahrhundert in der Porträtmalerei sehr beliebt. Künstler wie Rosalba Carriera und Maurice Quentin de La Tour arbeiteten in ihren Werken dabei vor allem mit weichen Vermalungen. Auch heute halten viele Künstler das Pastell für ein ausgezeichnetes Mittel, um Porträts und Figuren zu malen, wobei jedoch eher die expressiven Möglichkeiten der Strichführung geschätzt werden als die weiche Vermalung der Farben.

Porträtmalerei in Pastell erfordert viel Geschick und Sicherheit, da nachträglich keine größeren Korrekturen mehr ausgeführt werden können. Zunächst sollte man daher unbedingt eine Vorzeichnung in Kohle machen. Zeichenkohle läßt sich leicht wegreiben und neu auftragen. Nachdem die Vorzeichnung fertig ist, besprüht man sie mit Fixativ und setzt die Pastellfarben darüber.

Auch die Arbeit mit einem der bereits besprochenen Pastellpapiere, auf denen Korrekturen durch Überlagern von Farbschichten möglich sind, kann die Arbeit erleichtern.

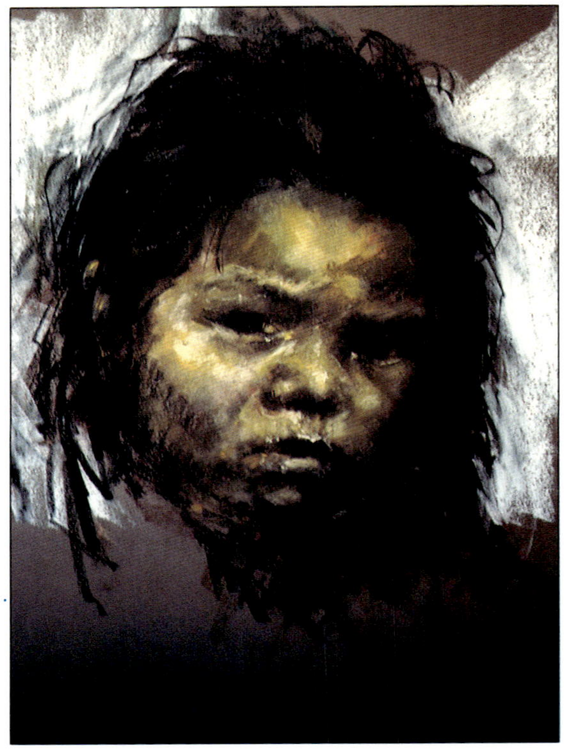

► Die Papierfarbe einsetzen
In der Porträt- und Figurenmalerei ist die überlegte Wahl der Papierfarbe besonders wichtig, vor allem dann, wenn man sie an einigen Stellen in die Bildwirkung einbeziehen möchte, wie das hier in dem Bild „Junges Mädchen" von Ken Paine geschehen ist. Die hellen und dunklen Tonwerte werden ausgehend von dem mittleren Tonwert des braunen Papiers aufgebaut.

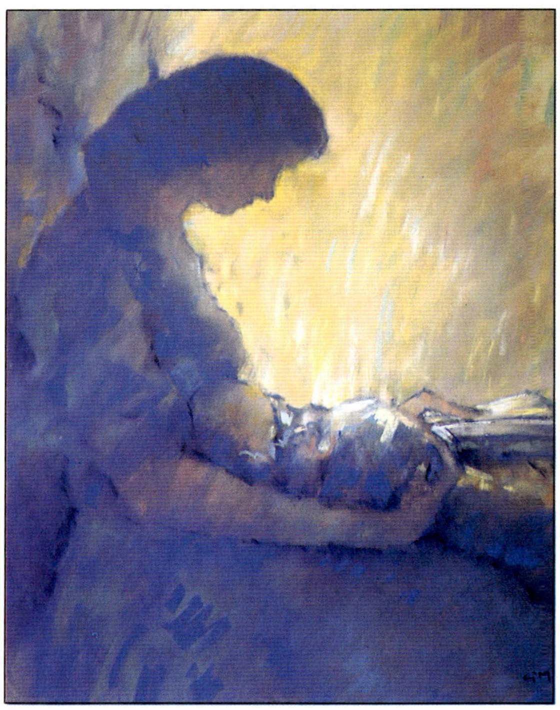

◄ Licht und Stimmung
Bei einem Porträt oder einem Figurenbild, das die Gesichtszüge und Formen genau wiedergeben soll, wählt man am besten eine Beleuchtung von der Seite oder schräg von vorn. Beleuchtet man das Modell von hinten, ergeben sich abgedämpfte, weiche Farben und reduzierte Tonwerte. In diesem schönen Figurenbild „Mutter und Kind" hat Geoff Marsters dadurch eine ruhige, meditative Stimmung geschaffen.

Zur Porträtmalerei

Zunächst ist es wichtig, ein geduldiges Modell zu finden, das nicht gleich aufgibt. Ein Modell steht jedoch immer zur Verfügung – man selbst! Viele Künstler haben zu verschiedenen Zeiten ihrer künstlerischen Laufbahn Selbstporträts gezeichnet und gemalt, und das Selbstporträt ist eine gute Übung, sich die Grundlagen der Porträtmalerei anzueignen.

Auch durch das Kopieren von Kunstwerken kann man lernen. Bis zum Ende des 19. Jahrhunderts gehörte das Kopieren von Meisterwerken zu einem unerläßlichen Teil der

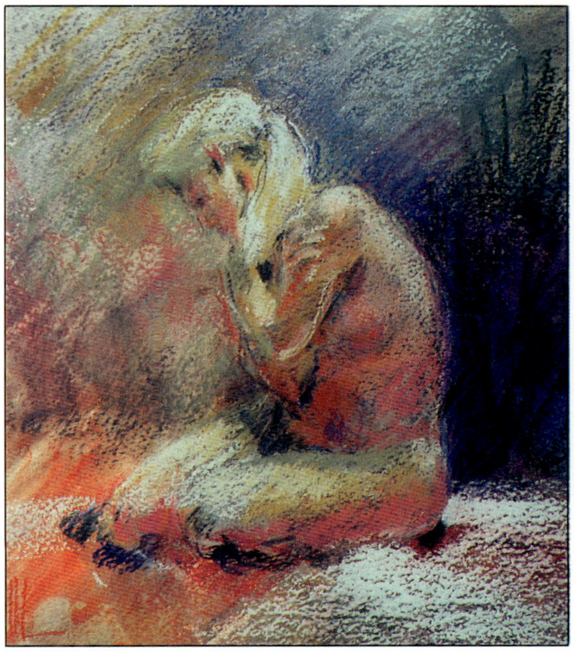

◀ Dramatische Lichtwirkung
Maureen Jordan hat ihr Bild „Im Spotlicht" genannt, und das Thema ihres Bildes ist auch eher das Licht als die Figur selbst, die sehr frei und großzügig behandelt wurde. Die Pastellfarben wurden in dicken Schichten auf rauhem Aquarellpapier aufgetragen, das einen dichten Farbauftrag aufnehmen kann.

▼ Fleischtöne malen
Auch Robert Maxwell Wood hat die Papierfarbe für seinen „Sitzenden Akt" sehr bewußt ausgewählt. Das Papier hat fast die gleiche Farbe wie die Haut des Modells im mittleren Tonwert. Daher kann der Maler die Pastellfarben leicht und zart einsetzen. Nur an einigen Stellen hat Wood die Farben verwischt, denn das Bild sollte nicht zu glatt und langweilig wirken. Die weichen Vermalungen kontrastieren wiederum mit diagonalen Schraffuren und feinen, mit der Spitze gezogenen Umrißlinien, die den Lichteinfall auf Kopf, Nacken und Armen wiedergeben.

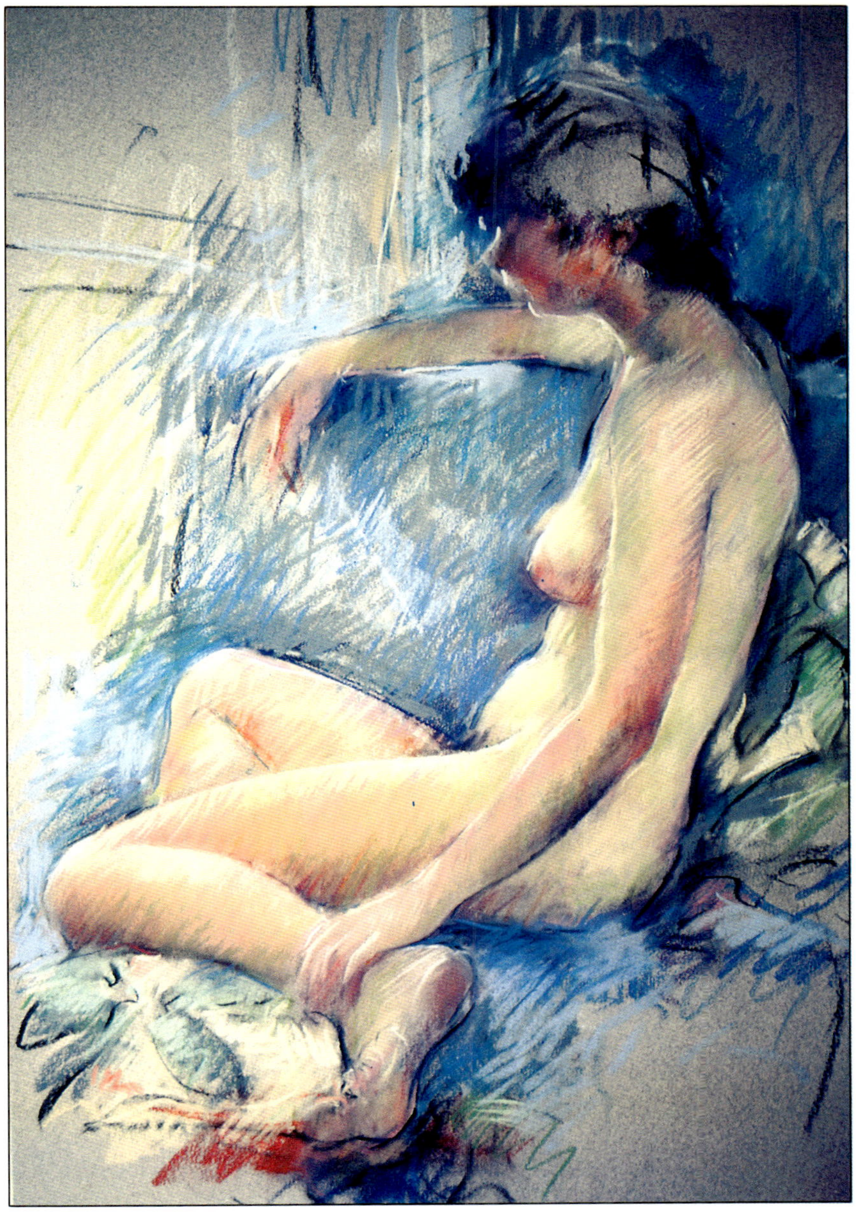

Künstlerausbildung. Am besten wählt man dafür ein anderes Malmittel wie zum Beispiel Ölfarbe und versucht die Vorlage nicht sklavisch genau, sondern frei und ungezwungen abzumalen. Will man eine genaue Kopie eines Pastellporträts anfertigen, hindert das die eigene Stilentwicklung. Hinzu kommt noch, daß man wohl nie genau die gleiche Farbpalette haben wird wie in der künstlerischen Vorlage.
Beim Kopieren lernt man auch vieles über Komposition. Überlegen Sie, warum der Künstler sein Bild auf diese bestimmte Weise komponiert hat und welche Wirkung von dieser Komposition ausgeht. Fertigen Sie doch einmal Bleistiftskizzen von einigen Porträts an, um unterschiedliche Porträttypen kennenzulernen. Einige Porträts zeigen zum Beispiel die ganze Figur, sitzend oder stehend. Andere Porträts zeigen nur die Hälfte oder Dreiviertel vom Körper einschließlich der Hände, während ein Haupttypus des Porträts sich auf die Büste, den Kopf mit Hals und Schultern, beschränkt.

Figuren in der Umgebung

Die Figuren- und die Porträtmalerei sind eng miteinander verknüpft, unterscheiden sich jedoch in einem wesentlichen Punkt. Laut Wörterbuch ist ein Porträt die Wiedergabe der „Ähnlichkeit einer Person", wäh-

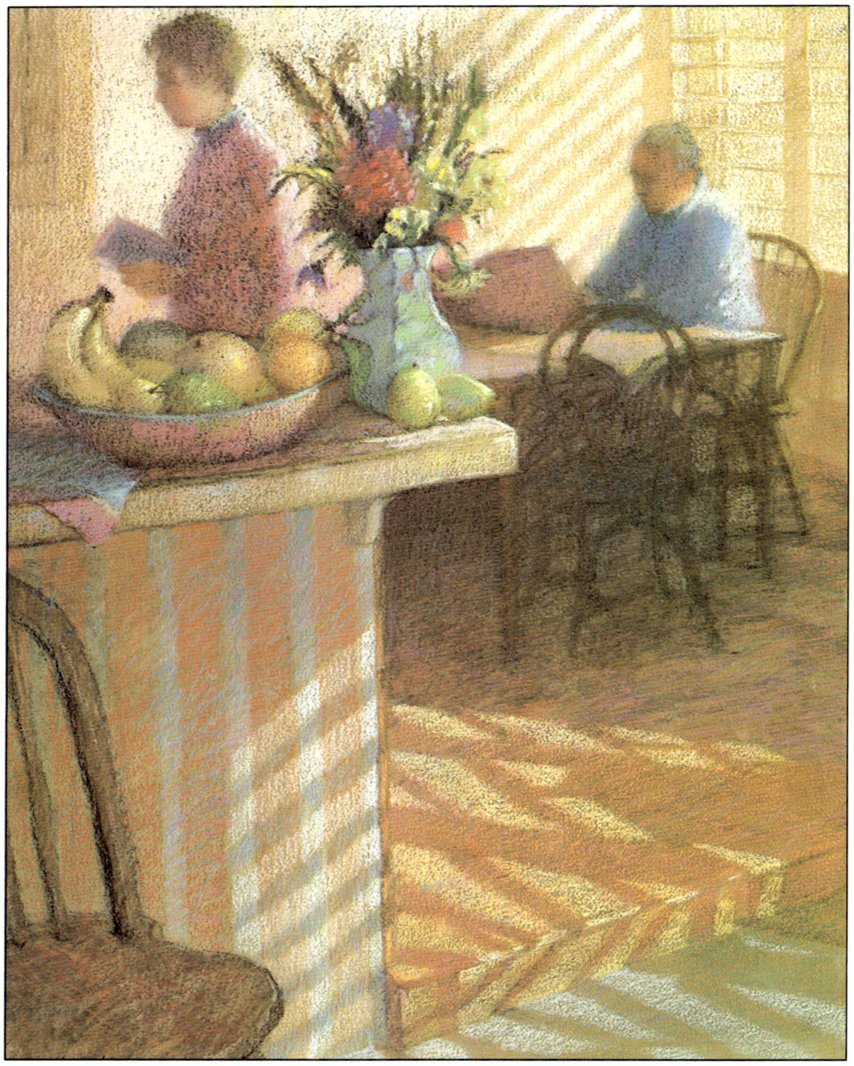

Skizzieren

Duch Kopieren kann man Technik schulen und Komposition verstehen lernen. Die beste Übung ist jedoch immer noch das Skizzieren, so oft und so viel wie möglich. Will man Menschen aus reinen Übungszwecken zeichnen, kann man mit jedem Zeichenmittel arbeiten, dem man sich vertraut fühlt. Skizzieren hat zudem den Vorteil, gute Vorarbeit zu leisten: Eine Serie von Farbskizzen in Pastell ist zum Beispiel eine gute Ausgangsbasis für eine Porträt- oder Figurenstudie. Viele Porträts werden nach Skizzen gefertigt, manchmal auch mit der Hilfe von Fotovorlagen, die noch mehr visuelle Informationen liefern.

▲ **Zimmer mit Figuren**
Beim Malen eines Porträts bilden das Gesicht oder die Figur das Zentrum der Aufmerksamkeit, während andere Bildelemente eine untergeordnete Rolle spielen. In Sally Strands Pastellbild „Im Vorbeigehen" sind die Figuren jedoch vollkommen in den Raum integriert. Licht und Farbe stellen das eigentliche Thema des Bildes dar. Die Menschen wirken fast wie Einrichtungsgegenstände, die den gleichen Rang wie das Stilleben auf der Anrichte oder der Stuhl in der Ecke haben.

rend ein Figurenbild, sei es eine Aktstudie oder eine Gruppe von Figuren, diese Funktion nicht unbedingt erfüllen muß. Das bedeutet zwar nicht, daß die Figuren in der Gruppe als Individuen überhaupt nicht mehr zu erkennen sein sollen. Auch in einem Landschaftsbild will man die unterschiedlichen Baumarten oder sogar zwei gleiche Bäume in einer Gruppe deutlich voneinander unterschieden wissen.
Genauso sollte man auch das Charakteristische einer Figur immer herausarbeiten. Dies muß nicht unbedingt durch die Gesichtszüge geschehen, sondern kann in Gesten und Haltungen, der allgemeinen Formgebung oder sogar nur durch die Farbe der Kleidung ausgedrückt werden.
Es gibt viele Gründe, Figuren zu zeichnen und zu malen. Die menschliche Figur muß dabei keineswegs das ganze Bild einnehmen, sondern kann auch als Bildelement oder Blickfang fungieren. Vielleicht will man eine Figur in einer Landschaft auch nur deshalb malen, um einen kräftigen Farbakzent einzuführen oder vielleicht, um mit dem Hell-Dunkel-Kontrast einer dunklen Figur vor einer sonnenbeschienenen Wand in einer Stadt oder einem Dorf am Mittelmeer zu arbeiten. Daher ist auch das häufige Skizzieren sehr wichtig. Man wird selten auf geduldige Leute treffen, die stundenlang in einer Landschaft stehen oder sich in einer Stadt malen lassen. Daher wird man in solchen Bildern auf Skizzen zurückgreifen müssen. Auch Fotografien sind natürlich eine wertvolle Hilfe. Man sollte sich zwar nicht zu sehr auf sie verlassen, aber ihren Erinnerungswert auch nicht unterschätzen. Der bedeutende englische Impressionist Walter Sickert zum Beispiel malte viele Stadtszenen und Figurenkompositionen nach Fotovorlagen.

▶ **Das Bild komponieren**

Selbst wenn man ein Büsten-Porträt malt, muß man sich die Bildaufteilung genau überlegen. In einer Ganzfigur-Studie ist jedoch die Frage der Komposition besonders wichtig. In „Amanda" von Maureen Jordan bilden Figur und Sofalehne ungefähr ein Dreieck. Die Neigung des Oberkörpers wird von der entgegenlaufenden Linie des Oberschenkels aufgenommen. Die Füße wurden nicht mehr detailliert ausgearbeitet, um die Aufmerksamkeit des Betrachters ganz auf Gesicht und Körper zu richten.

▼ **Figurengruppen**

In einem Landschaftsbild werden Einzelfiguren oder eine Figurengruppe oft als Farbakzent oder als zusätzlicher Blickpunkt eingefügt. In Sally Strands Bild „Krabbenfang" bilden die Figuren jedoch das Hauptmotiv und müssen daher auf eine besondere Weise einander zugeordnet werden. Das Bindeglied ist natürlich wie in vielen solcher Kompositionen das erzählerische Moment. Die Jungen teilen ein gemeinsames Interesse an der im Eimer gefangengehaltenen Krabbe. Die Künstlerin hat aber auch sehr geschickt bildnerische Elemente verwendet, um zwischen den Figuren eine Verbindung zu schaffen, wie man zum Beispiel an den Formen und Farben von Eimer und Handtuch sieht.

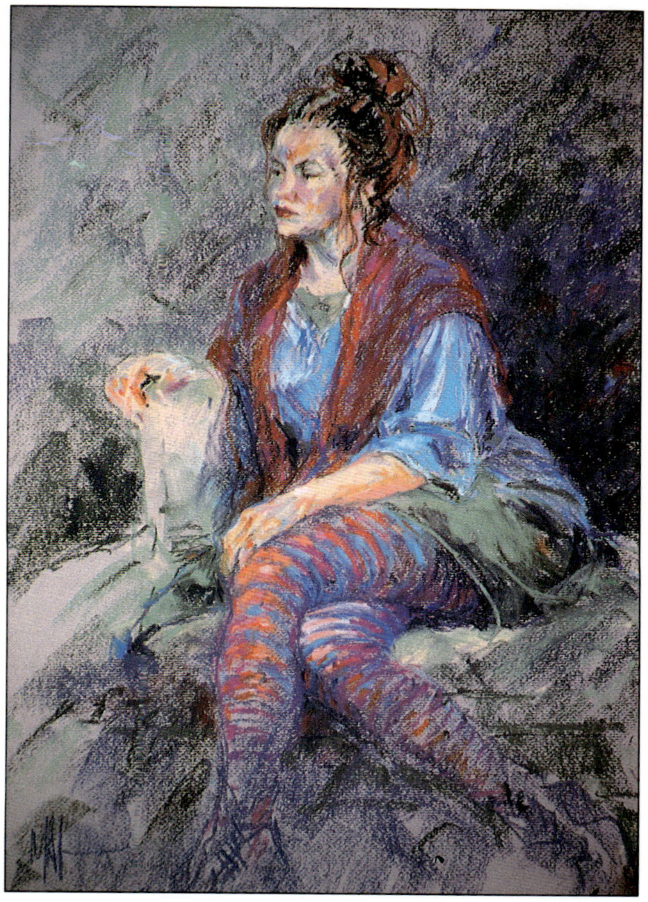

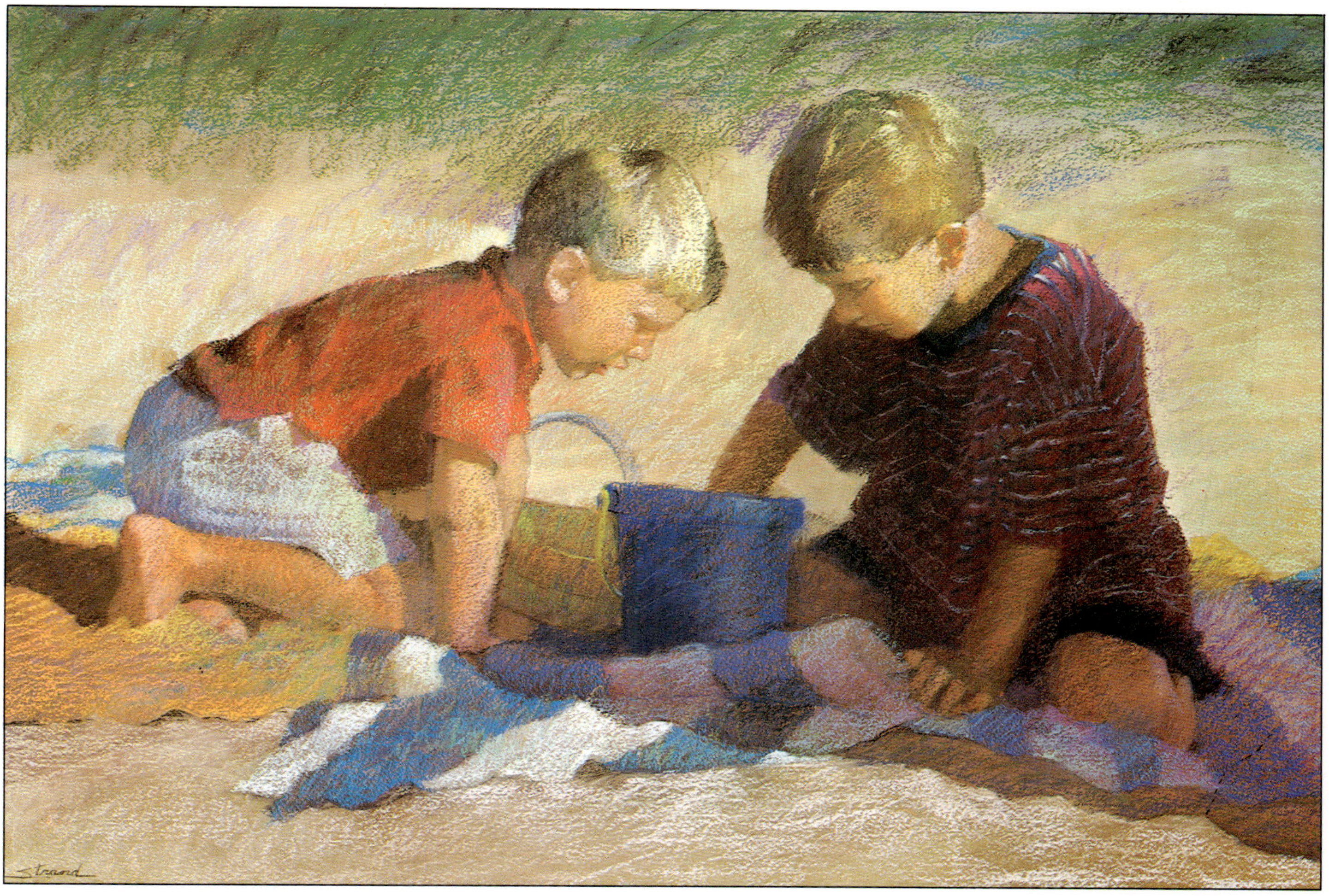

Übung Schritt für Schritt

Der professionelle Porträtmaler Ken Paine arbeitet gelegentlich auch in Öl und Acryl, hauptsächlich aber in Pastell, welches er wegen seiner Spontanität und Direktheit liebt. Bemerkenswert ist sein Talent, in seinen Bildern scheinbar mühelos Charakter und Atmosphäre einzufangen. Er arbeitet dabei in einer malerischen Technik, wobei er die Farben sehr pastos aufträgt und dichte Farbschichten überlagert. Für diese Übung arbeitete er auf der rauhen Seite eines grauen Mi-Teintes-Papiers.

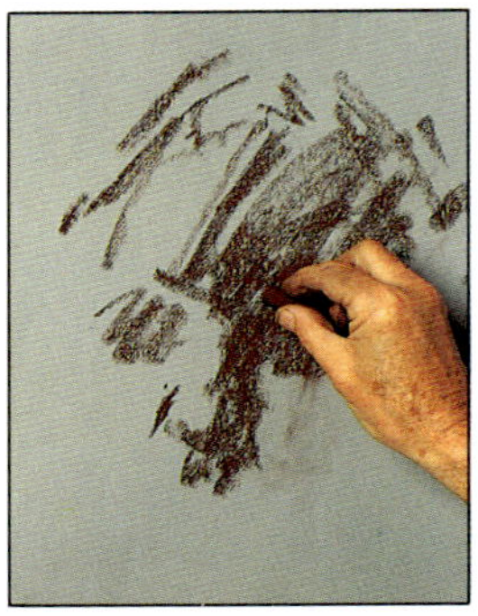

1 *Eine monochrome Skizze bildet die Grundlage für die schattigen Partien der Hauttöne. Was wie zufälliges Gekritzel aussieht, entpuppt sich nach und nach als Aufbau der Gesichtsform.*

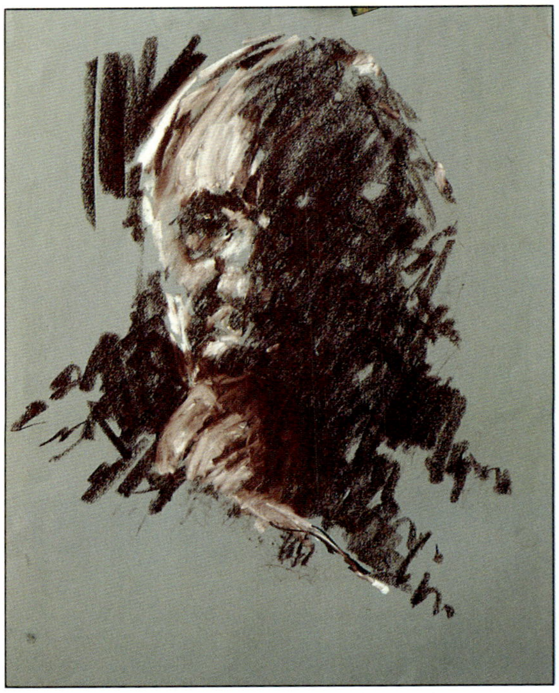

2 *Die nun fertiggestellte monochrome Untermalung ergibt eine Tonwertstruktur, auf welcher die Farben aufgebaut werden können. Diese Vorgehensweise ist vor allem dann sinnvoll, wenn – wie hier – mit einer begrenzten Palette von relativ dunklen Farben gearbeitet werden soll.*

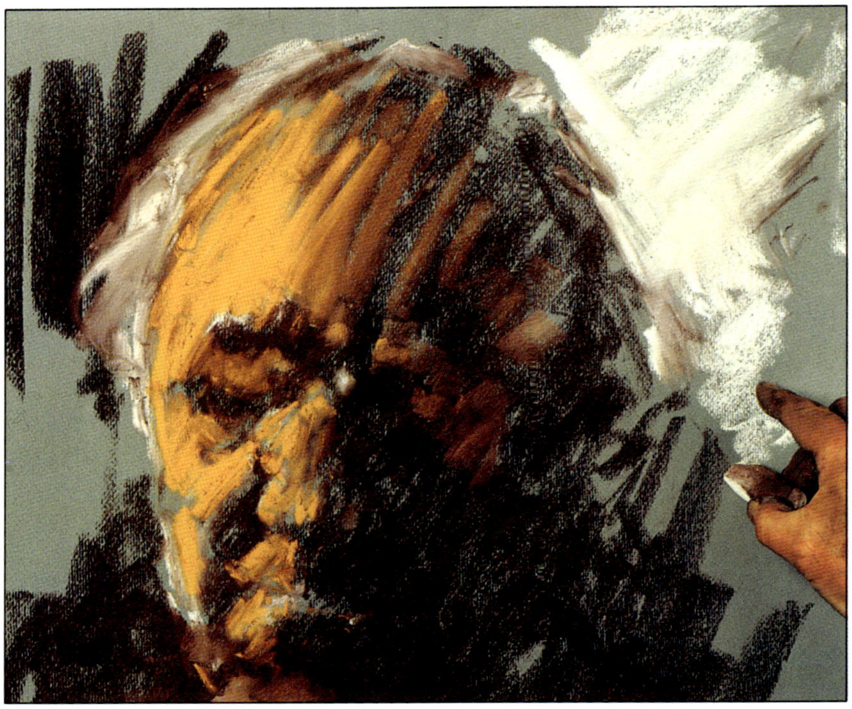

3 *Die schattige Seite des Kopfes wird während des Malens noch wesentlich dunkler. Der Hintergrund wird jetzt aufgehellt, um die Hell-Dunkel-Werte besser einschätzen zu können. Das Modellieren der Tonwerte ist hier besonders wichtig.*

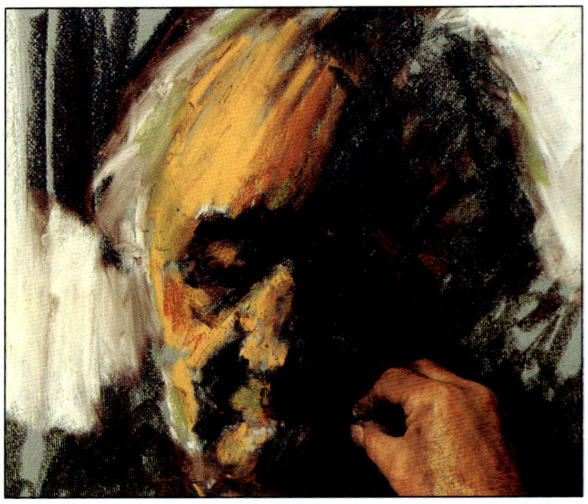

4 *Über und in die rotbraune Untermalung werden nun schwarze und dunkelbraune Töne eingearbeitet, um die Kopfform zu modellieren. Der Künstler verwendet kurze Stücke dicker, weicher Pastellkreide, die breite Striche abgibt, wodurch weiche fließende Übergänge zwischen den Farben entstehen.*

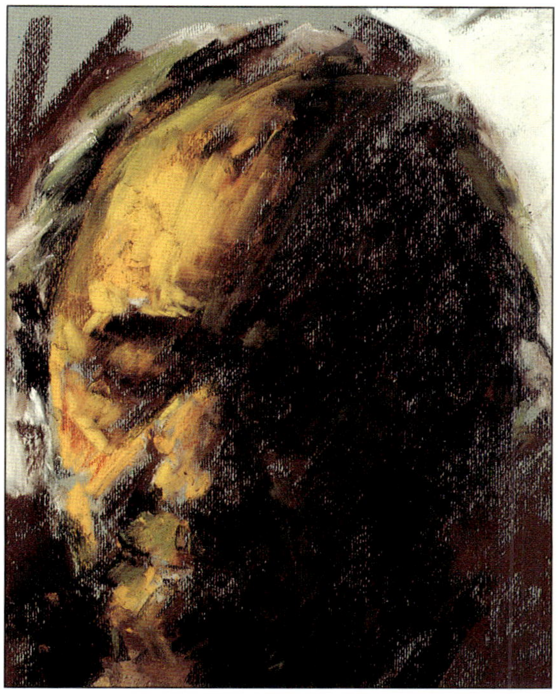

5 Nachdem die dunklen Töne festgelegt worden sind, beginnt die Arbeit an der hellen Gesichtsseite. Der Pastellauftrag ist hier noch viel dicker, ähnlich einem Impasto in der Ölmalerei.

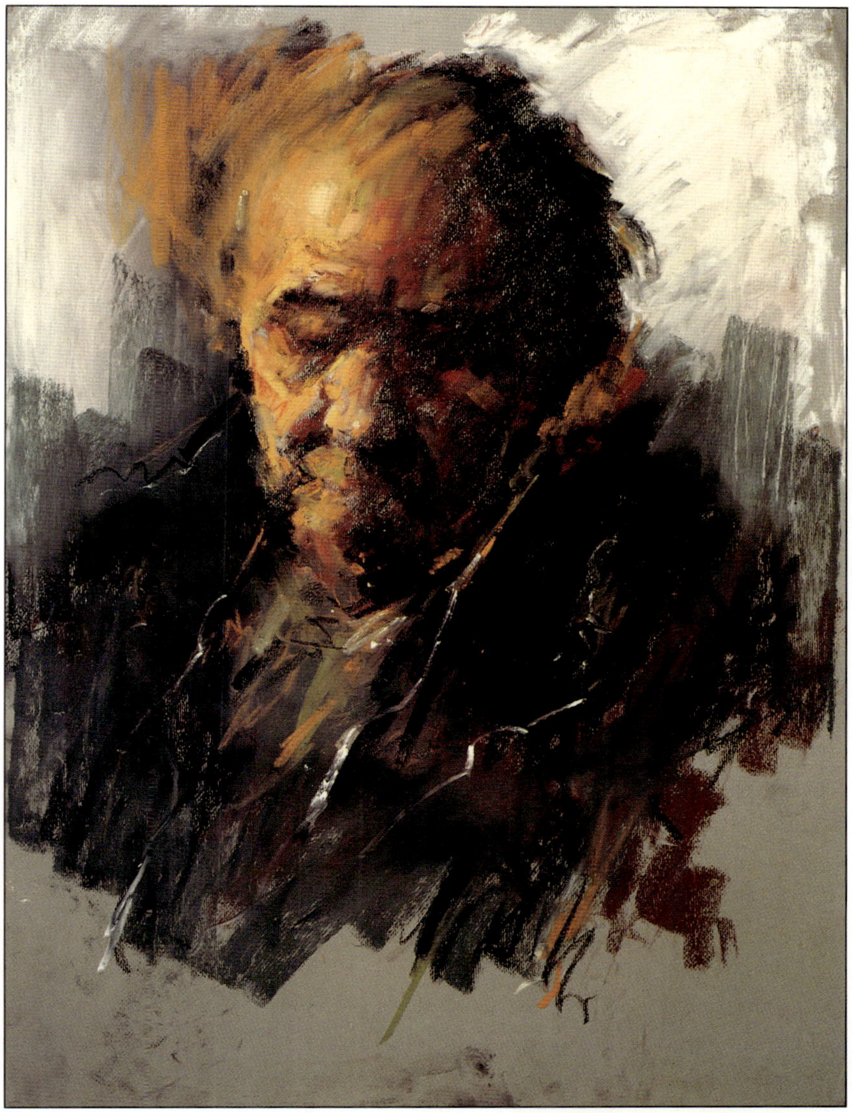

7 Eine vollständige Umwandlung hat stattgefunden. Die Hand wurde mit dichten Wischern in Dunkelgrün und Rotbraun übermalt. In weißer Pastellkreide wurden lineare Akzente eingezogen. Man beachte wieder, welch feine Linien mit der Pastellspitze gezogen werden können. Die helleren Farbtöne unterhalb des Kinns suggerieren ein Hemd oder eine Krawatte und balancieren den Kopf viel besser aus als die früher eingeplante Hand.

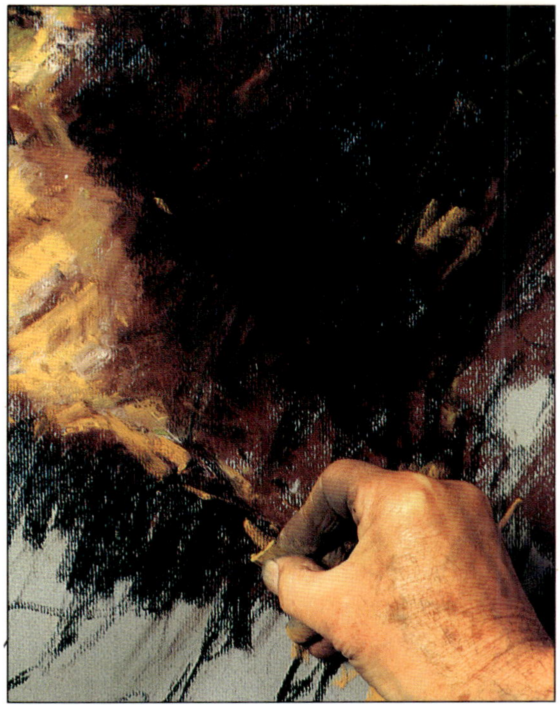

6 Ursprünglich war noch eine Hand als Teil der Komposition eingeplant (siehe Schritt 2). Bei der Arbeit an dieser Stelle entschied sich Paine jedoch zu einer Veränderung der Komposition und wischte die Hand vollständig weg, wie man an dem fertigen Bild sehen kann.

Glossar

Farbkreis
Eine Farbtabelle mit den wichtigsten Farbtönen und Farbbeziehungen. In der Mitte befinden sich die drei Farben erster Ordnung (Rot, Blau und Gelb), aus denen die Farben zweiter Ordnung (Orange, Grün und Violett) ausgemischt werden können. Im äußeren Kreisring liegen zwischen den Farben erster und zweiter Ordnung die Farben dritter Ordnung. Sie ergeben sich aus der jeweiligen Mischung der beiden angrenzenden Farben (einer Farbe erster und eine Farbe zweiter Ordnung). Die Farben dritter Ordnung sind Gelborange, Rotorange, Rotviolett, Blauviolett, Blaugrün und Gelbgrün.

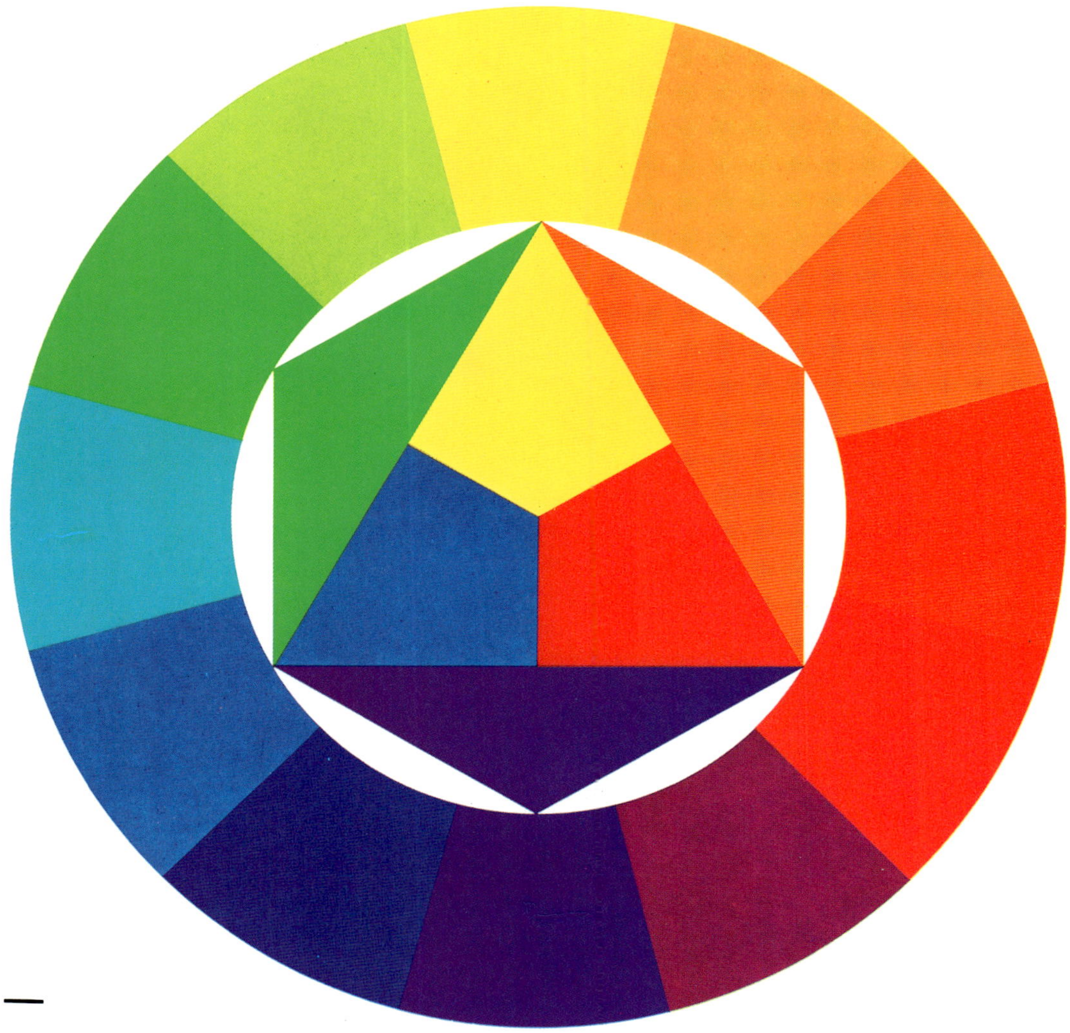

Fixativ
Dient zur Versiegelung der Oberfläche, um Zeichnungen mit Kohle oder Pastellkreide vor dem Verschmieren oder dem Vermischen mit anderen Farbaufträgen zu schützen.

Impasto
Im allgemeinen versteht man unter Impasto einen dicken Farbauftrag. In der Ölmalerei zum Beispiel wird bei dieser Technik sehr dicke, also unverdünnte Ölfarbe mit einem kräftigen Pinsel oder dem Spachtel so auf die Leinwand aufgetragen, daß die Farbe etwas vom Malgrund absteht und eine deutlich spürbare Struktur entsteht.

Impressionismus
Stilrichtung, die 1860–70 in Frankreich aufkam. Der Name geht auf ein Bild von Monet zurück, einer Landschaftsdarstellung mit Namen „Impression, soleil levant" (1872). Im Mittelpunkt des Interesses stehen bei den Impressionisten Licht- und Farbeindrücke. Man kann den Impressionismus auch als „Freilichtmalerei" bezeichnen. In der Farbgebung und Komposition läßt sich der Künstler von seinen subjektiven optischen Eindrücken leiten und versucht, die atmosphärischen Stimmungen wiederzugeben. Beliebte Motive sind zufällige Ausschnitte aus dem täglichen Leben, Bewegungsvorgänge und Landschaften in hellem Licht.

Komplementäre Farben
Als Komplementärfarben bezeichnet man die Farben, die sich auf dem Farbkreis gegenüberliegen. Die komplementäre Farbe einer Primärfarbe besteht immer aus der Mischung der beiden anderen Primärfarben. Grün, aus Gelb und Blau gemischt, verhält sich also komplementär zu Rot. Violett ist die Komplementärfarbe zu Gelb, da sie aus Rot und Blau gemischt wird, und Orange verhält sich komplementär zu Blau.

Komplementärkontrast
Setzt man Komplementärfarben nebeneinander, verstärken sie sich in ihrer Farbintensität zu höchster Leuchtkraft.

Lasur
Durchscheinender Farbauftrag mit verdünnter Farbe auf getrocknete Farbschichten oder den trockenen Malgrund. Der Schichtauftrag, d. h. das Malen auf getrockneten Farbflächen, deckt die untere Schicht nicht ab, sondern läßt sie transparent durchschimmern. Dadurch können interessante Farbmischungen und Farbnuancen entstehen.

Monochrom
Monochrom bedeutet einfarbig. In der zeitgenössischen Malerei hat sich die Monochrome Malerei ca. seit 1955 als Stiltendenz herausgebildet. Der Aufbau des Bildes beruht dabei auf einer einzigen Farbe.

Motivsucher
Zwei rechtwinklig geschnittene Kartonstücke, die sich zu einer Art Rahmen zusammensetzen lassen, helfen bei der Suche nach dem passenden Motivausschnitt. Man hält den Motivsucher mit dem gestreckten Arm und betrachtet das Motiv durch die Öffnung.

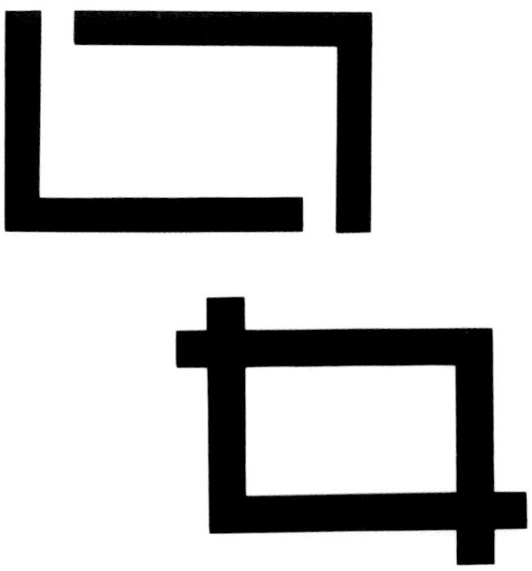

Naß auf trocken
Transparenter und wäßrig fließender Farbauftrag auf trockenem Malgrund mit dem Effekt klarer Grenzen und Formen.

Naß in naß
Beschreibt das Malen auf ganz oder nur teilweise feuchtem Malgrund oder nassen Farben. Erzielt wird ein weiches Verfließen oder Ineinanderlaufen der Farben. Charakteristisch für diese Technik sind die unscharfen Formgrenzen.

Papiergewicht
Papiergewichte werden in g/m^2 angegeben. Es gibt Papiere in allen Gewichten; dünnste Japanpapiere haben ein Gewicht von 10–40 g/m^2. Ab 170 g/m^2 geht man zur Bezeichnung Karton über.

Primärfarben
Farben erster Ordnung. Es gibt drei Primärfarben: Gelb, Rot und Blau. Sie werden auch als Grundfarben bezeichnet. Diese drei Farben können nicht aus anderen Farben ermischt werden. Aus ihnen lassen sich aber alle anderen Farben durch unterschiedliche Mischung erzielen.

Rasternetz
Ein Netzsystem wird verwendet, um eine Skizze oder ein Motiv möglichst genau auf die Malfläche zu übertragen. Ein Rasternetz wird auf die Skizze und ebenso auf die Malfläche, meist in größerem Maßstab, gelegt. Dann wird das Motiv Feld für Feld auf die Malfläche übertragen.

Sekundärfarben
Farben zweiter Ordnung: Grün, Orange und Violett. Man erhält sie durch Mischen von jeweils zwei Primärfarben.

Sgraffito-Technik
Mit einem scharfen Messer oder einem anderen spitzen Gegenstand werden Teile aus einer bereits getrockneten Farbschicht herausgekratzt.

Tonwerte
Dunkel- und Helligkeitswert einer Farbe bzw. eines Farbtones, der sich nach dem Sättigungsgrad und der Dunkelstufe der Farbgebung richtet.

Warme und kalte Farben
Farben besitzen unterschiedliche Farbtemperaturen, bzw. empfindet der Betrachter manche Farben als kühl und andere als warm. Rotorange ist die wärmste, und Blaugrün die kälteste Farbe. Die Farben Gelb, Gelborange, Orange, Rotorange, Rot und Rotviolett werden im allgemeinen als warme und Gelbgrün, Grün, Blaugrün, Blau, Blauviolett und Violett als kalte Farben bezeichnet. Im zwölfteiligen Farbkreis sind also Blaugrün und Rotorange als Pole des Kalten und Warmen immer kalt oder warm, während die Farben, die im Farbkreis zwischen ihnen liegen, je nach Kontrastierung mit wärmeren oder kälteren Tönen kalt oder warm wirken (vgl. Itten, Johannes: Kunst der Farbe, Ravensburger Buchverlag).

Register

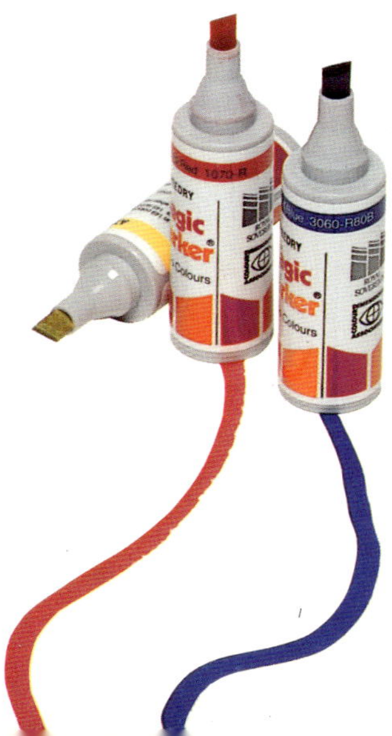

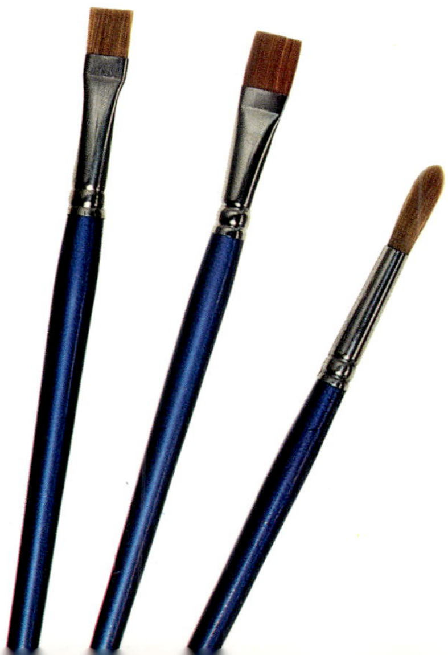

Danksagung

Wir bedanken uns für die
freundliche Unterstützung bei:

Cornelissen & Son Ltd
105 Great Russell Street
London WC1B 3RY

Daler-Rowney Ltd
PO Box 10
Southern Industrial Estate
Bracknell
Berkshire
RG12 8ST

Russell & Chapple Ltd
Canvas & Art Materials
23 Monmouth Street
London WC2H 9DE

Winsor & Newton
Whitefriars Avenue
Wealdstone
Harrow
Middlesex
HA3 5RH

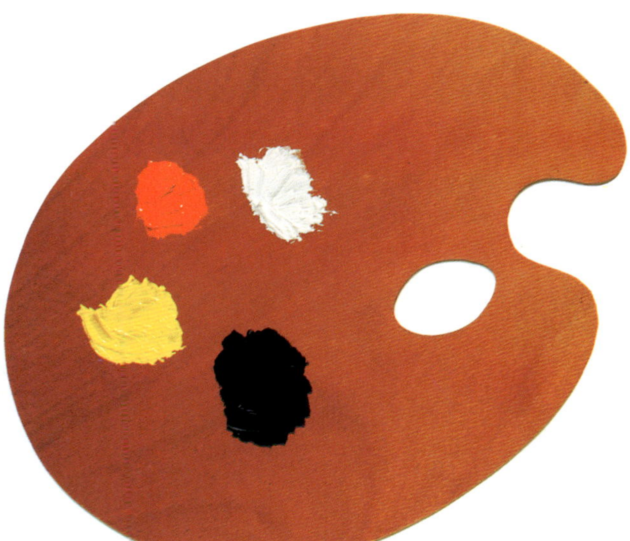